普通高等教育“十二五”规划教材

# Creo Elements/Pro 5.0 三维机械设计

田绪东　吉伯林　主编

机械工业出版社

Pro/Engineer 是美国参数技术（PTC）公司于 1988 年推出的大型 CAD/CAM/CAE 集成软件，该软件使用参数化特征造型技术，实现了从特征、零件、装配及产生工程图直至制造分析的全相关性。其最新版本为 Creo Elements/Pro 5.0。近年来，随着计算机图形学和数控技术的飞速发展，Creo Elements/Pro 5.0 在我国许多大型公司、科研单位和高等院校得到了十分普遍的应用，深受三维产品设计人员和研究人员的喜爱。

本书从基础入手，详细讲解了 Creo Elements/Pro 5.0 的设置、草绘模块、拉伸和旋转、基准特征、其他草绘型特征、点放型特征、特征操作工具、装配基础、工程图基础等，涵盖了所有机械设计涉及的内容，其中工程图的制作是本书最有特色的章节。

本书内容全面实用、条理清晰、通俗易懂，给出的实例都是机械设计和工业造型中具有代表性和实用性的例子，让读者学以致用，触类旁通，用最短的时间掌握 Creo Elements/Pro 5.0 的操作方法和使用它进行机械设计的一般过程。

本书可作为高等院校机械、电子、模具和工业设计等专业的学生学习三维参数化设计的 CAD 教材，也可供机械设计和工业设计领域的工程设计技术人员参考。

**图书在版编目（CIP）数据**

Creo Elements/Pro 5.0 三维机械设计/田绪东，吉伯林主编. —北京：机械工业出版社，2015.3（2025.8 重印）

普通高等教育“十二五”规划教材

ISBN 978-7-111-49684-7

Ⅰ.①C… Ⅱ.①田…②吉… Ⅲ.①机械设计—计算机辅助设计—应用软件—高等学校—教材 Ⅳ.①TH122

中国版本图书馆 CIP 数据核字（2015）第 052993 号

机械工业出版社（北京市百万庄大街 22 号 邮政编码 100037）
策划编辑：商红云 责任编辑：商红云 吴晋瑜 版式设计：赵颖喆
责任校对：张晓蓉 封面设计：张 静 责任印制：单爱军
北京盛通数码印刷有限公司印刷
2025 年 8 月第 1 版第 6 次印刷
184mm×260mm · 23.5 印张 · 639 千字
标准书号：ISBN 978-7-111-49684-7
定价：65.00 元

| 电话服务 | 网络服务 |
| --- | --- |
| 客服电话：010-88361066 | 机 工 官 网：www.cmpbook.com |
| 010-88379833 | 机 工 官 博：weibo.com/cmp1952 |
| 010-68326294 | 金 书 网：www.golden-book.com |
| **封底无防伪标均为盗版** | 机工教育服务网：www.cmpedu.com |

# 前　　言

Pro/Engineer 是美国参数技术公司（PTC）推出的使用参数化特征造型技术的大型 CAD/CAM/CAE 集成软件，其内容涵盖了产品从概念设计、工业造型设计、三维模型设计、分析计算、动态模拟与仿真、工程图的输出到生产加工成产品的全过程，被广泛应用于航空航天、汽车、机械、NC 加工、电子等诸多行业。由于其强大而近乎完美的功能，Pro/Engineer 几乎是 CAD/CAM 领域应用最广的软件，以至于它在国外的许多高等院校里已经成为工程类专业学生必修的专业课程，也成为工程技术人员必备的技术。

随着科学技术的迅猛发展，一场新的机械设计和工业设计领域的技术革命正在兴起，我国国内也兴起了学习和应用 Pro/Engineer 进行设计的热潮。

Creo Elements/Pro 5.0 是美国 PTC 公司于 2012 年新推出的 Pro/Engineer 系列产品中的最新版本，比起以前的版本，该版本更加人性化，许多功能由菜单操作变为界面操作。

本书兼顾理论与实务，立足于解决实际问题，目标是使读者在掌握基础知识的同时，通过实例分析，开拓思路，掌握方法，提高对知识综合运用的能力。在学习过程中，突出“设计理念”和“设计思路”两个重点，通过对某些应用实例的分析和讲解，帮助读者适应和面对一整套以 3D 理念进行设计的软件。本书是基于 Creo Elements/Pro 5.0 版的专业计算机辅助机械设计教材，书中除了详尽讲解 Creo Elements/Pro 5.0 的操作界面之外，也囊括了所有基础操作。书中的范例着重于 3D 几何、参数化设计、特征功能、立体概念和立体装配的建立。

通过学习本书，读者可以完成自己的作品，以顺利踏上谋职、升职或自行创业之路，这也是编者的愿望。

本书根据机械学科教学指导委员会“高等教育面向 21 世纪教学内容和课程体系改革计划”的精神进行组织编写。书中的实例结合了编者多年实际创作的经验和体会，特色鲜明——讲解与练习相结合；典型实用——每一章讲述的都是常用的知识和技巧；简明清晰、重点突出——在叙述上力求深入浅出、通俗易懂，以期为读者的学习和工作带来一定的帮助。

全书共 11 章，各章的主要内容如下：

- 第 1 章　Creo Elements/Pro 5.0 概述
- 第 2 章　界面和使用前的设置
- 第 3 章　草绘模块
- 第 4 章　拉伸和旋转
- 第 5 章　基准特征
- 第 6 章　其他基础特征
- 第 7 章　工程特征
- 第 8 章　特征编辑
- 第 9 章　装配基础
- 第 10 章　工程图

**读者对象**

- 机械、模具、汽车、电子、家电、玩具等行业的设计人员
- 工业设计专业人员

• 高等院校机械电子类专业和工业设计专业及相关专业的学生

为了方便读者的学习，我们将书中实例和练习的源文件都收录在零点工作室网站（http://www.zerobook.net）上，供读者下载参考学习。

本书由青岛科技大学田绪东、焦煜，海军航空工程学院吉伯林编著，其中第1章由焦煜编写，第2章由吉伯林编写，其余章节由田绪东编写。参与本书编写人员还有任侠、温时宝、高家禹、孙家山、侯兆强、徐爱莉、袁国兴、张琳、李淑江、高交运、宋一兵、管殿柱、温建民、付本国等。

感谢您选择了本书，希望我们的努力对您的工作和学习有所帮助，也希望您把对本书的意见和建议告诉我们。联系方式：txd111@126.com。

**编　者**

# 目 录

# 第1章　Creo Elements/Pro 5.0 概述

Pro/Engineer 是美国参数技术公司（PTC）推出的一套博大精深的三维 CAD/CAM/CAE 参数化软件系统，其内容涵盖了整个产品设计的过程。经过25年的发展，在2012年 Pro/E 5.0 M080 版本颁布之后，Pro/Engineer 正式更名为 Creo Elements/Pro 5.0，本书写作用的是该软件的最新版本 Creo Elements/Pro 5.0 M220，以后本书中简称 Creo/Pro 5.0。Creo/Pro 5.0 软件可应用于概念设计、工业造型设计、三维模型设计、分析计算、动态模拟仿真、输出工程图、生成数控加工程序等许多领域，由于其功能强大，在航空航天、汽车制造、机械设计、NC 加工等行业也得到了普遍应用。Creo Elements/Pro 5.0 M220 是 PTC 公司于2014年推出的 Pro/E 的最新版本，在前面版本的基础上新增了许多功能，加强了设计过程的易用性和设计人员之间的互联性。

**【本章重点】**

- 产品设计的流程。
- Creo/Pro 5.0 的主要功能。
- 软件的安装与配置。

## 1.1 产品设计的流程

作为一种功能强大的 CAD/CAM/CAE 软件，Creo/Pro 5.0 最吸引设计者使用的优点就是它能应用于整个产品生产的过程，产品设计的流程如图1-1所示。

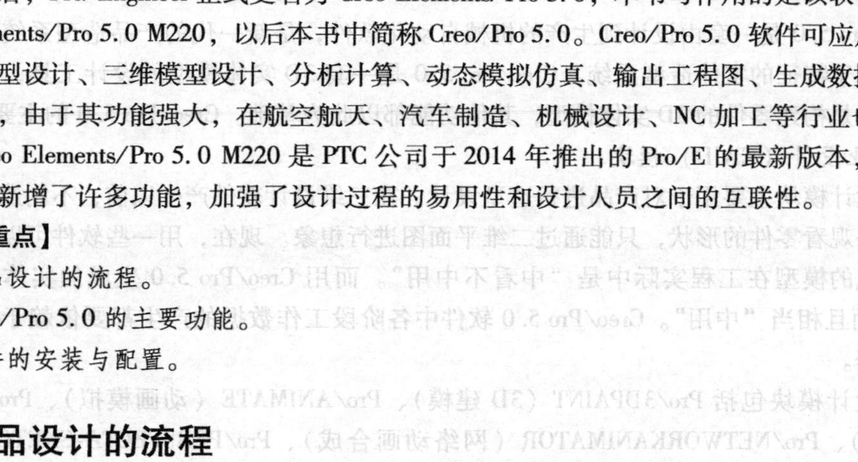


图1-1　产品设计的流程

产品设计的流程一般从产品的概念设计、零部件三维建模到二维工程图，用以指导工厂的生产。对于外观要求较高的产品，设计者还需要进行工业外观造型设计。

完成产品设计后，设计者应根据产品的特点和要求进行大量的分析和运动仿真模拟工作，以满足产品强度、运动、生产制造与装配方面的要求。这些分析和工作包括三维建模和装配、结构强度分析、疲劳分析、塑料流动分析、热分析、公差分析与优化、NC 仿真及优化、动态仿真等。

产品的设计方法可以分为两种：从零件到产品和从产品到零件。两种方法也可以同时进行。从零件到产品是指从零件开始设计产品，而后到部件装配，再到总装配，最后到整体外观的设计过程；从产品到零件则是指从整体外观（或总装配）开始，然后到部件和零件的产品设计过程。

## 1.2 Creo/Pro 5.0 的主要功能

Creo/Pro 5.0 是一套由设计到生产的机械自动化软件，是新一代的产品造型系统，是一个参数化的、基于特征的实体造型系统。Creo/Pro 5.0 是一套 3D 实体模型的设计工具，其最基本的实用功能就是构建零件的 3D 实体模型，其他功能都以此为基础。Creo/Pro 5.0 的主要功能如下。

1. 工业设计（CAID）模块

工业设计模块主要用于对产品进行造型设计。在三维设计软件产生以前，不制造出零件或模型，就无法观看零件的形状，只能通过二维平面图进行想象。现在，用一些软件可以生成实体模型，但生成的模型在工程实际中是“中看不中用”。而用 Creo/Pro 5.0 生成的实体模型，不仅“中看”，而且相当“中用”。Creo/Pro 5.0 软件中各阶段工作数据的产生都要依赖于实体建模所生成的数据。

工业设计模块包括 Pro/3DPAINT（3D 建模）、Pro/ANIMATE（动画模拟）、Pro/DESIGNER（概念设计）、Pro/NETWORKANIMATOR（网络动画合成）、Pro/PERSPECTA-SKETCH（图片转三维模型）和 Pro/PHOTORENDER（图片渲染）等子模块。

2. 机械设计（CAD）模块

机械设计模块是一个高效的三维机械设计工具模块，可用于绘制任意复杂形状的零件。在实际生活中，存在大量形状不规则的物体表面，随着人们生活水平的提高，对曲面产品的需求将会大大增加。用 Creo/Pro 5.0 生成曲面仅需 2 ~ 3 步即可完成，如果和数控机床连接，可以生成数控程序，加工出美观大方的产品。Creo/Pro 5.0 生成曲面的方法很多，如拉伸、旋转、放样、扫描、网格、点阵等。

Creo/Pro 5.0 的机械设计模块既能作为高性能系统独立使用，又能与其他实体建模模块结合起来使用，并支持 GB、ANSI、ISO 和 JIS 等标准。

机械设计模块包括 Pro/ASSEMBLY（实体装配）、Pro/CABLING（电路设计）、Pro/PIPING（弯管铺设）、Pro/REPORT（应用数据图形显示）、Pro/SCAN-TOOLS（物理模型数字化）、Pro/SURFACE（曲面设计）、Pro/WELDING（焊接设计）等子模块。

3. 功能仿真（CAE）模块

功能仿真（CAE）模块主要用于进行有限元分析。中国有句古话：“画虎画皮难画骨，知人知面不知心”，主要是说明事物的内在特征很难把握。如果不通过高新技术的检验，对于机械零件的内部变化情况是很难知晓的。有限元分析使我们有了一双“慧眼”，能“看到”零件内部的受力状态。利用该功能，在满足零件受力要求的基础上，用户可以充分优化零件的设计。著名的可口可乐公司对其饮料瓶进行有限元分析，结果使瓶子的质量减轻了近 20%，而其功能丝毫不受影响，仅此一项就获得了极大的经济效益。

功能仿真模块包括 Pro/FEM ~ POST（有限元分析）、Pro/MECHANICA CUSTOMLOADS（自定义载荷输入）、Pro/MECHANICA EQUATIONS（第三方仿真程序连接）、Pro/MECHANICA MO-

TION（指定环境下的装配体运动分析）、Pro/MECHANICA THERMAL（热分析）、PRO/MECHANICA TIRE MODEL（车轮动力仿真）、Pro/MECHANICA VIBRATION（震动分析）、Pro/MESH（有限元网格划分）等子模块。

4. 制造（CAM）模块

机械行业中用到的 CAM 模块的主要功能是 NC Machining（数控加工）。CAM 是指利用计算机进行生产设备管理控制和操作的过程。它输入的信息是零件的工艺路线和工序内容，输出信息是刀具加工时的运动轨迹和数控程序。CAM 系统一般具有数据转换和过程自动化两方面的功能。CAM 所涉及的范围，包括计算机数控和计算机辅助过程设计。

CAM 发展的初级阶段需要手动编制加工程序，不但需要相当多的人工，而且容易出错。使用 Pro/E 后，用户可以利用 CAD 模块生成的模型自动生成数控程序并设置工艺参数，将其导入数控机床后便可控制机床完成机械加工。

Pro/E 的数控模块包括 Pro/CASTING（铸造模具设计）、Pro/MFG（电加工）、Pro/MOLDESIGN（塑料模具设计）、Pro/NC-CHECK（NC 仿真）、Pro/NCPOST（CNC 程序生成）、Pro/SHEETMETAL（钣金件设计）等子模块。

5. 数据管理（PDM）模块

数据管理（PAM）模块就像一位保健医生，在计算机上对产品性能进行测试仿真，找出造成产品出现各种故障的原因，帮助设计师对症下药，排除产品故障，改进产品设计。它就像 Creo/Pro 5.0 家庭的一个“大管家”，其管理范围涉及每一个任务模块。此外，CAM 模块还自动跟踪设计师创建的数据（这些数据包括存储在模型或库文件中零件的数据）。这个“管家”通过一定的机制保证了所有数据的安全及存取方便。

该模块包括 Pro/PDM（数据管理）、Pro/REVIEW（模型图纸评估）等子模块。

6. 数据交换（GT）模块

在实际中，还存在其他一些 CAD 系统，如 UGNX、EUCLID、CIMATRTON、MDT 等，由于它们各有区别，因此自己的数据都难以被对方所识别，但在实际工作中，往往需要接收其他 CAD 数据，这时数据交换（GT）模块就会发挥作用。

Creo/Pro 5.0 中的数据交换模块主要包括 Pro/CAT（Pro/E 和 CATIA 的数据交换）、Pro/CDT（二维工程图接口）、Pro/DATA FOR PDGS（Pro/E 和福特汽车设计软件的接口）、Pro/DEVELOP（Pro/E 软件开发）、Pro/DRAW（二维数据库数据输入）、Pro/INTERFACE（工业标准数据交换格式扩充）、Pro/INTERFACE FOR STEP（STEP/ISO10303 数据和 Pro/E 交换）、Pro/LEGACY（线架/曲面维护）、Pro/LIBRARYACCESS（Pro/E 模型数据库进入）、Pro/POLT（HPGL/POSTSCRIPTA 数据输出）等。

## 1.3 Creo/Pro 5.0 的安装

Creo/Pro 5.0 作为功能强大的三维软件，如果安装所有模块，需要占用将近 9GB 的硬盘空间，所以要求计算机配置优良，环境设置合理，软件安装配置正确，才能发挥其强大的功能，否则运行速度缓慢，甚至不能运行。下面就系统的硬件要求、安装前的计算机环境设置以及安装过程等方面分别进行介绍。

### 1.3.1 安装前的计算机设置

为了提高系统的运行速度，高效使用 Creo/Pro 5.0 软件，用户需要对计算机的虚拟内存进行合理配置，以确保软件的安全运行。下面以 Windows 7（64 位）系统为例说明设置计算机虚拟内存的方法，以优化利用系统的内存资源，使 Creo/Pro 5.0 更快地运行。

## 设置虚拟内存

（1）在桌面上的【计算机】图标上单击鼠标右键，在弹出的快捷菜单中选择【属性】选项，打开【系统】窗口。

（2）在【系统】窗口左侧的【控制面板主页】选项列表中选择【高级系统设置】，弹出【系统属性】对话框。

（3）在【系统属性】对话框中，切换至【高级】选项卡。单击【性能】选项组下的 设置(S)... 按钮，弹出【性能选项】对话框，切换至【高级】选项卡，如图 1-2 所示。

（4）在【虚拟内存】选项组内单击 更改(C)... 按钮，弹出【虚拟内存】对话框，如图 1-3 所示。

（5）取消【自动管理所有驱动器的分页文件大小】复选框的勾选，并单击【自定义大小】单选按钮。

（6）设置虚拟内存的大小。在【初始大小】和【最大值】文本框中均输入“10240”，即 10GB。单击 设置(S)... 按钮，完成虚拟内存的设置。

（7）单击【虚拟内存】对话框中的 确定 按钮，回到【性能选项】对话框。

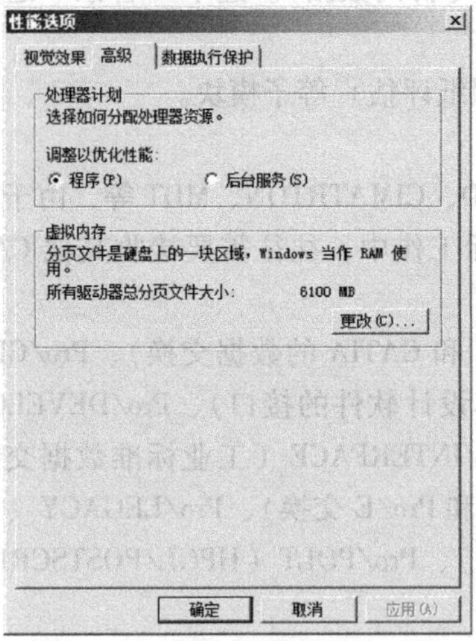


图 1-2 【性能选项】对话框

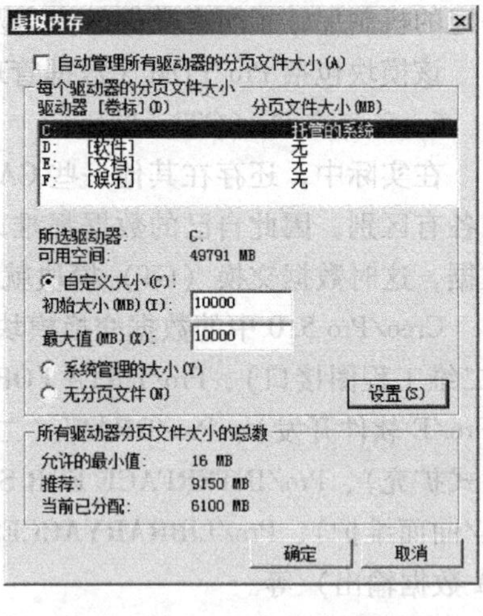


图 1-3 【虚拟内存】对话框

（8）单击【性能选项】对话框中的 确定 按钮，回到【系统属性】对话框。

（9）单击【系统属性】对话框中的 确定 按钮，系统要求重新启动计算机。

提醒：一般情况下，虚拟内存设置为物理内存的 2 倍左右即可，但不能超过硬盘该分区剩余空间的 1/2，一般设置的【初始大小】和【最大值】一样，这样性能更加优化。假设系统物理内存为 2GB，若设置【初始大小】为 4GB，【最大值】也应为 4GB。因编者的计算机物理内存为 6GB，故将【初始大小】和【最大值】都设置为 10GB。

## 1.3.2 安装软件

对应于每台机器的网卡物理地址，PTC 公司分配唯一的许可证文件“ptc_licfile. dat”，安装 Creo/Pro 5.0 时，用户应先将包含许可证文件“ptc_licfile. dat”的“crack”文件夹复制到硬盘上，如 D 盘，以备安装使用。

一般情况下，安装软件被安装在非系统盘中，这样一旦系统崩溃，重装 Windows 系统后仍可使用快速安装方法，快速设置软件使其恢复正常使用。

### 1.3.2.1 使用安装包安装

首次在计算机上安装 Creo/Pro 5.0 时，用户可以使用安装包进行安装，具体过程如下：

#### Creo/Pro 5.0 的安装过程

(1) 将安装盘上的“crack”文件夹复制到计算机的 D 盘。

(2) 打开“crack”文件夹，使用记事本打开“ptc_licfile. dat”文件，如图 1-4 所示。

(3) 打开 Creo/Pro 5.0 安装包，双击“setup”文件开始安装，弹出如图 1-5 所示的安装界面。

(4) 记录安装界面中左下角的“PTC 主机 ID”，此处为“D4-3D-7E-D2-FB-D6”。

注意：此处的 ID 号是十六进制的 12 位数，如出现“0”，一定是数字 0，不是字母 O。ID 号不区分大小写。

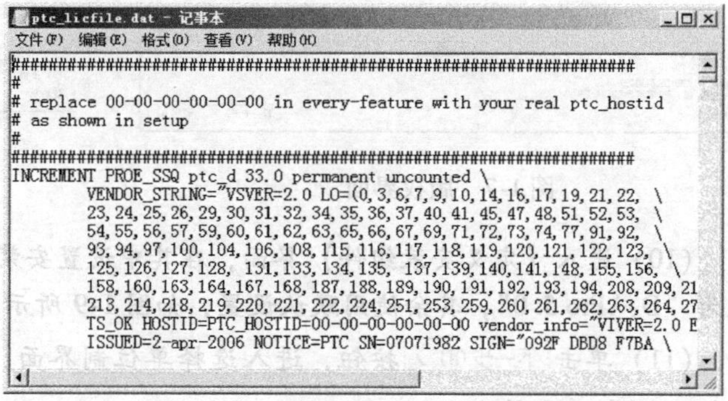


图 1-4 打开“ptc_licfile. dat”文件

(5) 回到记事本窗口。选择【编辑】菜单中的【替换】选项，弹出【替换】对话框，在【查找内容】文本框中输入“ptc_licfile. dat”文件中第三行的 ID 号“00-00-00-00-00-00”，在【替换为】文本框中输入刚才记录的 ID 号“D4-3D-7E-D2-FB-D6”，如图 1-6 所示。

(6) 在【替换】对话框单击 全部替换(A) 按钮，关闭【替换】对话框，完成对 ID 号的替换。

(7) 保存“ptc_licfile. dat”文件，关闭记事本窗口。

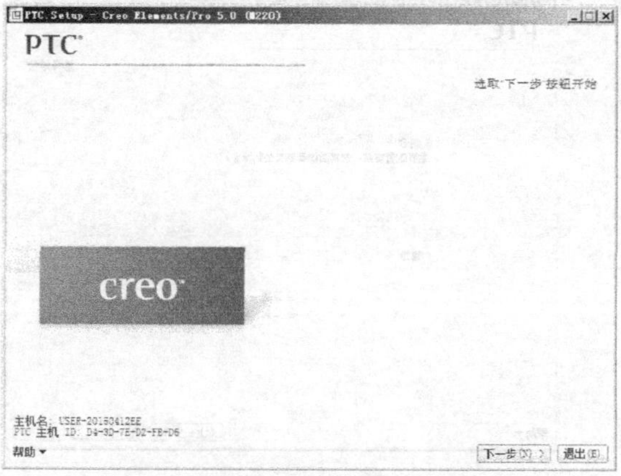


图 1-5 记录安装界面左下角的 ID 号

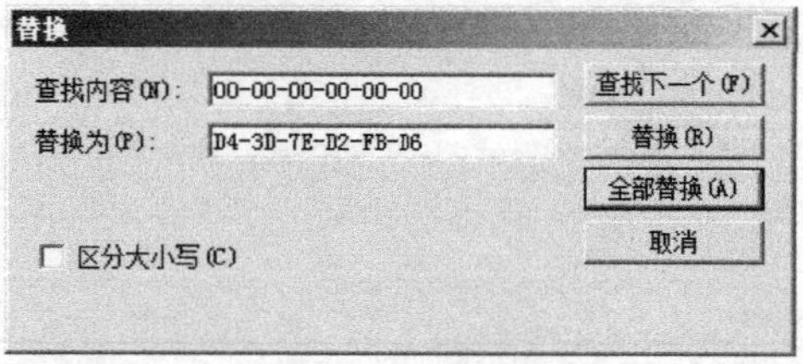


图 1-6 替换主机 ID

（8）回到安装界面，单击 下一步(N) > 按钮，进入版权界面，选中【我接受】复选框，如图 1-7 所示。

（9）单击 下一步(N) > 按钮，进入安装选项设置界面，在其中选择要安装的产品——【Creo Elements/Pro & Creo Elements/Pro Mechanica】，如图 1-8 所示。

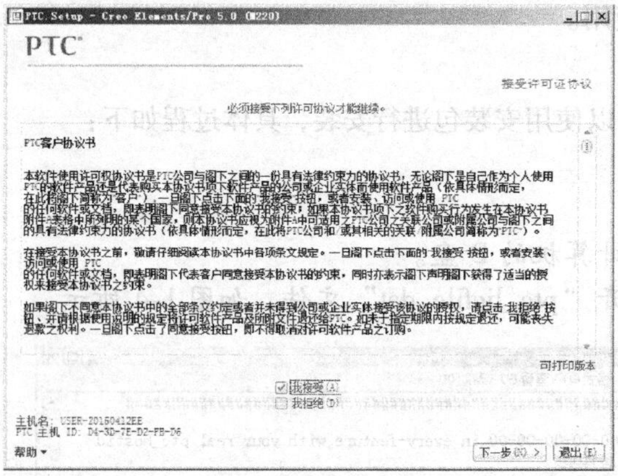


图 1-7　版权界面

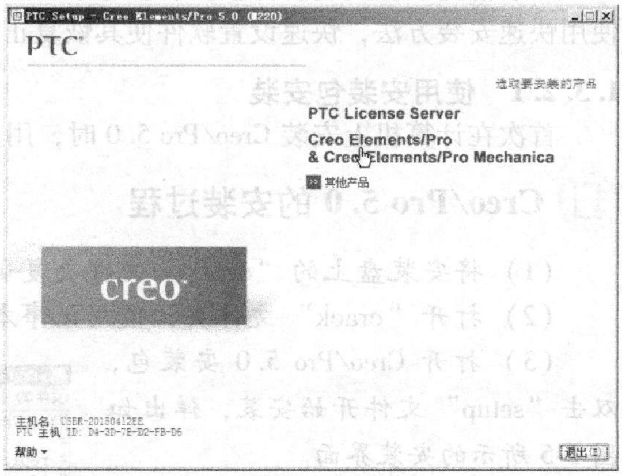


图 1-8　选择要安装的产品

（10）进入【定义安装组件】界面，在其中设置安装目录和安装模式，将【目标文件夹】修改为“D:\Pro 5.0”，其余使用默认设置，如图 1-9 所示。

（11）单击 下一步(N) > 按钮，进入选择单位制界面，在【标准】选项组单击【公制】单选按钮，如图 1-10 所示。

（12）单击 下一步(N) > 按钮，进入指定许可证文件界面，单击 添加 按钮，弹出【指定许可证服务器】对话框。

（13）在【指定许可证服务器】对话框中单击【锁定的许可证文件（服务器未运行）】单选按钮，并单击 按钮，指定“D:\Crack\ptc_licfile.dat”为许可证文件，如图 1-11 所示。

（14）单击 确定(O) 按钮，回到安装界面，完成许可证服务器指定，如图 1-12 所示。

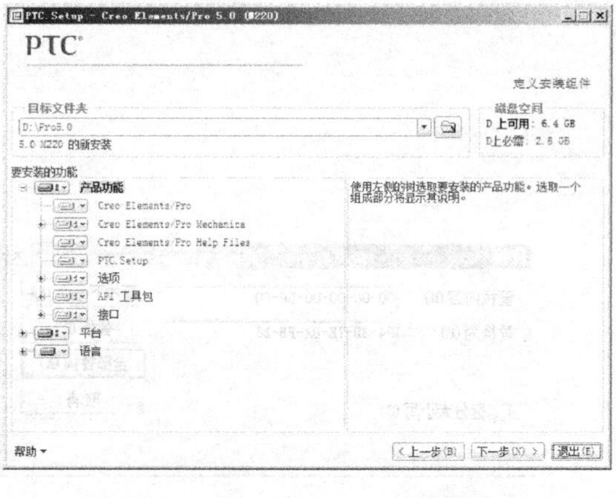


图 1-9　设置安装目录和安装模式

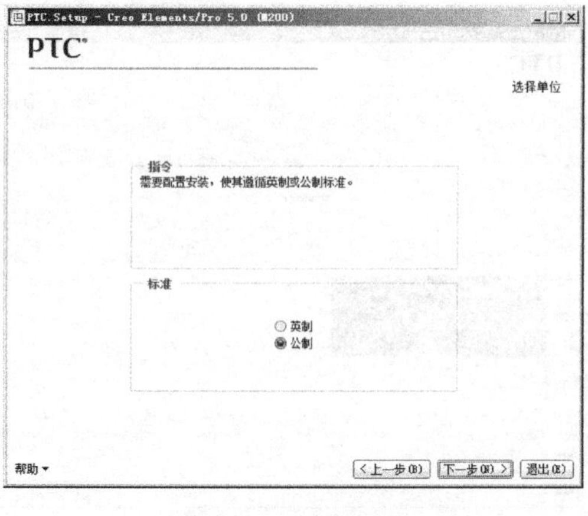


图 1-10　选择单位

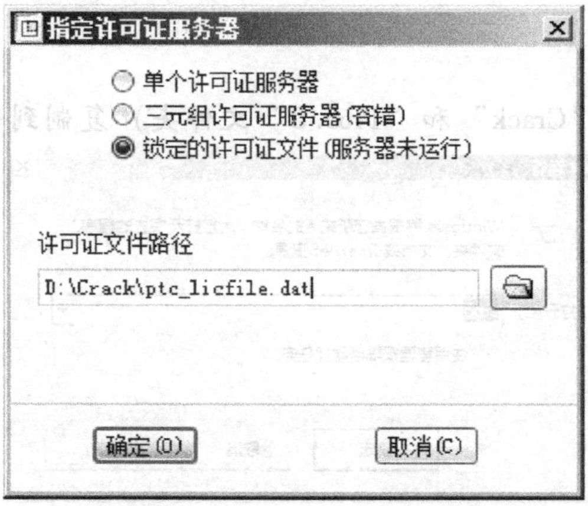


图 1-11 指定许可证服务器

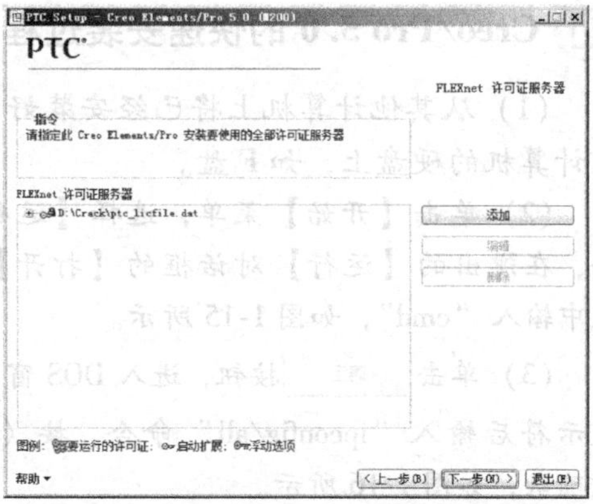


图 1-12 完成许可证服务器指定

(15) 单击 下一步(N) > 按钮，进入设置界面，在【Windows 快捷方式首选项】选项组，选中【桌面】复选框，以便在桌面显示快捷方式，其余使用默认设置，如图 1-13 所示。

(16) 单击 下一步(N) > 按钮，进入配置界面，不进行任何配置，使用默认选项。

(17) 单击 下一步(N) > 按钮，进入执行安装指令界面，单击 安装 按钮，系统开始安装，如图 1-14 所示。

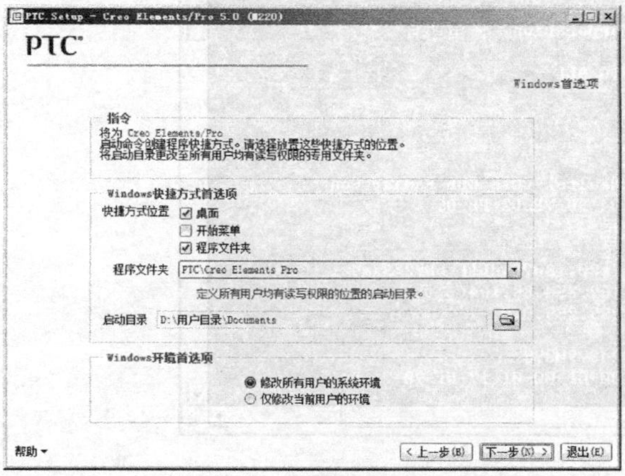


图 1-13 设置快捷方式

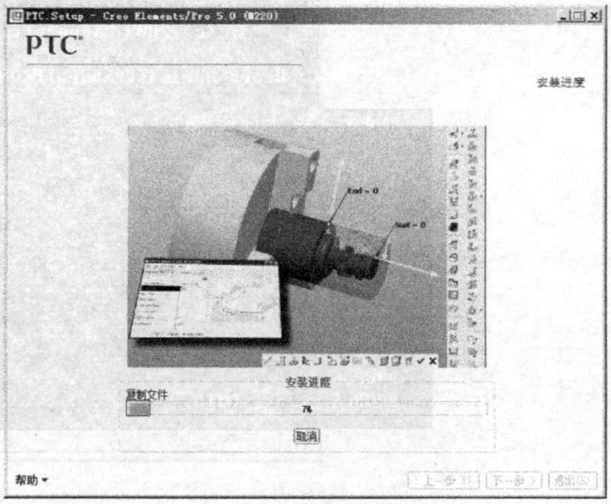


图 1-14 进行安装

(18) 安装进度执行到 100% 后，单击 下一步(N) > 按钮，重新回到安装选项设置界面，单击 退出(X) 按钮，完成安装。

---

**提醒：Creo/Pro 5.0 系统占用的磁盘空间较大，如果全部的程序都安装在硬盘上，大约需要 9GB 的磁盘空间，建议用户最好不要将其安装在系统盘上。另外，初学者选用默认的安装功能即可。**

---

### 1.3.2.2 快速安装

Creo/Pro 5.0 作为一款高效实用的三维设计软件，不仅使用方便，在安装方面也有其他软件不可比拟的优越性——其他软件在计算机系统重新安装后一般需要重新安装才能使用，而 Creo/Pro 5.0 只需进行简单的重新配置就能使用，而且在很短的时间内就可以完成。

### Creo/Pro 5.0 的快速安装过程

(1) 从其他计算机上将已经安装好的文件（“Crack” 和 “Pro5.0” 文件夹）复制到当前计算机的硬盘上，如 F 盘。

(2) 单击【开始】菜单，选择【运行】命令，在弹出的【运行】对话框的【打开】组合框中输入 “cmd”，如图 1-15 所示。

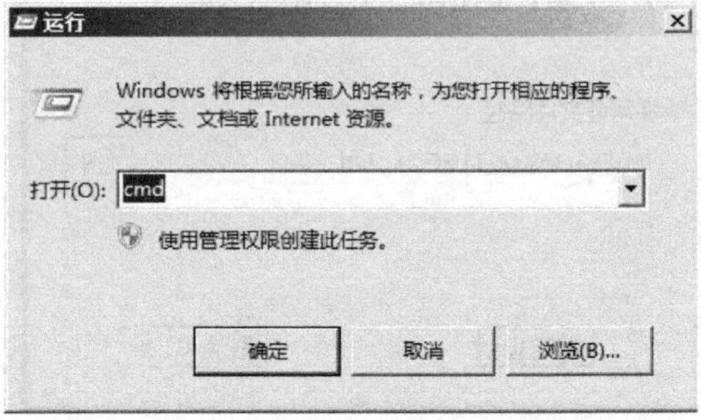


图 1-15　运行命令

(3) 单击 确定 按钮，进入 DOS 窗口，在提示符后输入 “ipconfig/all” 命令，按〈Enter〉键确认，如图 1-16 所示。

(4) 记录 12 位数的物理地址，即为计算机的 ID 号。

(5) 用刚才记录的 ID 号将许可证文件 “F:\Crack\ptc_licfile.dat” 中相应的 ID 号全部替换并保存。

(6) 双击 “F:\Pro5.0\bin\ptcsetup.bat” 文件，运行快速安装，在安装过程中，其配置方法和使用安装包安装完全一样，但配置速度很快。

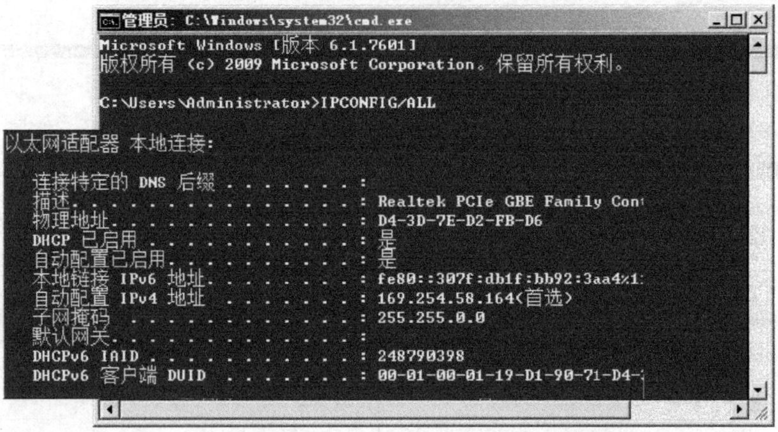


图 1-16　查询 ID 号

## 1.4　启动设置

每次启动 Creo/Pro 5.0，系统都会自动产生一个追踪文件，该文件是一个文本文件，名为 “trail.txt”，每次启动后文件后缀加 1，如 “trail.txt.1” “trail.txt.2” “trail.txt.3” 等。Creo/Pro 5.0 使用这些文件记录用户每次的工作过程。如果系统出现故障，通过编辑和运行跟踪文件，可以找回以前的文件，避免丢失设计。但是多次启动 Creo/Pro 5.0 将会产生很多追踪文件，占用大量的磁盘空间，影响系统运行速度，所以要定时清除无用的追踪文件。

在没有设置启动文件夹的情况下，追踪文件自动存放在 “My Documents” 文件夹下，清除时容易错误删除其他文件。如果能够设置一个文件夹，使所有追踪文件自动存放在这一文件夹中，将会很好地解决这一问题。

Creo/Pro 5.0 系统中启动文件夹的设置很好地解决了这一问题，一旦设置了启动文件夹，系统将所用的追踪文件都存放在这一文件夹内，清除便捷方便。同时，用户还可以将系统配置文件（config. Pro）存放在启动文件夹内，每次启动时自动加载，方便设计者将自己的工作都存放在启动文件夹内。

### 启动文件夹的设置

（1）在工作磁盘上新建文件夹，如“F:\qidong”。

（2）在【开始】菜单中依次选择【开始】|【所有程序】|【PTC】|【Creo Elements Pro】，出现【Creo】选项，在【Creo】上单击鼠标右键，在弹出的快捷菜单中选择【属性】命令，如图 1-17 所示。

（3）弹出【Creo 属性】对话框，在【起始位置】文本框中输入起始文件夹的路径，如“F:\qidong”，单击 确定 按钮完成设置，如图 1-18 所示。

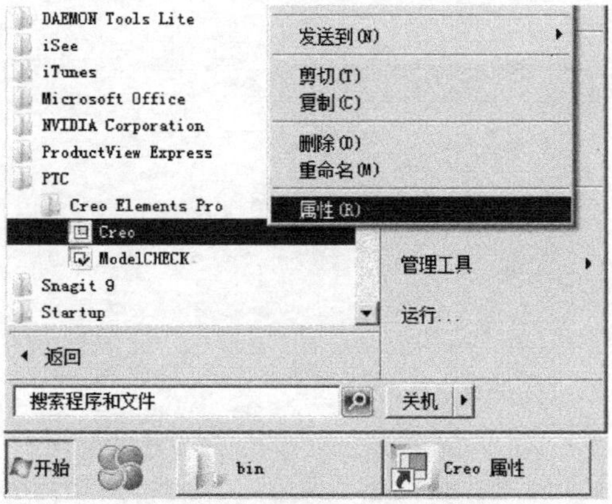


图 1-17　选择【属性】命令

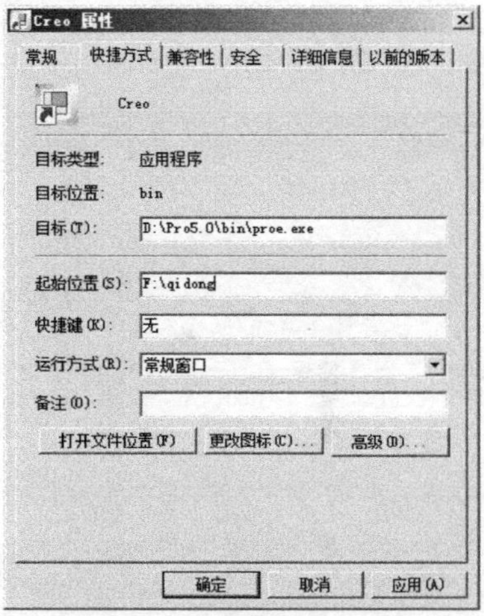


图 1-18　设置启动文件夹

提醒：在桌面上的 Creo 图标上单击鼠标右键，在弹出的快捷菜单中选择【属性】命令，也可以设置启动文件夹。

## 1.5　本章小结

通过本章的学习，用户应该熟悉三维设计的基本流程，熟练掌握 Creo/Pro 5.0 对计算机硬件及操作系统的要求，掌握对计算机系统的设置、Creo/Pro 5.0 的安装及启动设置。

## 1.6　习题

1. 概念题

（1）Creo/Pro 5.0 主要可以实现哪些功能？

（2）创建启动文件夹有什么实际意义？

（3）在安装 Creo/Pro 5.0 之前为什么要设置虚拟内存？

2. 操作题

(1) 设置 Creo/Pro 5.0 安装前的计算机系统环境。

(2) 安装 Creo/Pro 5.0。

(3) 设置 Creo/Pro 5.0 启动后的起始文件夹。

(4) 用两种不同的方法启动 Creo/Pro 5.0。

(5) 查看跟踪文件的位置，并将其删除。

# 第 2 章 界面和使用前的设置

Creo/Pro 5.0 的界面操作和 Windows 的操作基本相同。除此之外，Creo/Pro 5.0 还有其独特的特点，即独特的操控板和菜单管理器。Creo/Pro 5.0 以前的版本，大部分功能都通过菜单管理器实现，而 Creo/Pro 5.0 将大多数功能的实现通过菜单管理器和操控板来实现，界面更加人性化、易于操作。

用户还可以使用 Creo/Pro 5.0 的配置文件自定义软件的操作界面，来定制符合自己操作习惯的软件界面。

**【本章重点】**

- Creo/Pro 5.0 的主窗口组件及其功能。
- 设置工作目录。
- 定制屏幕。

## 2.1 Creo/Pro 5.0 的主窗口

Creo/Pro 5.0 的主窗口的组成如图 2-1 所示。

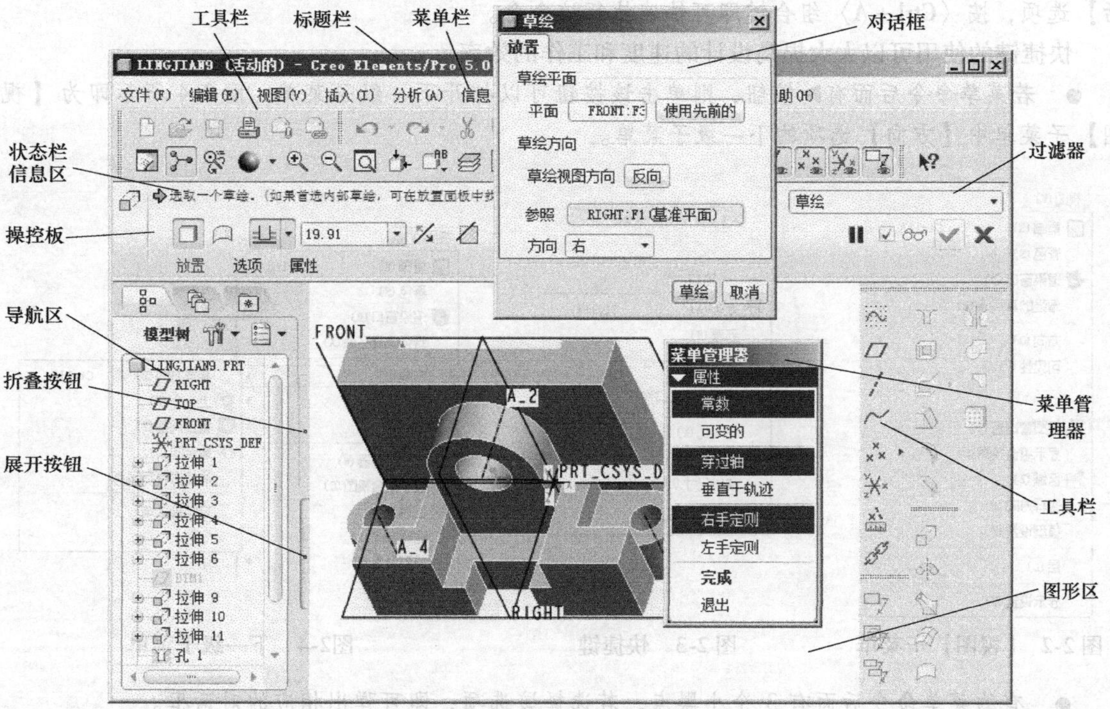


图 2-1 主窗口

从图 2-1 中可以看出 Creo/Pro 5.0 的主窗口和 Windows 窗口基本相似，不同之处在于 Creo/Pro 5.0 有弹出式的菜单管理器和操控板。

Creo/Pro 5.0 的主窗口主要由标题栏、菜单栏、工具栏、导航区、操控板、图形区、信息区、对话框和菜单管理器等模块组成。

1. 标题栏

标题栏上从左到右依次是当前模块的图标、文件名、Creo/Pro 5.0 的版本号。如果文件名后面有被圆括号括起来的“活动的”3 个字，则表示该文件被激活，用户可以对该文件进行操作；反之，则不能对该文件进行操作。

标题栏右侧由右到左依次是【关闭】、【最大化】和【最小化】按钮，单击【关闭】按钮可以关闭程序；单击【最大化】和【最小化】按钮可以使当前窗口以最大化或者最小化方式显示。

2. 菜单栏

Creo/Pro 5.0 的菜单栏由 10 个主菜单组成，每个主菜单的子菜单又包括多个选项。这 10 个菜单分别是【文件】、【编辑】、【视图】、【插入】、【分析】、【信息】、【应用程序】、【工具】、【窗口】和【帮助】。

- 单击某一主菜单，均可打开其对应的子菜单，选择不同的菜单选项可以实现不同的功能操作。图 2-2 所示即为【视图】子菜单中的各功能命令。
- 主菜单后面括号内加下画线的字母是其对应的快捷键，同时按下键盘上的〈Alt〉键和相应字母键就可以执行相应的功能选项。
- 在子菜单中，菜单选项后面括号内加下画线的字母是其对应的快捷键，激活子菜单后，在键盘上按相应的字母键就可以执行相应的功能命令。
- 在子菜单中，菜单选项后面的〈Ctrl + 字母〉即是其对应的快捷键，同时按下键盘上的〈Ctrl〉键和相应的字母键，即可执行相应的功能命令。图 2-3 所示即为【窗口】子菜单的【激活】选项，按〈Ctrl + A〉组合键即可快速执行该命令。

快捷键的使用可以大大提高设计的速度和工作的效率。

- 若菜单命令后面有▶按钮，则单击该按钮可以打开下一级子菜单，图 2-4 所示即为【视图】子菜单中【方向】选项的下一级子菜单。

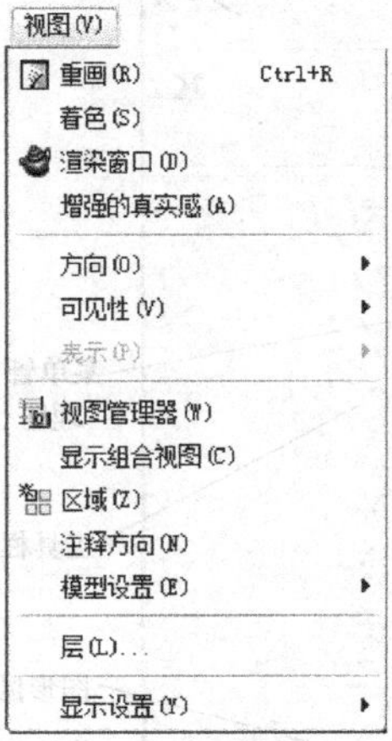


图 2-2 【视图】子菜单

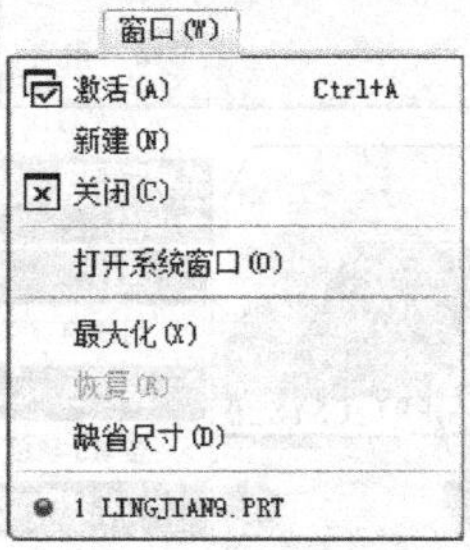


图 2-3 快捷键

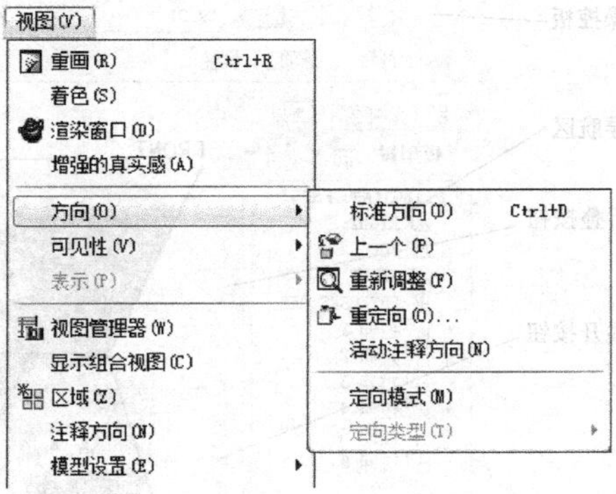


图2-4 下一级子菜单

- 有的菜单命令后面有 3 个小黑点，若选择该选项，即可弹出相应的对话框。

3. 工具栏

工具栏是常用命令的快捷方式，单击工具按钮可以快速执行相应的命令。工具栏主要有标准工具栏和特征工具栏。标准工具栏在图形窗口的上面，主要用于文件编辑和模型显示操作；特征工具栏在图形窗口的右侧，用于创建各种特征。若光标移动到某一工具按钮上稍停片刻，则光标右下角会出现该工具按钮的命令提示。

Creo/Pro 5.0 的工具栏可以定制，使其符合使用者的要求。

提醒：菜单或工具栏上有些菜单选项是灰色的，这表明该命令当前没有处在发挥其作用的环境中，暂不可用。一旦进入它们发挥作用的环境，便会自动变亮。有些工具栏图标右下角或者旁边有黑色小箭头，表明该工具可以展开，选择不同的工具。

4. 图形区

图形区是各种模型图像的显示区，绘制的各种特征将显示在这个区域中，通过鼠标操作可以操纵模型观察的角度。

5. 导航区

导航区位于图形窗口的左侧，其最上端有 3 个工具按钮，分别对应不同的选项卡，如图 2-5 所示。

导航区可以展开和折叠。导航栏展开时，单击其右侧上部的 长按钮可折叠导航区使其不再显示；导航区折叠时，单击其左侧上部的 长按钮可展开导航区使其重新显示。

（1）模型树。单击导航区的 按钮，【导航区】显示为模型树方式。模型树表明了整个模型的创建过程，每个特征都以列表的方式显示在模型树中，列表显示的上下表明创建顺序的先后。每个特征前半部分是特征的图标，后半部分是特征名，使用者可以自己根据需要命名。在模型树中，用户还可以对每个特征执行编辑、定义、删除、隐藏、重命名等操作，如图 2-5a 所示。

（2）文件夹浏览器。单击导航区的 按钮，【导航区】显示为【文件夹浏览器】方式。文件夹浏览器和 Windows 的资源管理器类似，可对文件夹进行有效的管理，如图 2-5b 所示。

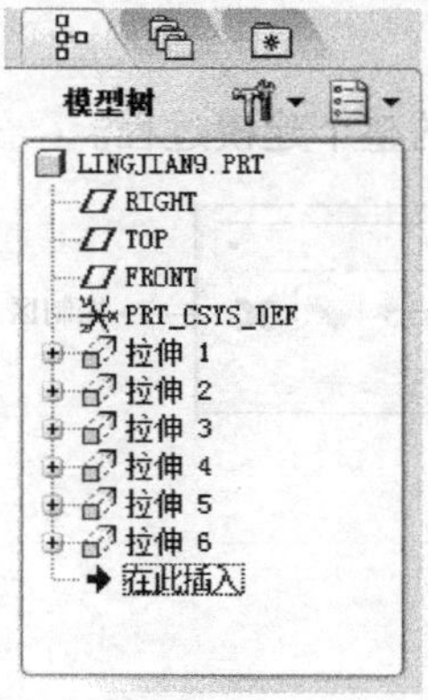


a) 模型树

b) 文件夹浏览器

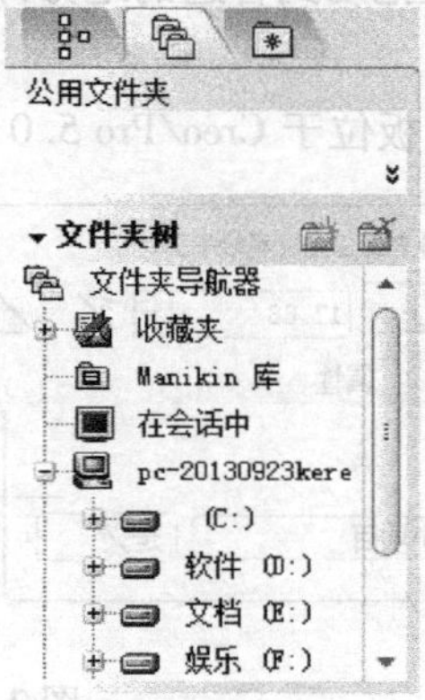


c) 文件夹树

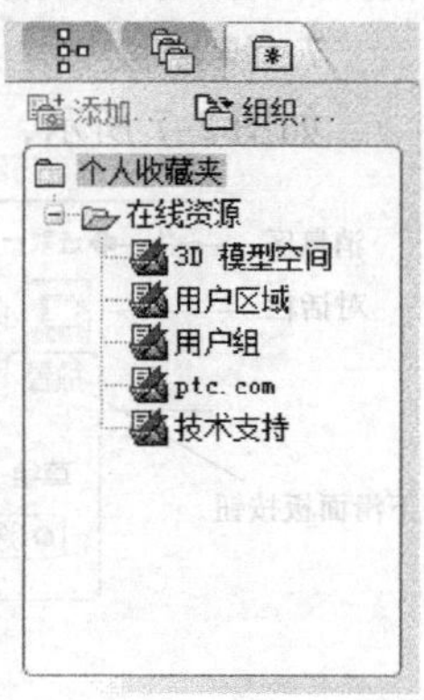


d) 收藏夹

图 2-5　导航区

当单击【文件夹浏览器】列表中的某一文件夹时，将在图形区自动显示【浏览器】窗口，覆盖【图形区】，如图 2-6 所示。用户在【浏览器】窗口中可以进行各种文件夹操作。若要隐藏浏览器窗口，重新显示图形区，可单击浏览器右侧下部的 按扭；若要打开已经隐藏的浏览器窗口，可单击图形窗口左侧下部的 按钮。

图 2-6 【浏览器】窗口

(3) 文件夹树。当导航区处于【文件夹浏览器】状态时，单击导航区下部的【文件夹树】按可以展开资源管理器，如图 2-5c 所示，再次单击【文件夹树】按钮可以将资源管理器折叠起来。

(4) 收藏夹。收藏夹用于有效组织和管理个人资源，如图 2-5d 所示。

(5) 连接。连接用于连接网络资源以及网上协同工作。

6. 信息区

信息区主要显示 Creo/Pro 5.0 操作时系统的提示信息和要求输入的参数。信息区用一条可见的边线将其与图形区分开，需要调整信息区的大小时，将光标移至分界边线附近，待其变为上下箭头形式，按住鼠标左键拖动到合适的地方即可。

7. 操控板

如图 2-7 所示，操控板位于 Creo/Pro 5.0 图形区的上方，用于指导用户的整个建模过程。

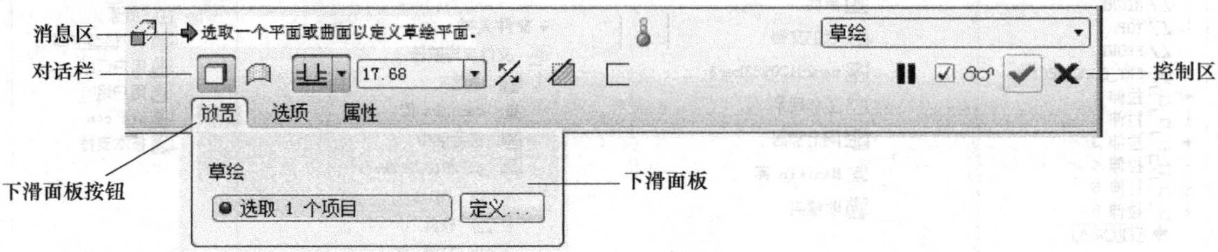


图 2-7 操控板

操控板包含消息区，其中显示与窗口中的工作相关的单行消息。使用消息区右侧的滚动条可查看之前的消息。操控板只有在创建特征时才显示，它代替了许多过去版本中菜单管理器，使得操作简单明了。操控板由对话栏、下滑面板按钮、下滑面板、消息区和控制区组成。

(1) 对话栏。用户可在图形窗口和对话栏中完成大部分建模工作。激活工具时，对话栏显示常用选项和收集器。

(2) 下滑面板按钮和下滑面板。要执行高级建模操作或检索综合特征信息，必须使用下滑面板。单击操控板的的某一下滑面板按钮，其下滑面板向下弹出，在其中进行相应操作，完成建模。因为下滑面板按钮及其对应的下滑面板均与建模环境相关，所以系统会根据当前建模环境的变化而显示不同的按钮和面板元素。

（3）消息区。处理模型时，Creo/Pro 5.0 通过对话栏下消息区中的文本消息来确认用户的操作并指定用户完成建模操作。消息区包含当前建模进程的所有消息。若要找到先前的消息，可滚动消息列表或拖动框格来展开消息区。

每个消息前有一个图标，它指示消息的类别如下：

—提示 —信息 —警告 —出错 —危险

即使用户暂停使用工具并且操控板不可用，消息区仍继续显示消息。

（4）控制区。操控板的控制区包含下列功能按钮：

- 暂停按钮。单击此按钮，暂时退出建模状态，返回其中可进行选取的默认系统状态。
- 恢复暂停按钮。单击此按钮，回到建模状态。
- 几何预览和预览按钮。系统默认处于几何预览状态，将要生成的模型以半透明状态显示。取消该按钮前半部分的复选框的选中，不再显示几何预览，若再次选中，可回到几何预览的状态，一般需要使用几何预览的状态。完成模型构建之前，用户可以单击该按钮后部的【眼镜】按钮进行最后模型的真实预览；预览结束后，再次单击【眼镜】按钮或单击回到预览前的状态。
- 完成按钮。单击此按钮，完成模型构建。
- 取消按钮。单击此按钮，退出建模状态，取消模型构建。

8. 状态栏

状态栏位于工具栏的下方，和消息区整合在一个位置，能显示以下信息：

- 警告和错误信息。
- 在当前模型中选取的项目数。
- 可用的选取过滤器。
- 模型再生状态。其中指示必须再生当前模型，指示当前过程已暂停。
- 屏幕提示。

9. 菜单管理器

【菜单管理器】是一系列用来执行 Creo/Pro 5.0 内部某些任务的层叠菜单。虽然 Creo/Pro 5.0 中已经有很多任务的执行被操控板所代替，但仍有许多任务需要通过【菜单管理器】实现。

【菜单管理器】的菜单随模式而变，其菜单上的一些命令与菜单栏菜单中的命令相同。

10. 对话框

大多数对话框都包含一组相关的功能命令，例如视图重定向、缩放、平移、旋转和旋转中心等，这些功能命令都包含在【方向】对话框中。

很多对话框是动态的，所包含的功能命令会根据用户所做的选取而变化，例如，【方向】对话框根据在【类型】项目中所做的选择而变化。

11. 过滤器

过滤器位于状态栏最右端。随着具体操作的不同，过滤器中可供选择的对象类型也不相同。用户在使用时，应该熟练地将该工具和具体操作相结合，才能达到事半功倍的效果。

## 2.2 标准工具栏

标准工具栏是 Creo/Pro 5.0 所有模块共有的工具栏，使用标准工具栏可以快速执行命令，为用户提供了很大的方便。默认的标准工具栏由【文件】、【编辑】、【视图】、【模型显示】、【基准显示】和【帮助】工具栏组成。

1. 【文件】工具栏

【文件】工具栏由图 2-8 所示的【新建】、【打开】、【保存】、【打印】、【发送附件】及【发送链接】等工具按钮组成。

图 2-8 【文件】工具栏

2. 【编辑】工具栏

【编辑】工具栏如图 2-9 所示，由【撤销】、【重做】、【复制】、【粘贴】、【选择性粘贴】、【再生】、【再生管理器】、【剪切】、【搜索】和【选择方式】等工具按钮组成。

单击【选择方式】按钮可决定选择对象的方式，而单击其右侧的▾按钮，则打开下一级工具菜单，用户可从中选择合适的方式。

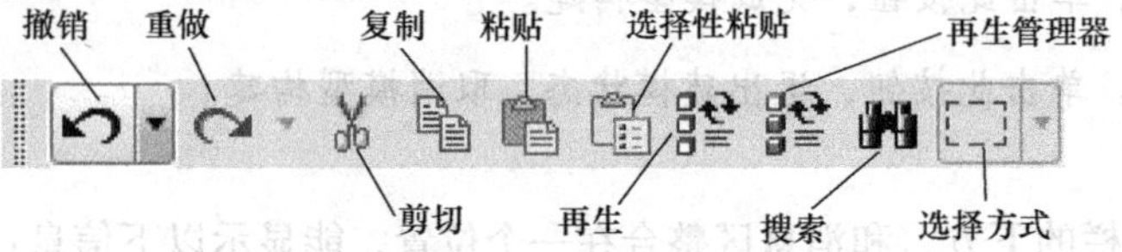


图 2-9 【编辑】工具栏

3. 【基准显示】工具栏

【基准显示】工具栏有【基准平面开/关】、【基准轴开/关】、【基准点开/关】、【坐标系开/关】和【注释元素显示开/关】5 个工具按钮，如图 2-10 所示。这些工具按钮用于控制图形区中各种基准及注释的显示和隐藏。

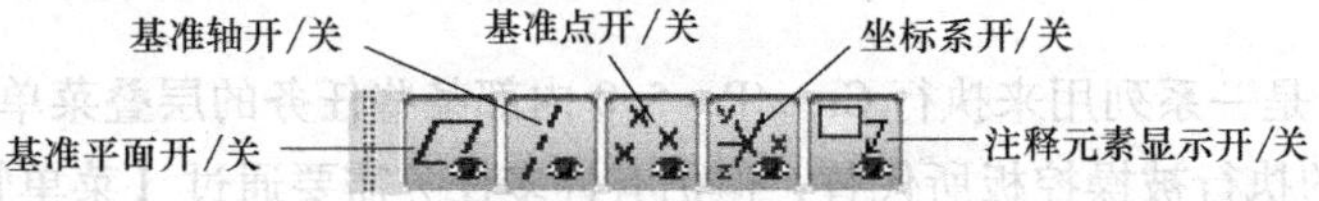


图 2-10 【基准显示】工具栏

图 2-11 为各种基准的显示和隐藏的比较。

在较复杂的模型中，建立的基准数目很多，不但使模型看起来繁杂难懂，同时占用大量的系统资源，在不使用基准时，用户可以将相应类型的基准隐藏，以提高软件运行速度。

4. 【模型显示】工具栏

【模型显示】工具栏有 5 个工具按钮，即【线框】、【隐藏线】、【消隐】、【着色】和【真实感】，如图 2-12 所示。

- 【线框】：单击该按钮，模型以线框模式显示，可见线和隐藏线都以实线方式显示。
- 【隐藏线】：单击该按钮，模型以线框模式显示，可见线为实线，隐藏线为虚线。

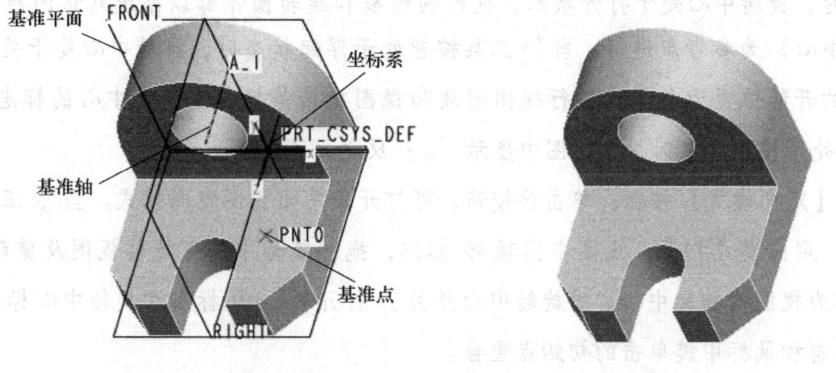


a) 显示基准　　b) 隐藏基准

图 2-11　各种基准的显示和隐藏

- 【消隐】：单击该按钮，模型以线框模式显示，可见线为实线，不显示隐藏线。

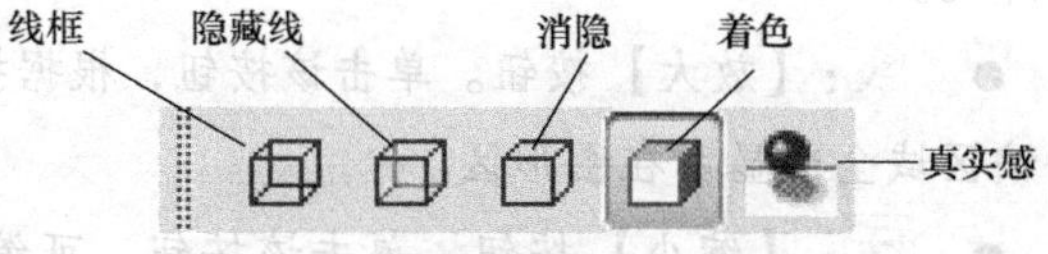


图 2-12　【模型显示】工具栏

- 【着色】：单击该按钮，模型以实体着色模式显示。
- 【真实感】：当以着色模式显示时，单击该按钮，有光和反射出现，真实感较好。

图 2-13 为 5 种模型显示方式的比较。

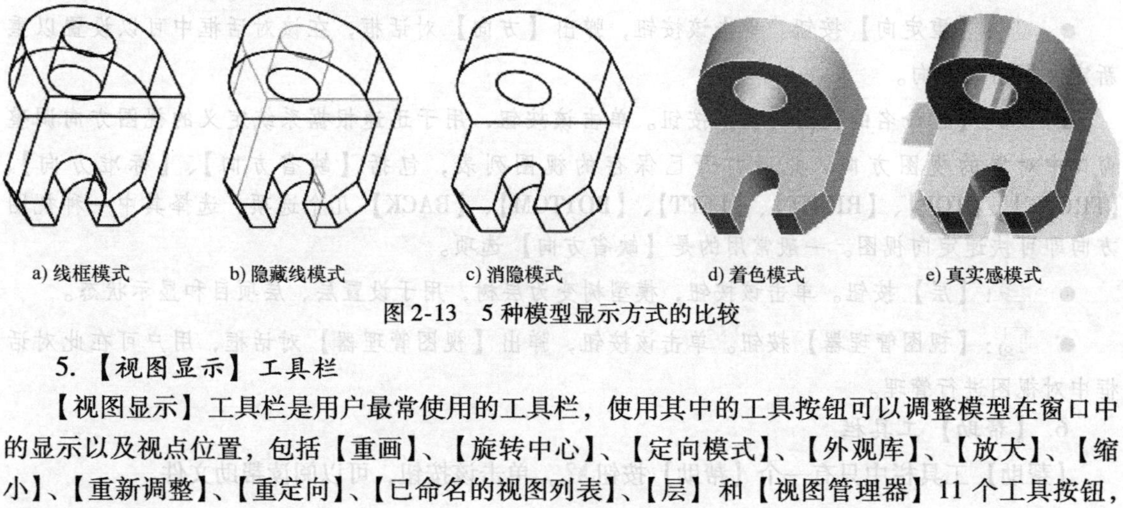

a) 线框模式　　b) 隐藏线模式　　c) 消隐模式　　d) 着色模式　　e) 真实感模式

图 2-13　5 种模型显示方式的比较

5. 【视图显示】工具栏

【视图显示】工具栏是用户最常使用的工具栏，使用其中的工具按钮可以调整模型在窗口中的显示以及视点位置，包括【重画】、【旋转中心】、【定向模式】、【外观库】、【放大】、【缩小】、【重新调整】、【重定向】、【已命名的视图列表】、【层】和【视图管理器】11 个工具按钮，如图 2-14 所示。

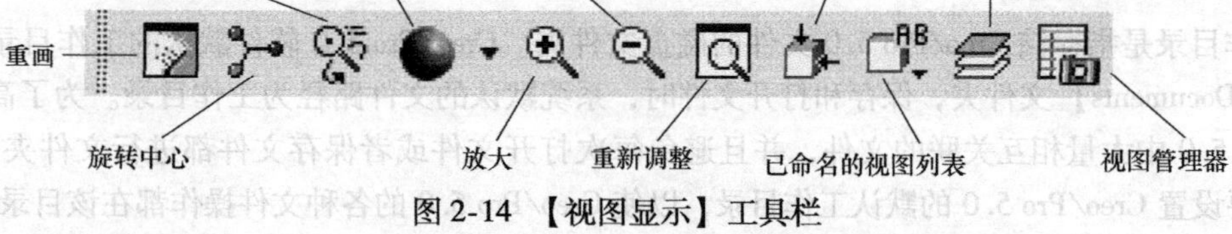


图 2-14　【视图显示】工具栏

- ：【重画】按钮。单击该按钮，可重画当前视图。
- ：【旋转中心】按钮。单击该按钮，可打开或关闭视图的旋转中心。当工具按钮处于按下状态时，旋转中心处于打开状态，视图的缩放和旋转操作都以系统默认的旋转中心（即立体的几何中心）为参考点进行。当工具按钮处于浮起状态时，旋转中心处于关闭状态，将以拖动光标的开始位置为参考点进行视图缩放和视图旋转等操作。旋转中心的标志是，当工具按钮处于按下状态时，在视图中显示；反之，不显示。

- ：【定向模式】按钮。单击该按钮，可打开或关闭视图定向模式。当工具按钮处于按下状态时，定向模式打开，视图中出现 ◈ 标志，拖动鼠标中键可旋转视图及重新定向视图，其中 ◈ 标志为视图的旋转中心。当旋转中心开关打开时，◈ 标志和旋转中心标志重合；反之，◈ 标志和鼠标中键单击的初始点重合。
- ：【外观库】按钮及列表。单击【外观库】按钮，选择相应的对象可对其赋予材质以修改对象的外观。单击【外观库】按钮后面的列表按钮，在其中可编辑外观库，获得更多的外观。
- ：【放大】按钮。单击该按钮，根据提示使用鼠标左键指定两对角点确定放大的区域，将该区域全部显示在图形区。
- ：【缩小】按钮。单击该按钮，可缩小模型在视窗中的显示，每点一下【缩小】按钮，模型显示缩小一半。
- ：【重新调整】按钮。单击该按钮，系统将重新调整对象使其完全显示在屏幕上。
- ：【重定向】按钮。单击该按钮，弹出【方向】对话框，在该对话框中可以设置以重新定义视图的方向。
- ：【已命名的视图列表】按钮。单击该按钮，用于迅速根据系统定义的视图方向调整窗口中对象的视图方向。此时打开已保存的视图列表，包括【缺省方向】、【标准方向】、【FRONT】、【TOP】、【RIGHT】、【LEFT】、【BOTTOM】、【BACK】几个选项，选择其中一种视图方向即可快速定向视图。一般常用的是【缺省方向】选项。
- ：【层】按钮。单击该按钮，模型树变为层树，用于设置层、层项目和显示状态。
- ：【视图管理器】按钮。单击该按钮，弹出【视图管理器】对话框，用户可在此对话框中对视图进行管理。

6. 【帮助】工具栏

【帮助】工具栏中只有一个【帮助】按钮，单击该按钮，可以阅读帮助文件。

## 2.3 设置工作目录

工作目录是指存储 Creo/Pro 5.0 文件的磁盘文件夹。Creo/Pro 5.0 软件默认的工作目录是系统的【My Documents】文件夹，保存和打开文件时，系统默认的文件路径为工作目录。为了高效管理 Creo/Pro 5.0 中大量相互关联的文件，并且避免每次打开文件或者保存文件都进行文件夹的搜索，很有必要设置 Creo/Pro 5.0 的默认工作目录，以使 Creo/Pro 5.0 的各种文件操作都在该目录中进行。

设置工作目录有 3 种方法，即使用菜单操作、使用导航区操作和使用浏览器操作。

1. 使用菜单操作设置工作目录

(1) 选择菜单栏中的【文件】|【设置工作目录】选项，弹出如图 2-15 所示的【选取工作

目录】对话框。

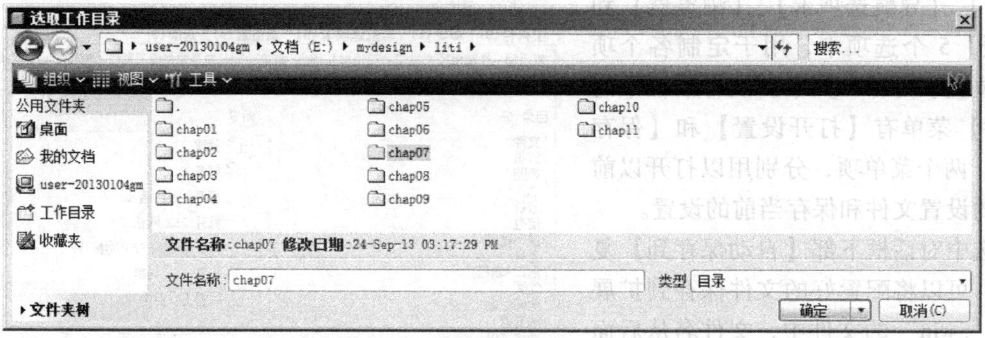


图 2-15　【选取工作目录】对话框

（2）在【查找范围】下拉列表框中选择文件夹位置，然后在列表框中选取文件夹，单击 确定 按钮完成设置。

2. 在导航区设置工作目录

（1）在导航区单击【文件夹浏览器】按钮，使导航区处于文件夹浏览器状态。

（2）单击导航区最下部的【文件夹树】按钮，展开文件夹树，该文件夹树类似于 Windows 的资源管理器。

（3）在文件夹树中选择欲设置为工作目录的文件夹，单击鼠标右键，在弹出的快捷菜单中选择【设置工作目录】命令，完成设置。

3. 在浏览器中设置工作目录

（1）在导航区单击【文件夹浏览器】按钮，使导航区处于文件夹浏览器状态。

（2）在文件夹浏览器中选中用户计算机的名称，此时在图形区展开浏览器，显示整个计算机的内容，如图 2-16 所示。

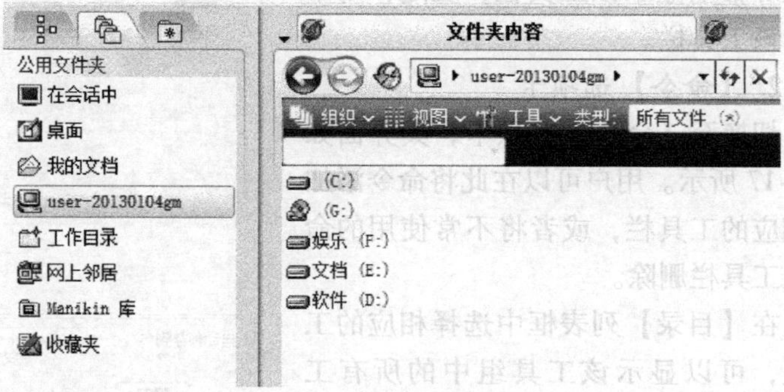


图 2-16　浏览器

（3）在浏览器中选择欲设置为工作目录的文件夹，单击鼠标右键，在弹出的快捷菜单中选择【设置工作目录】命令，完成设置。

退出 Creo/Pro 5.0 时，系统不会保存新工作目录的设置。若从用户工作目录以外的目录中检索文件，然后保存文件，则文件会保存到该文件所在的目录中；若保存副本并重命名文件，则副本会保存到当前的工作目录中。

## 2.4　定制屏幕

Creo/Pro 5.0 的操作窗口非常人性化，用户可以根据自己的需要定制屏幕，使界面符合用户的设计习惯。选择菜单栏中的【工具】|【定制屏幕】选项，系统将弹出如图 2-17 所示的【定制】对话框。

【定制】对话框包括【工具栏】、【命令】、【导航选项卡】、【浏览器】和【选项】5 个选项卡，用于定制各个项目的位置、内容和大小。该对话框中的【文件】菜单有【打开设置】和【保存设置】两个菜单项，分别用以打开以前保存的设置文件和保存当前的设置。

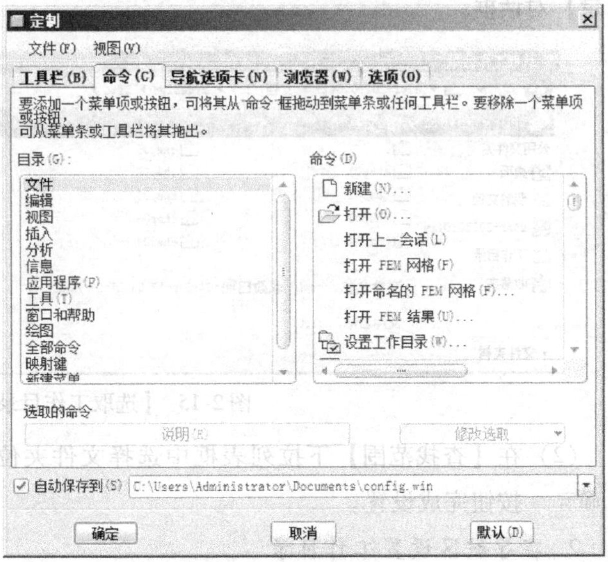


图 2-17 【定制】对话框

选中对话框下部【自动保存到】复选框，可以将配置好的文件保存到扩展名为".win"的文件中，文件名从后面的列表中选取。如果对定制的屏幕不满意，单击 缺省(D) 按钮即可恢复屏幕的缺省设置。

1. 【工具栏】选项卡

切换至【工具栏】选项卡，其界面如图 2-18 所示。用户可以在此对各种工具栏进行设置，例如，默认的【文件】工具栏置于屏幕的顶部，单击其后列表框中的 顶 ▼ ，弹出如图 2-18 中的列表。列表中有"顶""左""右"3 个选项，可以把相应的工具栏放置在图形区的上侧、左侧或右侧。每个工具栏的前面均有一复选框，若选中该复选框，则在屏幕上显示该工具栏；反之，则不显示该工具栏。

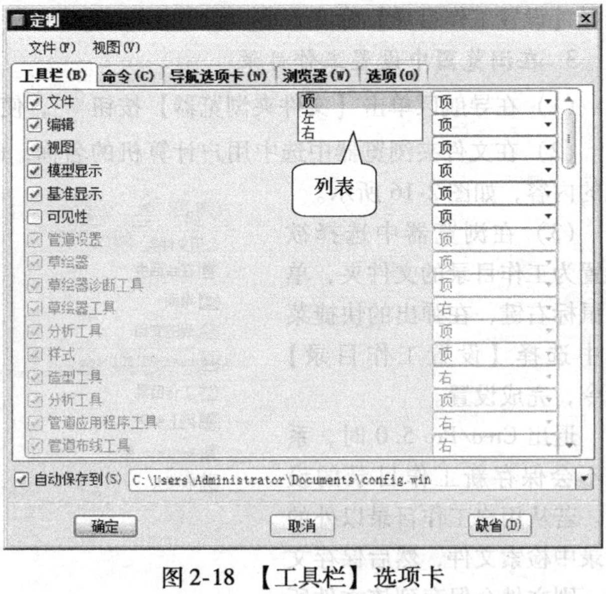


图 2-18 【工具栏】选项卡

2. 【命令】选项卡

切换至【命令】选项卡，其界面如图 2-17 所示。用户可以在此将命令添加到相应的工具栏，或者将不常使用的命令从工具栏删除。

在【目录】列表框中选择相应的工具组，可以显示该工具组中的所有工具，选择要添加到工具栏的工具，将其拖动到屏幕上的相应工具栏位置，放开鼠标左键即可完成添加。

若要将工具栏中不常使用的命令删除，则应选取要删除的命令，将其拖动到【定制】对话框松开鼠标左键即可。

**【例 2-1】** 定制工具栏。

定制【文件】工具栏，在其中添加【设置工作目录】按钮、【关闭窗口】按钮、【保存副本】按钮及【拭除当前】按钮，并且从【文件】工具栏中删除【作为附件发送给收件人】按钮和【以链接形式发送给收件人】按钮，将定制文件保存。

## 设计步骤

(1) 选择菜单栏中的【工具】|【定制屏幕】选项，弹出【定制】对话框，切换至【命令】选项卡。

(2) 在【目录】列表框中选中【文件】工具组，此时在【命令】列表框中显示【文件】工具组包含的所有命令，如图 2-19 所示。

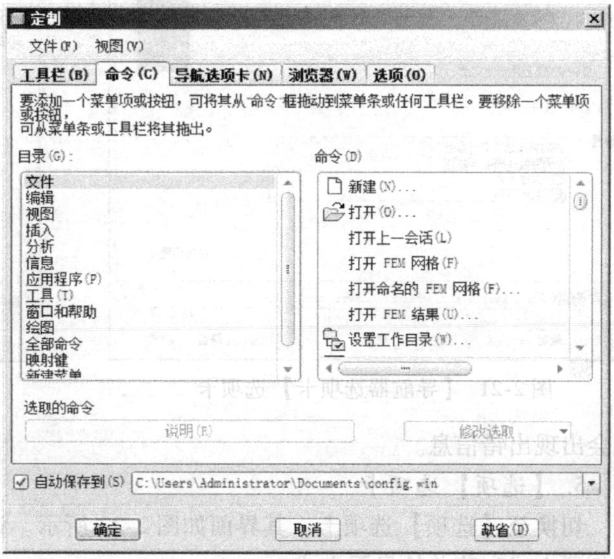


图 2-19 定制命令

(3) 在【命令】列表框中选择【设置工作目录】选项，按住鼠标左键将其拖动到图形区上方【文件】工具栏中【保存】按钮的右侧，松开鼠标左键，【设置工作目录】按钮就添加完成了。

(4) 按照步骤 (3) 分别添加【关闭窗口】按钮、【保存副本】按钮和【拭除当前】按钮到【文件】工具栏中。

(5) 在【文件】工具栏中，选中【作为附件发送给收件人】按钮，按住鼠标左键将其拖动到【定制】对话框中，松开鼠标左键，即可将该按钮从【文件】工具栏中删除。

(6) 按照步骤 (5) 在【文件】工具栏中删除【以链接形式发送给收件人】按钮。定制后的【文件】工具栏如图 2-20 所示。

图 2-20 定制后的【文件】工具栏

3. 【导航选项卡】选项卡

【导航选项卡】选项卡包含【导航选项卡设置】和【模型树设置】两个选项组，分别用来设置导航栏的大小和位置以及模型树的位置，如图 2-21 所示。

- 【放置】下拉列表框：该选项把导航窗口放置在图形窗口的左侧或右侧。
- 【导航窗口的宽度】滑块：该选项调整导航窗口的宽度，一般设置为 10。
- 【模型树设置】选项组中的【放置】下拉列表框：该选项设置【模型树】的放置位置。若选择【作为导航选项卡一部分】选项，则将导航窗口和模型树组合在一起，此时用户通过命令按钮选择使用模型树还是导航窗口。若选择【图形区域上方】或【图形区域下方】选项，则将模型树和导航窗口分离，可以放在图形窗口的上方或下方。

4. 【浏览器】选项卡

【浏览器】选项卡只含有【初始设置】一个选项组，如图 2-22 所示。其中，窗口宽度的调整方式有以下两种：

- 拖动【窗口宽度】滑块。
- 在滑块后的文本框内输入宽度数值。

【窗口宽度】滑块下方的两个复选框可以用于进行浏览器开/关时有无动画以及启动程序时是否直接载入浏览器的设置。Creo/Pro 5.0 的浏览器使用 IE 6.0 以上版本的浏览器进行浏览，否

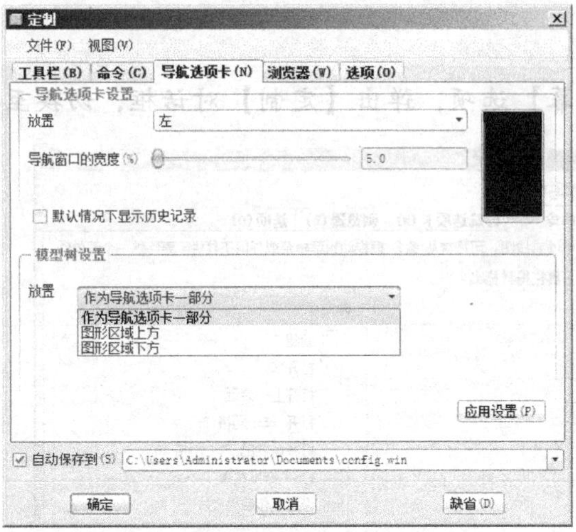


图 2-21 【导航器选项卡】选项卡

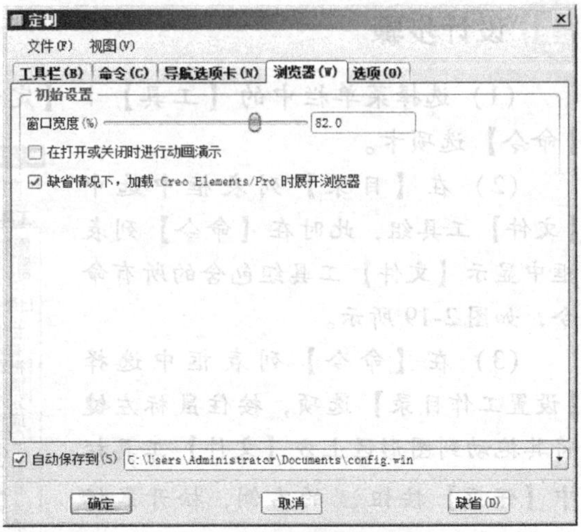


图 2-22 【浏览器】选项卡

则会出现出错信息。

5. 【选项】选项卡

切换至【选项】选项卡，其界面如图 2-23 所示。该选项卡用于设置操控板的位置、次窗口的打开方式和菜单的显示方式。

若选中【菜单显示】选项组中的【显示图标】复选框，则下拉菜单中将显示相应命令的图标；否则不显示相应命令的图标。

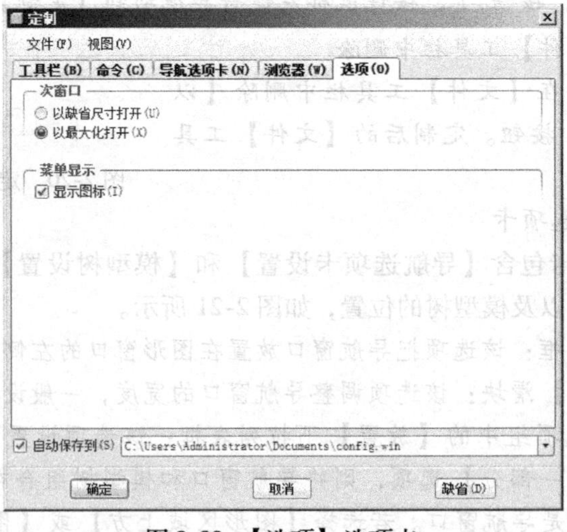


图 2-23 【选项】选项卡

## 2.5 颜色设置

Creo/Pro 5.0 的颜色设置包括系统颜色设置和图元颜色设置。系统颜色设置包括窗口颜色设置、窗口前景和背景颜色设置等。图元颜色设置是指对各种图元的不同状态颜色进行设置。

选择菜单栏中的【视图】|【显示设置】|【系统颜色】选项，弹出【系统颜色】对话框，如图 2-24 所示。【系统颜色】对话框包括【文件】和【布置】两个菜单以及【基准】、【几

何】、【草绘器】、【图形】和【用户界面】5 个选项卡。

【文件】和【布置】菜单可以分别对系统颜色设置进行文件操作或使用系统内置的配色方案。

- 【文件】菜单可以把当前的系统颜色设置保存为文件，用户可在需要时选择【打开】命令打开已经保存的文件，恢复原来的设置。
- 【布置】菜单有 10 个菜单命令，如图 2-25 所示，分别对应不同的配色方案。用户可以从中选择自己喜欢的配色方案，也可以返回系统默认的颜色设置。图 2-26 和图 2-27 是白底黑色和黑底白色两种配色方案的效果比较。

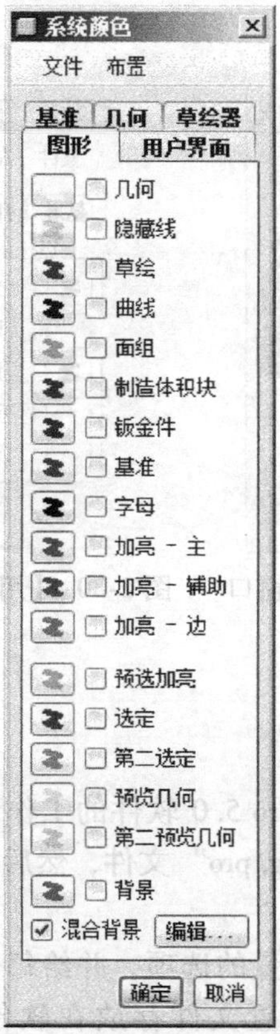

图 2-24 【系统颜色】对话框

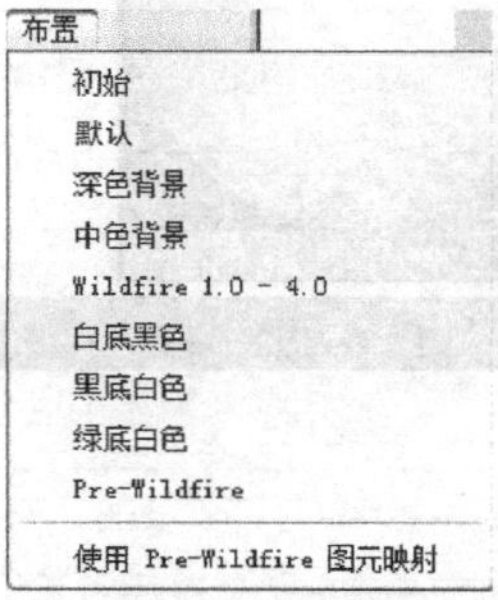

图 2-25 【布置】菜单

图 2-26 白底黑色配色方案

【基准】、【几何】、【草绘器】、【图形】和【用户界面】这 5 个选项卡可以分别设置不同要素的颜色。单击某个要素前面的颜色按钮，打开如图 2-28 所示的【颜色编辑器】窗口，用户可使用【颜色轮盘】或者【混合调色板】直接选择颜色，也可以通过【RGB/HSV 滑块】选择适当的颜色。

- 使用【图形】选项卡中的【混合背景】复选框可以调整图形区的背景颜色。如果想使用混合背景，可单击【混合背景】右侧的 编辑... 按钮，在如图 2-29 所示的【混合颜色】窗口中分别调整【顶部】和【底部】两种颜色，以决定图形区顶端和低端的颜色。用户可以在图形窗口中动态观察颜色的变化。
- 【草绘器】选项卡可以设置草绘模块中各元素的

图 2-27 黑底白色配色方案

颜色。

- 【用户界面】选项卡可以设置用户界面各元素的颜色，如图2-30所示。
- 【图形】和【基准】选项卡可以设置各种图形和基准要素的颜色。
- 【几何】选项卡可以设置各种几何要素的颜色。

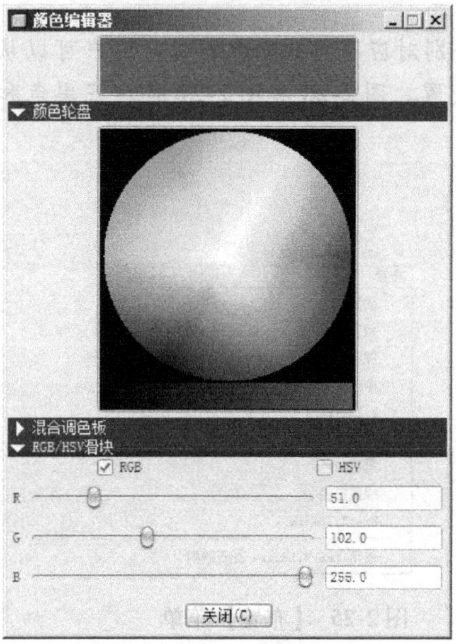


图2-28 【颜色编辑器】窗口

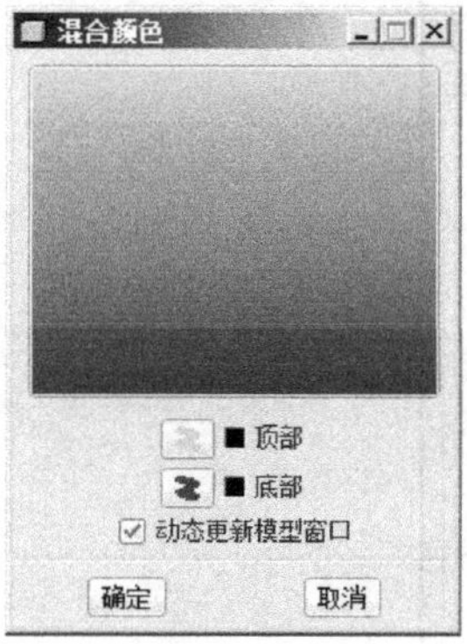


图2-29 【混合颜色】窗口

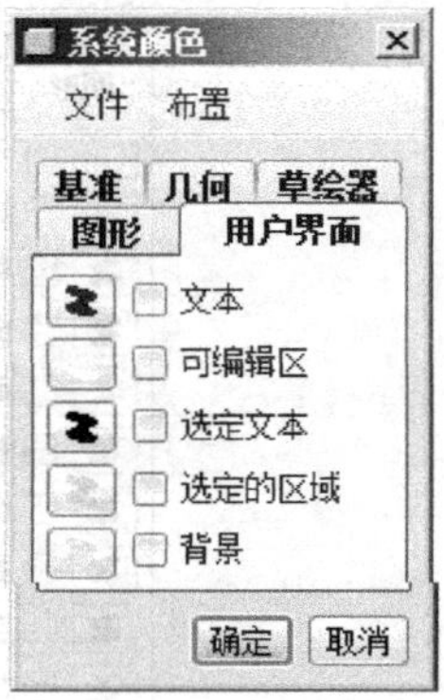


图2-30 【用户界面】选项卡

## 2.6 配置文件"config. pro"

用户可以用一个名为"config. pro"的配置文件预设Creo/Pro 5.0软件的工作环境并进行全局设置。Creo/Pro 5.0在启动时，应先从默认目录中搜索"config. pro"文件，然后对软件环境进行配置，这样就不必每次启动时重新设置用户环境。

设置"config. pro"文件的方法是在设置文件中添加一定数量的选项，并给每个选项赋予相应的值，然后保存在文件中备用。一般情况下，将系统的配置文件存放在软件安装目录的"text"文件夹中，这样在软件启动时，系统便会自动加载已经设置好的选项。

**提醒：**为了确保"config. pro"配置文件中的选项生效，无论是新建一个"config. pro"文件，还是修改文件后，都要保存，并且应先退出Creo/Pro 5.0，然后重新进入才能生效。

【例2-2】 创建和保存配置文件。

(1) 双击桌面上的Creo快捷图标，启动Creo/Pro 5.0软件。

(2) 选择菜单栏中的【工具】|【选项】选项，弹出如图2-31所示的【选项】对话框。

(3) 在【选项】文本框输入选项名称，如"menu_translation"。

(4) 在【值】组合框输入或者选择选项值，此处选择"both"选项。例如，"menu_translation"选项的值有3个：yes（中文）、no（英文）和both（中英文），可以从值列表中选取，而其他没有固定值的选项要在【值】组合框中输入确定。

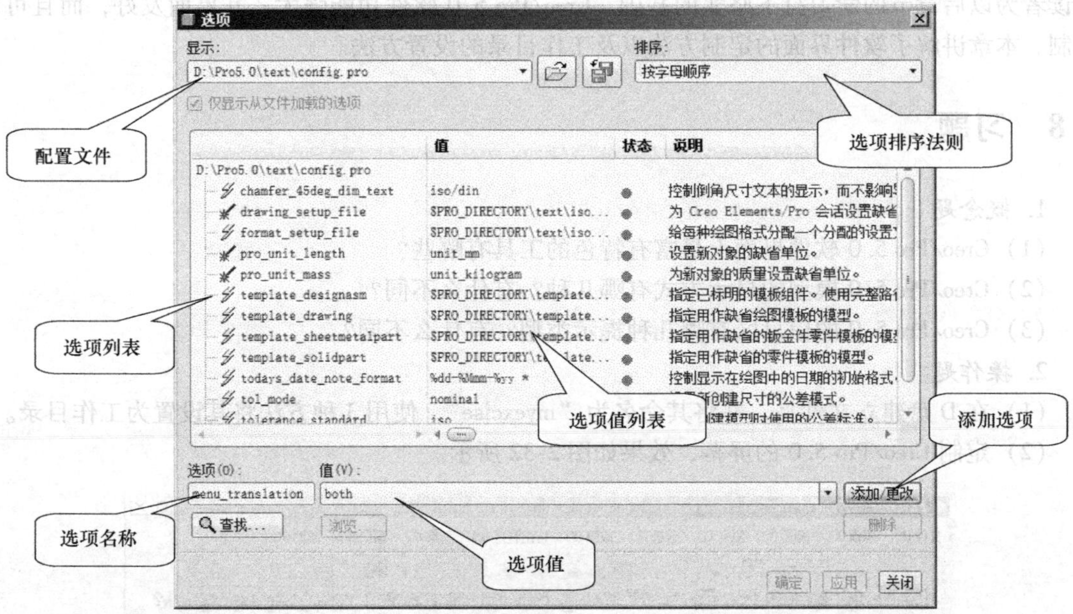


图 2-31 【选项】对话框

(5) 单击 添加/更改 按钮将选项值添加到当前配置文件中。

(6) 单击 应用 按钮将当前配置应用到当前用户环境。

(7) 按照步骤 (3) ~ 步骤 (6) 添加选项 “text_height_factor”，设置其值为 40。

(8) 按照步骤 (3) ~ 步骤 (6) 添加其他选项。

(9) 完成后单击【保存配置文件】按钮，将其保存在软件安装目录中的 “text” 文件夹下的 “config. pro” 文件中，以备使用。

(10) 若想打开已经保存的配置文件，则单击【打开配置文件】按钮，可以打开扩展名为 “*. pro” 的配置文件。若想删除选项，可以在【选项】列表中选择该选项，然后单击 删除 按钮即可。

(11) 单击 关闭 按钮退出【选项】对话框，配置文件将在重新启动 Creo/Pro 5.0 后起作用。

(12) 单击 确定 按钮完成系统配置文件。

(13) 重新启动 Creo/Pro 5.0 软件，此时新的配置文件已经应用。

---

提醒：“menu_translation” 选项用以配置 Creo/Pro 5.0 中菜单管理器中选项的显示形式，若设置其值为 yes，则菜单项显示为中文；若设置其值为 no，则菜单项显示为英文；若设置其值为 both，则菜单项显示为中英文状态。“text_height_factor” 选项用以设置图形区标签文字的大小，值越小，则标签显示得越大，一般设置为 50 即可。

---

## 2.7 本章小结

本章首先对 Creo/Pro 5.0 的操作界面进行了介绍，其次讲解了其标准工具栏的用法，旨在帮助读者为以后章节的学习打下坚实的基础。Creo/Pro 5.0 软件功能强大，其界面友好，而且可以定制，本章讲解了软件界面的定制方法以及工作目录的设置方法。

## 2.8 习题

1. 概念题

（1） Creo/Pro 5.0 软件界面上最富有特色的工具有哪些？

（2） Creo/Pro 5.0 模型的显示方式有哪几种？有什么不同？

（3） Creo/Pro 5.0 的信息区有哪几种提示类型？有什么不同？

2. 操作题

（1） 在 D 盘建立文件夹，并将其命名为“myexcise”，使用 3 种方法将其设置为工作目录。

（2） 定制 Creo/Pro 5.0 的屏幕，效果如图 2-32 所示。

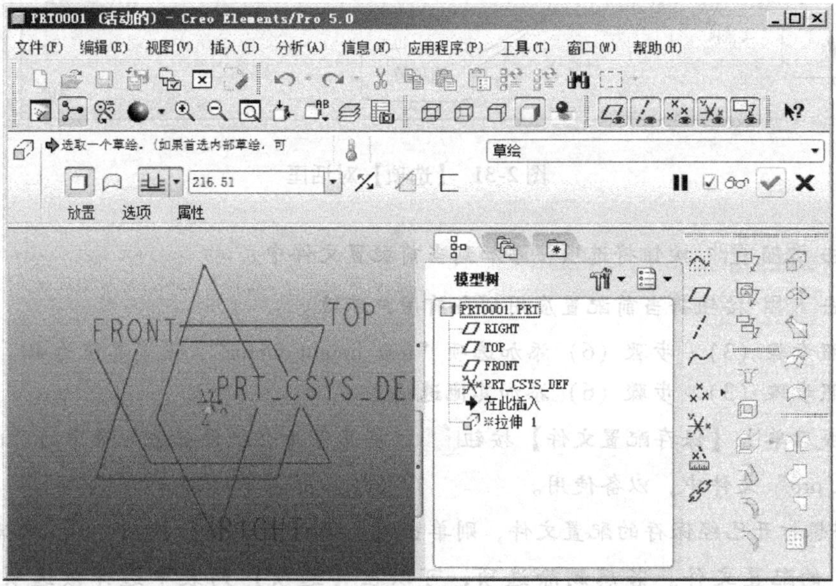


图 2-32 定制屏幕效果

（3） 设置系统颜色如下：绘图区背景颜色为墨绿色，几何颜色为红色，隐藏线颜色为黄色，各种基准平面为亮白色，基准轴的颜色为棕色。

# 第3章 草绘模块

Creo/Pro 5.0 是基于特征造型的实体建模工具，其模型由若干简单特征叠加或者切割而成。其构建的特征可以分为基础特征和工程特征两种类型。基础特征是 Creo/Pro 5.0 的基本特征，工程特征则必须在基础特征的基础上才能完成。

创建基础特征时，用户必须先草绘截面，而后通过拉伸、旋转、混合、扫描、可变截面扫描、螺旋扫描等命令完成三维造型。从这种意义上说，Creo/Pro 5.0 创建基础特征的过程可以被认为是二维截面图形的三维化。截面图形中包含着三维特征的定位尺寸和定形尺寸，是生成三维特征的源泉，因此，截面草绘是创建实体模型的基础。

【本章重点】

- 各种草绘工具的使用。
- 编辑草图的方法。
- 加强尺寸的方法和各种尺寸标注的方法。
- 弱约束和强约束的转换。

## 3.1 Creo/Pro 5.0 草绘环境中的术语

Creo/Pro 5.0 草绘环境中的专用术语及其含义如下：

- 图元：指截面上的任何元素，包括点、直线、圆、圆弧、样条曲线和坐标系等。
- 参照：指草绘截面或者创建轨迹时的基准，包括基准面、基准轴、基准点等。
- 尺寸：特征上各个图元大小、形状的量度以及各图元之间相对位置的量度。
- 弱尺寸：绘制图元时系统自动标注的尺寸。在用户没有确认的情况下，系统可以自动调整其存在与否，并在系统界面上以灰色显示。在用户增加尺寸时，系统没有任何提示便自动删除多余的弱尺寸，以避免出现重复标注的尺寸。
- 强尺寸：指由用户创建的尺寸，系统不能自动删除。在系统默认情况下，强尺寸以较深的颜色显示。当几个尺寸有冲突时，系统将提示用户删除多余的尺寸或约束。
- 约束：指定义图元之间位置关系或者图元和参照之间位置关系的条件。约束定义后，在被约束的图元旁边会出现相应的约束符号。例如，约束一条直线和一个圆相切，会在切点上出现一个相切约束符号“T”。
- 弱约束：绘制草图时自动产生的约束，在和其他尺寸或约束冲突时，可以被自动删除。在系统默认情况下，弱约束以灰色显示。
- 强约束：使用约束工具产生的约束，在和其他尺寸或约束冲突时，系统弹出信息提示对话框，用户可根据提示删除多余的尺寸或约束。在系统默认情况下，强约束以较深的颜色显示。
- 参数：草绘中的辅助尺寸标注要素，可以关系改变其大小。
- 关系：相互关联的尺寸或者参数的等式或不等式。例如，可以使用一个关系将一个圆的直径设置为一条直线长度的1/2。
- 冲突：两个强尺寸之间、两个强约束之间或者一个强尺寸及一个强约束之间产生的矛盾或多余条件。若出现这种情况，则必须删除多余的尺寸或者约束。

## 3.2 草绘基础

草绘是使用 Creo/Pro 5.0 建模的基础操作，用户可以利用它创建各种复杂的二维截面图形，还可在绘制后可以根据自己的意图修改草绘的尺寸，这完全体现了软件的参数化思想。使用约束可以根据设计思想对图元精确定位。

### 3.2.1 进入草绘

进入草绘有两种方法：一种是利用文件进行草绘，保存后以备建模使用；另一种是在建模时直接进行草绘。下面着重讲解第一种方法，第二种方法将在三维建模过程中具体讲解。

创建新文件进入草绘的方法如下。

选择菜单栏中的【文件】|【新建】选项（或者单击工具栏中的【新建】按钮，或者按〈Ctrl + N〉组合键，系统将弹出如图 3-1 所示的【新建】对话框。在【类型】选项组中单击【草绘】单选按钮，在【名称】文本框中输入草绘的文件名，单击 确定 按钮，即可进入草绘模式。

提醒：草绘文件的文件名不能使用中文或通配符，一般情况使用数字、字母、-、_的组合，采用“望文生义”的原则命名。

进入草绘模式之后，系统默认的工具栏会发生相应的变化。图形区上方显示【草绘器】工具栏和【草绘器诊断】工具栏，如图 3-2 和图 3-3 所示；图形区右侧显示【草绘器工具】工具栏，如图 3-4 所示。

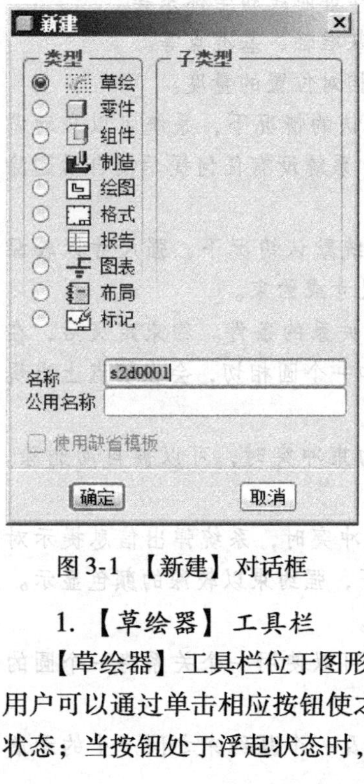


图 3-1 【新建】对话框

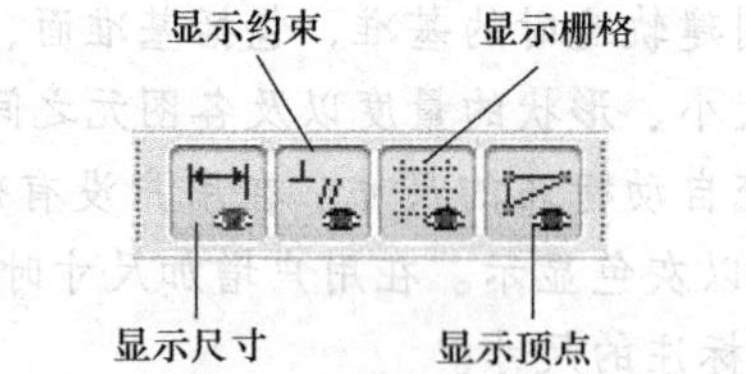


图 3-2 【草绘器】工具栏

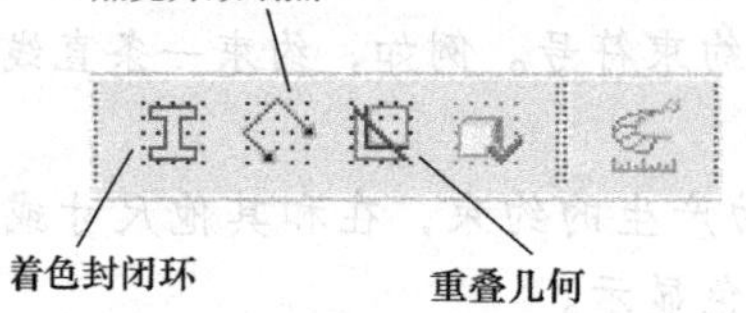


图 3-3 【草绘器诊断】工具栏

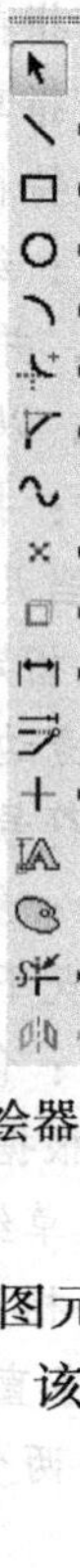

图 3-4 【草绘器工具】工具栏

1. 【草绘器】工具栏

【草绘器】工具栏位于图形区上方，包含 4 个按钮，用以控制草图中各种图元的显示状态。用户可以通过单击相应按钮使之处于按下或浮起状态，当按钮处于按下状态时，该设置处于启用状态；当按钮处于浮起状态时，该设置处于禁用状态。

（1）：【显示尺寸】按钮。单击该按钮，可切换草图尺寸显示的开/关状态，控制草图中是否显示尺寸。图 3-5 是显示尺寸和不显示尺寸的对比效果。

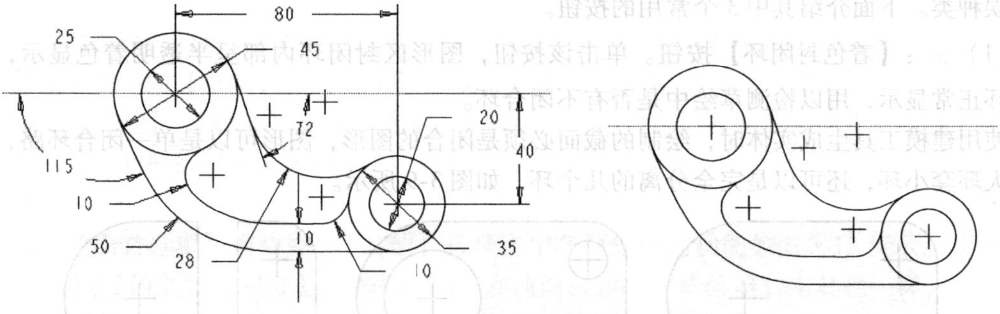


图 3-5　显示尺寸和不显示尺寸的对比

（2）：【显示约束】按钮。单击该按钮，可切换约束显示的开/关，控制草图中是否显示约束标志。图 3-6 是显示约束和不显示约束的对比。

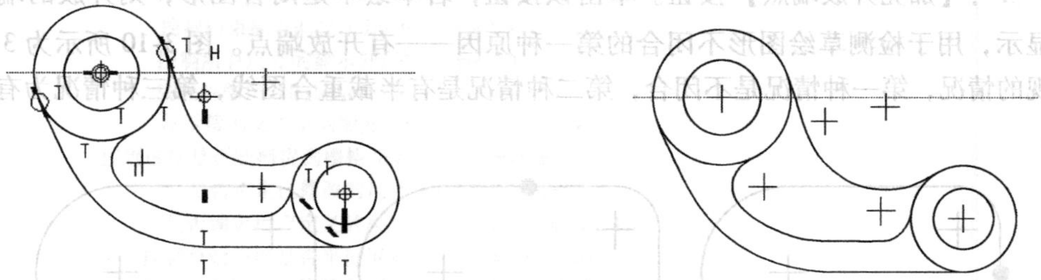

图 3-6　显示约束和不显示约束的对比

（3）：【显示栅格】按钮。单击该按钮，可切换栅格显示的开/关，控制图形区中是否显示背景栅格。图 3-7 是显示栅格和不显示栅格的对比。

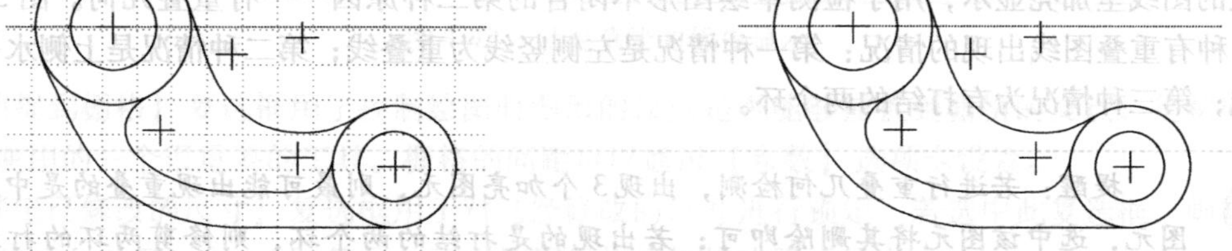

图 3-7　显示栅格和不显示栅格的对比

（4）：【显示顶点】按钮。单击该按钮，可切换截面顶点显示的开/关，控制草图中是否显示顶点。图 3-8 是显示顶点和不显示顶点的对比。

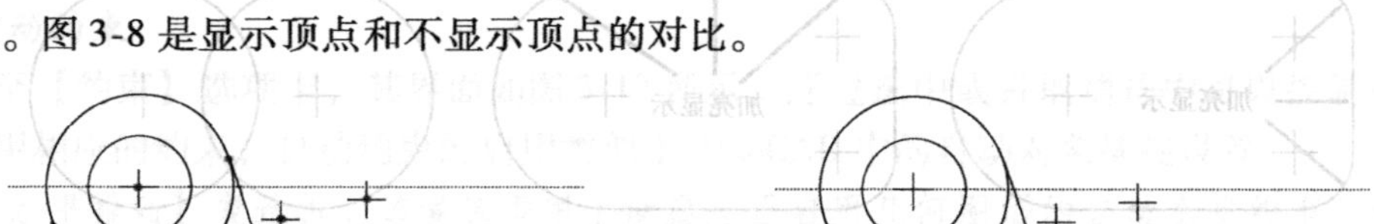

图 3-8　显示顶点和不显示顶点的对比

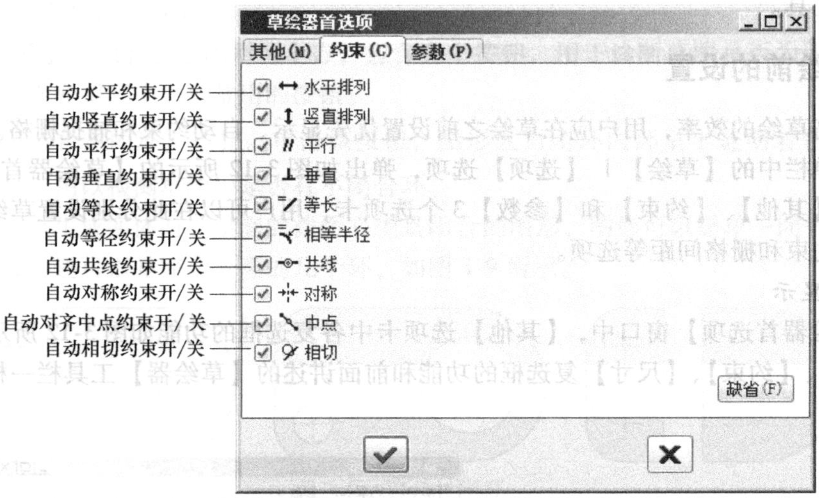


图 3-13　自动约束设置

竖直线。当图元上的两端点处于竖直位置时，出现“¦”符号，两端点自动竖直对齐。

- 【平行】复选框。该复选框用于设置是否启用几何图形的自动平行约束。绘制好直线后，绘制下一条直线时，出现“$//_n$”符号，可以绘制已知直线的平行线。
- 【垂直】复选框。该复选框用于设置是否启用几何图形的自动垂直约束。绘制好直线后，绘制下一条直线时，出现“$\perp_n$”符号，可以绘制已知直线的垂线。
- 【等长】复选框。该复选框用于设置是否启用几何图形的自动等长约束。绘制好直线后，绘制下一条直线时，出现“$L_n$”符号，可以绘制与已知直线等长的直线。
- 【相等半径】复选框。该复选框用于设置是否启用几何图形的自动相同半径约束。绘制好圆或者圆弧后，绘制下一个圆或者圆弧时，出现“$R_n$”符号，可以绘制与已知圆或者圆弧等半径的圆弧或圆。
- 【共线】复选框。该复选框用于设置是否启用几何图形的自动共线约束。输入图元顶点时，光标移动到已经绘制好的线附近时，在图元上出现“-⊘-”符号，自动捕捉到图元上的点；光标移动到已经绘制好的点附近时，在图元上出现“-◉”符号，自动捕捉到与该点重合；光标移动到已经绘制好的线的延长线上时，在图元上出现“▬ ▬”符号，自动捕捉到与该线延长线上的点。
- 【对称】复选框。该复选框用于设置是否启用几何图形的自动对称约束。在已经绘制中心线的图形中，于中心线两侧近似相同位置绘制相同图元时，出现“→←”符号，所画两个图元自动对称。
- 【中点】复选框。该复选框用于设置是否启用自动捕捉图元中点约束。绘制图元时，光标移动到已绘制好的图元中点附近时，出现“M”符号，可以捕捉到图元中点。
- 【相切】复选框。该复选框用于设置是否启用自动捕捉图元切点约束。绘制图元时，光标移动到两图元切点位置附近时，出现“T”符号，可以自动捕捉到图元切点。

**提醒：在使用“平行”“垂直”“等长”和“相等半径”约束时，会在相应的符号标志右下角出现以阿拉伯数字表示下标“n”，不同数值表示使用相同约束的组数。**

3. 栅格参数设置

在【草绘器首选项】窗口中，切换至【参数】选项卡，如图 3-14 所示。用户可以在此设置【栅格】、【栅格间距】和【精度】。

● 在【栅格】选项组中，【原点】选项用以设置栅格原点的位置，单击按钮，在图形区拾取一点，即将其设置为栅格原点。【角度】文本框用于设置栅格线和水平线的夹角。【类型】单选区用于设置坐标系的类型。

● 【栅格间距】选项组用于设置栅格的间距。使用【自动】选项时，系统将栅格两个方向的间距设置为 1。使用【手动】时，【值】选项组可用，在文本框中输入两个方向的栅格间距即可；【等间距】复选框用于设置两个方向的栅格是否等距，如图 3-15 所示。

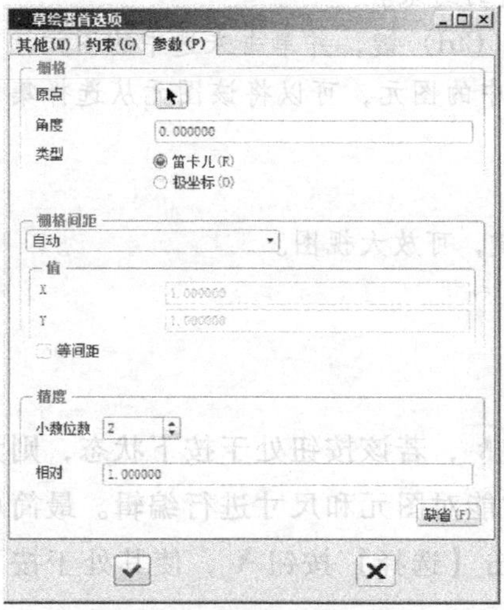


图 3-14　【参数】选项卡

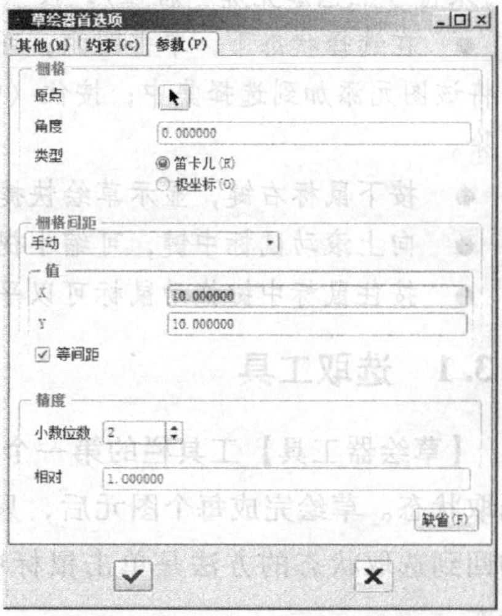


图 3-15　手动设置栅格间距

● 【精度】选项组用于设置尺寸数字的小数位数和系统运算的相对精度。

**提醒：草绘截面图形时，尽量使用优先显示和自动约束工具，根据所绘草图的大小，确定栅格间距的大小，在【其他】选项卡中选中【捕捉到栅格】复选框，可以达到提高绘图效率的目的。**

## 3.3　草绘截面

草绘截面的方式有两种：一种是使用【草绘】菜单或者快捷菜单操作；另一种是使用图形区右侧的【草绘器工具】工具栏操作。推荐优先使用第二种方式。

草绘截面的步骤一般如下：

选取命令→屏幕上拾取点→结束草绘→编辑图形→标注尺寸→修改尺寸→完成截面图形。

草绘截面时，用户通过单击工具按钮执行相应命令，然后根据提示在图形区单击鼠标左键拾取点，创建图元。在移动光标时，系统自动显示可用的约束并使用不同的符号显示。Creo/Pro 5.0 默认使用红色显示处于激活状态的自动约束符号，创建图元时，系统自动捕捉显示的约束。

草绘完成后，用户可以使用【约束】工具手动为图元添加约束，使用【编辑】工具修剪或删除图元，使图形符合设计意图。

草绘过程中，系统自动为图元标注尺寸，这样产生的尺寸是“弱尺寸”，以灰色显示。一般情况下，弱尺寸不完全符合标注习惯，用户可以根据要求手动标注尺寸，以深色显示，称为“强尺寸”。手动标注尺寸后，多余的弱尺寸将自动删除。

接下来的工作是修改图元的尺寸，以使图元的大小形状符合设计要求。

草绘环境中，鼠标各键功能不同，熟练掌握可以大大提高绘图效率，其介绍如下。

- 在工具按钮上单击，即可执行相应命令。
- 在图形区单击拾取点，单击鼠标中键结束草绘回到选择状态。
- 草绘时，通过单击鼠标右键可以对活动约束在锁定（约束标记加圆圈）/禁用（约束标记加斜杠）/启用状态之间切换。如果当前约束为两个，按〈Tab〉键可以切换当前活动约束（约束符号红色加亮加一斜杠），按〈Shift〉键可以捕捉到新的约束。
- 在选择状态下，单击图元，可以选择该图元；按住〈Ctrl〉键，并单击未选中的图元，可以将该图元添加到选择集中；按住〈Ctrl〉键，并单击已选中的图元，可以将该图元从选择集中删除。
- 按下鼠标右键，显示草绘快捷菜单。
- 向上滚动鼠标中键，可缩小视图；向下滚动鼠标中键，可放大视图。
- 按住鼠标中键拖动鼠标可以平移视图。

## 3.3.1 选取工具

【草绘器工具】工具栏的第一个工具为【选择】按钮，若该按钮处于按下状态，则为选取状态。草绘完成每个图元后，只有回到选择状态，才能对图元和尺寸进行编辑。最简单的回到选取状态的方法是单击鼠标中键，当然也可以单击【选择】按钮，使其处于按下状态。

---

**提醒：一般单击一次鼠标中键即可回到选择状态，但有时需要单击两次或者多次中键才能回到选择状态。每次完成图元的绘制后，均须回到选择状态，才能进行其他操作。**

---

## 3.3.2 草绘直线

草绘直线的方法有以下3种：

- 单击【草绘器工具】工具栏中的【线】按钮。
- 选择菜单栏中的【草绘】|【线】|【线】选项。
- 在图形区按下鼠标右键，在弹出的快捷菜单中选择【线(L)】选项。

**【例3-1】** 草绘直线，如图3-16所示。

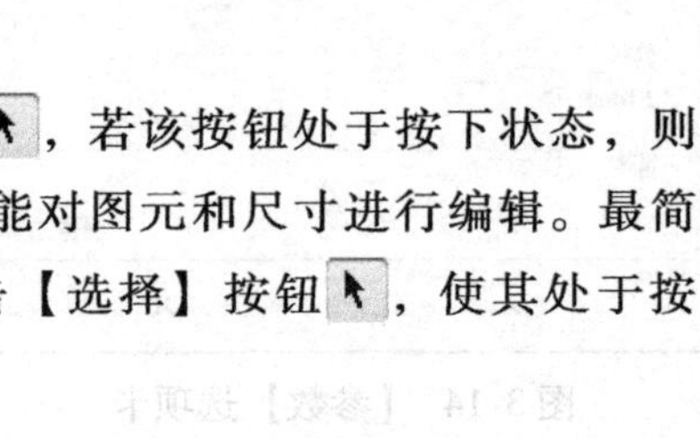

图3-16 草绘直线

(1) 单击【草绘器工具】工具栏中的【线】按钮，使其处于按下状态。

(2) 在图形区单击拾取直线的起始点第1点，这时光标附着在一条直线橡皮筋上。

(3) 在图形区单击拾取直线的终止点第2点。

(4) 若继续草绘直线，则在屏幕上单击拾取第 3 点、第 4 点……，否则执行步骤（5）。

(5) 单击鼠标中键，结束草绘直线操作，回到选择状态。此时，【草绘器工具】工具栏中的【选择】按钮应处于按下状态。

### 3.3.3　草绘中心线和几何中心线

草绘中心线的方法有以下 3 种：

- 单击【草绘器工具】工具栏中【线】按钮右侧的，在打开的【线】工具箱中单击【中心线】按钮。
- 选择菜单栏中的【草绘】|【线】|【构造中心线】选项。
- 在图形区按下鼠标右键，在弹出的快捷菜单中选择【构造中心线】选项。

草绘几何中心线的方法如下：

- 单击【草绘器工具】工具栏中【线】按钮右侧的，在打开的【线】工具箱中单击【几何中心线】按钮。

---

**提醒：中心线用作对称中心线，几何中心线用作回转体的旋转轴。绘制这两种中心线的步骤相同。**

---

**【例 3-2】** 草绘中心线，如图 3-17 所示。

(1) 单击【草绘器工具】工具栏中【线】按钮右侧的，在打开的工具箱中单击【中心线】按钮，使其处于按下状态。

(2) 在图形区单击，拾取中心线通过的第 1 点，这时光标附着在一条中心线线型的橡皮筋上。

(3) 在图形区单击，拾取中心线通过的第 2 点。

(4) 若继续草绘另一条中心线，则执行步骤（2）~步骤（3），否则执行步骤（5）。

(5) 单击鼠标中键，结束草绘中心线操作，回到选择状态。此时，【草绘器工具】工具栏中的【选择】按钮应处于按下状态。

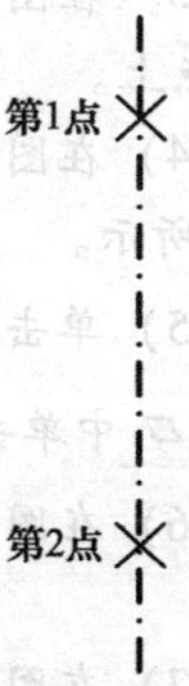

图 3-17　草绘中心线

### 3.3.4　草绘矩形

草绘矩形的方法有以下 3 种：

- 单击【草绘器工具】工具栏中的【矩形】按钮。
- 选择菜单栏中的【草绘】|【矩形】|【矩形】选项。
- 在图形区按下鼠标右键，在弹出的快捷菜单中选择【矩形】选项。

**【例 3-3】** 草绘矩形，如图 3-18 所示。

(1) 单击【草绘器工具】工具栏中的【矩形】按钮，使其处于按下状态。

(2) 在图形区单击拾取矩形的一个角点（第 1 点），这时光标附着在矩形橡皮筋上，在水平边和竖直边上分别出

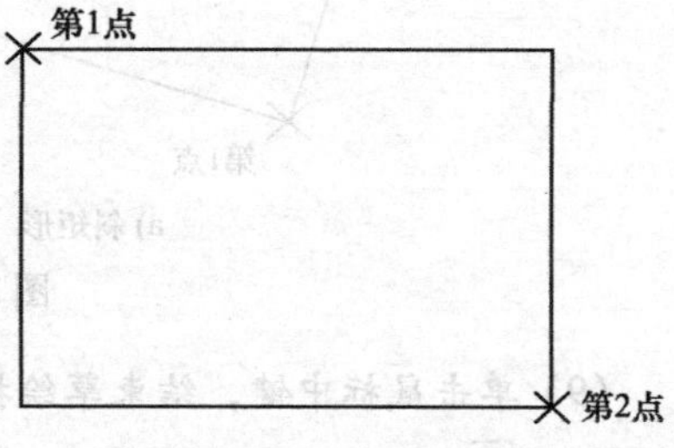

图 3-18　草绘矩形

现“H”水平约束符号和“V”竖直约束符号。

(3) 在图形区单击，拾取矩形的另一个角点（第2点）。

(4) 若继续草绘矩形，执行步骤（2）~步骤（3），否则执行步骤（5）。

(5) 单击鼠标中键，结束草绘矩形操作，回到选择状态。此时，【草绘器工具】工具栏中的【选择】按钮应处于按下状态。

### 3.3.5 草绘斜矩形和平行四边形

单击【草绘器工具】工具栏【矩形】按钮右侧的，在打开的【矩形】工具箱中单击【斜矩形】按钮，即可绘制斜矩形；单击【平行四边形】按钮，即可绘制平行四边形。

选择菜单栏中的【草绘】|【矩形】选项，其子菜单中也有【斜矩形】和【平行四边形】选项，选择这些选项也可绘制斜矩形和平行四边形。

**【例3-4】** 草绘斜矩形和平行四边形，如图3-19所示。

(1) 单击【草绘器工具】工具栏【矩形】按钮右侧的，在打开的【矩形】工具箱中单击【斜矩形】按钮，使其处于按下状态。

(2) 在图形区单击拾取矩形的一个角点（第1点），这时光标附着在第一条边的橡皮筋上。

(3) 在图形区单击拾取矩形第一条边的另一个端点（第2点），这时光标附着在矩形橡皮筋的角点上。

(4) 在图形区单击鼠标左键拾取矩形的另一个角点（第3点）完成斜矩形的绘制，如图3-19a所示。

(5) 单击【草绘器工具】工具栏【矩形】按钮右侧的，在打开的【矩形】工具箱中单击【平行四边形】按钮，使其处于按下状态。

(6) 在图形区单击拾取平行四边形的一个角点（第4点），这时光标附着在第一条边的橡皮筋上。

(7) 在图形区单击拾取矩形第一条边的另一个端点（第5点），这时光标附着在平行四边形橡皮筋的角点上。

(8) 在图形区单击拾取平行四边形的另一个角点（第6点），完成平行四边形的绘制，如图3-19b所示。

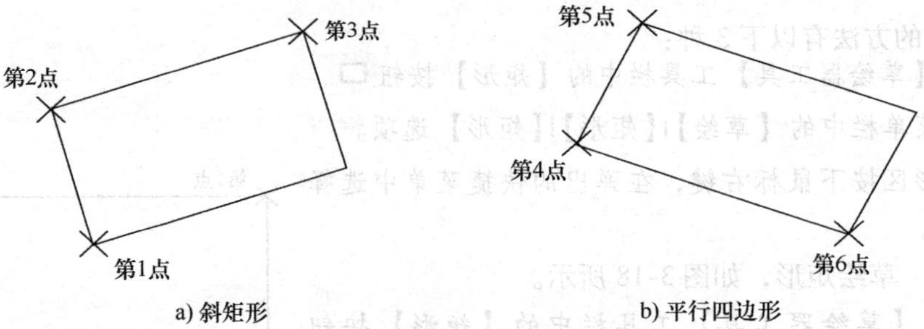


a) 斜矩形　　b) 平行四边形

图3-19　草绘斜矩形和平行四边形

(9) 单击鼠标中键，结束草绘操作，回到选择状态。此时，【草绘器工具】工具栏中的【选择】按钮应处于按下状态。

### 3.3.6　草绘圆

单击【草绘器工具】工具栏中的【圆】按钮○，即可根据给定的圆心和圆上的点草绘圆。

**【例 3-5】**　草绘圆，如图 3-20 所示。

(1) 单击【草绘器工具】工具栏中的【圆】按钮○，使其处于按下状态。

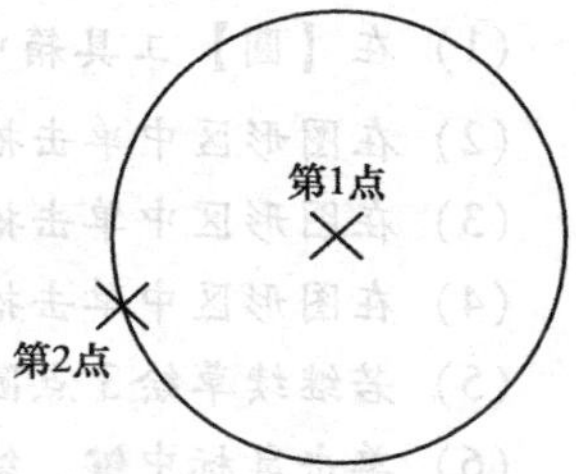


图 3-20　草绘图

(2) 在图形区单击拾取圆心点（第 1 点），这时光标附着在圆形橡皮筋上。

(3) 在图形区单击拾取圆上任一点（第 2 点）。

(4) 若继续草绘圆，执行步骤 (2) ~ 步骤 (3)，否则执行步骤 (5)。

(5) 单击鼠标中键，结束草绘圆操作，回到选取状态。此时，【草绘器工具】工具栏中的【选取】按钮应处于按下状态。

提醒：使用菜单或快捷菜单也可以完成草绘圆操作，但操作烦琐，故以后的各种草绘工具只讲解工具栏操作。

### 3.3.7　草绘同心圆

单击【草绘器工具】工具栏【圆】按钮○右侧的▸，在打开的【圆】工具箱中单击【同心圆】按钮◎，即可草绘已知圆或圆弧的同心圆。

**【例 3-6】**　草绘同心圆，如图 3-21 所示。

(1) 在【圆】工具箱中单击【同心】按钮◎，使其处于按下状态。

(2) 在图形区中单击选取已知的圆或圆弧。

(3) 在图形区单击，拾取同心圆通过的点。

(4) 若继续草绘同心圆，执行步骤 (2) ~ 步骤 (3)，否则执行步骤 (5)。

(5) 单击鼠标中键，结束草绘同心圆操作，回到选择状态。此时，【草绘器工具】工具栏中的【选择】按钮应处于按下状态。

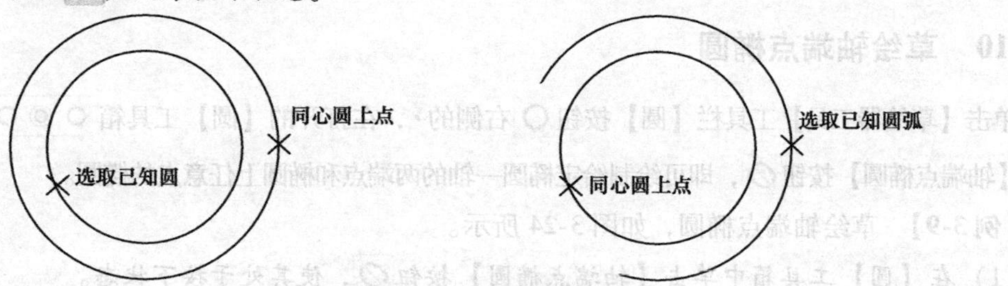


图 3-21　草绘同心圆

### 3.3.8　草绘 3 点圆

单击【草绘器工具】工具栏【圆】按钮○右侧的▸，在打开的【圆】工具箱中单击【3 点】按钮，即可绘制通过 3 点的圆。

**【例 3-7】**　草绘 3 点圆，如图 3-22 所示。

（1）在【圆】工具箱中单击【3 点】按钮，使其处于按下状态。

（2）在图形区中单击拾取第 1 点，如图 3-22 所示。

（3）在图形区中单击拾取第 2 点，如图 3-22 所示。

（4）在图形区中单击拾取第 3 点，如图 3-22 所示。

（5）若继续草绘 3 点圆，执行步骤（2）~步骤（4），否则执行步骤（6）。

（6）单击鼠标中键，结束草绘 3 点圆操作，回到选择状态。此时，【草绘器工具】工具栏中的【选择】按钮应处于按下状态。

### 3.3.9 草绘 3 点相切圆

单击【草绘器工具】工具栏【圆】按钮右侧的，在打开的【圆】工具箱中单击【3 相切】按钮，即可绘制与已知 3 条线相切的圆。

**【例 3-8】** 草绘相切圆，如图 3-23 所示。

（1）在【圆】工具箱中单击【3 相切】按钮，使其处于按下状态。

（2）在图形区中单击第 1 个图元，如图 3-23 所示。

（3）在图形区中单击第 2 个图元，如图 3-23 所示。

（4）在图形区中单击第 3 个图元，如图 3-23 所示。

（5）若继续草绘 3 点相切圆，执行步骤（2）~步骤（4），否则执行步骤（6）。

（6）单击鼠标中键，结束草绘 3 点相切圆操作，回到选择状态。此时【草绘器工具】工具栏中的【选择】按钮应处于按下状态。

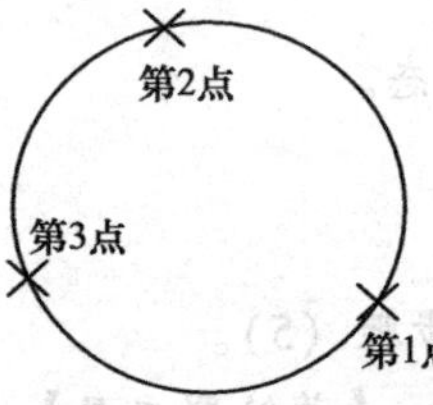


图 3-22　草绘 3 点圆

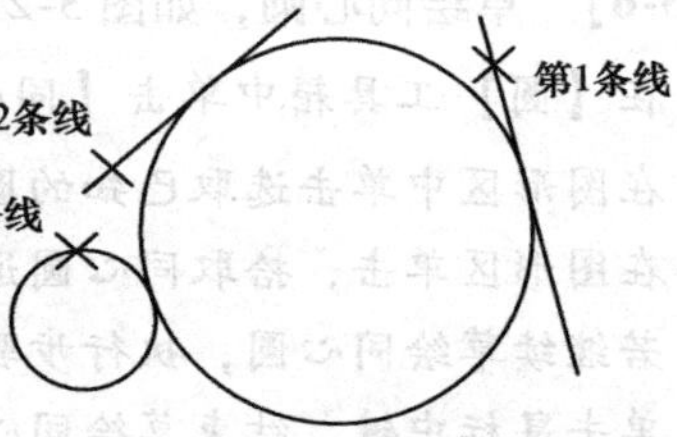


图 3-23　草绘 3 点相切圆

### 3.3.10 草绘轴端点椭圆

单击【草绘器工具】工具栏【圆】按钮右侧的，在打开的【圆】工具箱中单击【轴端点椭圆】按钮，即可绘制给定椭圆一轴的两端点和椭圆上任意点的椭圆。

**【例 3-9】** 草绘轴端点椭圆，如图 3-24 所示。

（1）在【圆】工具箱中单击【轴端点椭圆】按钮，使其处于按下状态。

（2）在图形区中单击拾取第 1 点作为椭圆轴的一个端点，如图 3-24 所示。

（3）在图形区中单击拾取第 2 点作为椭圆轴的另一个端点，如图 3-24 所示。

（4）在图形区中单击拾取第 3 点作为椭圆上的点，如图 3-24 所示。

（5）若继续草绘椭圆，执行步骤（2）~步骤（3），否则执行步骤（6）。

（6）单击鼠标中键，结束草绘轴端点椭圆操作，回到选择状态。此时，【草绘器工具】工具栏中的【选择】按钮应处于按下状态。

## 3.3.11　草绘中心和轴椭圆

单击【草绘器工具】工具栏【圆】按钮右侧的，在打开的【圆】工具箱中单击【中心和轴椭圆】按钮，即可绘制给定椭圆的圆心、轴的一个端点和椭圆上任意点的椭圆。

【例 3-10】　草绘中心和轴椭圆，如图 3-25 所示。

（1）在【圆】工具箱中单击【中心和轴椭圆】按钮，使其处于按下状态。

（2）在图形区单击，拾取第 1 点作为椭圆圆心，如图 3-25 所示。

（3）在图形区单击，拾取第 2 点作为椭圆轴的一个端点，如图 3-25 所示。

（4）在图形区单击，拾取第 3 点作为椭圆上的点，如图 3-25 所示。

（5）若继续草绘椭圆，执行步骤（2）~ 步骤（3），否则执行步骤（6）。

（6）单击鼠标中键，结束草绘中心和轴椭圆操作，回到选择状态。此时，【草绘器工具】工具栏中的【选择】按钮应处于按下状态。

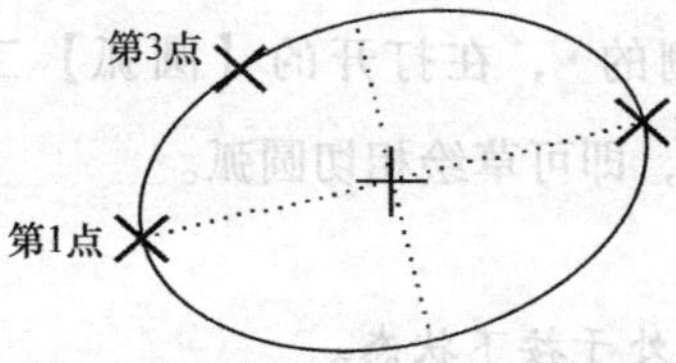


图 3-24　草绘轴端点椭圆

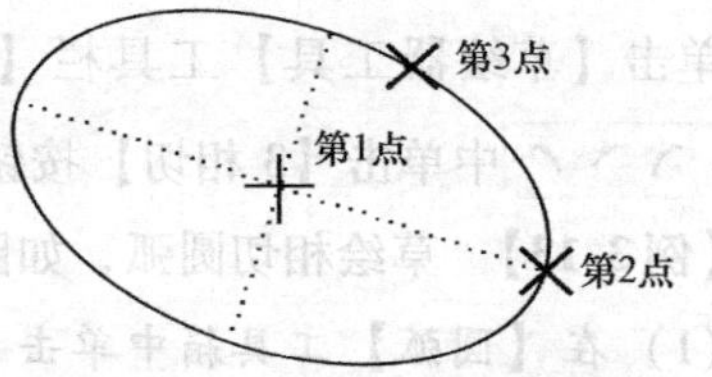


图 3-25　草绘中心和轴椭圆

## 3.3.12　草绘相切直线

单击【草绘器工具】工具栏【线】按钮右侧的，在打开的【线】工具箱中单击【直线相切】按钮，使其处于按下状态，即可草绘与两圆相切的直线。

【例 3-11】　草绘相切直线，如图 3-26 所示。

（1）在【线】工具箱中单击【直线相切】按钮，使其处于按下状态。

（2）在图形区中单击拾取第 1 个圆或者圆弧上的第 1 点，如图 3-26 所示。

（3）在图形区中单击拾取第 2 个圆或者圆弧上的第 2 点，如图 3-26 所示。

（4）若继续草绘切线，执行步骤（2）~ 步骤（3），否则执行步骤（5）。

（5）单击鼠标中键，结束草绘相切直线操作，回到选择状态。此时，【草绘器工具】工具栏中的【选择】按钮应处于按下状态。

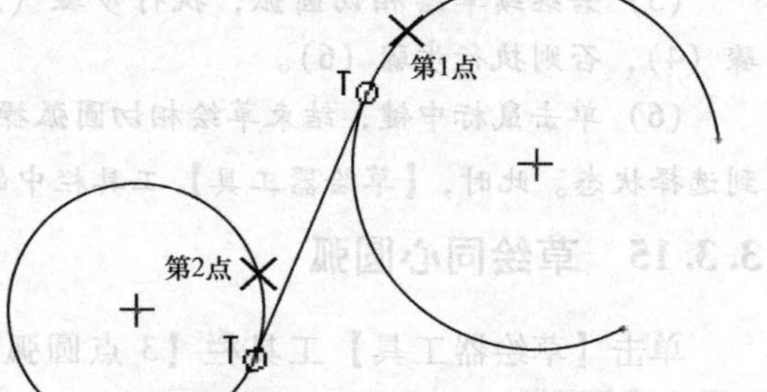


图 3-26　草绘相切直线

## 3.3.13　草绘 3 点圆弧

单击【草绘器工具】工具栏中的【3 点圆弧】按钮，即可绘制 3 点圆弧（给定两个端点和中间点的圆弧）。

【例 3-12】　草绘 3 点圆弧，如图 3-27 所示。

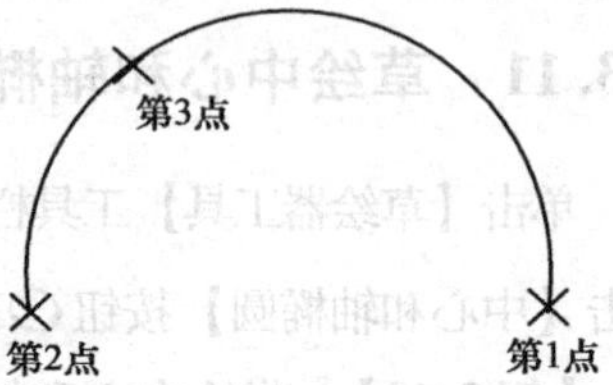


图 3-27　草绘 3 点圆弧

(1) 单击【草绘器工具】工具栏中的【3 点圆弧】按钮，使其处于按下状态。

(2) 在图形区中单击拾取圆弧端点第 1 点，如图 3-27 所示。

(3) 在图形区中单击拾取圆弧另一端点第 2 点，如图 3-27 所示。

(4) 在图形区中单击拾取圆弧上任意点第 3 点，如图 3-27 所示。

(5) 若继续草绘 3 点圆弧，执行步骤 (2) ~ 步骤 (4)，否则执行步骤 (6)。

(6) 单击鼠标中键，结束草绘 3 点圆弧操作，回到选择状态。此时，【草绘器工具】工具栏中的【选择】按钮应处于按下状态。

### 3.3.14　草绘相切圆弧

单击【草绘器工具】工具栏【3 点圆弧】按钮右侧的，在打开的【圆弧】工具箱中单击【3 相切】按钮，使其处于按下状态，即可草绘相切圆弧。

【例 3-13】　草绘相切圆弧，如图 3-28 所示。

(1) 在【圆弧】工具箱中单击【3 相切】按钮，使其处于按下状态。

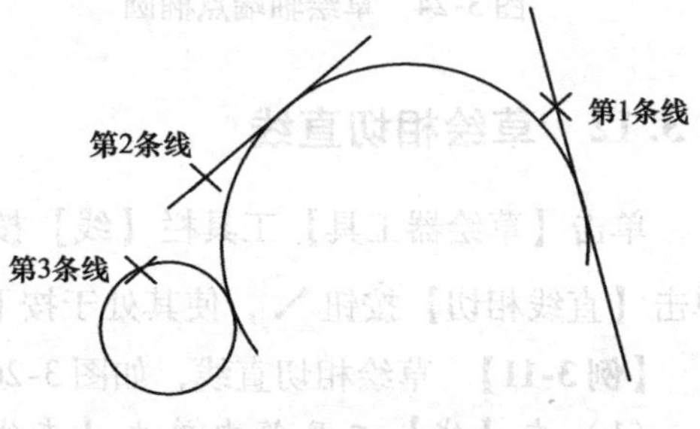


图 3-28　草绘相切圆弧

(2) 在图形区中单击，拾取第 1 条切线，如图 3-28 所示。

(3) 在图形区中单击，拾取第 3 条切线，如图 3-28 所示。

(4) 在图形区中单击，拾取第 2 条切线，如图 3-28 所示。

(5) 若继续草绘相切圆弧，执行步骤 (2) ~ 步骤 (4)，否则执行步骤 (6)。

(6) 单击鼠标中键，结束草绘相切圆弧操作，回到选择状态。此时，【草绘器工具】工具栏中的【选择】按钮应处于按下状态。

### 3.3.15　草绘同心圆弧

单击【草绘器工具】工具栏【3 点圆弧】按钮右侧的，在打开的【圆弧】工具箱中单击【同心】按钮，使其处于按下状态，即可草绘与已知圆或圆弧同心的圆弧。

【例 3-14】　草绘同心圆弧，如图 3-29 所示。

(1) 在【圆弧】工具箱中单击【同心】按钮，使其处于按下状态。

(2) 在图形区中单击选取已经绘制的圆或圆弧，光标附着在一个圆形中心线橡皮筋上。

(3) 在图形区单击，拾取同心圆弧的一个端点（第 1 端点），如图 3-29 所示。

(4) 在图形区单击，拾取同心圆弧的另一个端点（第 2 端点），如图 3-29 所示。

(5) 若继续草绘同心圆弧，执行步骤 (2) ~ 步骤 (4)，否则执行步骤 (6)。

(6) 单击鼠标中键，结束草绘同心圆弧操作，回到选择状态。此时，【草绘器工具】工具栏中的【选择】按钮应处于按下状态。

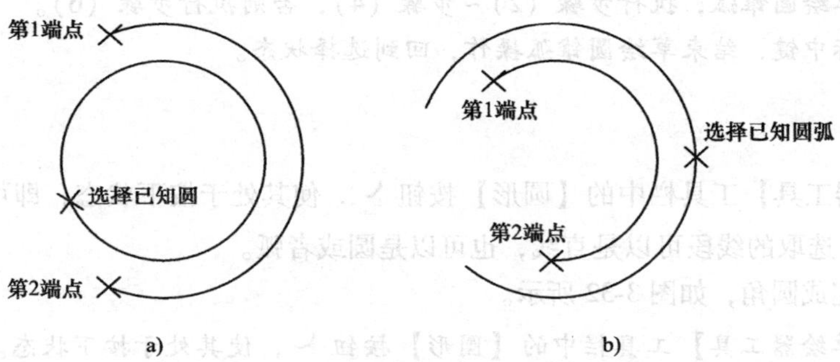


图 3-29　草绘同心圆弧

a）草绘与已知圆同心的圆弧　b）草绘与已知圆弧同心的圆弧

## 3.3.16　草绘圆心和端点弧

单击【草绘器工具】工具栏【3 点圆弧】按钮右侧的，在打开的【圆弧】工具箱中单击【圆心和端点】按钮，使其处于按下状态，即可草绘与已知圆心和两端点的圆弧。

**【例 3-15】**　草绘圆心和端点弧，如图 3-30 所示。

(1) 在【圆弧】工具箱中选取【圆心和端点】按钮，使其处于按下状态。

(2) 在图形区中单击，拾取圆弧圆心，光标附着在一个圆形中心线橡皮筋上。

(3) 在图形区单击，拾取圆弧的一个端点（第 1 端点），如图 3-30 所示。

(4) 在图形区单击，拾取圆弧的另一个端点（第 2 端点），如图 3-30 所示。

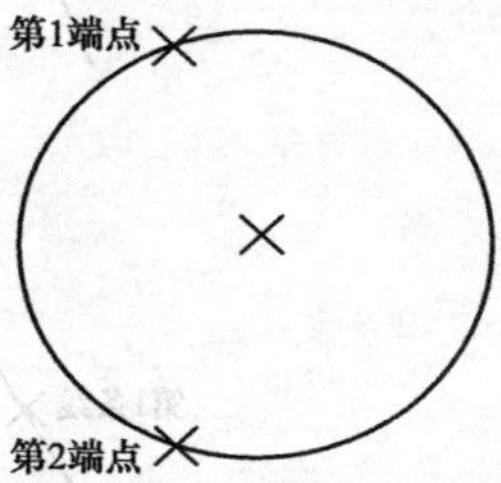


图 3-30　草绘圆心和端点弧

(5) 若继续草绘圆心端点圆弧，执行步骤（2）~步骤（4），否则执行步骤（6）。

(6) 单击鼠标中键，结束草绘圆心和端点弧操作，回到选择状态。此时，【草绘器工具】工具栏中的【选择】按钮应处于按下状态。

## 3.3.17　草绘圆锥弧

单击【草绘器工具】工具栏【3 点圆弧】按钮右侧的，在打开的【圆弧】工具箱中单击【圆锥】按钮，使其处于按下状态，即可草绘圆锥弧。

**【例 3-16】**　草绘圆锥弧，如图 3-31 所示。

(1) 在【圆弧】工具箱中单击【圆锥】按钮，使其处于按下状态。

(2) 在图形区单击拾取圆锥弧的一个端点（第 1 点），如图 3-31 所示。

(3) 在图形区单击拾取圆锥弧的另一个端点（第 2 点），如图 3-31 所示，出现一条中心线的弦和圆锥曲线形状的橡皮筋。

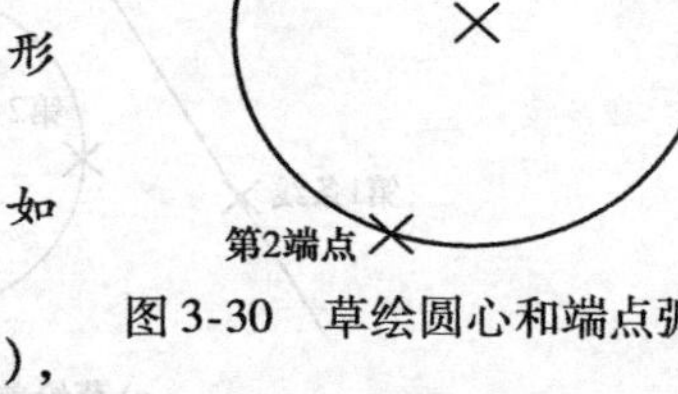


图 3-31　草绘圆锥弧

(4) 在图形区单击拾取圆锥弧上的点（第 3 点），如图 3-31 所示。

（5）若继续草绘圆锥弧，执行步骤（2）~步骤（4），否则执行步骤（6）。

（6）单击鼠标中键，结束草绘圆锥弧操作，回到选择状态。

### 3.3.18 圆角

单击【草绘器工具】工具栏中的【圆形】按钮，使其处于按下状态，即可为选取的两条线段为其倒圆角。选取的线段可以是直线，也可以是圆或者弧。

【例 3-17】 完成圆角，如图 3-32 所示。

（1）单击【草绘器工具】工具栏中的【圆形】按钮，使其处于按下状态。

（2）在图形区第 1 条线上“×”标志处单击，拾取第 1 条线，如图 3-32a 和图 3-32c 所示。

（3）在图形区第 2 条线上“×”标志处单击，拾取第 2 条线，如图 3-32b 和图 3-32d 所示。

（4）若继续草绘圆角，执行步骤（2）~步骤（3），否则执行步骤（5）。

（5）单击鼠标中键，结束草绘圆角操作，回到选择状态。

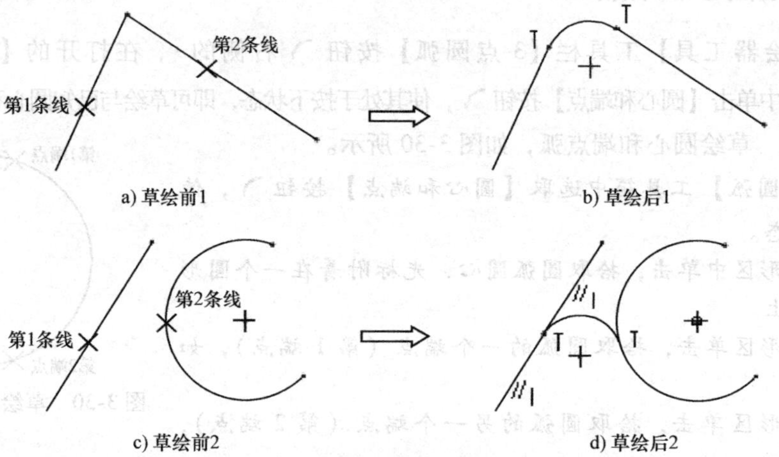


图 3-32 草绘圆角

### 3.3.19 椭圆角

单击【草绘器工具】工具栏【圆形】按钮右侧的，在打开的【圆角】工具箱中单击【椭圆形】按钮，使其处于按下状态，即可为选取的两条线段倒椭圆角。选取的线段可以是直线，也可以是圆或者弧。

【例 3-18】 完成椭圆角，如图 3-33 所示。

（1）单击【草绘器工具】工具栏【圆形】按钮右侧的，在打开的【圆角】工具箱中单击【椭圆形】按钮，使其处于按下状态。

（2）在图形区第 1 条线上“×”标志处单击，拾取第 1 条线，如图 3-33 所示。

（3）在图形区第 2 条线上“×”标志处单击，拾取第 2 条线，如图 3-33 所示。

（4）若继续草绘椭圆角，执行步骤（2）~步骤（3），否则执行步骤（5）。

（5）单击鼠标中键，结束草绘椭圆角操作，回到选择状态。

提醒：无论倒圆角还是倒椭圆角，在选取图线对象时，都应先大体估计切点的位置，应该在图线的切点位置单击，以选取图线对象。

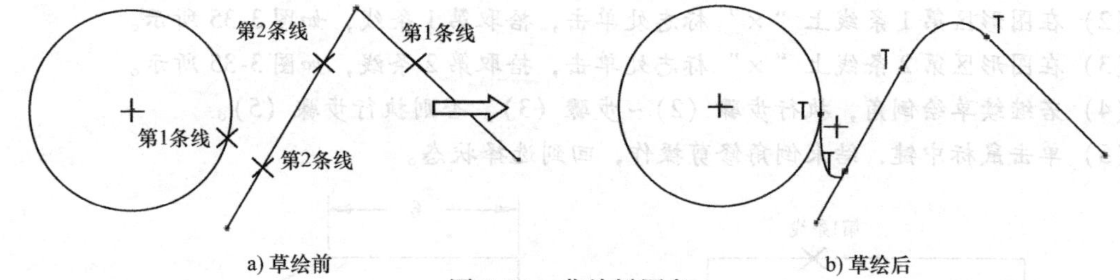


图 3-33　草绘椭圆角

### 3.3.20　倒角

单击【草绘器工具】工具栏中的【倒角】按钮，使其处于按下状态，即可根据提示在图形区为选取的两条线段倒角。其中，倒角尺寸标注的是修剪掉部分的尺寸。修剪掉的部分以构造线的方式显示，如图 3-34b 所示。构造线以虚线的形式显示，是草绘时的辅助线，用于定义图元的位置。

提醒：实体线和构造线可以相互转变。在选择状态下，选中欲转变为构造线的实体线，按下鼠标右键，在弹出的快捷菜单中选择【构造】选项，可将其转变为构造线；反之，在选择状态下，选中欲转变为实体线的构造线，按下鼠标右键，在弹出的快捷菜单中选择【几何】选项，可将其转变为实体线。

**【例 3-19】**　完成倒角，如图 3-34 所示。

(1) 单击【草绘器工具】工具栏中的【倒角】按钮，使其处于按下状态。

(2) 在图形区第 1 条线上“×”标志处单击，拾取第 1 条线，如图 3-34 所示。

(3) 在图形区第 2 条线上“×”标志处单击，拾取第 2 条线，如图 3-34 所示。

(4) 若继续草绘倒角，执行步骤 (2)～步骤 (3)，否则执行步骤 (5)。

(5) 单击鼠标中键，结束草绘倒角操作，回到选择状态。

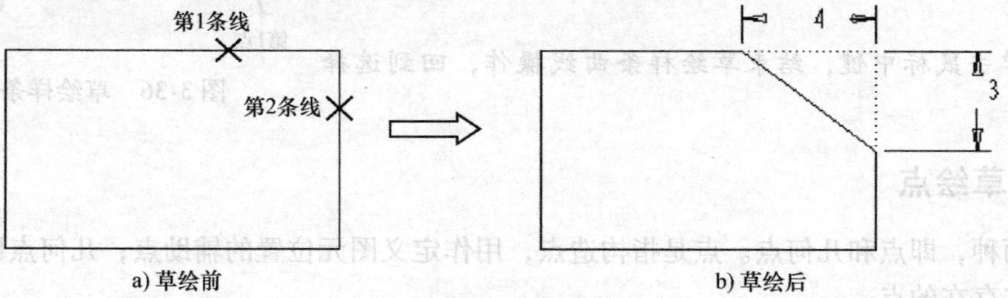


图 3-34　倒角

### 3.3.21　倒角修剪

单击【草绘器工具】工具栏【倒角】按钮右侧的，在打开的【倒角】工具箱中单击【倒角修剪】按钮，使其处于按下状态，即可根据提示在图形区为选取的两条线段进行倒角修剪。其中倒角尺寸标注的是剩余掉部分的尺寸，多余的部分被修剪掉，如图 3-35 所示。

**【例 3-20】**　完成倒角，如图 3-35 所示。

(1) 单击【草绘器工具】工具栏【倒角】按钮右侧的，在打开的【倒角】工具箱中单击【倒角修剪】按钮，使其处于按下状态。

（2）在图形区第 1 条线上“×”标志处单击，拾取第 1 条线，如图 3-35 所示。

（3）在图形区第 2 条线上“×”标志处单击，拾取第 2 条线，如图 3-35 所示。

（4）若继续草绘倒角，执行步骤（2）~步骤（3），否则执行步骤（5）。

（5）单击鼠标中键，结束倒角修剪操作，回到选择状态。

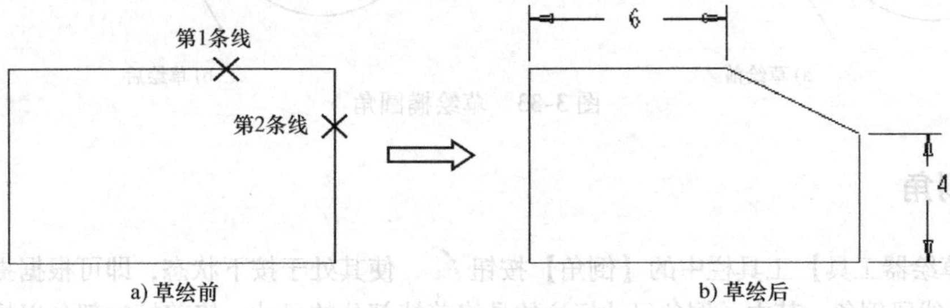


a) 草绘前　　b) 草绘后

图 3-35　倒角修剪

## 3.3.22　草绘样条曲线

单击【草绘器工具】工具栏中的【样条】按钮，使其处于按下状态，即可根据提示在图形区草绘样条曲线。

**【例 3-21】**　草绘样条曲线，如图 3-36 所示。

（1）单击【草绘器工具】工具栏中的【样条】按钮，使其处于按下状态。

（2）在图形区单击拾取第 1 点，如图 3-36 所示。

（3）在图形区单击拾取第 2 点，出现样条曲线橡皮筋，如图 3-36 所示。

（4）在图形区单击拾取第 3 点、第 4 点……，如图3-36所示。

（5）单击鼠标中键，结束草绘样条曲线操作，回到选择状态。

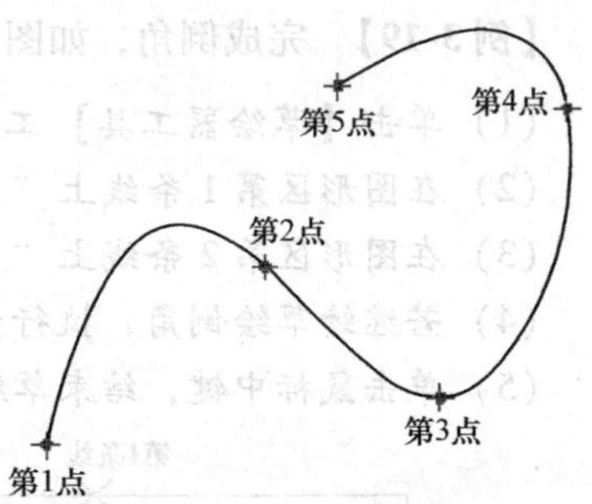


图 3-36　草绘样条曲线

## 3.3.23　草绘点

点有两种，即点和几何点。点是指构造点，用作定义图元位置的辅助点；几何点则是指实体点，是确实存在的点。

单击【草绘器工具】工具栏中的【点】按钮，使其处于按下状态，即可根据提示在图形区草绘点，完成后单击鼠标中键，即可回到选择状态。

单击【草绘器工具】工具栏【点】工具右侧的，在打开的【点和坐标系】工具箱中单击【几何点】按钮，使其处于按下状态，即可根据提示在图形区草绘点，完成后单击鼠标中键，即可回到选择状态。

## 3.3.24　草绘坐标系

坐标系工具也在【点和坐标系】工具箱中，分为坐标系和几何坐标系两种。

单击【草绘器工具】工具栏【点】按钮右侧的，在打开的【点和坐标系】工具箱中单击【坐标系】按钮，使其处于按下状态，即可根据提示在图形区草绘坐标系，完成后单击鼠标中键，即可回到选择状态。

单击【草绘器工具】工具栏【点】按钮右侧的，在打开的【点和坐标系】工具箱中单击【几何坐标系】按钮，使其处于按下状态，即可根据提示在图形区草绘几何坐标系，完成后单击鼠标中键，即可回到选择状态。

**【例 3-22】**　草绘点和坐标系，如图 3-37 所示。

(1) 在【点和坐标系】工具箱中单击相应的按钮，使其处于按下状态。

(2) 在图形区单击，进行绘制点、几何点、坐标系或者几何坐标系操作。

(3) 单击鼠标中键，结束相应操作，回到选择状态。

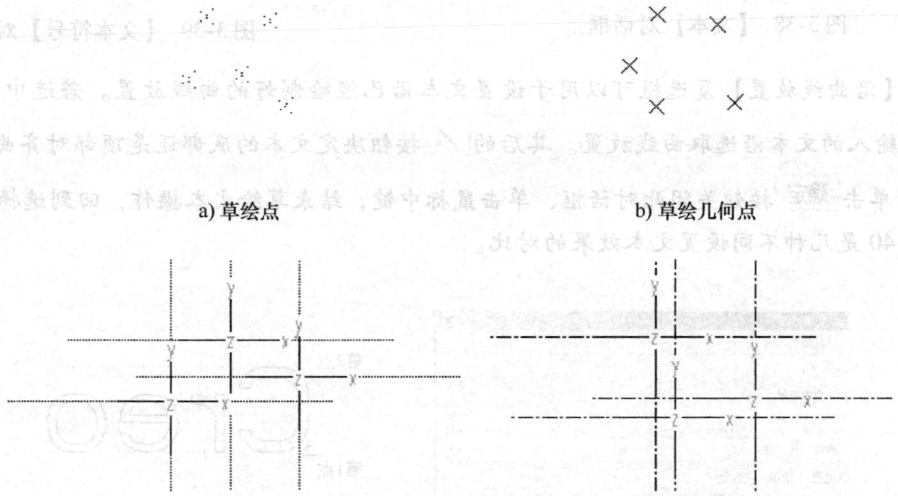

a) 草绘点　b) 草绘几何点

c) 草绘坐标系　d) 草绘几何坐标系

图 3-37　草绘点和坐标系

## 3.3.25 草绘文本

单击【草绘器工具】工具栏中的【文本】按钮，使其处于按下状态，即可根据提示在图形区草绘文本，完成后单击鼠标中键，即可回到选择状态。

**【例 3-23】**　草绘文本。

(1) 单击【草绘器工具】工具栏中的【文本】按钮，使其处于按下状态。

(2) 在图形区单击拾取行的第 1 点，确定文本的起点。

(3) 在图形区单击拾取行的第 2 点，确定文本的高度和方向，系统将弹出如图 3-38 所示的【文本】对话框。此时文字的起始点位置出现“△”标志。

(4) 在【文本行】文本框内输入文本内容，如“Creo”；也可以单击 文本符号... 按钮打开如图 3-39 所示的【文本符号】对话框，从中选择所需要的符号。

(5) 在【字体】下拉列表框中选择合适的字体样式，在【位置】右侧的【水平】和【垂直】下拉列表框中设置字体在水平方向和竖直方向的对齐方式。

(6) 在【长宽比】文本框中输入文本的长宽比，或者拖动其后的滑块进行调整。

(7) 在【斜角】文本框中输入文本和 Y 轴正方向的夹角大小，或者拖动其后的滑块进行调整。

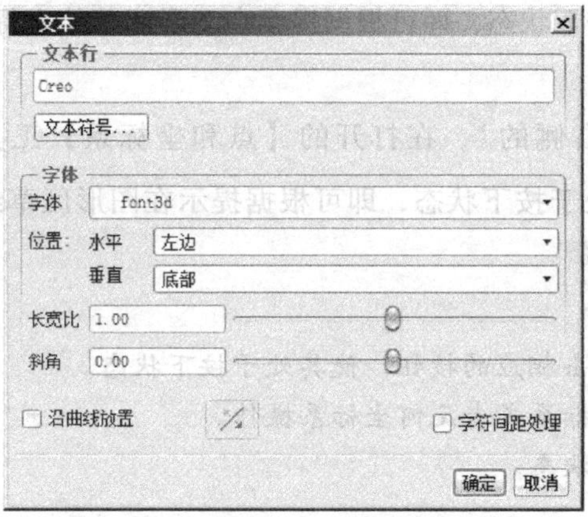


图 3-38 【文本】对话框

图 3-39 【文本符号】对话框

(8)【沿曲线放置】复选框可以用于设置文本沿已经绘制好的曲线放置。若选中该复选框，则可以使输入的文本沿选取曲线放置。其后的按钮决定文本的底部还是顶部对齐曲线。

(9) 单击 确定 按钮关闭此对话框，单击鼠标中键，结束草绘文本操作，回到选择状态。图 3-40 是几种不同设置文本效果的对比。

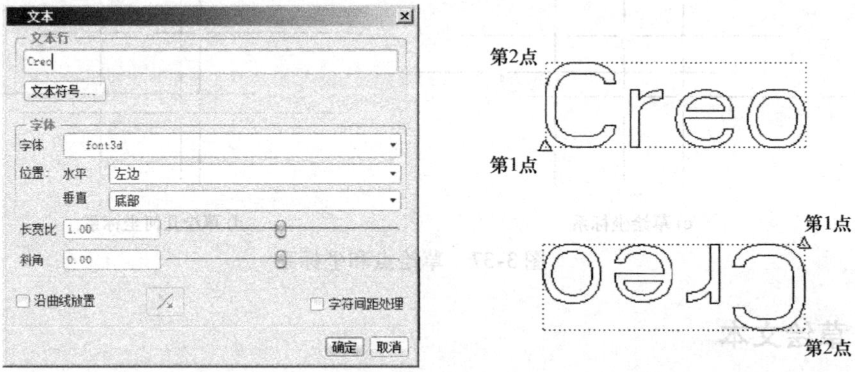


a) 两点输入顺序不同时的对比

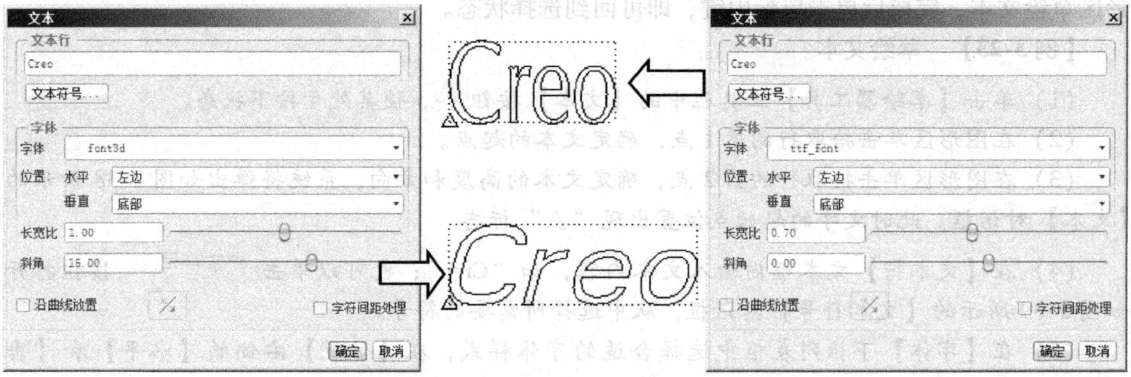

b) 不同参数设置的对比

图 3-40 不同设置文本效果的对比

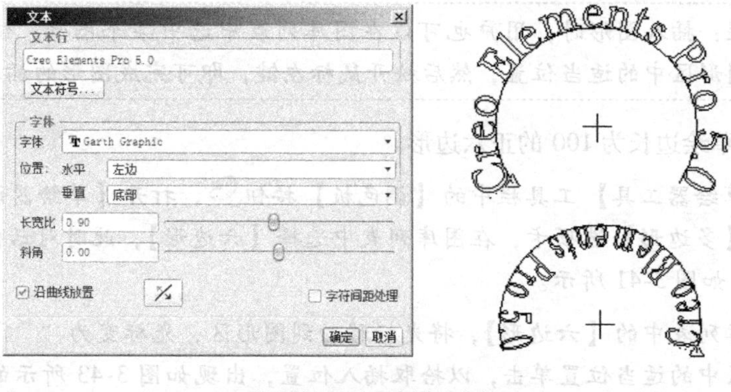


c) 沿曲线正向和反向放置的对比

图 3-40　不同设置文本效果的对比（续）

---

**提醒：在创建文本之后，用户可以使用鼠标左键拖动“△”标志（拾取的第 1 点）来调整文字的大小和方向；也可以使用鼠标左键拖动指定文字高度和方向的第 2 点来调整文字的大小和方向。**

---

### 3.3.26　调色板

使用调色板可以调用系统内部的图库，还可直接绘制多边形、轮廓、形状和星形等复杂图形，进而简化画图过程。

单击【草绘器工具】工具栏中的【调色板】按钮，打开如图 3-41 所示的【草绘器调色板】窗口。该窗口包括【多边形】、【轮廓】、【形状】和【星形】4 个选项卡，每个选项卡的下半部分均显示对应图库的列表，上半部分显示图形预览。在图库列表中双击某图形，将光标移动到图形区，光标变为“”形状，在图形区单击拾取插入位置，图形区即出现相应图形，并弹出【移动和调整大小】对话框，如图 3-42 所示，在其中设置好各参数后，单击 ✔ 按钮即可完成图形的插入。如果不再使用调色板，单击【草绘器调色板】对话框中的 关闭(C) 按钮，即可关闭该对话框。

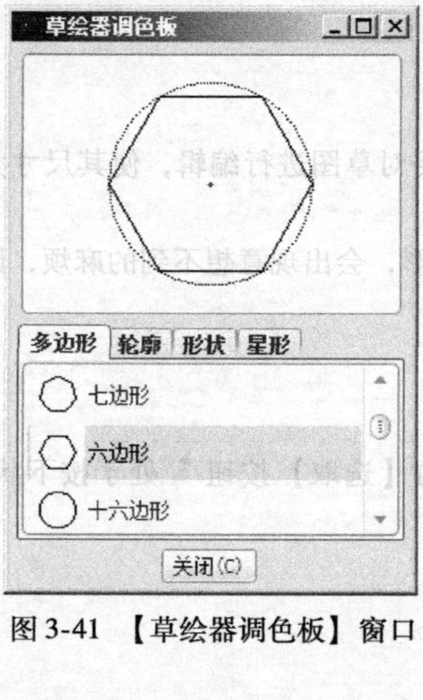


图 3-41　【草绘器调色板】窗口

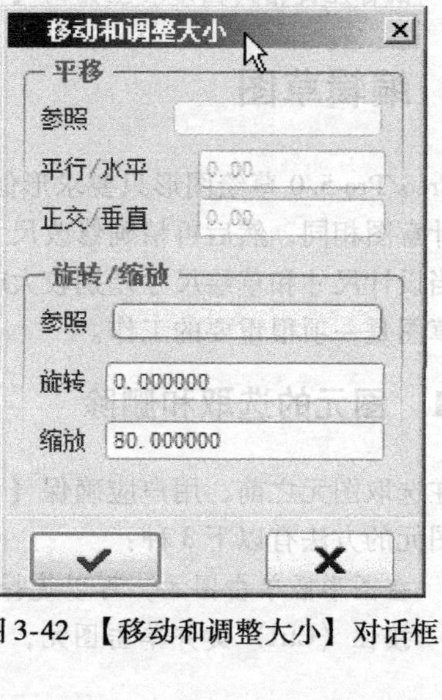


图 3-42　【移动和调整大小】对话框

> 提醒：插入图形时，用户也可以在图库列表中选中某个图形，使用鼠标左键将其拖动到图形区中的适当位置，然后松开鼠标左键，即可完成图形的插入。

**【例 3-24】** 草绘边长为 100 的正六边形。

（1）单击【草绘器工具】工具栏中的【调色板】按钮，打开【草绘器调色板】窗口。

（2）切换至【多边形】选项卡，在图库列表中选择【六边形】，此时对话框上半部分出现六边形的预览图形，如图 3-41 所示。

（3）双击图库列表中的【六边形】，将光标移动到图形区，光标变为“ ”形状。

（4）在图形区中的适当位置单击，以拾取插入位置，出现如图 3-43 所示的正六边形，并且弹出【移动和调整大小】对话框，如图 3-42 所示。

（5）在【移动和调整大小】对话框中将【缩放】选项的值设置为 100。

（6）单击 按钮即可完成图形的插入，完成的图形如图 3-44 所示。

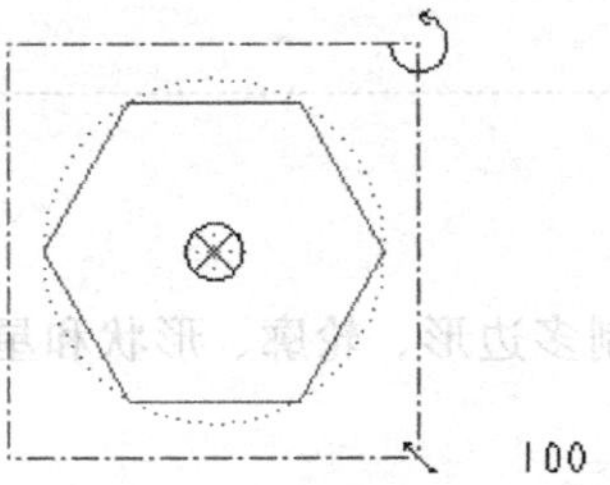


图 3-43　插入图形

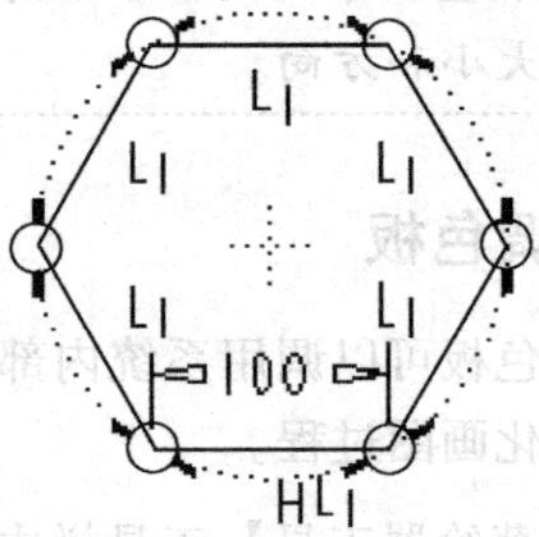


图 3-44　完成的图形

在拾取插入点弹出【移动和调整大小】对话框时，除了可以在对话框中设置图形的位置和大小；也可以在图形区使用鼠标左键拖动各种变换手柄直接调整图形的位置和大小。

- 鼠标左键指向图形中央的【移动】手柄⊗，按住鼠标左键拖动鼠标可以实时移动图形位置。
- 鼠标左键指向图形右下角的【缩放】手柄，按住鼠标左键拖动鼠标可以实时缩放图形。
- 鼠标左键指向图形右上角的【旋转】手柄，按住鼠标左键拖动鼠标可以实时旋转图形。

## 3.4 编辑草图

Creo/Pro 5.0 草绘图形只要求形似，在绘制完草图后，还要对草图进行编辑，使其尺寸大致与设计意图相同，然后再精确修改尺寸。

当设计尺寸和草绘尺寸差别较大时，一旦修改尺寸驱动图形，会出现意想不到的麻烦，因此编辑草图是一项很重要的工作。

### 3.4.1 图元的选取和删除

在选取图元之前，用户应确保【草绘器工具】工具栏中的【选取】按钮处于按下状态。选取图元的方法有以下 3 种：

- 在图形区单击图元，可以选择图元。
- 按住〈Ctrl〉键并单击图元，可以向选择集中添加图元。

- 按住鼠标左键拖动出一个矩形框，可以完全选择被框住的图元。

在被选中的情况下，图元以红色显示。

选取图元后，执行如下3种操作之一可以删除图元：

- 直接按〈Delete〉键。
- 按下鼠标右键，在弹出的快捷菜单中选择【删除】选项。
- 选择菜单栏中的【编辑】|【删除】选项。

## 3.4.2　操纵图元

Creo/Pro 5.0为用户提供了便捷的图元操纵方法，用户可以使用鼠标旋转、拉伸、放缩、移动图元，使草图符合设计意图。

---

**提醒：操纵图元时，用户必须确保【草绘器工具】工具栏中的【选取】按钮处于按下状态。当操纵图元时，光标以“”状态显示。**

---

1. 操纵直线

如图3-45所示，当光标移至直线上时，直线以浅蓝色加亮显示。按住鼠标左键拖动鼠标，光标变为“”形状，直线绕远离选择点的端点为中心旋转，达到设计意图后，松开鼠标左键，完成操作。

如图3-46所示，当光标移至直线的端点上时，端点以浅蓝色加亮显示。按住鼠标左键拖动鼠标，光标变为“”形状，直线将绕另一端点旋转并拉伸，达到设计意图后，松开鼠标左键，完成操作。

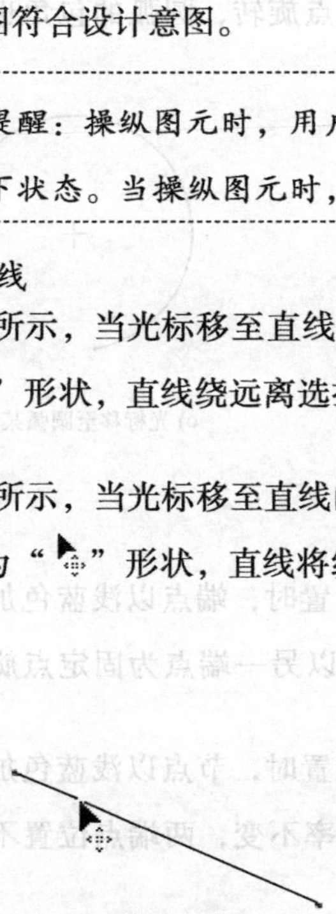

图3-45　旋转直线

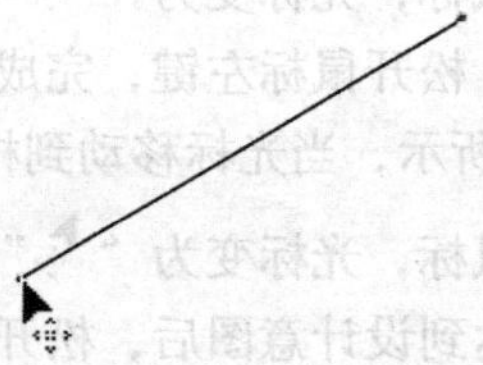

图3-46　旋转、拉伸直线

2. 操纵圆

如图3-47所示，当光标移至圆心位置处时，圆心以浅蓝色加亮显示。按住鼠标左键拖动鼠标，光标变为“”形状，移动圆，达到设计意图后，松开鼠标左键，完成操作。

如图3-48所示，当光标移至圆上任一点时，圆以浅蓝色加亮显示，按住鼠标左键拖动鼠标，光标变为“”形状，以圆心为固定点缩放圆，达到设计意图后，松开鼠标左键，完成操作。

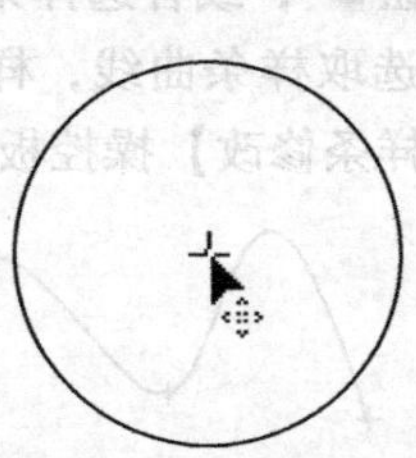

图3-47　移动圆

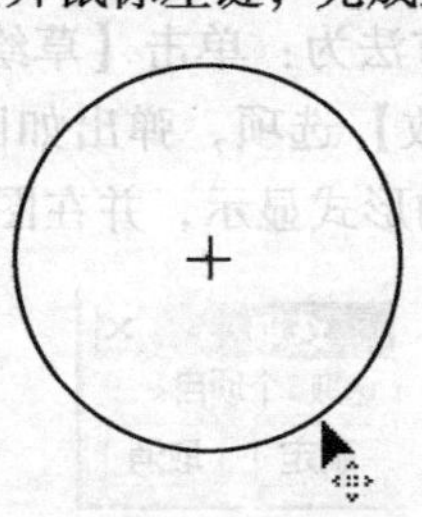

图3-48　缩放圆

3. 操纵圆弧

如图 3-49a 所示，当光标移至圆心位置时，圆心以浅蓝色加亮显示，按住鼠标左键拖动鼠标，光标变为“ ”形状，此时圆弧也变为红色，移动圆弧，达到设计意图后，松开鼠标左键，完成操作。

如图 3-49b 所示，当光标移至圆弧上时，圆弧以浅蓝色加亮显示，按住鼠标左键拖动鼠标，光标变为“ ”形状，圆弧两个端点不变，圆弧的半径和包角发生变化，达到设计意图后，松开鼠标左键，完成操作。

如图 3-49c 所示，当光标移至圆弧某一端点位置时，端点以浅蓝色加亮显示，按住鼠标左键拖动鼠标，光标变为“ ”形状，圆弧以另一端点为固定点旋转，圆弧的包角也随之变化，达到设计意图后，松开鼠标左键，完成操作。

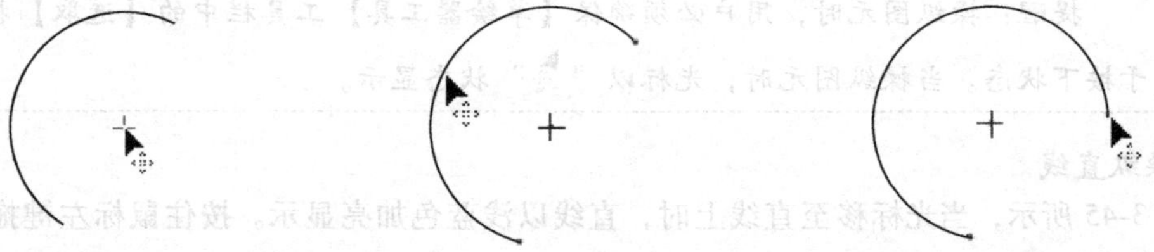

a) 光标移至圆心　　b) 光标移至圆弧上　　c) 光标移至圆弧某一端点

图 3-49　操纵圆弧

4. 操纵样条曲线

如图 3-50 所示，当光标移动到样条曲线的某一端点位置时，端点以浅蓝色加亮显示，按住鼠标左键拖动鼠标，光标变为“ ”形状，整个样条曲线以另一端点为固定点旋转和伸缩，达到设计意图后，松开鼠标左键，完成操作。

如图 3-51 所示，当光标移动到样条曲线的某一节点位置时，节点以浅蓝色加亮显示，按住鼠标左键拖动鼠标，光标变为“ ”形状，样条曲线的曲率不变，两端点位置不变，样条的形状发生改变，达到设计意图后，松开鼠标左键，完成操作。

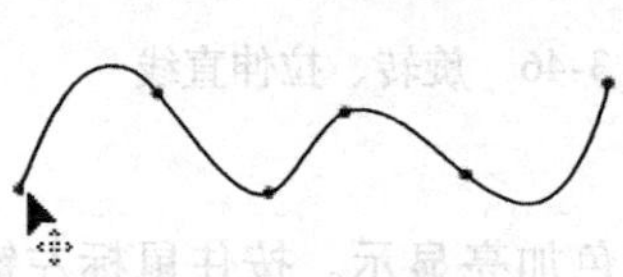

图 3-50　操纵样条端点

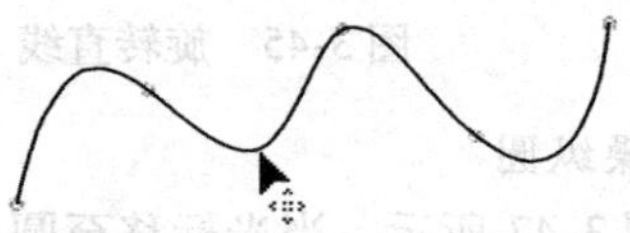

图 3-51　操纵样条节点

除了通过鼠标操纵样条曲线以外，用户还可以通过样条曲线的高级编辑选项修改曲线的形状。

具体方法为：单击【草绘器工具】工具栏中的【修改】按钮 ，或者选择菜单栏中的【编辑】|【修改】选项，弹出如图 3-52 所示的【选取】对话框。选取样条曲线，样条曲线以如图 3-53所示的形式显示，并在图形区上方弹出如图 3-54 所示的【样条修改】操控板。

图 3-52　【选取】对话框

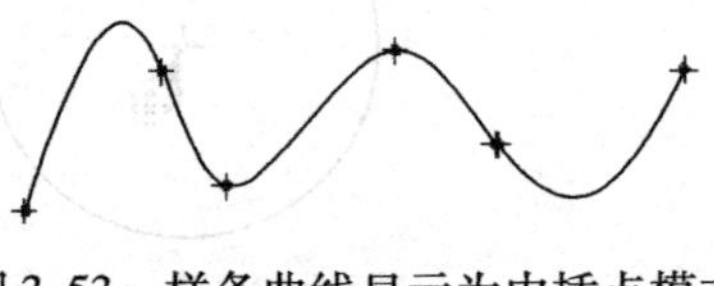

图 3-53　样条曲线显示为内插点模式

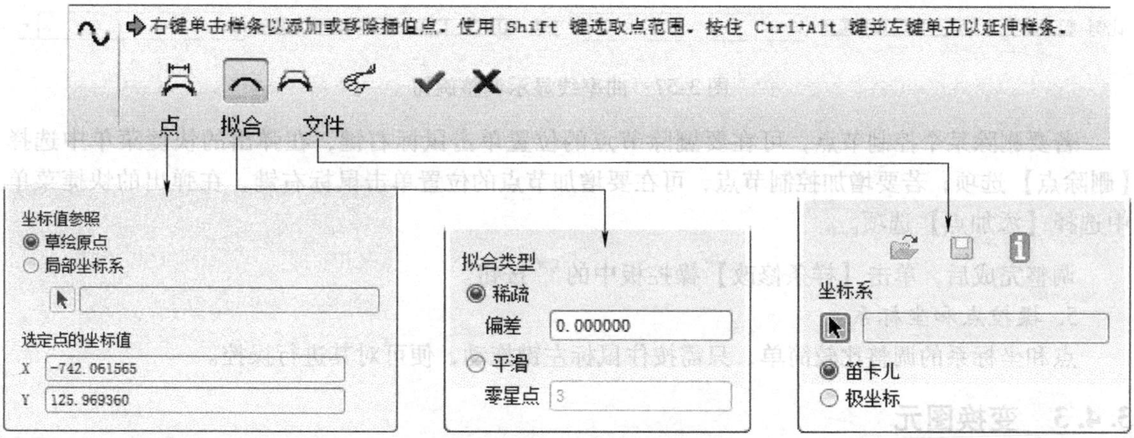


图 3-54 【样条修改】操控板

该操控板中命令按钮的功能如下：

- 单击【点】按钮，弹出【点】面板，从样条曲线上选择一点，其坐标将显示在【选定点的坐标值】文本框中，用户可在此输入数值直接修改，此时图形发生相应变化。坐标值的参照有【草绘原点】和【局部坐标系】两种。
- 单击【拟合】按钮，弹出【拟合】面板，用户可在此对曲线的拟合类型进行设置。
- 单击【文件】按钮，弹出【文件】面板，用户可在此选取相关联的坐标系（笛卡儿坐标系或极坐标系），并能够生成相应的数据文件，进行保存、打开等操作。
- 单击按钮，使其处于按下状态，样条曲线外面将显示控制多边形，如图 3-55 所示。通过控制多边形顶点的位置，可以调整样条曲线的形状。再次单击按钮，使其处于浮起状态，控制多边形将隐藏起来。
- 单击按钮，使其处于按下状态，样条曲线显示为内插点模式，如图 3-53 所示。通过控制内插点的位置，可以调整样条曲线的形状。这是系统的默认模式。

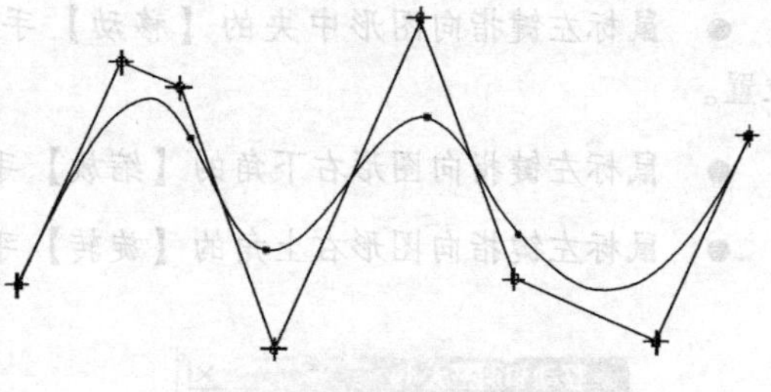

图 3-55　显示控制多边形

- 单击按钮，使其处于按下状态，显示如图 3-55 所示的控制多边形，调整样条曲线形状的操作方法和控制多边形显示与隐藏的方法相同。
- 单击按钮，使其处于按下状态，样条曲线以曲率分析模式显示，如图 3-56 所示。操控面板如图 3-57 所示。【比例】旋钮可以调整曲率线的长度比例，【密度】旋钮可以调整曲率线的密度。

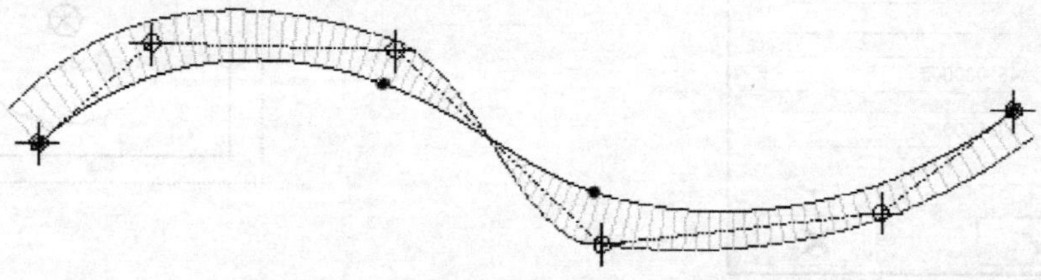

图 3-56　样条曲线显示为曲率分析模式

图 3-57　曲率线显示调整旋钮

若要删除某个控制节点，可在要删除节点的位置单击鼠标右键，在弹出的快捷菜单中选择【删除点】选项；若要增加控制节点，可在要增加节点的位置单击鼠标右键，在弹出的快捷菜单中选择【添加点】选项。

调整完成后，单击【样条修改】操控板中的按钮。

5. 操控点和坐标系

点和坐标系的调整比较简单，只需按住鼠标左键拖动，便可对其进行操控。

### 3.4.3　变换图元

变换图元是指对图元进行移动、缩放以及旋转等操作。

选中需要变换的图元后，单击【草绘器工具】工具栏【移动和调整大小】按钮右侧的，在打开的【变换和镜像】工具箱中单击【移动和调整大小】按钮，弹出如图 3-58 所示的【移动和调整大小】对话框，同时将图形区选中的图元以矩形虚线框框住，图中将出现【移动】手柄、【旋转】手柄和【缩放】手柄，如图 3-59 所示。

在【移动和调整大小】对话框的【平行/水平】文本框中设置沿水平方向的平移距离，在【正交/垂直】文本框中设置沿竖直方向的平移距离，在【旋转】编辑框设置图元的旋转角度，在【缩放】文本框设置图元的缩放比例，同时在图元区显示改变各参数后图元的实时预览。

在弹出【移动和调整大小】对话框时，除了在对话框中设置图元的位置和大小，用户也可以在图形区使用鼠标左键拖动各种变换手柄直接调整图元的位置和大小，但此时不能精确设置位置和大小。

- 鼠标左键指向图形中央的【移动】手柄，按住鼠标左键拖动鼠标可以实时移动图元位置。
- 鼠标左键指向图形右下角的【缩放】手柄，按住鼠标左键拖动鼠标可以实时缩放图元。
- 鼠标左键指向图形右上角的【旋转】手柄，按住鼠标左键拖动鼠标可以实时旋转图元。

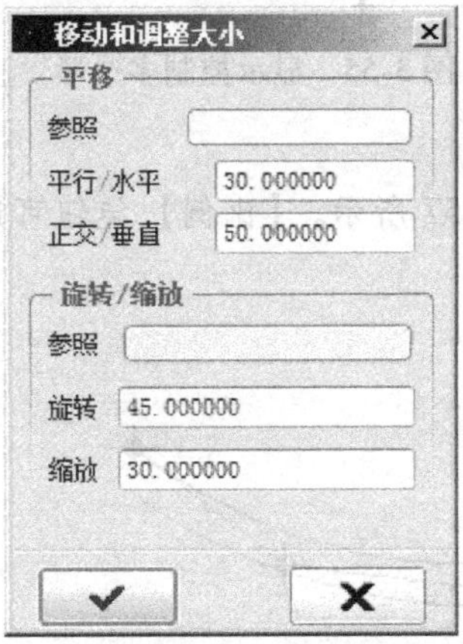


图 3-58　【移动和调整大小】对话框

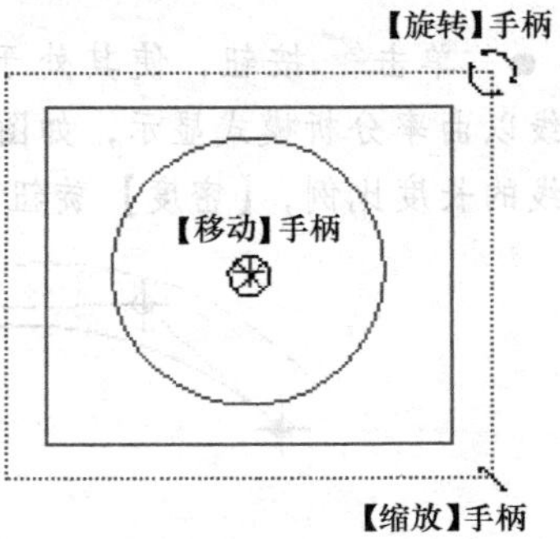


图 3-59　各种变换手柄

完成设置后，单击【移动和调整大小】对话框中的 按钮，即可完成图元的变换。

【例 3-25】 对图元进行移动、缩放和旋转。

（1）在图形区选择要进行变换的图元，如图 3-60 所示，选中的图元以红色显示。

（2）单击【草绘器工具】工具栏【移动和调整大小】按钮 右侧的 ，在打开的【变换和镜像】工具箱 中单击【移动和调整大小】按钮 ，弹出如图 3-58 所示的【移动和调整大小】对话框。同时，图形区的图元如图 3-61 所示。

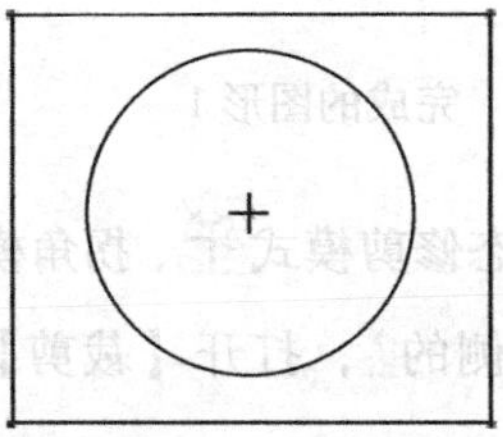
图 3-60　要变换的图元

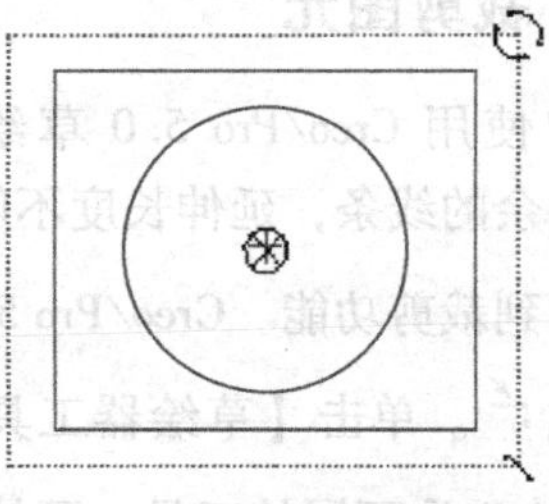
图 3-61　移动、缩放和旋转

（3）分别尝试使用鼠标左键拖动【移动】手柄 进行平移操作，使用鼠标左键拖动【缩放】手柄 进行缩放操作，使用鼠标【旋转】手柄 进行旋转操作，观察实时移动、实时缩放和实时旋转的结果。

（4）在【移动和调整大小】对话框各文本框中设置数值，精确定义移动的相对位移、旋转角度和缩放比例。

（5）在图形区单击鼠标中键或者单击【移动和调整大小】对话框中的 按钮，完成变换图元操作。

## 3.4.4　复制图元

若想复制图元，用户应先选择图元，然后单击【编辑】工具栏中的【复制】按钮 ，再单击【编辑】工具栏中的【粘贴】按钮 ，在要复制出图元的位置单击，此时在图形区复制出的新图元上将出现【移动】手柄、【旋转】手柄和【缩放】手柄，并弹出【移动和调整大小】对话框，按照移动、旋转、缩放图元的方法操作即可完成图元的复制。

## 3.4.5　镜像图元

对于对称图形，需要使用【镜像】工具提高绘图效率。使用【镜像】工具必须先绘制中心线。

选取需要镜像的图元后，单击【草绘器工具】工具栏【移动和调整大小】按钮 右侧的 ，在打开的【变换和镜像】工具箱 中单击【镜像】按钮 ，根据提示选取中心线，即可完成镜像图元的操作。

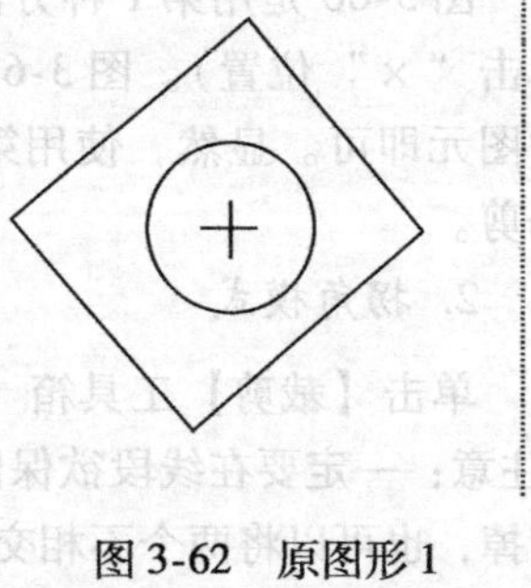
图 3-62　原图形 1

【例 3-26】 镜像图元。

（1）绘制中心线。

（2）选取需要镜像的图元，选中的图元以红色显示，如图 3-62

所示。

(3) 单击【变换和镜像】工具箱中的【镜像】按钮。

(4) 提示选取中心线，选取刚才绘制的中心线，完成镜像图元操作，完成的图形如图 3-63 所示。

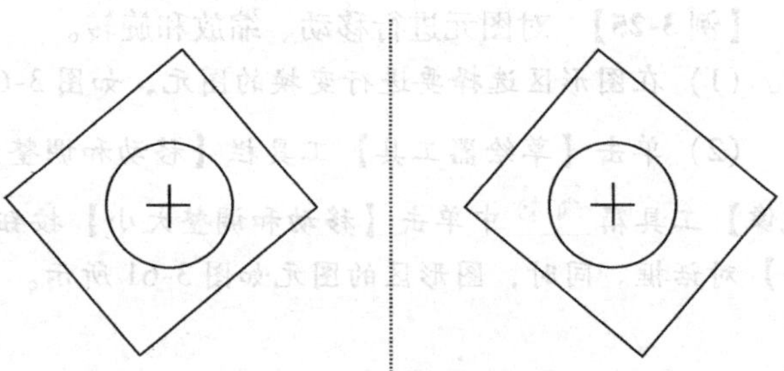

图 3-63 完成的图形 1

### 3.4.6 裁剪图元

用户使用 Creo/Pro 5.0 草绘截面时，要修剪多余的线条，延伸长度不够的线条，这都会用到裁剪功能。Creo/Pro 5.0 的裁剪功能有 3 种模式，即动态修剪模式、拐角模式和分割模式。单击【草绘器工具】工具栏【删除段】按钮右侧的，打开【裁剪】工具箱中选取不同的工具，可执行不同的命令，完成相应的操作。

1. 动态修剪模式

单击【裁剪】工具箱中的【删除段】按钮，可以对图元进行动态修剪。完成动态修剪的方法有以下两种：

- 连续单击要剪掉的图线，图线将以参照线或者与其他图线的交点为边界修剪掉选中的图元。
- 拖动鼠标左键，绘制曲线，曲线接触到的图元被剪掉，边界为参照线或者与其他图线的交点。

若想利用图 3-64 完成图 3-65 所示的五边形，用户可以通过以上两种修剪方法完成。

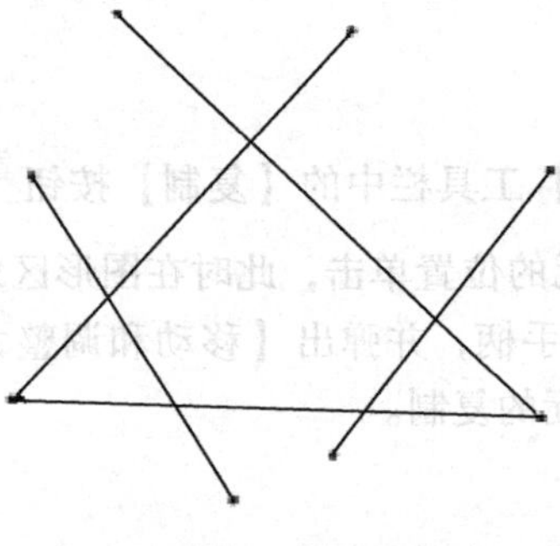

图 3-64 原图形 2

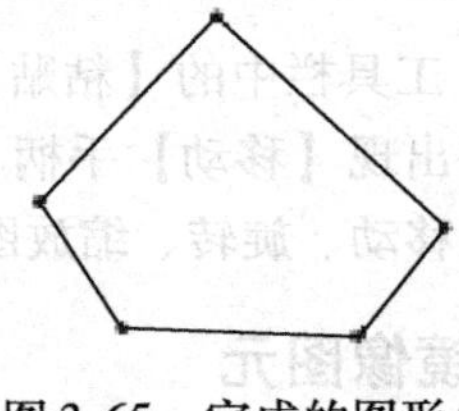

图 3-65 完成的图形 2

图 3-66 是用第 1 种方法修剪得到五边形的图解，需要连续单击 10 次才能修剪完成（分别单击“×”位置）。图 3-67 是用第 2 种方法修剪得到五，只需拖动鼠标绘制曲线接触欲修剪的图元即可。显然，使用第 2 种方法能够达到事半功倍的效果，因此建议读者使用第 2 种方法修剪。

2. 拐角模式

单击【裁剪】工具箱中的【拐角】按钮，然后连续选择要形成拐角的两个图元（注意：一定要在线段欲保留的一侧选取图元）。使用该模式，用户可以将两个相交图元的出头剪掉，也可以将两个不相交的图元延伸至相交。

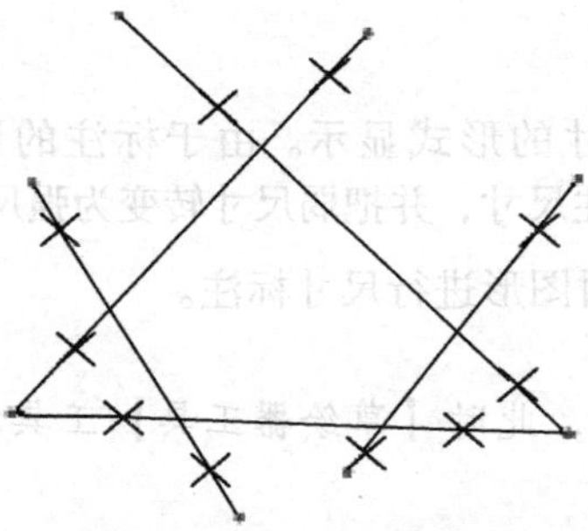

图 3-66　单击选取修剪

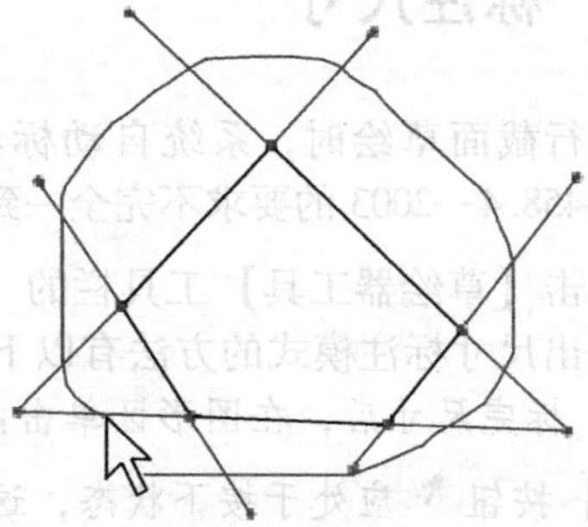

图 3-67　拖动修剪

图 3-68 所示的是将两个图元修剪至相交，图 3-69 所示的是将两个图元延伸至相交。

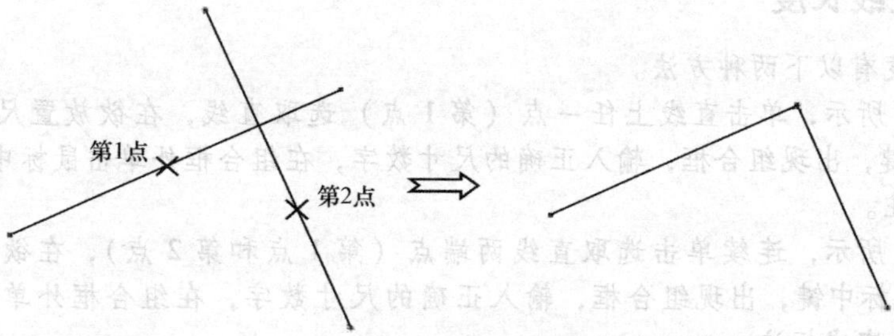


图 3-68　修剪至相交

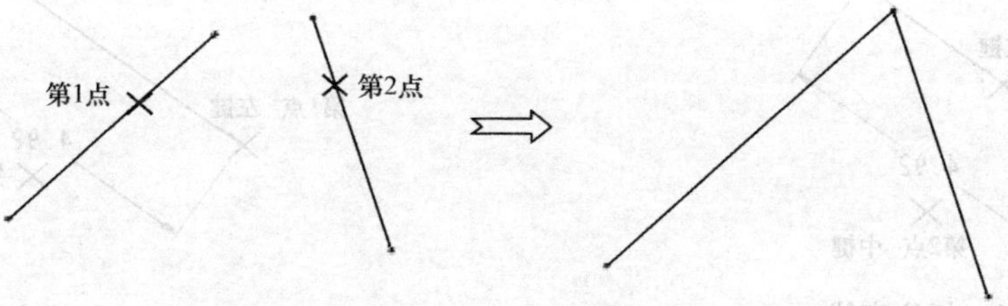


图 3-69　延伸至相交

3. 分割模式

单击【裁剪】工具箱中的【分割】按钮，然后选择所欲分割图元上的点，以此点为界将图元分割为两个图元，如图 3-70 所示。

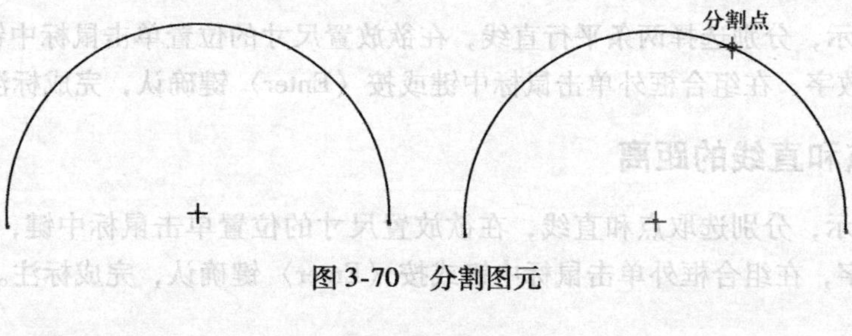


图 3-70　分割图元

## 3.5 标注尺寸

进行截面草绘时，系统自动标注尺寸，并以灰色弱尺寸的形式显示。由于标注的形式和 GB/T 4458.4—2003 的要求不完全一致，因此需要用户手动标注尺寸，并把弱尺寸转变为强尺寸。

单击【草绘器工具】工具栏的【法向】按钮，即可对图形进行尺寸标注。

退出尺寸标注模式的方法有以下两种：

- 标完尺寸后，在图形区单击鼠标中键，回到选择状态，此时【草绘器工具】工具栏中的【选择】按钮应处于按下状态，这是最常用的方法。
- 单击【草绘器工具】工具栏中的【选择】按钮，使其处于按下状态。

无论使用哪种方式，进行尺寸标注时，用户均须确认【草绘器工具】工具栏中的【法向】按钮处于按下状态。标注不同图元所用的选择方法不同，下面介绍不同图元尺寸标注的方法。

### 3.5.1 标注直线长度

标注直线长度有以下两种方法。

- 如图 3-71 所示，单击直线上任一点（第 1 点）选取直线，在欲放置尺寸的位置（第 2 点）单击鼠标中键，出现组合框，输入正确的尺寸数字，在组合框外单击鼠标中键或按〈Enter〉键确认，完成标注。
- 如图 3-72 所示，连续单击选取直线两端点（第 1 点和第 2 点），在欲放置尺寸的位置（第 3 点）单击鼠标中键，出现组合框，输入正确的尺寸数字，在组合框外单击鼠标中键或按〈Enter〉键确认，完成标注。

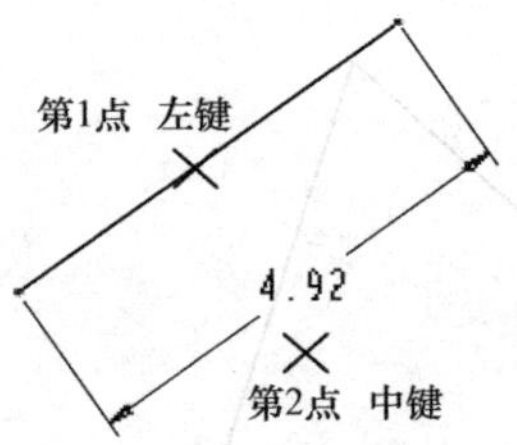


图 3-71 标注直线

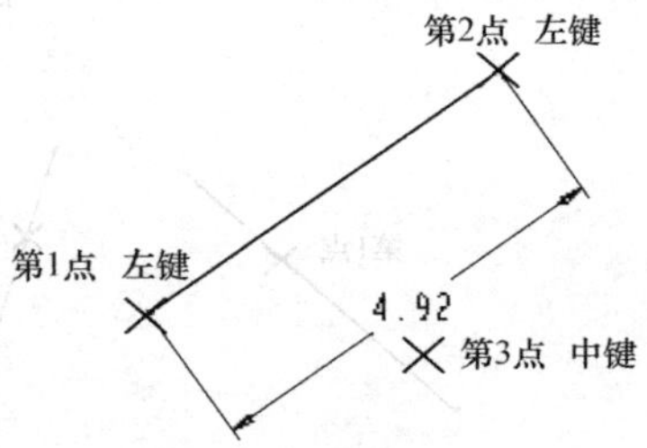


图 3-72 标注直线

**提醒：光标指向可以选取的图元时，图元以浅蓝色加亮显示，单击即可选中该图元。图中左键是指用单击方式选定该点，中键是指单击鼠标中键以选定该点。**

### 3.5.2 标注两平行直线距离

如图 3-73 所示，分别选择两条平行直线，在欲放置尺寸的位置单击鼠标中键，出现组合框，输入正确的尺寸数字，在组合框外单击鼠标中键或按〈Enter〉键确认，完成标注。

### 3.5.3 标注点和直线的距离

如图 3-74 所示，分别选取点和直线，在欲放置尺寸的位置单击鼠标中键，出现组合框，输入正确的尺寸数字，在组合框外单击鼠标中键或按〈Enter〉键确认，完成标注。

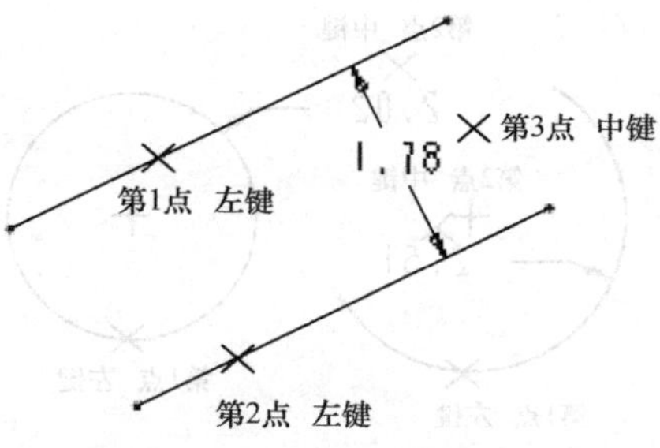


图 3-73　标注两平行直线距离

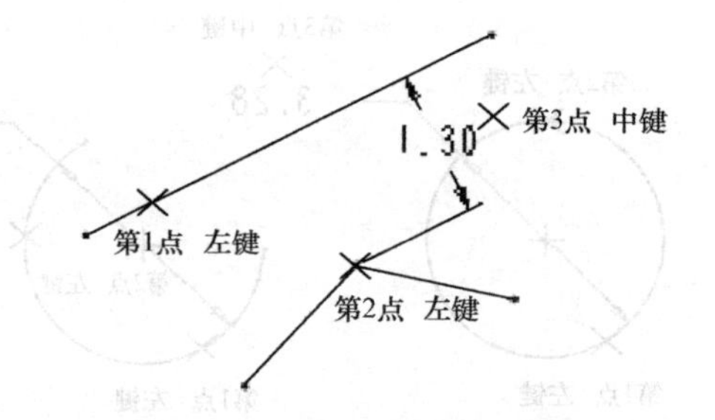


图 3-74　标注点和直线的距离

### 3.5.4　标注两点距离

如图3-75所示，欲标注第1点和第2点的距离，分别选取两点，在欲放置尺寸的位置单击鼠标中键，出现组合框，输入正确的尺寸数字，在组合框外单击鼠标中键或按〈Enter〉键确认，完成标注。

特别值得注意的是，放置尺寸的位置不同将标注不同的尺寸。

在“井字形”分割出的几个区域中，在Ⅰ区单击鼠标中键，标注两点的平行距离，如图3-76所示；在Ⅱ区单击鼠标中键，标注两点的水平距离，如图3-77所示；在Ⅲ区单击鼠标中键，标注两点的竖直距离，如图3-78所示。

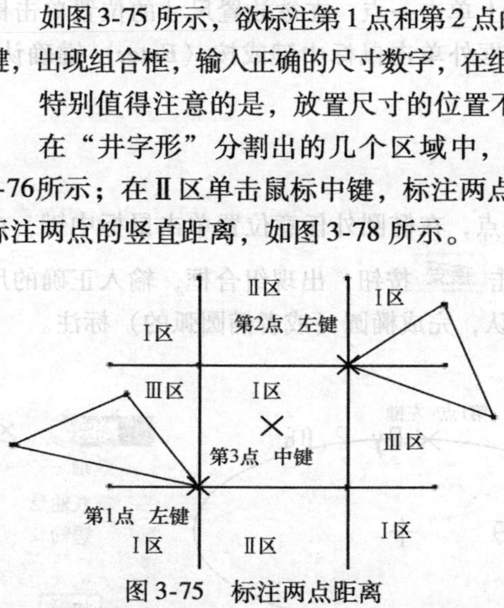


图 3-75　标注两点距离

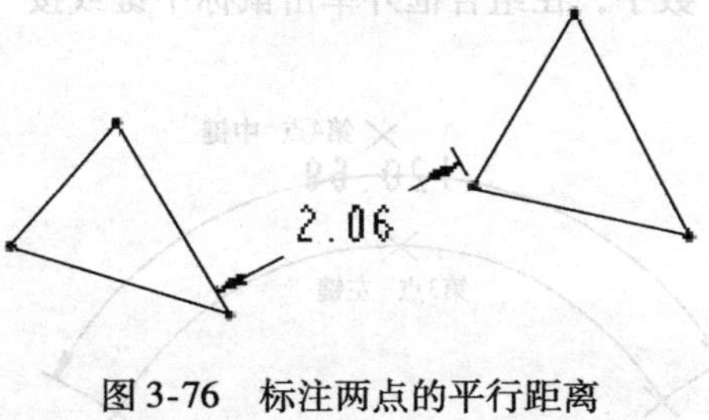


图 3-76　标注两点的平行距离

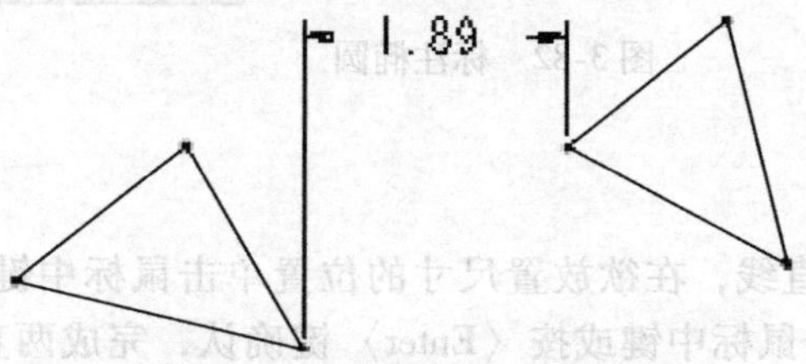


图 3-77　标注两点的水平距离

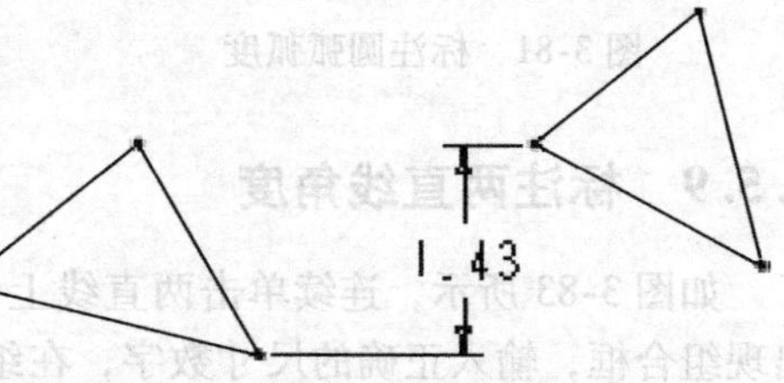


图 3-78　标注两点的竖直距离

### 3.5.5　标注圆直径

如图3-79所示，在圆或者大于半径的圆弧上单击两次，在欲放置尺寸的位置单击鼠标中键，出现组合框，输入正确的尺寸数字，在组合框外单击鼠标中键或按〈Enter〉键确认，完成圆直径的标注。

### 3.5.6　标注圆半径

如图3-80所示，在圆或者圆弧上单击，在欲放置尺寸的位置单击鼠标中键，出现组合框，输入正确的尺寸数字，在组合框外单击鼠标中键或按〈Enter〉键确认，完成圆半径的标注。

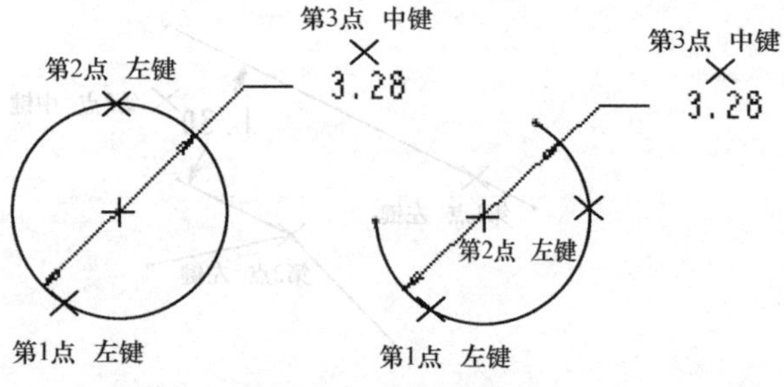


图 3-79 标注圆直径

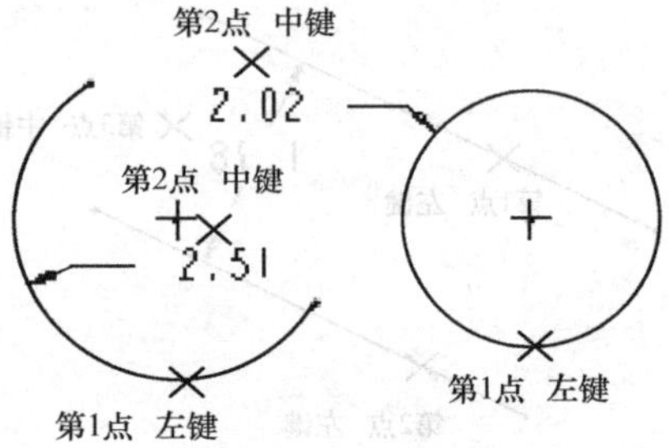


图 3-80 标注圆半径

### 3.5.7 标注圆弧弧度

如图 3-81 所示，单击选取圆弧两端点，再在圆弧上单击一点，在欲放置尺寸的位置单击鼠标中键，出现组合框，输入正确的尺寸数字，在组合框外单击鼠标中键或按〈Enter〉键确认，完成圆弧弧度的标注。

### 3.5.8 标注椭圆或者椭圆弧

如图 3-82 所示，单击椭圆（或者椭圆弧）上的一点，在椭圆外任意位置单击鼠标中键，在弹出的【椭圆半径】对话框中选择长轴或者短轴，单击 接受 按钮，出现组合框，输入正确的尺寸数字，在组合框外单击鼠标中键或按〈Enter〉键确认，完成椭圆（或者椭圆弧的）标注。

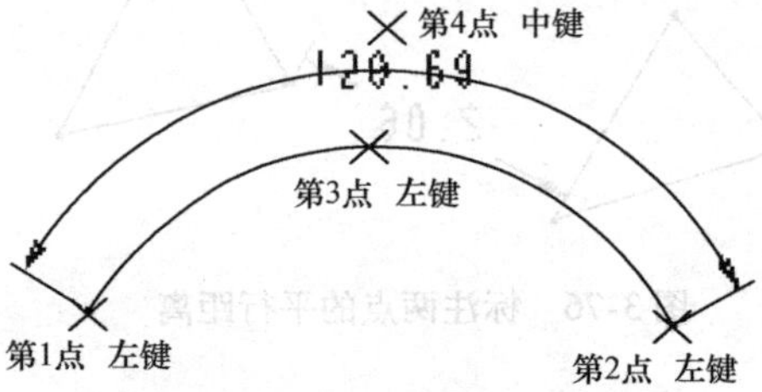


图 3-81 标注圆弧弧度

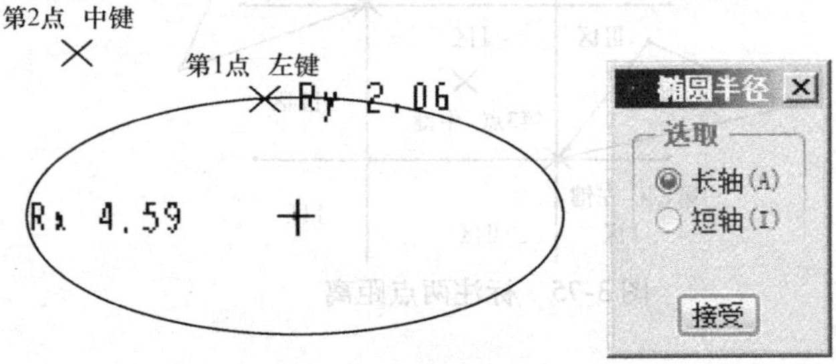


图 3-82 标注椭圆

### 3.5.9 标注两直线角度

如图 3-83 所示，连续单击两直线上的点选取两直线，在欲放置尺寸的位置单击鼠标中键，出现组合框，输入正确的尺寸数字，在组合框外单击鼠标中键或按〈Enter〉键确认，完成两直线角度的标注。

### 3.5.10 标注对称尺寸

标注对称尺寸必须有中心线。如图 3-84 所示，单击选取第 1 点，再单击中心线上的第 2 点选取中心线，再次单击选取第 1 点，在欲放置尺寸的位置单击鼠标中键选取第 3 点，出现组合框，输入正确的尺寸数字，在组合框外单击鼠标中键或按〈Enter〉键确认，完成对称尺寸的标注。

### 3.5.11 标注周长

Creo/Pro 5.0 可以标注多边形的周长。标注周长后，确定一个尺寸作为变化尺寸，可以调整此尺寸获得所需周长。

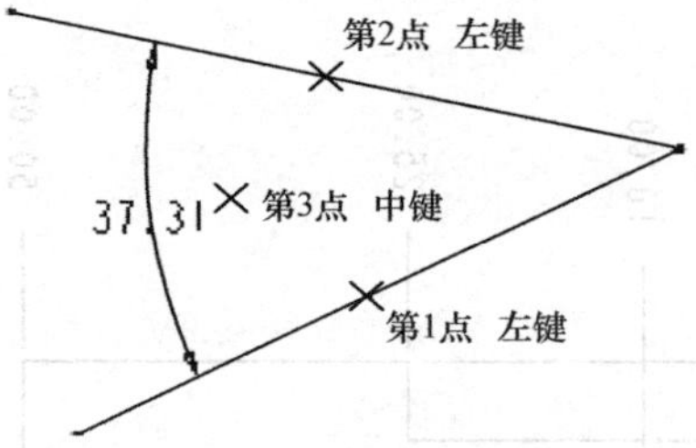


图3-83 标注两直线角度

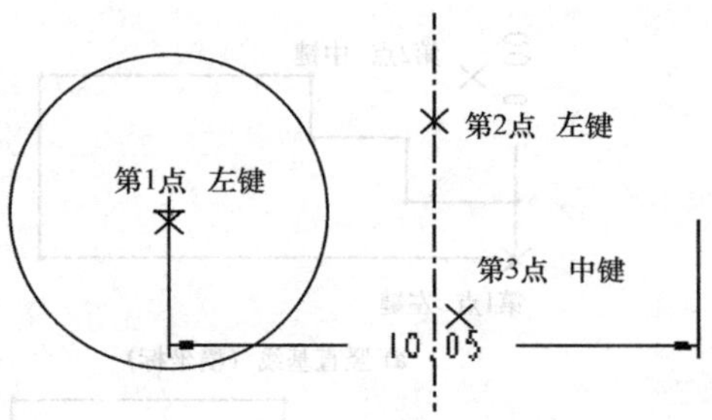


图3-84 标注对称尺寸

【例3-27】 利用图3-85所示的图形，标注周长，如图3-86所示。

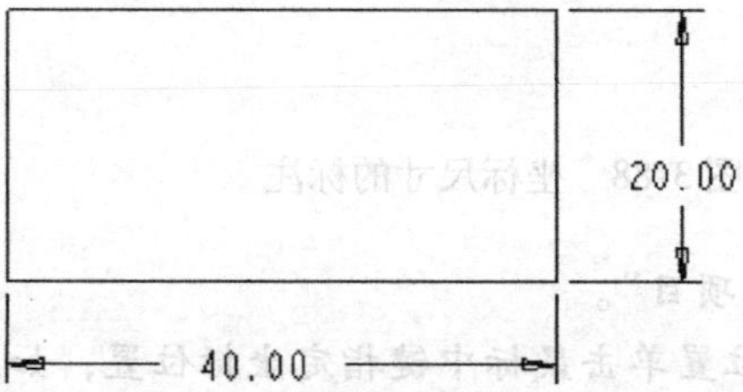


图3-85 原图形和尺寸

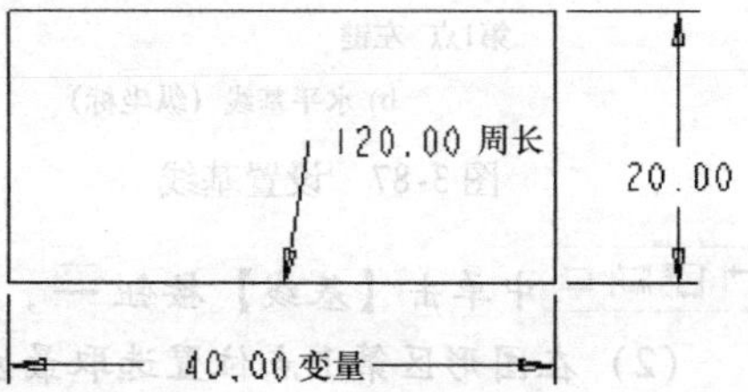


图3-86 完成周长标注

(1) 在图形区框选长方形及尺寸，被选中的整个长方形及尺寸呈红色显示。

(2) 单击【标注】工具箱中的【周长】按钮，系统提示“选取1个或多个项目”，单击拾取变量尺寸40.00，出现组合框，在组合框外单击鼠标中键或按〈Enter〉键确认，完成周长尺寸的标注。

(3) 单击拾取周长尺寸120.00，拖动鼠标左键将其移至合适的位置。

完成后在要驱动尺寸的图元上由引线标注周长尺寸，其后有“周长”字样，被驱动的尺寸后加“变量”字样。修改周长尺寸时，被驱动尺寸根据周长驱动图元的长度使周长满足要求，其余尺寸不变。

## 3.5.12 标注坐标尺寸

对于基于公共参照的几个尺寸，用户可以使用坐标标注。标注坐标尺寸需要两个步骤：指定基线和标注坐标。

单击【草绘器工具】工具栏【法向】按钮右侧的，在打开的【标注】工具箱中单击【基线】按钮，或者选择菜单栏中的【草绘】|【尺寸】|【基线】选项，在作为基线的图元上单击选取基线，在欲放置坐标尺寸的位置单击中键标注基线坐标。

基线可以是点，也可以是其他图元。当基线选取的是直线时，基线方向就是直线方向，标注的是垂直于直线方向的0坐标；当基线选取的是圆弧或者圆时，将以圆心作为基点，和选取点作为基线时的情况一样，弹出【尺寸定向】对话框，从中选取基线是竖直方向还是水平方向后，单击 接受(A) 按钮，完成基线设置，如图3-87所示。

确定基线后，再选取标注尺寸命令进行坐标尺寸标注即可。

【例3-28】 标注坐标尺寸，如图3-88所示。

(1) 单击【草绘器工具】工具栏【法向】按钮右侧的，在打开的【标注】工具箱

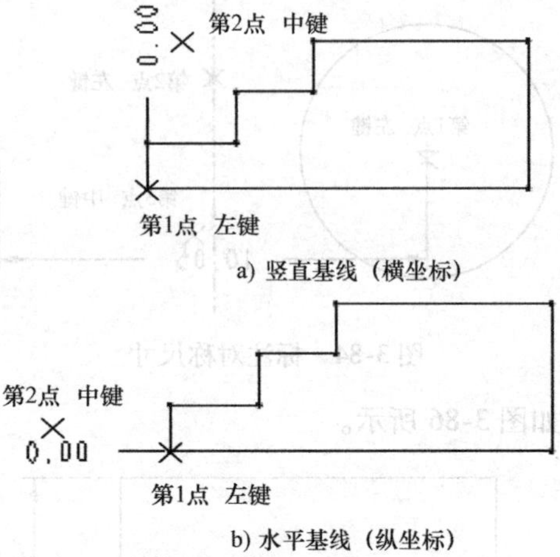


a) 竖直基线（横坐标）

b) 水平基线（纵坐标）

图 3-87 设置基线

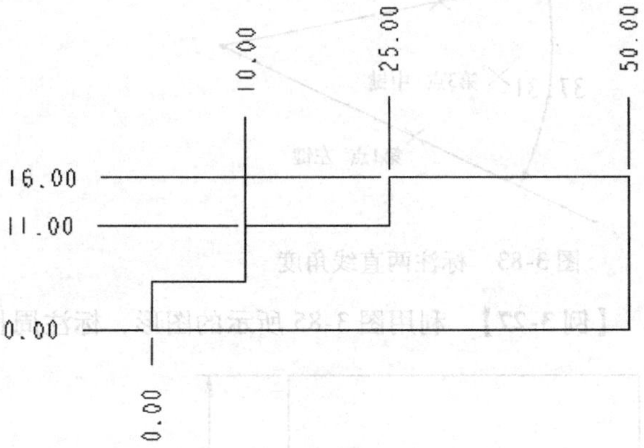


图 3-88 坐标尺寸的标注

中单击【基线】按钮，系统提示“选取 1 个项目”。

（2）在图形区第 1 点位置选取最左竖直线，在第 2 点位置单击鼠标中键指定坐标位置，如图 3-89 所示，完成水平方向坐标原点的标注如图 3-90 所示。

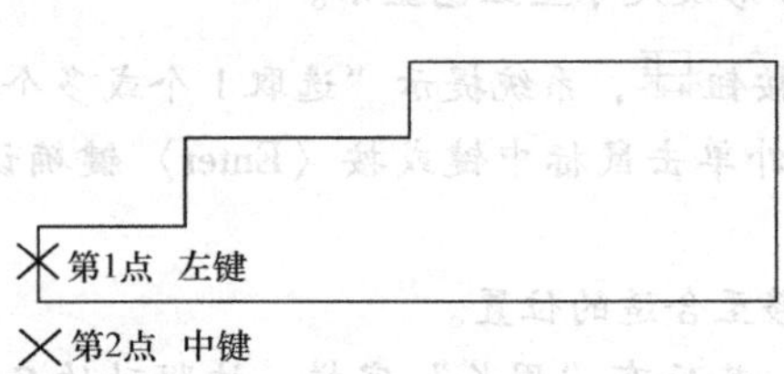


图 3-89 指定基线标注的点 1

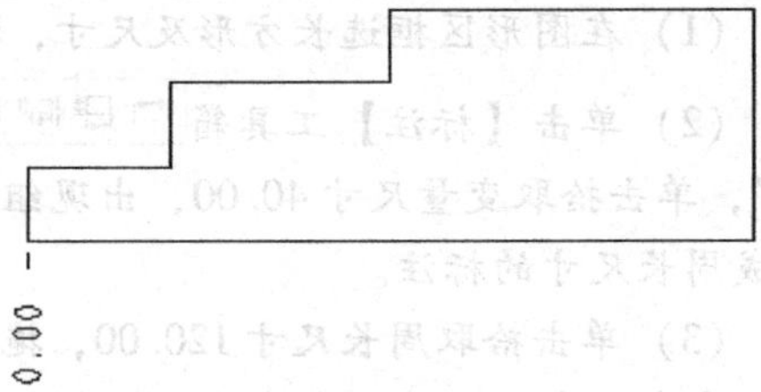


图 3-90 指定基线 1

（3）在图形区第 3 点位置选取最下水平线，在第 4 点位置单击鼠标中键指定坐标位置，如图 3-91 所示，完成竖直方向坐标原点的标注如图 3-92 所示。

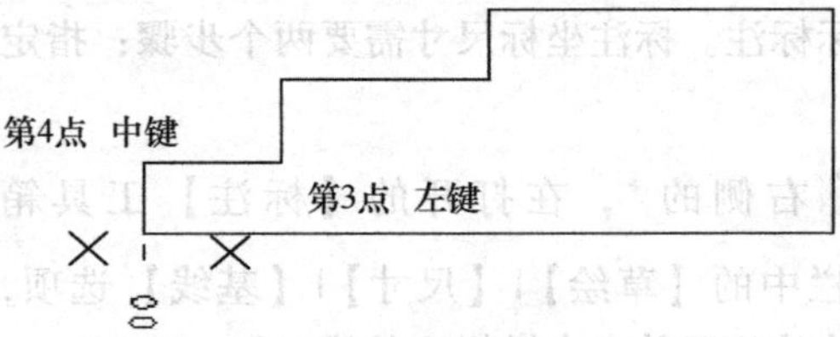


图 3-91 指定基线标注的点 2

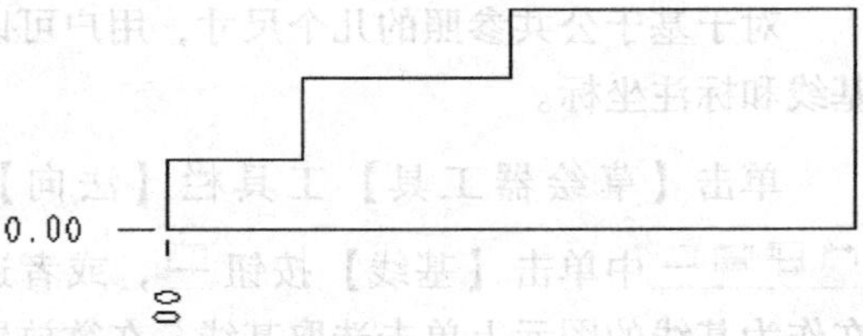


图 3-92 指定基线 2

（4）在【标注】工具箱中单击【法向】按钮，系统提示“选取 1 个项目”，单击基线坐标原点文字（第 5 点），如图 3-93 所示。

（5）单击选取要标注坐标的图元（第 6 点），如图 3-93 所示。

（6）在数字放置的位置（第 7 点）单击鼠标中键，如图 3-93 所示。

（7）此时出现组合框，在组合框外单击鼠标中键或按〈Enter〉键确认，完成坐标尺寸的标注，如图3-94所示。

（8）重复步骤（4）~步骤（7），标注其他点的坐标。

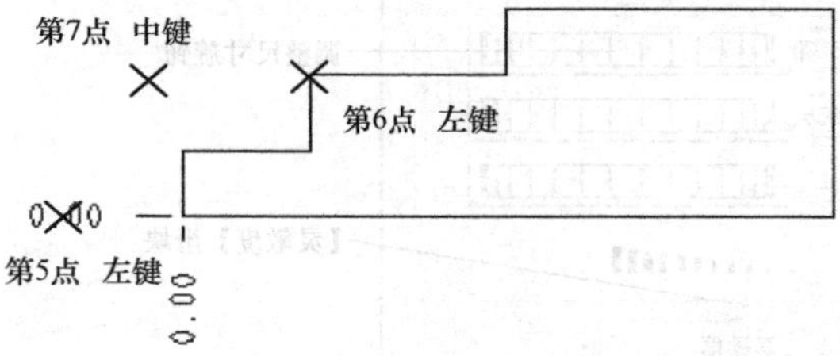


图3-93　拾取位置

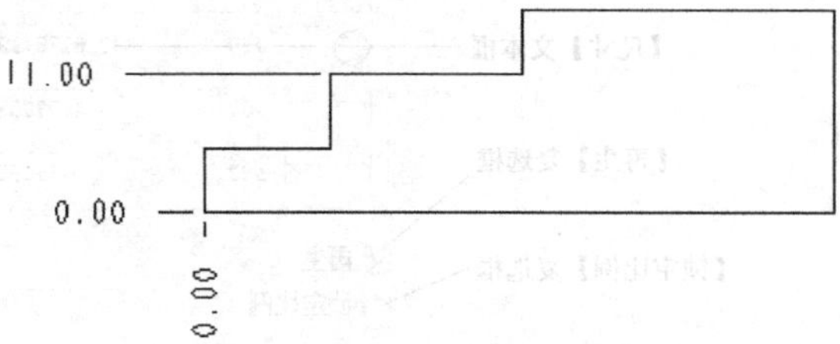


图3-94　完成坐标尺寸的标注

## 3.6 编辑尺寸

Creo/Pro 5.0 是全参数化的设计软件，可通过修改尺寸数值驱动图形，达到设计意图。

### 3.6.1 移动尺寸位置

自动标注尺寸时，尺寸数字的位置往往不符合设计意图，这时可将光标移至欲移动位置的尺寸，按下鼠标左键并拖动鼠标，将其移至合适的位置，然后松开鼠标左键，即可完成尺寸位置的移动。

### 3.6.2 修改尺寸

修改尺寸的方法有以下两种：

- 在需要修改的尺寸数字上双击，出现组合框，在其中输入尺寸数字，在组合框外单击鼠标中键或者按〈Enter〉键完成修改，如图3-95所示。这种方式每次只能修改一个尺寸。
- 使用【修改尺寸】对话框修改尺寸。这种方式可以一次修改一组尺寸。

**【例3-29】** 使用【修改尺寸】对话框修改尺寸。

（1）确认【草绘器工具】工具栏中的【选取】按钮处于按下状态。

（2）单选或者框选一个尺寸或一组尺寸，选中的尺寸以红色加亮显示。

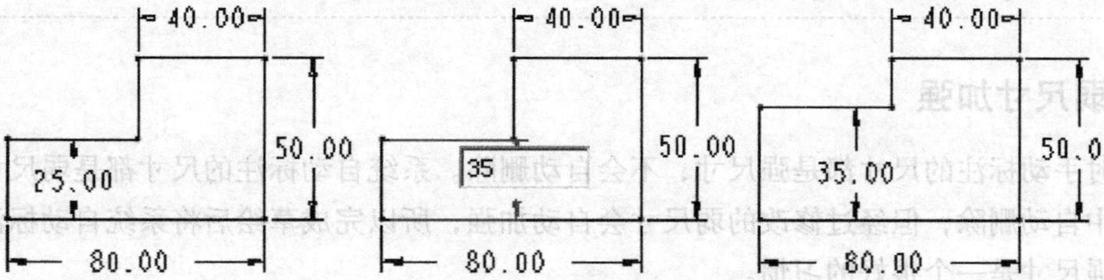


图3-95　修改单个尺寸

（3）单击【草绘器工具】工具栏中的【修改】按钮。

（4）弹出如图3-96所示的【修改尺寸】对话框，在该对话框中修改尺寸值。

（5）单击按钮完成尺寸的修改。

【修改尺寸】对话框中各选项的使用方法如下：

- 【尺寸】文本框。用户可以在此输入精确的尺寸数值，按〈Enter〉键确认该值并转至下一个【尺寸】文本框。正在修改的尺寸在图形区被一个矩形框包围，以便用户知道正在修改的

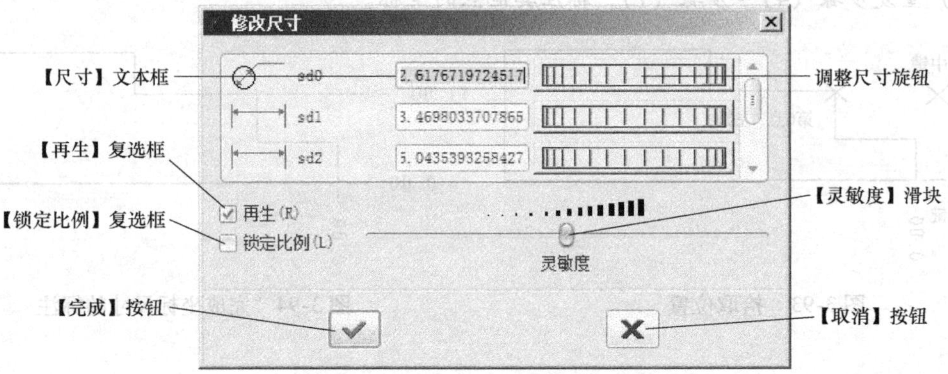


图3-96 【修改尺寸】对话框

尺寸是哪一个。

**提醒：在修改尺寸数值时，用户可以在【尺寸】文本框中输入负值，其结果是图元方向改变，而尺寸大小和输入值的绝对值相等。**

- 【调整尺寸】旋钮。用鼠标左键拖动该旋钮可以实时修改尺寸，向右拖动为增大尺寸，向左拖动为减小尺寸。
- 【再生】复选框。若选中此复选框，图形区的图形随尺寸变化实时改变大小，否则只有当单击✔按钮完成尺寸修改后，图形才改变大小。
- 【灵敏度】滑块。调整该滑块，可以控制使用【调整尺寸】旋钮调整尺寸时的灵敏度。
- 【锁定比例】复选框。若选中该复选框，当修改一个尺寸时，选中的尺寸将以相同的比例修改。

**提醒：如果草绘所完成图形的整体尺寸和实际图形的尺寸相差较大，用户可以选中所有尺寸，然后选中【锁定比例】复选框，修改其中一个尺寸使其符合要求，此时所有选中的尺寸按照相同比例缩放，完成修改后，关闭【修改尺寸】对话框，再使用一次修改一个尺寸的方法修改其他尺寸。**

### 3.6.3 弱尺寸加强

草绘时手动标注的尺寸都是强尺寸，不会自动删除。系统自动标注的尺寸都是弱尺寸，会在草绘过程中自动删除，但经过修改的弱尺寸会自动加强，所以完成草绘后将系统自动标注的弱尺寸转化为强尺寸是一个很好的习惯。

**【例3-30】** 将弱尺寸转化为强尺寸。

(1) 确认【草绘器工具】工具栏中的【选择】按钮↖处于按下状态。

(2) 选取要加强的弱尺寸（可以选取一组弱尺寸），选中的尺寸以红色加亮显示。

(3) 单击鼠标右键，在弹出的快捷菜单选择【强】选项，或者选取菜单栏中的【编辑】|【转换到】|【强】选项。

(4) 出现【尺寸】文本框，在其中输入新数值，在图形区【尺寸】文本框外的位置单击鼠标中键或按〈Enter〉键确认即可完成弱尺寸的加强（也可不修改尺寸数值，直接确认）。

### 3.6.4　尺寸冲突的解决办法

所有尺寸加强之后，若继续标注的尺寸是多余尺寸，和已经标注的尺寸或约束有冲突，则会弹出如图 3-97 所示的【解决草绘】对话框，用于解决尺寸或者约束冲突。

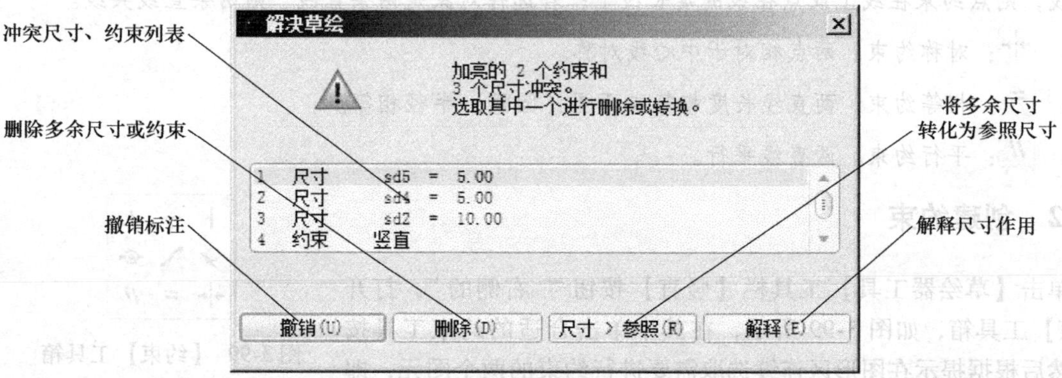


图 3-97　【解决草绘】对话框

解决冲突的方法有以下 3 种：

- 撤销标注此尺寸。
- 保留多余的尺寸，将其转化为参照尺寸，转化为参照尺寸后出现“REF”字样，如图 3-98所示。

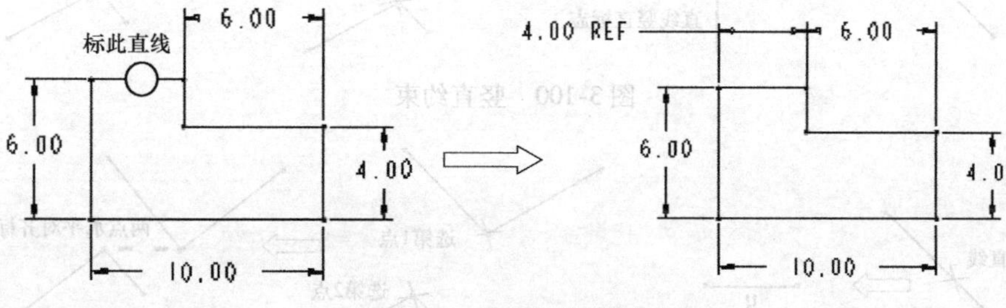


图 3-98　转化为参照尺寸

- 若要删除一个不需要的尺寸或约束，可在冲突的尺寸、约束列表中选中与其冲突的尺寸或约束，单击  按钮即可。

## 3.7　创建约束

在 Creo/Pro 5.0 中，使用约束可以减少尺寸的标注，易于实现设计者的意图。自动约束的相关内容前面已经讲解过，本节主要讲解手动约束。

### 3.7.1　约束的种类和作用

约束的种类和作用如下：

- ：竖直约束。直线竖直或者两点在竖直方向对齐。
- ：水平约束。直线水平或者两点在水平方向对齐。
- ：垂直约束。两图元垂直。

- ：相切约束。两图元相切。
- ：中点约束。把一点放在另一线的中点。
- ：重合约束。把点放在图元上。若选择对象为两点，则两点重合；若选择对象是一点和一线，则点约束在线上或点在线的延长线上；若选择对象是两条直线，则两条直线共线。
- ：对称约束。两点相对于中心线对称。
- ：相等约束。两直线长度相等或两圆（圆弧）半径相等。
- ：平行约束。两直线平行。

## 3.7.2 创建约束

单击【草绘器工具】工具栏【竖直】按钮右侧的，打开【约束】工具箱，如图3-99所示，在其中单击合适的约束工具按钮，然后根据提示在图形区连续选取需要进行约束的两个图元，即可完成约束。完成后单击鼠标中键即可回到选择状态。

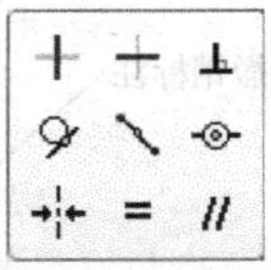

图3-99 【约束】工具箱

图3-100～图3-108使用图解说明了约束的创建过程和各种约束的符号。

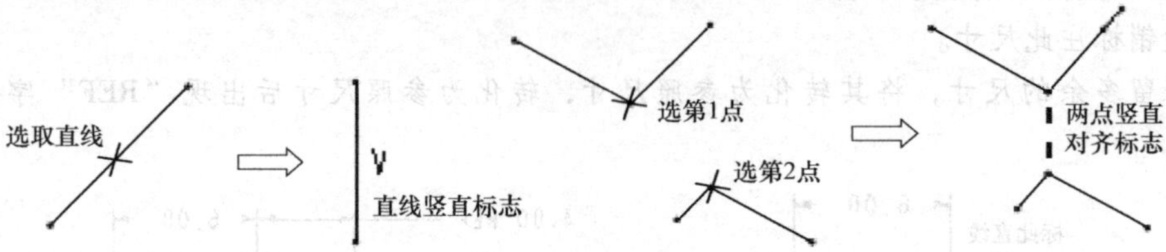


图3-100 竖直约束

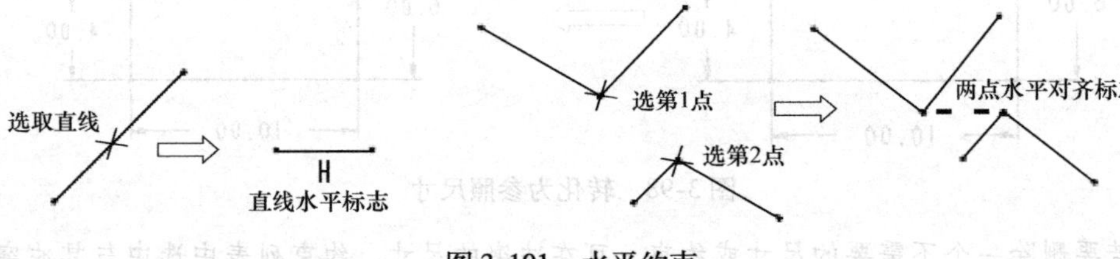


图3-101 水平约束

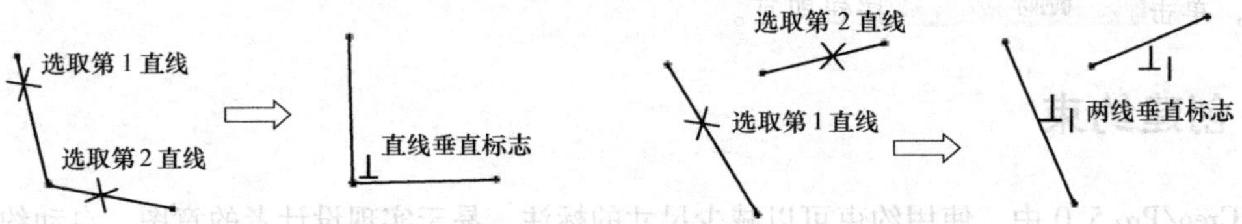


图3-102 垂直约束

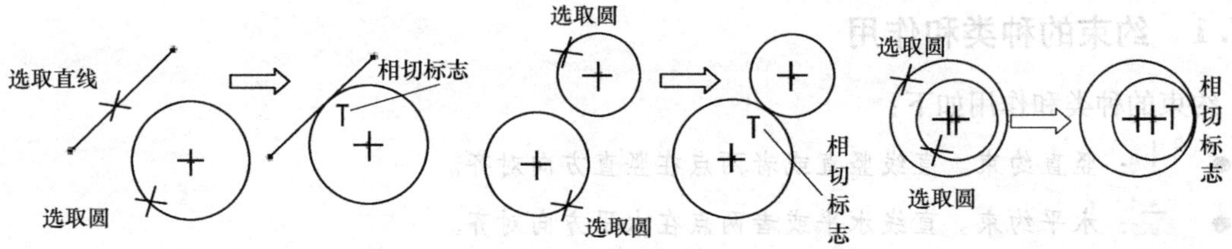


图3-103 相切约束

图 3-104　中点约束

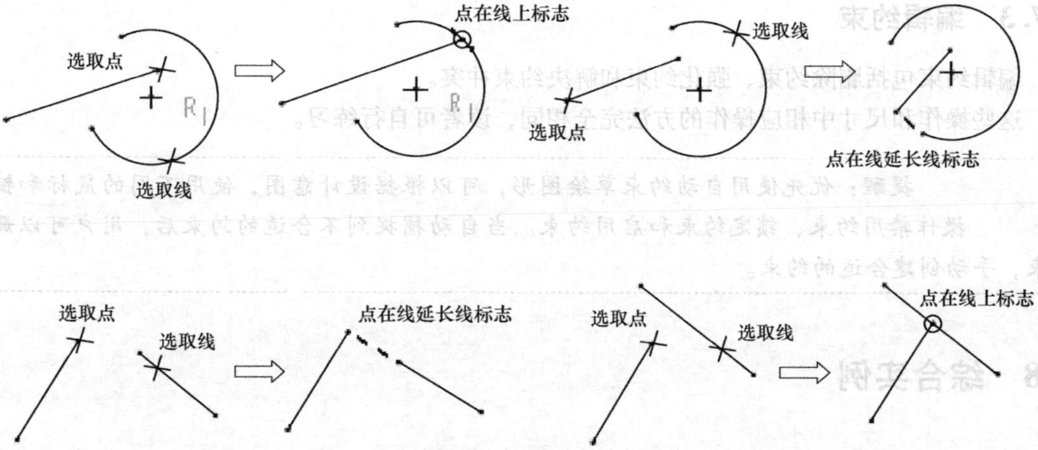


图 3-105　重合约束

**提醒**：当选取的点所在的线沿正向（由未选点指向选中点）延伸后能与选取的线相交时，创建点在线上约束，当选取的点所在的线沿正向延伸后不能与选取的线相交时，创建点在延伸线上约束。当选取两点时，两被选点重合，当选取两直线时，两直线共线。

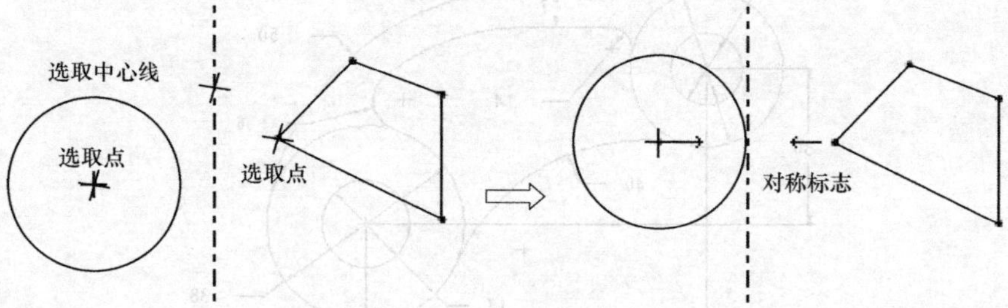


图 3-106　对称约束

**提醒**：在对两点和中心线使用对称约束时，选取两点和中心线的顺序与最后结果无关。

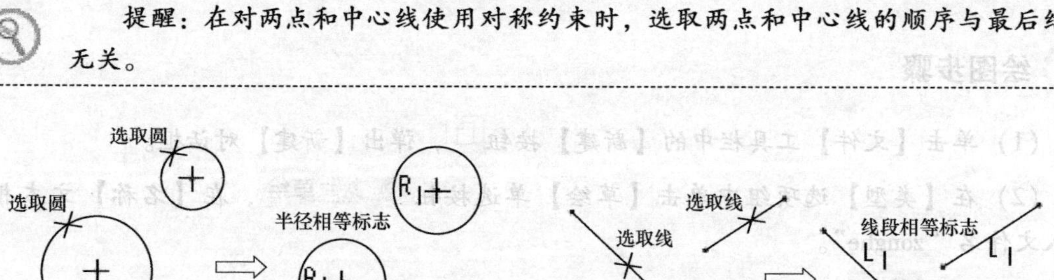


图 3-107　相等约束

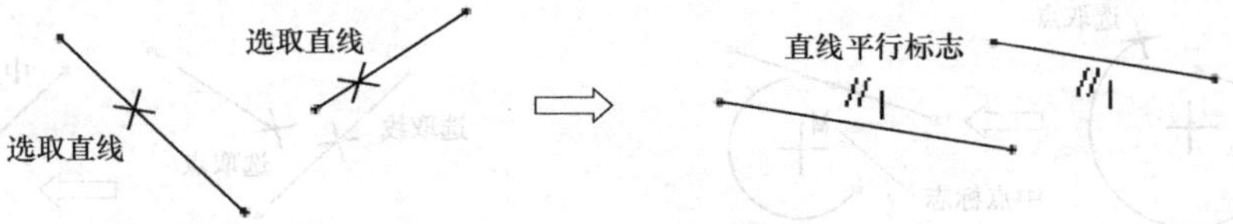


图 3-108　平行约束

### 3.7.3　编辑约束

编辑约束包括删除约束、强化约束和解决约束冲突。

这些操作和尺寸中相应操作的方法完全相同，读者可自行练习。

---

提醒：优先使用自动约束草绘图形，可以根据设计意图，使用不同的鼠标和键盘操作禁用约束、锁定约束和启用约束。当自动捕捉到不合适的约束后，用户可以删除约束，手动创建合适的约束。

---

## 3.8　综合实例

### 实例要求

草绘如图 3-109 所示的图形并标注尺寸。

练习使用约束、移动尺寸位置；练习尺寸、顶点、约束、栅格的显示；练习尺寸小数位数的设置等。

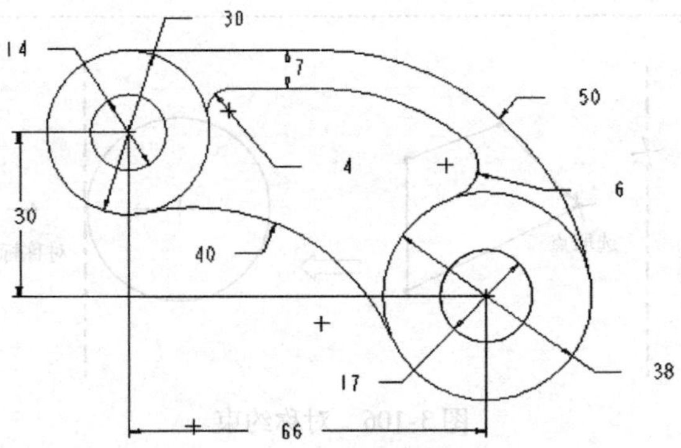


图 3-109　草绘图形实例

### 绘图步骤

（1）单击【文件】工具栏中的【新建】按钮，弹出【新建】对话框。

（2）在【类型】选项组中单击【草绘】单选按钮 草绘，在【名称】文本框内输入文件名 “zonghe”。

（3）单击 确定 按钮进入草绘窗口。

（4）单击【草绘器工具】工具栏中的【圆心和点】按钮，在图形区绘制一圆，不必在意圆的大小和位置，单击中键回到选择状态。

(5) 双击自动标注的圆直径数字，在出现的组合框中输入“14”，在组合框以外的区域单击鼠标中键或按〈Enter〉键完成尺寸修改，单击中键回到选择状态。

(6) 单击【草绘器工具】工具栏【圆心和点】按钮右侧的按钮，在打开的【圆】工具箱中单击【同心圆】按钮。

(7) 选取刚才草绘的圆，绘制其同心圆，直径约为30mm，单击中键回到选择状态。

(8) 双击圆直径数字，在出现的组合框中输入“30”，按〈Enter〉键完成尺寸修改，单击鼠标中键回到选择状态。

(9) 按照步骤（4）~步骤（8）的方法在刚才所完成同心圆的右下方绘制另外两个同心圆，并修改尺寸使其符合设计要求。

(10) 确认【草绘器工具】工具栏中的【选择】按钮处于按下状态，否则单击鼠标中键回到选择状态。

(11) 选择尺寸，拖动鼠标左键移动尺寸位置并修改尺寸，使其满足设计要求，如图3-110所示。

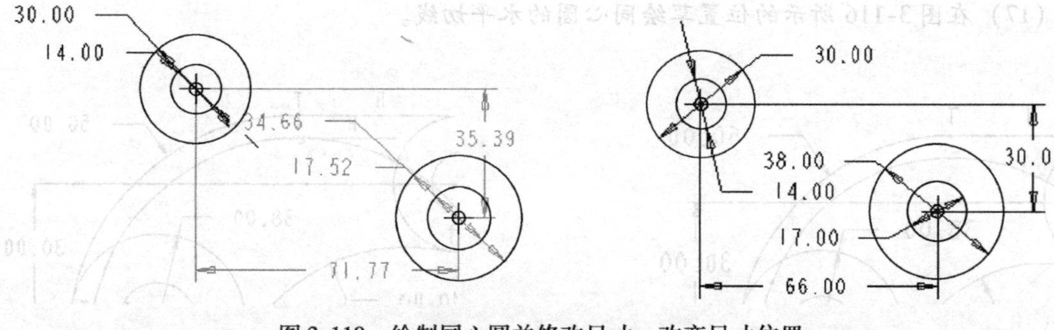


图 3-110　绘制同心圆并修改尺寸，改变尺寸位置

(12) 单击【草绘器工具】工具栏中的【圆角】按钮，分别在 ϕ38 圆的左下侧和 ϕ30 圆的右下侧选取两圆，为两圆倒圆角，修改其尺寸为 40，如图 3-111 所示。

(13) 单击【草绘器工具】工具栏中的【线】按钮，移动光标到 ϕ30 圆的最上点位置，自动约束起作用，光标变为“⊕”呈红色加亮显示，并且和 ϕ30 圆的圆心出现竖直对其标志时，单击捕捉该点，向正右方移动光标，直至在圆上点出现“T”标志、线上方出现“H”标志时，控制直线长度并单击，绘出 ϕ30 圆的水平切线，如图 3-112 所示。

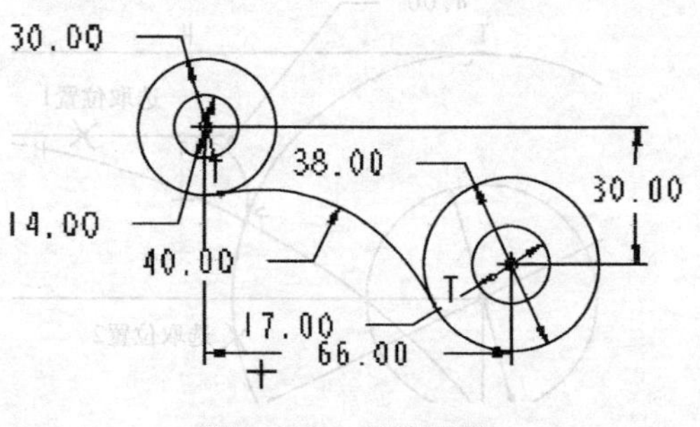


图 3-111　草绘圆角

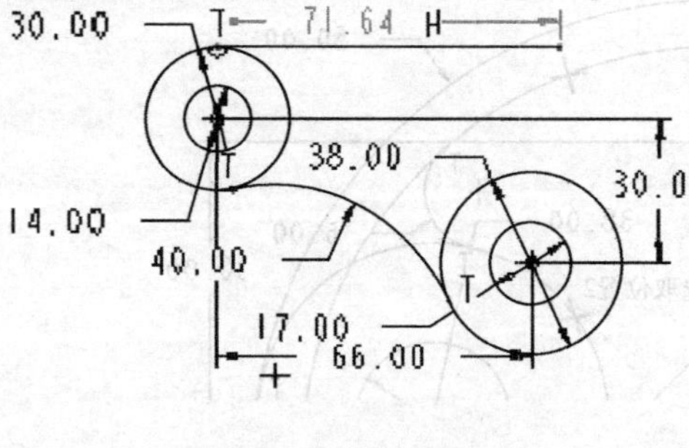


图 3-112　草绘水平切线

（14）单击【草绘器工具】工具栏中的【圆角】按钮，在 ϕ38 圆的右上侧选取圆，在水平直线的右端位置选择直线，为直线和 ϕ38 圆倒圆角，修改其尺寸为 50，如图 3-113 所示。

（15）单击【草绘器工具】工具栏中的【删除段】按钮，单击直线出头部分，修剪出头线，如图 3-114 所示。

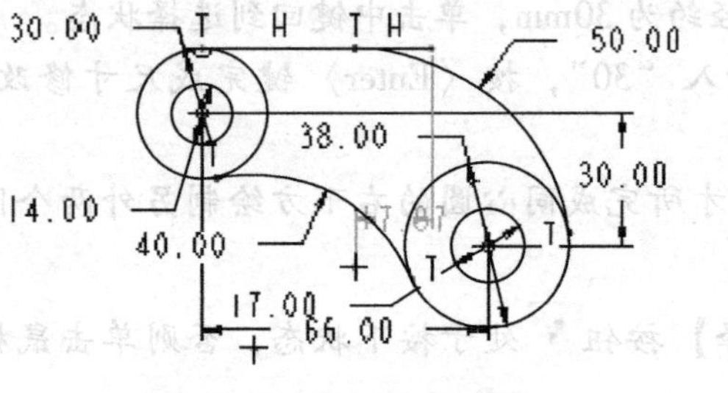


图 3-113　草绘圆角

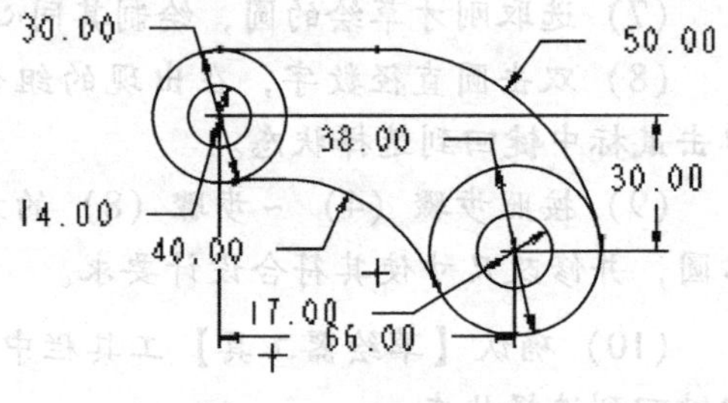


图 3-114　修剪出头线

（16）在【圆】工具箱中单击【同心圆】按钮，选择 R50 圆弧，在圆弧内侧绘制其同心圆，如图 3-115 所示（注意：不要使用任何自动约束）。

（17）在图 3-116 所示的位置草绘同心圆的水平切线。

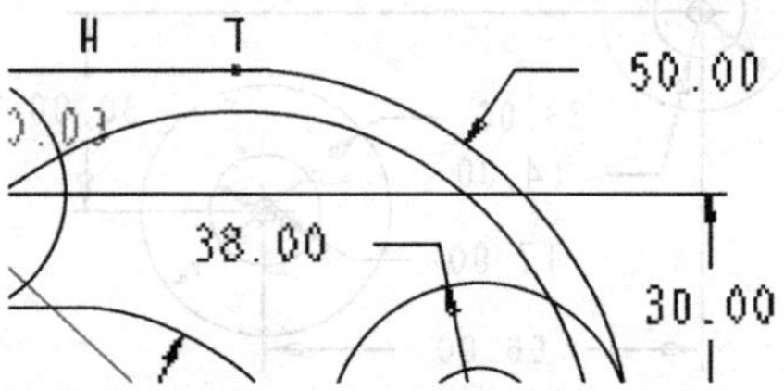


图 3-115　草绘同心圆

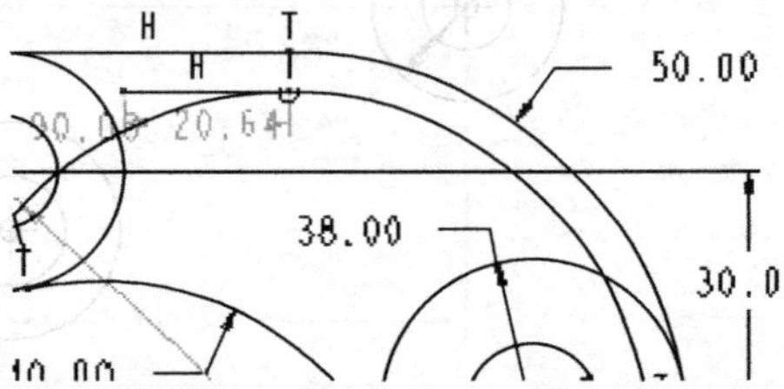


图 3-116　草绘同心圆的水平切线

（18）单击【圆角】按钮，分别在图 3-117 所示的位置连续单击选择 ϕ38 圆和图 3-115 中所绘同心圆，倒圆角，修改其尺寸为 6。

（19）单击【圆角】按钮，分别在图 3-118 所示的位置连续单击选择 ϕ30 圆和图 3-116 中所绘水平线，倒圆角，修改其尺寸为 4。

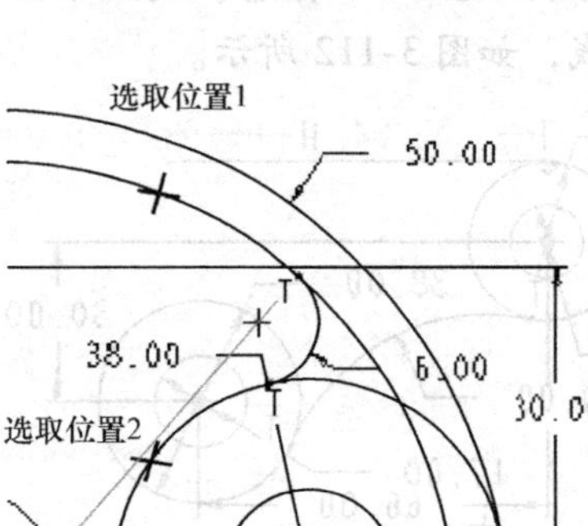


图 3-117　草绘圆角 1

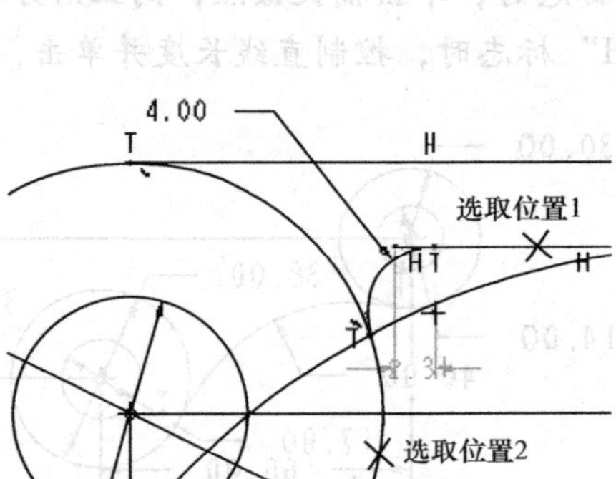


图 3-118　草绘圆角 2

（20）单击【删除段】按钮，修剪不需要的图线。标注如图 3-119 所示的尺寸，并修改尺寸数值为 7，完成草绘。

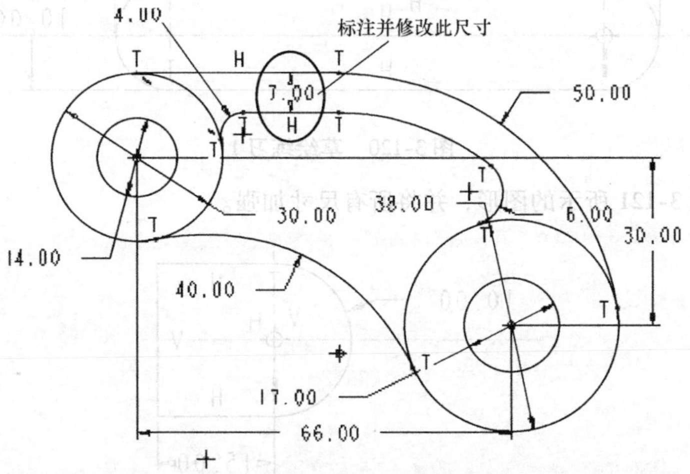


图 3-119　修剪图线，标注并修改尺寸

（21）调整尺寸的位置，并设置尺寸的小数位数，使之符合设计要求。选择菜单栏中的【草绘】|【选项】选项，弹出【草绘器首选项】对话框，切换至【参数】选项卡，设置【精度】选项组的【小数为数】为 0，完成图形绘制。

（22）分别单击【草绘器】工具栏中的 4 个按钮，并相互组合，查看图形区出现的效果。

（23）单击【文件】工具栏中的【保存】按钮，弹出【保存】对话框。

（24）单击 确定 按钮，保存草绘图形。

## 3.9　本章小结

本章主要讲述草绘模块的应用，就草图的显示、草绘前的设置、草绘各种图元的方法、使用约束以及草图尺寸的标注和修改，进行了详尽的讲解。本章所涉及内容是创建三维模型的基础，因此读者必须扎实掌握。

## 3.10　习题

1. 概念题

（1）草绘截面时，图元之间共有 9 种约束形式，它们之间有什么不同？分别用在何种图元之间的约束？

（2）草绘截面时，鼠标各键的功能有什么不同？如何使用鼠标和键盘切换约束、锁定约束和取消约束？

（3）修改尺寸的形式有哪几种？对于出现冲突的尺寸或者约束应该如何处理？

2. 操作题

（1）草绘如图 3-120 所示的图形，并将所有尺寸加强。

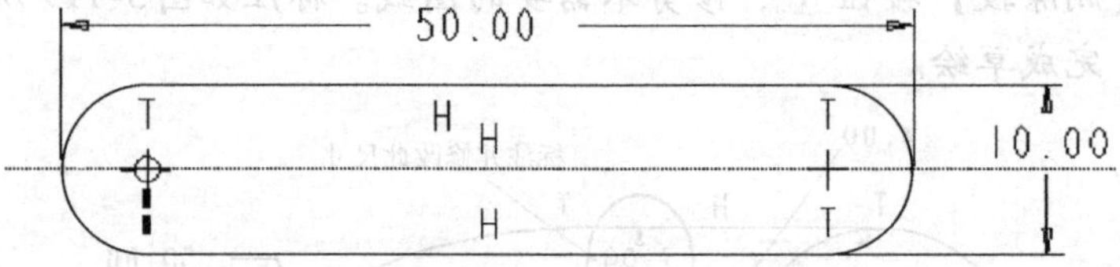


图 3-120　草绘练习 1

（2）草绘如图 3-121 所示的图形，并将所有尺寸加强。

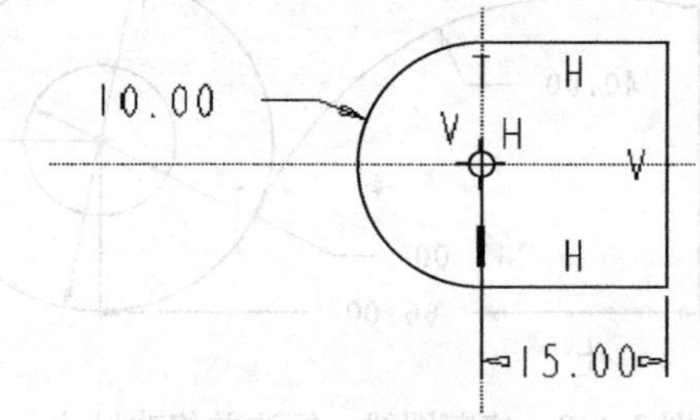


图 3-121　草绘练习 2

（3）草绘如图 3-122 所示的图形，并将所有尺寸加强。

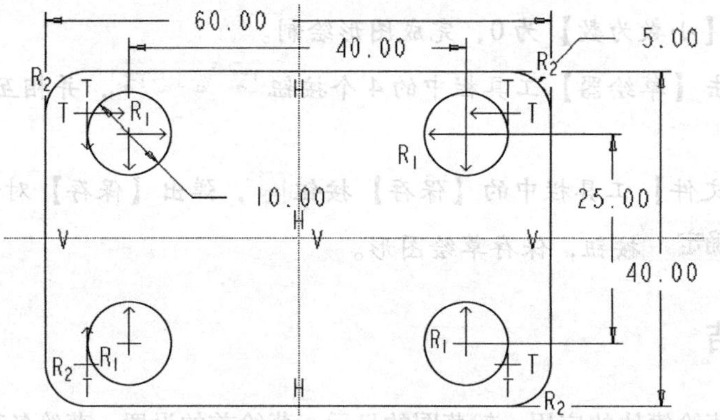


图 3-122　草绘练习 3

（4）草绘如图 3-123 所示的图形，并将所有尺寸加强。

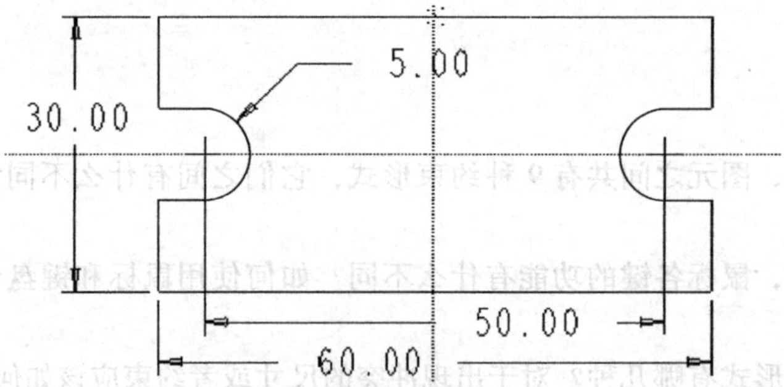


图 3-123　草绘练习 4

（5）草绘如图 3-124 所示的图形，并将所有尺寸加强。

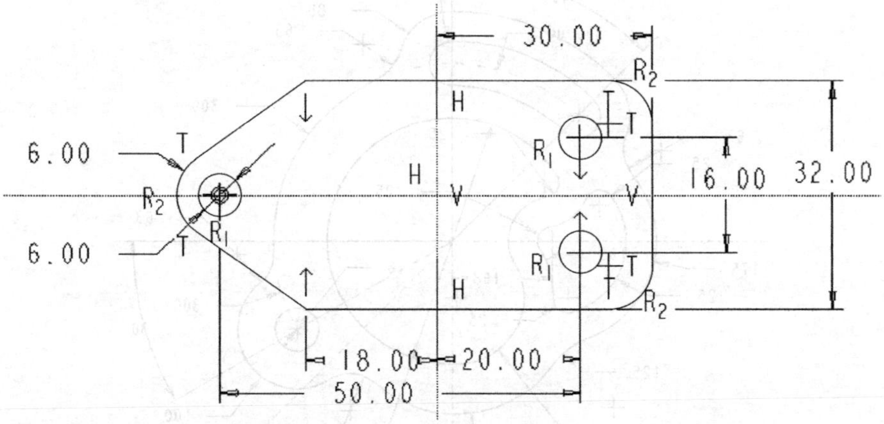


图 3-124　草绘练习 5

（6）草绘如图 3-125 所示的图形，并将所有尺寸加强。

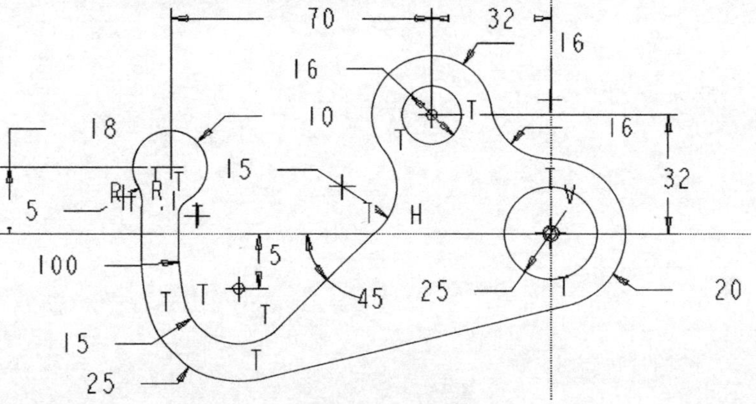


图 3-125　草绘练习 6

（7）草绘如图 3-126 所示的图形，并将所有尺寸加强。

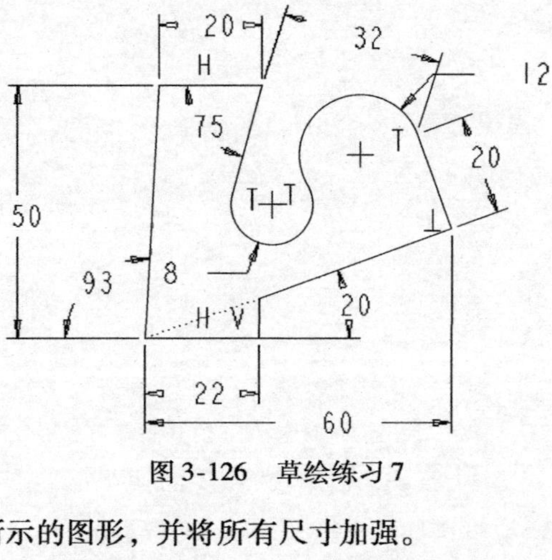


图 3-126　草绘练习 7

（8）草绘如图 3-127 所示的图形，并将所有尺寸加强。

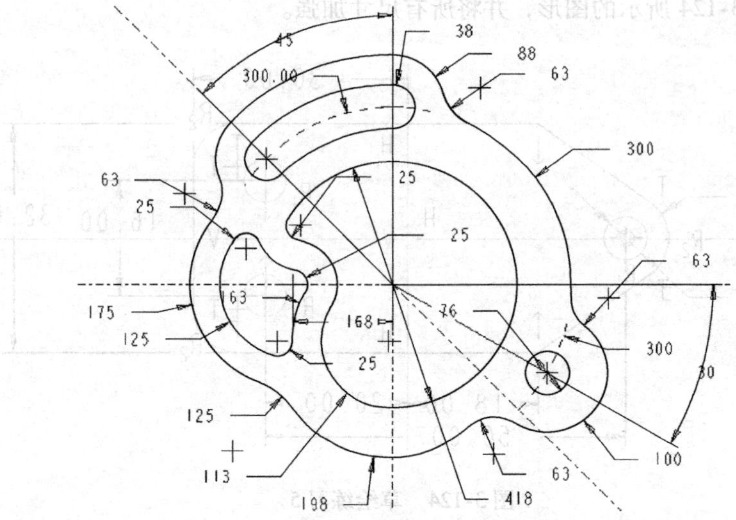
45
38
88
63
300.00
300
63
25
25
25
63
163
175
125
168
76
300
30
25
125
113
100
63
198
418

图 3-127 草绘练习 8

# 第 4 章　拉伸和旋转

工程实践中，在对零件进行形体分析的过程中，用户可以将零件分为叠加式、切割式和综合式 3 种类型。无论哪种类型的零件，总是由若干简单形体按照一定的相对位置和组合方式组合在一起形成的。所谓简单形体，主要是指各种柱、锥、球和环。

Creo/Pro 5.0 作为一种基于三维建模的实体造型工具，其设计过程实际上和对零件进行形体分析的过程相似，也是将若干简单形体按照一定的相对位置进行堆积或挖切形成的。在实体形成过程中，有些是在基本形体的基础上加材料，有些是减材料，最后形成符合要求的模型。拉伸和旋转是最基本的建模方式，通过这两种方法创建各种基本形体，然后在此基础上加、减材料，完成实体建模。

【本章重点】

- 草绘平面的选取方法。
- 参考方向的选取方法。
- 参照的选取方法。
- 草绘截面时约束的使用。
- 特征编辑和重定义的方法。

## 4.1　Creo/Pro 5.0 的文件操作

为了有效管理文件，用户必须熟悉 Creo/Pro 5.0 的各种文件操作。

Creo/Pro 5.0 的文件操作主要包括设置工作目录、新建文件、打开文件、保存文件、备份文件、保存副本、重命名文件、删除文件、拭除文件、关闭窗口、激活窗口等操作。

为了便于管理文件，每次启动 Creo/Pro 5.0 后，用户都要首先设置工作目录，确认其文件操作的文件夹位置。设置工作目录的方法请参阅第 1 章。

### 4.1.1　新建文件

新建文件的方法有以下 3 种：

- 选择菜单栏中的【文件】|【新建】选项。
- 单击【文件】工具栏中的【新建】按钮。
- 按〈Ctrl + N〉组合键。

使用上述方法之一后，系统弹出如图 4-1 所示的【新建】对话框。

在【类型】选项组中，用户可以选择新建文件的类型。

- 创建草绘截面时，单击 草绘 单选按钮。
- 创建实体模型时，单击 零件 单选按钮。
- 创建装配模型时，单击 组件 单选按钮。
- 创建工程图时，单击 绘图 单选按钮。

创建实体零件时，在【类型】选项组中单击 零件 单选按钮，并在【子类型】选项组中单击 实体 单选按钮。

用户可在【名称】文本框内输入文件名。Creo/Pro 5.0不支持中文文件名，可以使用英文字母、数字、下画线等符号组成的名称。

使用缺省模板 复选框用于控制是否使用系统默认的模板，Creo/Pro 5.0 的默认模板是“mmns_ part_ solid”，在建模时，一般使用缺省模板即可。

选择好类型并输入文件名后，单击 确定 按钮，进入设计窗口，开始设计。

如果创建实体模型时没有使用的缺省模板，则会弹出如图 4-2 所示的【新文件选项】对话框。用户可以在此对话框的列表中选择绘图模板，也可以单击 浏览... 按钮，搜索可用的模板文件（一般使用“mmns_part_solid”模板），最后单击 确定 按钮，进入设计窗口，开始设计。

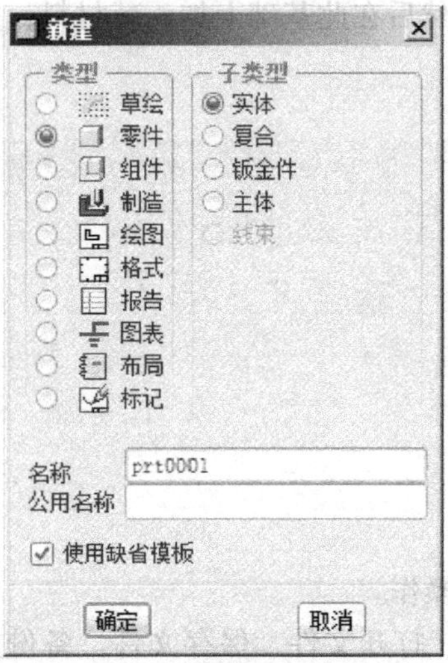


图 4-1 【新建】对话框

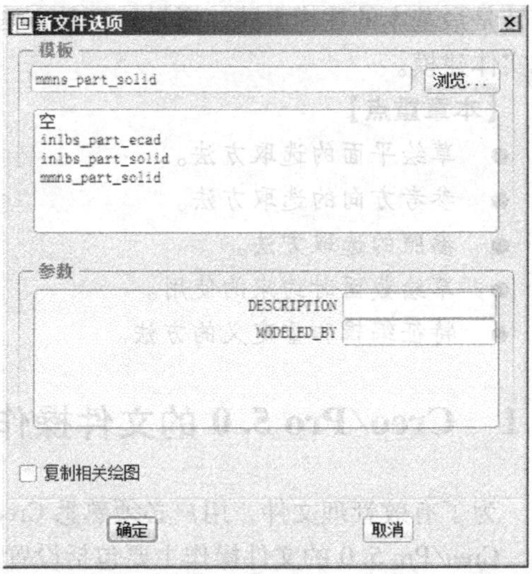


图 4-2 【新文件选项】对话框

### 4.1.2 打开文件

打开文件的方法有以下 3 种：

- 选择菜单栏中的【文件】|【打开】选项。
- 单击【文件】工具栏中的【打开】按钮。
- 按〈Ctrl + O〉组合键。

使用上述方法之一后，系统将弹出如图4-3 所示的【文件打开】对话框，其中各项的含义如下。

用户在【地址栏】下拉列表框中可以设置打开文件的目录，也可以在【公用文件夹】列表或展开的【文件夹树】中使用资源管理器选择打开文件的目录。

使用【地址栏】设置打开文件目录时，用户可以在地址栏中直接输入路径，也可单击后的向右箭头，在列表中选取。

使用【公用文件夹】列表设置文件目录时，在列表中有以下几个列表项，用户可以根据要求选择其一。

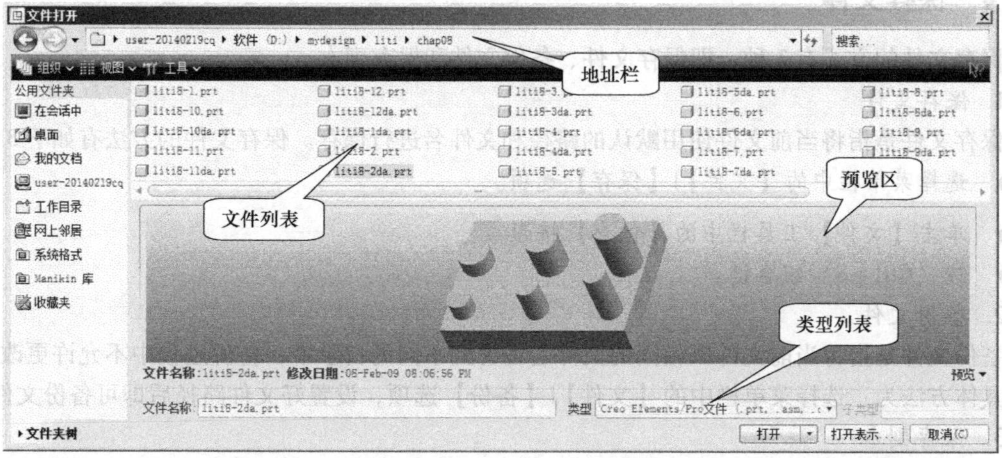


图4-3　【文件打开】对话框

- 【在会话中】——显示当前计算机进程中的 Creo/Pro 5.0 文件。
- 【桌面】——显示保存在桌面上的 Creo/Pro 5.0 文件。
- 【我的文档】——显示当前计算机中【我的文档】文件夹中的 Creo/Pro 5.0 文件。
- 【工作目录】——显示工作目录中的 Creo/Pro 5.0 文件。
- 【网上邻居】——显示其他联网用户计算机上的 Creo/Pro 5.0 文件。
- 【系统格式】——显示系统格式文件。
- 【收藏夹】——显示收藏夹中的 Creo/Pro 5.0 文件。

在【文件夹树】中选择文件目录的方法与 Windows 的资源管理器操作类似，该区可以折叠。

用户可以在【文件名称】文本框内直接输入欲打开文件的名字。

用户可以在【类型】下拉列表框中选择欲打开文件的类型。

单击【预览】按钮，在【文件列表】下侧打开预览窗口，可以预览要打开的文件。在预览窗口中单击鼠标右键，可以在弹出菜单中设置预览模型的显示样式（着色、消隐、隐藏线和线框4种样式），从中选择一种即可；也可在快捷菜单中设置预览模型时的投影模式为正交视图或透视图。

在【文件列表】中选中要打开的文件后，单击 打开 按钮，即可打开文件进行编辑。

### 4.1.3　关闭窗口和激活窗口

在 Creo/Pro 5.0 中，打开多个文件时，只有一个窗口处于活动状态，其余窗口均处于休眠状态。当窗口处于休眠状态时，用户无法对其进行编辑操作，光标变为“⊘”选项状。若要使休眠窗口变为活动状态，必须将其激活。

激活窗口时，应先显示要激活的窗口，然后选择菜单栏中的【窗口】|【激活】选项或者按〈Ctrl + A〉组合键即可。

当打开窗口过多时，有些窗口是无用的，会占用较多内存，用户应及时将其关闭。关闭窗口的方法有以下两种：

- 选择菜单栏中的【文件】|【关闭窗口】选项。
- 选择菜单栏中的【窗口】|【关闭】选项。

### 4.1.4 保存文件

保存文件的方式有 3 种，即保存文件、备份文件和保存副本。

1. 保存文件

保存文件是指将当前文件使用默认的路径和文件名进行保存。保存文件的方法有如下 3 种：

- 选择菜单栏中的【文件】|【保存】选项。
- 单击【文件】工具栏中的【保存】按钮。
- 按〈Ctrl + S〉组合键。

2. 备份文件

备份文件是指将当前文件以相同的文件名备份到不同的目录中，备份过程中不允许更改文件名。具体方法为：选择菜单栏中的【文件】|【备份】选项，设置好文件路径后即可备份文件。

3. 保存副本

保存副本是指将当前的文件以不同的路径或者不同的文件名存放到任何目录中，还可以将文件保存为不同的文件类型，这为 Creo/Pro 5.0 和其他软件进行数据交换提供了方便。具体方法为：选择菜单栏中的【文件】|【保存副本】选项，可重新设置文件路径、文件名和数据类型，然后保存文件即可保存副本。

### 4.1.5 重命名

重命名可以更改当前文件的名字。选择菜单栏中的【文件】|【重命名】选项，弹出如图 4-4 所示的【重命名】对话框。

- 单击【在磁盘上和会话中重命名】单选按钮，可以将文件在硬盘和内存中重命名，文件名改变。
- 单击【在会话中重命名】单选按钮，可以将文件在内存中重命名，并不影响硬盘上的文件名，一旦重新启动系统，不再有新命名的文件出现。

### 4.1.6 拭除文件

选择菜单栏中的【文件】|【拭除】|【当前】选项，将拭除当前窗口中正在运行的文件。

选择菜单栏中的【文件】|【拭除】|【不显示】选项，将拭除当前窗口不显示但本次启动系统曾经打开过的文件，如图 4-5 所示。

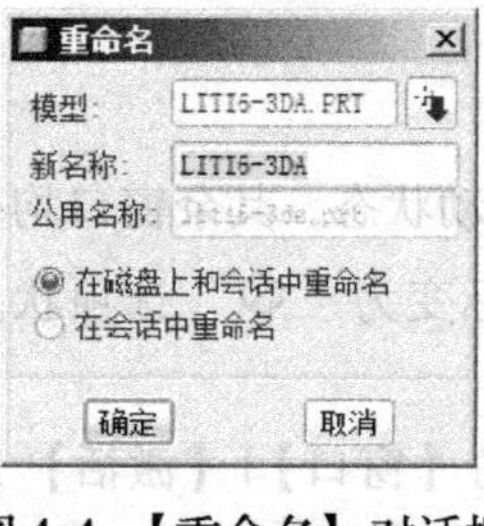


图 4-4 【重命名】对话框

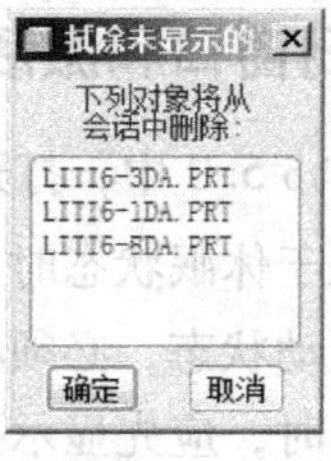


图 4-5 【拭除未显示的】对话框

在启动 Creo/Pro 5.0 系统后，虽然关闭的文件不显示在屏幕上，但仍然存在于计算机的内存中，会占用较多的系统资源，所以经常拭除不显示的文件是很有必要的。

拭除文件对硬盘上的文件不产生影响。

### 4.1.7 删除文件

选择菜单栏中的【文件】|【删除】选项，有【旧版本】和【所有版本】两个菜单项。

选择菜单栏中的【文件】|【删除】|【旧版本】选项时，消息区提示“输入其旧版本要被删除的对象”，并出现文本框，在其中输入要删除旧版本的文件名，单击按钮，将删除选定文件的最新版本以外的所有版本。

选择菜单栏中的【文件】|【删除】|【所有版本】选项，出现如图4-6所示的对话框，提醒是否确认删除。单击 是(Y) 按钮，将在硬盘和内存中删除所打开文件的所有版本，需要慎重使用。

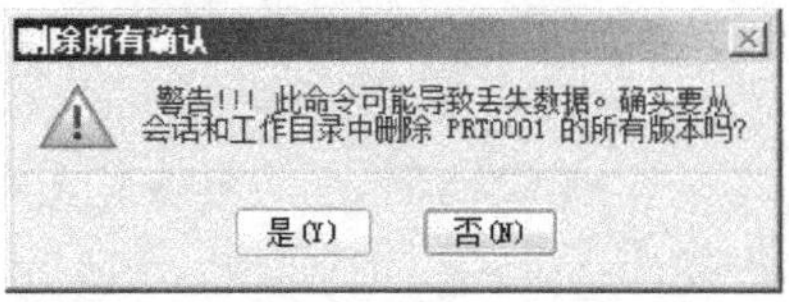


图4-6 【删除所有确认】对话框

“磨刀不误砍柴工”，熟练掌握Creo/Pro 5.0的文件操作，对于初学者是一项很重要的工作。希望读者通过学习本节内容能熟练掌握相关知识。

## 4.2 实体建模界面

新建实体文件后，在图形区出现3个基准面和1个基准坐标系；在图形区右侧出现3个工具栏，即【基础特征】、【工程特征】和【编辑特征】工具栏，如图4-7所示。

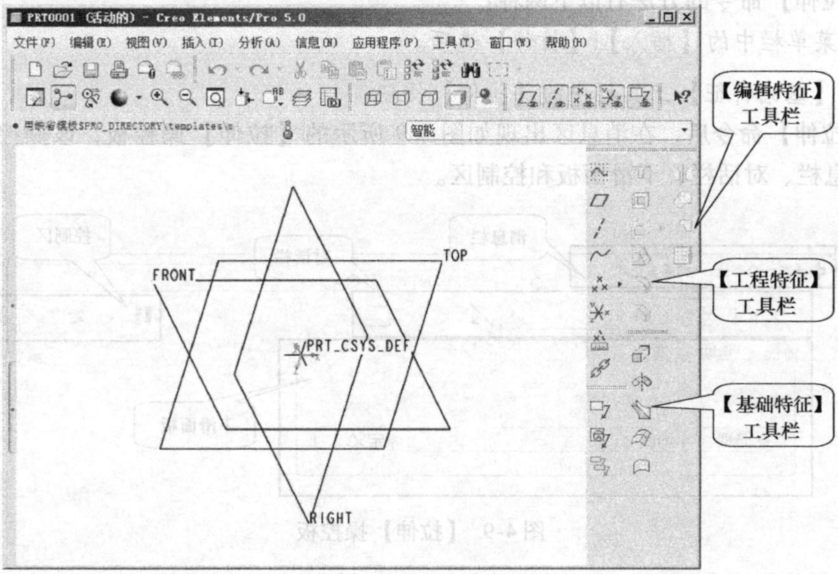


图4-7 实体建模界面

建模时，要将3个基准面和投影体系联系起来。“FRONT”面相当于正立投影面，“RIGHT”面相当于侧立投影面，“TOP”面相当于水平投影面，PRT_CSYS_DEF坐标系相当于原点。

此外，还要将3个基准面和三维模型的基准联系起来。建模时，“RIGHT”面要和立体的长基准重合，“FRONT”面要和立体的宽基准重合，“TOP”面要和立体的高基准重合。如图4-8所示的模型，长度方向的基准为左右对称面，和“RIGHT”面重合；高度方向的基准为下底面，和“TOP”面重合；宽度方向的基准为支撑板的后表面，和“FRONT”面重合。

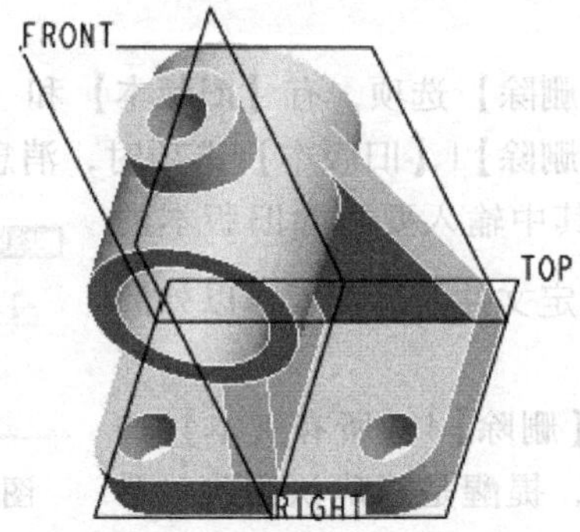


图 4-8　立体基准和基准面重合

## 4.3　拉伸特征

拉伸特征是指将一个截面沿垂直于草绘平面的方向拉伸一定距离生成的特征。使用拉伸特征可以创建各种截面形状的柱体及其组合。创建拉伸特征的步骤如下：

选择【拉伸】工具→选择特征类型→定义截面放置属性→草绘截面→定义拉伸深度和方向→确定添加/去除材料→预览模型→完成拉伸。

执行【拉伸】命令的方法有以下两种：

- 选择菜单栏中的【插入】|【拉伸】选项。
- 单击【基础特征】工具栏中的【拉伸】按钮。

执行【拉伸】命令后，在消息区出现如图 4-9 所示的【拉伸】操控板，该操控板包括 4 个选区，即消息栏、对话栏、下滑面板和控制区。

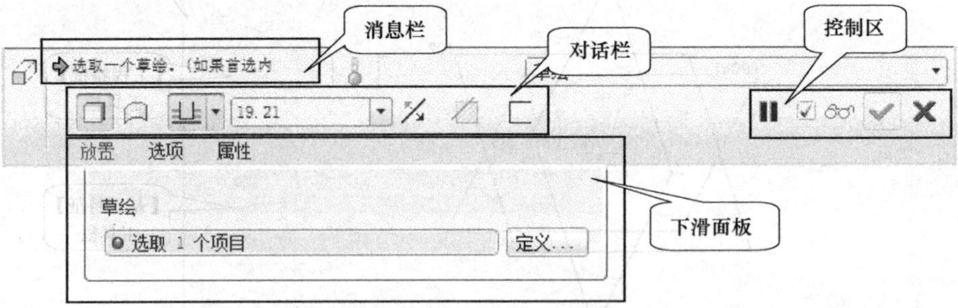


图 4-9　【拉伸】操控板

【拉伸】操控板中各工具和选项的名称如图 4-10 所示。

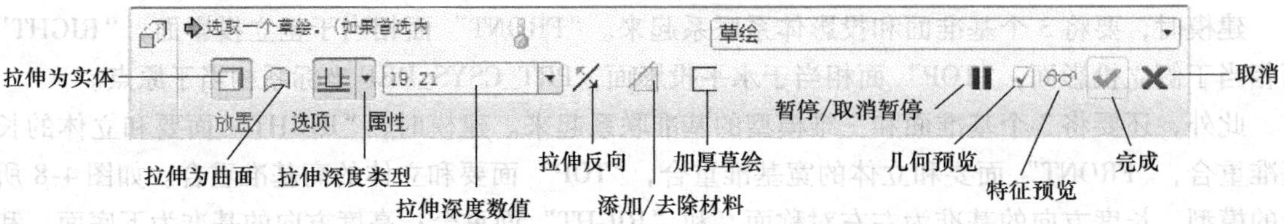


图 4-10【拉伸】操控板各工具和选项名称

### 4.3.1 选择拉伸特征类型

拉伸特征有 3 种类型：实体、曲面和薄板。

截面相同的不同类型的拉伸比较如图 4-11 所示。

- ：【拉伸为实体】按钮。单击选择此按钮，使其处于按下状态，将拉伸出实心模型，有一定的体积和质量。
- ：【拉伸为曲面】按钮。单击选择此按钮，使其处于按下状态，将拉伸出一没有厚度的柱面，没有体积和质量，通过相关操作可以转化为实体。
- ：【加厚草绘】按钮。当【拉伸为实体】按钮处于按下状态时，单击选择该按钮，能拉伸出一定厚度的壳体，这时操控板发生相应变化，可以控制壳体的厚度和产生厚度的方向。

图 4-11　不同拉伸特征类型的比较

### 4.3.2 定义截面放置属性

定义截面放置属性包括定义草绘平面和定义草绘平面放置方向。

草绘平面是绘制特征截面或者轨迹的平面，可以是基准平面，也可以是实体的平面型表面。

单击【拉伸】操控板中的【放置】按钮，弹出如图 4-12 所示的【放置】下滑面板，此时【草绘】收集器呈淡绿色，即处于活动状态，用户可以在图形区直接选取已经绘制的截面作为拉伸特征的截面；若图形区没有任何截面图形，则须单击定义...按钮定义草绘截面。

单击定义...按钮，弹出如图 4-13 所示的【草绘】对话框。用户可以在此对话框中定义截面的放置属性。

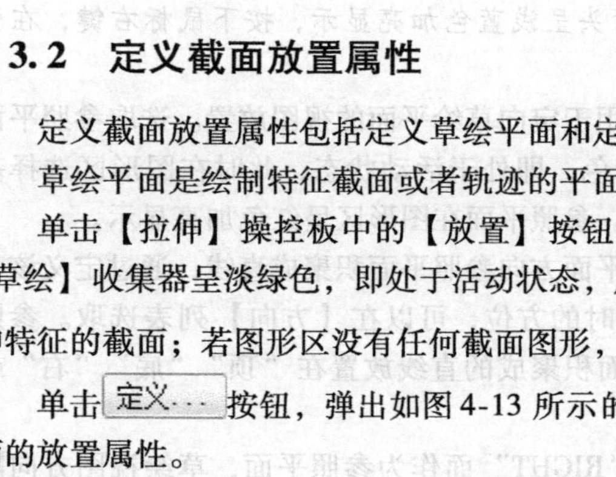

图 4-12　【放置】上滑面板

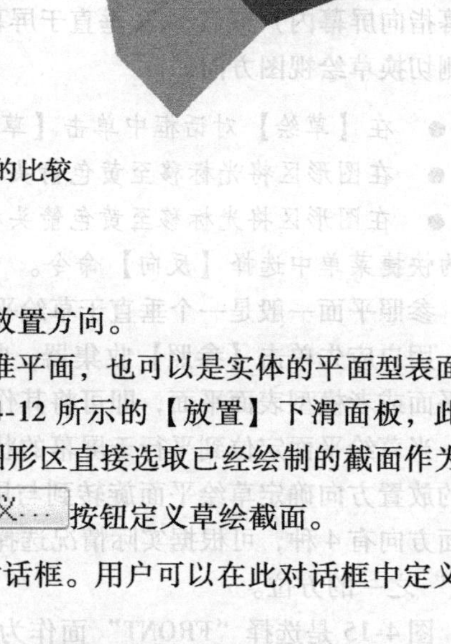

图 4-13　【草绘】对话框

单击【草绘平面】选项组中的【平面】收集器，收集器呈淡绿色，即处于活动状态，在图形区选择基准平面或者实体表面，选中的面呈橘黄色，如图4-14所示。可随时在该收集器上单击激活收集器，在图形区选取或重定义草绘平面。如果欲选取上次曾经使用过的草绘平面，作为本次草绘的草绘平面，单击 使用先前的 按钮可以直接设置草绘平面。

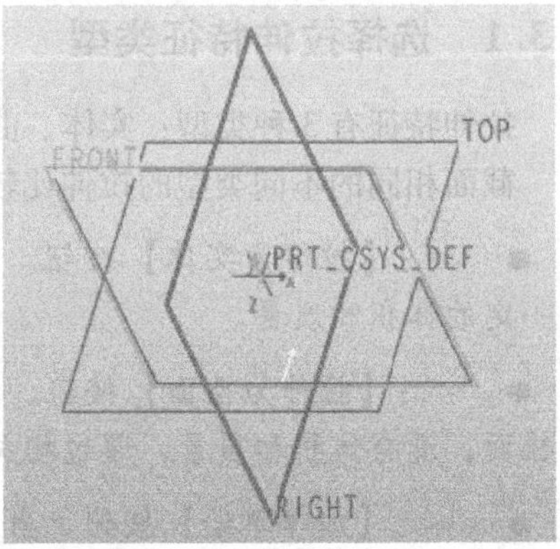


图4-14 基准面和草绘方向

提醒：当光标移至图形区被选面的标签或者边框时，平面和标签呈浅蓝色高亮显示，单击即可选中该平面。

草绘截面之前，除设置草绘平面外，用户必须将草绘平面定向到与屏幕平行。要进行此项操作，用户必须设置草绘视图方向、参照平面和参照方向。

草绘视图方向是草绘时的看图方向，即投影方向，它垂直于草绘平面指向其一侧。草绘视图方向在图形区以黄色的箭头显示。当草绘平面平行于屏幕时，草绘视图方向显示为◎（垂直于屏幕指向屏幕内）或者⊗（垂直于屏幕指向屏幕外）。用户可以通过以下3种方式在草绘平面的两侧切换草绘视图方向。

- 在【草绘】对话框中单击【草绘视图方向】后的 反向 按钮。
- 在图形区将光标移至黄色箭头标志，黄色箭头呈浅蓝色加亮显示，单击鼠标左键。
- 在图形区将光标移至黄色箭头标志，黄色箭头呈浅蓝色加亮显示，按下鼠标右键，在弹出的快捷菜单中选择【反向】命令。

参照平面一般是一个垂直于草绘平面的平面，用于定向草绘平面的视图放置。选取参照平面时，用户应先单击【参照】收集器，收集器呈淡绿色，即处于活动状态，此时在图形区选择基准平面或者模型表面平面，即可将其作为参照平面。参照平面在图形区呈红色加亮显示。

当草绘平面定位到平行于屏幕的状态时，草绘平面方向参照平面积聚成直线，通过定义该直线的放置方向确定草绘平面旋转到与屏幕平行状态时的方位，可以在【方向】列表选取。参照平面方向有4种，可根据实际情况选择，使参照平面积聚成的直线放置在“顶”“底”“右”或“左”之一的方位。

图4-15是选择“FRONT”面作为草绘平面、“RIGHT”面作为参照平面，草绘视图方向默认时，参照平面方向不同时草绘平面的放置情况。

一般情况下，对应三视图创建立体模型，应根据各特征所用的建模工具及视图设置草绘平面、草绘视图方向、草绘方向参照及方向。

对于拉伸特征，建议用户按照表4-1所示的规定设置草绘平面、草绘视图方向、草绘方向参照及方向。

另外，拉伸时所使用的草绘平面，是拉伸开始的底面，应根据实际情况选取，不一定都是基准面，很多情况下都是立体的平面型的表面。草绘方向参照一般选取基准面，也可以选取垂直于草绘平面的立体表面，此时应根据立体表面的实际放置方位定义草绘方向定义草绘平面的放置方位。

完成【草绘】对话框的所有设置后，单击 草绘 按钮，进入草绘界面，草绘截面。

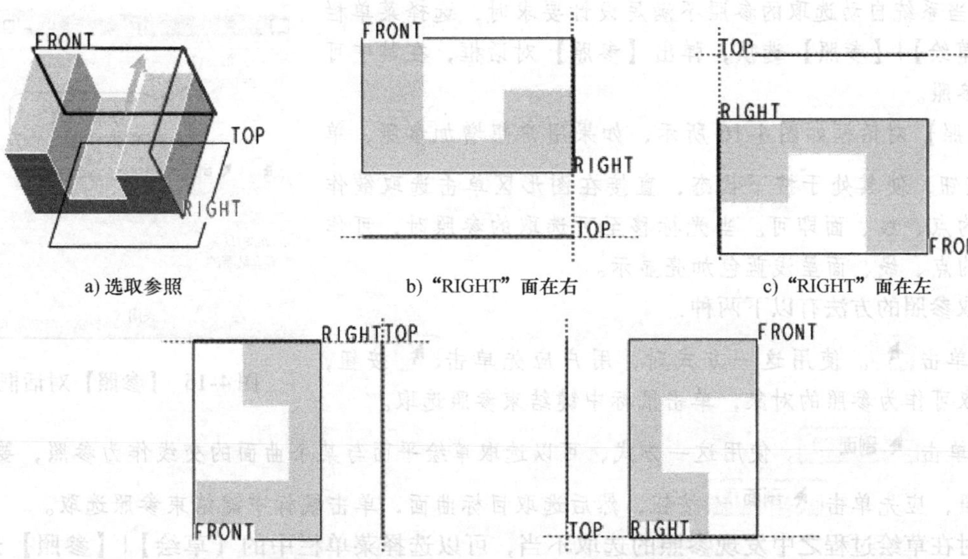


a) 选取参照　　b) “RIGHT” 面在右　　c) “RIGHT” 面在左

d) “RIGHT” 面在顶　　e) “RIGHT” 面在底

图 4-15　参照平面方向不同的草绘平面放置情况

进入草绘界面后，若发现定义的截面放置属性有错误，用户可以选择菜单栏中的【草绘】|【草绘设置】命令，重新回到草绘窗口重新设置各选项。为了便于选取参照，按〈Ctrl + D〉组合键可使视图回到轴测图观察角度。

**表 4-1　拉伸特征定义截面放置属性的方法**

| 截面实形所在视图 | 草绘平面 | 草绘视图方向 | 草绘方向参照 | 方向 |
|---|---|---|---|---|
| 主视图 | FRONT 面或其他正平面 | 后 | RIGHT 面 | 右 |
| | | | TOP 面 | 顶 |
| 俯视图 | TOP 面或其他水平面 | 下 | RIGHT 面 | 右 |
| | | | FRONT 面 | 顶 |
| 左视图 | RIGHT 面或其他侧平面 | 右 | TOP 面 | 顶 |
| | | | FRONT 面 | 右 |

提醒：表格中有灰色背景的选项优先使用。

## 4.3.3　选取参照

在草绘环境中，Creo/Pro 5.0 系统对用户绘制的图形自动进行尺寸标注和几何约束。自动标注和自动约束时，必须参考一些点、线、面，这些作为参考的点、线、面被称为参照。一般情况下，系统会为用户提供两个参照，这两个参照一般是垂直于草绘平面的两个平面的集聚性投影，大多数情况下能满足设计要求，不必自定义参照。

在下面两种情况下，用户需要自行选取参照。

- 创建新特征时，设置好草绘平面的放置属性之后，若系统不能自动选择足够的参照，系统将自动弹出【参照】对话框，在其中可以定义参照。

● 当系统自动选取的参照不满足设计要求时，选择菜单栏中的【草绘】|【参照】选项，弹出【参照】对话框，在其中可以定义参照。

【参照】对话框如图4-16所示，如果用户想增加参照，单击按钮，使其处于按下状态，直接在图形区单击选取欲作为参照的点、线、面即可。当光标移至可选取的参照时，可作为参照的点、线、面呈浅蓝色加亮显示。

图4-16 【参照】对话框

选取参照的方法有以下两种：

● 单击。使用这一方式时，用户应先单击按钮，然后选取可作为参照的对象，单击鼠标中键结束参照选取。

● 单击剖面(X)。使用这一方式，可以选取草绘平面与某个曲面的交线作为参照，要创建这类参照，应先单击剖面(X)按钮，然后选取目标曲面，单击鼠标中键结束参照选取。

有时在草绘过程之中发现参照的选取不当，可以选择菜单栏中的【草绘】|【参照】选项，弹出【参照】对话框，重新选取参照。对于误选的参照，可以在【参照】对话框的参照列表中选择，然后单击删除(D)按钮，删除该多余参照。

完成参照设置后，单击关闭(C)按钮，系统接受所选参照并关闭对话框。

---

**提醒：草绘截面时，参照必须完整，至少选取一个水平参照和一个竖直参照，否则将出现错误提示。选择的参照也不宜过多，否则在修改特征时容易出错。**

---

## 4.3.4 草绘截面

添加完参照后，进入草绘环境，使用草绘工具草绘截面。草绘时，尽量使用约束确定截面的形状，而不是全靠标注尺寸确定截面的形状，否则在生成工程图时会出现不合理尺寸。图4-17所示即为使用对称约束和不用对称约束时的尺寸标注对比。

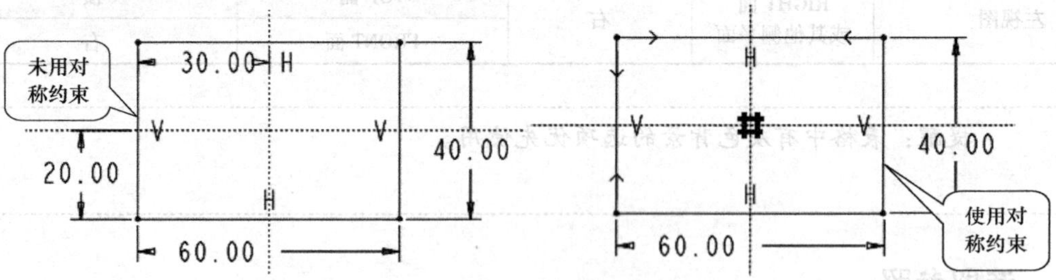


图4-17 使用约束

完成草绘后，单击【草绘器工具】工具栏中的【完成】按钮，结束草绘，进入拉伸界面。如果草绘有问题或者想重新草绘，单击【退出】按钮，拒绝结束草绘，重新设置。

当拉伸实体特征时，截面必须是多边形或者含有闭合区域的多边形集合，多边形的边必须首尾相连，不能交叉出头，图4-18是拉伸实体时各种情况的对比。

图4-18c是由于多边形有出头，图4-18b是由于多边形不闭合，图4-18e是由于多边形之间相交。还有一种不能拉伸出实体的情况是，重复草绘了多边形的某一条边或几条边。

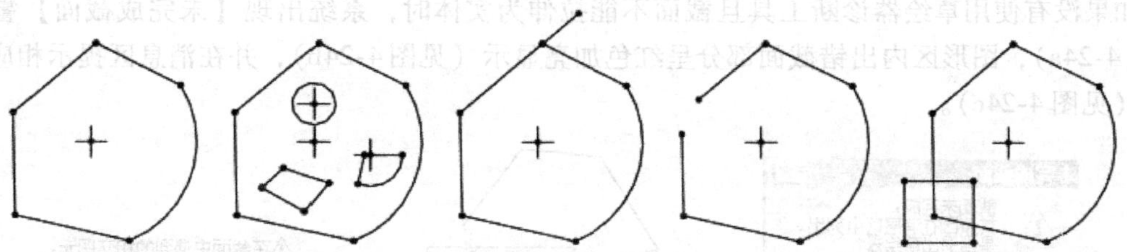

a) 拉伸可行　b) 拉伸可行　c) 拉伸不可行　d) 拉伸不可行　e) 拉伸不可行

图 4-18　拉伸可行、不可行情况对比

Creo/Pro 5.0 提供了自动检测截面的【草绘器诊断工具】工具栏，如图 4-19 所示，该工具栏有 4 个诊断按钮，可以自动检测截面的闭合性，对于不闭合的界面，可以检测出错的原因和出错位置。

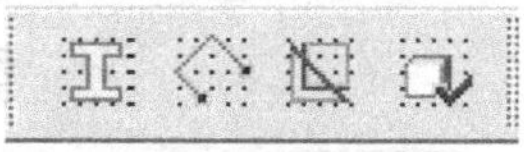

图 4-19　【草绘器诊断工具】工具栏

- ：【着色的封闭环】按钮。单击此按钮，系统自动检测草绘是否形成封闭环，若形成封闭环，则用预定义颜色填充由草绘形成的封闭环，表示该区域可以拉伸，如图 4-20 所示。
- ：【加亮开放端点】按钮。单击该按钮，检测并加亮与其他图元的端点不重合的图元端点，用户可以参照显示错误修改截面，如图 4-21 所示。

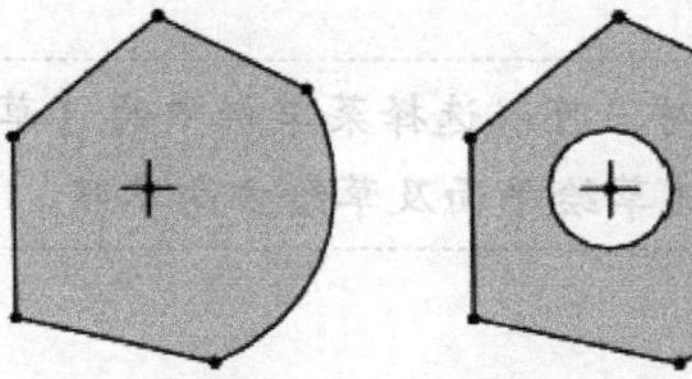

图 4-20　着色的封闭环

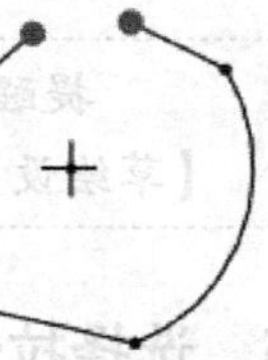

图 4-21　加亮开放端点

- ：【重叠几何】按钮。单击该按钮，用于检测截面中是否有重叠的图元，有可能出现重叠错误的图元加亮显示，用户可参照修改。图 4-22 所示为左上角斜线画了两次的情况，此时左上角的 a、b 和 c 直线加亮显示，方便用户修改。
- ：【特征要求】按钮。单击该按钮，系统列出当前特征的要求，并指明每项要求的状态是否满足要求，此时弹出【特征要求】对话框，如图 4-23 所示，对话框中出现以下提示，当至少有一个要求未满足时，该草绘是不合适的。
- √：满足要求。
- ▲：满足要求，但不稳定。
- ●：不满足要求。

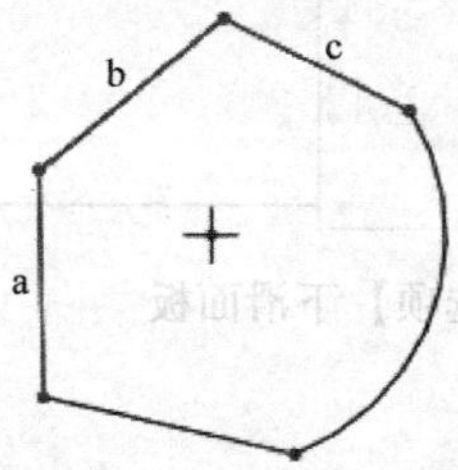


图 4-22　重叠几何检测

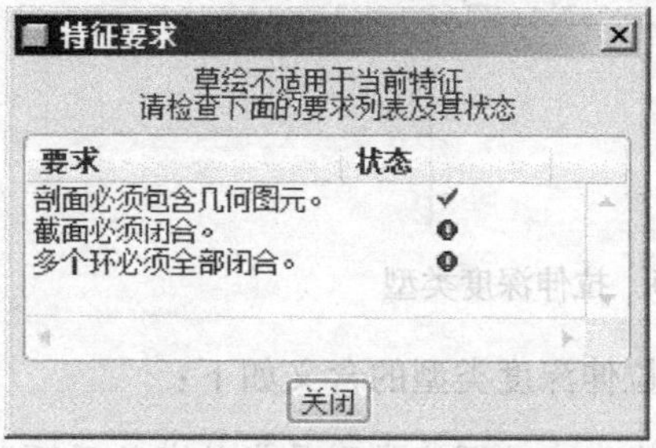


图 4-23　【特征要求】对话框

如果没有使用草绘器诊断工具且截面不能拉伸为实体时，系统出现【未完成截面】警告框（见图4-24a），图形区内出错截面部分呈红色加亮显示（见图4-24b），并在消息区提示相应错误信息（见图4-24c）。

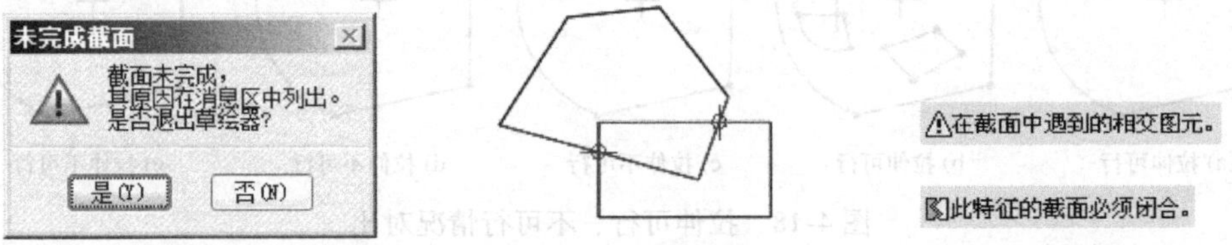


a)【未完成截面】警告框　　b) 错误部分呈红色加亮　　b) 错误信息

图4-24　【未完成截面】警告框和提示信息

单击 是(Y) 按钮，回到【草绘】对话框重新设置截面的放置属性并绘制截面；或者单击 否(N) 按钮，回到草绘截面编辑错误界面。

草绘过程和第3章所述草绘工具基本相同，只是在【草绘器】工具栏多出 按钮，单击该按钮将定向草绘平面使其与屏幕平行，便于二维绘图。

对不熟悉鼠标控制视图方向的初学者来说，在草绘环境中，很容易由于误操作出现草绘平面不平行于屏幕的情况， 工具是非常有用的。

提醒：如果草绘截面时发现截面的放置属性不对，可以选择菜单栏中的【草绘】|【草绘设置】命令，弹出【草绘】对话框，重新定义草绘平面及草绘方向参照。

### 4.3.5　选择拉伸深度和方向

拉伸深度有6种不同的类型，使用如下两种方法可以选取拉伸深度的类型：

- 单击 后的 按钮，弹出【拉伸深度类型】列表，可以根据需要从中选取合适的拉伸深度类型，如图4-25所示。
- 单击【拉伸】操控板中的【选项】按钮，弹出【选项】下滑面板，从中选取拉伸深度类型。还可以在此设置相对于草绘平面两侧的拉伸深度类型和深度值。拉伸深度类型从【侧1】和【侧2】下拉列表框中选取，如图4-26所示。

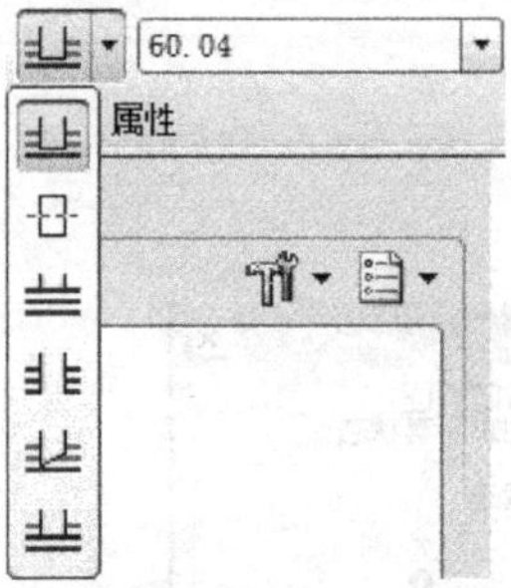


图4-25　拉伸深度类型

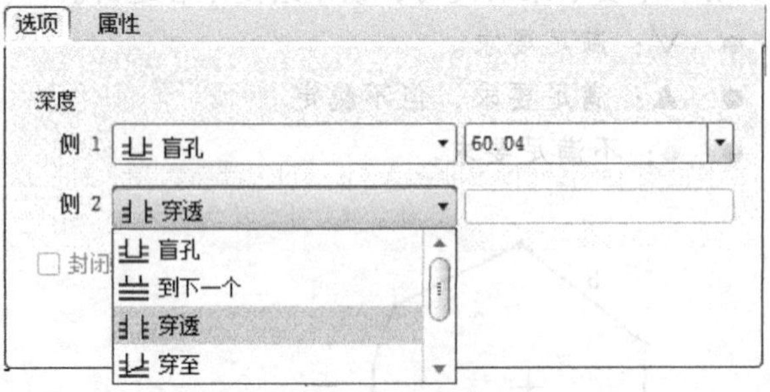


图4-26　【选项】下滑面板

6种拉伸深度类型的含义如下：

- ：盲孔深度类型是指从草绘平面以指定深度值拉伸截面，拉伸的深度从其后的拉伸深度组合框 60.04 框输入或选取。

- ：对称深度类型是指以草绘平面为对称面，每一侧以指定深度值的一半拉伸截面，拉伸的深度从其后的拉伸深度组合框 60.04 框输入或选取。
- ：到下一曲面深度类型是指拉伸截面直至下一曲面。使用此选项，在特征到达第一个曲面时将其终止，伸出项不能中止于基准面。
- ：穿透深度类型是指拉伸截面使之与所有曲面相交。使用此选项，在特征到达最后一个曲面时将其终止。
- ：穿至深度类型是指拉伸截面使其与选定曲面或平面相交。使用此选项，伸出项不能中止于基准面，其目标只能是曲面。选取该拉伸深度类型时，其后的目标收集器 选取 1 个项目 处于淡绿色激活状态，此时可在图形区选取目标曲面。
- ：到选定项深度类型是指拉伸截面至一个选定点、曲线、平面或曲面。使用此选项，伸出项可以中止于基准，目标对象可以是点、曲线、面或者各种基准。选取该拉伸深度类型时，其后的目标收集器 选取 1 个项目 处于淡绿色激活状态，此时可在图形区选取目标。

---

**提醒：创建第 1 个拉伸特征时，拉伸深度类型只有、和。【选项】下滑面板中【侧 1】、【侧 2】的含义是指草绘平面的正向拉伸方向和反向拉伸方向。其中【侧 2】是可选的，若选择【无】，反向侧不拉伸。**

---

图 4-27 所示为 6 种拉伸类型的对比。

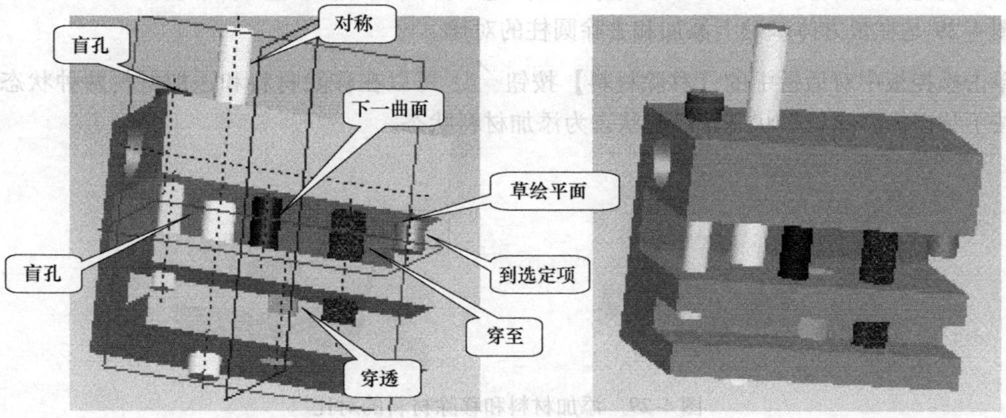


图 4-27　不同拉伸类型比较

拉伸深度的控制方式有以下 3 种：

- 在【拉伸】操控板【拉伸深度】组合框 60.04 中输入或选取。
- 在图形区中，将光标指向原为白色矩形的拉伸深度和方向控制块，此时控制块变为黑色实心矩形，按下鼠标左键拖动，此时光标变为“”形状，可以控制拉伸的深度，如图 4-28 所示。
- 在图形区双击表示深度值的尺寸数字，在弹出的组合框中输入或选取深度数值。输入正值，则沿正向拉伸；输入负值，则沿反方向拉伸，如图 4-28 所示。

拉伸方向垂直于草绘平面，以黄色箭头形式显示，如图4-28所示。调整拉伸方向的方法有以下5种：

- 在操控板中的对话栏单击按钮，图形区黄色箭头反向。
- 在图形区鼠标指针指向黄色箭头，按下鼠标右键，黄色箭头反向。
- 在图形区右击黄色箭头，在弹出的快捷菜单中选择【反向】选项，黄色箭头反向。
- 从图形区中选中白色控制块，按住鼠标左键向草绘平面的另一侧拖动。
- 在拉伸深度组合框中输入负值。

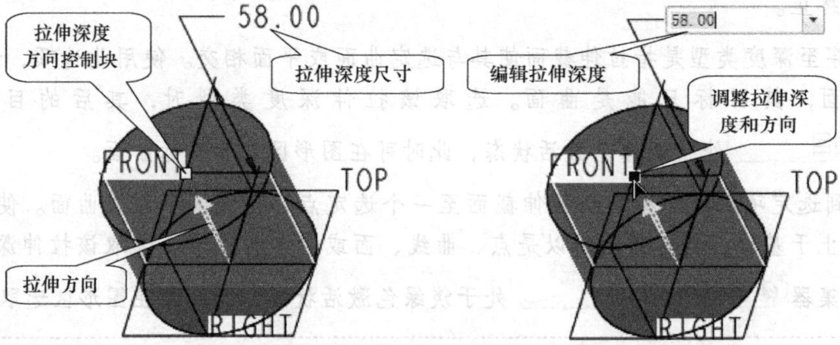


图4-28　拉伸的深度和方向控制

## 4.3.6　确定添加/移除材料

Creo/Pro 5.0 创建模型有添加材料和去除材料两种方式。在创建第1个特征时，只有添加材料可用；创建第1个特征后，两种方式都可用。这两种方式类似于组合体组合方式中的叠加和切割。图4-29是在长方体基础上添加和去除圆柱的对比。

单击操控板中对话栏中的【移除材料】按钮，可以在移除材料和添加材料两种状态下切换，按下状态为移除材料状态，浮起状态为添加材料状态。

图4-29　添加材料和移除材料的对比

## 4.3.7　预览模型并完成拉伸

完成以上步骤后，用户可以对生成的特征进行预览，如果符合设计要求，单击控制区的【应用】按钮完成特征创建；否则，单击控制区的【取消】按钮取消操作。

预览分为几何预览和特征预览，系统默认使用几何预览。预览时拖动鼠标中键即可调整观察角度，滚动滚轮可以缩放模型，按住〈Shift〉键拖动鼠标中键可以平移视图。

- 单击控制区的【几何预览】按钮，设置是否使用几何预览；若不单击该按钮，即为取消几何预览。图4-30a和图4-30b为几何预览使用前后的对比。

● 单击控制区的【特征预览】按钮，设置是否使用特征预览。按钮处于按下状态时，使用特征预览。图 4-30c 即为使用特征预览时的样式；若要取消特征预览，再次单击该按钮，使其处于浮起状态；或者单击控制区的【退出暂停】按钮，使其变为【暂停】按钮状态即可。

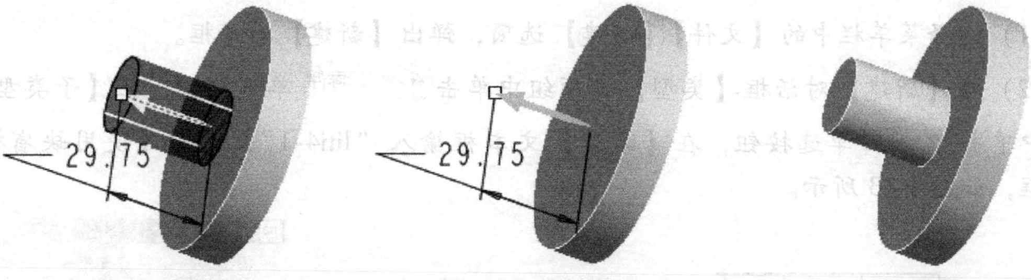


a) 使用几何预览　b) 不使用几何预览　c) 特征预览

图 4-30　使用预览

## 4.3.8　其余说明

拉伸薄板时，单击对话栏中的【加厚草绘】按钮，使其处于按下状态，在其后出现【厚度】组合框 0.32 和【调整厚度方向】按钮。用户在【厚度】组合框可以输入或者选取薄板的厚度值；单击【调整厚度方向】按钮，可以控制生成的薄板厚度相对于草绘图形的方向。

加厚草绘生成薄板的方向有 3 个：朝向草绘环内加厚（见图 4-31a）、朝向草绘环外加厚（见图 4-31b）和朝向草绘两侧加厚（见图 4-31c）。用户可以通过单击【调整厚度方向】按钮在这 3 种加厚方向之间切换。

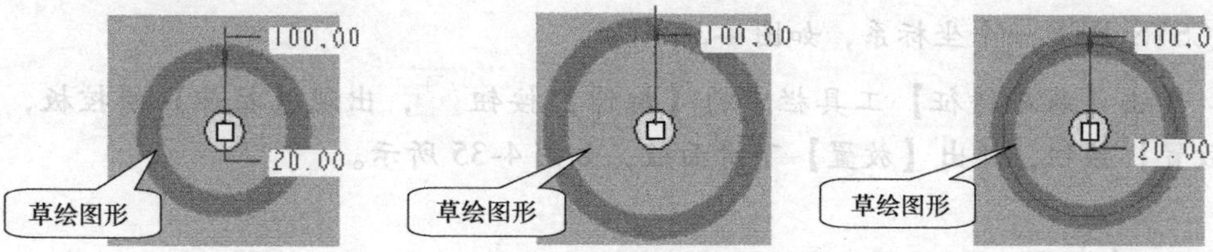


a) 向内加厚　b) 向外加厚　c) 两侧加厚

图 4-31　草绘加厚方向

提醒：本章所有实例操作的默认目录都是“……\例题\第 4 章”。每次启动 Creo/Pro 5.0，应先选择菜单栏中的【文件】|【设置工作目录】选项，将工作目录设置为“……\例题\第 4 章”。

【例 4-1】　绘制高度为 100，外接圆直径为 100 的正六棱柱，如图 4-32 所示。

### 设计思路

本例为柱体，故需使用拉伸工具完成。对于六棱柱而言，其高度方向的基准选取下底面，建模时该基准和“TOP”面重合；其长度方向的基准选取左右对称面，建模时该基准和

"RIGHT"面重合；其宽度方向的基准选取前后对称面，建模时该基准和"FRONT"面重合。柱体的俯视图反映截面形状，拉伸的起始面为"TOP"面，故草截面时选取的草绘平面也应该是"TOP"面。

## 设计步骤

(1) 选择菜单栏中的【文件】|【新建】选项，弹出【新建】对话框。

(2) 在【新建】对话框【类型】选项组中单击 零件 单选按钮，在【子类型】选项组中单击 实体 单选按钮，在【名称】文本框输入"liti4-1"，选中【使用缺省模板】复选框，如图 4-33 所示。

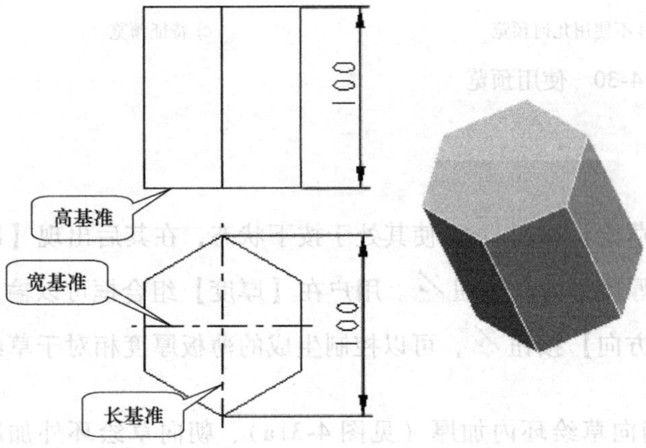


图 4-32　正六棱柱模型

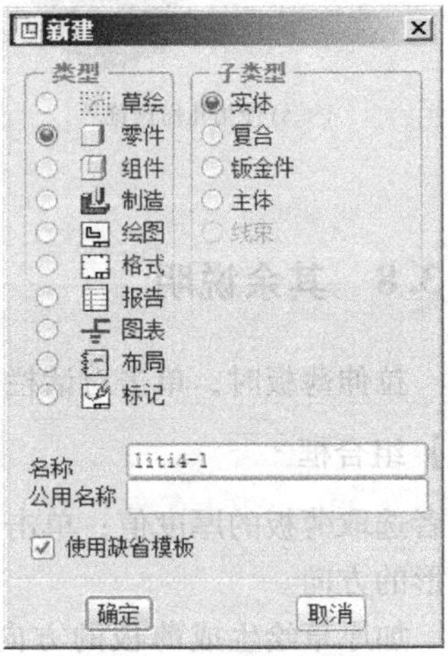


图 4-33　新建文件

(3) 单击 确定 按钮，进入设计窗口，其中有"TOP""FRONT""RIGHT"三个基准面和 PRT_CSYS_DEF 一个坐标系，如图 4-34 所示。

(4) 单击【基础特征】工具栏中的【拉伸】按钮，出现【拉伸】操控板，单击其中的【放置】按钮，弹出【放置】下滑面板，如图 4-35 所示。

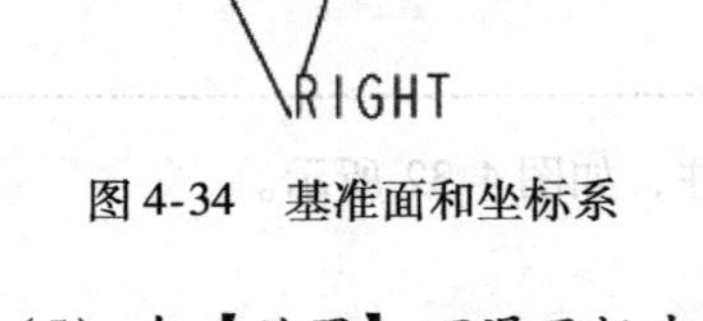


图 4-34　基准面和坐标系

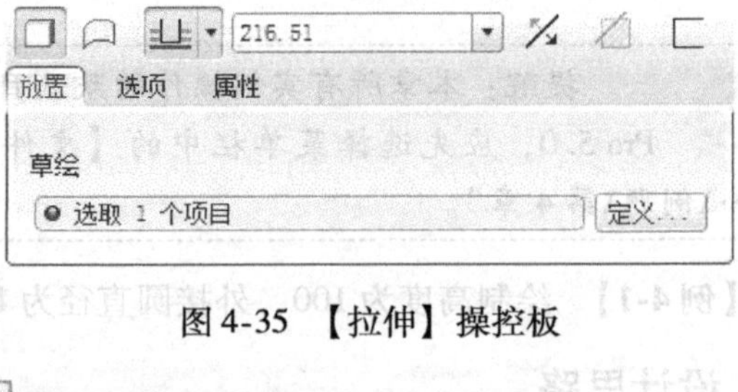


图 4-35　【拉伸】操控板

(5) 在【放置】下滑面板中单击 定义... 按钮，弹出【草绘】对话框。

(6) 在图形区单击拾取"TOP"基准面作为草绘平面，草绘方向使用默认设置，图形区和【草绘】对话框分别如图 4-36 和图 4-37 所示。

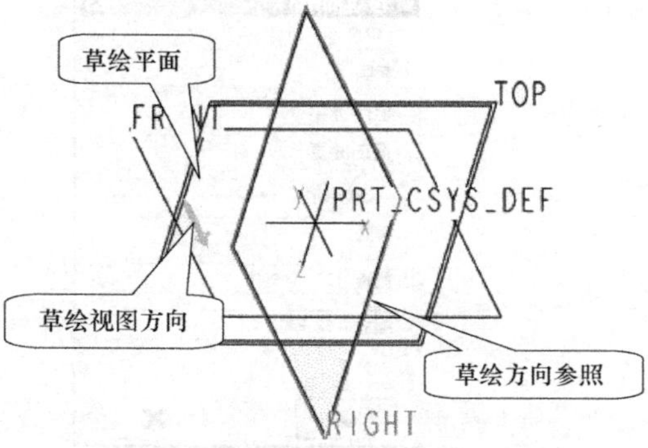


图 4-36　定义草绘截面放置属性

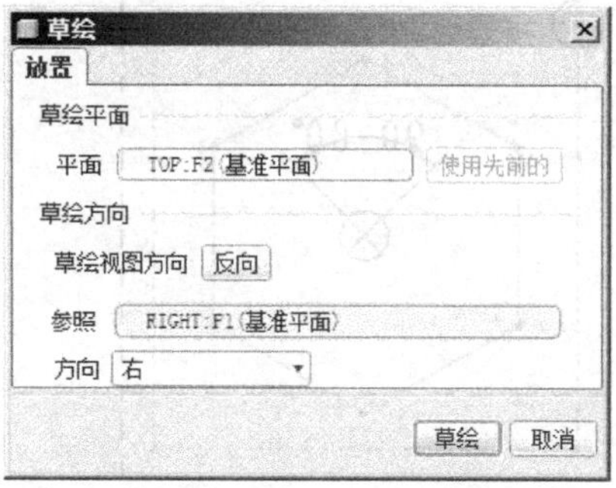


图 4-37　【草绘】对话框

(7) 单击【草绘】对话框中的 草绘 按钮，接受草绘平面放置属性的设置，进入草绘界面。

(8) 单击【草绘器工具】工具栏中的【调色板】按钮，弹出【草绘器调色板】对话框，切换至【多边形】选项卡，在其下部的图库列表中选择【六边形】，此时上部出现正六边形预览，如图 4-38 所示。

(9) 在图库列表中选择【六边形】选项，并按住鼠标左键将其拖动到图形区合适的位置，松开鼠标左键，便可完成正六边形的插入；也可以先在图库列表中双击【六边形】选项，然后在图形区的合适位置单击，将正六边形插入，插入后的图形如图 4-39 所示。

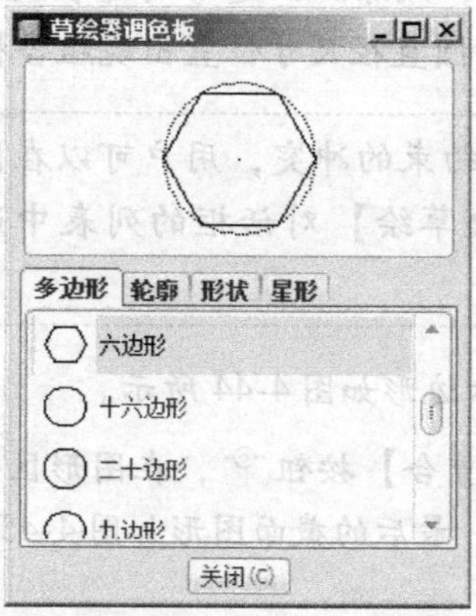


图 4-38　【草绘器调色板】对话框

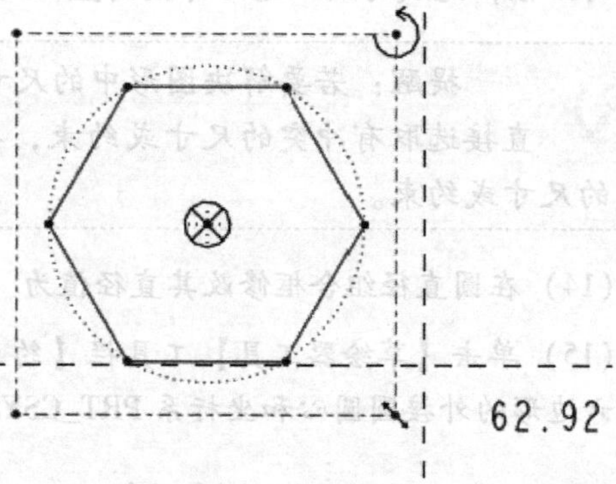


图 4-39　插入正六边形

(10) 此时弹出【移动和调整大小】对话框，在【旋转】组合框中输入“90”，图形区的正六边形将旋转了 90 度，如图 4-40 所示。【移动和调整大小】对话框如图 4-41 所示。

(11) 单击【移动和调整大小】对话框中的 ✔ 按钮，完成正六边形的插入，如图 4-42 所示。注意：自动标注的尺寸为正六边形的边长。

(12) 关闭【草绘器调色板】对话框，标注正六边形的外接圆直径尺寸，弹出【解决草绘】对话框，在图形区选择边长尺寸“62.92”，【解决草绘】对话框列表中选中的尺寸变为“2 尺寸 sd0 = 62.92”，如图 4-43 所示。

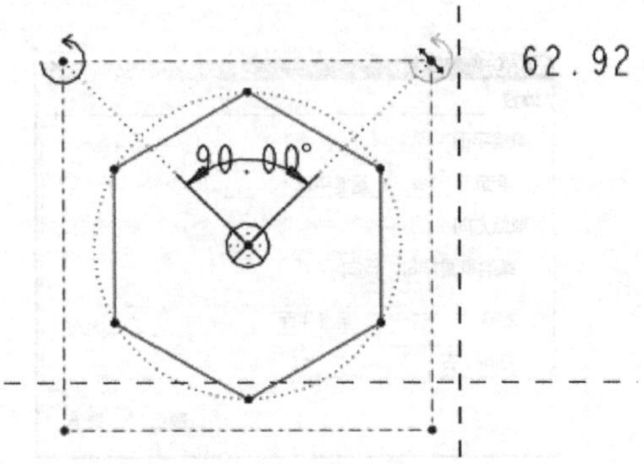


图 4-40　旋转正六边形

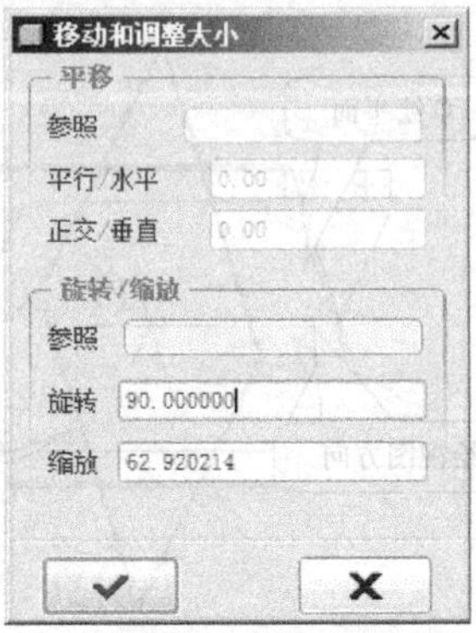


图 4-41　【移动和调整大小】对话框

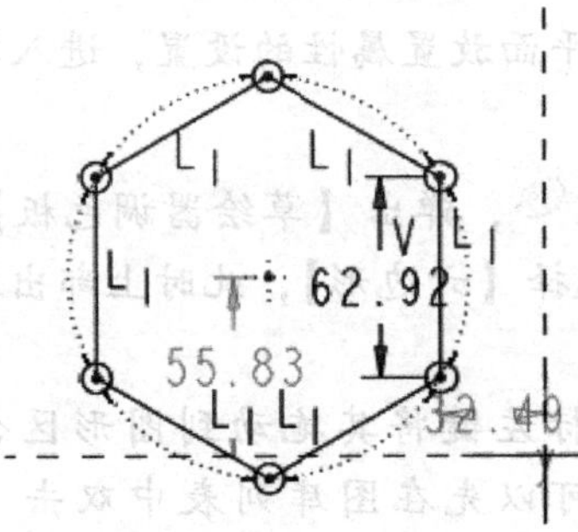


图 4-42　插入的正六边形

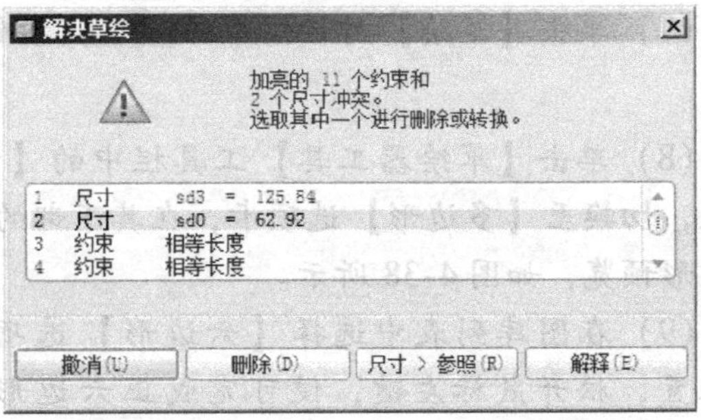


图 4-43　【解决草绘】对话框

（13）在【解决草绘】对话框中单击 删除(D) 按钮，删除正六边形的边长尺寸，关闭此对话框，完成对正六边形外接圆直径尺寸的标注，且此时圆直径尺寸位置出现组合框。

提醒：若要解决图形中的尺寸冲突或者尺寸与约束的冲突，用户可以在图形区直接选取有冲突的尺寸或约束，也可直接在【解决草绘】对话框的列表中选取有冲突的尺寸或约束。

（14）在圆直径组合框修改其直径值为“100”，完成的正六边形如图 4-44 所示。

（15）单击【草绘器工具】工具栏【约束】工具箱中的【重合】按钮，在图形区分别选择正六边形的外接圆圆心和坐标系 PRT_CSYS_DEF，使其重合，最后的截面图形如图 4-45 所示。

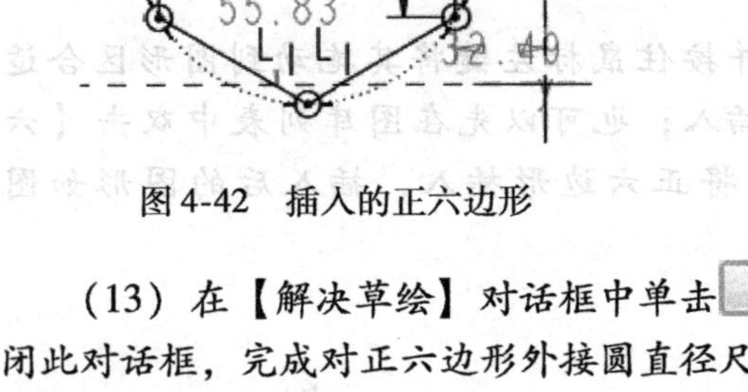


图 4-44　标注并修改尺寸

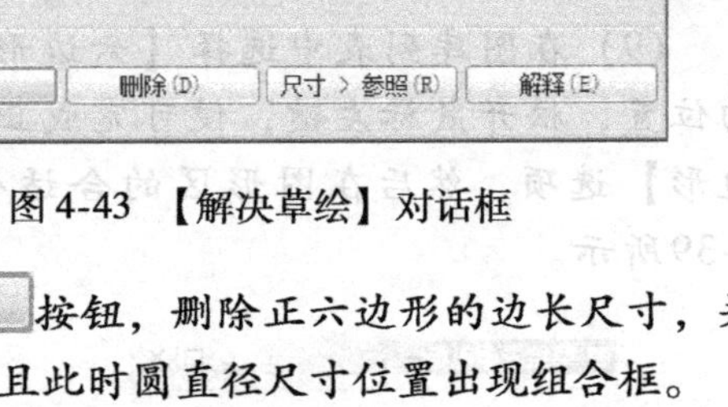


图 4-45　约束中心

（16）单击【草绘器工具】工具栏中的【完成】按钮，接受草绘图形，进入几何预览模式。

（17）按住鼠标中键拖动旋转观察视角，滚动鼠标中键缩放视图，按下 <Shift> 键的同时按住鼠标中键拖动平移视图，以最佳方式预览模型，如图 4-46 所示。

(18) 在图形区双击高度尺寸数字，在出现的组合框中将数值修改为100，按〈Enter〉键或单击鼠标中键确认，完成高度的修改。

(19) 单击控制区的【应用】按钮✓，完成正六棱柱的创建，完成的模型如图 4-47 所示。

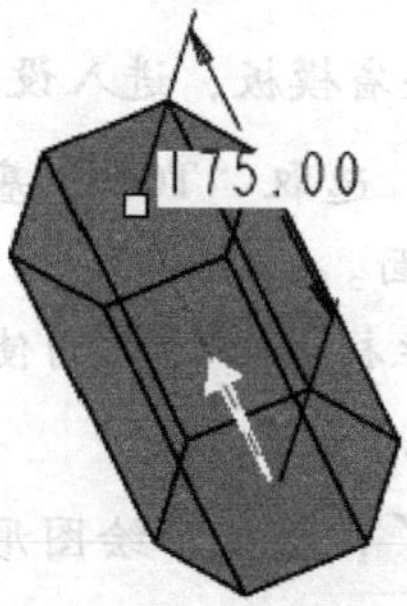

图 4-46 预览模型

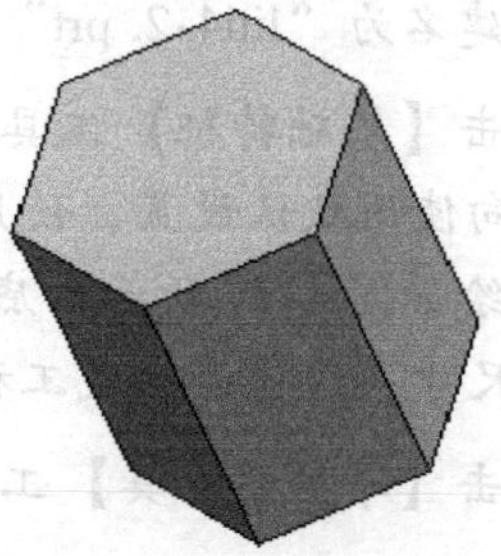
图 4-47 完成的模型

提醒：在建模过程中，滚动鼠标滚轮可以缩放视图，按住〈Shift〉键拖动鼠标中键可以平移视图，按住鼠标中键拖动鼠标可以旋转视图。

(20) 选择菜单栏中的【文件】|【保存】选项，保存模型。

(21) 选择菜单栏中的【文件】|【关闭窗口】选项，关闭窗口。

(22) 选择菜单栏中的【文件】|【拭除】|【不显示】选项，拭除不显示的模型。

提醒：创建拉伸特征的关键是设置草绘平面的放置属性、选择参照和草绘截面图形。在草绘截面图形时，用户应合理标注尺寸并使用约束。如果完成的特征有错误，可以在图形区选中该特征，然后按下鼠标右键，在弹出的快捷菜单中选择【编辑定义】选项，可以重新回到【拉伸】操控板进行修改。

**【例 4-2】** 按照尺寸要求创建如图 4-48 所示的立体模型。

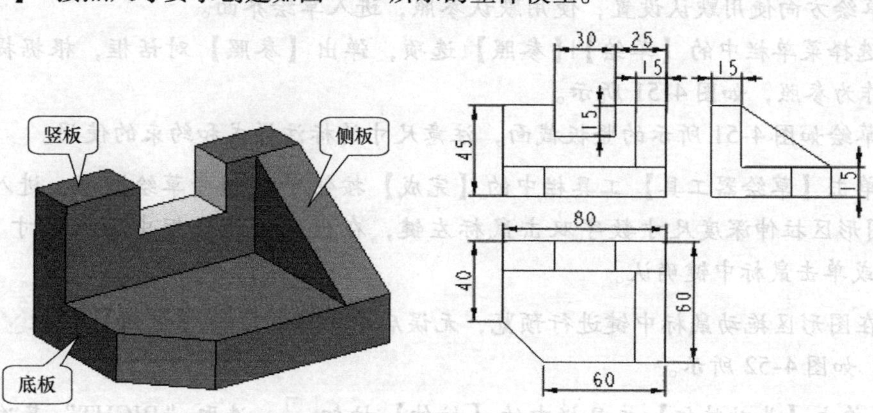

图 4-48 立体模型和工程图

## 设计思路

本例模型由 3 块板组成，3 块板都是柱体，故需使用 3 次拉伸工具完成。对于立体而言，其高度方向的基准选取下底面，建模时该基准和“TOP”面重合；其长度方向的基准选取右端面，建模时该基准和“RIGHT”面重合；其宽度方向的基准选取后端面，建模时该基准和“FRONT”面重合。

## 设计步骤

（1）新建名为“liti4-2. prt”的实体模型文件，使用缺省模板，进入设计窗口。

（2）单击【基础特征】工具栏中的【拉伸】按钮，选取“TOP”基准面作为草绘平面，草绘方向使用默认设置，使用默认参照，进入草绘界面。

（3）草绘如图4-49所示的底板截面，注意尺寸的标注样式和约束的使用，尽量以参照为基准标注尺寸，这将为生成工程图的尺寸标注提供方便。

（4）单击【草绘器工具】工具栏中的【完成】按钮，接受草绘图形，进入几何预览模式。在对话栏的【拉伸深度】组合框 27.41 输入拉伸深度为“15”，按〈Enter〉键确认，在图形区拖动鼠标中键进行预览，无误后单击控制区的【应用】按钮，完成模型底板特征的创建，如图4-50所示。

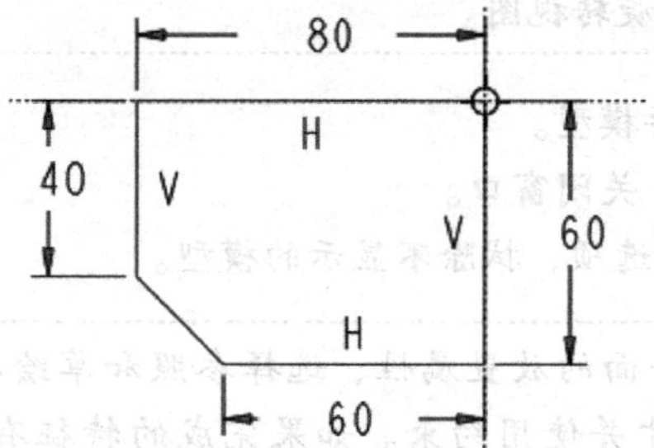


图4-49　草绘底板截面

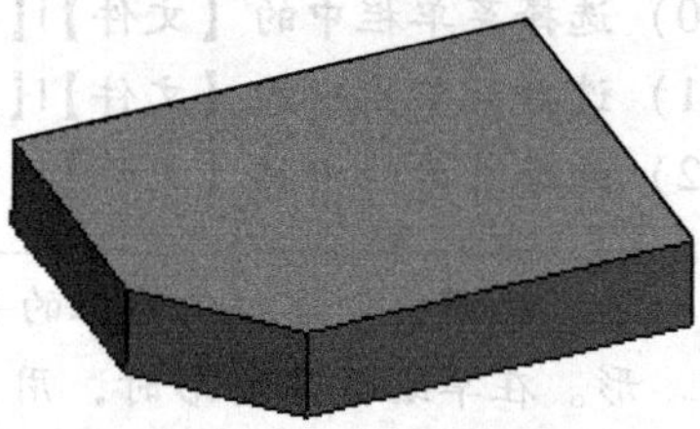

图4-50　完成底板

（5）单击【基础特征】工具栏中的【拉伸】按钮，选取“FRONT”基准面作为草绘平面，草绘方向使用默认设置，使用默认参照，进入草绘界面。

（6）选择菜单栏中的【草绘】|【参照】选项，弹出【参照】对话框，根据提示加选底板左表面作为参照，如图4-51所示。

（7）草绘如图4-51所示的竖板截面，注意尺寸的标注样式和约束的使用。

（8）单击【草绘器工具】工具栏中的【完成】按钮，接受草绘图形，进入几何预览模式。在图形区拉伸深度尺寸数字双击鼠标左键，在出现的组合框中输入尺寸“15”，按〈Enter〉键或单击鼠标中键确认。

（9）在图形区拖动鼠标中键进行预览，无误后单击控制区的【应用】按钮完成模型竖板特征，如图4-52所示。

（10）单击【基础特征】工具栏中的【拉伸】按钮，选取“RIGHT”基准面作为草绘平面，在图形区单击黄色箭头，使其指向右方，如图4-53所示。

（11）配合【草绘】对话框，选择“TOP”基准面作为草绘方向参照，在方向列表中选取方向为【顶】，进入草绘环境。

（12）选择菜单栏中的【草绘】|【参照】选项，弹出【参照】对话框，根据提示加选参

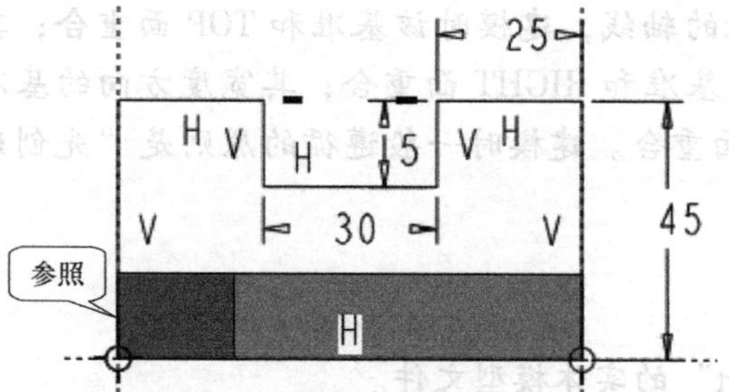


图 4-51　草绘竖板截面

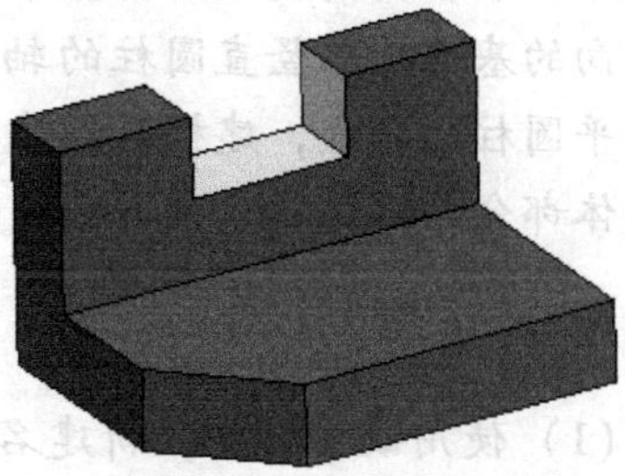

图 4-52　完成竖板

照，如图 4-54 所示。

(13) 草绘如图 4-54 所示的侧板截面，注意尺寸的标注样式和约束的使用。

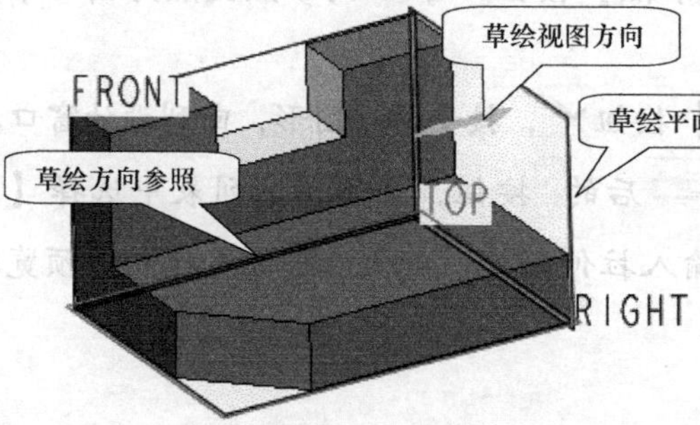


图 4-53　设置草绘截面属性

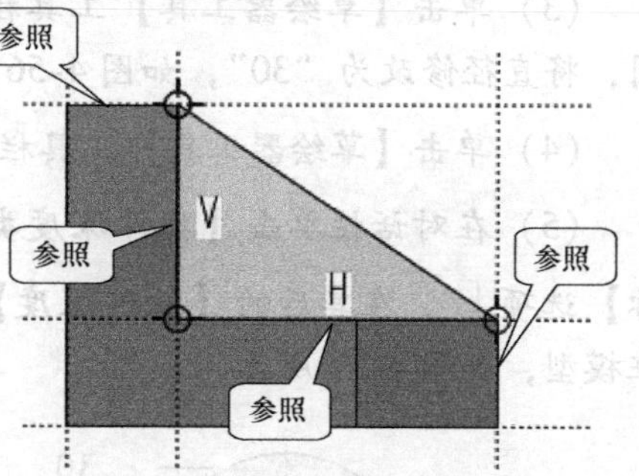


图 4-54　加选参照并绘制侧板截面

(14) 单击【草绘器工具】工具栏中的【完成】按钮✔，接受草绘图形，进入几何预览模式。在图形区拉伸深度尺寸数字双击鼠标左键，在出现的组合框输入尺寸“15”，按〈Enter〉键或单击鼠标中键确认。

(15) 在图形区拖动鼠标中键进行预览，无误后单击控制区【应用】按钮✔完成模型侧板特征的创建，最后模型即图 4-48 中所示的立体模型。

(16) 保存文件并关闭窗口，拭除不显示的模型。

**【例 4-3】** 按照尺寸要求创建如图 4-55 所示的立体模型。

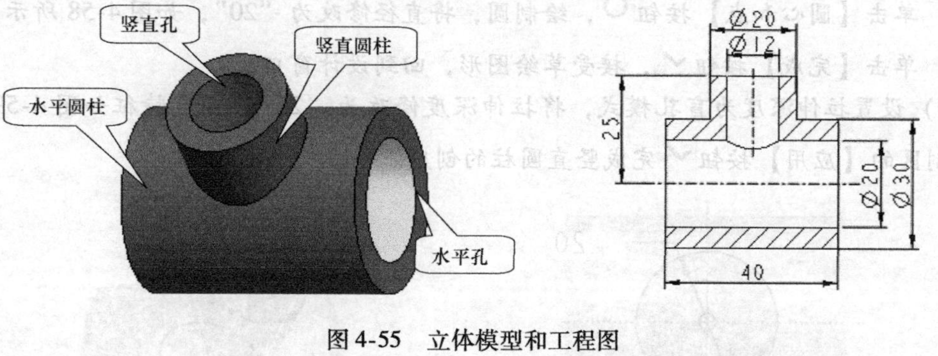


图 4-55　立体模型和工程图

## 设计思路

本例模型既有叠加又有挖切，可以分解为 4 个圆柱体，故需使用 4 次拉伸工具完成。对于立体而言，其高度方向的基准选取水平圆柱的轴线，建模时该基准和 TOP 面重合；其长度方向的基准选取竖直圆柱的轴线，建模时该基准和 RIGHT 面重合；其宽度方向的基准选取水平圆柱的轴线，建模时该基准和 FRONT 面重合。建模时一般遵循的原则是“先创建外部实体部分，再钻孔开槽”。

## 设计步骤

（1）使用缺省模板，新建名为“liti4-3. prt”的实体模型文件。

（2）单击【基础特征】工具栏中的【拉伸】按钮，选取“RIGHT”基准面作为草绘平面，设置草绘视图方向指向右方，选取“TOP”面作为草绘方向参照，设置方向为“顶”，进入草绘界面。

（3）单击【草绘器工具】工具栏中的【圆心和点】按钮，以两参照交点为圆心草绘圆，将直径修改为“30”，如图 4-56 所示。

（4）单击【草绘器工具】工具栏中的【完成】按钮，接受草绘图形，回到设计窗口。

（5）在对话栏单击【拉伸深度类型】列表后的按钮，在弹出的列表中选择【对称】选项，在其后的【拉伸深度】组合框中输入拉伸深度“40”，拖动鼠标中键预览特征模型，如图 4-57 所示。

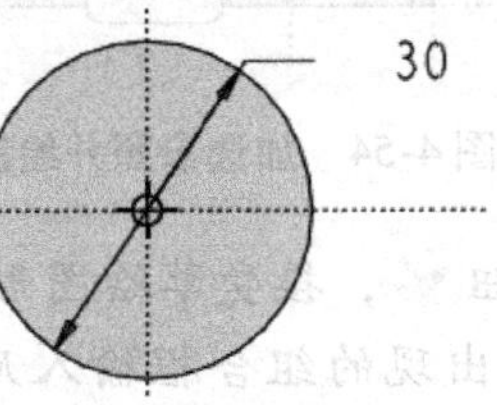


图 4-56　草绘截面 1

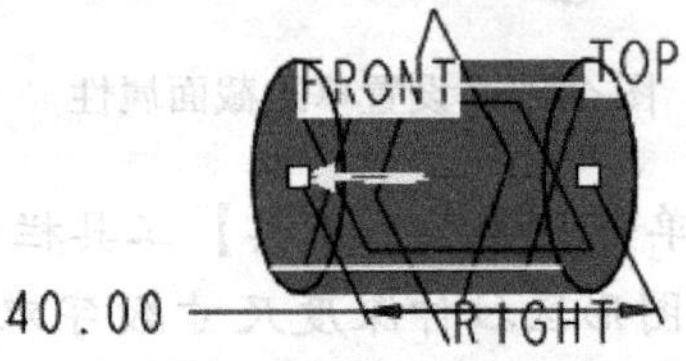


图 4-57　预览特征 1

（6）单击控制区的【应用】按钮，完成水平圆柱的创建。

（7）单击【拉伸】按钮，选取“TOP”基准面作为草绘平面，草绘方向及其参照使用默认设置，进入草绘界面。

（8）单击【圆心和点】按钮，绘制圆，将直径修改为“20”，如图 4-58 所示。

（9）单击【完成】按钮，接受草绘图形，回到设计窗口。

（10）设置拉伸深度为盲孔模式，将拉伸深度修改为“25”，预览特征如图 4-59 所示，单击控制区的【应用】按钮完成竖直圆柱的创建。

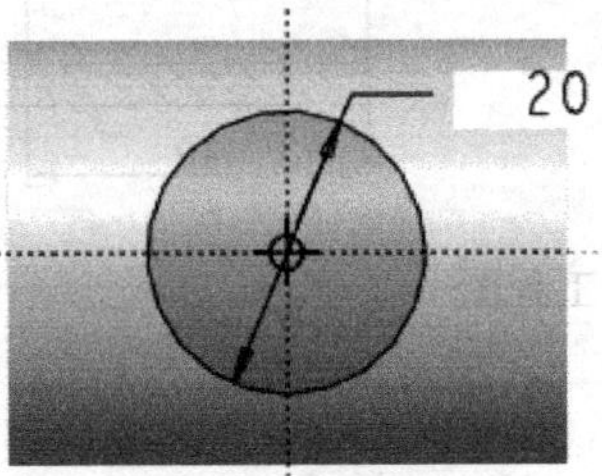


图 4-58　草绘截面 2

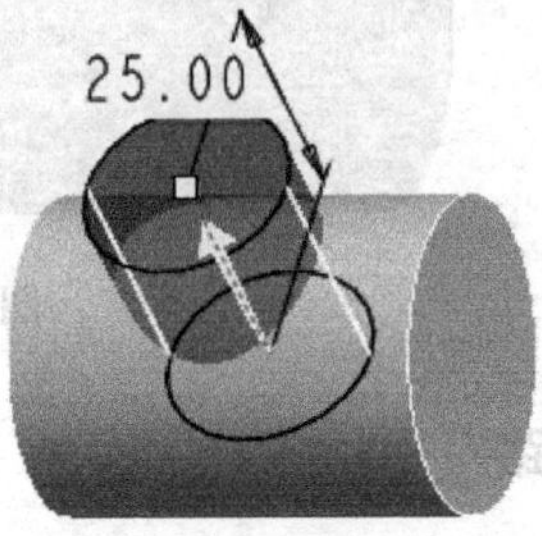


图 4-59　预览特征 2

(11) 单击【拉伸】按钮，在对话栏单击【移除材料】按钮，使其处于按下状态。

(12) 设置水平圆柱的右端面作为草绘平面，选取“TOP”基准面作为草绘方向参照，方向为“顶”，其余使用默认设置，进入草绘界面。

(13) 单击【圆心和点】按钮，绘制圆，将直径修改为“20”，如图4-60所示。

(14) 单击【草绘器工具】工具栏中的【完成】按钮，接受草绘图形，回到设计窗口。

(15) 单击对话栏【拉伸深度类型】列表后的按钮，在弹出的列表中选择【穿透】选项，拖动鼠标中键进行几何预览，如图4-61所示。

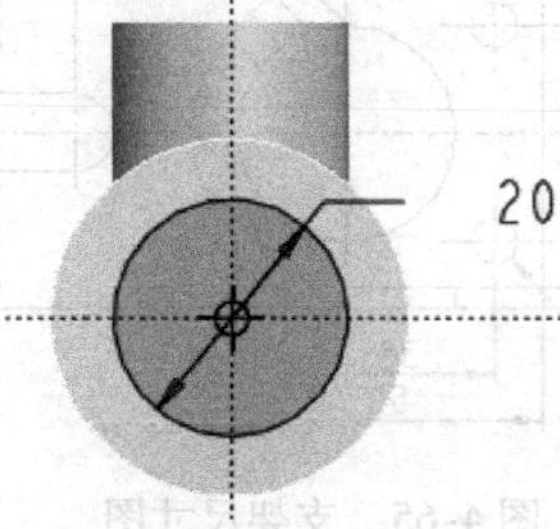

图4-60　草绘同心圆1

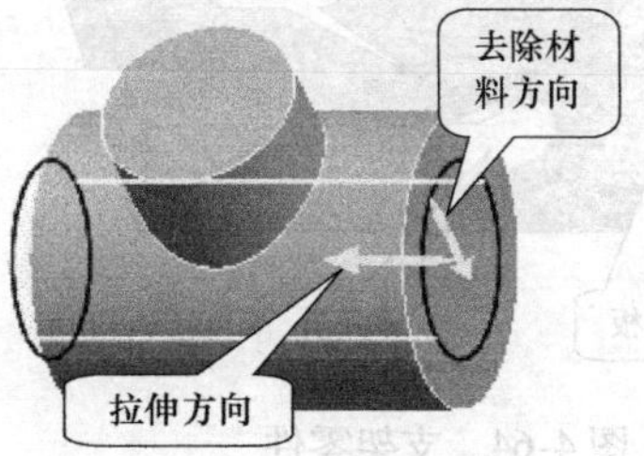

图4-61　预览水平孔

(16) 单击控制区的【应用】按钮完成水平圆柱孔的创建。

(17) 单击【拉伸】按钮，在对话栏单击【移除材料】按钮，使其处于按下状态。

(18) 设置竖直圆柱的上顶面作为草绘平面，其余使用默认设置，进入草绘界面。

(19) 单击【圆心和点】按钮，绘制圆，将直径修改为“12”，如图4-62所示。

(20) 单击【草绘器工具】工具栏中的【完成】按钮，接受草绘图形，回到设计窗口。

(21) 单击对话栏【拉伸深度类型】列表后的按钮，在弹出的列表中选择【到下一个】选项，拖动鼠标中键进行几何预览，如图4-63所示。

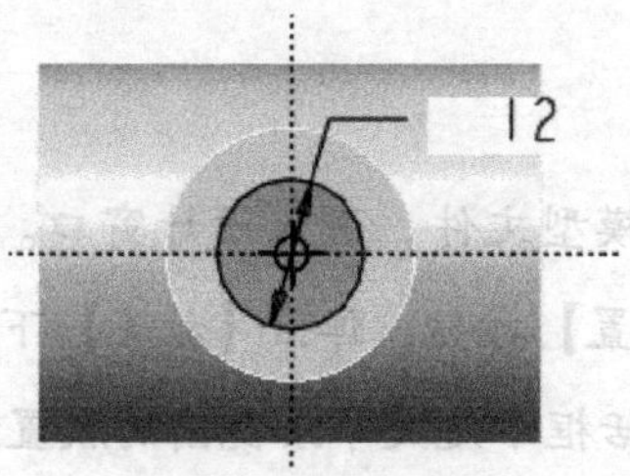

图4-62　草绘同心圆2

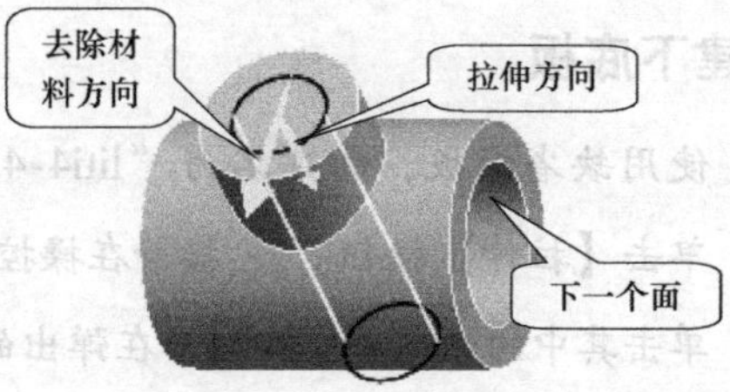

图4-63　预览竖直孔2

(22) 单击控制区的【应用】按钮完成竖直圆柱孔的创建，最后结果如图4-55所示。

(23) 保存文件并关闭窗口，拭除不显示的模型。

**【例4-4】** 创建如图4-64所示的零件模型，其尺寸图如图4-65所示。

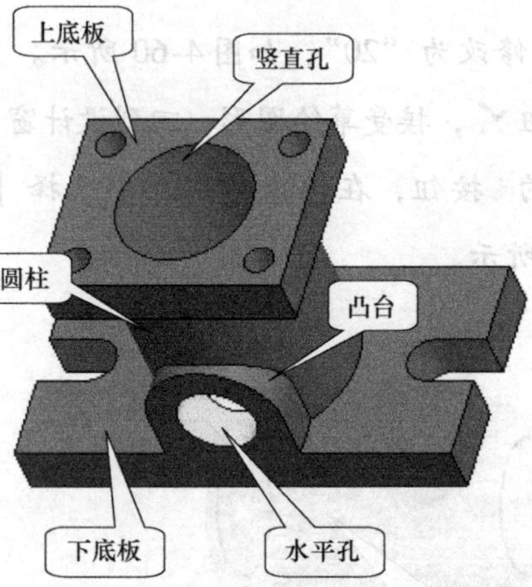


图 4-64　支架零件

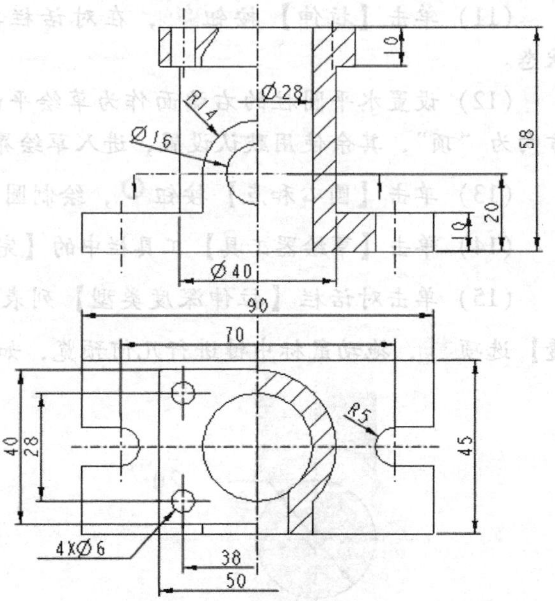


图 4-65　支架尺寸图

## 设计思路

（1）分析零件的结构。由图 4-64 可以看出，零件由四大部分组成：上底板、下底板、圆柱和凸台。其竖直方向上有一圆柱通孔，在凸台上有一通孔钻透整个前壁到竖直通孔。每个基本形体都可以通过拉伸创建。

（2）立体基准。立体的长基准为左右对称面，和 RIGHT 面重合；立体的高基准为下底面，和 TOP 面重合；立体的宽基准是前面的基本对称面，应该和 FRONT 面重合，建模过程要特别注意。

（3）建模顺序。Creo/Pro 5.0 的建模过程和我们刚才分析的一样，也是将整个支架分解成若干基本形体，然后组合在一起。支架零件总体上是由一个叠加式的组合体经过两次钻孔形成的，故建模时应先创建下底板，接着创建中间圆柱和上底板，而后是前面凸台，最后是钻出水平孔和竖直孔。

## 创建下底板

（1）使用缺省模板，新建名为“liti4-4.prt”的实体模型文件，进入设计窗口。

（2）单击【拉伸】按钮，接着在操控板中单击【放置】按钮，弹出【放置】下滑面板。

（3）单击其中的 定义... 按钮，在弹出的【草绘】对话框中定义草绘视图的放置属性。选取“TOP”基准面作为草绘平面，草绘视图方向使用默认，单击 草绘 按钮，进入草绘界面。

（4）草绘截面，标注并修改尺寸，使用各种约束如图 4-66 所示。

> 提醒：使用对称约束前，用户应分别草绘与水平参照和竖直参照重合的水平中心线和竖直中心线。

（5）单击【草绘器工具】工具栏中的【完成】按钮，接受草绘图形，回到设计窗口。

（6）双击图形区拉伸深度数字，在出现的组合框中输入“10”，然后在图形区拖动鼠标中键调整观看模型的角度，预览模型，如图 4-67 所示。

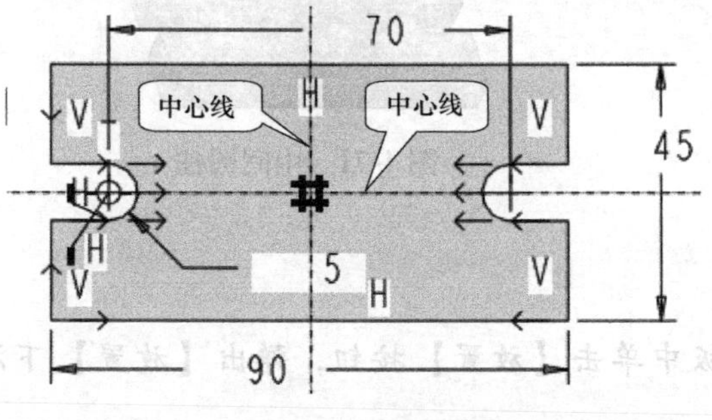


图 4-66　草绘截面

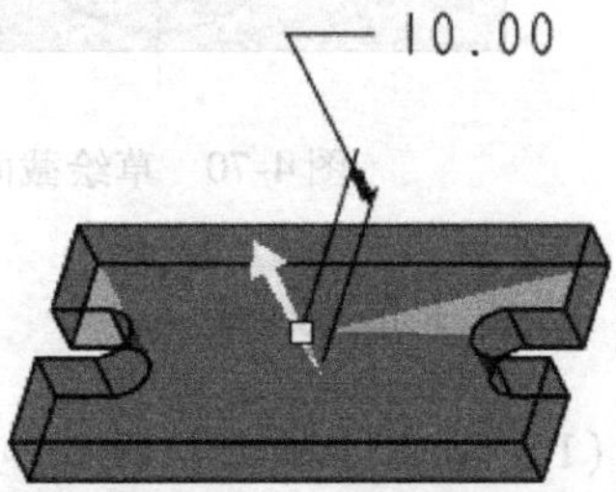


图 4-67　预览下底板

（7）符合要求以后，单击控制区的【应用】按钮完成下底板，如图 4-68 所示。

提醒：如果不能完全显示，可以单击工具栏中的按钮，在图形区显示整个模型，也可以按〈Ctrl + D〉组合键使观察角度回到缺省状态。

（8）在左侧导航栏为特征命名，在模型树上单击选取“拉伸 1”，再次单击“拉伸 1”，在出现的文本框中输入名字“下底板”，按〈Enter〉键确认，完成操作，如图 4-69 所示。

图 4-68　完成下底板

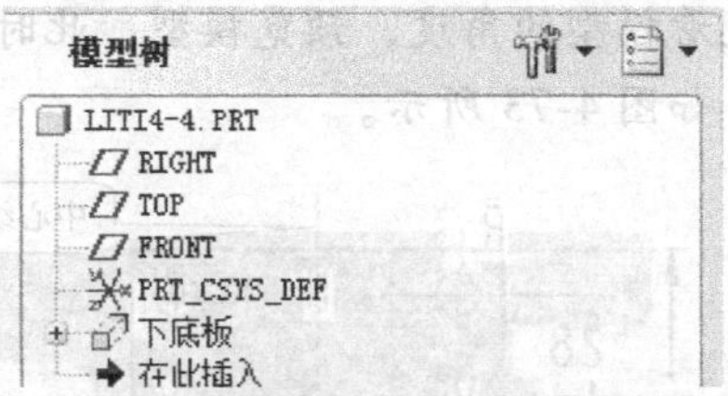


图 4-69　修改特征名后的模型树

## 创建中间圆柱

（1）单击【拉伸】按钮，接着在操控板中单击【放置】按钮，弹出【放置】下滑面板。

（2）单击其中的 定义… 按钮，在弹出的【草绘】对话框中单击 使用先前的 按钮，使用和上次建模相同的草绘截面放置属性，直接进入草绘界面。

（3）草绘截面，标注并修改尺寸，使用各种约束如图 4-70 所示。

（4）单击【草绘器工具】工具栏中的【完成】按钮，接受草绘图形，回到设计窗口。

（5）双击图形区拉伸深度数字，在出现的组合框中输入“58”，在图形区拖动鼠标中键调整观看模型的角度，预览模型。

（6）符合要求以后，单击控制区的【应用】按钮完成中间圆柱，如图 4-71 所示。

（7）修改特征名称为“中间圆柱”。

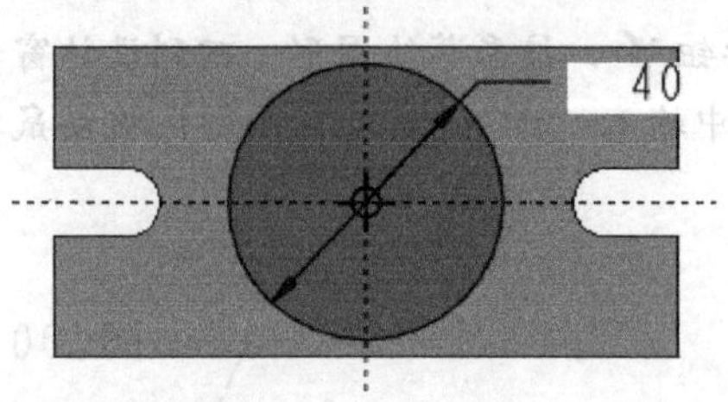


图 4-70　草绘截面

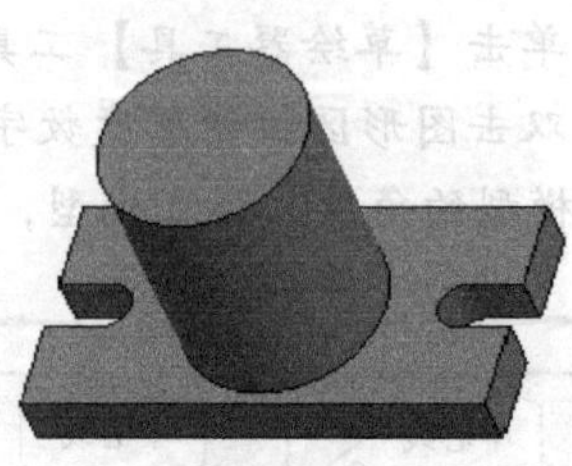

图 4-71　中间圆柱

## 创建上底板

（1）单击【拉伸】按钮，接着在操控板中单击【放置】按钮，弹出【放置】下滑面板。

（2）单击其中的 定义... 按钮，在弹出的【草绘】对话框中定义草绘视图的放置属性。选取刚才创建的中间圆柱的上顶圆平面作为草绘平面，草绘视图方向使用默认，单击 草绘 按钮，进入草绘界面。

（3）草绘截面，标注并修改尺寸，使用各种约束如图 4-72 所示。

（4）单击【草绘器工具】工具栏中的【完成】按钮✔，接受草绘图形，回到设计窗口。

（5）双击图形区拉伸深度数字，在出现的组合框中输入“10”，在图形区拖动鼠标中键调整观看模型的角度，预览模型，此时拉伸方向为向上，单击黄色箭头，使其拉伸方向变为向下，如图 4-73 所示。

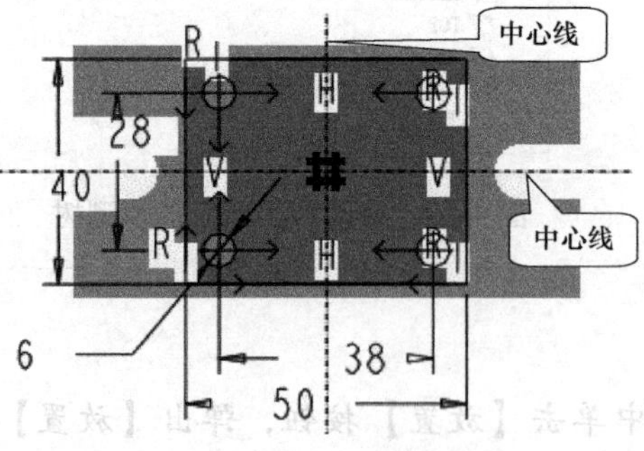


图 4-72　草绘截面

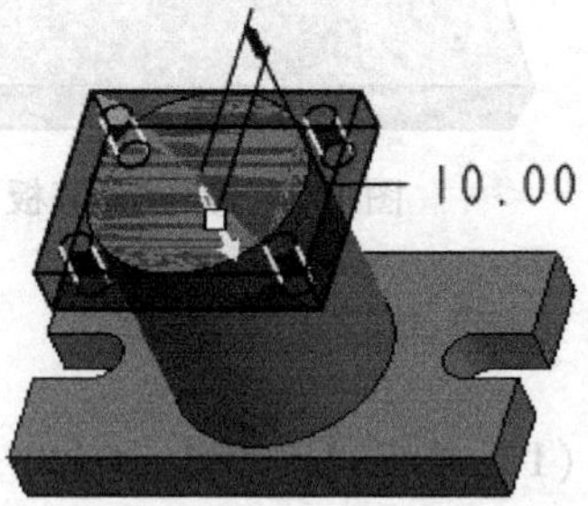


图 4-73　调整上底板拉伸方向

（6）符合要求以后，单击控制区的【应用】按钮✔完成上底板，如图 4-74 所示。

（7）修改特征名称为“上底板”。

## 创建凸台

（1）单击【拉伸】按钮，接着在操控板中单击【放置】按钮，弹出【放置】下滑面板。

（2）单击其中的 定义... 按钮，在弹出的【草绘】对话框中定义草绘视图的放置属性。选取下底板的前表面作为草绘平面，如图 4-74 所示，草绘视图方向使用默认，单击 草绘按钮，进入草绘界面。

(3) 草绘截面，标注并修改尺寸，使用各种约束如图 4-75 所示。

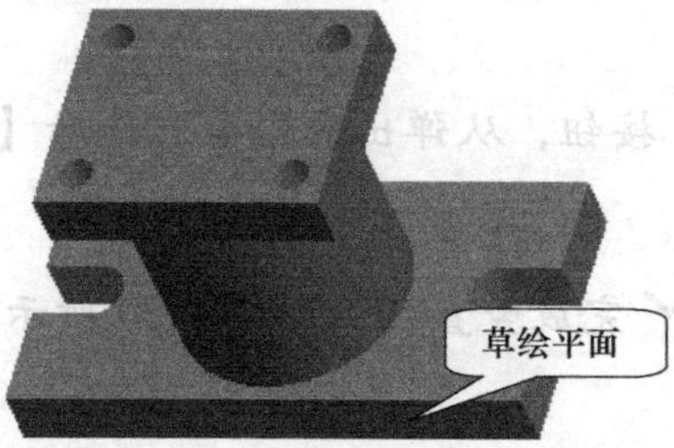


图 4-74　完成上底板

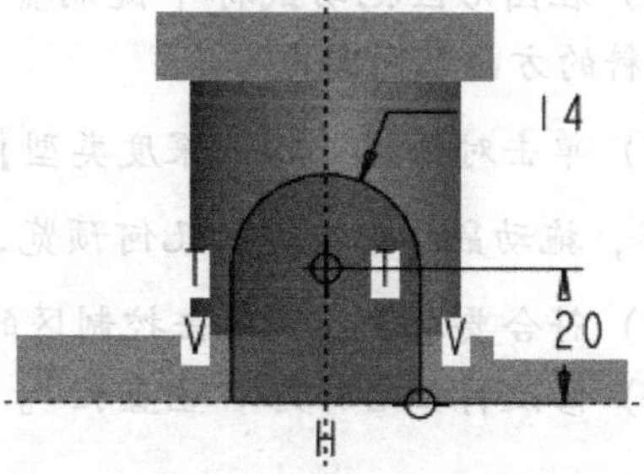


图 4-75　草绘凸台截面

(4) 单击【草绘器工具】工具栏中的【完成】按钮✓，接受草绘图形，回到设计窗口。

(5) 在图形区拖动鼠标中键调整观看模型的角度，预览模型，此时拉伸方向为向前，单击黄色箭头，使其拉伸方向变向朝后。

(6) 单击对话栏【拉伸深度类型】列表后的按钮，从弹出的列表中选择【到下一个】选项，拖动鼠标中键进行几何预览，如图 4-76 所示。

(7) 符合要求以后，单击控制区的【应用】按钮✓完成凸台，如图 4-77 所示。

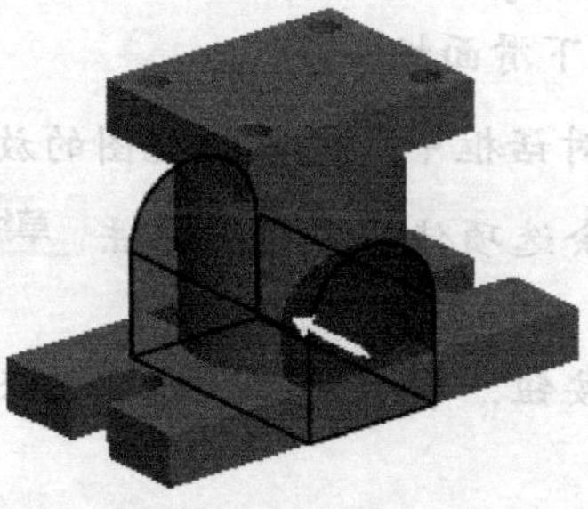

图 4-76　预览凸台

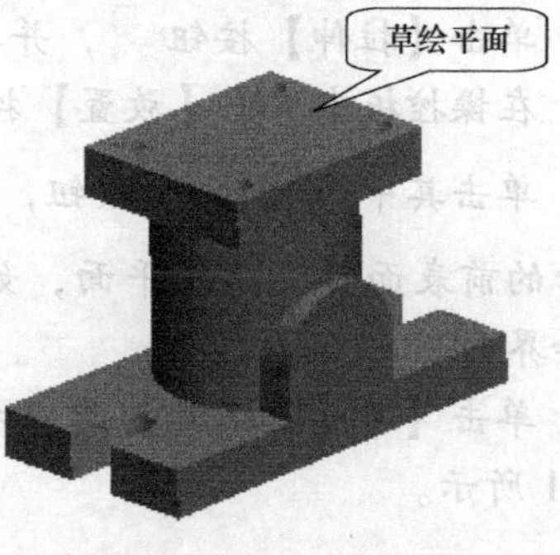


图 4-77　完成凸台

(8) 修改特征名称为“凸台”。

## 创建竖直孔

(1) 单击【拉伸】按钮，并单击对话栏中的【移除材料】按钮，使其处于按下状态。

(2) 在操控板中单击【放置】按钮，弹出【放置】下滑面板。

(3) 单击其中的 定义... 按钮，在弹出的【草绘】对话框中定义草绘视图的放置属性。选取上底板的顶面作为草绘平面，如图 4-77 所示，其余选项使用默认，单击 草绘 按钮，进入草绘界面。

(4) 草绘截面，标注并修改尺寸，使用各种约束如图 4-78 所示。

(5) 单击【草绘器工具】工具栏中的【完成】按钮✓，接受草绘图形，回到设计窗口。

(6) 在图形区拖动鼠标中键调整观看模型的角度，预览模型，确认拉伸方向为向下，去除材料的方向朝向圆内部。

(7) 单击对话栏【拉伸深度类型】列表后的按钮，从弹出的列表中选择【穿透】选项，拖动鼠标中键进行几何预览，如图4-79所示。

(8) 符合要求以后，单击控制区的【应用】按钮✓完成竖直孔，如图4-80所示。

(9) 修改特征名称为“竖直孔”。

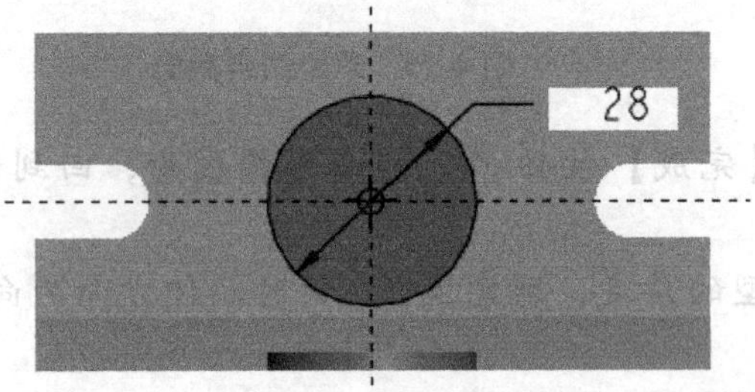


图4-78　草绘截面

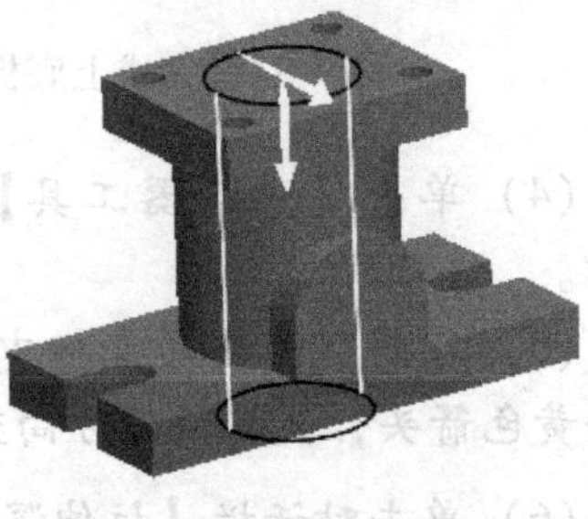

图4-79　预览竖直孔

## 创建水平孔

(1) 单击【拉伸】按钮，并单击对话栏【移除材料】按钮，使其处于按下状态。

(2) 在操控板中单击【放置】按钮，弹出【放置】下滑面板。

(3) 单击其中的 定义... 按钮，在弹出的【草绘】对话框中定义草绘视图的放置属性。选取凸台的前表面作为草绘平面，如图4-80所示，其余选项使用默认，单击 草绘 按钮，进入草绘界面。

(4) 单击【草绘器工具】工具栏中的【同心圆】按钮，草绘截面，标注并修改尺寸，如图4-81所示。

图4-80　完成竖直孔

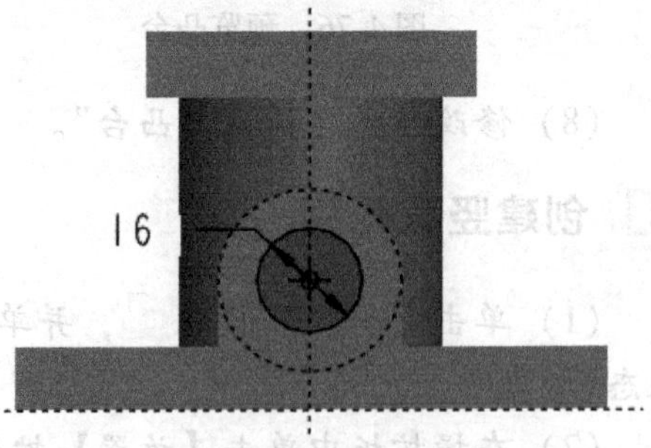


图4-81　草绘同心圆

(5) 单击【草绘器工具】工具栏中的【完成】按钮✓，接受草绘图形，回到设计窗口。

(6) 在图形区拖动鼠标中键调整观看模型的角度，预览模型，确认拉伸方向为向后，去除材料的方向朝向圆内部。

(7) 单击对话栏【拉伸深度类型】列表后的按钮，从弹出的列表中选择【到指定项】选项，此时对话栏出现【目标】收集器，并处于淡绿色激活状态，在图形区选择竖直孔的内表面作为拉伸深度目标，拖动鼠标中键进行几何预览，如图4-82所示。

(8) 符合要求以后，单击控制区的【应用】按钮完成水平孔，如图4-83所示。

(9) 修改特征名称为“水平孔”。

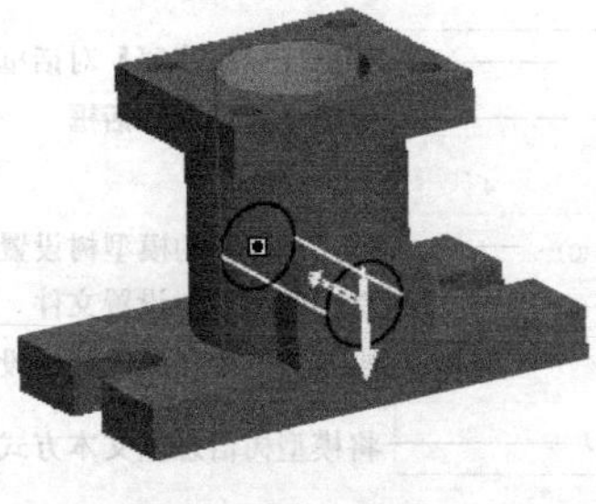

图4-82 预览水平孔

图4-83 完成水平孔

(10) 保存文件并关闭窗口，拭除不显示。

提醒：设置草绘截面放置属性时，若草绘平面选择的是水平面或者正平面，使用系统默认的草绘方向及其参照即可满足要求；若草绘平面选择的是侧平面，则应选取TOP面作为方向参照，其方向设置为顶，看图方向朝右。但是当方向参照面选的是立体的表面时，其方向应该按照真实的放置方位确定。

## 4.4 模型树操作

当新建或者打开一个文件后，界面左侧的导航区会出现模型树。模型树以“树”的形式显示当前激活模型文件中的所有特征或零件。对于有截面和轨迹的特征，模型树还可以显示特征的截面和轨迹。在树的顶部显示根对象，从属对象置于根对象之下。当切换至【模型树】选项卡时，模型树便会显示出来。

在零件模型中，模型树列表顶部是零件名称，其下方按照创建特征的顺序排列各特征名称，如图4-84所示。在装配模型中，模型树列表顶部是总装配名称，总装配名称下方按照装配顺序排列各子装配和零件，每个子装配下方是该子装配中各个零件的名称，零件名称下面则是组成每个零件的特征名称，如图4-85所示。

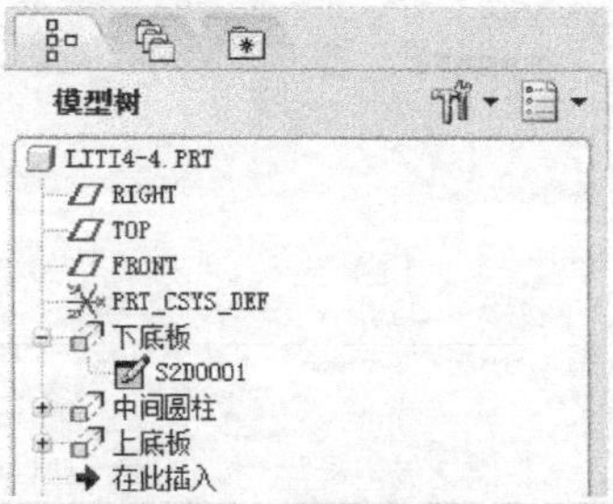


图4-84 零件模型树

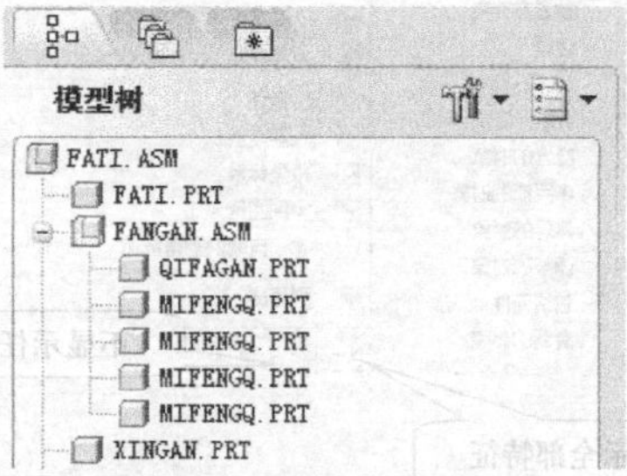


图4-85 装配体模型树

模型树中只列出零件或者组件的特征级对象，不列出组成特征的几何图元，如点、线、面的名称。

## 4.4.1 模型树简介

模型树的操作界面及其菜单命令如图4-86所示，模型树中有两个图标菜单，分别是【设置】下拉菜单和【显示】下拉菜单。

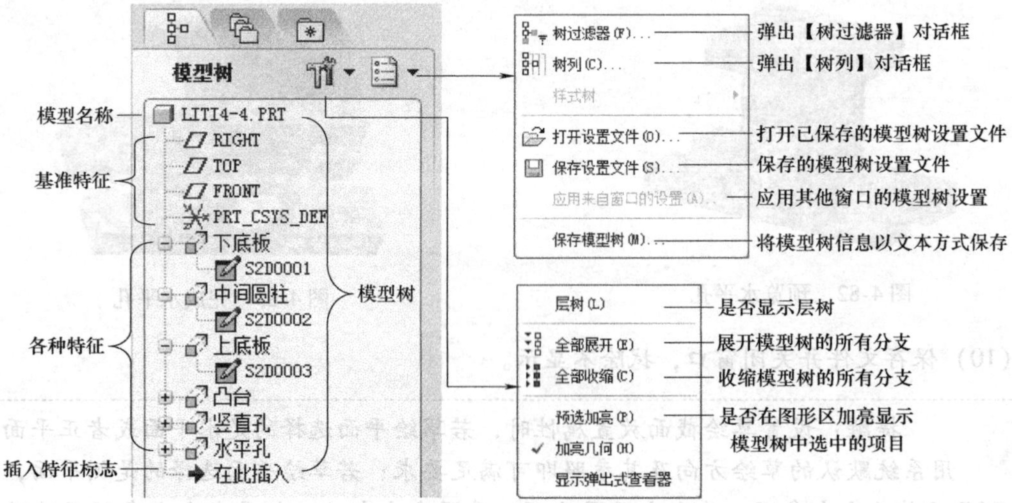


图4-86 模型树界面

选择【显示】下拉菜单中的【全部展开】选项，将显示模型树的所有项目。

选择【显示】下拉菜单中的【全部收缩】选项，将只显示零件名称或者总装配体名称。

模型树的每个特征由特征图标和特征名称组成，可以形象直观地显示模型的特征组成和建模顺序。单击特征名称前面的“+”，可以展开每个特征的子项目；单击特征名称前面的“-”，可以收缩每个特征，不显示特征的子项目。

## 4.4.2 模型树操作

选择模型树【设置】下拉菜单中的【树过滤器】选项，弹出如图4-87所示的【模型树项目】对话框。

使用【模型树项目】对话框可以控制模型树显示项目，从中设置模型中的各种特征是否显

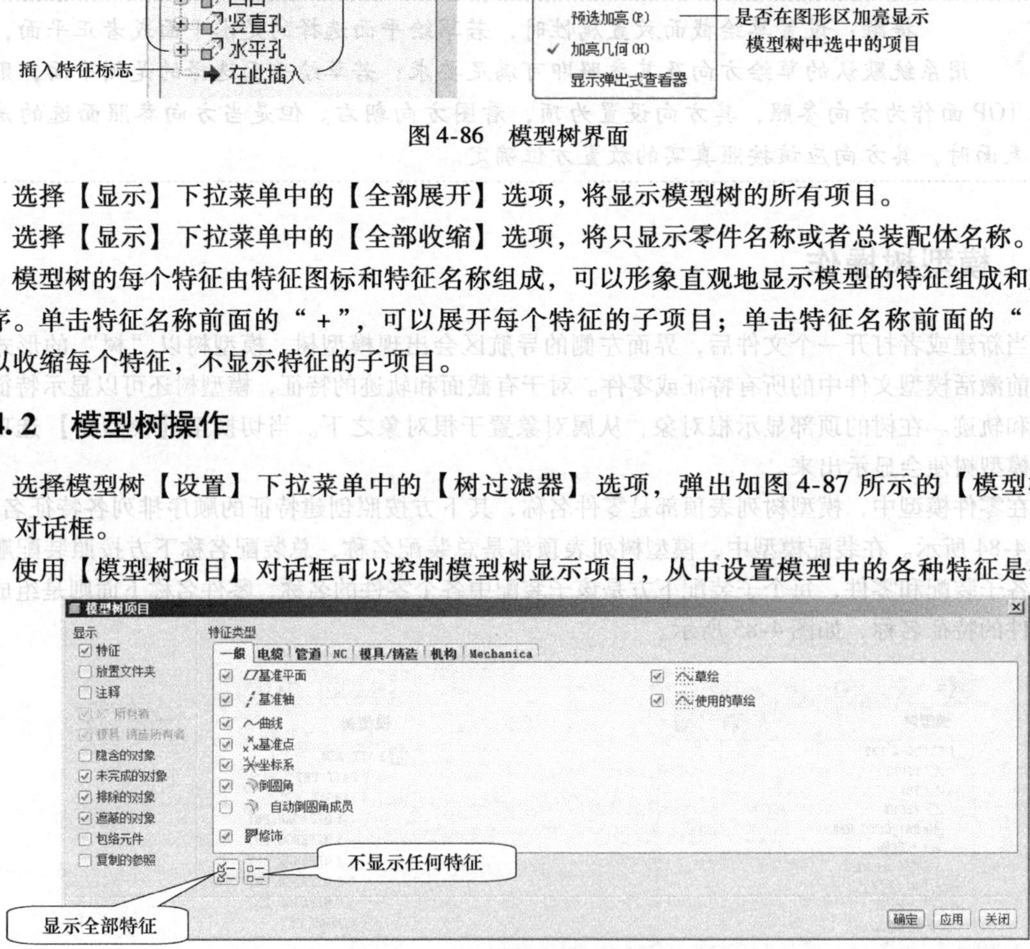


图4-87 【模型树项目】对话框

示在模型树中，勾选的选项将显示在模型树中，否则将不显示在模型树中。

使用模型树，可以完成选择特征、调整建模顺序、隐含特征、隐藏特征、命名特征、编辑特征等操作。这里主要介绍选择特征和调整建模顺序，其他功能在特征编辑一节中讲述。

1. 选择特征

可以利用模型树选择要编辑的特征或者零件，当要选取的特征或零件不可见时，这项功能尤为有用。在模型树中单击要选择的特征，图形区选中该特征，呈红色加亮显示，可以对其进行编辑。

2. 调整建模顺序

在模型树中选择某一特征，按住鼠标左键将其拖动到模型树中另一特征之前或之后，可以调整特征的创建顺序。

调整建模顺序时，要特别注意各特征之间的关联，如果后创建的特征使用了先创建立的特征作为参照，调整顺序时就会出错，建议不要轻易使用这一命令。

## 4.5　编辑特征

简单的编辑特征包括删除特征、重命名特征、隐含特征、隐藏特征、编辑特征等。

### 4.5.1　选择特征

要对特征进行编辑操作，必须学会选择特征。选择特征的方法有以下两种：

- 在模型树中单击欲选择的特征，可以选中该特征。
- 在图形区右上角的【过滤器】列表中选择【特征】选项，然后在图形区鼠标单击欲选择的特征，也可选中该特征。

按住 <Ctrl> 键选取多个特征，可以将选择的特征添加到选择集中；按住 <Ctrl> 键选取选择集中已选中的特征，可以将该特征在选择集中移除。

### 4.5.2　重命名特征

每次创建特征，根据使用工具的不同和建模的先后，系统会自动为其命名，如“拉伸 1”“旋转 1”“扫描 3”等。这些名称不够形象直观，在设计复杂零件时，不易选择和修改，最好给每个特征重新命名，且命名要简单明白，能让设计者通过名称知道特征在模型中的位置和形状。

特征重命名的方法有如下两种：

- 选取要重命名的特征，单击特征名，在出现的组合框中直接输入特征的新名称。
- 选中特征，单击鼠标右键，在弹出的快捷菜单中选择【重命名】选项，在出现的组合框中输入特征的新名称。

**【例 4-5】** 打开文件“liti4-5. Prt”，将特征名称“凸台”修改为“前凸台”；然后将其移动到特征“上底板”之前，并将其保存为“liti4-5da. Prt”。

**设计步骤**

（1）单击【文件】工具栏中的【打开】按钮，打开文件“liti4-5. prt”。

（2）在模型树中选择“凸台”特征，单击名称“凸台”，在出现的组合框中输入“前凸台”，按〈Enter〉键确认。可以看到，特征名称变为“前凸台”。

（4）在图形区单击鼠标中键，完成模型修改，模型如图4-101所示。

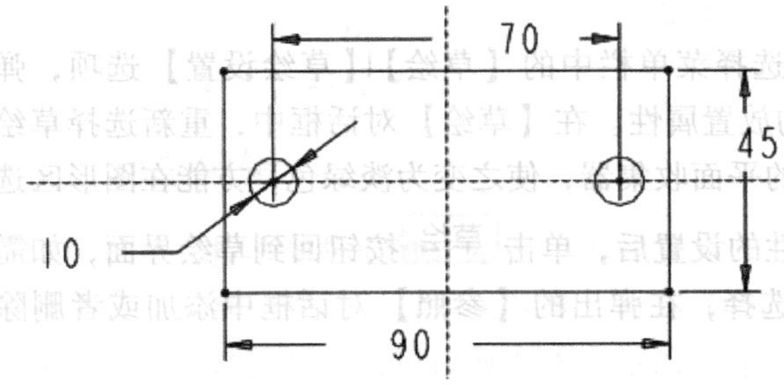


图4-100 修改后的截面形状

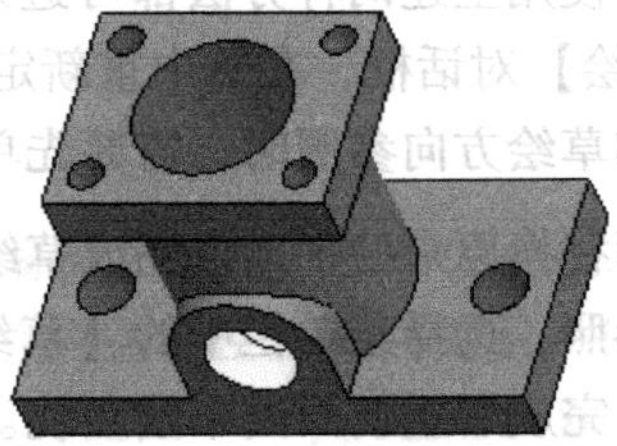

图4-101 修改后的模型

（5）在模型树选择特征“凸台”，按下鼠标右键，从弹出的快捷菜单中选择【编辑定义】选项，图形区上方出现操控板。单击【放置】按钮，弹出【放置】下滑面板，单击【草绘】截面收集器右侧的【编辑】按钮 编辑... ，重新进入草绘界面。

（6）选择菜单栏中的【草绘】|【草绘设置】选项，弹出【草绘】对话框。

（7）在【草绘】对话框中，单击【平面】收集器，草绘平面收集器变为淡绿色，表示该收集器处于激活状态。

（8）按<Ctrl + D>组合键，视图回到默认观察角度，在图形区选择“RIGHT”基准面作为草绘平面。

（9）此时看图方向箭头为向左，在图形区单击黄色箭头，使其变为向右，其余使用默认设置，单击 草绘 按钮回到草绘界面，此时弹出【参照】对话框，【参照】列表中显示失败的参照，如图4-102所示。

（10）在【参照】列表中选择【F1（RIGHIT）（失败）】选项，单击对话框中的【删除】按钮 删除(D) 将失败的参照删除。

（11）确认【参照】对话框中【选取】按钮 处于按下状态，选取“FRONT”面作为参照，该参照添加【参照】列表之中，如图4-103所示。

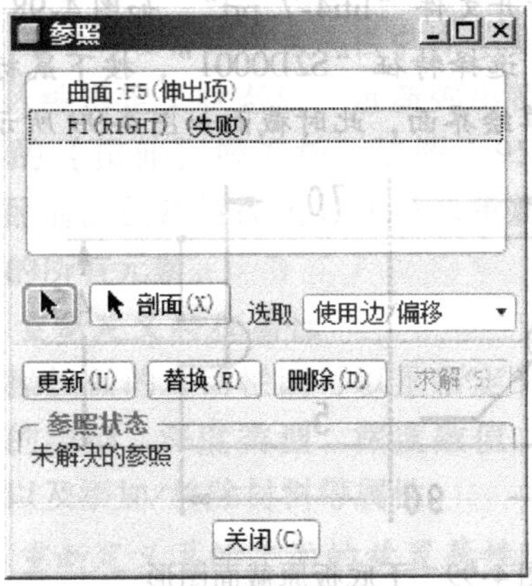


图4-102 显示失败的参照

图4-103 添加参照后

（12）单击【参照】对话框中的【关闭】按钮 关闭(C) 完成参照编辑，进入草绘界面。

（13）使用【重合】约束工具，将圆弧圆心约束在竖直参照上，单击【草绘器工具】工具栏中的【完成】按钮，接受草绘图形，然后按<Ctrl+D>组合键，回到默认观察角度，预览模型如图4-104所示。

(14) 在对话栏中修改【拉伸深度类型】为【盲孔】，在其后的组合框中输入深度值“23”，预览模型，如图4-105所示。

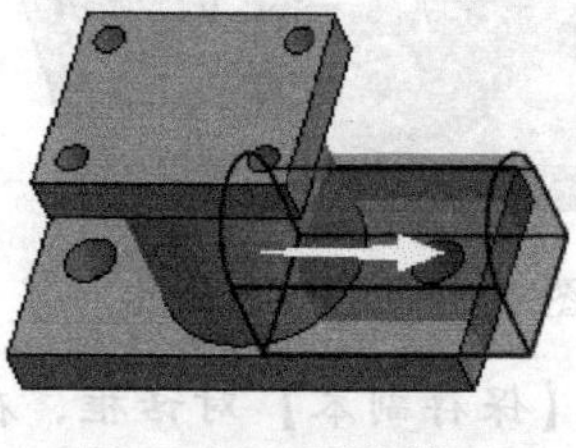

图4-104 预览模型

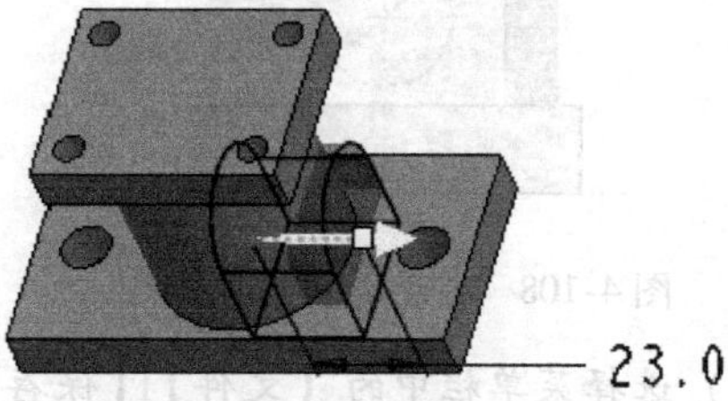


图4-105 修改拉伸深度

(15) 符合要求后，在图形区单击鼠标中键，由于水平孔是原来凸台的子特征，和凸台有关联，此时弹出错误提示信息，如图4-106所示，单击【确定】按钮完成凸台修改，如图4-107所示。

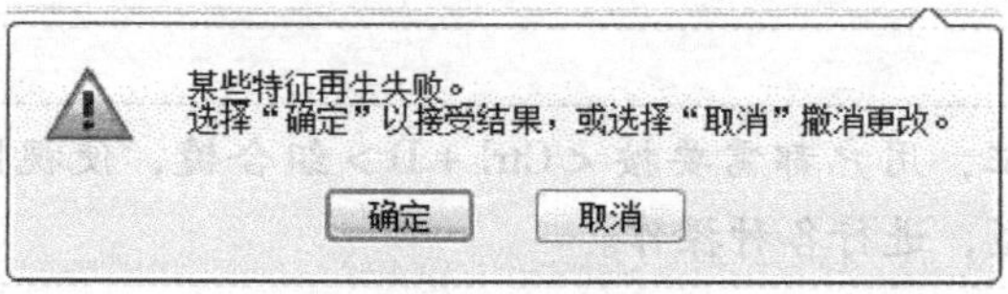


图4-106 错误提示

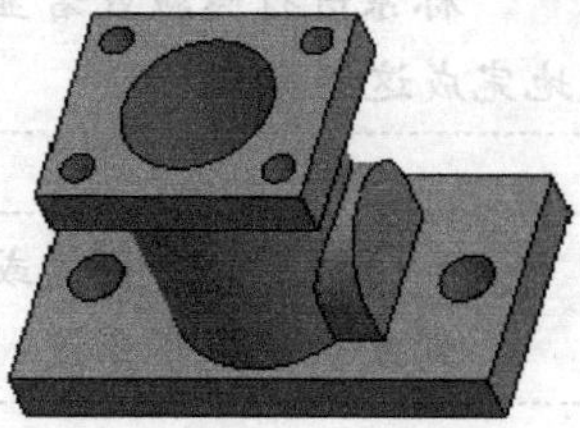

图4-107 完成凸台修改

(16) 此时模型树中水平孔的标志变为“水平孔”，表示该特征有错误。在模型树选择水平孔，按下鼠标右键，在弹出的快捷菜单中选择【编辑定义】选项，出现操控板。

(17) 单击【放置】按钮，弹出【放置】下滑面板，单击【草绘】截面收集器右侧的【编辑】按钮 编辑... ，进入草绘界面。

(18) 此时弹出【参照】对话框，【参照】列表中出现失败参照，不必理会，直接选择菜单栏中的【草绘】|【草绘设置】选项，弹出【缺失参照】对话框，单击其中的【是】按钮 是(Y) ，弹出【草绘】对话框。

(19) 在【草绘】对话框中，单击【平面】收集器，草绘平面收集器变为淡绿色，表示该收集器处于激活状态。

(20) 按<Ctrl+D>组合键，视图回到默认观察角度，在图形区选择凸台的右端面作为草绘平面，其余使用默认设置。

(21) 在【草绘】对话框中单击 草绘 按钮回到草绘界面，自动重新选取参照，如图4-108所示。

(22) 使用【重合】约束工具，将圆的圆心和圆弧的圆心进行重合约束，单击【草绘器工具】工具栏中的【完成】按钮，接受草绘图形，拖动鼠标中键预览模型，如图4-109所示。

(23) 符合要求后，在图形区单击鼠标中键，完成水平孔的修改，然后按<Ctrl+D>组合键，回到默认观察角度，最后模型如图4-96所示。

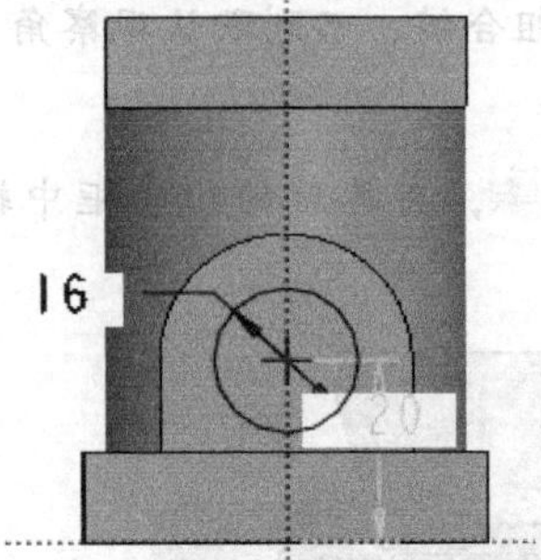


图 4-108　自动重新选取参照

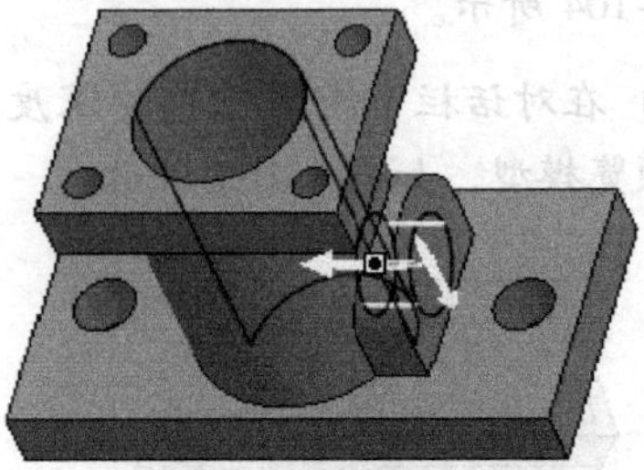

图 4-109　预览水平孔

(24) 选择菜单栏中的【文件】|【保存副本】选项，弹出【保存副本】对话框，在【新名称】文本框中输入“liti4-7da”，单击 确定 按钮完成操作。

(25) 关闭窗口，拭除不显示。

---

提醒：一般情况下，在建模过程中，要随时对基准面、基准轴、基准点、基准坐标系进行隐藏或者显示的处理。使用【基准显示】工具栏可以方便快捷地完成这些操作。

---

提醒：每创建或者修改完一个特征，用户都需要按 <Ctrl + D> 组合键，使视图回到默认的观察角度，这样便于观察模型，进行各种操作。

---

## 4.6 旋转特征

旋转特征是又一重要的建模特征。使用旋转建模工具可以方便地创建各种回转实体和回转曲面。

旋转特征是由一定的截面形状绕轴线旋转形成的特征，也就是指平常意义上的回转体。回转体生成过程中必须用到以下两个要素：旋转轴线和截面，如图 4-110 所示。

创建旋转特征一定要先定义方轴线和截面。使用旋转特征可以创建各种回转体的组合。

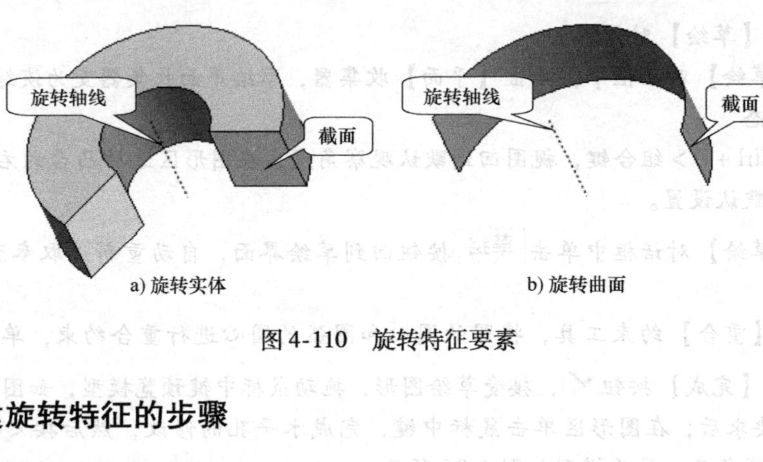


a) 旋转实体　　b) 旋转曲面

图 4-110　旋转特征要素

### 4.6.1 创建旋转特征的步骤

创建旋转特征的步骤如下。

选择【旋转】工具→选择特征类型→定义截面放置属性→草绘截面和轴线→定义旋转角度和方向→确定添加/移除材料→预览模型→完成旋转。

执行【旋转】命令的方法有两种。

- 选择菜单栏中的【插入】|【旋转】选项。
- 单击【基础特征】工具栏中的【旋转】按钮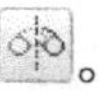。

执行【旋转】命令后，在消息区出现如图 4-111 所示的【旋转】操控板，操控板包括 4 个选区，即消息栏、对话栏、下滑面板和控制区。

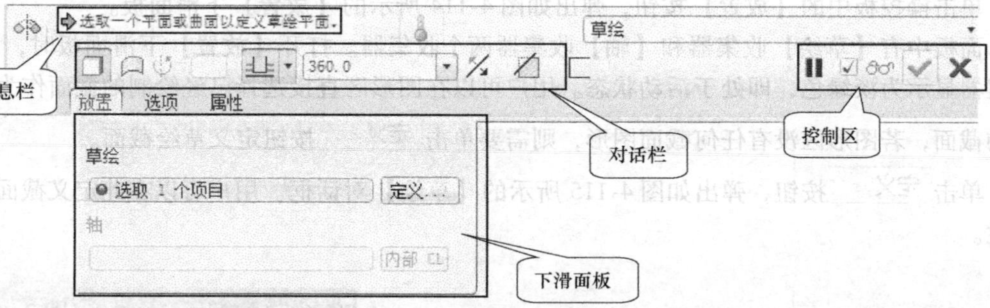


图 4-111　【旋转】操控板

【旋转】操控板中各工具和选项的功能如图 4-112 所示。

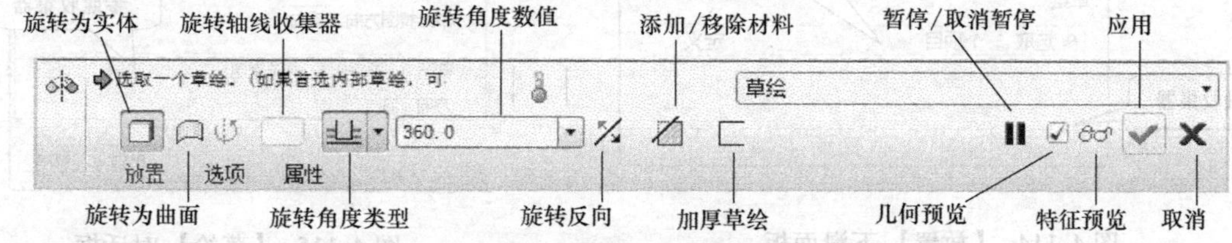


图 4-112　旋转特征操控板

## 4.6.2　选择旋转特征类型

旋转特征有 3 种类型：实体、曲面和薄板。使用相同截面生成的不同类型旋转特征如图 4-113 所示。

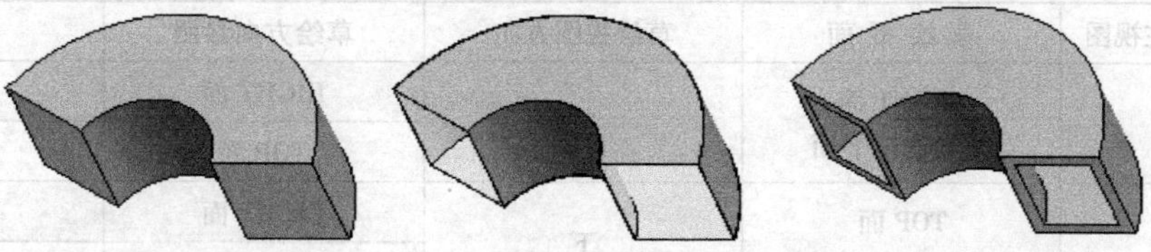

a) 旋转为实体　　b) 旋转为曲面　　c) 旋转为薄板

图 4-113　不同类型旋转特征的比较

- :【旋转为实体】按钮。单击此按钮，使其处于按下状态，将旋转出实心模型，有一定的体积和质量。
- :【旋转为曲面】按钮。单击此按钮，使其处于按下状态，将旋转出一没有厚度的柱面，没有体积和质量，通过相关操作可以转化为实体。

- ：【加厚草绘】按钮。当【旋转为实体】按钮处于按下状态时，单击该按钮，能旋转出一定厚度的壳体，这时操控板发生相应变化，可供用户控制壳体的厚度和产生厚度的方向。

### 4.6.3 定义截面放置属性

定义截面放置属性包括定义草绘平面和定义草绘平面放置方向。

草绘平面是绘制特征截面或者轨迹的平面，可以是基准平面，也可以是实体的平面型表面。

单击操控板中的【放置】按钮，弹出如图 4-114 所示的【放置】下滑面板。

面板中有【草绘】收集器和【轴】收集器两个收集器。打开【放置】下滑面板时，【草绘】收集器显示为淡绿色，即处于活动状态。用户可以在图形区直接选择已经绘制的截面作为旋转特征的截面，若图形区没有任何截面图形，则需要单击 定义... 按钮定义草绘截面。

单击 定义... 按钮，弹出如图 4-115 所示的【草绘】对话框。用户可以在此定义截面的放置属性。

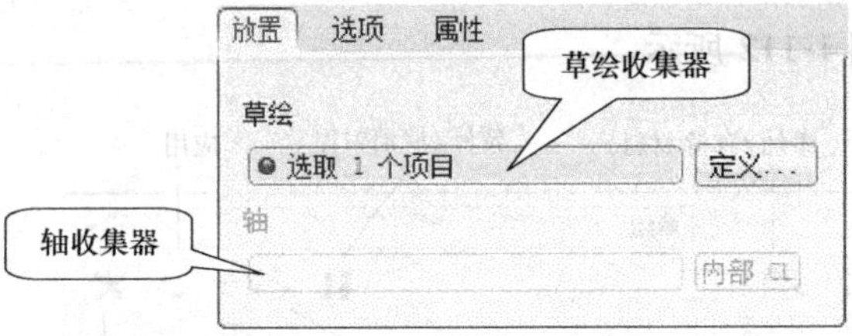


图 4-114 【放置】下滑面板

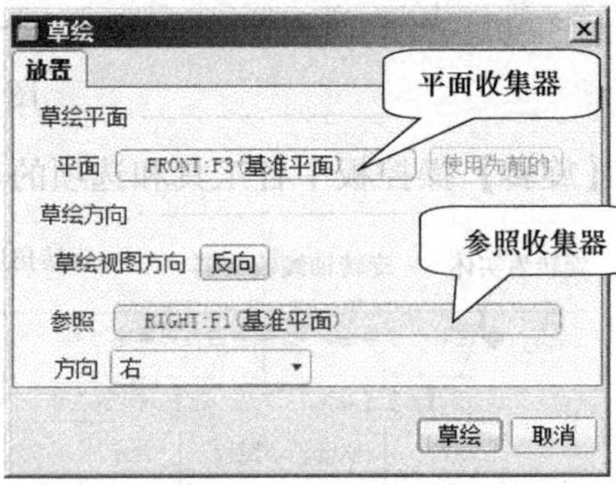


图 4-115 【草绘】对话框

使用旋转工具时，定义截面放置属性的方法和拉伸工具基本相同，在此不再赘述，请用户自己体会。

对于旋转特征，建议用户按照表 4-2 所示的规定设置草绘平面、草绘视图方向、草绘方向参照及方向。

**表 4-2 旋转特征定义截面放置属性的方法**

| 回转体轴线所在视图 | 草绘平面 | 草绘视图方向 | 草绘方向参照 | 方向 |
|---|---|---|---|---|
| 主视图 | FRONT 面或其他正平面 | 后 | RIGHT 面 | 右 |
| | | | TOP 面 | 顶 |
| 俯视图 | TOP 面或其他水平面 | 下 | RIGHT 面 | 右 |
| | | | FRONT 面 | 顶 |
| 左视图 | RIGHT 面或其他侧平面 | 右 | TOP 面 | 顶 |
| | | | FRONT 面 | 右 |

提醒：表格中有灰色背景的选项优先使用。

另外，旋转时所使用的草绘平面，即旋转开始的平面，应根据实际情况选取，不一定都是基准面，很多情况下都是立体的平面型的表面。草绘方向参照一般选取基准面，也可以选取垂直于草绘平面的立体表面，此时应根据立体表面的实际放置方位定义草绘方向以及草绘平面的放置方位。

完成【草绘】对话框的所有设置后，单击 草绘 按钮，进入草绘界面，草绘截面。

如果进入草绘界面后，发现定义的截面放置属性有错误，可以选择菜单栏中的【草绘】|【草绘设置】命令，重新回到草绘窗口重新设置各选项，为了便于选取参照，按 < Ctrl + D > 组合键可使视图回到轴测图观察角度。

## 4.6.4　草绘截面

进入草绘界面后，可以使用【草绘器工具】工具栏绘制截面，并编辑截面、添加约束以及标注尺寸。草绘时，用户应尽量使用约束确定截面的形状，而不是全靠标注尺寸确定截面的形状，否则在生成工程图时会出现多余尺寸。草绘截面时，一般先使用【几何中心线】工具绘制几何中心线作为旋转特征的轴线，尤其没有可选直线作为旋转轴线时，如果截面中需要使用对称中心线，使用【中心线】工具绘制即可。

完成草绘后，单击【草绘器工具】工具栏中的【完成】按钮✔，接受草绘，进入旋转操作界面。如果草绘有问题或者想重新草绘，单击【退出】按钮✕，拒绝接受草绘，重新设置。

当创建旋转实体特征时，截面必须是多边形或者含有闭合区域的多边形集合，且多边形的边必须首尾相连，不能交叉出头，并且截面不能处于旋转轴线的两侧。图 4-116 是截面出现在轴线两侧的错误情况。

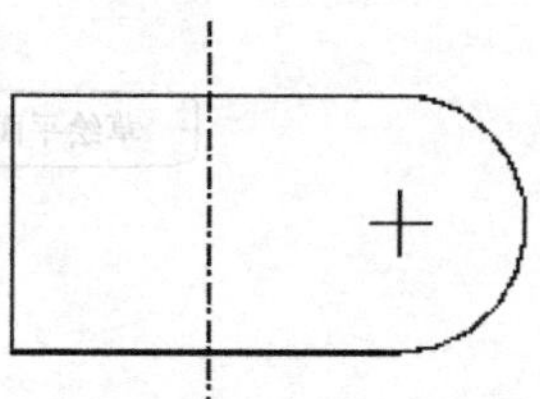

图 4-116　错误截面

若草绘时忘记绘制作为旋转轴线的几何中心线，则不会出现旋转体的几何预览。此时对话栏中【轴】收集器 选取 1 个项目 处于激活状态，用户可在图形区选取基准轴或者直线型的边作为旋转轴线，也可重新回到草绘界面绘制几何中心线。

## 4.6.5　定义旋转角度和方向

旋转角度的类型有 3 种。使用以下两种方法可以选取旋转角度类型：

- 单击后的按钮，弹出【旋转角度类型】列表，用户可以根据需要从中选取合适的旋转角度类型，如图 4-117 所示。
- 单击操控板中的【选项】按钮，弹出【选项】下滑面板，用户可从中选取旋转角度类型，还可以设置相对于草绘平面两侧的旋转角度类型和角度值。旋转角度类型从【侧 1】和【侧 2】下拉列表框中选取，如图 4-118 所示。

3 种旋转角度类型的含义如下：

- ：变量角度类型是指从草绘平面以指定角度值旋转截面，旋转的角度值在其后的旋转角度组合框 60.04 中输入或选取。
- ：对称角度类型是指以草绘平面为对称面，每一侧以指定角度值的一半旋转截面，旋

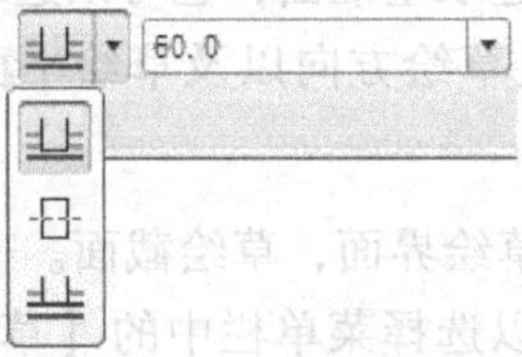


图 4-117　旋转角度类型

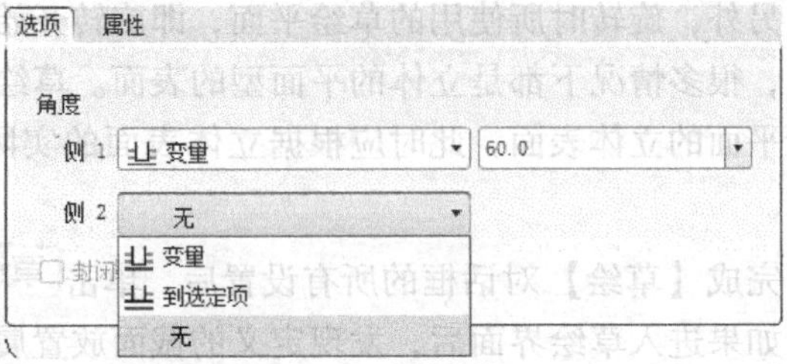


图 4-118　【选项】下滑面板

转的角度值在其后的拉伸深度组合框 60.04 中输入或选取。

● ：到选定项角度类型是指旋转截面至一个选定点、曲线、平面或曲面，旋转体可以中止于基准，目标对象可以是点、曲线、面或者各种基准。选取该旋转角度类型时，其后的目标收集器 选取 1 个项目 处于淡绿色激活状态，此时可在图形区选取目标。

图 4-119 是 3 种旋转角度类型的对比说明。

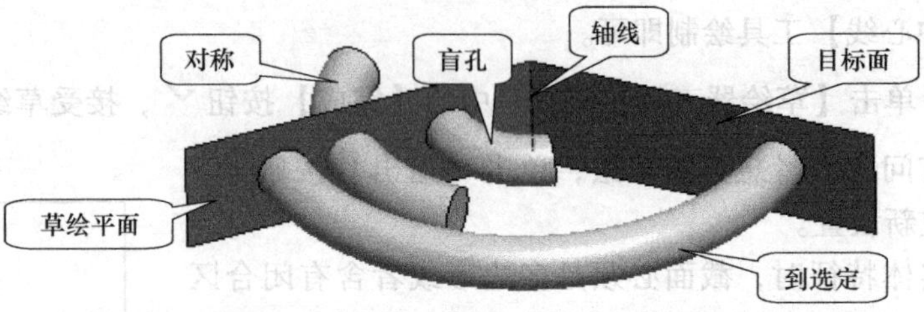


图 4-119　不同旋转角度类型的比较

修改旋转角度的方式有如下 3 种：

● 在操控板【旋转角度】组合框 60.04 中输入或选取。

● 在图形区中，将光标指向原为白色矩形的旋转角度和方向控制块，此时控制块变为黑色实心矩形，按下鼠标左键拖动，此时光标变为“ ”形状，可以控制旋转的角度和方向，如图 4-120 所示。

● 在图形区双击表示角度值的尺寸数字，在出现的组合框中输入或选取角度数值。输入正值，沿正向旋转；输入负值，向反方向旋转，如图 4-120 所示。

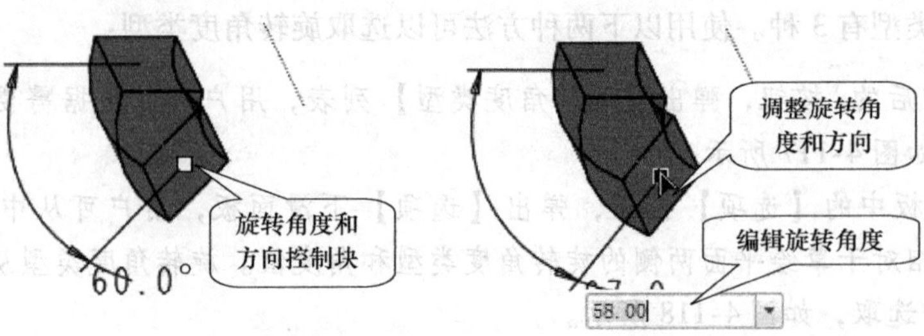


图 4-120　旋转角度和方向控制

旋转方向垂直于草绘平面，沿垂直于旋转轴线的圆周方向，该圆圆心在旋转轴线上，调整旋转方向的方法有以下 3 种：

● 在操控板中的对话栏单击 。

● 从图形区中选中白色控制块，按住鼠标左键向草绘平面的另一侧拖动，如图 4-119 所示。
● 在旋转角度组合框中输入负值。

### 4.6.6　确定添加/移除材料

创建旋转特征也有添加材料和移除材料两种方式。在创建第 1 个特征时，只有添加材料可用，创建第 1 个特征后，两种方式都变为可用。这两种方式类于组合体组成方式中的叠加和切割。

单击操控板中对话栏的【移除材料】按钮，可以在移除材料和添加材料两种状态下切换，按下状态为移除材料状态，浮起状态为添加材料状态。

### 4.6.7　完成旋转

完成以上步骤后，用户可以对生成的特征进行预览，如果符合设计要求，单击控制区的【应用】按钮完成特征创建，否则单击控制区的【取消】按钮取消操作。

预览分为几何预览和特征预览，系统默认使用几何预览。预览时拖动鼠标中键即可调整观察角度，滚动滚轮可以缩放模型，按住 <Shift> 键拖动鼠标中键可以平移视图。

### 4.6.8　其余说明

旋转成为薄板时，需要在【旋转为实体】按钮处于按下状态时，单击对话栏中的【加厚草绘】按钮，使其处于按下状态，在其后出现【厚度】组合框 0.32 和【调整厚度方向】按钮，在【厚度】组合框可以输入或者选取薄板的厚度值；单击【调整厚度方向】按钮，可以控制生成的薄板厚度相对于草绘图形的方向。

加厚草绘生成薄板的方向有 3 个，朝向草绘环内加厚、朝向草绘环外加厚和以草绘为中心向草绘两侧堆成加厚。用户可以通过单击【调整厚度方向】按钮在 3 种加厚方向之间跳转。

单击操控板中对话栏的【移除材料】按钮，按下状态为去除材料状态，浮起状态为添加材料状态。

**【例 4-8】** 创建尺寸如图 4-121 所示的阀杆零件。

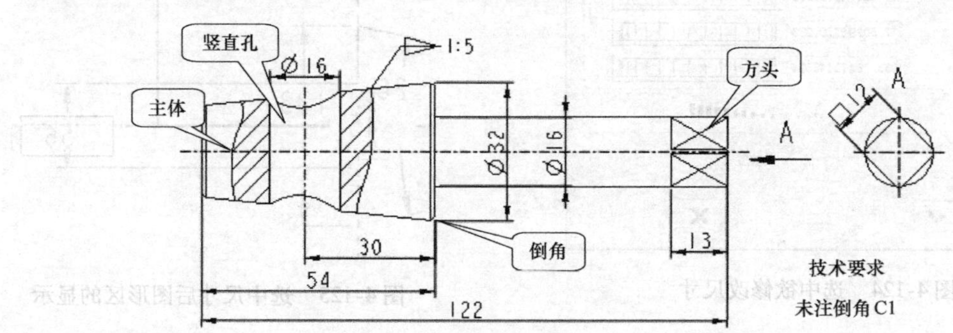


图 4-121　阀杆零件图

### 设计思路

对阀杆进行形体分析，阀杆由中间主体、竖直孔、方头和倒角 4 部分组成。中间主体使用【旋转】工具完成，竖直孔使用【拉伸】工具去除材料，右侧方头使用拉伸去除材料完成，倒角使用【倒角】工具完成。其中【倒角】工具将在例题中讲解。

阀体高度方向的基准为水平中心线，和“TOP”面重合；其长度方向基准选取锥头的右端面，和“RIGHT”面重合，其宽度方向的基准选取前后对称面，和“FRONT”面重合。

## 设计步骤

(1) 使用缺省模板，新建名为“liti4-6. prt”的实体模型文件，进入设计窗口。

(2) 单击【基础特征】工具栏中的【旋转】按钮，弹出【旋转】操控板。

(3) 单击【放置】按钮，弹出【放置】下滑面板，单击【草绘】收集器右侧的【定义】按钮 定义... ，弹出【草绘】对话框。

(4) 在图形区选取“FRONT”基准面作为草绘平面，其余选项使用默认设置，单击【草绘】按钮 草绘 ，进入草绘界面。

(5) 绘制截面图形如图 4-122 所示，使用【直线】工具绘制锥度辅助线，并约束其和欲绘制的锥度斜线平行，如图 4-123 所示。

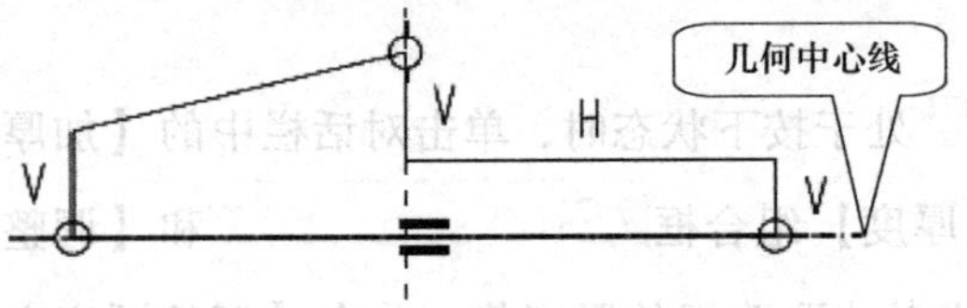

图 4-122　截面图形

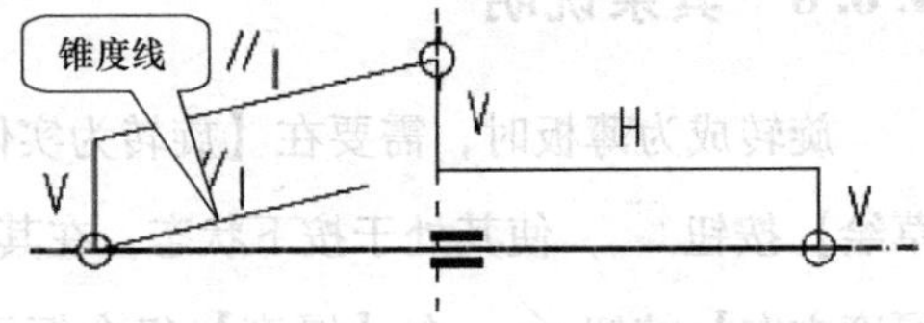

图 4-123　锥度斜线

(6) 选中所有尺寸，单击【草绘器工具】工具栏中的【修改】按钮，弹出【修改尺寸】对话框，选中【锁定比例】复选框，双击对话框中 sd4 55.681743785208 后部的文本框，如图 4-124 所示，图形区相应尺寸被框选，如图 4-125 所示。

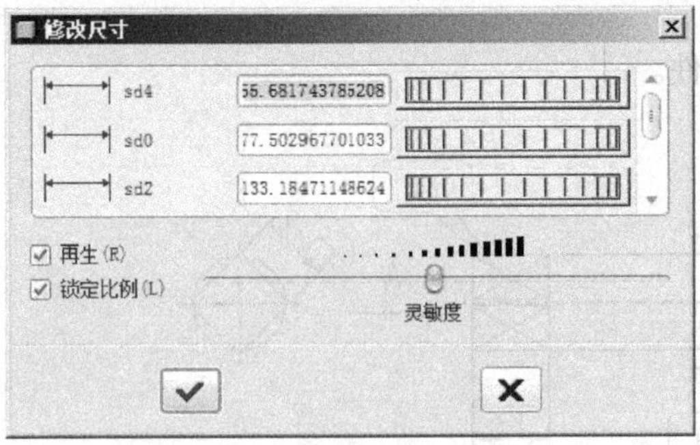

图 4-124　选中欲修改尺寸

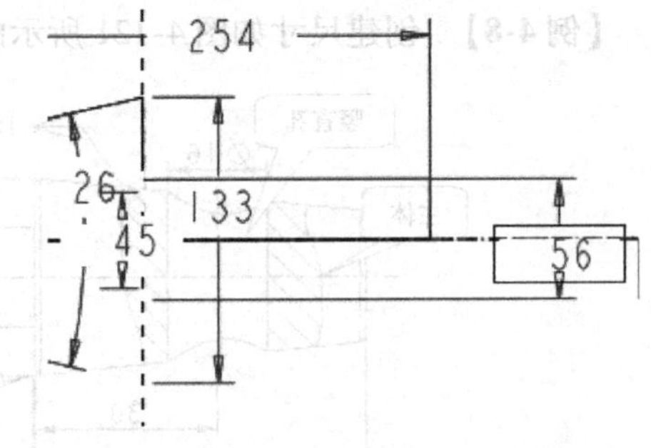

图 4-125　选中尺寸后图形区的显示

(7) 在【修改尺寸】对话框中将文本框内的数值修改为“16”，按〈Enter〉键确认，此时整个图形的尺寸按照比例缩小，图形如图 4-126 所示。

(8) 根据工程图依次标注修改图形的尺寸，最后完成的标注如图 4-127 所示。

(9) 选中所做的锥度斜线，按下鼠标右键，在弹出的快捷菜单选择【构建】选项，将该线修改为构造线，如图 4-128 所示。

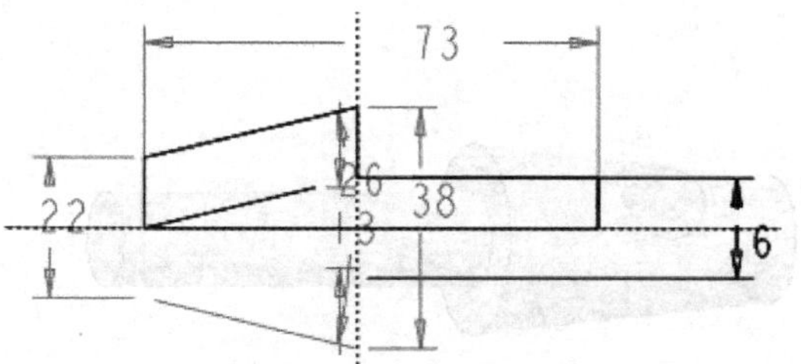


图 4-126　按比例缩放后的图形

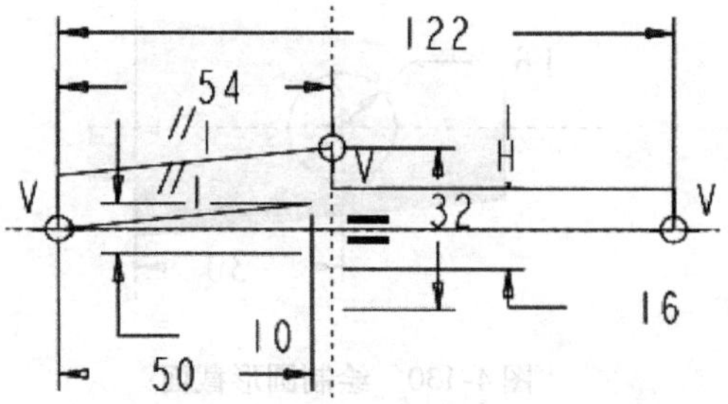


图 4-127　按要求标注尺寸

---

提醒：草绘截面时，刚开始草绘的截面只求形似，不要求具体尺寸和设计要求完全相同，通过使用约束和标注尺寸及修改尺寸，最终截面达到设计要求。但修改尺寸前尽量使草绘的尺寸和设计尺寸接近。当所绘图形和实际要求比例差别较大时，可以采用步骤 6-7 的方法按比例缩放图形。

---

(10) 单击【草绘器工具】工具栏中的【完成】按钮，接受草绘，进入旋转操作界面。

(11) 拖动鼠标中键调整观察角度，对生成的模型进行几何预览，满足要求后，单击控制区的【应用】按钮完成特征创建，按 <Ctrl + D> 组合键回到默认观察角度，如图 4-129 所示。

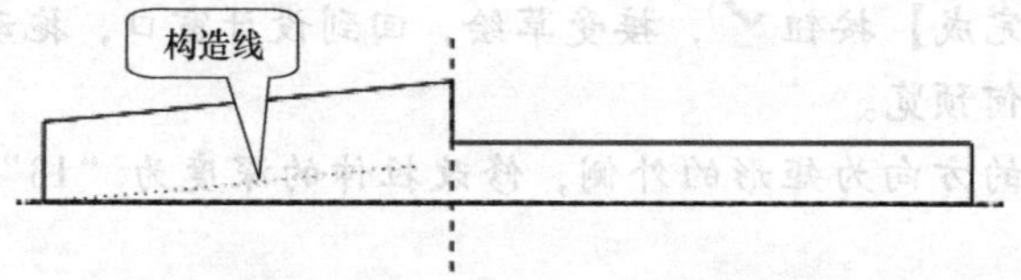


图 4-128　最后的截面图形

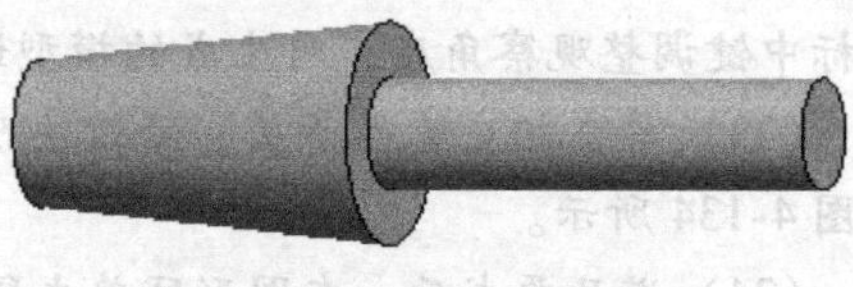

图 4-129　完成的模型

(12) 单击【拉伸】按钮，在对话栏单击【移除材料】按钮，使其处于按下状态。

(13) 在操控板中单击【放置】按钮，弹出【放置】下滑面板。

(14) 单击其中的 定义... 按钮，在弹出的【草绘】对话框中定义草绘视图的放置属性。选取“TOP”面作为草绘平面，其余选项使用默认，单击 草绘 按钮，进入草绘界面。

(15) 绘制圆形截面，修改其定位尺寸和直径尺寸，完成后的图形如图 4-130 所示。

(16) 单击【草绘器工具】工具栏中的【完成】按钮，接受草绘，回到设计窗口，单击操控板中的【选项】按钮，弹出【选项】下滑面板。

(17) 分别设置【侧 1】和【侧 2】的拉伸深度类型为【穿透】，拖动鼠标中键调整观察角度，对生成的模型进行几何预览，满足要求后在图形区单击鼠标中键完成竖直孔的创建，按 <Ctrl + D> 组合键回到默认观察角度，模型如图 4-131 所示。

(18) 单击【拉伸】按钮，在对话栏单击【移除材料】按钮，使其处于按下状态。

(19) 在操控板中单击【放置】按钮，弹出【放置】下滑面板。

(20) 单击其中的 定义... 按钮，在弹出的【草绘】对话框中定义草绘视图的放置属性。选取立体右端面作为草绘平面，选择“TOP”基准面作为方向参照面，方向选取“顶”，图形区如图 4-132 所示。

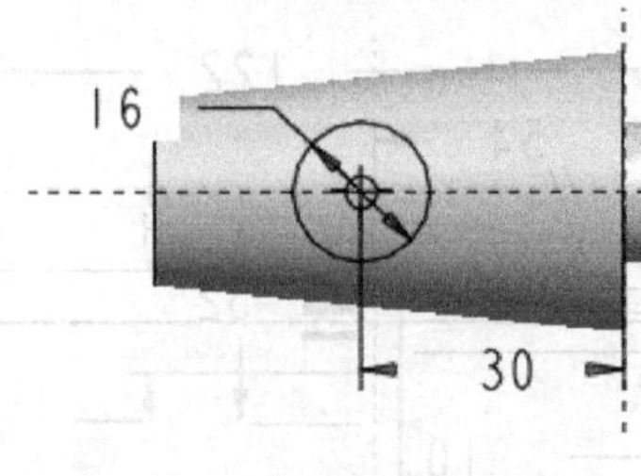


图 4-130　绘制圆形截面

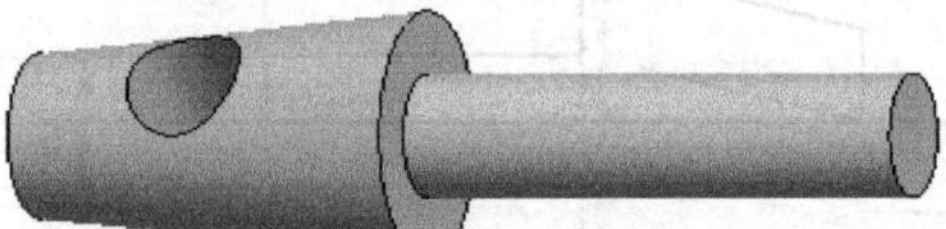

图 4-131　绘成竖直孔

(21) 单击 草绘 按钮，进入草绘界面，先绘制倾斜的矩形截面，通过约束和修改尺寸，修改截面为如图 4-133 所示。

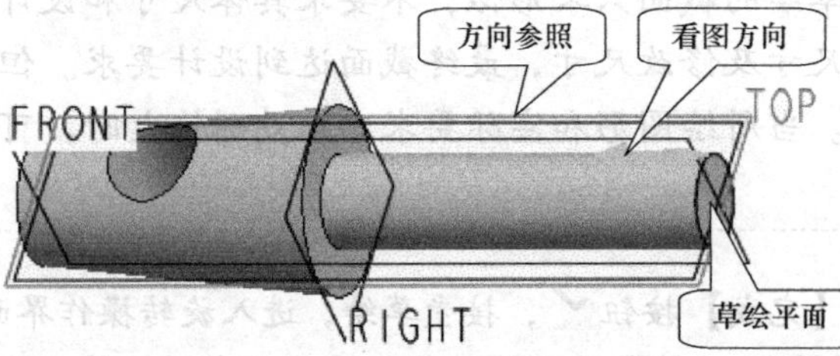


图 4-132　定义草绘截面属性

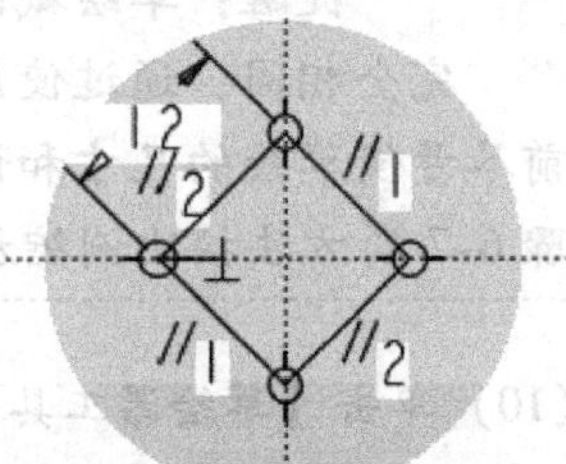


图 4-133　绘制截面

(22) 单击【草绘器工具】工具栏中的【完成】按钮✓，接受草绘，回到设计窗口，拖动鼠标中键调整观察角度，对生成的模型进行几何预览。

(23) 单击相应黄色箭头，修改去除材料的方向为矩形的外侧，修改拉伸的深度为“13”，如图 4-134 所示。

(24) 满足要求后，在图形区单击鼠标中键完成方头的创建，按 <Ctrl + D> 组合键回到默认观察角度，模型如图 4-135 所示。

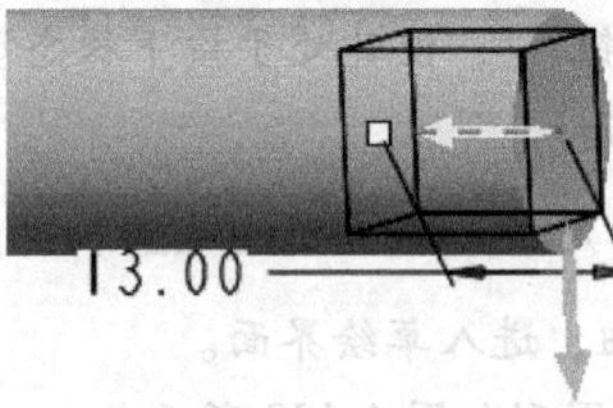


图 4-134　定义去除材料方向

图 4-135　完成方头

(25) 单击【工程特征】工具栏中的【倒角】按钮，弹出【倒角】操控板，在图形区按住 <Ctrl> 键选择如图 4-136 所示的两条边作为倒角边。

(26) 在图形区双击尺寸数字，将倒角大小修改为“1”，在图形区单击鼠标中键完成倒角，完成后的模型如图 4-137 所示。

图 4-136　选择倒角边

图 4-137　最后模型

(27) 保存文件，关闭窗口，拭除不显示。

**【例4-9】** 利用拉伸和旋转创建如图4-138所示的带轮模型，工程图如图4-139所示。

图4-138　带轮模型

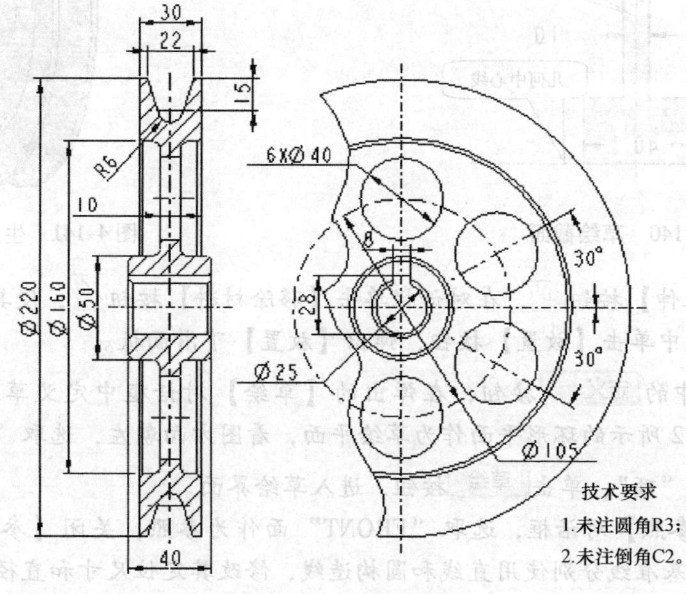


图4-139　带轮工程图

## 设计思路

使用【旋转】工具创建主体模型，使用【拉伸】工具创建幅板各孔和键槽孔，最后生成带轮模型。

## 设计步骤

(1) 使用缺省模板，新建名为“liti4-9. prt”的实体模型文件，进入设计窗口。

(2) 单击【基础特征】工具栏中的【旋转】按钮，弹出【旋转】操控板。

(3) 单击【放置】按钮，弹出【放置】下滑面板，单击【草绘】收集器右侧的【定义】按钮 定义…，弹出【草绘】对话框。

(4) 在图形区选取“FRONT”基准面作为草绘平面，其余选项使用默认设置，单击【草绘】按钮 草绘 按钮，进入草绘界面。

(5) 绘制截面图形，使用约束，并标注修改尺寸，如图 4-140 所示。

(6) 单击【草绘器工具】工具栏中的【完成】按钮✓，接受草绘，进入旋转操作界面。

(7) 拖动鼠标中键调整观察角度，对生成的模型进行几何预览。满足要求后，单击控制区的【应用】按钮✓完成特征创建，按 <Ctrl + D> 组合键回到默认观察角度，如图 4-141 所示。

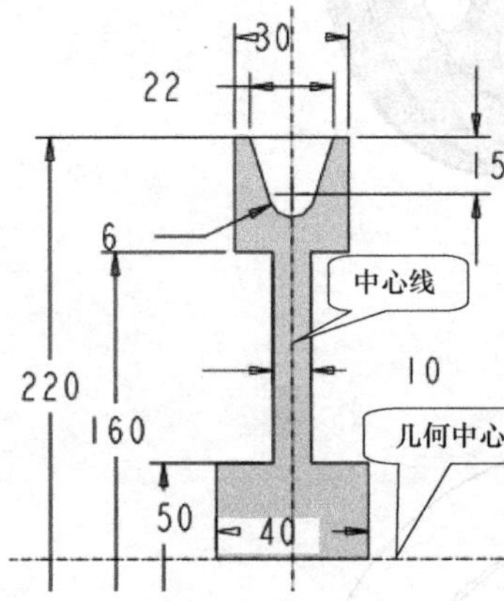


图 4-140 草绘截面

图 4-141 生成带轮主体

(8) 单击【拉伸】按钮，在对话栏单击【移除材料】按钮，使其处于按下状态。

(9) 在操控板中单击【放置】按钮，弹出【放置】下滑面板。

(10) 单击其中的 定义... 按钮，在弹出的【草绘】对话框中定义草绘视图的放置属性。选取如图 4-142 所示的环形平面作为草绘平面，看图方向朝左，选取“TOP”面作为方向参照，方向设为“顶”，单击 草绘 按钮，进入草绘界面。

(11) 弹出【参照】对话框，选取“FRONT”面作为参照，关闭【参照】对话框，绘制 6 个圆形截面，基准线分别使用直线和圆构造线，修改其定位尺寸和直径尺寸，完成后的图形如图 4-143 所示。

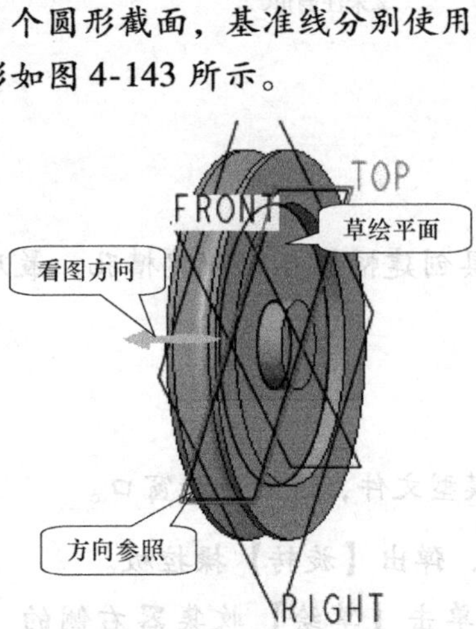


图 4-142 定义草绘截面放置属性

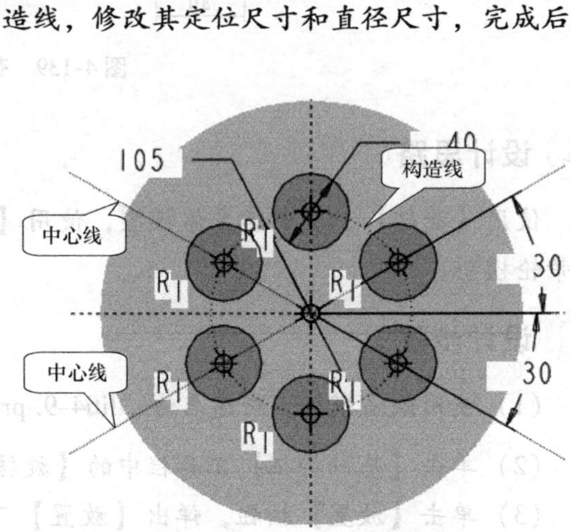


图 4-143 生成带轮主体

（12）单击【草绘器工具】工具栏中的【完成】按钮✓，接受草绘，回到设计窗口，单击操控板的【选项】按钮，弹出【选项】下滑面板。

（13）设置【侧1】的拉伸深度类型为【穿透】，拖动鼠标中键调整观察角度，对生成的模型进行几何预览，如图4-144所示。

（14）满足要求后，在图形区单击鼠标中键完成幅板孔的创建，按<Ctrl+D>组合键回到默认观察角度，模型如图4-145所示。

（15）单击【拉伸】按钮，在对话栏单击【移除材料】按钮，使其处于按下状态。

（16）在操控板中单击【放置】按钮，弹出【放置】下滑面板。

（17）单击其中的定义...按钮，在弹出的【草绘】对话框中定义草绘视图的放置属性。选取如图4-146所示的左端圆平面作为草绘平面，看图方向朝右，选取“TOP”面作为方向参照，方向设为“顶”，单击草绘按钮，进入草绘界面。

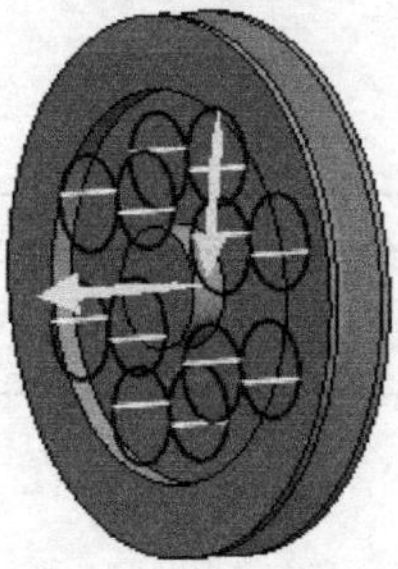

图4-144　预览模型

图4-145　生成幅板孔

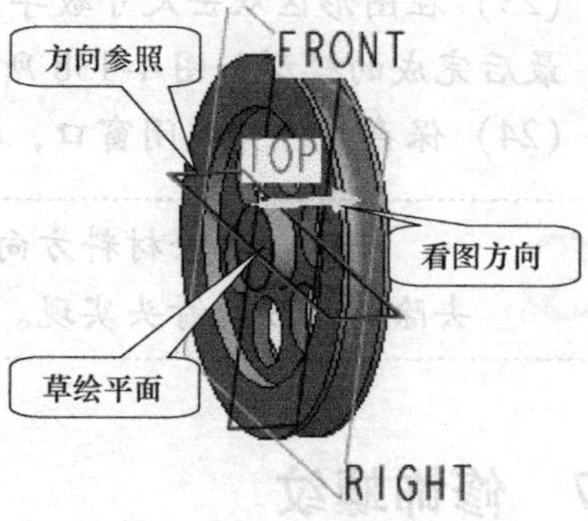


图4-146　定义草绘平面放置属性

（18）弹出【参照】对话框，选取“FRONT”面作为参照，关闭【参照】对话框，绘制键槽孔截面，修改尺寸和约束，完成后的图形如图4-147所示。

（19）单击【草绘器工具】工具栏中的【完成】按钮✓，接受草绘，回到设计窗口，在对话栏设置拉伸深度类型为【穿透】，拖动鼠标中键调整观察角度，对生成的模型进行几何预览，如图4-148所示。

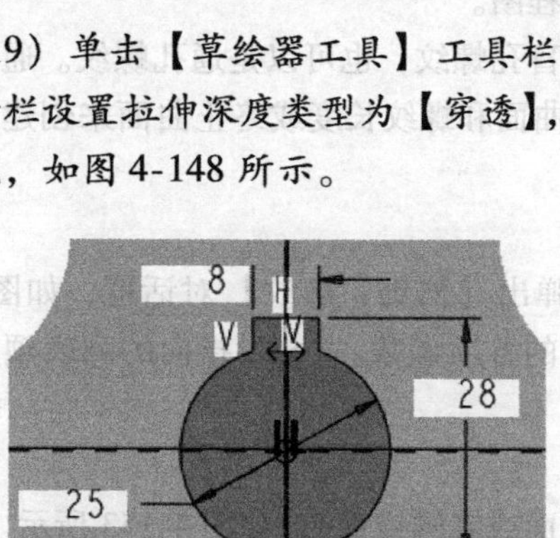


图4-147　绘制键槽孔截面

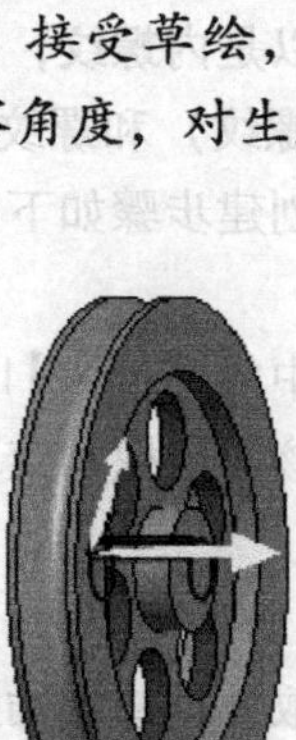

图4-148　预览键槽孔

（20）单击【工程特征】工具栏中的【倒角】按钮，弹出【倒角】操控板，在图形区按住<Ctrl>键选择如图4-149所示的6条边作为倒角边。

（21）在图形区双击尺寸数字，将倒角大小修改为“2”，在图形区单击鼠标中键完成倒角，完成后的模型如图 4-150 所示。

(22) 单击【工程特征】工具栏中的【倒圆角】按钮，弹出【倒圆角】操控板，在图形区按住 <Ctrl> 键选择如图 4-151 所示的 4 条边作为倒圆角的边。

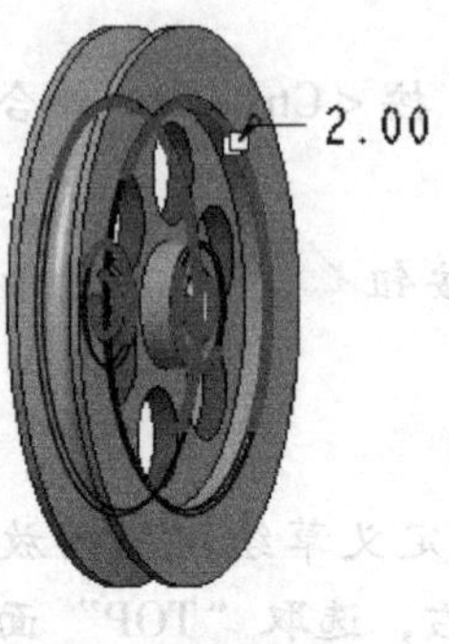


图 4-149　选取倒角边

图 4-150　完成倒角

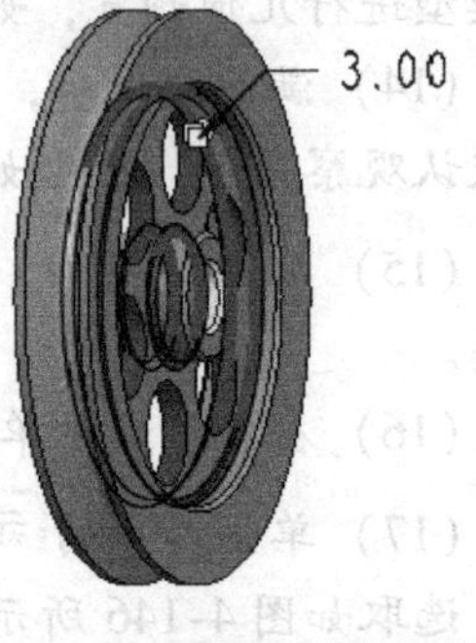


图 4-151　选取倒圆角边

(23) 在图形区双击尺寸数字，将倒角大小修改为“3”，在图形区单击鼠标中键完成倒角，最后完成的模型如图 4-138 所示。

(24) 保存文件并关闭窗口，拭除不显示。

---

提醒：去除材料方向有两个，即指向草绘内部和指向草绘外部，可以通过单击去除材料方向箭头实现。

---

## 4.7　修饰螺纹

工程实践中，零件上大量使用螺纹特征，为了满足生成工程图的需要，Creo/Pro5.0 提供了修饰螺纹特征。修饰螺纹只表示螺纹的直径，不创建螺纹的牙齿，这样，在投影生成工程图的过程之中，将生成按照 GB/T 4459.1—1995 规定的螺纹工程图。

修饰螺纹可以是内螺纹，也可以是外螺纹；可以是盲孔螺纹，也可以是通孔螺纹。通过指定螺纹的大径（内螺纹）和螺纹的小径（外螺纹）、起始曲面和螺纹长度或终止曲面来创建修饰螺纹。修饰螺纹的创建步骤如下：

1. 输入命令

选择菜单栏中的【插入】|【修饰】|【螺纹】选项，弹出【修饰：螺纹】对话框，如图 4-152 所示。用户可在该对话框和菜单管理器中设置修饰螺纹的各项参数。“>”指向的列表项目为正在设置的项目。

2. 选择螺纹曲面

在模型上选取要创建修饰螺纹的曲面（可以是圆柱面或者圆锥面），如图 4-153 所示。

3. 选择螺纹起始曲面

在模型上选择曲面作为螺纹起始曲面（可以是平面也可以是曲面），如图 4-153 所示。

4. 定义螺纹方向

螺纹方向在模型中以箭头表示，如图 4-153 所示。在【方向】菜单中选择【确定】选项，确认螺纹方向。若方向相反，可以在图形区单击鼠标右键，使箭头反向，或者在【方向】菜单中选择【反向】选项，使螺纹方向符合设计要求，再选择【正向】选项，接受螺纹方向。

5. 定义螺纹长度

出现【指定到】菜单，如图 4-154 所示，从中选定确定螺纹长度类型的类型，直接选择【完成】选项，深度类型为盲孔，这时在消息区提示输入深度值。也可选用适当的类型，根据菜单提示在模型上选取参照，或者创建参照。例如，对图 4-153 所示的模型，若要创建全螺纹，则选择【指定到】|【至曲面】|【完成】选项，弹出【深度曲面】菜单，选择头部上底面作为螺纹终止曲面即可。

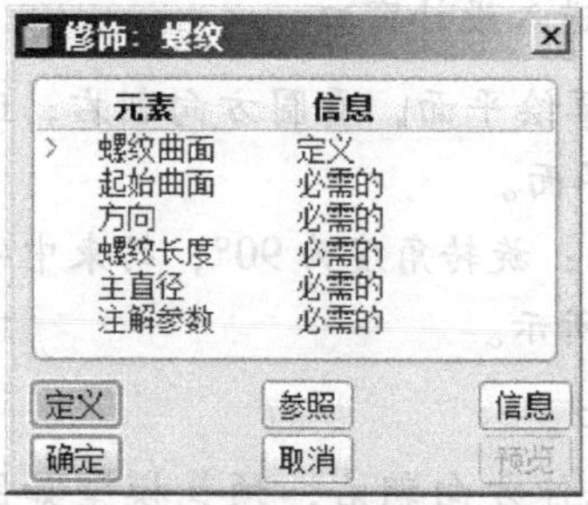

图 4-152　【修饰：螺纹】对话框

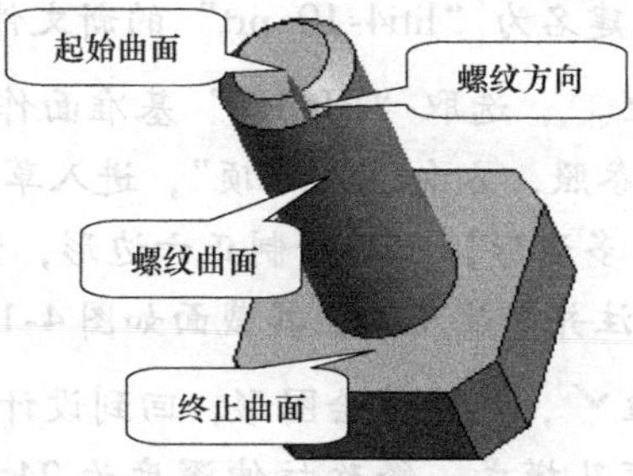

图 4-153　螺纹项目定义

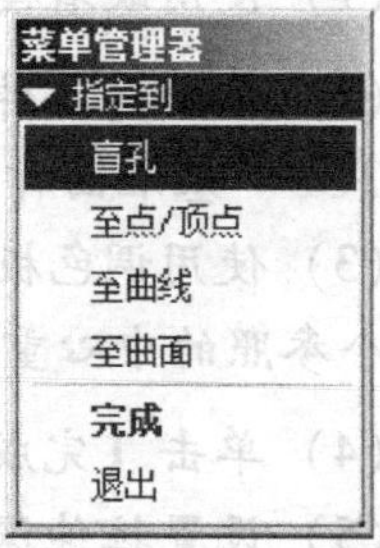

图 4-154　螺纹长度类型

6. 定义修饰螺纹直径

在消息区出现提示，要求输入主直径。主直径是指内螺纹的大径或者外螺纹的小径。一般情况下，系统默认内螺纹的直径为螺纹曲面直径的 1.1 倍，外螺纹直径为螺纹曲面直径的 0.9 倍，也可以在提示后输入自定义的直径。定义完毕，按〈Enter〉键或者单击✔按钮完成直径定义。

7. 完成螺纹

选择【特征参数】菜单栏中的【完成/返回】选项，在【修饰：螺纹】对话框中单击 预览 按钮预览生成的螺纹，符合设计要求后，单击 确定 按钮完成修饰螺纹。

**【例 4-10】** 对图 4-153 所示的模型进行修饰螺纹操作，将其修改为如图 4-155 所示的立体模型。

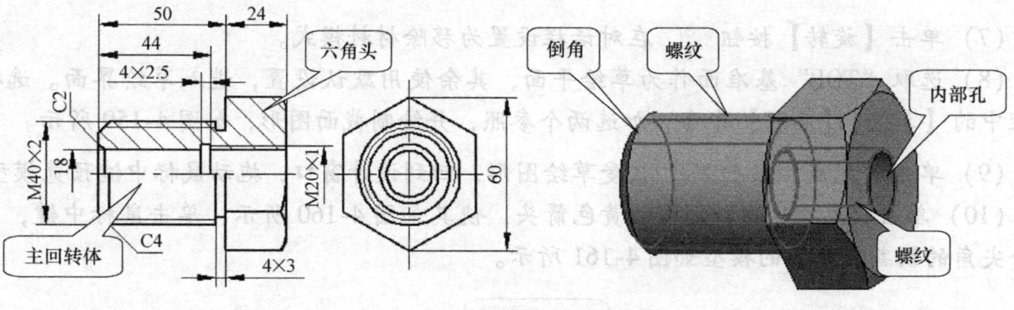

图 4-155　带修饰螺纹的模型

## 设计思路

该立体由六角头、主回转体、内部孔、两个倒角和两端修饰螺纹组成，其建模过程如下：

(1) 使用【拉伸】按钮生成六角头。

(2) 使用【旋转】按钮使用去除材料的方法，去掉六角头的尖角。

(3) 使用【旋转】按钮完成主回转体。

(4) 使用【旋转】按钮完成内部孔。

(5) 使用【倒角】按钮完成各个倒角。

(6) 使用【修饰螺纹】按钮完成两端螺纹。

## 设计步骤

(1) 使用缺省模板，创建名为“liti4-10. prt”的新文件，进入设计窗口。

(2) 单击【拉伸】按钮，选取“RIGHT”基准面作为草绘平面，看图方向朝右；选择“TOP”基准面作为方向参照，方向设为“顶”，进入草绘界面。

(3) 使用调色板中的【多边形】工具绘制正六边形，注意：旋转角度为90°，约束中心和两个参照的中心重合，标注并修改尺寸，其截面如图4-156所示。

(4) 单击【完成】按钮，接受草绘图形，回到设计窗口。

(5) 设置拉伸深度为盲孔模式，修改拉伸深度为24，拉伸方向朝右，预览模型如图4-157所示。

(6) 单击控制区的【应用】按钮完成竖直圆柱的创建，按<Ctrl+D>组合键回到默认观察角度，如图4-158所示。

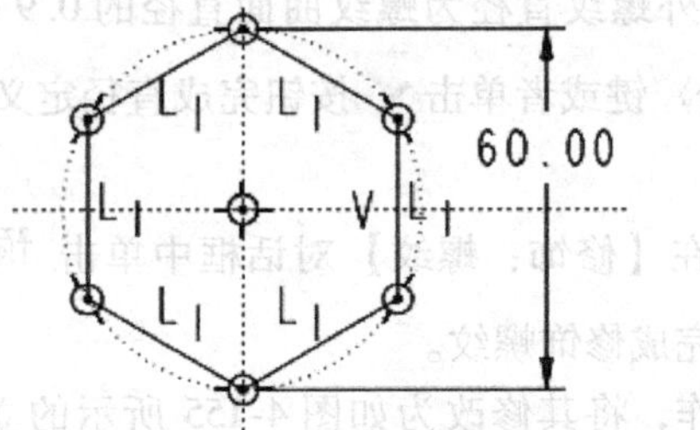

图4-156 绘制截面

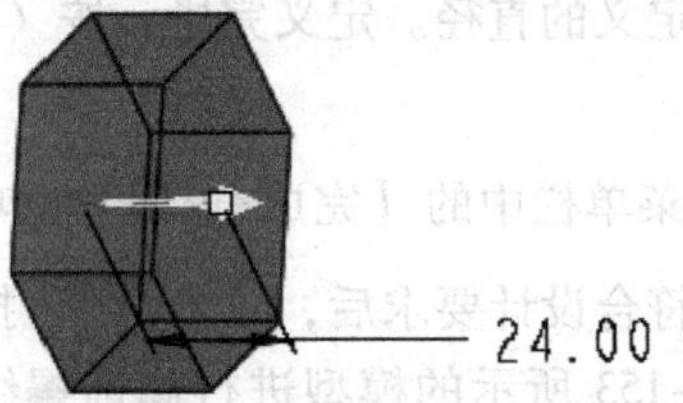

图4-157 预览六角头

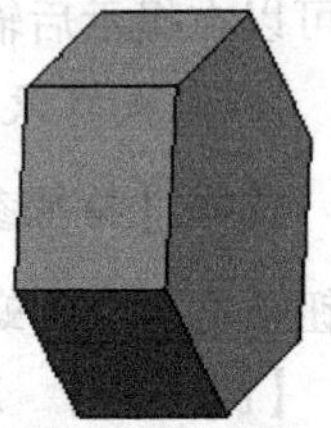
图4-158 六角头

(7) 单击【旋转】按钮，在对话栏设置为移除材料模式。

(8) 选取“TOP”基准面作为草绘平面，其余使用默认设置，进入草绘界面。选择菜单栏中的【草绘】|【参照】命令，加选两个参照，并绘制截面图形，如图4-159所示。

(9) 单击【完成】按钮，接受草绘图形，回到设计窗口，拖动鼠标中键预览模型。

(10) 单击代表去除材料方向的黄色箭头，使其如图4-160所示，单击鼠标中键，完成六个尖角的切割，生成的模型如图4-161所示。

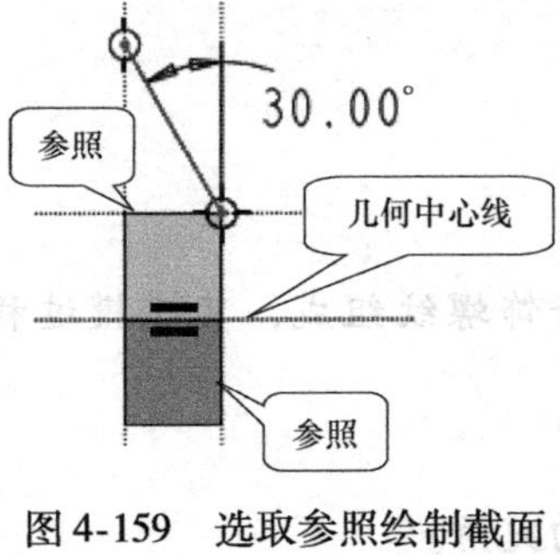

图4-159 选取参照绘制截面

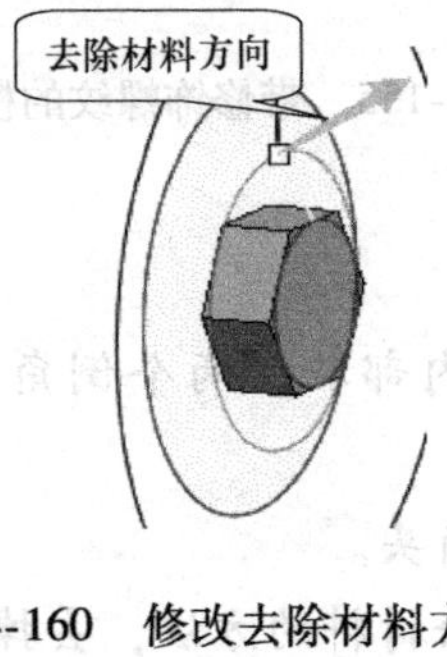

图4-160 修改去除材料方向

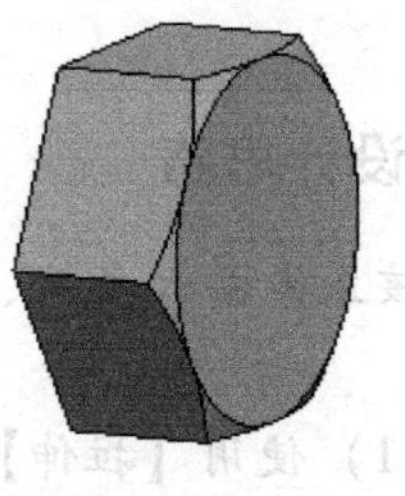
图4-161 六角头

提醒：可以使用曲面去除实体的材料。使用旋转工具去除六角头的 6 个尖角时，一定要使用关于六棱柱的棱尖对称的基准面作为草绘平面，而不能使用关于六棱柱的平行棱面堆成的基准面作为草绘平面。

(11) 单击【旋转】按钮，选取“FRONT”面作为草绘平面，其余使用缺省设置，进入草绘界面。

(12) 绘制截面图形并标注尺寸，如图 4-162 所示，单击【完成】按钮，接受草绘图形，回到设计窗口，拖动鼠标中键预览模型，如图 4-163 所示，单击鼠标中键，完成主回转体，生成的模型如图 4-164 所示。

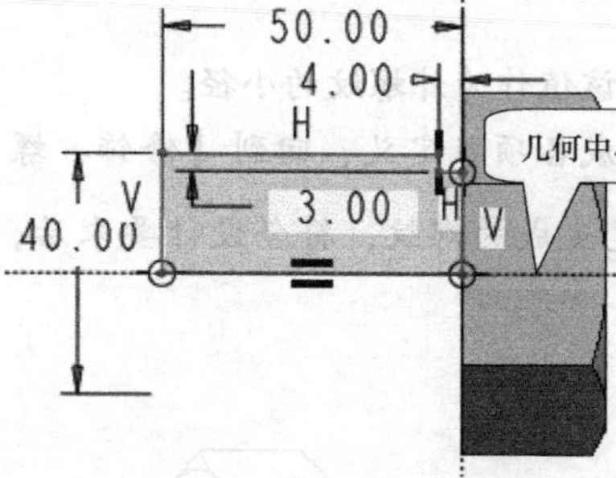


图 4-162　绘制截面

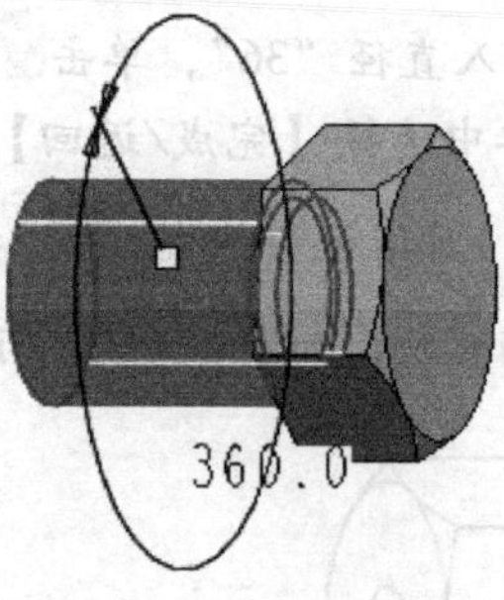


图 4-163　预览模型

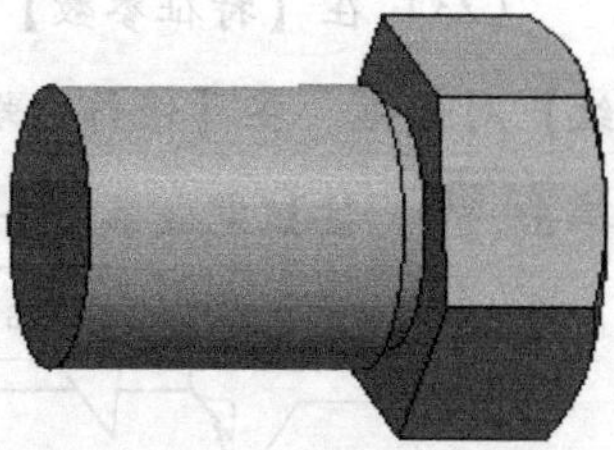

图 4-164　完成主回转体

(13) 单击【旋转】按钮，在对话栏设置为移除材料模式。

(14) 选取“FRONT”面作为草绘平面，其余使用缺省设置，进入草绘界面。选择菜单栏中的【草绘】|【参照】选项，加选两个参照，并绘制截面图形，如图 4-165 所示。

(15) 绘制截面图形并标注尺寸，如图 4-165 所示，单击【完成】按钮，接受草绘图形，回到设计窗口，拖动鼠标中键预览模型，确保去除材料的方向指向圆内部，如图 4-166 所示，单击鼠标中键，完成内部孔的创建。

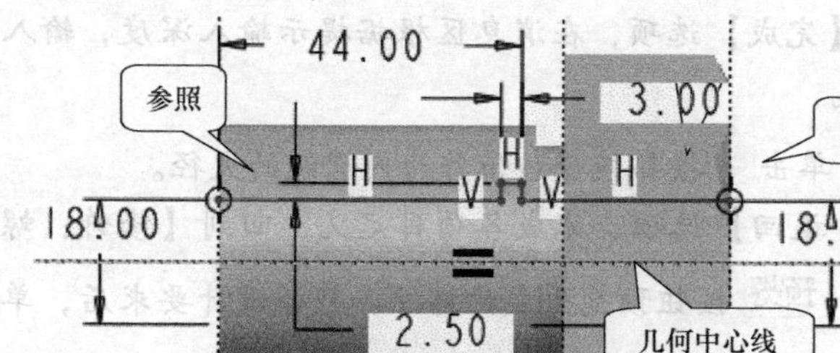


图 4-165　选取参照并绘制截面

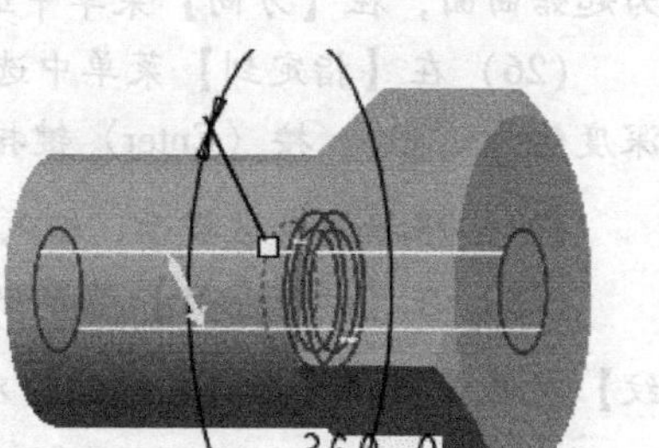


图 4-166　预览内部孔

(16) 单击【工程特征】工具栏中的【倒角】按钮，弹出【倒角】操控板，在图形区选取边 1，在图形区双击尺寸数字，将倒角大小修改为“4”，如图 4-167 所示。

(17) 在图形区选取边 2，在图形区双击尺寸数字，将倒角大小修改为“2”，如图 4-168 所示。

(18) 在图形区单击鼠标中键完成倒角，完成倒角后的模型如图 4-169 所示。

(19) 选择菜单栏中的【插入】|【修饰】|【螺纹】选项。

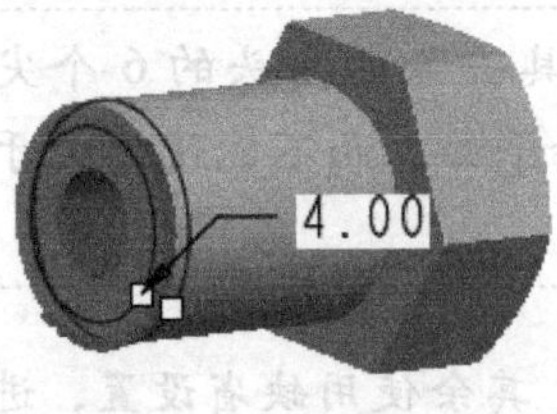


图 4-167 为边 1 倒角

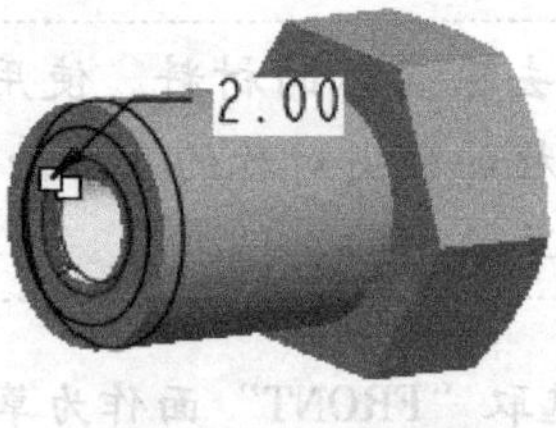


图 4-168 为边 2 倒角

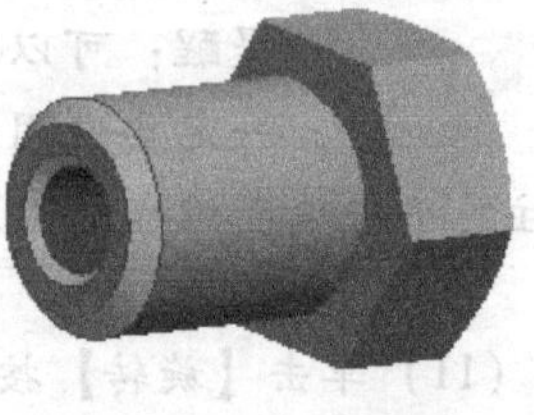

图 4-169 完成倒角

(20) 弹出【修饰：螺纹】对话框，选择外圆柱面作为螺纹曲面，选择左端面外侧倒角面作为起始曲面，在【方向】菜单中选择【正向】选项，默认螺纹方向，如图 4-170 所示。

(21) 在【指定到】菜单中选择【至曲面】|【完成】选项，在模型中选择如图 4-170 所示的环形面作为螺纹终止曲面。

(22) 根据消息区提示，输入直径“36”，单击✓按钮接受该值作为外螺纹的小径。

(23) 在【特征参数】菜单中选择【完成/返回】选项，完成各项目定义，回到【修饰：螺纹】对话框。在【修饰：螺纹】对话框中单击 预览 按钮，预览生成的螺纹，符合设计要求后，单击 确定 按钮完成第 1 个修饰螺纹，如图 4-171 所示。

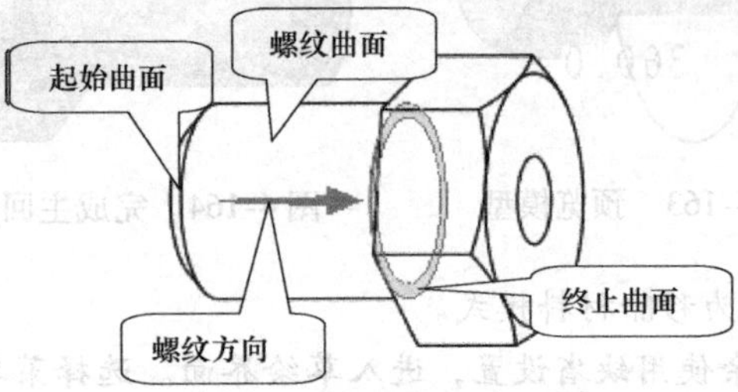


图 4-170 设置螺纹要素 1

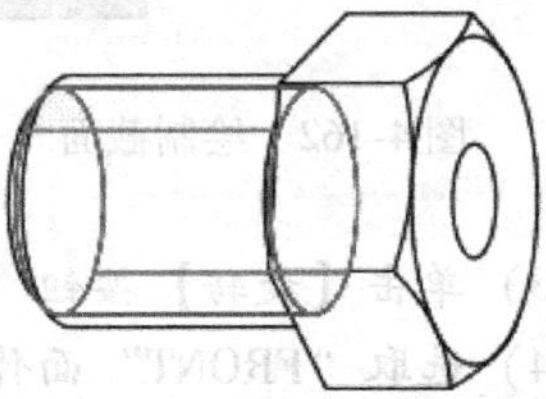

图 4-171 完成外螺纹 1

(24) 选择菜单栏中的【插入】|【修饰】|【螺纹】选项。

(25) 弹出【修饰：螺纹】对话框，选择外圆柱面作为螺纹曲面，选择左端面外侧倒角面作为起始曲面，在【方向】菜单中选择【正向】选项，默认螺纹方向，如图 4-172 所示。

(26) 在【指定到】菜单中选择【盲孔】|【完成】选项，在消息区根据提示输入深度，输入深度值为“30”，按〈Enter〉键接受该深度值。

(27) 根据消息区提示，输入直径“20”，单击✓按钮接受该值作为内螺纹的大径。

(28) 在【特征参数】菜单中选择【完成/返回】选项，完成各项目定义，回到【修饰：螺纹】对话框。在【修饰：螺纹】对话框中单击 预览 按钮预览生成的螺纹，符合设计要求后，单击 确定 按钮完成第 2 个修饰螺纹，如图 4-173 所示。

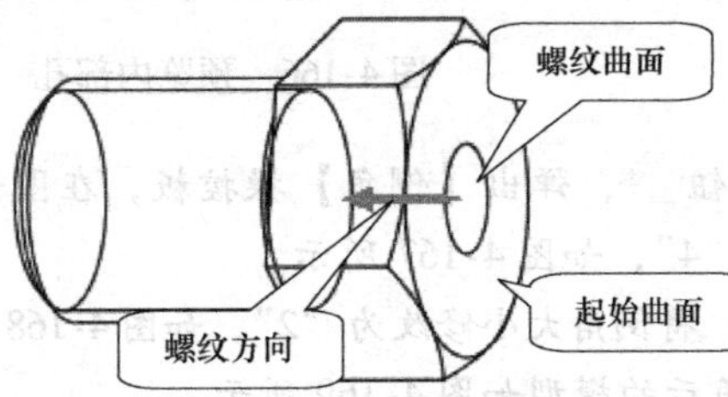


图 4-172 设置螺纹要素 2

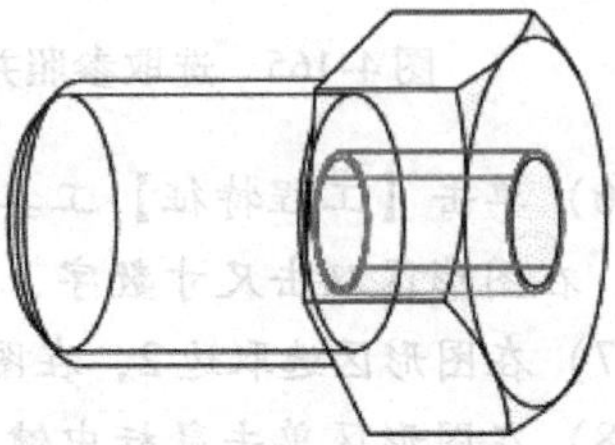

图 4-173 完成外螺纹 2

（29）保存文件，关闭窗口，拭除不显示。

## 4.8　本章小结

通过本章学习，读者应该掌握使用【拉伸】工具和【旋转】工具创建零件模型的步骤和基本操作过程，对建模方式有了一定的了解和认识，了解了零件设计的基本流程和简单的实体建模命令。学完本章，读者掌握了建模的基本知识和技巧，可以快速、准确地设计一些形状规则的三维零件实体模型。

本章还讲述了模型树操作以及特征的编辑和重定义，这对于设计尤为重要。特征的编辑和重定义体现了 Creo/Pro 5.0 建模的优势，使得设计变得更加简单易行。

本章需重点掌握的内容还有鼠标操作：拖动鼠标中键可以旋转模型观察角度；按住 <Shift> 键拖动鼠标中键可平移模型观察位置；滚动滚轮可以缩放模型观察的大小。

## 4.9　习题

1. 概念题

（1）什么是草绘平面？如何定义草绘平面及其放置属性？

（2）何谓参照？如何添加删除参照？建模过程中如何重定义参照？

（3）简述拉伸建模的一般过程。

（4）简述旋转建模的一般过程。

（5）特征的编辑和编辑定义有何不同？

（6）使用模型树可以完成哪些操作？

2. 操作题

（1）新建文件夹“\习题\第 4 章”，启动 Creo/Pro 5.0 后，设置工作目录为“\习题\第 4 章”。本章习题全部保存在该文件夹中。

（2）创建如图 4-174 所示的立体模型，文件名为“xiti4-2-2. prt”。

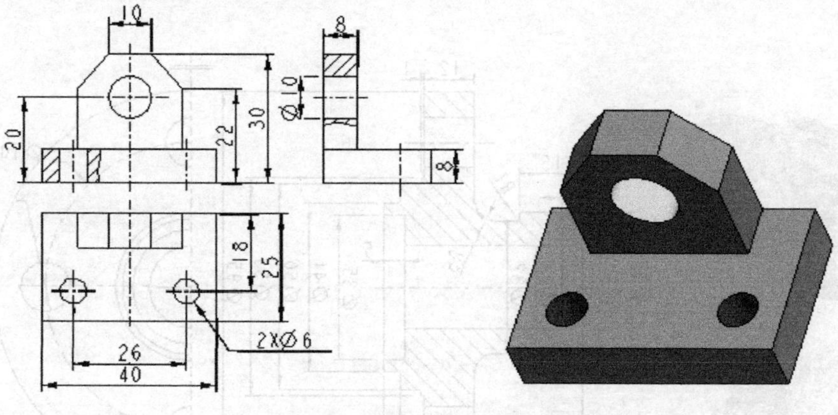


图 4-174　支架零件

（3）创建如图 4-175 所示的立体模型，文件名为“xiti4-2-3. prt”。

（4）创建如图 4-176 所示的支架零件模型，文件名为“xiti4-2-4. prt”。

（5）创建如图 4-177 所示的阀盖模型，文件名为“xiti4-2-5. prt”。

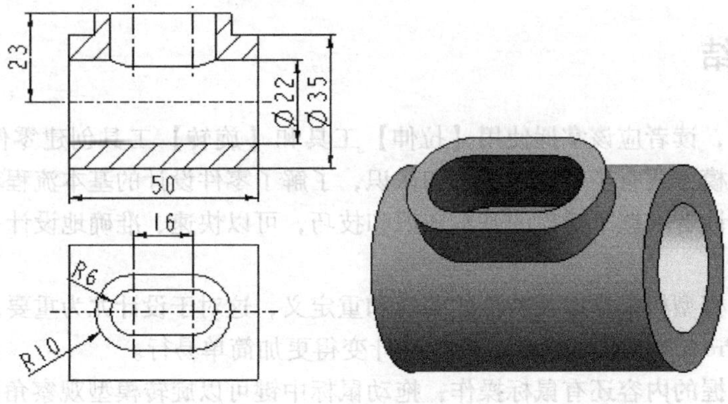


图 4-175　立体模型和尺寸

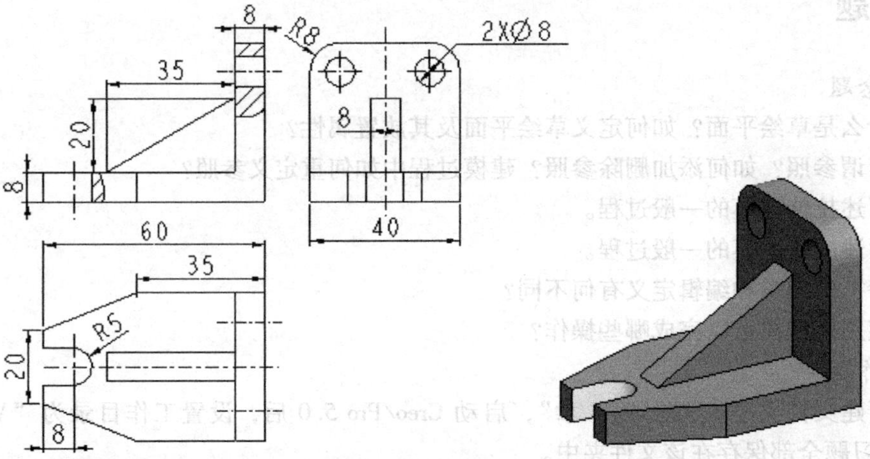


图 4-176　支架零件

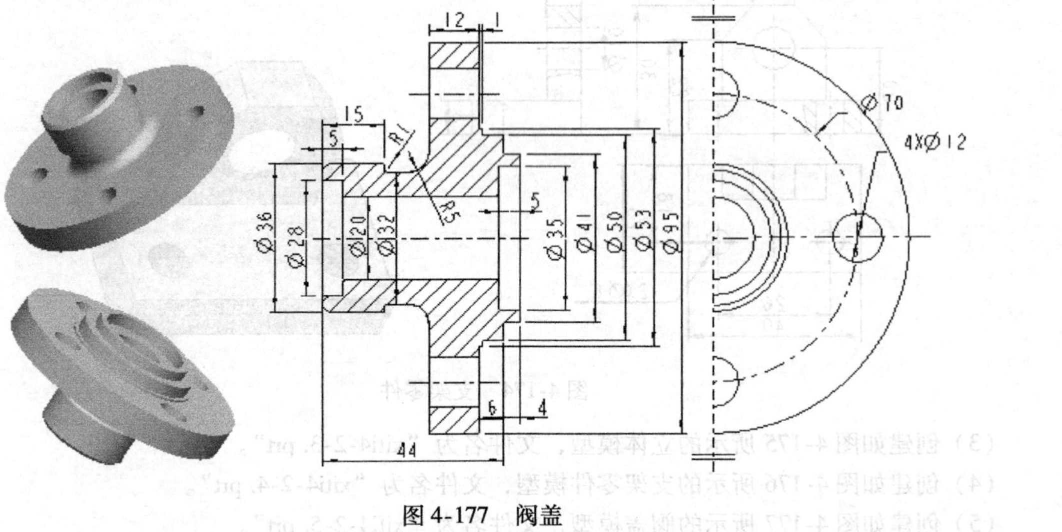


图 4-177　阀盖

（6）创建如图 4-178 所示的阀芯模型，文件名为“xiti4-2-6. prt”。

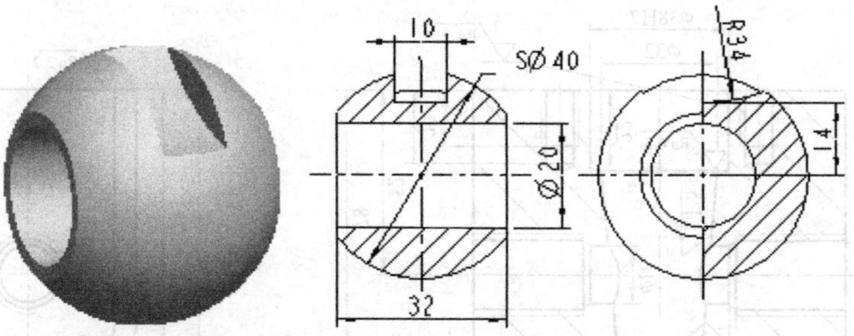


图 4-178　阀芯

（7）根据图 4-179 所示的尺寸图创建摇臂的立体图，文件名为“xiti4-2-7. prt”。

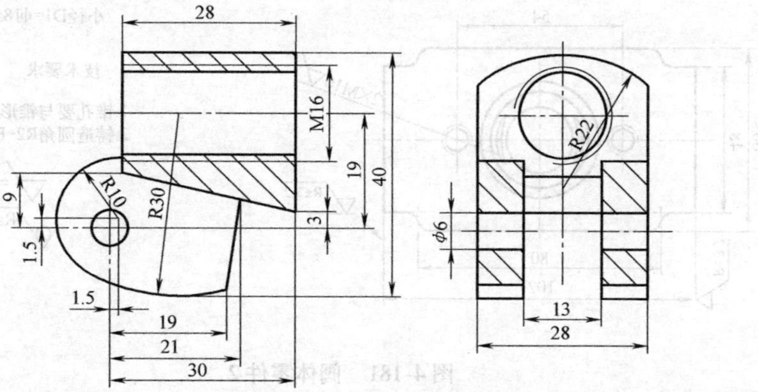


图 4-179　摇臂

（8）根据图 4-180 所示的尺寸图创建阀杆的立体图，文件名为“xiti4-2-8. prt”。

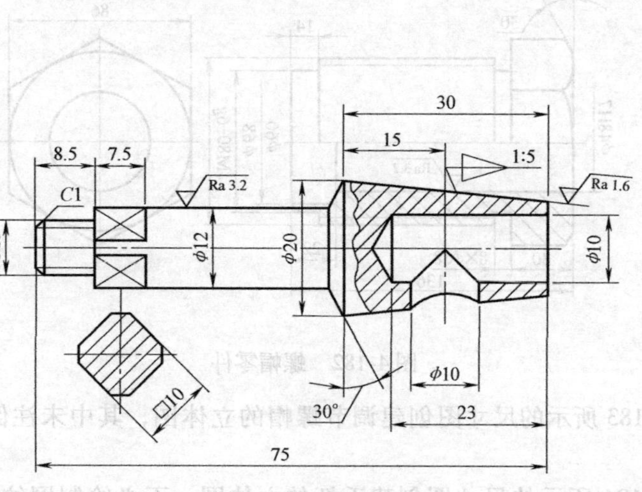


图 4-180　阀杆零件 1

（9）根据图 4-181 所示的尺寸图创建阀体的立体图，文件名为“xiti4-2-9. prt”。

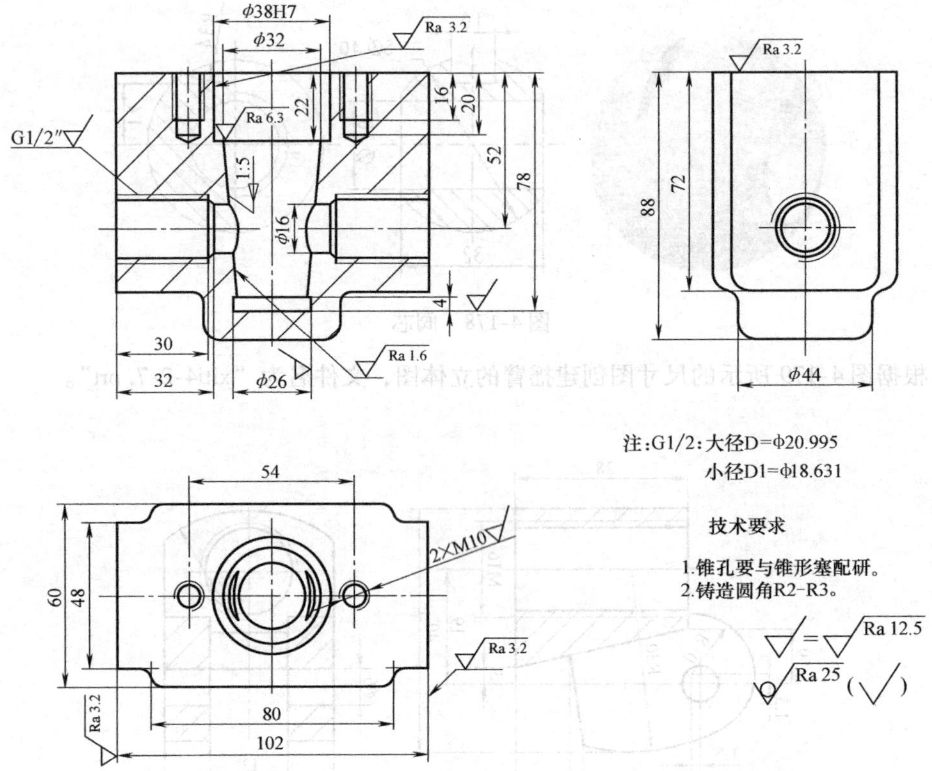


图 4-181　阀体零件 2

（10）根据图 4-182 所示的尺寸图创建螺帽的立体图，文件名为“xiti4-2-10. prt”。

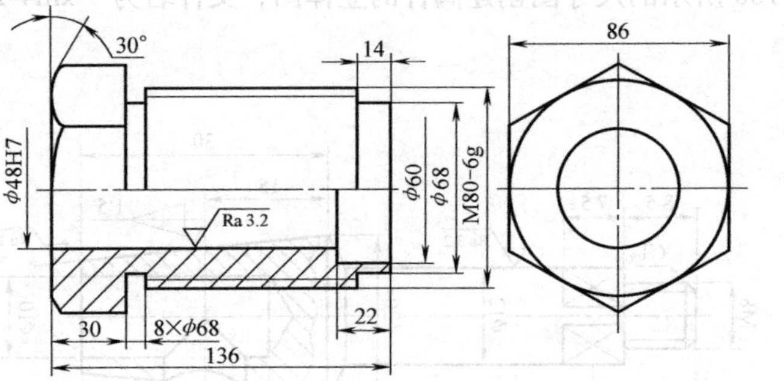


图 4-182　螺帽零件

（11）根据图 4-183 所示的尺寸图创建调节螺帽的立体图，其中未注倒角为 C1，文件名为“xiti4-2-11. prt”。

（12）根据图 4-184 所示的尺寸图创建手杆的立体图，不必绘制网纹，文件名为“xiti4-2-12. prt”。

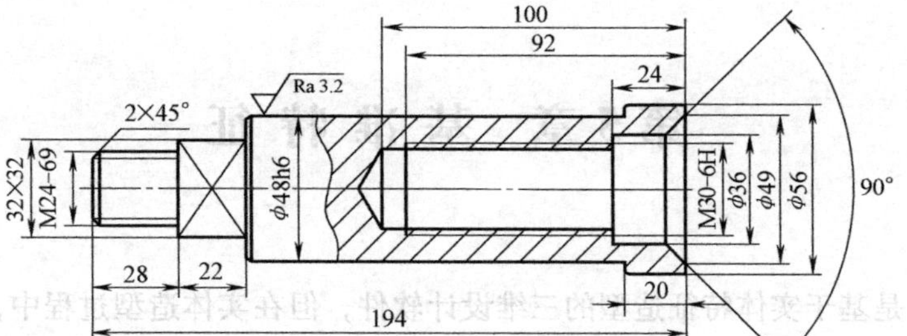


图 4-183　调节螺帽零件 1

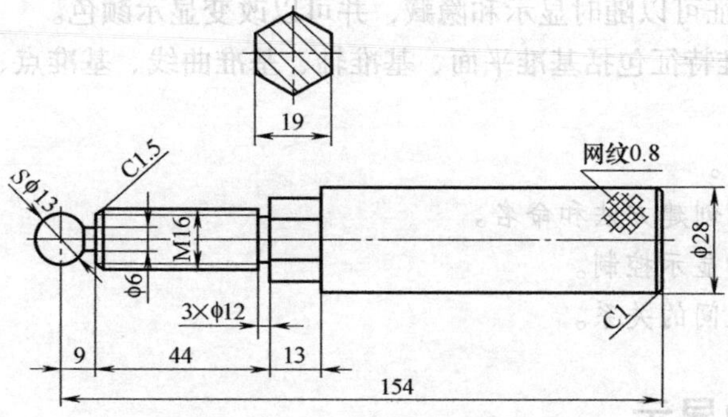


图 4-184　调节螺帽零件 2

# 第 5 章　基 准 特 征

Creo/Pro 5.0 是基于实体特征造型的三维设计软件，但在实体造型过程中，很多情况下要使用一些辅助的点、线、面作为设计参照，这样才能更好地捕捉设计意图。这些点、线、面是 Creo/Pro 5.0 中一种特殊的特征，称为基准特征。基准特征与实体特征有着同等重要的地位。作为实体造型设计的辅助特征，基准特征不影响实体模型的几何参数、物理参数和质量属性等。根据设计的需要，基准特征可以随时显示和隐藏，并可以改变显示颜色。

Creo/Pro 5.0 的基准特征包括基准平面、基准轴、基准曲线、基准点、基准坐标系等。

**【本章重点】**

- 基准特征的作用。
- 各种基准特征的创建方法和命名。
- 各种基准特征的显示控制。
- 各种基准特征之间的关系。

## 5.1　基准特征的显示

使用 Creo/Pro 5.0 进行三维造型设计的过程中，随着特征数目的增加，各种基准的数目也会增加，在视觉上会给人眼花缭乱的感觉。用户可以使用下面两种方法解决上述问题：

- 调整基准特征的显示状态，需要时将其显示出来，不需要时将其隐藏起来。
- 改变基准特征的显示颜色，使其容易分辨。

### 5.1.1　基准特征的显示控制

基准特征一般由基准特征本身和基准标签组成，如图 5-1 所示。

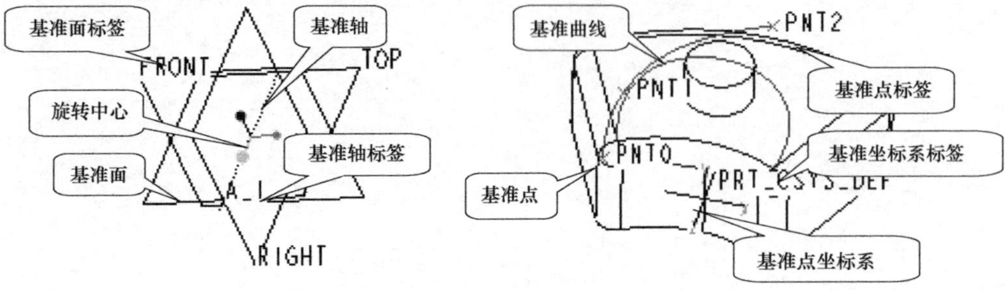


图 5-1　基准特征

用户可以单独控制基准特征标签的显示，也可以控制整个基准特征的显示。控制基准显示的方法有以下 3 种：

- 选择菜单栏中的【视图】|【显示设置】|【基准显示】选项，弹出如图 5-2 所示的【基准显示】对话框，通过选中各基准特征前的复选框显示相应基准特征，取消选中则隐藏相应基准特征。用户从【点符号】选项组中可以选择基准点的显示样式。基准点可以显示为十字型（×）、

点（·）、圆（O）、三角形（△）和正方形（□）5种样式。

● 使用【基准显示】工具栏控制各种基准特征及标签的显示。系统默认情况下，【基准显示】工具栏如图5-3所示，不提供控制各种基准标签显示的工具，通过定制屏幕可以为【基准显示】工具栏添加标签显示控制工具，如图5-4所示。当工具按钮处于按下状态时，显示相应基准特征；当工具按钮浮起时，不显示相应基准特征。

● 在模型树或图形区选中某基准特征，按下鼠标右键，在弹出的快捷菜单中选择【隐藏】命令，图形区不显示该基准特征，模型树中该基准特征图标呈灰色显示。在模型树中选中已经隐藏的基准特征，按下鼠标右键，在弹出的快捷菜单中选择【取消隐藏】选项，图形区重新显示该基准特征。

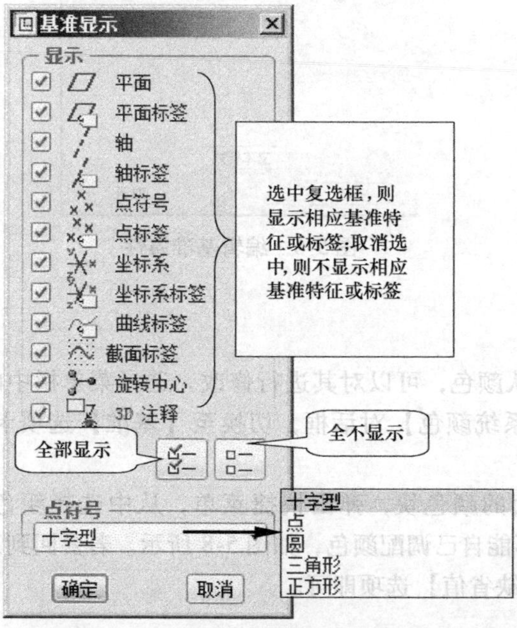


图5-2　【基准显示】对话框

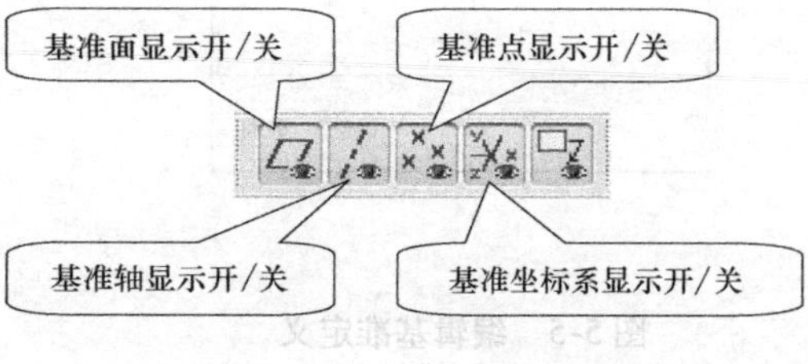


图5-3　系统默认的【基准显示】工具栏

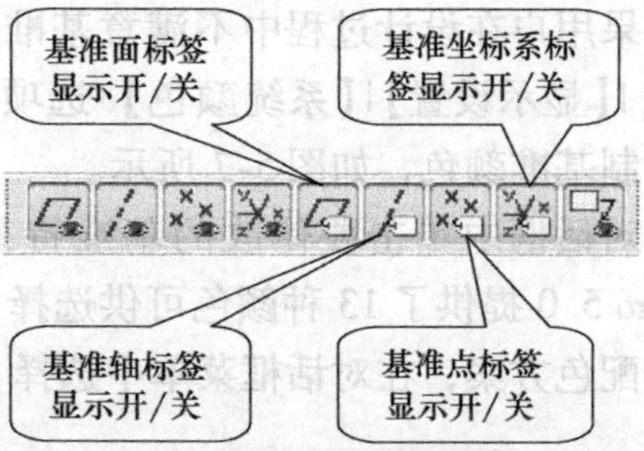


图5-4　定制后的【基准显示】工具栏

前两种方法可将模型中的所有同类基准特征同时显示或者隐藏，后一种方法只显示或者隐藏选中的基准特征，在建模时一般将第2种方法和第3种方法结合使用。

## 5.1.2　基准特征的命名

系统自动给新建的基准特征起名。不过，为了方便起见，应给某些基准特征更名，这样除了使得各个基准特征有特定的含义之外，在选取基准特征时特别有用。

选择基准特征的方法有以下两种：

● 在模型树中单击要选择的基准特征名称。

● 在图形区单击基准特征或者基准特征标签。

选中基准特征后，基准特征呈红色加亮显示。

基准特征更名的方法有以下4种：

● 在模型树中选择基准特征，单击基准名称，在出现的组合框输入新名称。

● 选择基准特征，按下鼠标右键，从弹出的快捷菜单中选择【重命名】选项，在出现的组合框中输入新名称。

● 选取基准特征，按下鼠标右键，从弹出的快捷菜单中选择【编辑定义】选项，弹出如图

5-5 所示的对话框，切换至【属性】选项卡，在【名称】文本框中输入新名称。

- 选取基准特征，按下鼠标右键，在弹出的快捷菜单中选择【属性】选项，弹出如图 5-6 所示的对话框，在【名称】文本框中输入新名称。

图 5-5　编辑基准定义

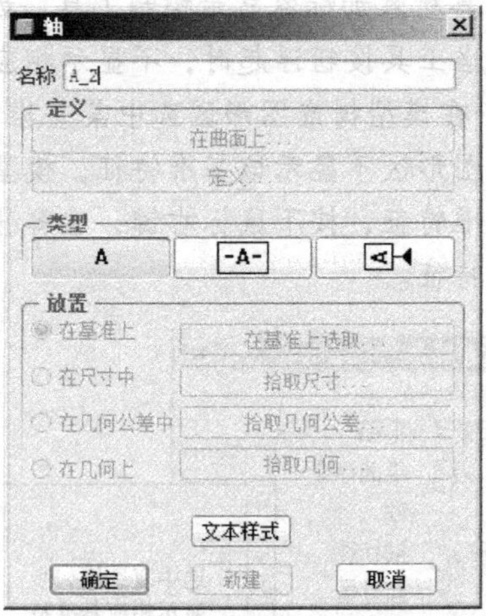


图 5-6　编辑基准属性

## 5.1.3　基准特征的颜色

如果用户在设计过程中不满意基准特征的默认颜色，可以对其进行修改。选择菜单栏中的【视图】|【显示设置】|【系统颜色】选项，弹出【系统颜色】对话框，切换至【基准】选项卡，可以定制基准颜色，如图 5-7 所示。

在对话框中单击要修改的基准特征要素前面的颜色块，弹出快捷菜单，从中选择颜色。Creo/Pro 5.0 提供了 13 种颜色可供选择，但用户不能自己调配颜色，如图 5-8 所示。若要回到系统默认配色方案，在对话框菜单中选择【布置】|【缺省值】选项即可。

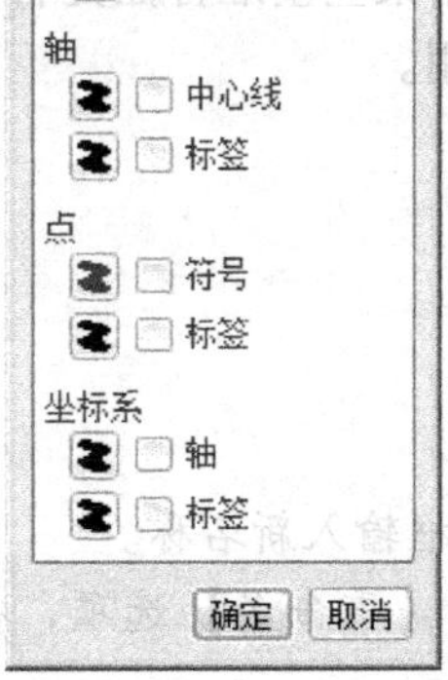


图 5-7　【系统颜色】对话框

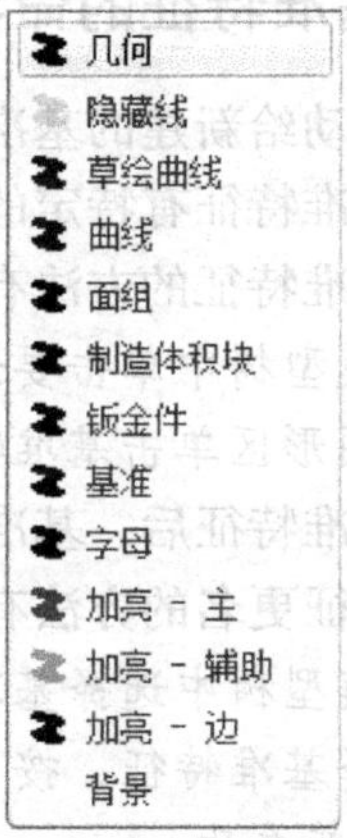


图 5-8　选择基准颜色

## 5.2 【基准】工具栏

创建基准特征需要通过【基准】工具栏完成。【基准】工具栏位于图形区的右侧，包括创建基准面、创建基准轴、创建基准点、创建基准曲线、创建基准坐标系、创建草绘曲线、创建分析特征等工具。创建基准特征时，用户应先选择【基准】工具栏相应的基准特征工具，而后按步骤操作。【基准】工具栏如图 5-9 所示。

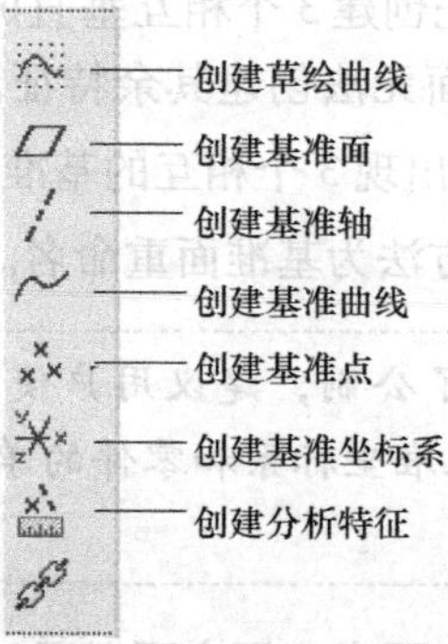


图 5-9　【基准】工具栏

## 5.3 基准面

基准面是一个无穷大的平面，没有体积和质量，始终根据模型的大小调整，以方框显示，并在方框附近出现基准平面的名称标签。基准平面是二维平面，系统为其定义了方向（正、反两个方向以不同的颜色表示）。在系统默认状态下，基准平面的正法线方向以棕褐色显示，负法线方向以灰色显示。

### 5.3.1 基准面的作用

Creo/Pro 5.0 中基准面的作用主要表现在以下几个方面：

● 作为基础特征：任何三维模型都是以基准面为基准创建的，故基准面是一种基础特征，系统模板已为用户创建了“FRONT”“TOP”和“RIGHT”三个基准面。

● 作为 2D 草绘平面：创建实体过程中，往往要草绘截面或者轨迹，基准面在创建模型时作为草绘平面。

● 作为草绘平面定向参照：在草绘截面时，草绘平面定向到与屏幕平行时，选择基准面作为草绘平面的定向参照。

● 作为尺寸标注的参照：使用基准面作为标注尺寸的参照，可以减少特征之间的父/子关系，在生成工程图时，大大减少尺寸修改工作量。

● 作为剖面参照：对于复杂模型（需要使用阶梯剖、旋转剖或者复合剖的模型），要先创建基准面作为剖切面。

● 作为镜像特征的参照：对于对称特征，可以只创建一侧特征，然后使用【镜像】工具以基准面为对称面完成镜像。

● 作为模型的定向参照：三维模型的视图方向一般要用两个相互垂直的基准面定义，然后保存各方向视图，在设计过程中随时调用。

● 作为装配参照：在装配过程中，许多元件需要使用平面定义它们之间的约束关系，如【匹配】、【对齐】和【定向】等，也可以使用基准面作为参照。

## 5.3.2 基准面的创建方法

安装时选择了公制，当使用缺省模板时，系统本身已经创建了3个相互垂直的基准面和一个基准坐标系，这些基准面和基准坐标系作为特征出现在模型树中。3个基准面分别并被命名为“FRONT”“TOP”和“RIGHT”，坐标系名为“PRT_CSYS_DEF”，作为创建模型的基准。

如果不使用模板，建模之前必须先创建3个相互垂直的基准面作为初始特征和基准坐标系，否则将会因为缺少草绘平面和参考平面无法创建其余特征。进入建模窗口，单击【基准】工具栏中的【平面】按钮，在屏幕上会出现3个相互的基准面，其名称分别为“DTM1”“DTM2”和“DTM3”。用户可以按照上节所讲方法为基准面重命名。

提醒：如果安装时选择了公制，建议用户使用默认的模板作为建模的模板，其中设置好了3个基准面、1个基准坐标系和零件的单位制。本书所讲的零件都是以此模板为基础的。

基准面的创建需要参照和约束两个要素。用户可以通过使用对参照的约束创建和参照有一定关系的基准面。表5-1所示为创建基准面时可用的约束和参照。

**表5-1 创建基准面时可用的约束和参照**

| 约　束 | 参　照 | 含　义 |
|---|---|---|
| 穿过 | 轴、边、曲线、点、平面、坐标系、回转面 | 基准面穿过参照 |
| 偏移 | 平面、坐标系 | 基准面相对于参照平移一定的距离或旋转一定的角度 |
| 平行 | 平面 | 基准面平行于参照 |
| 法向 | 坐标系、平面、轴 | 基准面垂直于参照 |
| 相切 | 曲面 | 基准平面与参照相切 |

一般情况下，创建基准面要使用多个参照和约束来完成，并且每一项约束使用的参照不同。如使用“穿过”约束，可以使用的参照有轴、边、曲线、点、平面、坐标系、回转曲面等；如使用“相切”约束，可以使用的参照只有曲面一种。

### 创建基准面的过程

（1）单击【基准】工具栏中的【基准面】按钮，弹出【基准平面】对话框，其中包括【放置】、【显示】和【属性】3个选项卡。下面使用【放置】选项卡创建基准面，如图5-10所示。

（2）在图形区选择参照，此时在【基准平面】对话框中的参照收集器中出现已选择的参照列表，并在参照名称后面出现约束列表，从中选择符合要求的约束，如图5-10所示。

（3）如果使用的约束是【偏移】，在参照收集器下面会出现不同的项目和组合框。根据选择参考的情况，用户可以选择偏移的方向，也可以输入平移的距离或旋转的角度。

● 参照选择平面或者基准面，约束选择【偏移】时，出现【平移】组合框，在其中可以选择或者输入基准面相对于参照的距离，如图5-10所示。

● 一参照选择为穿过直线或者轴线，另一参照选择为平面或者基准面，约束选择为【偏移】时，出现【旋转】组合框，在其中可以选择或者输入基准面相对于参照面的旋转角度，如图 5-11 所示。

- 参照选择为坐标系，约束选择为【偏移】时，出现【平移】列表框，选择平移的方向，在组合框中可以选择或者输入基准面相对于基准坐标系平移的距离，如图 5-12 所示。
- 选择其他约束时，参照收集器下的【偏移】选项组变为不可用状态，显示为灰色。

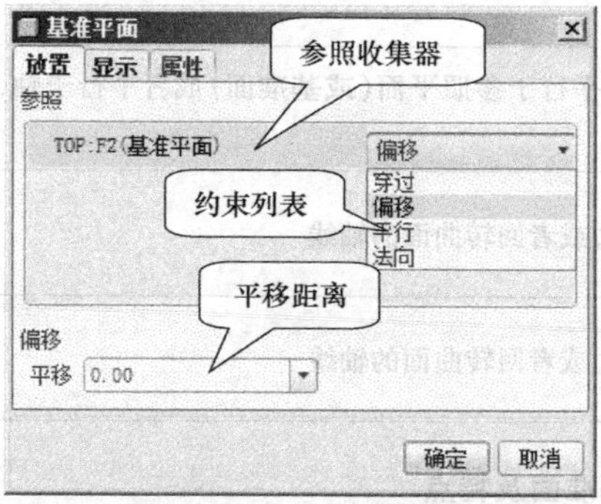


图 5-10　创建基准面

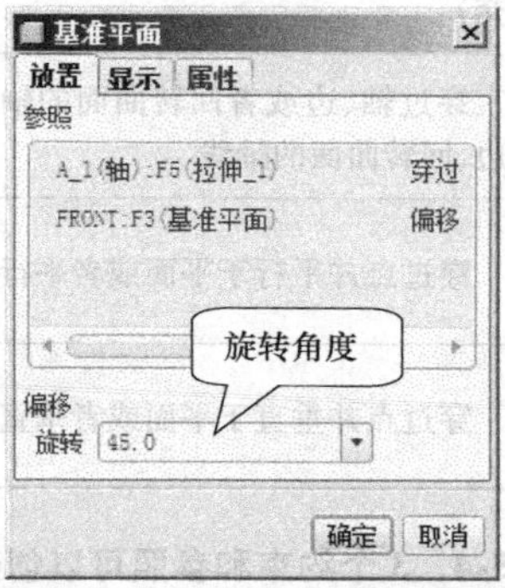


图 5-11　定义旋转角度

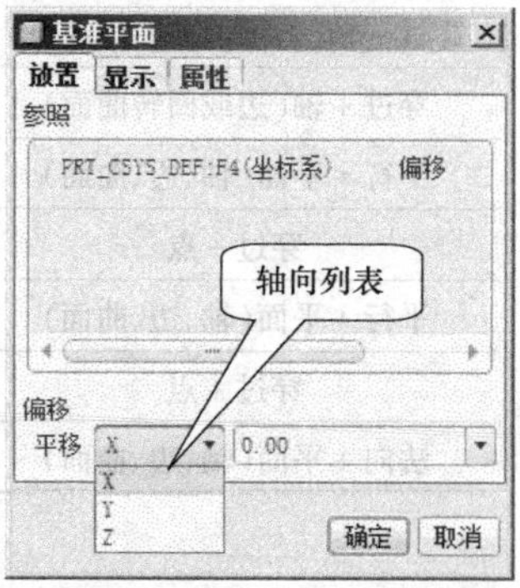


图 5-12　定义轴

（4）若已有足够的参照和约束确定基准面的位置，则 确定 按钮处于可用状态，单击 确定 按钮，完成基准面的创建；否则，确定 按钮显示灰色，为不可用状态。

提醒：如果正在创建的基准面不符合设计要求，单击 取消 按钮，弹出【确认取消】对话框，单击 是(Y) 按钮，确认取消创建基准面的操作。

有时创建基准面只需要 1 个参照和约束，有时则需要 2 个甚至 3 个参照和约束配合使用才能创建基准面，操作过程中要根据实际情况确定。表 5-2 所示为只需 1 个约束和参照就可以创建的基准面。表 5-3 所示为需要 2 个约束和参照才能创建的基准面。表 5-4 所示为需要 3 个约束和参照才能创建的基准面。

用户在选择创建基准面所使用的约束、参照以及创建方法时，应该根据模型已经存在的特征及实际需要确定。

**表 5-2　1 个约束和参照可以创建的基准面及其特点**

| 约束和参照 | 基准面特点 |
|---|---|
| 穿过＋平面（基准面） | 穿过参照平面或者基准面与其重合 |
| 偏移＋平面（基准面） | 平行于参照平面或者基准面且有一定距离 |
| 穿过＋坐标系 | 穿过直角坐标系原点和某一坐标面重合 |
| 偏移＋坐标系 | 正交于坐标系的某一坐标轴（x、y、z），且与原点有一定距离 |

**表 5-3　2 个约束和参照可以创建的基准面及特点**

| 约束和参照 | 基准面特点 |
|---|---|
| 穿过＋轴（边或回转曲面）<br>偏移＋平面（基准面） | 穿过轴、边或者回转曲面的轴线并与参照平面成一定夹角 |
| 穿过＋轴（边或回转曲面）<br>法向＋平面（基准面） | 穿过轴、边或者回转曲面的轴线并垂直于参照平面 |

（续）

| 约束和参照 | 基准面特点 |
| --- | --- |
| 穿过＋轴（边或回转曲面） | 穿过轴、边或者回转曲面的轴线并与参照曲面相切 |
| 相切＋曲面 | |
| 穿过＋轴（边或回转曲面） | 穿过轴、边或者回转曲面的轴线并通过另一同类参照或穿过点（两参照平行或相交） |
| 穿过＋轴（边或回转曲面或点） | |
| 穿过＋轴（边或回转曲面） | 穿过轴、边或者回转曲面的轴线并与平行于参照平面（或基准面）或者平行于轴、边、回转曲面的轴线 |
| 平行＋平面（轴、边、曲面） | |
| 穿过＋点 | 穿过点并平行于平面或者平行于轴、边或者回转曲面的轴线 |
| 平行＋平面（轴、边、曲面） | |
| 穿过＋点 | 穿过点并垂直于平面或者垂直于轴、边或者回转曲面的轴线 |
| 法向＋平面（轴、边、曲面） | |

**表5-4　3个约束和参照可以创建的基准面及特点**

| 约束和参照 | 基准面特点 |
| --- | --- |
| 穿过＋点 | 穿过3点 |
| 穿过＋点 | |
| 穿过＋点 | |

提醒：创建基准面时，选择多个参照和约束的次序可以颠倒。

## 5.3.3　基准面的重定义

若已经创建完成的基准面不符合要求，可以对其重定义，不需要删除基准面重新创建，具体方法为：在图形区或者模型树选择基准面，按下鼠标右键，在弹出的快捷菜单中选择【编辑定义】选项，弹出【基准平面】对话框，切换至【放置】选项卡，单击【参照】收集器，使之变为淡绿色，表示处于激活状态。在【参照】收集器列表中选择某一参照，按下鼠标右键，在弹出的快捷菜单中选择【移除】选项，即可移除已选的参照；按〈Ctrl〉键在图形区选择参照，可以添加参照。也可以在约束列表中使用其他可用约束，在【偏移】选项组修改距离或角度数值。完成重定义后，单击 确定 按钮，结束重定义操作。

## 5.3.4　基准面的类型

基准面有两种类型：特征型基准面和实时型基准面。

1. 特征型基准面

这种基准面显示在模型树列表中，可以利用并且能够控制其显示状态，并且可以随时编辑。

2. 实时型基准面

这种基准面是在创建特征的过程中根据实际需要创建的，在特征创建结束后，该基准面隐藏，作为特征的子特征存在。创建其余特征时不能重复使用。

两种基准面的创建方法完全相同，只是特性不同而已。在创建复杂的模型时，由于基准过多会使图形复杂难辨，这时可以大量使用实时型基准面，以随时隐藏基准面，减少操作步骤，提高显示速度，并使图形清晰、可辨。

**【例5-1】** 打开文件“liti5-1”，创建如图5-13所示的7个基准面。

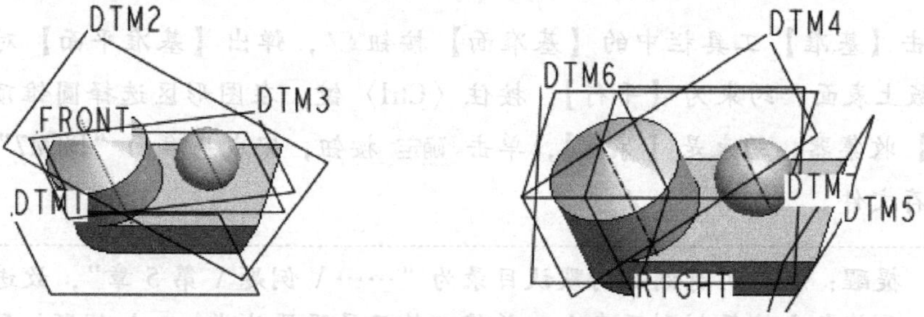


图5-13 创建基准面

- DTM1：平行于“FRONT”，距离“FRONT”100，且在“FRONT”之前。
- DTM2：通过锥顶点和底板的两个右上角点。
- DTM3：通过圆锥的轴线和圆球的轴线。
- DTM4：通过圆锥的轴线并与“RIGHT”成45°角。
- DTM5：通过底板右侧斜面。
- DTM6：与圆锥面相切且与“RIGHT”垂直。
- DTM7：平行于底扳上表面且过圆锥顶点。

## 设计步骤

（1）打开文件“liti5-1”。

（2）单击【基准】工具栏中的【基准面】按钮，弹出【基准平面】对话框，在图形区选择“FRONT”基准面，在对话框约束列表中选择【偏移】。在【参照】收集器下方的【平移】文本框中输入“100”，单击 确定 按钮，完成基准面“DTM1”。

（3）单击【基准】工具栏中的【基准面】按钮，弹出【基准平面】对话框，在图形区选择左侧圆锥顶点，按住〈Ctrl〉键，在图形区分别选择底板特征右上角的两个顶点，将其添加到【参照】收集器，所有约束都是【穿过】。单击 确定 按钮，完成基准面“DTM2”。

（4）单击【基准】工具栏中的【基准面】按钮，弹出【基准平面】对话框，在图形区选择圆锥轴线，按住〈Ctrl〉键，在图形区选择圆球轴线，将其添加到【参照】收集器，所有约束都是【穿过】。单击 确定 按钮，完成基准面“DTM3”。

（5）单击【基准】工具栏中的【基准面】按钮，弹出【基准平面】对话框，在图形区选择圆锥轴线，约束为【穿过】，按住〈Ctrl〉键，在图形区选择“RIGHT”，将其添加到【参照】收集器，约束是【偏移】，在【参照】收集器下方的【旋转】组合框中输入“45”，单击 确定 按钮，完成基准面“DTM4”。

（6）单击【基准】工具栏中的【基准面】按钮，弹出【基准平面】对话框，在图形区选择底板右侧斜面，约束为【穿过】，单击 确定 按钮，完成基准面“DTM5”。

（7）单击【基准】工具栏中的【基准面】按钮，弹出【基准平面】对话框，在图形区选择圆锥面，约束为【相切】，按住〈Ctrl〉键，在图形区选择“RIGHT”，将其添加到【参照】收集器，约束是【法向】，单击 确定 按钮，完成基准面“DTM6”。

（8）单击【基准】工具栏中的【基准面】按钮，弹出【基准平面】对话框，在图形区选择底板上表面，约束为【平行】，按住〈Ctrl〉键，在图形区选择圆锥顶点，将其添加到【参照】收集器，约束是【穿过】，单击 确定 按钮，完成基准面“DTM7”。

（9）保存文件。

提醒：本章所有例题的默认目录为“……\例题\第5章”，故进行本章练习时，需将各文件复制到硬盘上，并将工作目录设置为“……\例题\第5章”。

**【例5-2】** 分别使用特征型基准面和实时型基准面创建如图5-14所示的轴模型。

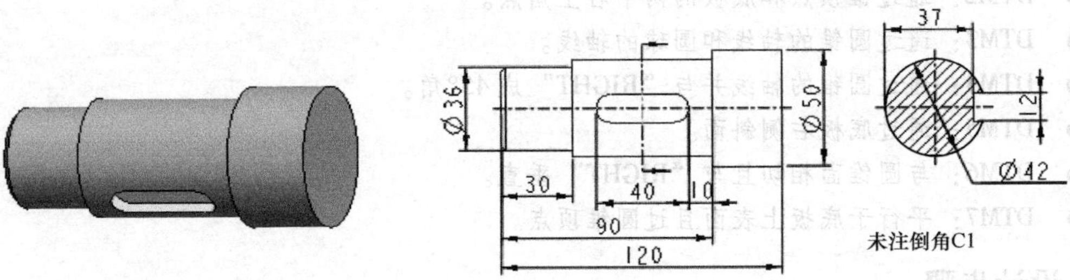


图5-14　轴模型

## 使用特征型基准面

（1）打开文件“liti5-2.prt”。

（2）单击【基准面】按钮，弹出【基准面】对话框。

（3）选择“FRONT”基准面为参照，使用【偏移】约束，在【平移】组合框中输入“16”，模型树和图形区出现基准面“DTM1”，单击 确定 按钮，完成基准面，如图5-15所示。

（4）创建拉伸特征，在操控板的对话栏单击【移除材料】按钮，使其处于按下状态，以“DTM1”作为草绘平面，草绘方向参照选择“RIGHT”基准面，方向选择【右】，默认参照，草绘如图5-16所示的键槽截面。

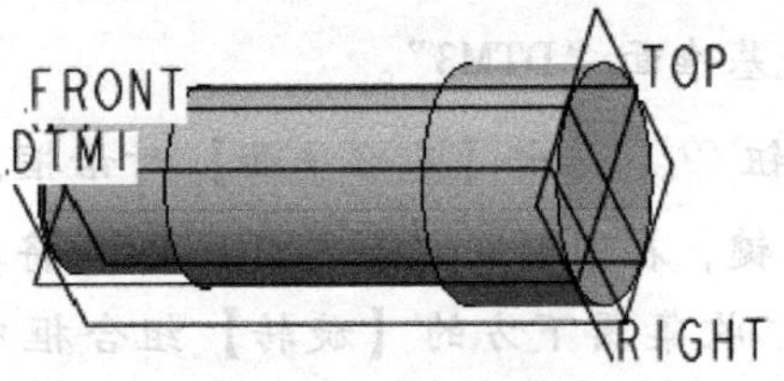


图5-15　创建基准面

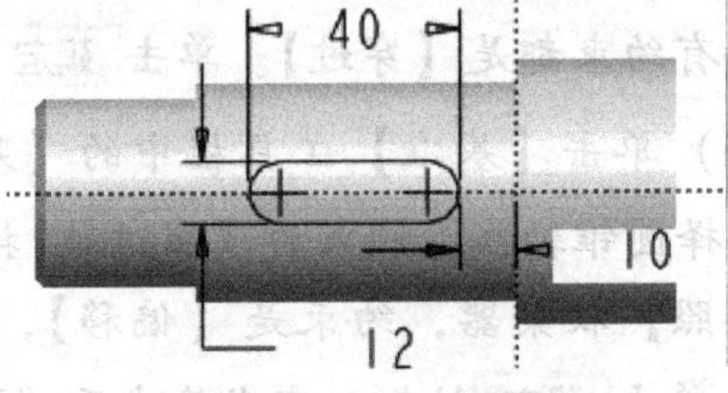


图5-16　草绘键槽截面

（5）完成截面后，选择拉伸深度类型为【穿透】，拖动鼠标中键预览模型，单击拉伸方向箭头，设置拉伸的方向为朝前，如图5-17所示。

（6）在图形区单击鼠标中键完成模型创建，最后结果为如图 5-14 所示的立体模型，图形区和模型树中出现“DTM1”基准面。

提醒：如果输入偏距的数值后，出现的基准面在参照基准面的另一侧，只需将偏距的数值修改为相应负值即可。

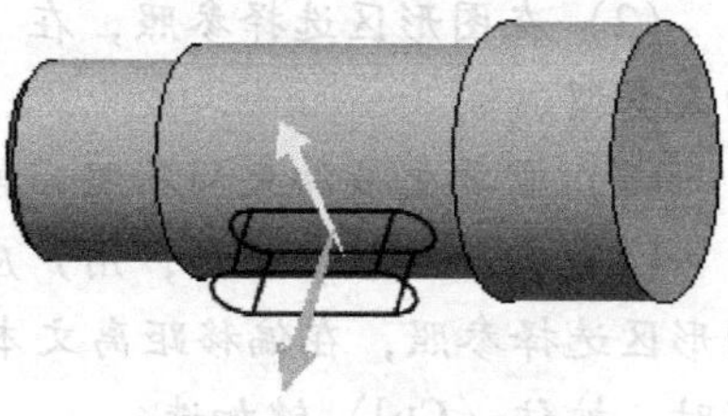
图 5-17　改变拉伸方向

### 使用实时型基准面

（1）打开文件“liti5-2. prt”。

（2）创建拉伸特征，在【拉伸】操控板中单击【放置】按钮，弹出【放置】下滑面板，单击其中的 定义... 按钮，弹出【草绘】对话框。

（3）单击【基准】工具栏中的【基准面】按钮，创建基准面，选择“FRONT”基准面为参照，使用【偏移】约束，在【平移】组合框中输入“16”，单击 确定 按钮，完成基准面创建，在图形区出现基准面“DTM1”。

（4）此时【草绘】对话框中的【平面】收集器自动选择“DTM1”作为草绘平面，草绘方向参照选择“RIGHT”基准面，方向选择【右】，默认参照，草绘如图 5-16 所示的键槽截面。

（5）完成截面后，选择拉伸深度类型为【穿透】，拖动鼠标中键预览模型，单击拉伸方向箭头，设置拉伸的方向为朝前，如图 5-17 所示。

（6）在图形区单击鼠标中键完成模型创建，最后结果为如图 5-14 所示的立体模型，图形区和模型树中不出现“DTM1”基准面。

## 5.4　基准轴

基准轴和基准面类似，也可作为建立特征的参照。它可以帮助用户建立基准点和基准面、放置同轴项目、作为径向阵列的轴线以及标注尺寸的参考等。

在以下两种情况下可以产生基准轴：

● 作为特征利用【基准】工具栏中的【轴】工具按钮创建，在模型树中出现该基准轴特征。

● 创建旋转特征或者使用【拉伸】工具创建圆柱或圆柱面特征时，系统自动产生基准轴。此时基准轴特征不显示在模型树中。

创建基准轴后，系统自动根据创建顺序给基准轴命名编号，如 A_1、A_2 、A_3 等。

用户可以通过在图形区选择基准轴或者在模型树选择基准轴名称来选取一个基准轴。

创建基准轴的步骤和创建基准面的步骤基本相同，也需要选择参照和约束确定基准轴的位置。

### 创建基准轴

（1）单击【基准】工具栏中的【轴】按钮，弹出【基准轴】对话框，如图 5-18 所示。

（2）在图形区选择参照，在【基准轴】对话框中【参照】列表右侧的约束列表中选择约束类型。

（3）需要更多约束和参照，按住〈Ctrl〉键执行第（2）步。

（4）需要偏移参照时，用户应先在偏移参照收集器中单击，使其变为淡绿色，然后在图形区选择参照，在偏移距离文本框中输入偏移距离值，如图 5-19 所示。选择多个偏移参照时，按住〈Ctrl〉键加选。

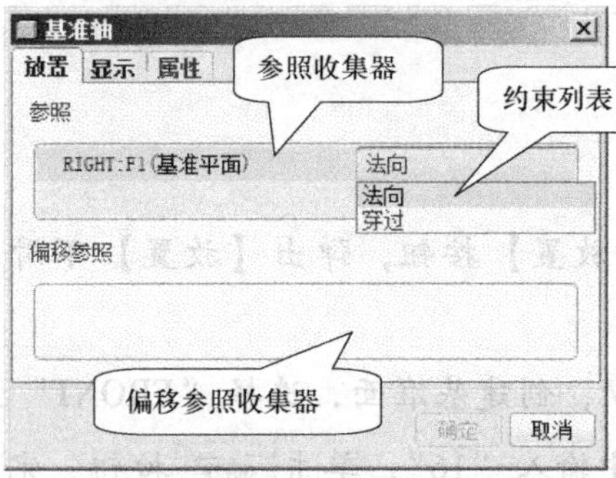


图 5-18 【基准轴】对话框

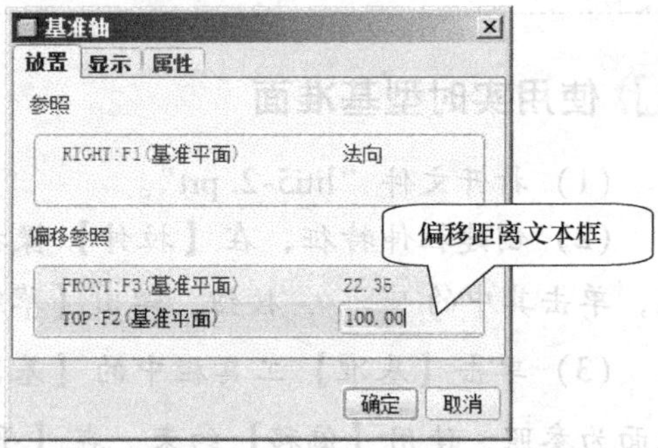


图 5-19 偏移参照

（5）如果已有足够的参照和约束确定基准轴的位置，确定按钮处于可用状态，单击确定按钮，完成基准面的创建；否则，确定按钮显示灰色，处于不可用状态。

创建基准轴的约束和参照及基准轴特点见表 5-5。创建基准轴时，有时使用一个参照和约束即可，有时需使用两种参照和约束才能创建，还有些时候需使用 3 种参照和约束才能完全确定基准轴的位置。

**表 5-5 创建基准轴的约束和参照及基准轴特点**

| 约束和参照 | 基准轴特点 |
|---|---|
| 穿过 + 边 | 穿过模型上的直线边 |
| 穿过 + 曲面 | 穿过圆柱面或者其他回转曲面的轴线 |
| 穿过 + 平面 | 穿过两相交平面的交线 |
| 穿过 + 平面 | |
| 穿过 + 点 | 穿过两参照点的连线 |
| 穿过 + 点 | |
| 穿过 + 点 | 穿过某点垂直与平面 |
| 法向 + 平面 | |
| 穿过 + 点（在曲面上） | 穿过曲面上点并与该曲面垂直 |
| 法向 + 曲面 | |
| 穿过 + 点（在曲线上） | 穿过曲线上点并与曲线相切 |
| 相切 + 曲线 | |
| 法向 + 平面 | 垂直于平面与两参照固定距离 |
| 偏移 + 参照 | |
| 偏移 + 参照 | |

【例 5-3】　创建如图 5-20 所示的基准轴。

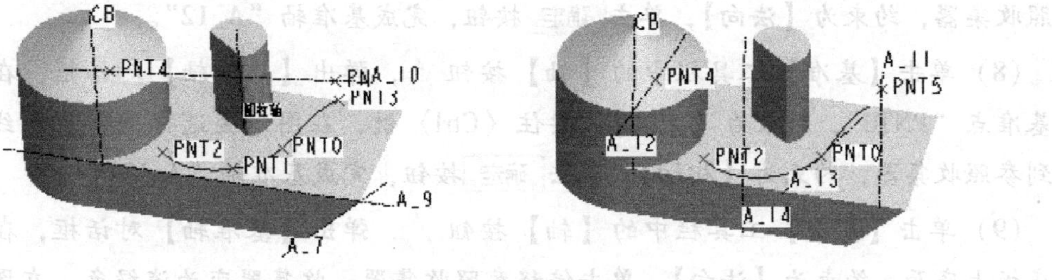


图 5-20　创建基准轴

- A_7：通过底板右前棱。
- A_8：通过圆柱面的轴线，命名为“圆柱轴”。
- A_9：通过底板上表面和前表面交线，调整其长度为“300”。
- A_10：通过基准点“PNT4”和“PNT5”，调整其长度为“200”。
- A_11：通过“PNT5”垂直于底板上底面。
- A_12：通过“PNT4”垂直于圆锥面。
- A_13：通过“PNT0”与基准曲线相切。
- A_14：垂直于底板上底面，和其前表面距离为 30，与“RIGHT”基准面的距离为 80。

## 设计步骤

（1）打开文件“liti5-3”。

（2）单击【基准】工具栏中的【轴】按钮，弹出【基准轴】对话框，在图形区选择底板右前棱，约束为【穿过】，单击 确定 按钮，完成基准轴“A_7”。

（3）单击【基准】工具栏中的【轴】按钮，弹出【基准轴】对话框，在图形区选择底板上面的小圆柱面，约束为【穿过】，切换至【属性】选项卡，在【名称】文本框中输入“圆柱轴”，单击 确定 按钮，完成基准轴“圆柱轴”。

（4）单击【基准】工具栏中的【轴】按钮，弹出【基准轴】对话框，在图形区选择底板上表面和前表面交线，约束为【穿过】，切换至【显示】选项卡，选中【调整轮廓】复选框，在【长度】文本框中输入“300”，再切换至【属性】选项卡，在【名称】文本框中输入“A_9”，单击 确定 按钮，完成基准轴“A_9”。

（5）单击【基准】工具栏中的【轴】按钮，弹出【基准轴】对话框，在图形区选择基准点“PNT4”，按住〈Ctrl〉键，在图形区选择基准点“PNT5”，将其添加到参照收集器（注意：约束都是【穿过】）。切换至【显示】选项卡，选中【调整轮廓】复选框，在【长度】文本框中输入“200”，单击 确定 按钮，完成基准轴“A_10”。

（6）单击【基准】工具栏中的【轴】按钮，弹出【基准轴】对话框，在图形区选择基准点“PNT5”，按住〈Ctrl〉键，在图形区选择底板上底面，将其添加到参照收集器。注意：约束分别为【穿过】和【法向】，单击 确定 按钮，完成基准轴“A_11”。

（7）单击【基准】工具栏中的【轴】按钮，弹出【基准轴】对话框，在图形区选择基准点“PNT4”，约束为【穿过】，按住〈Ctrl〉键，在图形区选择圆锥面，将其添加到参照收集器，约束为【法向】，单击 确定 按钮，完成基准轴“A_12”。

(8) 单击【基准】工具栏中的【轴】按钮，弹出【基准轴】对话框，在图形区选择基准点“PNT0”，约束为【穿过】，按住〈Ctrl〉键，在图形区选择蓝色基准线，将其添加到参照收集器，约束为【相切】，单击 确定 按钮，完成基准轴“A_13”。

(9) 单击【基准】工具栏中的【轴】按钮，弹出【基准轴】对话框，在图形区选择底板上底面，约束为【法向】。单击偏移参照收集器，收集器变为淡绿色，在图形区选择底板前表面，修改后面编辑框数值为“30”，按住〈Ctrl〉键，在图形区选择基准面“RIGHT”，将其添加到偏移参照收集器，修改后面编辑框数值为“80”。单击 确定 按钮，完成基准轴“A_14”。

(10) 保存文件。

## 5.5 基准点

基准点可以作为基准面、基准轴和基准曲线建立时的参照，也可以作为坐标系或者管道特征的参照。基准点的各种显示设置、命名及选择等参见前面章节，本节主要介绍基准点的创建方法。

创建各种基准点的方法不尽相同，创建不同类型的基准点的工具如图 5-21 所示。

### 5.5.1 在线上

这种基准点利用点在线上相对于线端点的相对距离或者绝对距离决定其位置。图 5-22 所示的基准点“PNT0”和“PNT1”即分别在模型的不同边线上。

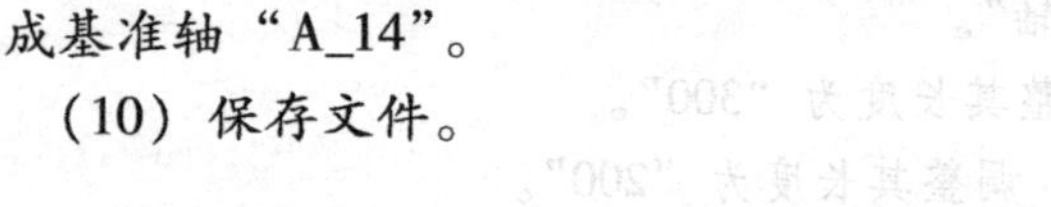


图 5-21 各种基准点工具

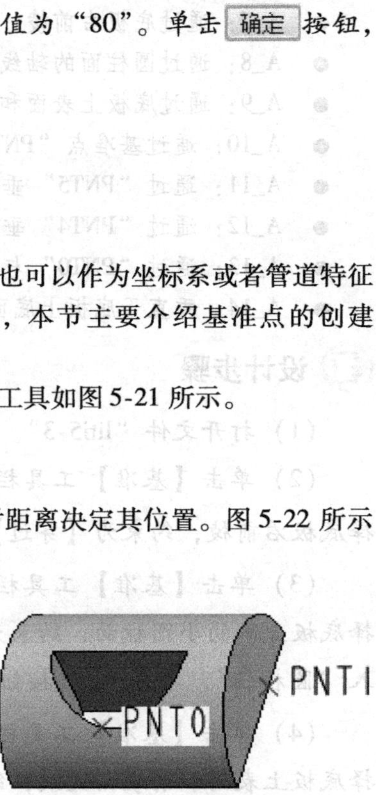


图 5-22 线上的基准点

### 创建线上基准点的步骤

(1) 单击【基准】工具栏中的【点】按钮，弹出【基准点】对话框，如图 5-23 所示。

- 【点】列表：列出已经创建或者正在创建的基准点，单击【新点】选项即可创建新点。
- 【参照】收集器：列出主放置参照。例如，若要在 3 个曲面相交处创建点，则这 3 个选定曲面出现在此列表中。可移除或添加参照，向参照收集器添加参照时，按〈Ctrl〉键在图形区选择参照。要移除参照，可在选中该参照后按下鼠标右键，从弹出的快捷菜单中选择【移除】选项，或者从图形区再次选择该参照取消选择。
- 【约束】列表：该列表在参照后面，列出了可用的约束。如【在其上】和【居中】。

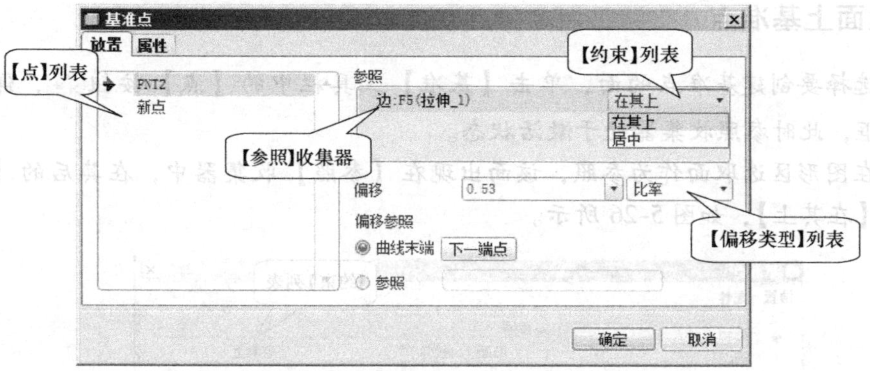


图 5-23　【基准点】对话框

● 【偏移】组合框：输入基准点位置相对于边线端点或其他参照的距离。

● 【偏移类型】列表：其中列出了测量距离的方式，有实数和比率两种方式。使用实数方式时，给定的尺寸是绝对距离；使用比率方式时，给定的尺寸是相对距离。

● 【曲线末端】单选按钮：单击该单选按钮，从曲线或边的选定端点测量距离。要使用另一端点，可单击 下一端点 按钮。对于曲线或边，会缺省选取曲线端点选项。

● 【参照】单选按钮：单击该单选按钮，其后的收集器处于激活状态，可在图形区中选取参照，此时测量的距离为基准点到所选参照的距离。选取参照图元，在其后的收集器内出现该图元名称。若要删除该参照，可在该参照上单击鼠标右键，从弹出的快捷菜单中选择【移除】选项，或者从图形区中按住〈Ctrl〉键再次选择该参照。

(2) 在图形区选择基准线、曲线或者立体的边线，点列表中会出现点的名称，【参照】收集器中会出现选定的图元名称，其后是使用的约束为【在其上】。

(3) 此时图形区会出现曲线末端标志和偏移尺寸，如图 5-24 所示。在【偏移类型】列表中选择偏移类型，在【偏移】组合框中输入偏移的距离数值，也可以在图形区双击偏移距离数字，在弹出的文本框输入尺寸值，或者按住左键拖动偏移距离控制块控制偏移距离。

(4) 符合设计要求后，单击 确定 按钮，完成基准点的创建。

## 5.5.2　在面上

若要在平面或者曲面上创建一个基准点，可由两个平面或者两条边到该点的距离确定基准点的位置。图 5-25 所示的“PNT0”点就是这种类型的点，它位于在竖直圆柱面上，距离右端面距离为“35”，距离底面距离为“15”。

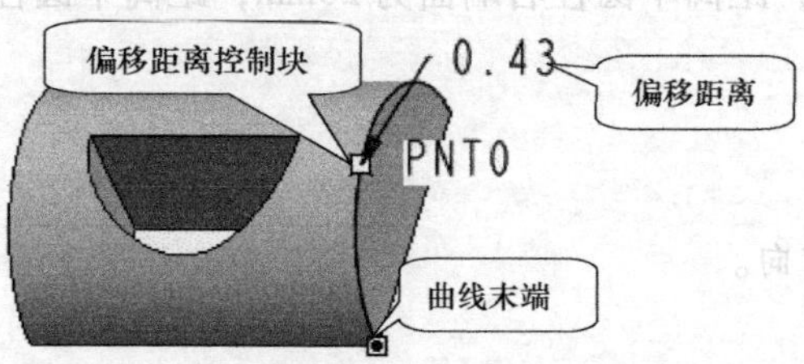


图 5-24　调整偏移距离

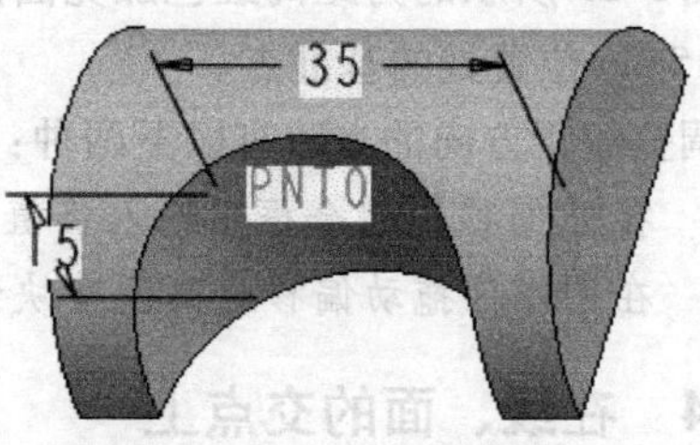


图 5-25　面上点

## 创建面上基准点

(1) 选择要创建基准点的面，单击【基准】工具栏中的【点】按钮，弹出【基准点】对话框，此时参照收集器处于激活状态。

(2) 在图形区选取面作为参照，该面出现在【参照】收集器中，在其后的【约束】列表中选择【在其上】，如图 5-26 所示。

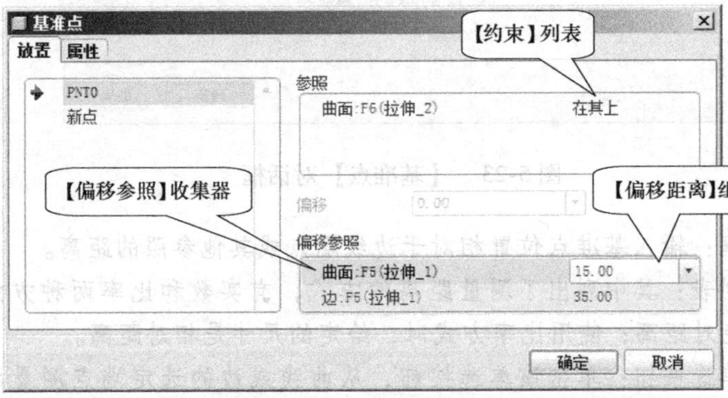


图 5-26 【基准点】对话框

(3) 单击【偏移参照】收集器，使其变为淡绿色，即处于激活状态，在图形区按住〈Ctrl〉键选择两个偏移参照。

(4) 单击偏移参照后面的尺寸数字，出现组合框，可以在其中输入偏移距离；也可以在图形区双击尺寸数字，在出现的组合框中修改偏移距离，如图 5-27 所示。

(5) 符合设计要求后，单击 确定 按钮，完成基准点的创建。

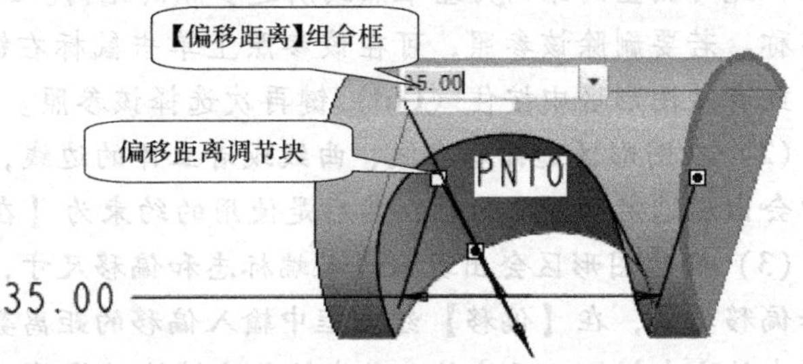


图 5-27 调节偏移距离

### 5.5.3 在偏距曲面上

这种基准点在某一参照曲面的偏距面上，由两个平面或者两条边到该点的距离确定其位置。其创建方法和在曲面上基准点的创建方法基本相同，只不过需要在约束列表中选择【偏移】选项，在参照收集器下面的【偏移】组合框中输入或选择偏距面到参照曲面的距离。此时，【基准点】对话框如图 5-28 所示。

图 5-29 所示的为距离红色加亮曲面为 10mm，距离半圆柱右端面为 20mm，距离半圆柱下底面为 15mm 位置处的基准点。

调整偏距方向的方法有以下两种：

- 在【偏移】组合框中输入负值。
- 在图形区拖动偏移距离调节块到相反的方向。

### 5.5.4 在线、面的交点上

这种基准点在线和面的交点上，其创建步骤如下：

图 5-28　【基准点】对话框

（1）单击【基准】工具栏中的【点】按钮，弹出【基准点】对话框。

（2）在图形区选取曲线，按 <Ctrl> 键选取曲面。选取的顺序可以颠倒。

（3）单击 确定 按钮，完成基准点的创建。

图 5-30 中的基准点“PNT0”是线、面交点确定的基准点。

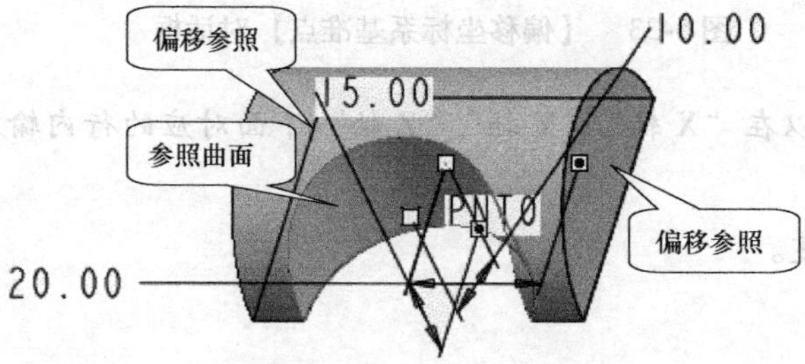


图 5-29　偏距面上的基准点

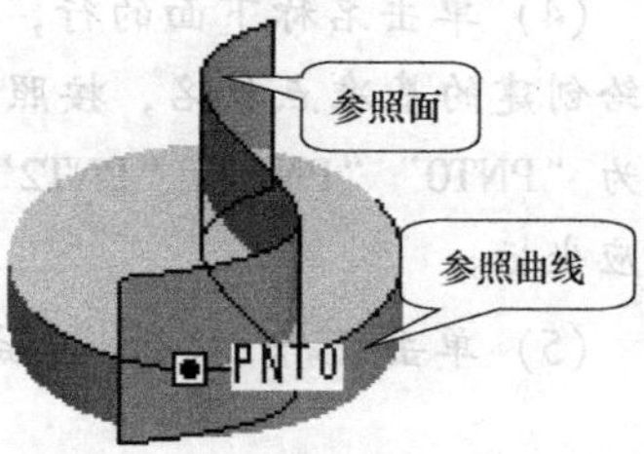


图 5-30　在线面交点上

## 5.5.5　在顶点上或在坐标系原点上

这种基准点在模型的某个顶点上或在坐标系原点上。选取基准点工具后，在图形区选择顶点，便可在顶点处得到基准点。如图 5-31 所示，“PNT0”和“PNT1”在顶点上，“PNT2”在坐标系原点上。

## 5.5.6　在三个面的交点上

这种基准点在三个面的交点上，选取基准点工具后，按 <Ctrl> 键选取曲面依次选取 3 个面，便可得到基准点，如图 5-32 所示。

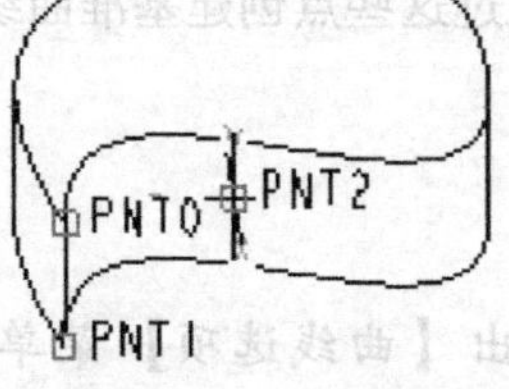


图 5-31　在顶点上

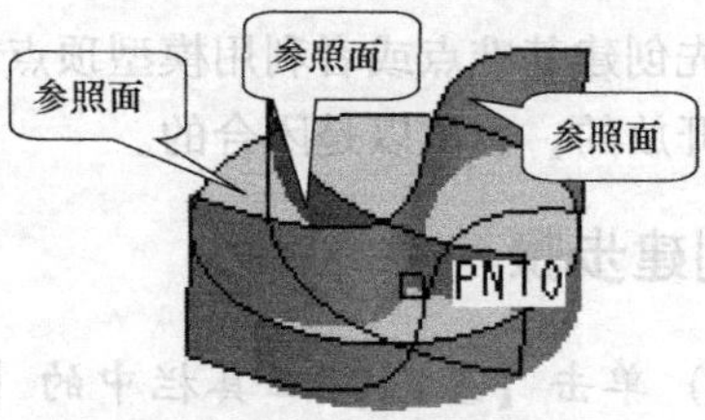


图 5-32　在三个面交点上

### 5.5.7 偏移坐标系基准点

这种基准点可以使用相对于坐标系的绝对坐标值确定其位置。其创建步骤如下：

（1）单击【基准】工具栏中的【点】按钮右侧的，在弹出的工具箱中单击【偏移坐标系】按钮，弹出【偏移坐标系基准点】对话框，如图5-33所示。

（2）选择某一坐标系，在参照收集器中出现坐标系名称。

（3）在【类型】下拉列表框中选择坐标系的类型，可以是笛卡儿坐标系、圆柱坐标系或者球坐标系。

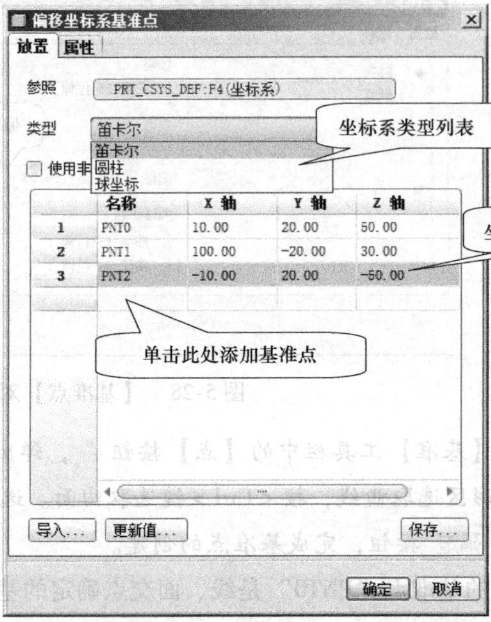


图5-33 【偏移坐标系基准点】对话框

（4）单击名称下面的行，系统自动给创建的基准点命名，按照顺序依次为“PNT0”“PNT1”“PNT2”等。这时可以在“X轴”“Y轴”“Z轴”下面对应的行内输入相应坐标。

（5）单击 确定 按钮，完成基准点的创建。

## 5.6 基准曲线

基准曲线简称曲线，广泛应用于Creo/Pro 5.0建模。基准曲线可以作为轨迹路径，也可以作为创建其他基准的参考，还可以作为倒圆特征的辅助曲线和边界混合特征的边界。曲线不显示名称。

基准曲线的建立方式很多，下面分别进行介绍。

### 5.6.1 草绘曲线

单击【基准】工具栏中的【草绘】按钮，可以创建平面曲线。草绘曲线的创建方法和草绘截面的创建方法完全相同，此处不再赘述。草绘的曲线是平面曲线，也可以草绘点。

### 5.6.2 经过点

首先创建基准点或者利用模型顶点或曲线上的点，其次通过这些点创建基准曲线。这种曲线可以是开放的，也可以是闭合的。

#### 创建步骤

（1）单击【基准】工具栏中的【曲线】按钮，弹出【曲线选项】菜单，从中选择创建曲线的方式，如图5-34所示。

(2) 选择【通过点】|【完成】选项，弹出【曲线：经过点】对话框，定义曲线的各个属性。“>”指向的选项为当前定义的选项，如图 5-35 所示。

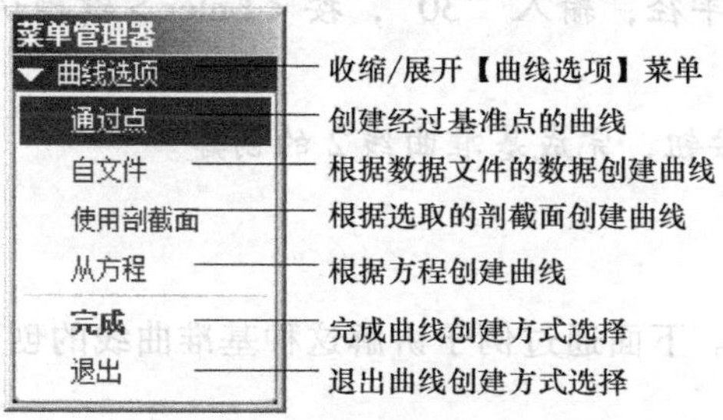


图 5-34　【曲线选项】菜单

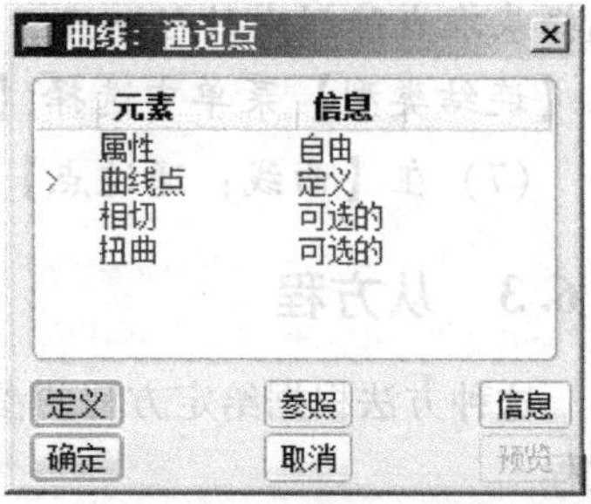


图 5-35　【曲线：经过点】对话框

(3) 此时，【曲线选项】菜单成为【连结类型】菜单，从中选择通过点时曲线的顶点类型，并可以编辑曲线的顶点，如图 5-36 所示。

(4) 在图形区选择点或者点阵列，并且添加点或者删除点，进行编辑顶点的操作。

(5) 符合设计要求后，在【曲线：通过点】对话框中单击 确定 按钮，完成基准曲线的创建。

**【例 5-4】** 创建基准曲线 1 和基准曲线 2。其中，基准曲线 1 使用样条曲线连接各点，样条曲线 2 使用固定半径在顶点处倒圆角，大小为 30。“PNT0，PNT1，PNT2，PNT3，PNT4”是使用偏移坐标系创建的基准点阵列，如图 5-37 所示。

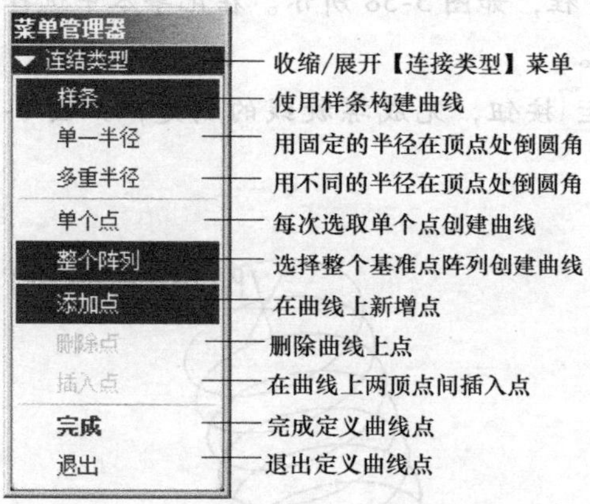


图 5-36　【连结类型】菜单管理器

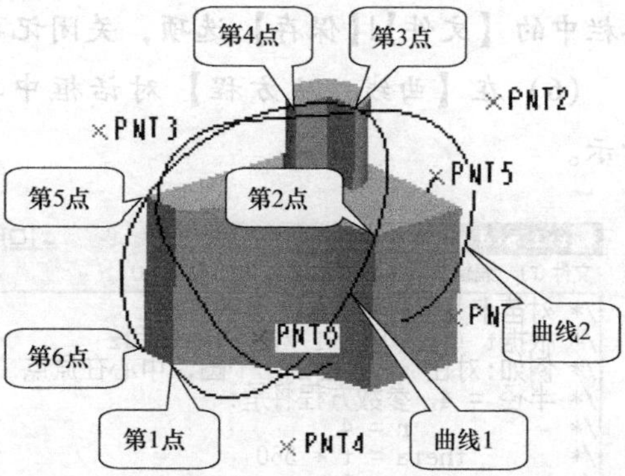


图 5-37　基准曲线

## 设计步骤

(1) 打开文件“liti5-4. prt”。

(2) 单击【基准】工具栏中的【曲线】按钮，弹出【曲线选项】菜单，从中选择【通过点】|【完成】选项。

(3) 在【连结类型】菜单中选择【样条】|【单个点】|【添加点】选项，在图形区依次选择“第 1 点”“第 2 点”“第 3 点”“第 4 点”“第 5 点”“第 6 点”，选择【完成】选项。

(4) 在【曲线：通过点】对话框中单击 确定 按钮，完成基准曲线 1 的创建。

(5) 单击【基准】工具栏中的【曲线】按钮，弹出【曲线选项】菜单，从中选择

【通过点】|【完成】选项。

（6）在【连结类型】菜单中选择【单一半径】|【整个阵列】|【增加点】选项，在图形区选择基准点阵列中的任一点，消息区提示输入折弯半径，输入“30”，按<Enter>键确认，在【连结类型】菜单中选择【完成】选项。

（7）在【曲线：通过点】对话框中单击 确定 按钮，完成基准曲线2的创建。

### 5.6.3 从方程

这种方法根据给定方程的参数关系创建基准曲线。下面通过例子讲解这种基准曲线的创建过程。

**【例5-5】** 创建一半径为40、螺距为20，共8圈的螺旋线。

**设计步骤**

（1）创建新文件“liti5-5.prt”。

（2）单击【基准】工具栏中的【曲线】按钮，弹出【曲线选项】菜单管理器，从中选择【从方程】|【完成】选项。

（3）在【得到坐标系】菜单中选择【选取】选项，在图形区选择“PRT_CSYS_DEF”坐标系。

（4）在【设置坐标类型】菜单中选择【圆柱】选项。

（5）在弹出的“rel.ptd”记事本中输入参数方程，如图5-38所示。在记事本中选择菜单栏中的【文件】|【保存】选项，关闭记事本窗口。

（6）在【曲线：从方程】对话框中单击 确定 按钮，完成螺旋线的创建，如图5-39所示。

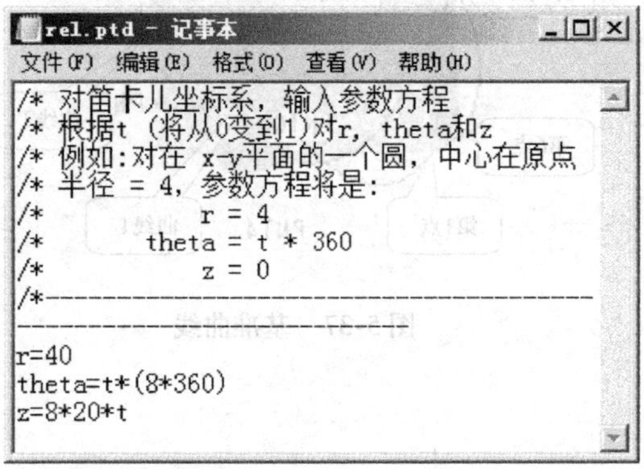


图5-38 编辑参数方程

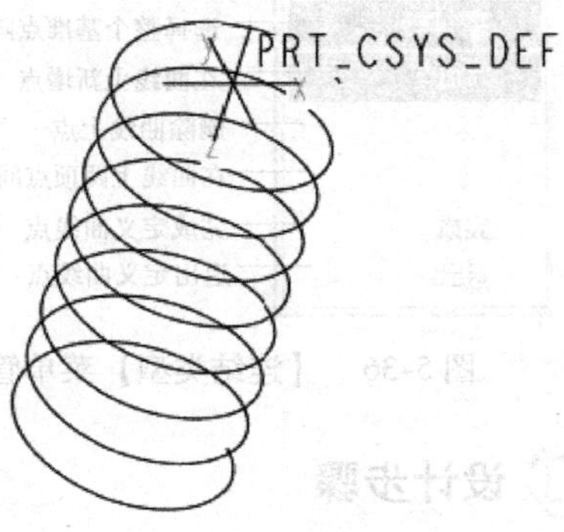


图5-39 螺旋线

## 5.7 本章小结

本章主要讲述了各种基准的功能和创建。这些基准在创建复杂模型的过程中十分有用。为了使设计简单明了，本章还介绍了各种基准命名方法和显示的控制，使得在复杂的立体中，不再因为基准过多而给人眼花缭乱的感觉。通过本章的学习，读者应掌握创建各种复杂的轨迹和截面，为下一章的学习打好基础。

## 5.8　习题

1. 概念题

（1）基准的类型有哪几种？

（2）如何控制基准的显示？有几种方法？

（3）如何选择基准？如何为基准命名？

2. 操作题

（1）创建一基准面，与图 5-40 所示立体的上底面相交于一条直线，该直线是“RIGHT”基准面和立体上底面的交线，并与立体上底面的交线成 30°夹角，命名为“斜面”。

（2）创建一基准轴，如图 5-41 所示，要求在“FRONT”基准面上，与“A_5”轴的夹角为 45°，并且通过“A_5”轴上距离底面为 10 的点。

（3）在直径为 30 的圆柱面上创建螺距为 20，共 8 圈的螺旋线，如图 5-42 所示。

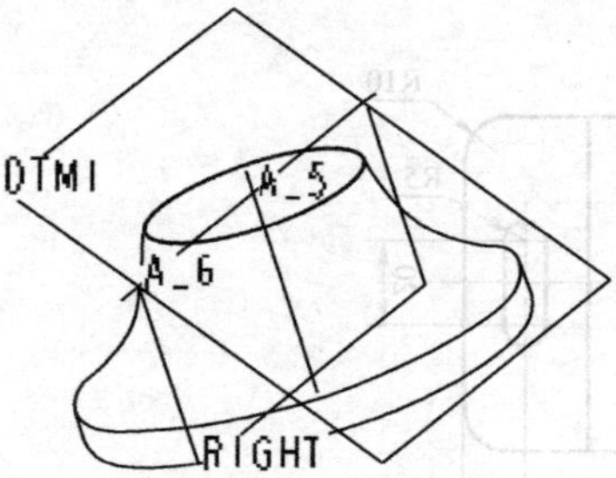

图 5-40　创建基准面

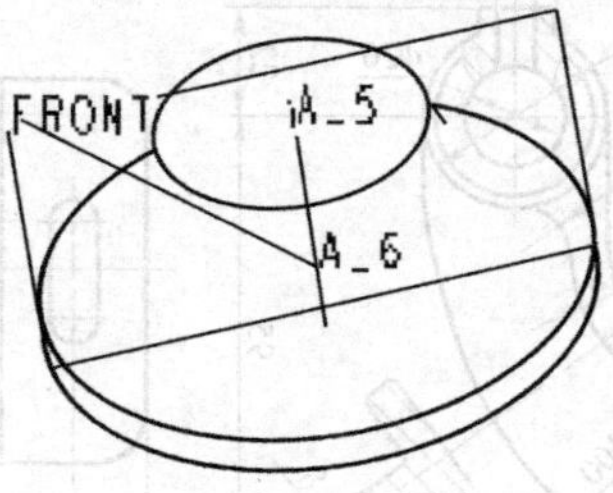

图 5-41　创建基准轴

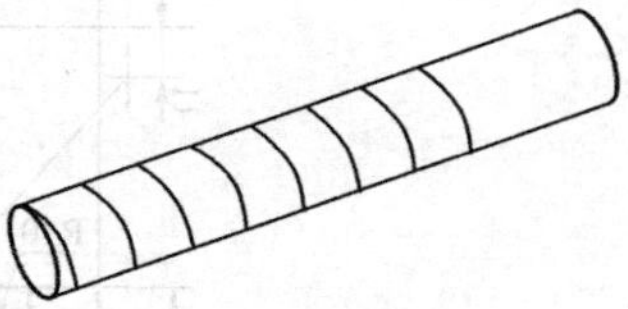
图 5-42　创建螺旋线

（4）创建如图 5-43 所示的轴承座模型，文件名为“xiti5-2-4. prt”。

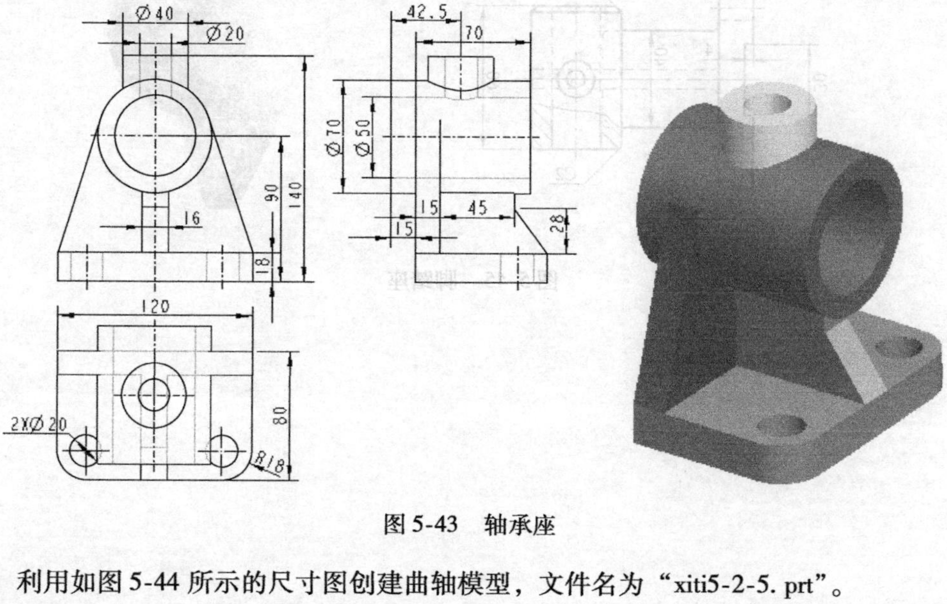

图 5-43　轴承座

（5）利用如图 5-44 所示的尺寸图创建曲轴模型，文件名为“xiti5-2-5. prt”。

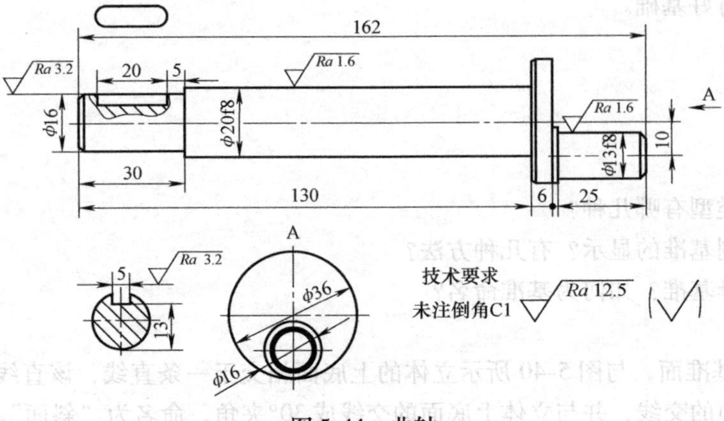


图 5-44　曲轴

（6）创建如图 5-45 所示的脚踏座模型，文件名为“xiti5-2-6. prt”。

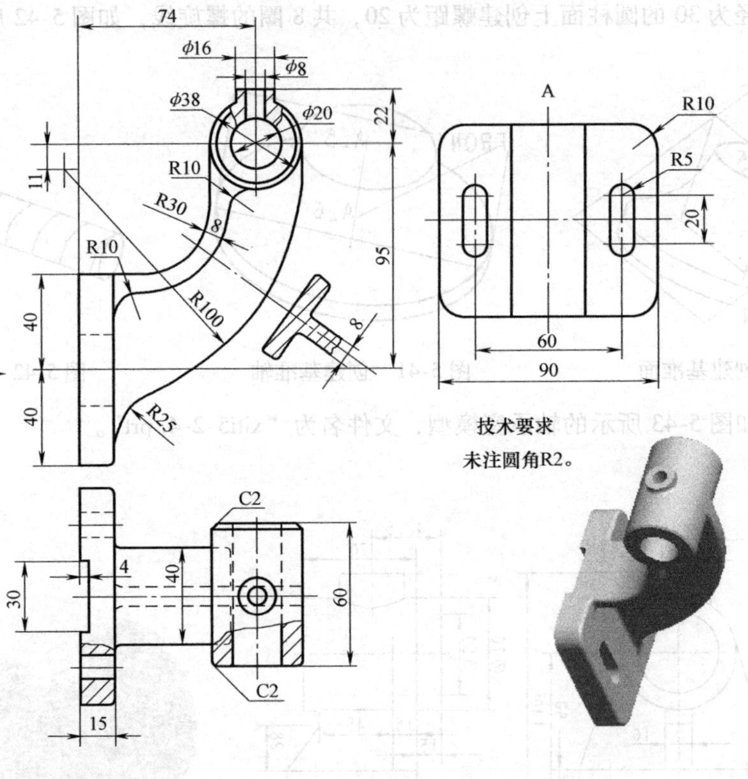


图 5-45　脚踏座

# 第 6 章　其他基础特征

零件的结构由其功能决定，由于现实生活中的零件复杂多样，各种零件完成的功能不同，因此零件的复杂程度也有所不同。对于简单的零件，仅使用拉伸和旋转即可完成创建；而对于复杂的零件，这两种创建特征的方法是无法满足需要的，因此需要使用其他特征创建方式。本章将介绍扫描特征、混合特征、扫描混合特征、螺旋扫描特征、边界混合特征和可变截面扫描特征等其他基础特征。使用这些特征可以创建复杂的模型。

【本章重点】

- 各种特征所需截面和轨迹的特点。
- 各种特征的创建步骤。
- 各种特征的应用范围。
- 几种特征的不同。
- 重新定义各种特征的方法。

## 6.1　扫描特征

扫描特征是由某一截面沿给定轨迹扫掠而成的，故也称扫掠特征。

扫描特征有两大要素：扫描轨迹和扫描截面，如图 6-1 所示。创建扫描特征必须先定义扫描轨迹和扫描截面，在整个扫描过程中，扫描截面始终垂直于扫描轨迹。

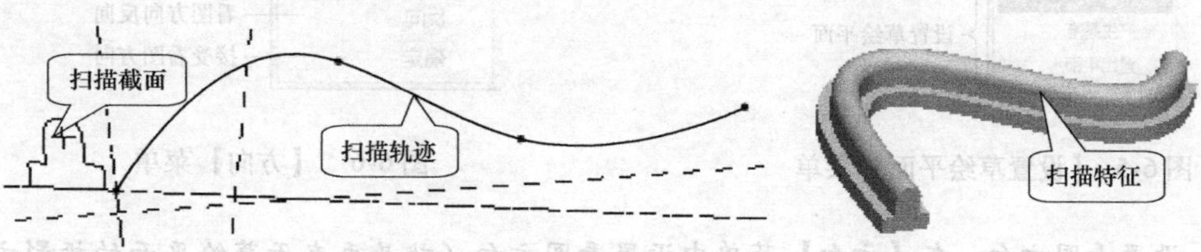


图 6-1　扫描特征的要素

创建扫描特征的过程如下：

选择扫描命令→定义扫描轨迹→定义扫描截面→完成扫描。

### 6.1.1　选择扫描命令

选择菜单栏中的【插入】|【扫描】选项，其子菜单如图 6-2 所示，从中选择创建扫描特征的类型。

如果从子菜单中选择【伸出项】选项，弹出如图 6-3 所示的【伸出项：扫描】对话框和如图 6-4 所示的【扫描轨迹】菜单。

### 6.1.2　定义扫描轨迹

用户可以在【扫描轨迹】菜单中选择创建扫描轨迹的方式：草绘轨迹或者选取轨迹。

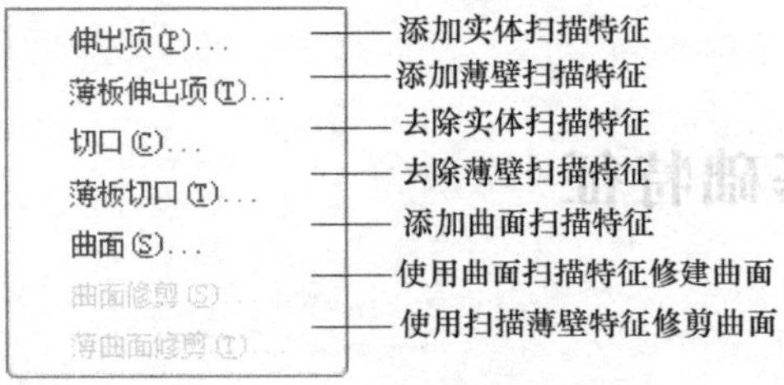


图6-2 【扫描】子菜单

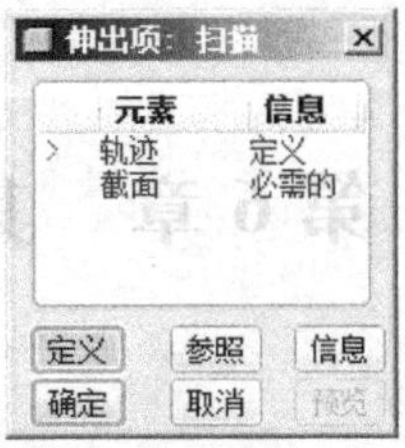


图6-3 【伸出项：扫描】对话框

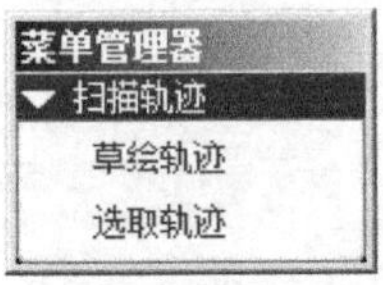


图6-4 【扫描轨迹】菜单

- 草绘轨迹：使用【草绘】工具在草绘环境中定义扫描轨迹。
- 选取轨迹：选取已有的基准曲线或者立体的边线作为扫描轨迹。

## 草绘轨迹的步骤

(1) 选取【草绘轨迹】选项。在【扫描轨迹】菜单中选取【草绘轨迹】选项，出现【设置草绘平面】菜单。

(2) 设置草绘平面。在【设置草绘平面】菜单中选取【新设置】|【设置平面】|【平面】选项，如图6-5所示，在图形区选择基准平面或者立体平面型表面作为草绘平面，出现【方向】菜单，如图6-6所示。

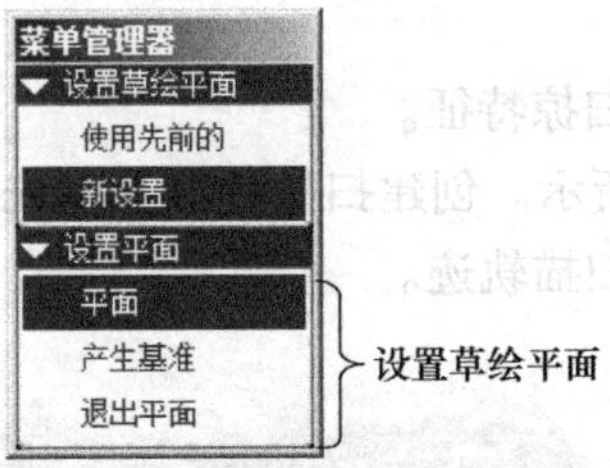


图6-5 【设置草绘平面】菜单

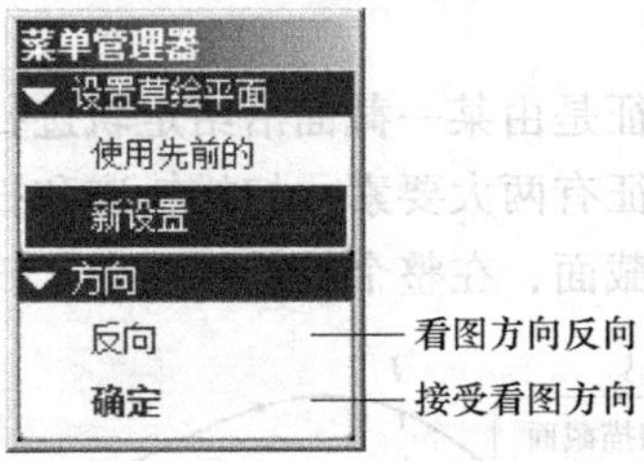


图6-6 【方向】菜单

(3) 设置看图方向。在【方向】菜单中设置看图方向（就是垂直于草绘平面的投影方向），图形中将以紫色箭头显示，若选择【确定】选项，则接受箭头所示的看图方向，出现【草绘视图】菜单，如图6-7所示；若选择【反向】选项，则箭头方向指向相反一侧。

(4) 设置草绘平面的放置方位。在【草绘视图】菜单有【顶】、【底部】、【右】和【左】4个命令选项。根据设计要求选择一项，而后在出现的【设置平面】菜单选择【平面】选项，在图形区选择与草绘平面垂直的平面，作为决定草绘平面放置方位的参照。同前面创建拉伸、旋转等特征草绘过程类似，结果是该平面积聚型投影的放置方位确定草绘平面定向到与屏幕平行时的放置方位。通常情况下，使用【草绘视图】菜单中的【缺省】选项即可，这样使用【缺省】设置放置草绘平面的方位。

(5) 草绘轨迹。完成上述设置后，进入草绘环境，可在其中草绘扫描轨迹，扫描轨迹有起点，附着一个箭头，如图6-8所示。

(6) 完成后，单击【草绘器工具】工具栏中的【完成】按钮✔，结束草绘，进入截面绘制状态。

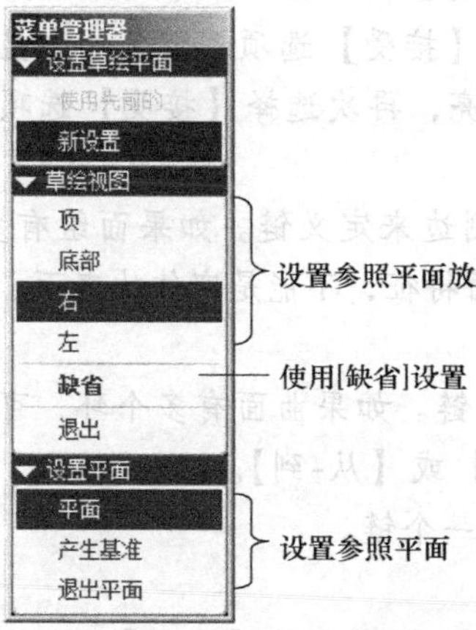


图 6-7　【草绘视图】菜单

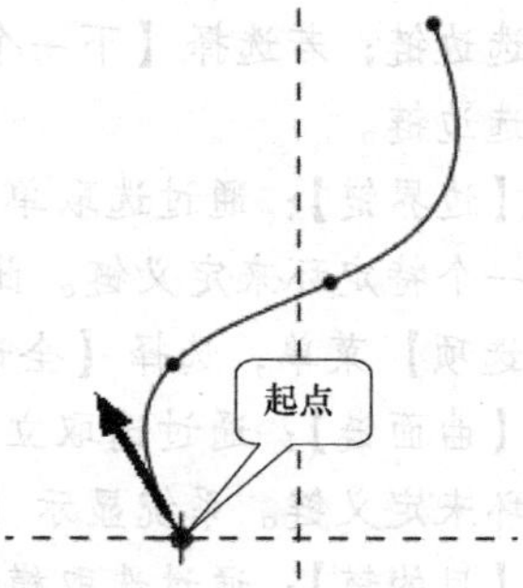


图 6-8　设置起点

> 提醒：在图形区选取轨迹另一端点，按下鼠标右键，在弹出的快捷菜单中选择【起点】选项，可以将起点设置在该端点位置。

## 选取轨迹的步骤

（1）在【扫描轨迹】菜单中选取【选取轨迹】选项，出现【链】菜单。

（2）在【链】菜单中，确定选取轨迹的方式并从图形区拾取图元定义扫描轨迹，如图 6-9 所示。【链】菜单中各命令的含义如下。

- 【依次】：通过选取单独的边或曲线（包括复合曲线）来定义链，一次选择一个，选取图元时按住〈Ctrl〉键，可以按任意次序选取边或曲线。
- 【相切链】：通过选取一个边，包括相切于该边的所有边来定义链。
- 【曲线链】：通过选取曲线来定义链，并在其后出现的【链选项】菜单中定义曲线的范围。【链选项】菜单如图 6-10 所示，选项如下：
- 【全选】：选取同一特征中与当前所选环相连的所有曲线。

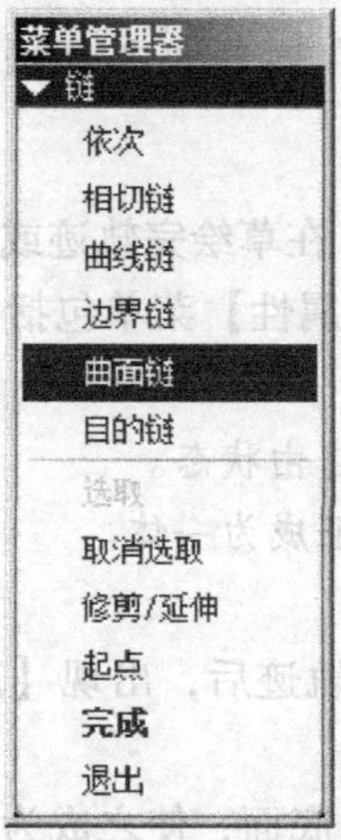


图 6-9　【链】菜单

图 6-10　【链选项】菜单

- 【从-到】：选取“从”和“到”顶点或曲线端点。系统在图形区以十字的形式加亮环的顶点。两个端点都选取后，出现【选取】菜单，在其中选择【接受】选项，定义加亮显示的部分为被选边链；若选择【下一个】选项则定义剩余的边链加亮，再次选择【接受】选项将其定义为被选边链。
- 【边界链】：通过选取单独的曲面或面组并使用其单侧边来定义链。如果面组有多个环，可选取一个特定环来定义链。此处的面组只能选取单独的曲面特征，不能是实体的表面。系统显示【链选项】菜单，选择【全选】或【从-到】。
- 【曲面链】：通过选取立体的表面并使用它的边来定义链。如果曲面有多个环，可选取一个特定环来定义链。系统显示【链选项】菜单，选择【全选】或【从-到】。
- 【目的链】：通过选取模型中预先定义的边集合来定义一个链。
- 【选取】：用【链】菜单中的选项选取一个链。
- 【取消选取】：从链的当前选择中去掉曲线或边。如果链类型不是【依次】，可使用【确认】菜单确认或取消【取消选取】选项；如果链类型是【依次】，可选取要从链里删除的曲线和边。
- 【修剪/延伸】：修剪或延伸链端点。
- 【起点】：选取该选项，可以设置所选取的起点。

(3) 完成后，从【链】菜单中选择【完成】选项。

(4) 在【选取】菜单选择【接受】选项，在【方向】菜单选择【确定】选项。

创建草绘轨迹时要注意以下几项内容：

- 相对于截面而言，扫描轨迹中的弧线或者样条半径不能太小。
- 轨迹本身不能相交。

### 6.1.3 定义扫描截面

定义扫描轨迹之后，接下来定义扫描截面，这时以在扫描轨迹的起点出现的十字中心线作为草绘截面的参照。此时草绘扫描截面的平面在轨迹起点位置，并且垂直于扫描轨迹，由出现的十字中心线定义。

### 6.1.4 完成扫描

当扫描特征的所有元素的定义完成之后，回到【扫描】对话框，单击 预览 按钮预览扫描特征。如果符合设计意图，单击 确定 按钮完成扫描。

当向实体添加扫描特征，且扫描轨迹的两个端点都在实体表面时，在草绘完轨迹或者选取轨迹后，出现【属性】菜单，可以定义扫描特征和原特征的连接关系。【属性】菜单包括【自由端点】和【合并终点】两个选项。

- 自由端点：扫描特征和原实体特征不合并，扫描特征端面处于自由状态。
- 合并终点：扫描特征和原实体特征合并，扫描特征和原实体特征成为一体。

图 6-11 所示是两种情况的比较。

当轨迹闭合时，在【扫描】对话框会出现【属性】选项，定义完轨迹后，出现【属性】菜单。该菜单包括【增加内部因素】和【无内部因素】两个选项。

当截面开放时，【增加内部因素】选项有效，可给扫描体自动加上底面，使之成为实体，如图 6-12 所示。

图 6-11　自由端点和合并端点扫描比较

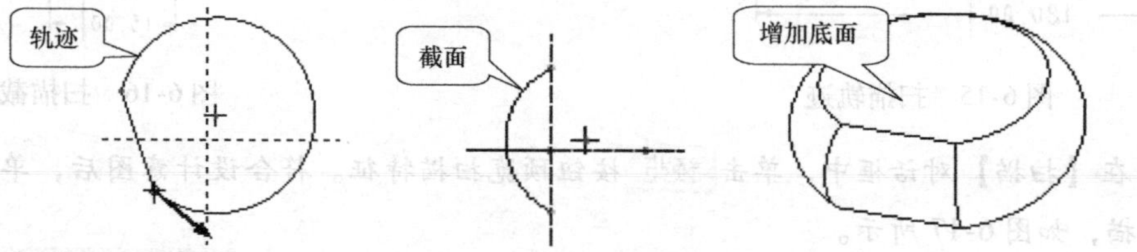


图 6-12　增加内部因素

当截面闭合时，【无内部因素】选项有效，不增加底面。

【例 6-1】　创建如图 6-13 所示的扫描特征，具体尺寸见图 6-15 和图 6-16。

## 设计步骤

(1) 使用缺省模板，新建文件名为"liti6-1. prt"的实体文件。

(2) 选择菜单栏中的【插入】|【扫描】|【伸出项】选项。

(3) 在【扫描轨迹】菜单中选择【草绘轨迹】选项，出现【设置草绘平面】菜单。

图 6-13　扫描实例

(4) 在【设置草绘平面】菜单的【设置平面】菜单中，选择【平面】选项，在图形区选择"TOP"基准面作为草绘平面。

(5) 在【方向】菜单中选择【确定】选项，在【草绘视图】菜单选择【缺省】选项，进入草绘界面。使用菜单的具体过程如图 6-14 所示。

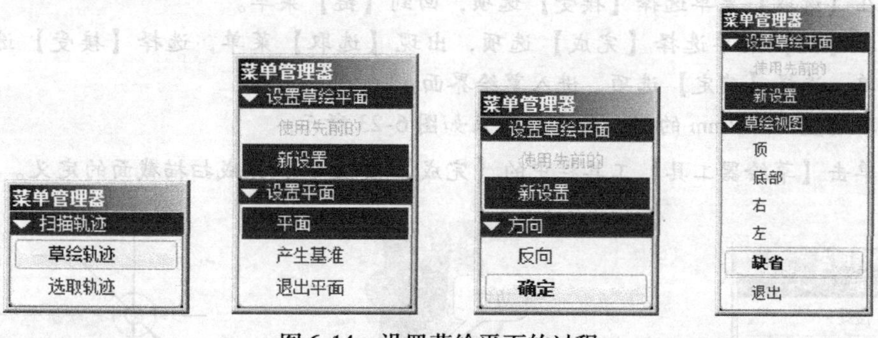


图 6-14　设置草绘平面的过程

(6) 草绘轨迹如图 6-15 所示，注意约束及尺寸的标注样式。

(7) 单击【草绘器工具】工具栏中的【完成】按钮✔，完成扫描轨迹定义，系统自动进入定义扫描截面的状态。

(8) 草绘尺寸和约束如图 6-16 所示的扫描截面，单击【草绘器工具】工具栏中的【完成】按钮✔，完成扫描截面的定义。

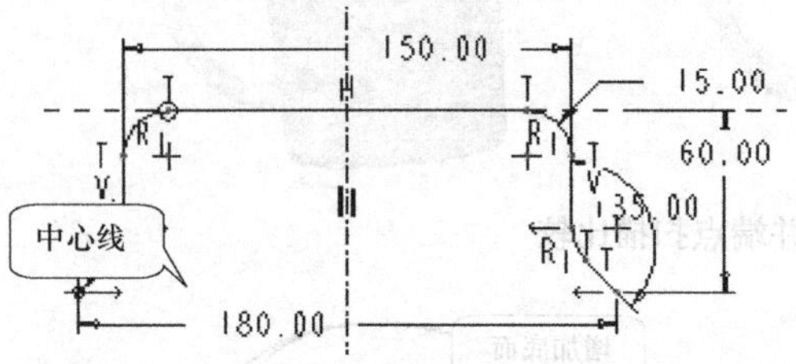


图 6-15 扫描轨迹

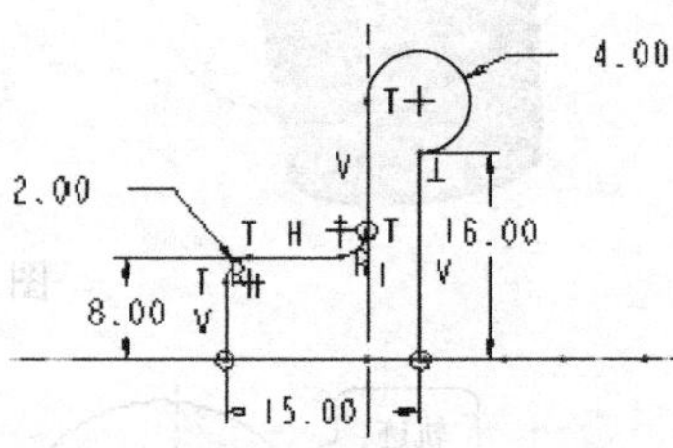


图 6-16 扫描截面

(9) 在【扫描】对话框中，单击 预览 按钮预览扫描特征。符合设计意图后，单击 确定 按钮完成扫描，如图 6-17 所示。

(10) 选择菜单栏中的【插入】|【扫描】|【伸出项】选项。

(11) 在【扫描轨迹】菜单中选择【选取轨迹】选项，在【链】菜单中选择【曲面链】选项。

(12) 在图形区选择如图 6-18 所示的平面，出现【链选项】菜单，如图 6-19 所示。

图 6-17 完成主体扫描

(13) 选择【从-到】选项，在图形区依次选取“第 1 点”和“第 2 点”，如图 6-20 所示。

图 6-18 选择曲面

图 6-19 【链选项】菜单

图 6-20 选择起、终点

(14) 出现【选取】菜单，如图 6-21 所示。选择【下一个】选项，此时选取的边链如图 6-22所示。

(15) 在【选取】菜单选择【接受】选项，回到【链】菜单。

(16) 在【链】菜单选择【完成】选项，出现【选取】菜单，选择【接受】选项，出现【方向】菜单，选择【确定】选项，进入草绘界面。

(17) 草绘直径为 2mm 的圆，尺寸和约束如图 6-23 所示。

(18) 单击【草绘器工具】工具栏中的【完成】按钮✔，完成扫描截面的定义。

图 6-21 【选取】菜单

图 6-22 下一段曲线

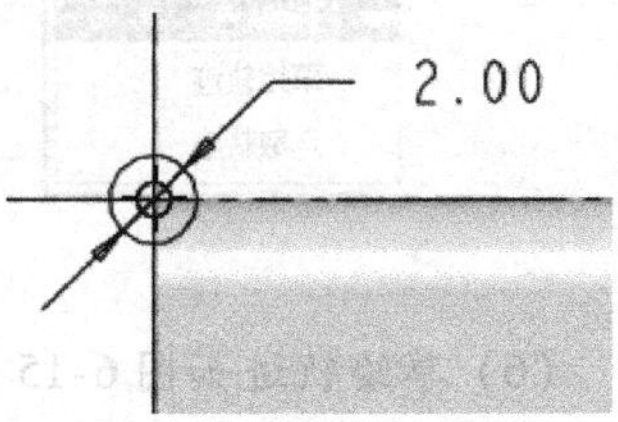


图 6-23 草绘截面

（19）在【扫描】对话框中，单击 预览 按钮预览扫描特征。符合设计意图后，单击 确定 按钮完成扫描。

（20）按照步骤（10）~步骤（19）完成另一侧扫描伸出项。

（21）保存文件，关闭窗口，拭除不显示。

提醒：本章所有例题的工作目录为“……\ 例题\ 第6章”。

**【例6-2】** 利用如图6-24所示的杯子，完成其手把的创建，如图6-25所示。

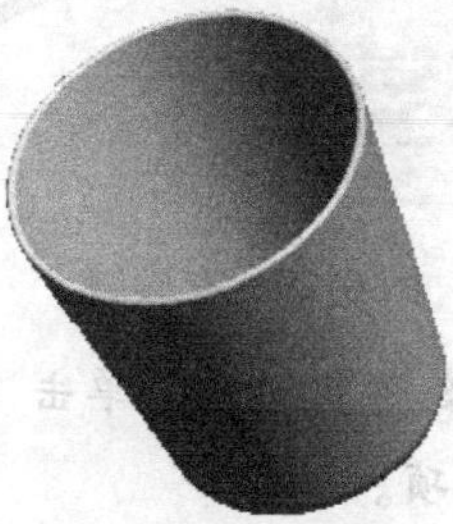

图6-24 原杯子

图6-25 加手把的杯子

## 设计步骤

（1）打开名为“liti6-2. prt”的实体文件，模型如图6-24所示。

（2）选择菜单栏中的【插入】|【扫描】|【伸出项】选项，弹出【伸出项：扫描】对话框和菜单管理器。

（3）在【扫描轨迹】菜单中选择【草绘轨迹】选项，出现【设置草绘平面】菜单。

（4）在【设置草绘平面】菜单的【设置平面】菜单中选择【平面】选项，在图形区选择“FRONT”基准面作为草绘平面，出现【方向】菜单。

（5）在【方向】菜单选择【确定】选项，在【草绘视图】菜单中选择【缺省】选项，进入草绘界面。

（6）添加参照，草绘轨迹如图6-26所示，注意约束及尺寸的标注样式。

（7）单击【草绘器工具】工具栏中的【完成】按钮✔，完成扫描轨迹定义，出现【属性】菜单，并且【伸出项：扫描】对话框中出现【属性】选项，如图6-27所示。

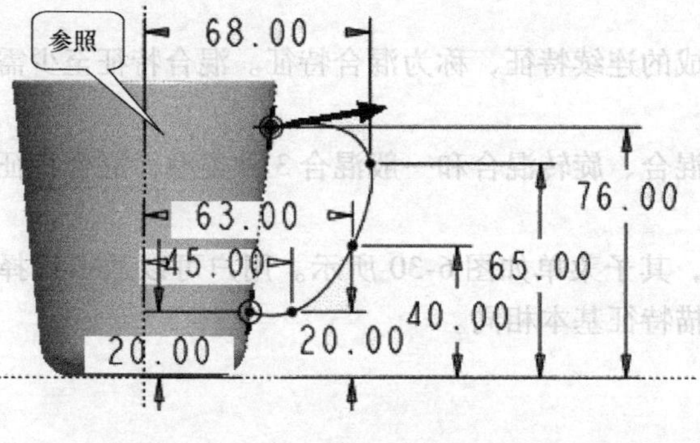


图6-26 扫描轨迹

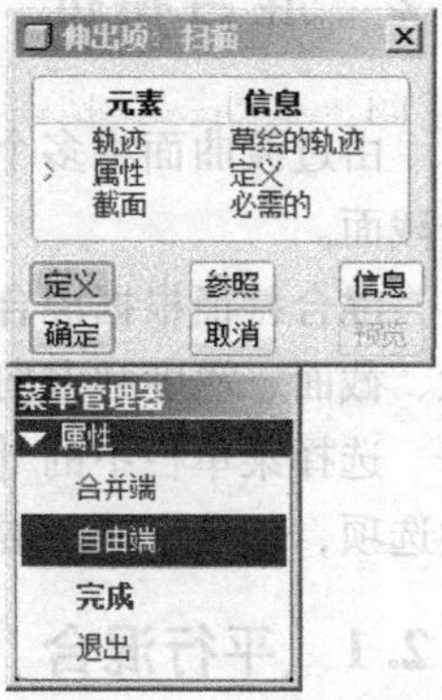


图6-27 定义属性

（8）在【属性】菜单中选择【自由端】|【完成】选项，系统自动进入定义扫描截面的状态。在图形区草绘椭圆作为扫描截面，其尺寸和约束如图 6-28 所示。

（9）单击【草绘器工具】工具栏中的【完成】按钮✔，完成扫描截面的定义。在【扫描】对话框中，单击 预览 按钮预览扫描特征，可注意到此时手把和杯体之间有缝隙，如图 6-29 所示。

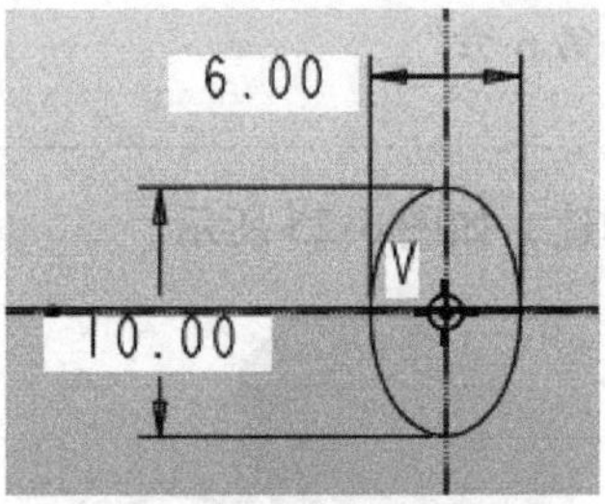


图 6-28　定义截面

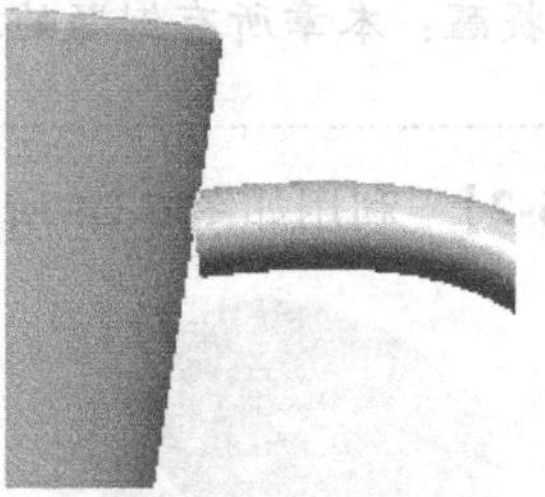

图 6-29　有裂缝

（10）在【伸出项：扫描】对话框的【元素】列表中选择【属性】选项，单击【定义】按钮 定义 ，出现【属性】菜单，在其中选择【合并端】|【完成】选项。

（11）重新预览模型，发现手把和杯体之间完美结合，符合设计意图后，单击 确定 按钮完成手把。

（12）使用【倒圆角】工具，完成两条交线的圆角，设置圆角大小为 3，最后结果如图 6-25 所示。

（13）保存文件，关闭窗口，拭除不显示。

### 6.1.5　修改扫描特征

当出现以下两种情况时，用户需要修改扫描特征：①扫描特征的轨迹或者截面不合适时，会出现扫描失败的情况；②对扫描结果不满意。

在模型树或图形区选中要修改的扫描特征，按下鼠标右键，从弹出的快捷菜单选择【编辑定义】选项，重新弹出【扫描】对话框，在列表中选择相应选项，单击 定义 按钮，按照菜单管理器的提示重新定义各选项的定义。

## 6.2　混合特征

由过渡曲面将多个截面在其边处连接形成的连续特征，称为混合特征。混合特征至少需要两个截面。

混合特征根据混合方式的不同分为平行混合、旋转混合和一般混合 3 种类型，混合特征由属性、截面、深度和方向 4 个元素定义。

选择菜单栏中的【插入】|【混合】选项，其子菜单如图 6-30 所示。用户可以从中选择相应的选项，创建不同的混合特征，其意义和扫描特征基本相同。

### 6.2.1　平行混合

在几个相互平行的截面之间进行的混合，称为平行混合，可用于创建各种形状不同的锥体和台体。

创建混合特征的步骤如下，以伸出项为例，其余的大致相同。

1. 选择命令

选择菜单栏中的【插入】|【混合】|【伸出项】选项，出现【混合选项】菜单，如图6-31所示，从中定义混合方式。

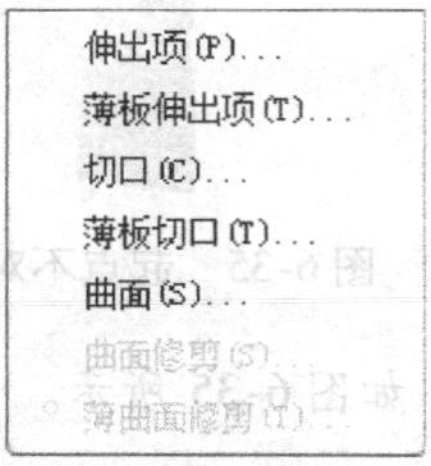


图6-30 【混合】子菜单

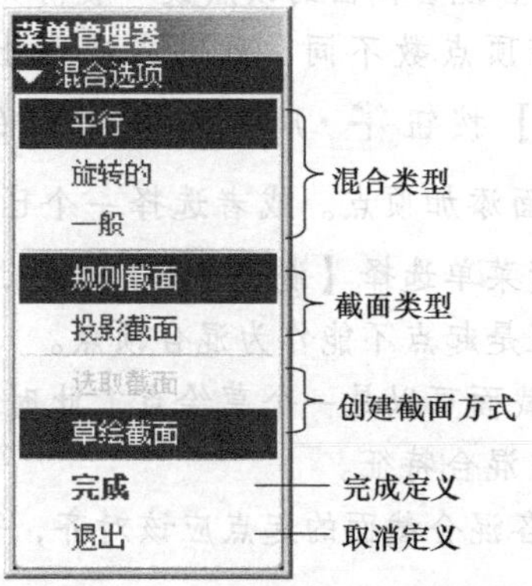


图6-31 【混合选项】菜单

- 【平行】：所有截面相互平行。
- 【旋转的】：混合截面绕Y轴旋转，最大旋转角度120°，每个截面须单独草绘坐标系，混合时各截面坐标系对齐。
- 【一般】：混合截面可以绕X轴、Y轴和Z轴旋转，也可以沿各轴向移动，每个截面须单独草绘坐标系，混合时各截面坐标系对齐。
- 【规则截面】：混合截面在草绘平面上绘制。
- 【投影截面】：混合截面投影到曲面上。
- 【选取截面】：选取已经草绘的截面作为混合截面。
- 【草绘截面】：草绘混合截面。

2. 定义混合类型和截面类型

在【混合选项】菜单中选择【平行】|【规则截面】|【草绘截面】|【完成】选项，弹出如图6-32所示的【混合】对话框和如图6-33所示的【属性】菜单。

3. 定义混合特征的属性

用户可在【属性】菜单中定义混合特征的属性。

- 【直】：各截面对应点之间用直线连接，如图6-34所示。
- 【光滑】：各截面对应点之间用样条曲线连接，如图6-34所示。

4. 定义截面

按照菜单的提示定义草绘平面的放置属性，进入草绘界面草绘截面。草绘完一个混合截面

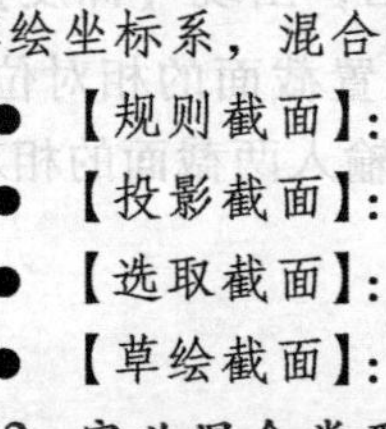


图6-32 【混合】对话框

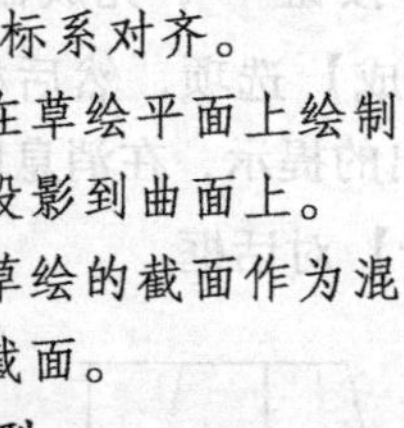


图6-33 【属性】菜单




图6-34 混合属性不同的立体对比

后，单击鼠标右键，在弹出的快捷菜单选择【切换截面】选项，草绘下一个混合截面，刚才的截面变为灰色。若要在各混合截面之间进行切换，则单击鼠标右键，在弹出的快捷菜单中选择【切换截面】选项即可。

定义截面时要注意以下问题：

● 各混合截面的顶点数一般情况下要相同，否则不能生成混合特征。若顶点数不同，可以在截面上使用【草绘器工具】工具栏【删除段】按钮后的，在出现的工具箱中单击【打断】按钮为截面添加顶点。或者选择一个已有顶点，单击鼠标右键，在弹出的快捷菜单选择【混合顶点】选项，将该顶点变为两个顶点重合的形式。但是起点不能作为混合顶点。

● 截面可以是一个草绘点，此时不需要使用【混合顶点】选项即可生成混合特征。

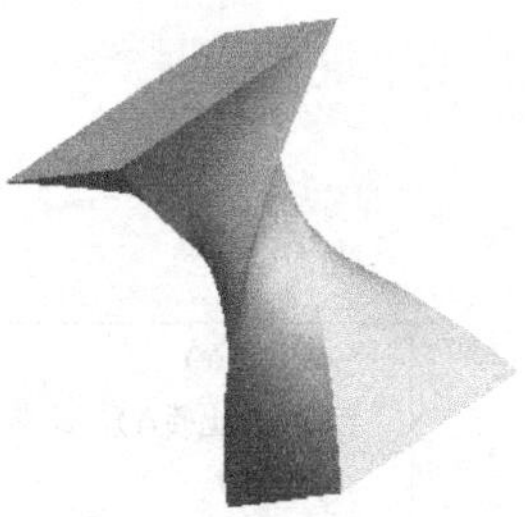

图 6-35 起点不对齐

● 各混合截面的起点应该对齐，否则生成的混合特征会发生扭曲，如图 6-35 所示。

---

**提醒：混合截面的起点附着黄色箭头，选中截面的某个顶点，单击鼠标右键，在弹出的快捷菜单中选择【起点】选项，可将该点变为起点，如果箭头方向不对，可以再进行一遍上述操作。**

---

5. 定义混合的方向和深度

单击【草绘器工具】工具栏中的【完成】按钮，完成截面的定义后，出现【深度】菜单，在其中选择定义深度的方式后，选择【完成】选项，然后根据提示设置截面的相对位置。如果选择的是【盲孔】|【完成】选项，根据弹出的提示，在消息区根据提示输入两截面的相对距离，单击按钮或按 <Enter> 键，回到【混合】对话框。

6. 完成混合特征

在【混合】对话框，单击 预览 按钮预览混合特征。符合设计意图后，单击 确定 按钮完成混合。

**【例 6-3】** 创建如图 6-36 所示的正五棱台，上底面外接圆直径为 30，下底面外接圆直径为 50，高度为 40。

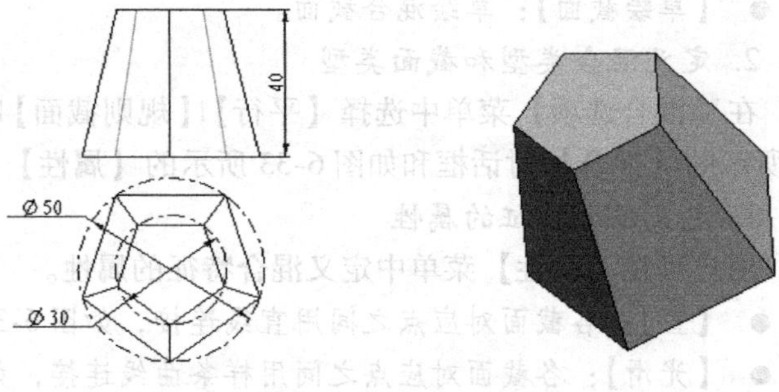


图 6-36 五棱台模型

## 设计步骤

(1) 使用缺省模板，创建名为“liti6-3. prt”的实体文件。

(2) 选择菜单栏中的【插入】|【混合】|【伸出项】选项，弹出【混合】对话框和【混合选项】菜单。

(3) 在【混合选项】菜单中选择【平行】|【规则截面】|【草绘截面】|【完成】选项，出现【属性】菜单。

(4) 在【属性】菜单中选择【直】|【完成】选项，出现【设置草绘平面】菜单。

(5) 在【设置草绘平面】菜单中选择【新设置】|【平面】选项，根据提示在图形区选择“TOP”基准面作为草绘平面，出现【方向】菜单。

(6) 在【方向】菜单中选择【确定】选项，出现【草绘视图】菜单。

(7) 在【草绘视图】菜单中选择【缺省】选项，进入草绘界面，具体过程如图6-37所示。

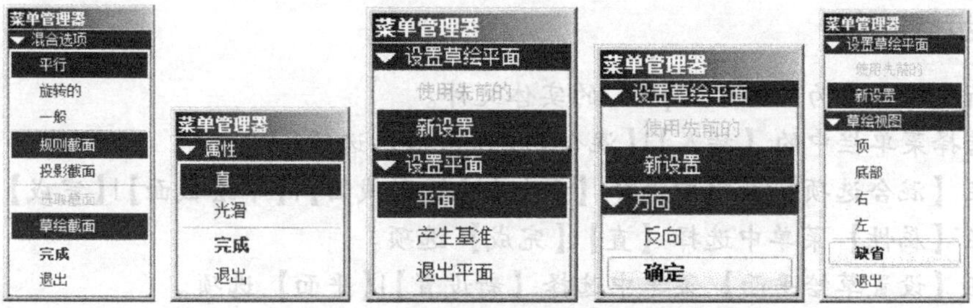


图6-37　定义混合特征属性及草绘平面

(8) 草绘如图6-38所示的正五边形作为下底面。

(9) 按下鼠标右键，在弹出的快捷菜单中选择【切换截面】选项，进入下一个截面。

(10) 草绘如图6-39所示的正五边形作为上底面。

(11) 单击【草绘器工具】工具栏中的【完成】按钮✔，完成截面草绘。

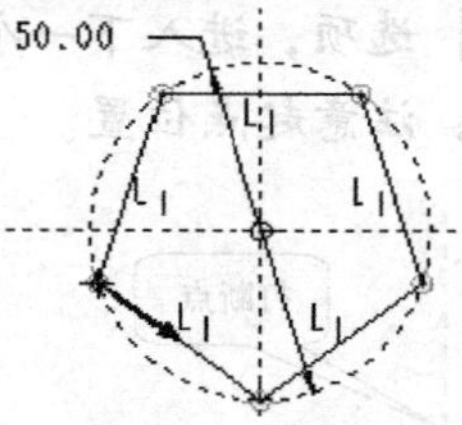


图6-38　下底面

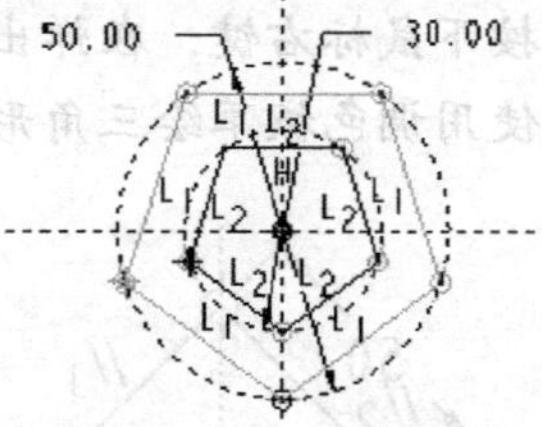


图6-39　上底面

提醒：草绘两个截面时，一定要注意起点对齐，否则混合时会产生扭曲。如果起点不对齐，可选中欲作为起点的截面顶点，单击鼠标右键，在弹出的快捷菜单选择【起点】选项即可。

(12) 消息栏提示“输入截面2的深度”，在其后的组合框中输入截面2的深度为“40”，按〈Enter〉键回到【混合】对话框。

(13) 单击 预览 按钮预览混合特征，符合设计意图后，单击 确定 按钮完成混合。

(14) 保存文件，关闭窗口，拭除不显示。

**【例6-4】** 创建如图6-40所示的混合特征，截面1为一个点，截面2是边长为50正方形，

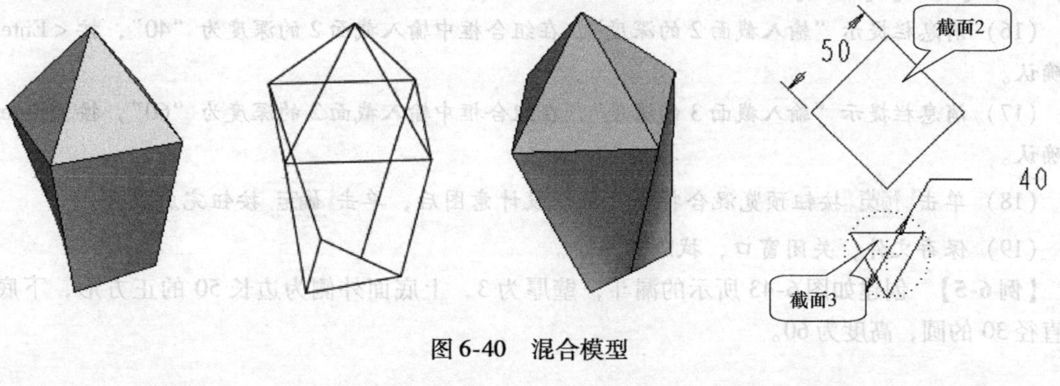


图6-40　混合模型

截面3是外接圆直径为40的正三角形。截面1和截面2的距离是40，截面2和截面3的距离是60。

## 设计步骤

(1) 新建文件名为"liti6-4. prt"的实体文件。

(2) 选择菜单栏中的【插入】|【混合】|【伸出项】选项。

(3) 在【混合选项】菜单中选择【平行】|【规则截面】|【草绘截面】|【完成】选项。

(4) 在【属性】菜单中选择【直】|【完成】选项。

(5) 在【设置草绘平面】菜单中选择【新设置】|【平面】选项。

(6) 在图形区"TOP"基准面作为草绘平面。

(7) 在【方向】菜单选择【反向】选项，再选择【确定】选项。

(8) 在【草绘视图】菜单选择【缺省】选项，进入草绘界面。

(9) 在两参照交点处草绘点作为截面1。

(10) 按下鼠标右键，在弹出的快捷菜单选择【切换截面】选项，进入下一个截面。

(11) 草绘正方形作为截面2，如图6-41所示，注意起点位置及约束。

(12) 按下鼠标右键，在弹出的快捷菜单选择【切换截面】选项，进入下一个截面。

(13) 使用调色板草绘三角形作为截面3，如图6-42所示，注意起点位置。

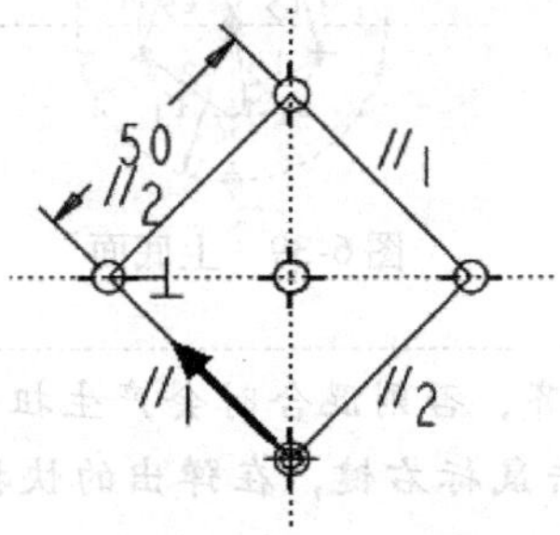


图6-41　截面2

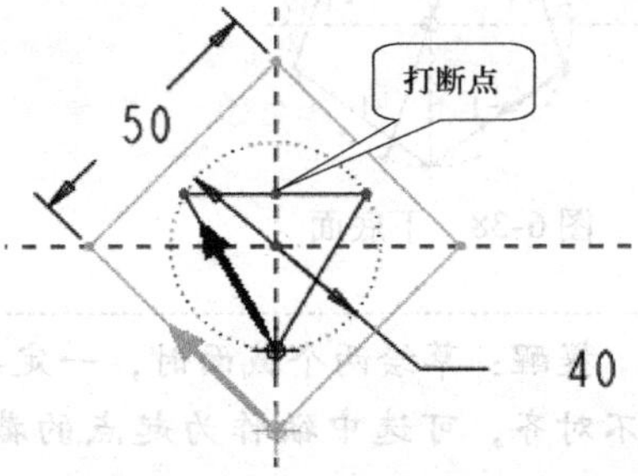


图6-42　截面3

(14) 因为三角形只有3个顶点，所以需要为其增加顶点。单击【草绘器工具】工具栏中的【删除段】按钮后的，在出现的工具箱中单击【打断】按钮，在图形区拾取"打断点"位置，为其增加了一个顶点。

(15) 单击【草绘器工具】工具栏中的【完成】按钮，完成截面草绘，出现【深度】菜单，选择【盲孔】|【完成】选项。

(16) 消息栏提示"输入截面2的深度"，在组合框中输入截面2的深度为"40"，按<Enter>键确认。

(17) 消息栏提示"输入截面3的深度"，在组合框中输入截面2的深度为"60"，按<Enter>键确认。

(18) 单击 预览 按钮预览混合特征，符合设计意图后，单击 确定 按钮完成混合。

(19) 保存文件，关闭窗口，拭除不显示。

**【例6-5】** 创建如图6-43所示的漏斗，壁厚为3，上底面外侧为边长50的正方形，下底面是直径30的圆，高度为60。

## 设计步骤

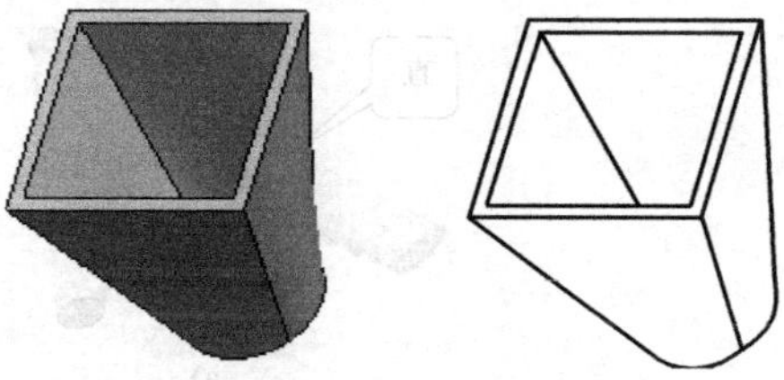
图6-43　漏斗

（1）新建文件名为“liti6-5. prt”的实体文件。

（2）选择菜单栏中的【插入】|【混合】|【薄板伸出项】选项。

（3）在【混合选项】菜单中选择【平行】|【规则截面】|【完成】选项。

（4）在【属性】菜单中选择【直】|【完成】选项。

（5）在【设置草绘平面】菜单中选择【新设置】|【平面】选项。

（6）在图形区选取“TOP”基准面作为草绘平面。

（7）在【方向】菜单中选择【反向】选项，再选择【确定】选项。

（8）在【草绘视图】菜单选择【缺省】选项，进入草绘环境。

（9）草绘如图6-44所示的正方形作为截面1，注意约束和起点位置。

（10）按下鼠标右键，在弹出的快捷菜单选择【切换剖面】选项，进入下一个截面。

（11）草绘如图6-45所示的圆作为截面2，在两条倾斜中心线与圆的交点处将圆打断，注意起点位置。

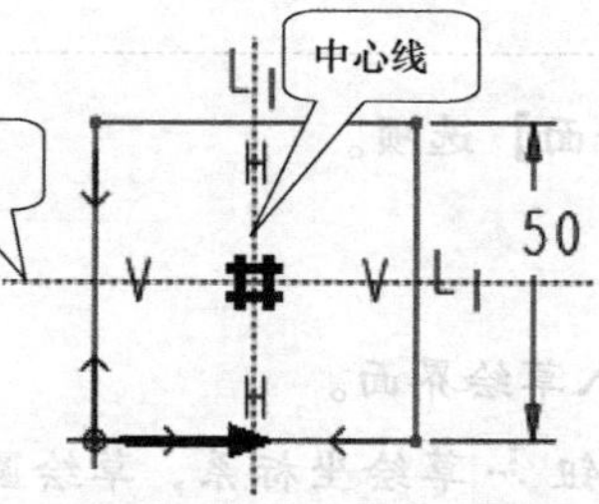

图6-44　截面1

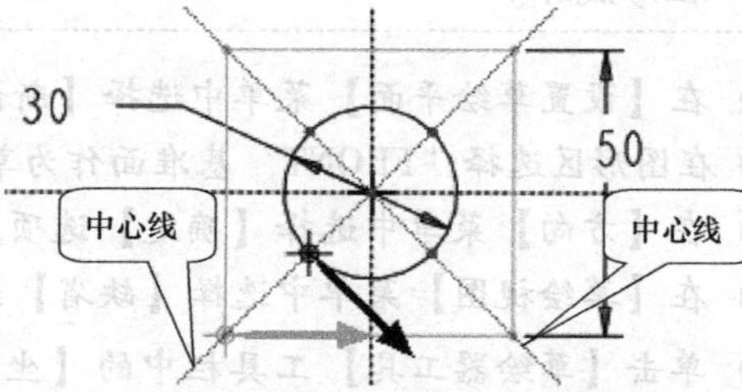

图6-45　截面2

（12）单击【草绘器工具】工具栏中的【完成】按钮 ✔ 完成截面草绘，出现【薄板选项】菜单，选择【确定】选项，指定加厚方向为内部。

（13）消息区提示“输入薄特征的厚度”，在组合框中输入厚度“3”，按<Enter>键确认。出现【深度】菜单，选择【盲孔】|【完成】选项。

（14）消息栏提示“输入截面2的深度”，在组合框中输入截面2的深度“60”，按<Enter>键确认。

（15）在【混合】对话框中，单击 预览 按钮预览混合特征，符合设计意图后，单击 确定 按钮完成混合。

（16）保存文件，关闭窗口，拭除不显示。

### 6.2.2　旋转混合

旋转混合的截面所在平面延伸后交于基准坐标系的Y轴，输入的深度为角度值，绘制每个截面时都要绘制参考坐标系，完成混合时，各截面坐标系应对齐。旋转的角度为两个截面的夹角。下面通过例子讲解旋转混合特征的创建步骤。

**【例6-6】**　创建如图6-46所示的混合特征模型。

图 6-46　旋转混合特征模型

## 设计步骤

（1）新建文件名为"liti6-6. prt"的实体文件。

（2）选择菜单栏中的【插入】|【混合】|【伸出项】选项。

（3）在【混合选项】菜单中选择【旋转的】|【规则截面】|【草绘截面】|【完成】选项。

（4）在【属性】菜单中选择【直】|【开放】|【完成】选项。

提醒：使用【开放】选项时混合特征不形成环，使用【闭合】选项时混合特征形成环。

（5）在【设置草绘平面】菜单中选择【新设置】|【平面】选项。

（6）在图形区选择"FRONT"基准面作为草绘平面。

（7）在【方向】菜单中选择【确定】选项。

（8）在【草绘视图】菜单中选择【缺省】选项，进入草绘界面。

（9）单击【草绘器工具】工具栏中的【坐标系】按钮草绘坐标系，草绘圆作为截面 1，其尺寸和约束如图 6-47 所示。

（10）单击【草绘器工具】工具栏中的【完成】按钮，完成截面草绘，消息栏提示"为截面 2 输入 y_axis 旋转角"，在其后的组合框中输入"60"，按 <Enter> 键进入草绘界面。

（11）单击【草绘器工具】工具栏中的【坐标系】按钮草绘坐标系，草绘椭圆作为截面 2，其尺寸和约束如图 6-48 所示。

（12）单击【草绘器工具】工具栏中的【完成】按钮，完成截面草绘，弹出【确认】对话框，单击【是】按钮 是(Y)，关闭【确认】对话框。

（13）消息栏提示"为截面 3 输入 y_axis 旋转角"，在其后的组合框中输入"90"，按 <Enter> 键进入草绘界面。

（14）单击【草绘器工具】工具栏中的【坐标系】按钮，草绘圆作为截面 3，其尺寸和约束如图 6-49 所示。

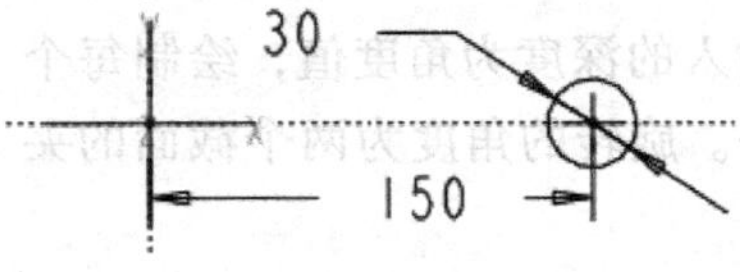


图 6-47　截面 1

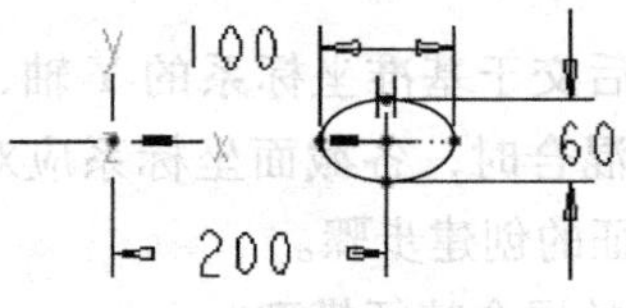


图 6-48　截面 2

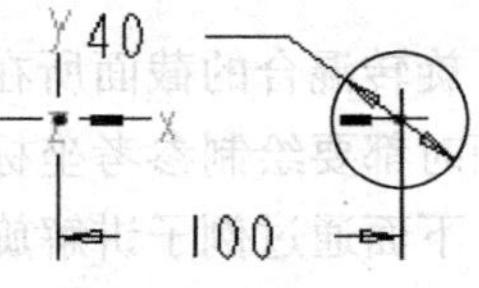


图 6-49　截面 3

(15) 单击【草绘器工具】工具栏中的【完成】按钮✔，完成截面草绘，弹出【确认】对话框，单击【是】按钮 否(N) ，关闭【确认】对话框。

(16) 在【混合】对话框中，单击 预览 按钮预览混合特征，结果如图 6-46a 所示。

(17) 在【混合】对话框的【元素】列表中选择【属性】选项，单击 定义 按钮，在出现的【属性】菜单中选择【光滑】|【开放】|【确定】选项，单击 预览 按钮预览混合特征，结果如图 6-46b所示。

(18) 单击 确定 按钮完成混合。

(19) 保存文件，关闭窗口，拭除不显示。

## 6.3 扫描混合

扫描混合是结合了扫描特征和混合特征特点的一种特征。它将一组截面沿轨迹扫描形成连续特征，它的要素是几个截面和一条或两条轨迹。图 6-50 所示的钩子是由几个截面和一个轨迹构建形成的，图 6-51 所示的台体则是由两个截面和两条轨迹构建形成的。

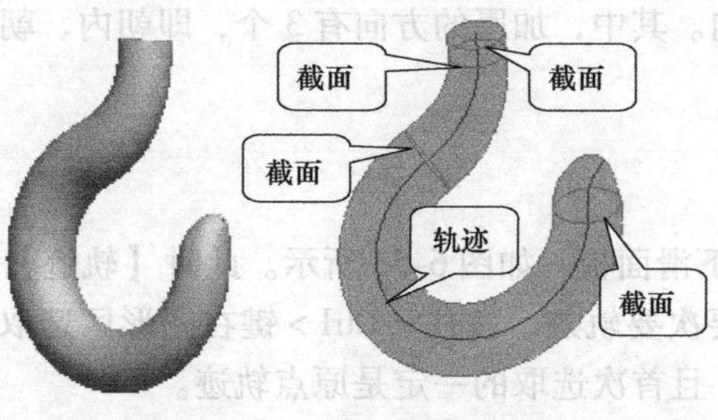


图 6-50 一条轨迹多个截面

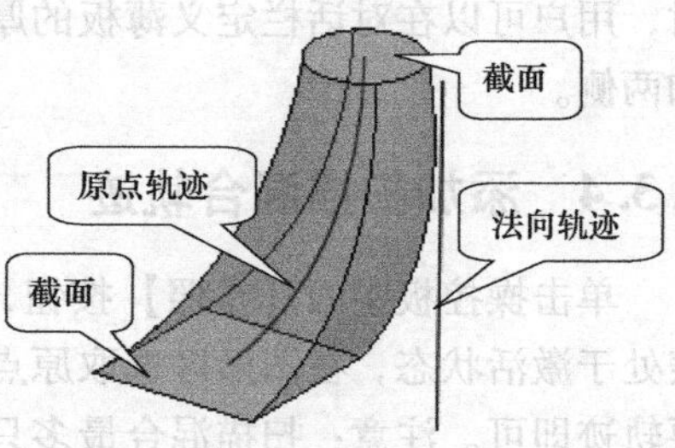


图 6-51 两条轨迹多个截面

选择菜单栏中的【插入】|【扫描混合】选项，弹出【扫描混合】操控板，如图 6-52 所示，其样式类似于【拉伸】操控板和【旋转】操控板。

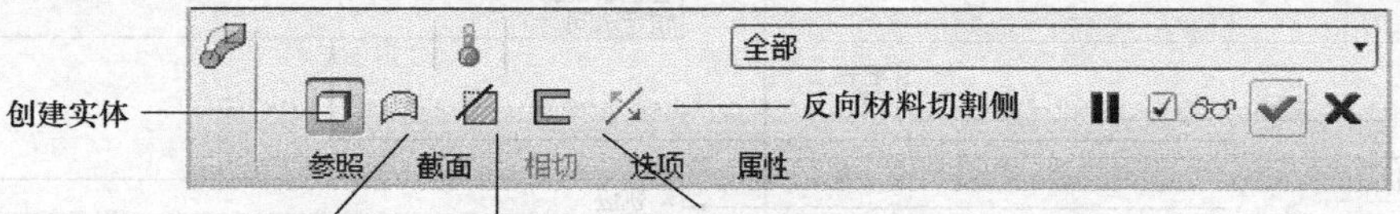


图 6-52 【扫描混合】操控板

选择该操控板对话栏中的相应工具可以完成实体、曲面和薄板特征的创建，也可以确定是添加材料还是去除材料，同时在去除材料时，通过单击【反向材料切割侧】按钮 ，可以控制去除材料的侧。

创建扫描混合特征的通常步骤如下：

定义扫描混合轨迹→选择扫描混合特征命令→选择特征类型→添加扫描混合轨迹→定义扫描混合截面→定义边界条件→确定添加/去除材料→完成扫描混合。

### 6.3.1 定义扫描混合轨迹

要创建扫描混合特征必须先定义扫描混合轨迹。用户可以使用草绘平面曲线或者创建基准曲线定义轨迹，也可选取现有曲线和边作为扫描轨迹。

定义扫描混合轨迹时，可以使用【基准】工具栏中的【草绘】工具按钮草绘平面曲线，也可以使用【基准】工具栏中的【曲线】工具按钮通过已有点连接空间曲线完成。

轨迹上能添加截面的位置有3种：原点轨迹的两个端点、原点轨迹上的基准点以及组成原点轨迹的多条曲线的连接点。若创建的单条曲线上缺少能放置截面的关键点，则需要在曲线上该位置处创建基准点。

### 6.3.2 选择扫描混合特征命令

选择【插入】|【扫描混合】命令，弹出【扫描混合】操控板，在操控板中可配置扫描混合的属性，选取轨迹，定义截面及生成的体的边界条件。

### 6.3.3 选择特征类型

与拉伸和旋转特征相同，扫描混合特征也有实体、曲面和薄板3种特征类型，用户可根据需要在对话栏选择。单击【创建一个实体】按钮，可以创建实体特征；单击【创建曲面】按钮，可以创建曲面特征；单击【创建薄板特征】按钮，可以创建薄板特征。当创建薄板特征时，用户可以在对话栏定义薄板的厚度和加厚的方向。其中，加厚的方向有3个，即朝内、朝外和两侧。

### 6.3.4 添加扫描混合轨迹

单击操控板中的【参照】按钮，弹出【参照】下滑面板，如图6-53所示。此时【轨迹】列表处于激活状态，在图形区选取原点轨迹，如果需要次要轨迹，按住 <Ctrl> 键在图形区选取次要轨迹即可。注意：扫描混合最多只能有两条轨迹，且首次选取的一定是原点轨迹。

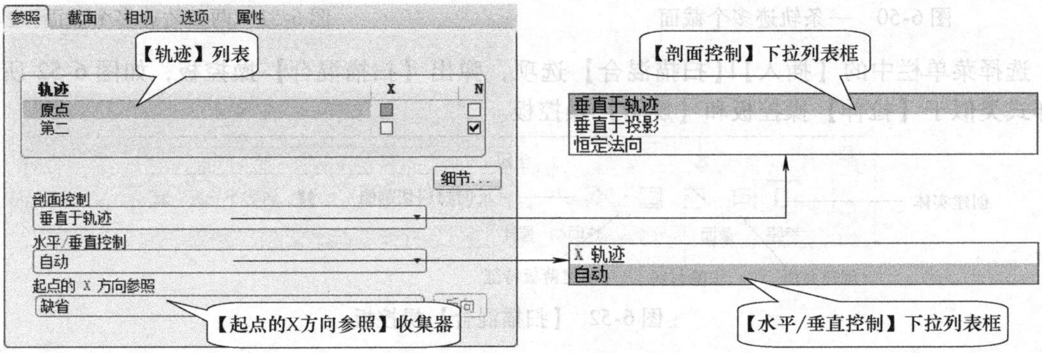


图6-53 【参照】下滑面板

● 【轨迹】列表：当在图形区选取了原点轨迹和次要轨迹时，此处将显示选中的轨迹列表。一般情况下使用原点轨迹即可，此时原点轨迹也是法向轨迹。如果使用次要轨迹，需要按住 <Ctrl> 键在图形区选取。选中某轨迹后的【N】列下的复选框，该轨迹将作为法向轨迹；选中某轨迹后的【X】列下的复选框，该轨迹将放置在草绘截面时的X轴方向上，决定草绘截面时视图方位。使用扫描混合工具最多只能选择两条轨迹。

● 【剖面控制】下拉列表框：该下拉列表框中共有3个选项，用于定义截面相对于轨迹的空间位置。

① 垂直于轨迹：截面在放置控制点处垂直于【轨迹】列表中设定的法向轨迹。

② 垂直于投影：截面在放置控制点处垂直于轨迹曲线在所选参照上的投影。

③ 恒定法向：截面在放置控制点处法向恒定，方向为指定参照的方向。

● 【水平/垂直控制】下拉列表框：该下拉列表框有两个选项，用以控制草绘截面时 X 轴的放置方位。

① 自动：由系统决定草绘截面时的 X 轴放置方位。

② X 轨迹：由选定的次要轨迹决定草绘截面时的 X 轴放置方位，该选项只有选择了次要轨迹才可用。

● 【起点的 X 方向参照】收集器：当只选择原点轨迹又要确定起点的 X 方向时，单击激活该收集器，在图形区选取参照即可决定起点的 X 方向。

如果没有事先创建轨迹，可以实时创建轨迹曲线。此时可以使用【基准】工具栏中的【草绘】工具按钮草绘平面曲线作为轨迹，也可以使用【基准】工具栏中的【曲线】工具按钮通过已有点连接空间曲线创建轨迹。

选取轨迹后，从【剖面控制】列表中选择合适选项定义截面对于轨迹的空间相对位置，从【水平/垂直控制】下拉列表框中选择合适的选项定义草绘截面时 X 轴的放置方位，一般使用默认设置即可。

### 6.3.5 定义扫描混合截面

完成扫描轨迹定义后，单击操控板中的【截面】按钮，弹出【截面】下滑面板，如图 6-54 所示。

扫描混合的各截面顶点数必须相同，且各截面起点必须对齐，否则生成的特征会产生扭曲。对于椭圆和圆混合时产生扭曲的情况，可以将作为截面的椭圆和圆均打断为相同段数，并设置其起点对齐。

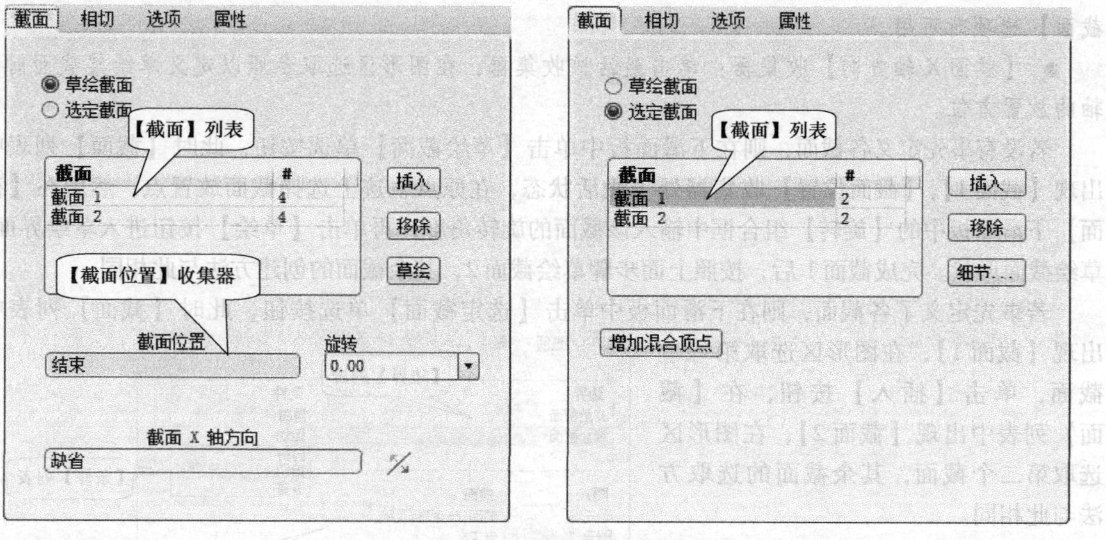


图 6-54 【截面】下滑面板

● 【草绘截面】单选按钮：单击该单选按钮，【截面位置】收集器即处于淡绿色激活状态，在图形区原点轨迹上选取可以插入截面的点后，单击【草绘】按钮进入草绘界面，根据设计要求草绘截面。

● 【选定截面】单选按钮：单击该单选按钮，直接在图形区选取第一个截面，然后单击【插入】按钮，在图形区选取第二个截面，其他截面的选法和第二个截面的选法相同。

● 【截面】列表：该列表中显示已经创建或者选取的截面列表，并根据选取截面或者草绘截面的顺序自动加上序号，其中【#】列显示每一截面包含的线段数目。使用扫描混合工具时，要求每个截面包含的线段数目（或者顶点数）相同，否则不能生成扫描混合特征。如要插入新的截面，只需单击【插入】按钮。如果使用的是【草绘截面】选项，需要在轨迹上选取插入截面的控制点（该控制点可以是线段的端点或者在原点轨迹上创建的基准点，也可以是组成原点轨迹的多条曲线的连接点），然后单击【草绘】按钮进入草绘界面，在其中根据设计要求草绘截面。如果使用的是【选定截面】选项，只需在图形区选取截面图形即可。扫描混合的截面的线段数目不等或者顶点不对齐时，可以采用和创建混合特征时相同的方法解决。

● 【插入】按钮：单击此按钮，可在原点轨迹上添加一截面。

● 【移除】按钮：在【截面】列表中选中某截面，单击此按钮，可在原点轨迹上移除该截面。

● 【截面位置】收集器：使用【草绘截面】方式，当选取【插入】按钮插入新截面时，该收集器激活，可以在图形区选取原点轨迹上的关键点，用以定义截面的放置位置。如果截面位置不合适，也可现在【截面】列表中选中某截面，单击【截面位置】收集器将其激活，然后重新选取原点轨迹上的关键点作为该截面的新位置。

● 【草绘】按钮：在图形区选择好放置截面的关键点，添加截面位置后，单击【草绘】按钮进入草绘界面，在其中根据设计要求草绘截面，此按钮仅在使用【草绘截面】方式时可用。

● 【旋转】组合框：在其中输入或者选取最近曾经使用过的数值，决定该处截面绕原点轨迹在该点处切向方向的旋转角度。

● 【增加混合顶点】按钮：在【截面】列表中选中某截面后，单击该按钮，可为该截面增加混合顶点，以使各截面的线段数目相等，混合顶点上出现一小圆圈。该按钮仅在使用【所选截面】选项时可用。

● 【截面X轴方向】收集器：单击激活该收集器，在图形区选取参照以定义草绘某截面时X轴的放置方位。

若没有事先定义各截面，则在下滑面板中单击【草绘截面】单选按钮，此时【截面】列表中出现【截面1】，【截面位置】收集器处于激活状态，在原点轨迹上选择截面放置点，然后在【截面】下滑面板中的【旋转】组合框中输入该截面的旋转角度，再单击【草绘】按钮进入草绘界面，草绘截面形状。完成截面1后，按照上面步骤草绘截面2，其余截面的创建方法与此相同。

若事先定义了各截面，则在下滑面板中单击【选定截面】单选按钮，此时【截面】列表中出现【截面1】，在图形区选取第一个截面，单击【插入】按钮，在【截面】列表中出现【截面2】，在图形区选取第二个截面，其余截面的选取方法与此相同。

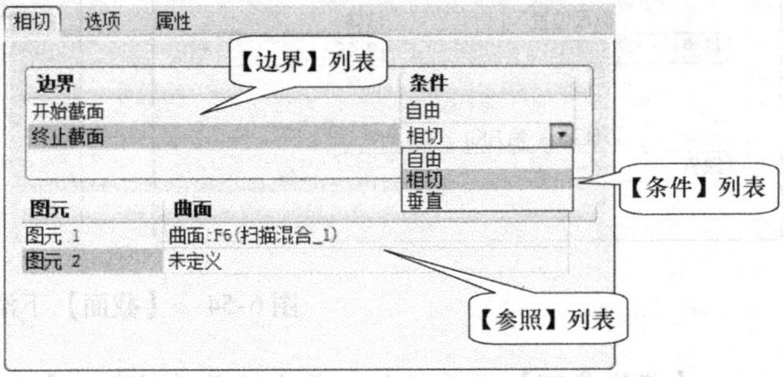

图6-55 【相切】下滑面板

## 6.3.6 定义边界条件

完成截面定义后，如果需要定义曲面的边界条件，可单击操控板中的

【相切】按钮，弹出【相切】下滑面板，如图 6-55 所示。

● 【边界】列表：此处列出了【开始截面】和【终止截面】两个截面，可在其后的【条件】列表中定义边界条件。

● 【条件】列表：单击弹出下拉列表框，从中选择选定截面处和相邻曲面的邻接关系。

① 自由：由系统决定边界条件。

② 相切：在选定截面处扫描混合曲面和选定的参照相切。

③ 垂直：在选定截面处扫描混合曲面和选定的参照垂直。

● 【参照】列表：选择截面的边界条件后，单击激活该列表的【曲面】列，在图形区选择参照曲面。

首先，在【开始截面】或者【终止截面】的【条件】列表中选择边界条件；其次，在【参照】列表中单击激活对应的【曲面】列；最后，在图形区选择参照曲面即可。

## 6.3.7 确定添加/去除材料

在创建第 1 个特征时，只有添加材料可用；第 1 个特征创建后，两种方式都可用。

## 6.3.8 完成扫描混合

拖动鼠标中键在各个角度进行几何预览，单击操控板中的【特征预览】按钮预览最后结果，符合设计要求后，单击控制区的【应用】按钮，完成扫描混合。

**【例 6-7】** 创建如图 6-56 所示尺寸的钩子模型。

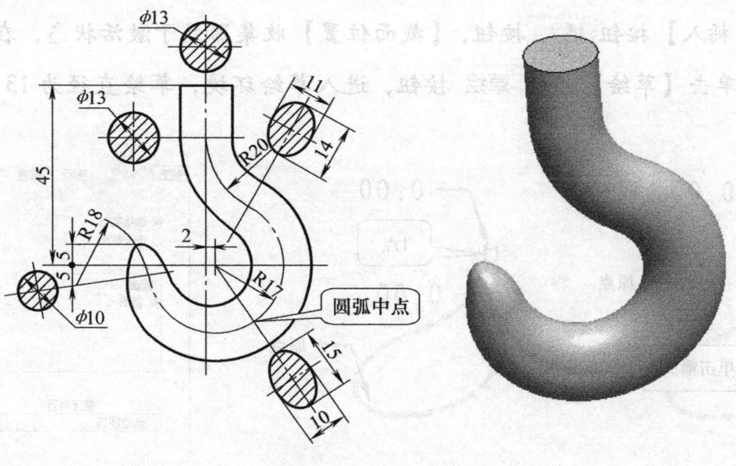


图 6-56　钩子工程图

## 设计步骤

（1）使用缺省模板，新建文件名为“liti6-7. prt”的文件。

（2）单击【基准】工具栏中的【草绘】按钮，选取“FRONT”基准面作为草绘平面，其余使用默认设置，草绘轨迹曲线如图 6-57 所示。

（3）作为轨迹选择菜单栏中的【插入】|【扫描混合】选项，弹出【扫描混合】操控板，在对话栏中单击【参照】按钮，创建实体模型。

(4) 单击【基准】工具栏中的【点】按钮，弹出【基准点】对话框，在图形区选择如图6-58所示的圆弧，修改其位置值为“0.5”，在图形区单击鼠标中键完成基准点“PNT0”的创建。

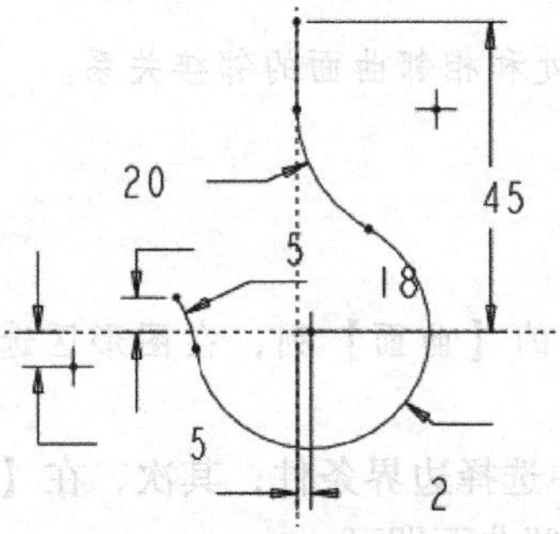


图6-57　草绘轨迹曲线

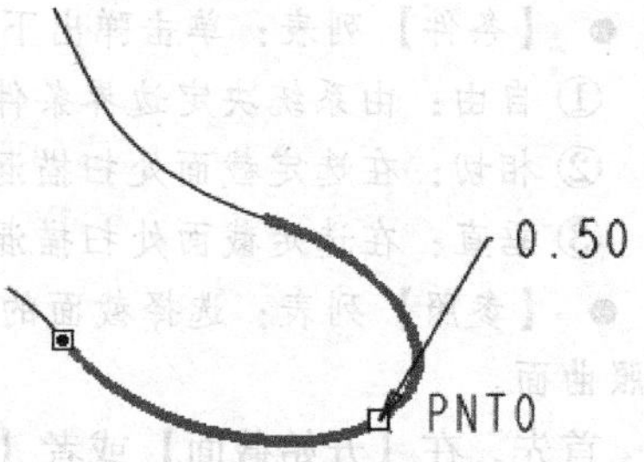


图6-58　创建基准点

(5) 在图形区选取曲线，该曲线将作为扫描混合的原点轨迹，轨迹的起点位于6点处，单击箭头，箭头附着在轨迹的1点处，表明起点在1点处，如图6-59所示。

(6) 单击【截面】按钮，弹出【截面】下滑面板，单击【草绘截面】单选按钮，此时【截面位置】收集器处于激活状态，如图6-60所示。

(7) 在图形区选取轨迹的1点，单击【草绘】按钮 草绘 按钮，进入草绘界面，草绘直径为13的圆，如图6-61所示。

(8) 单击【草绘器工具】工具栏中的【完成】按钮✔，接受所绘截面，完成截面1的草绘，回到【截面】下滑面板。

(9) 单击【插入】按钮 插入 按钮，【截面位置】收集器处于激活状态，在图形区选取原点轨迹上的2点，单击【草绘】按钮 草绘 按钮，进入草绘环境，草绘直径为13的圆，如图6-62所示。

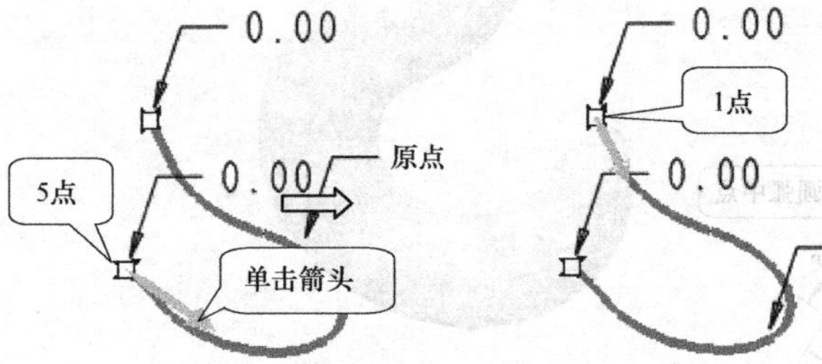


图6-59　改变起点位置

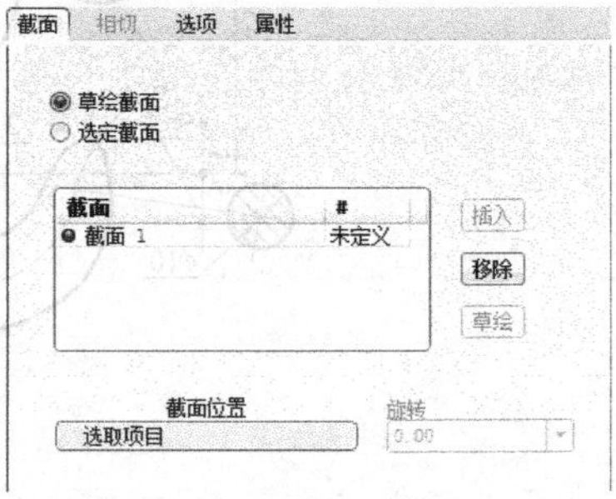


图6-60　【截面】下滑面板

(10) 单击【草绘器工具】工具栏中的【完成】按钮✔，接受所绘截面，完成截面2的绘制，此时图形区如图6-63所示。

(11) 在【截面】下滑面板单击【插入】按钮 插入，【截面位置】收集器处于激活状态，在图形区选取原点轨迹上的3点，单击【草绘】按钮 草绘，进入草绘界面，草绘如图6-64所示的椭圆。

(12) 单击【草绘器工具】工具栏中的【完成】按钮✔，接受所绘截面，完成截面3的绘制，预览模型如图6-65所示，回到【截面】下滑面板。

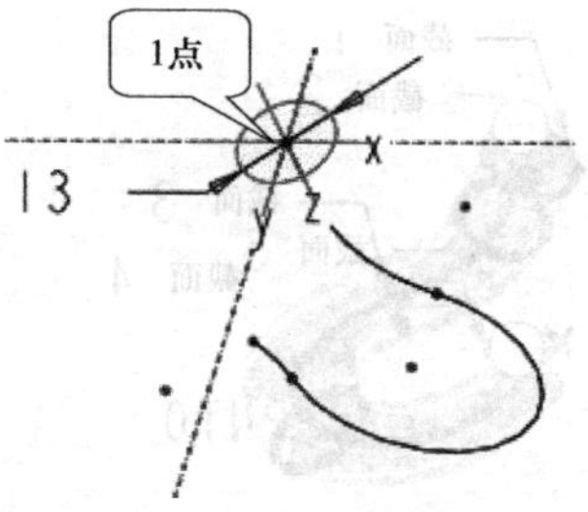


图6-61　第一个截面

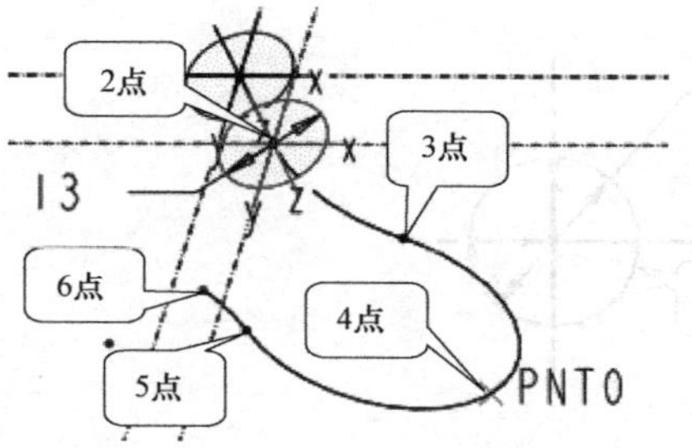


图6-62　第二个截面

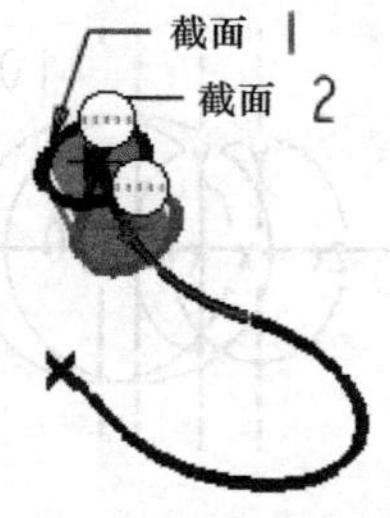


图6-63　预览模型

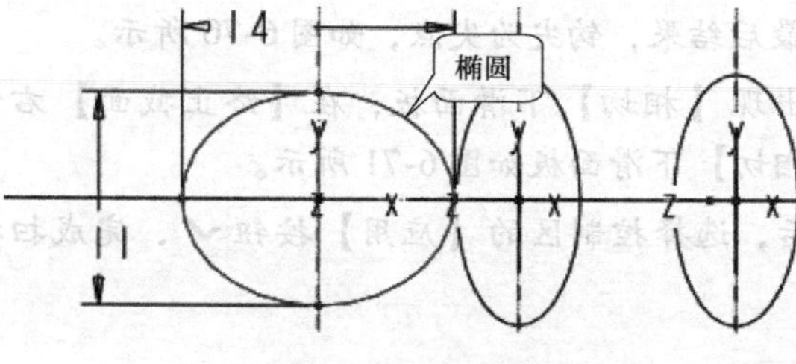


图6-64　草绘截面3

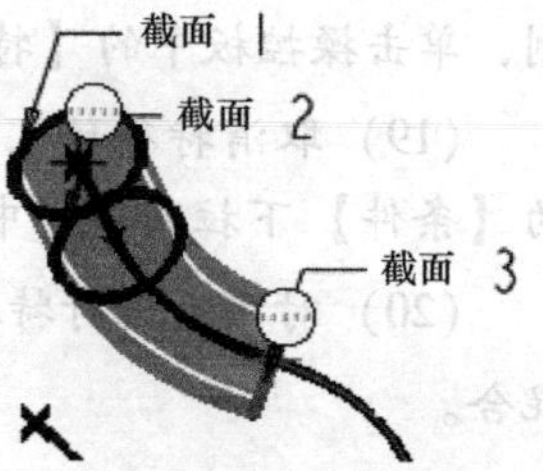


图6-65　预览模型

(13) 在【截面】下滑面板中单击【插入】按钮 插入 ，【截面位置】收集器处于激活状态，在图形区选取原点轨迹上的4点（PNT0），单击【草绘】按钮 草绘 ，进入草绘环境，草绘如图6-66所示的椭圆。

(14) 单击【草绘器工具】工具栏中的【完成】按钮✔，接受所绘截面，完成截面4的绘制，预览模型如图6-67所示，回到【截面】下滑面板。

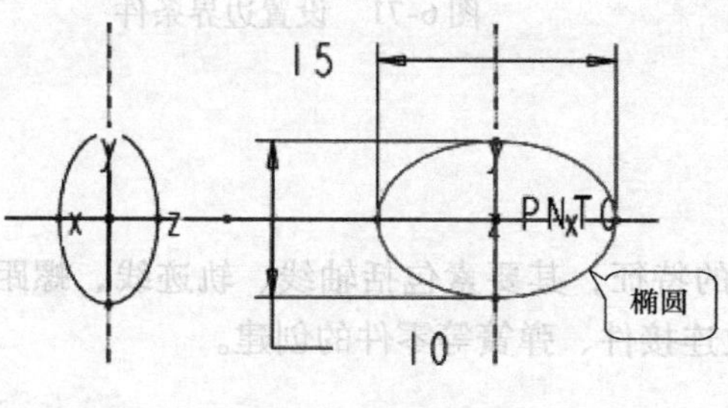


图6-66　草绘截面4

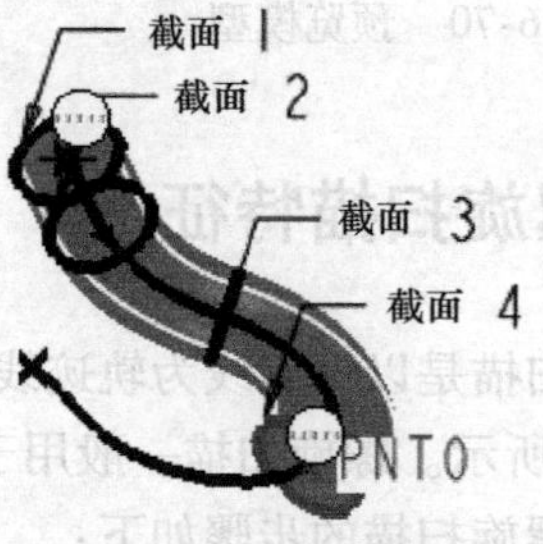


图6-67　预览模型

(15) 在【截面】下滑面板中单击【插入】按钮 插入 ，【截面位置】收集器处于激活状态，在图形区选取原点轨迹上的5点，单击【草绘】按钮 草绘 ，进入草绘界面，草绘如图6-68所示的圆。

(16) 单击【草绘器工具】工具栏中的【完成】按钮✔，接受所绘截面，完成截面5的绘制，预览模型如图6-69所示，回到【截面】下滑面板。

(17) 在【截面】下滑面板中单击【插入】按钮 插入 ，【截面位置】收集器处于激活状态，在图形区选取原点轨迹上的6点（端点），单击【草绘】按钮 草绘 ，进入草绘界面，在6点位置草绘点。

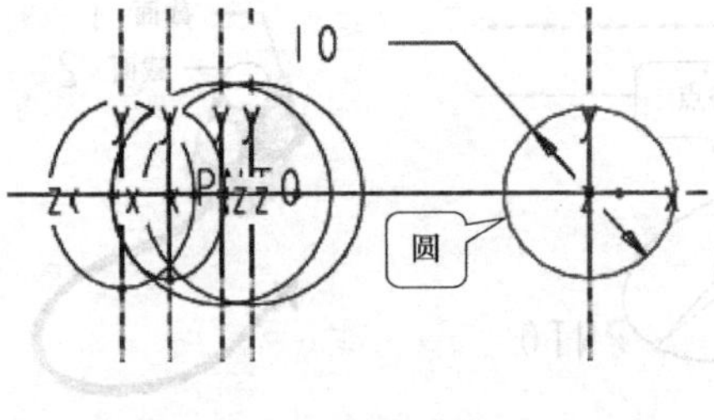


图 6-68　草绘截面 5

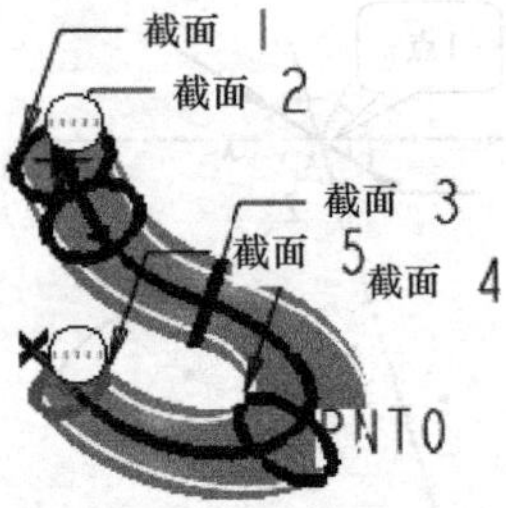


图 6-69　预览模型

(18) 单击【草绘器工具】工具栏中的【完成】按钮✔，接受所绘截面，完成截面 6 的绘制，单击操控板中的【特征预览】按钮预览最后结果，钩尖为尖点，如图 6-70 所示。

(19) 取消特征预览，单击【相切】按钮，出现【相切】下滑面板，在【终止截面】右侧的【条件】下拉列表框中选择【光滑】选项，【相切】下滑面板如图 6-71 所示。

(20) 对模型进行特征预览，符合设计要求后，选择控制区的【应用】按钮✔，完成扫描混合。

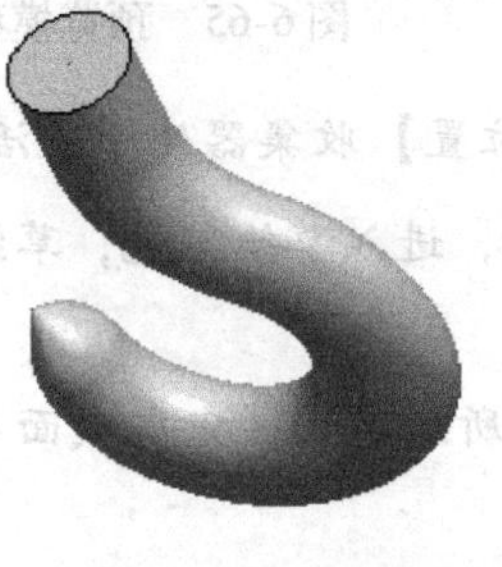

图 6-70　预览模型

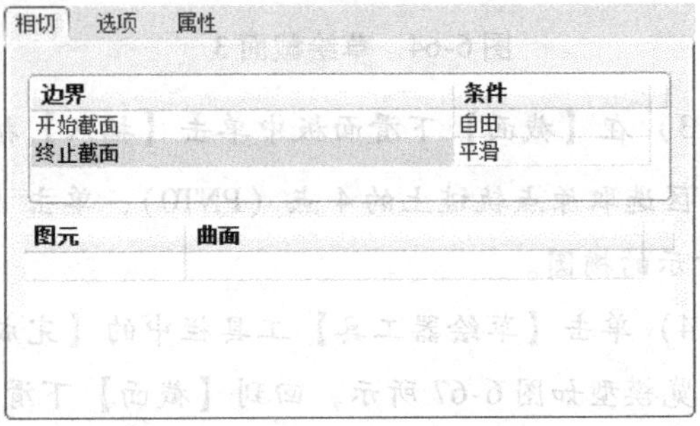


图 6-71　设置边界条件

## 6.4　螺旋扫描特征

螺旋扫描是以螺旋线为轨迹线扫描得到的特征，其要素包括轴线、轨迹线、螺距、截面等，如图 6-72 所示。螺旋扫描一般用于完成螺纹连接件、弹簧等零件的创建。

创建螺旋扫描的步骤如下：

输入命令→定义螺旋线属性→定义扫引轨迹→定义螺距→定义截面→完成螺旋扫描。

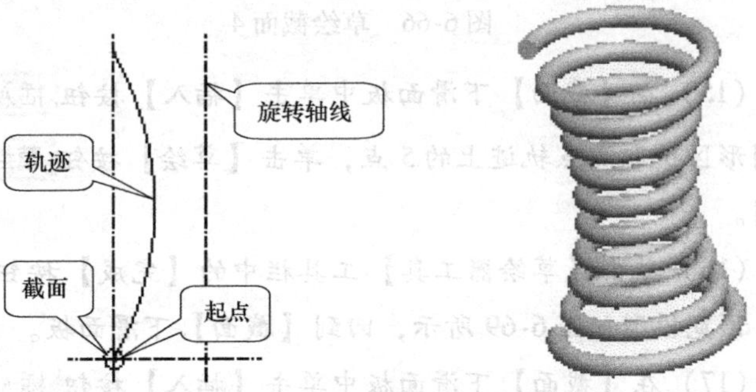


图 6-72　螺旋扫描的要素

### 6.4.1　输入命令

选择菜单栏中的【插入】|【螺旋扫描】选项，其子菜单如图 6-73 所示，可用于创建许多螺旋扫描特征。其中的【伸出项】和【切口】选项最为常用。选择【伸出项】选项，弹出【伸出项：螺旋扫描】对话框和相应的菜单管理器，如

图 6-74 和图 6-75 所示。

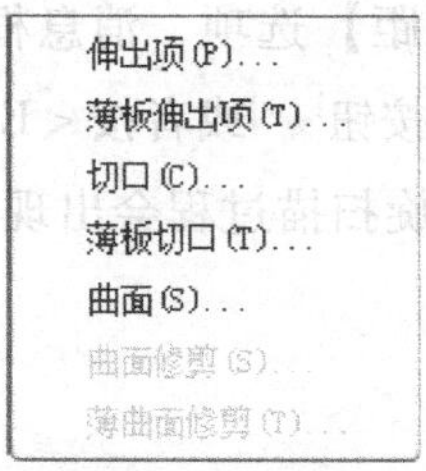


图 6-73　【螺旋扫描】子菜单

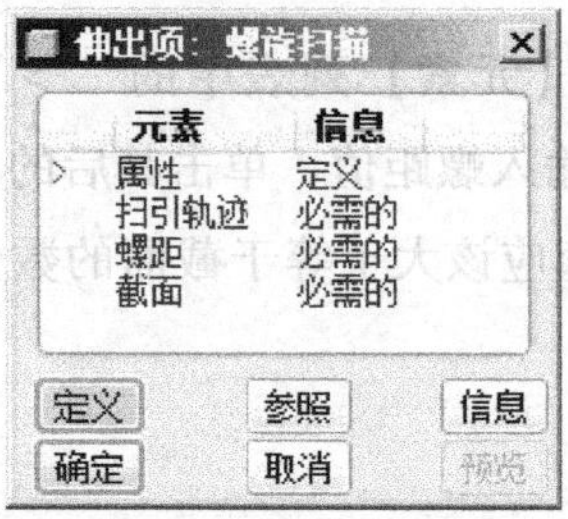


图 6-74　【伸出项：螺旋扫描】对话框

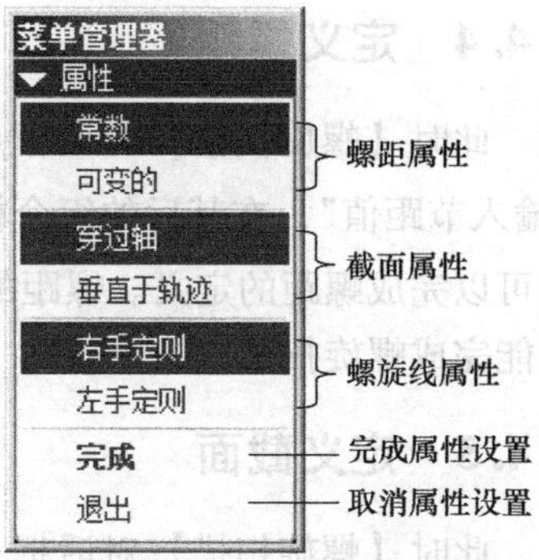


图 6-75　【属性】菜单

- 【常数】：螺旋线螺距为常数。
- 【可变的】：螺旋线螺距可变，可以定义变化规律。
- 【穿过轴】：截面位于穿过轴线的平面内。
- 【垂直于轨迹】：截面位于垂直于螺旋线的平面内。
- 【右手定则】：螺旋线轨迹用右手定则定义。
- 【左手定则】：螺旋线轨迹用左手定则定义。

## 6.4.2　定义螺旋线属性

用户可以通过使用【属性】菜单定义螺旋线属性。

如果是等螺距，一般选择【常数】|【穿过轴】|【右手定则】|【完成】选项，完成螺旋线的属性定义，进入扫引轨迹定义界面。

如果不是等螺距，一般选择【可变的】|【穿过轴】|【右手定则】|【完成】选项，完成螺旋线的属性定义，进入扫引轨迹定义界面。

## 6.4.3　定义扫引轨迹

螺旋扫描的扫引轨迹应该是螺旋线，但实际定义时，是定义的形成螺旋线的回转面的轴线和母线，如图 6-76 所示。其中轴线使用【中心线】工具绘制。

图 6-76　螺旋扫描的扫引轨迹

在菜单管理器中选择相应选项，配合图形区选取适当平面，定义草绘平面的放置属性，选择参照，进入草绘界面，草绘中心线作为回转面的轴线，草绘曲线作为回转面的母线，单击【草绘器工具】工具栏中的【完成】按钮✓，弹出【螺旋扫描】对话框，即可定义出螺旋扫描的扫引轨迹。该转迹是以所画中心线为旋转轴线，以所绘制曲线为母线的回转面上形成的螺旋线。

### 6.4.4 定义螺距

此时【螺旋扫描】对话框中的【元素】列表中的“>”指向【螺距】选项，消息框提示“输入节距值”，在其后的组合框中输入螺距值，单击其后的【接受值】按钮✓或者按 <Enter> 键可以完成螺距的定义。螺距的数值应该大于等于截面的数值，否则螺旋扫描过程会出现错误，不能完成螺旋扫描。

### 6.4.5 定义截面

此时【螺旋扫描】对话框中的【元素】列表中的“>”指向【截面】选项，进入草绘界面，螺旋扫描轨迹的起点处出现十字参照线，按照设计要求绘制螺旋扫描的截面，一般来讲，使用【伸出项】和【薄板伸出项】时，定义的截面需要闭合，其余螺旋扫描截面可以开放。定义截面后，单击【草绘器工具】工具栏中的【完成】按钮✓，回到【螺旋扫描】对话框。

### 6.4.6 完成螺旋扫描

在【螺旋扫描】对话框中单击【预览】按钮 预览 ，在图形区拖动鼠标中键旋转观察角度、滚动鼠标中键缩放特征，按住 <Shift> 键拖动鼠标中键移动观察位置，预览螺旋扫描特征，符合设计意图后，单击 确定 按钮完成螺旋扫描。

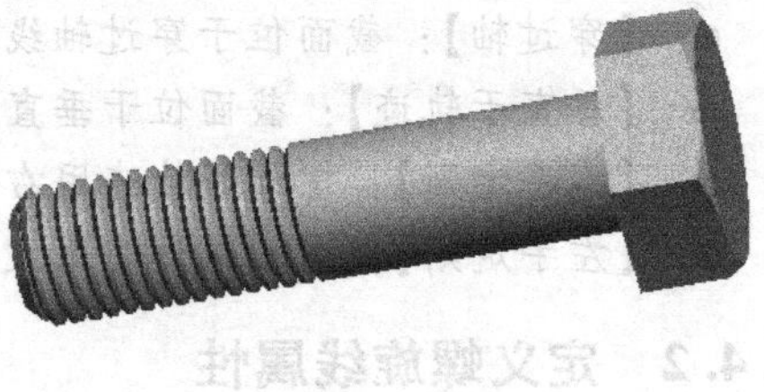

图 6-77 螺栓

**【例 6-8】** 按照比例画法创建 GB/T 5782—2000 的六角头螺栓，如图 6-77 所示。

#### 设计思路

查阅 GB/T 193—2003，螺纹的螺距为 2，按照比例画法，六角头螺栓头的厚度为 11.2，其底面外接圆直径为 32，螺纹长度为 32，螺纹头部倒角为 C2.4。设计过程中，用户应先创建螺栓模型，再攻螺纹。

#### 设计步骤

（1）使用默认模板，新建文件名为“liti6-8.prt”的实体文件。

（2）以“TOP”基准面作为草绘平面，其余使用默认设置，使用【拉伸】工具创建六棱柱，底面外接圆直径为 32，高度为 11.2，如图 6-78 所示。

（3）选择旋转工具，以“RIGHT”基准面作为草绘平面，看图方向朝右，以“TOP”基准面作为草绘方向参照，方向选择【顶】，进入草绘界面。

（4）选择菜单栏中的【草绘】|【参照】选项，弹出【参照】对话框，选取如图 6-79 所示的参照，草绘轴线和截面。

（5）草绘几何中心线和 30°斜线作为旋转的截面，单击【草绘器工具】工具栏中的【完成】按钮✓，完成截面绘制。

（6）单击对话栏中的【去除材料】按钮◿，使其处于按下状态，修改【添加材料】方式为【去除材料】方式，确认去除材料的方向指向实体外部，否则在图形区单击黄色箭头使去除材料

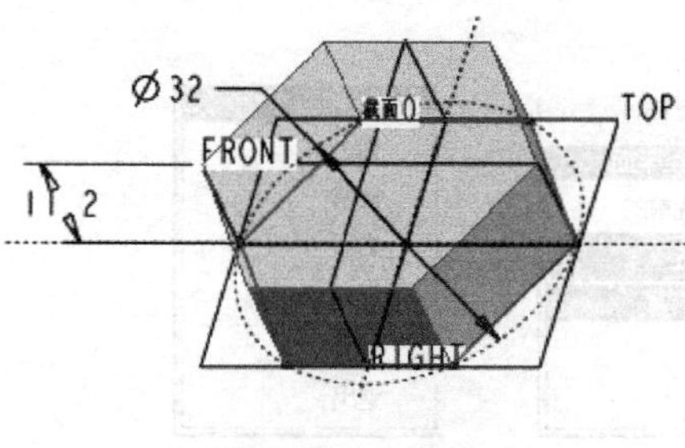


图 6-78　六棱柱

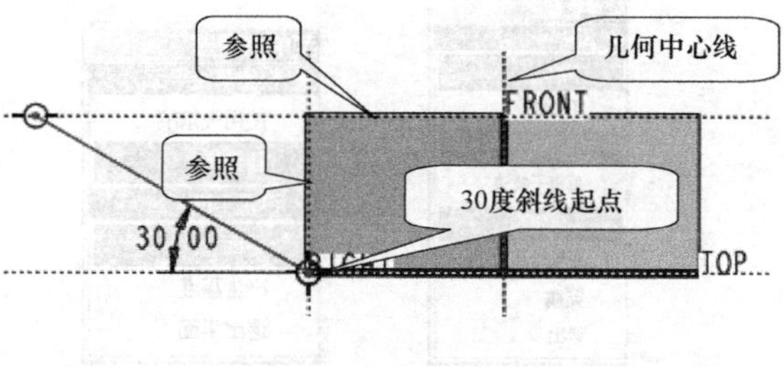


图 6-79　草绘截面

的方向相反，使用鼠标操纵视角观察模型如图 6-80 所示。

(7) 单击控制区的【应用】按钮✔，完成旋转特征，如图 6-81 所示。

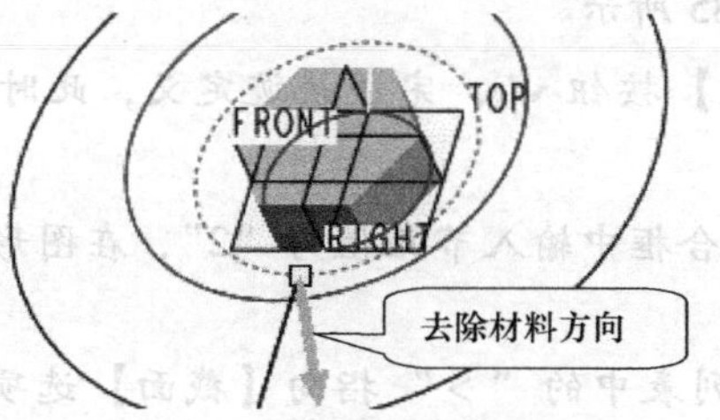


图 6-80　预览螺栓头倒角

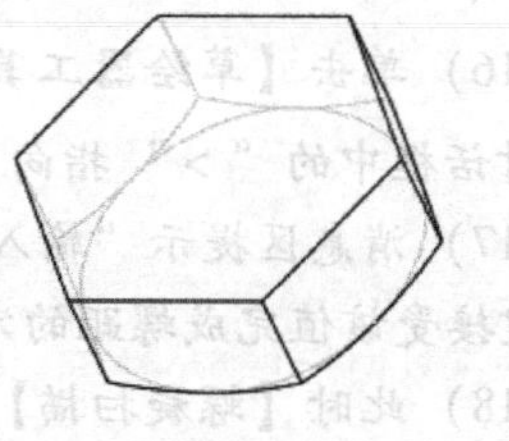

图 6-81　完成螺栓头倒角

(8) 选择【旋转】工具，以“FRONT”基准面作为草绘平面，以“RIGHT”基准面作为草绘方向参照，方向选择【右】，选取六棱柱上底面为参照，草绘截面和轴线，如图 6-82 所示。

(9) 单击【草绘器工具】工具栏中的【完成】按钮✔完成截面绘制，再单击控制区的【应用】按钮✔，完成旋转，生成的螺栓本体如图 6-83 所示。

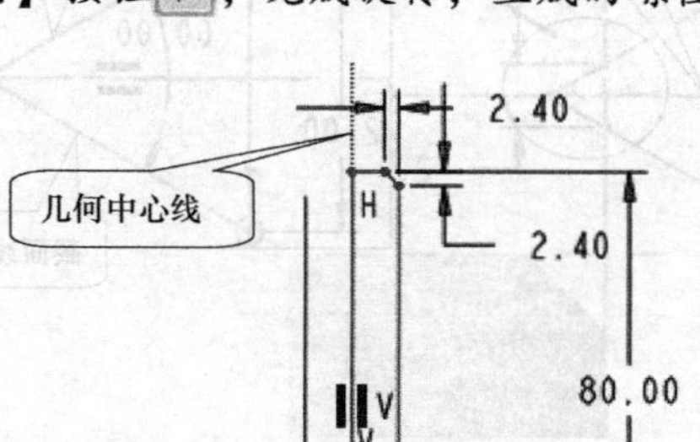


图 6-82　草绘截面

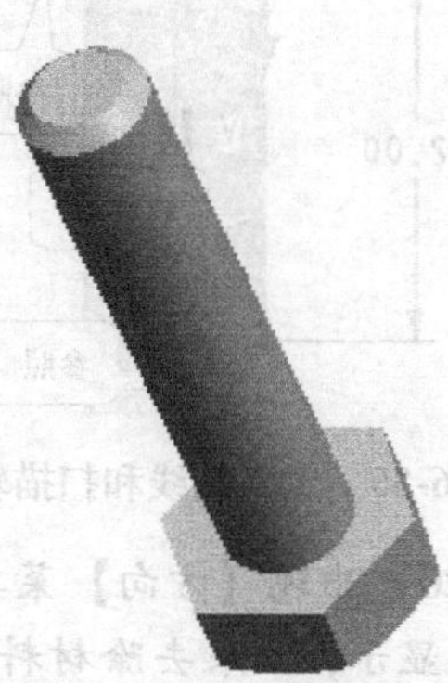

图 6-83　螺栓本体

(10) 选择菜单栏中的【插入】|【螺旋扫描】|【切口】选项，出现【属性】菜单。

(11) 在【属性】菜单中选择【常数】|【穿过轴】|【右手定则】|【完成】选项。

(12) 在【设置草绘平面】菜单的【设置平面】菜单中选择【平面】选项。

(13) 在图形区选择“FRONT”基准面作为草绘平面，在【方向】菜单中选择【确定】选项，在【草绘视图】菜单中选择【缺省】选项，进入草绘界面，过程如图 6-84 所示。

(14) 选择菜单栏中的【草绘】|【参照】选项，弹出【参照】对话框，选取如图 6-85 所示的参照。

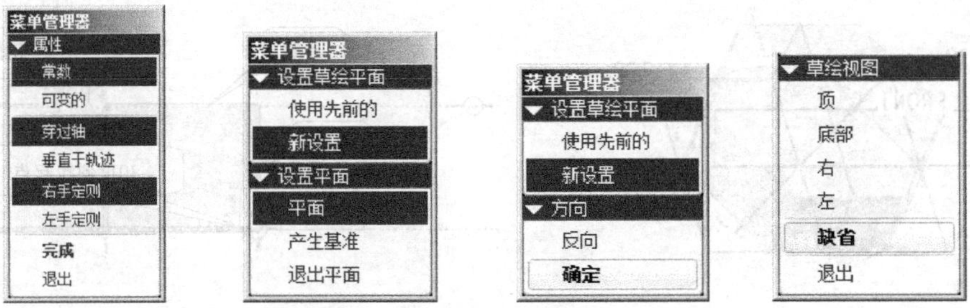


图 6-84 菜单操作过程

(15) 此时【螺旋扫描】对话框中的【元素】列表中的“>”指向【扫引轨迹】选项，在图形区草绘中心线和轨迹线，定义扫描轨迹如图 6-85 所示。

(16) 单击【草绘器工具】工具栏中的【完成】按钮✓，完成轨迹定义，此时【螺旋扫描】对话框中的“>”指向【螺距】选项。

(17) 消息区提示“输入节距值”，在其后的组合框中输入节距值为“2”，在图形区单击鼠标中键接受该值完成螺距的定义。

(18) 此时【螺旋扫描】对话框中的【元素】列表中的“>”指向【截面】选项，进入草绘界面。

(19) 在草绘环境中定义截面，如图 6-86 所示，单击【草绘器工具】工具栏中的【完成】按钮✓，完成截面定义。

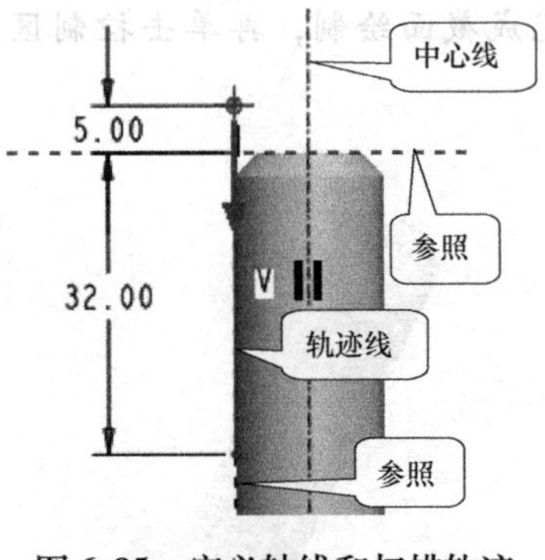


图 6-85 定义轴线和扫描轨迹

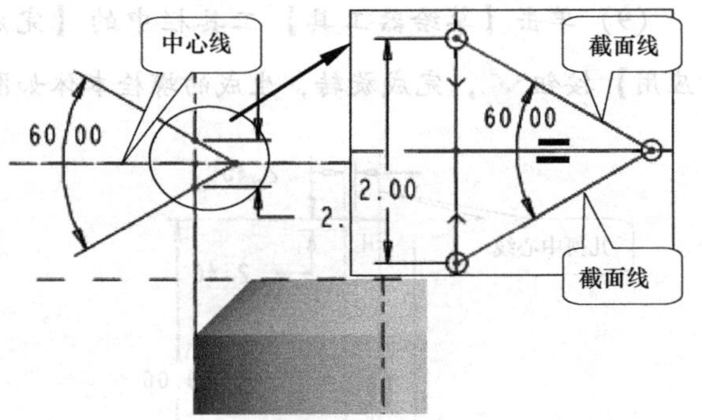


图 6-86 定义截面

(20) 出现【方向】菜单，选择【确定】选项，完成去除材料侧的设置。去除侧的方向以红色箭头显示，如果去除材料的侧不对，应选择【反向】选项，改变箭头方向，再选择【确定】选项即可。

(21) 回到【螺旋扫描】对话框，单击【预览】按钮 预览 ，预览螺旋扫描特征，符合设计意图后，单击 确定 按钮完成螺旋扫描，如图 6-87 所示。

实际的螺栓在收尾部位螺纹会慢慢变浅，所以在草绘轨迹时可以按照下面的步骤进行修改：

(1) 选中螺纹特征，按下鼠标右键，在弹出的快捷菜单中选择【编辑定义】选项，在弹出的【螺旋扫描】对话框的列表中选择【扫引轨迹】选项，单击【定义】按钮 定义 ，在【截面】菜单中选择【修改】|【完成】选项。

(2) 进入草绘界面，在轨迹的末端加画一条斜线，如图 6-88 所示，单击【草绘器工具】工具栏中的【完成】按钮✔，完成轨迹定义，回到【螺旋扫描】对话框，单击【预览】按钮 预览 ，预览螺旋扫描特征，单击 确定 按钮完成螺旋扫描，出现螺纹收尾。

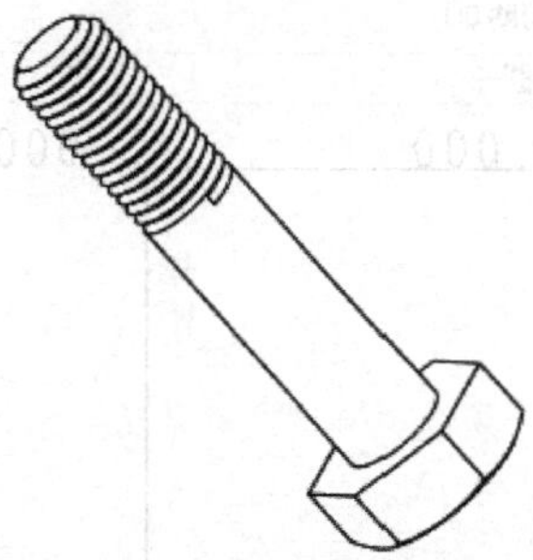

图 6-87　螺栓

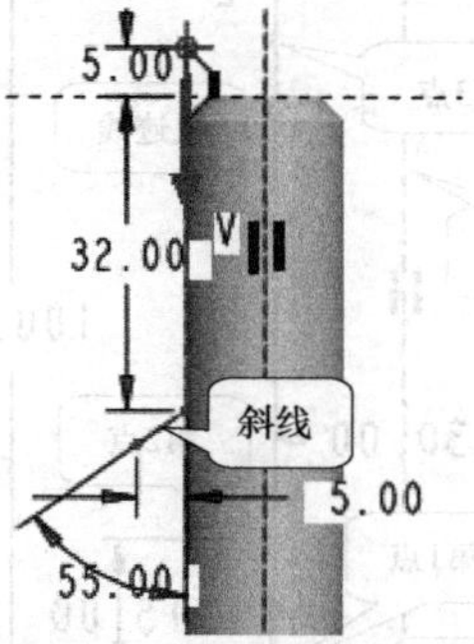


图 6-88　重定义轨迹

**【例 6-9】** 创建螺旋压缩弹簧，弹簧直径为 30，弹簧高度为 100，节距为 10，簧丝直径为 5，两端压紧圈分别为 1.25 圈。

## 设计思路

对于螺旋压缩弹簧，弹簧两端要磨平，并且两端大约有 1.25 圈是压紧圈，故应使用变螺距螺旋扫描。

## 设计步骤

(1) 使用默认模板，新建文件名为“liti6-9.prt”的实体文件。

(2) 选择菜单栏中的【插入】|【螺旋扫描】|【伸出项】选项。

(3) 在【属性】菜单中选择【可变的】|【穿过轴】|【右手定则】|【完成】选项。

(4) 在【设置草绘平面】菜单中选择【新设置】选项，在【设置平面】菜单中选择【平面】选项，在图形区选择“FRONT”基准面，在【方向】菜单中选择【确定】选项，在【草绘视图】菜单中选择【缺省】选项，使用默认参照，进入草绘界面。

(5) 草绘轨迹和轴线，如图 6-89 所示。单击【草绘器工具】工具栏中的【完成】按钮✔，完成轨迹定义，开始设置螺距。

(6) 消息区提示“在轨迹起始输入节距值”，在其后的组合框中输入节距值为“5”，在图形区单击鼠标中键，接受该值完成起点螺距的定义。

(7) 消息区提示“在轨迹末端输入节距值”，在其后的组合框中输入节距值为“5”，在图形区单击鼠标中键，接受该值完成起点螺距的定义。

(8) 此时出现如图 6-90 所示的节距图形窗口和如图 6-91 所示的【定义控制曲线】菜单。

(9) 选择【控制曲线】菜单中的【定义】选项，在【定义控制曲线】菜单中选择【增加点】选项，定义各点节距。

- 添加点：增加节距变化的关键点，在图形区轨迹线上选择点，根据提示输入节距值。
- 删除：删除节距变化的关键点，在图形区轨迹线上选择点，即可删除。
- 改变值：改变关键点的节距值，在图形区轨迹线上选择点，根据提示输入新节距值。

(10) 在图形区选择各节点（以蓝色小点显示），在如图 6-90 所示的图形中出现该点的节距

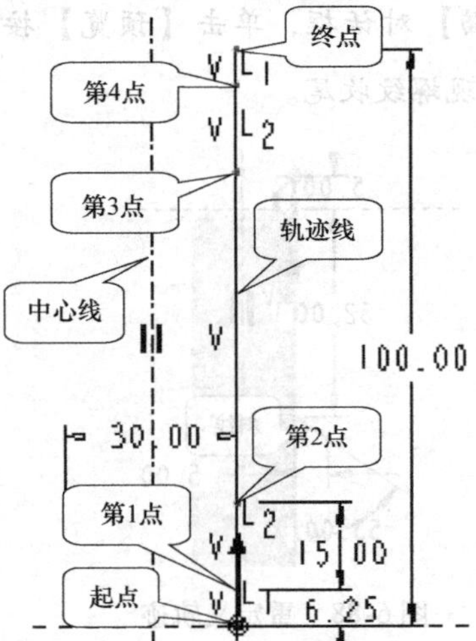


图 6-89　草绘轨迹和轴线

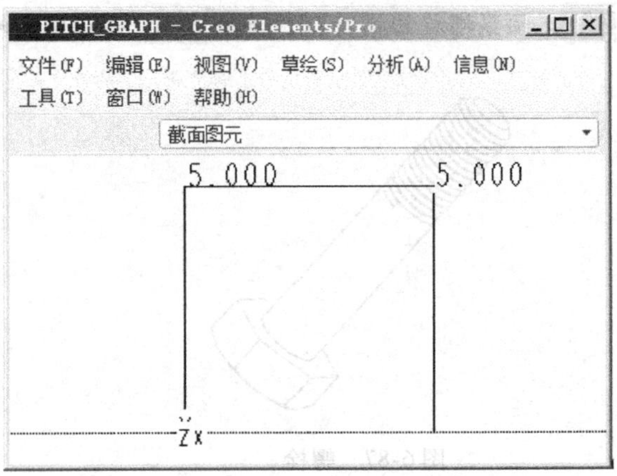


图 6-90　控制曲线窗口

值并在消息区提示“输入节距值”，在其后的组合框中输入该点节距值，在图形区单击鼠标中键完成该点节距的定义。

(11) 分别定义各关键点节距值分别为第 1 点 (5)、第 2 点 (10)、第 3 点 (10)、第 4 点 (5)，最后节距曲线如图 6-92 所示。

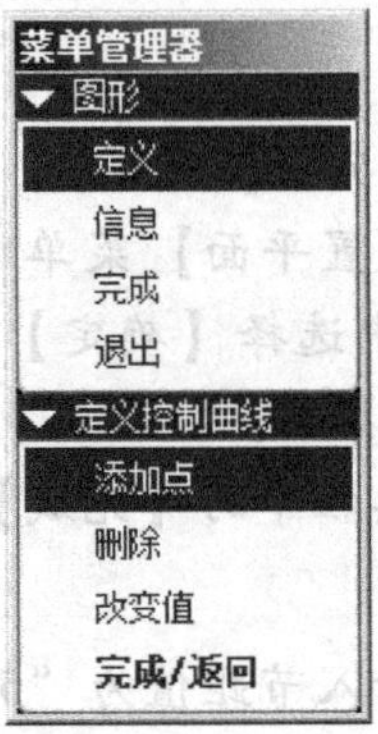


图 6-91　【定义控制曲线】菜单

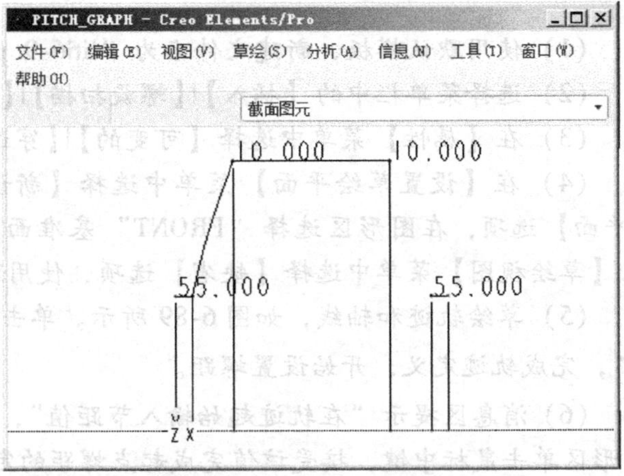


图 6-92　控制曲线窗口的变节距

(12) 完成定义后在【控制曲线】菜单中选择【完成】选项，进入草绘界面，定义截面。

(13) 以轨迹起点为圆心，绘制直径为 5 的圆，作为截面，单击【草绘器工具】工具栏中的【完成】按钮✔，完成截面的定义，回到【螺旋扫描】对话框。

(14) 单击【预览】按钮 预览 ，预览螺旋压缩弹簧特征，单击 确定 按钮完成特征创建，如图 6-93 所示。

(15) 使用【拉伸】工具去除两端多余的材料，拉伸时使用“FRONT”基准面作为草绘平面，其余使用缺省设置，拉伸截面如图 6-94 所示。

(16) 最后得到螺旋压缩弹簧，如图 6-95 所示。

(17) 保存文件，关闭窗口，拭除不显示。

提醒：在创建变螺距的螺旋扫描时，需要在轨迹上创建螺距变化的关键点，这个关键点可以使用【草绘器工具】工具栏中的【打断】工具按钮打断轨迹线获得。对于螺旋压缩弹簧而言，螺距由压紧圈到正常圈的距离一般设置为正常螺距的 1～1.5 倍。

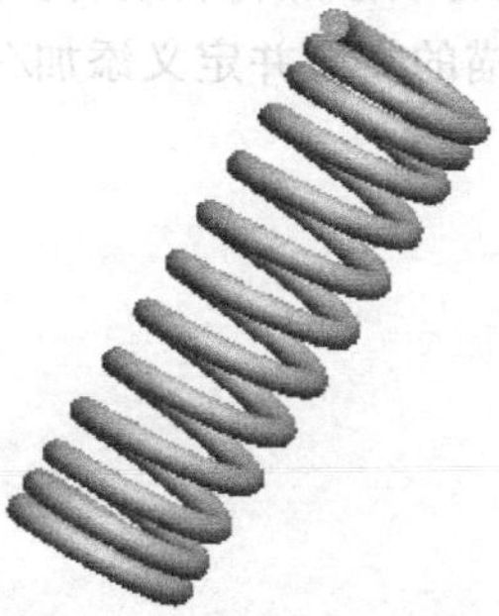

图 6-93 变节距弹簧

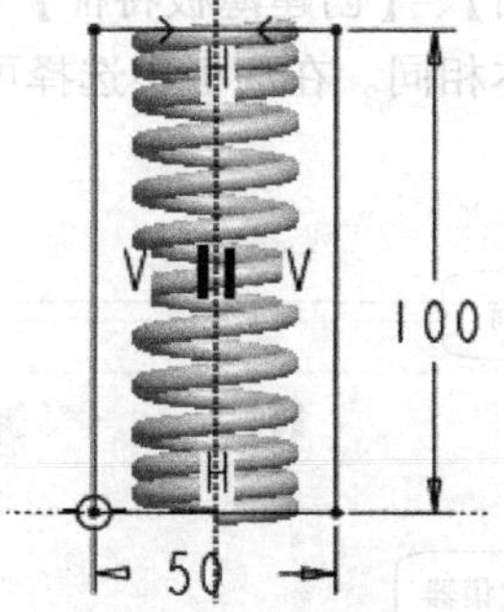


图 6-94 拉伸截面

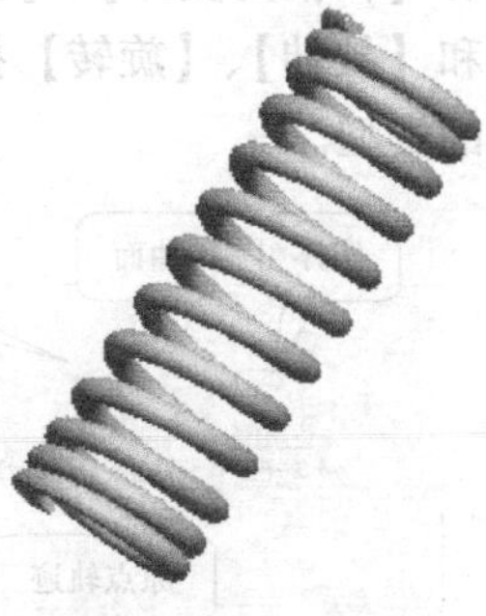

图 6-95 完成弹簧

## 6.5 可变截面扫描特征

可变截面扫描特征是由一条原点轨迹、一条 X 轨迹、多条一般轨迹和一个截面定义的高级特征。其中，原点轨迹决定扫描的方向，X 轨迹决定截面的 X 轴矢量的指向。在建模过程中，截面的原点以十字叉表示，且总是位于原点轨迹上，而截面的 X 轴总是指向 X 轨迹，截面可以通过多条一般轨迹，如图 6-96 所示。可变截面扫描的轨迹线最少可以是一条，此时该轨迹为原点轨迹。

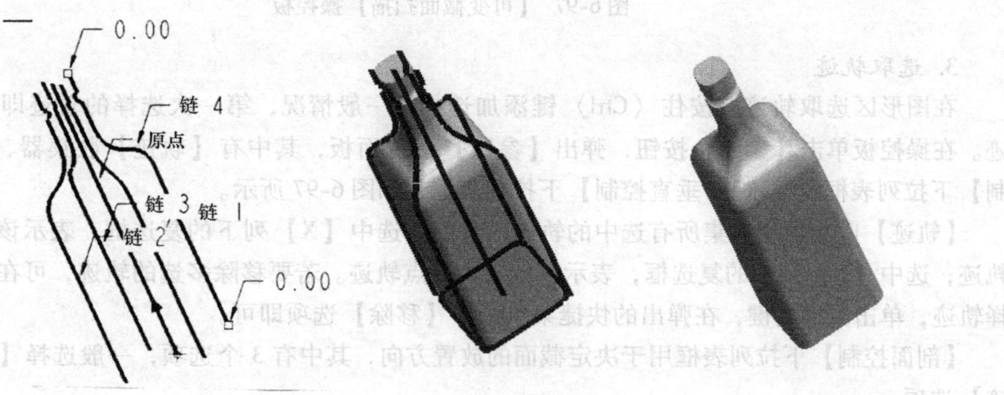


图 6-96 可变截面扫描要素

原点轨迹的起点有一箭头，表示扫描的起点，截面垂直于原点轨迹。X 轨迹上出现“0.00”字样，截面必须和 X 轨迹和一般轨迹有约束关系或者尺寸关系，否则不能产生合适的可变截面扫描。

### 6.5.1 创建可变截面扫描特征的步骤

创建可变截面扫描特征的步骤如下：

1. 创建轨迹曲线

首先使用基准曲线工具根据设计要求创建几条基准曲线，至少有一条原始轨迹。

2. 输入命令

选择菜单栏中的【插入】|【可变截面扫描】选项或者单击【基础特征】工具栏中的【可变截面扫描】按钮，在消息区出现【可变截面扫描】操控板，如图6-97所示。在操控板的对话栏中有【扫描为实体】、【扫描为曲面】、【创建薄板特征】等选项，也可以添加材料或者去除材料，和【拉伸】、【旋转】操控板基本相同。在面板中选择可变截面扫描的类型并定义添加/去除材料的类型。

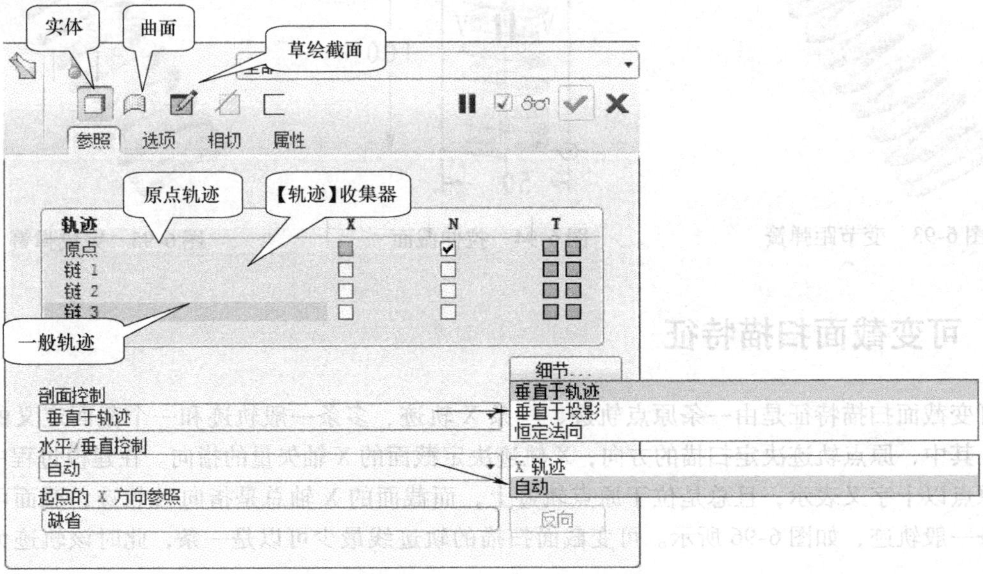


图6-97 【可变截面扫描】操控板

3. 选取轨迹

在图形区选取轨迹，按住〈Ctrl〉键添加选择，一般情况，第一次选择的轨迹即为原点轨迹。在操控板单击【参照】按钮，弹出【参照】下滑面板，其中有【轨迹】收集器、【剖面控制】下拉列表框及【水平/垂直控制】下拉列表框，如图6-97所示。

【轨迹】收集器中收集所有选中的轨迹，其中，选中【X】列下的复选框，表示该轨迹为X轨迹；选中【N】列下的复选框，表示该轨迹为原点轨迹。若要移除多选的轨迹，可在列表中选择轨迹，单击鼠标右键，在弹出的快捷菜单选择【移除】选项即可。

【剖面控制】下拉列表框用于决定截面的放置方向，其中有3个选项，一般选择【垂直于轨迹】选项。

- 垂直于轨迹：截面垂直于原点轨迹。
- 垂直于投影：截面沿指定的方向垂直于原点轨迹的二维投影。
- 恒定的法向：截面的法向向量保持与指定的方向参照平行。

【水平/垂直控制】下拉列表框用于控制截面的X轴方向，其中有【X轨迹】和【自动】两个选项。

- X轨迹：要求选取X轨迹决定截面的X轴方向。
- 自动：系统自动决定截面的X轴方向。

在操控板中单击【选项】按钮，弹出【选项】下滑面板，其中有两个单选项，如图6-98所示。

- 恒定剖面：截面大小在扫描过程中不改变。
- 可变截面：截面大小在扫描过程中随着X轨迹和一般轨迹的变化而变化。

4. 草绘截面

定义完轨迹后，单击对话栏中的【创建或编辑截面】按钮，进入草绘界面，草绘截面。这时，在各轨迹线的端点出现蓝色的叉号，截面必须和叉号有尺寸关系或者约束关系才能使该叉号所在的轨迹约束可变截面扫描的形状，如图6-99所示。截面草绘完成后，单击【草绘器工具】工具栏中的【完成】按钮，完成截面的定义，回到操控板。

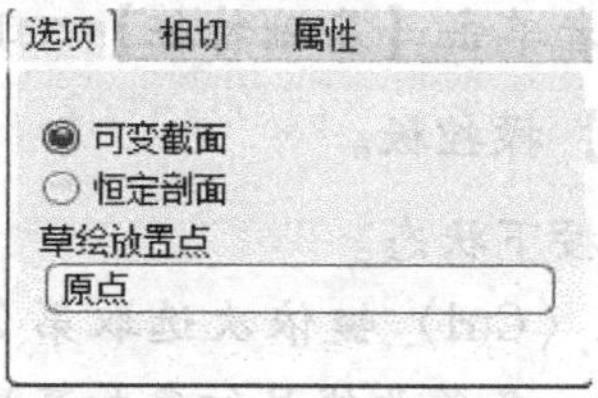

图6-98 【选项】下滑面板

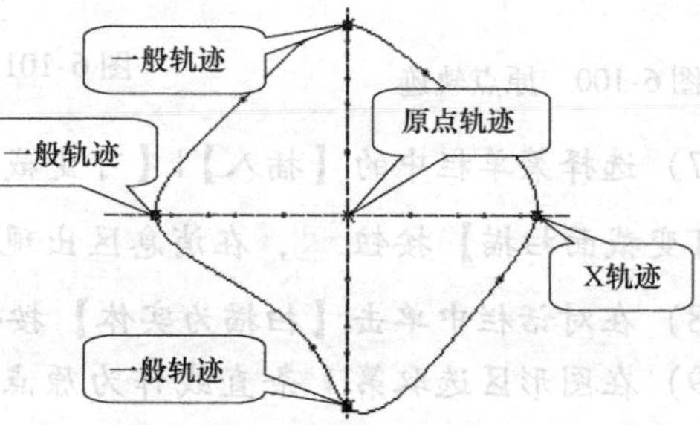

图6-99 扫描截面和轨迹关系

5. 预览模型完成操作

拖动鼠标中键在各个角度进行几何预览，单击操控板中的【特征预览】按钮预览最后结果，符合设计要求后，单击控制区的【应用】按钮，完成可变截面扫描特征的创建。

【例6-10】 创建如图6-96所示的瓶子模型。

## 设计步骤

（1）新建文件名为“liti6-10. prt”的实体文件。

（2）单击【基准】工具栏中的【草绘】按钮，选取“FRONT”基准面作为草绘平面，其他使用默认设置，草绘原点轨迹，如图6-100所示。

（3）单击【基准】工具栏中的【草绘】按钮，选取“FRONT”基准面作为草绘平面，其他使用默认设置，草绘第2条基准曲线作为X轴轨迹，如图6-101所示。

（4）在图形区选取刚创建的X轴轨迹，单击菜单栏中的【编辑】|【镜像】选项，在图形区选取“RIGHT”基准面作为镜像面，在图形区单击鼠标中键，完成镜像复制，创建出第3条基准曲线，作为一般轨迹，如图6-102所示。

（5）单击【基准】工具栏中的【草绘】按钮，选取“RIGHT”基准面作为草绘平面，看图方向设置为朝右，选取“TOP”基准面作为草绘视图方向参照，方向设为【顶】，草绘第4条基准曲线作为一般轨迹，尺寸和约束如图6-101所示。

（6）在图形区单击刚创建的第4条基准曲线，单击菜单栏中的【编辑】|【镜像】选项，在图形区选取“FRONT”基准面作为镜像面，单击控制区中的【应用】按钮，完成镜像复制，创建出第5条基准曲线，作为一般轨迹。5条轨迹线如图6-103所示。

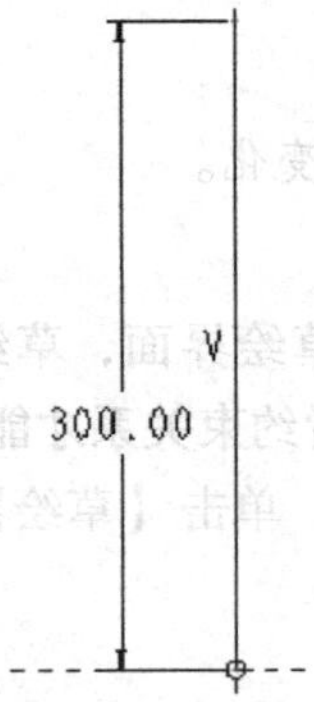


图6-100　原点轨迹

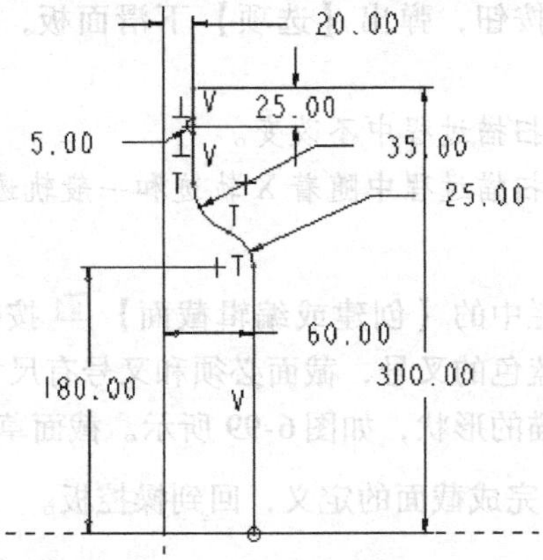


图6-101　X轴轨迹

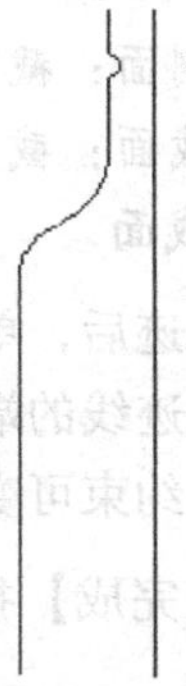

图6-102　镜像轨迹

(7) 选择菜单栏中的【插入】|【可变截面扫描】选项或者单击【基础特征】工具栏中的【可变截面扫描】按钮，在消息区出现【可变截面扫描】操控板。

(8) 在对话栏中单击【扫描为实体】按钮，使其处于按下状态。

(9) 在图形区选取第1条直线作为原点轨迹，然后按住〈Ctrl〉键依次选取第2条曲线、第3条曲线、第4条曲线和第5条曲线，如图6-104所示，各条曲线呈红色加亮显示。

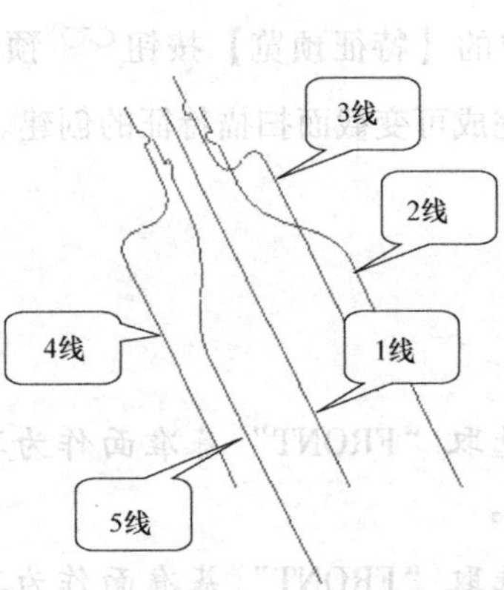


图6-103　轨迹线

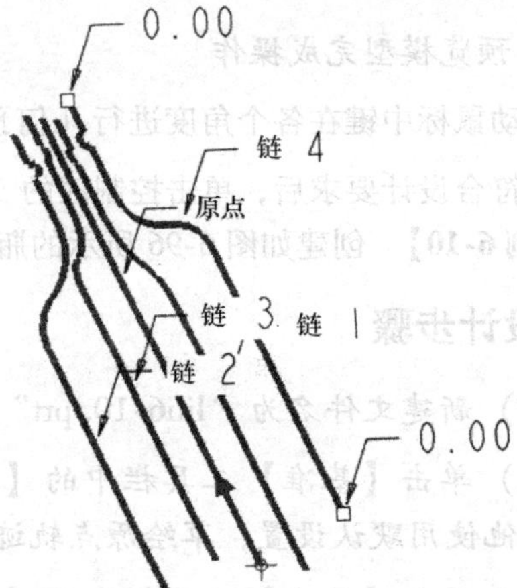


图6-104　选取轨迹

(10) 单击操控板中的【参照】按钮，弹出【参照】下滑面板，原点轨迹后面的【N】列下的复选框自动被选中。在【轨迹】收集器中选中【链1】，选中其后【X】列下的复选框，“链1”自动作为X轨迹，其余曲线作为一般轨迹，如图6-105所示。

(11) 单击对话栏中的【创建或编辑截面】按钮，进入草绘界面，开始草绘截面。

(12) 草绘截面时，轨迹线上的点以黄色小叉符号显示。用户应先通过4个叉号绘制正方形，然后倒圆角，约束关系如图6-106所示。

(13) 单击【草绘器按钮】工具栏中的【完成】按钮，完成截面定义。

(14) 对模型进行特征预览，符合设计要求后，单击控制区的【应用】按钮，完成

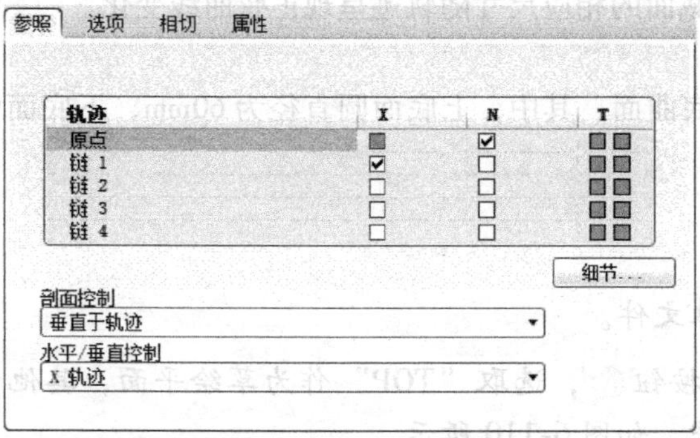


图 6-105 【参照】下滑面板

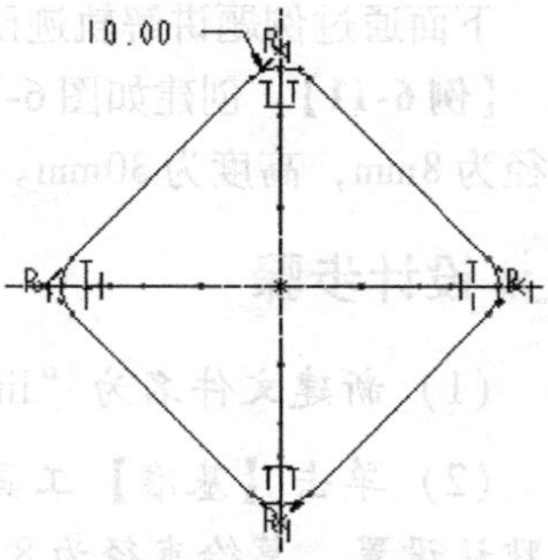


图 6-106　截面

可变截面扫描，如图 6-96 所示。

(15) 保存文件，关闭窗口，拭除不显示。

用户也可以只使用一条原始轨迹和一条一般轨迹创建可变截面扫描特征，如图 6-107 所示的瓶子模型，只需要如图 6-108 所示的直线作为原点轨迹，曲线作为一般轨迹即可，此时也可不设置 X 轨迹，系统自动确定截面 X 轴的指向，各轨迹和截面如图 6-108 所示。

图 6-107　瓶子模型

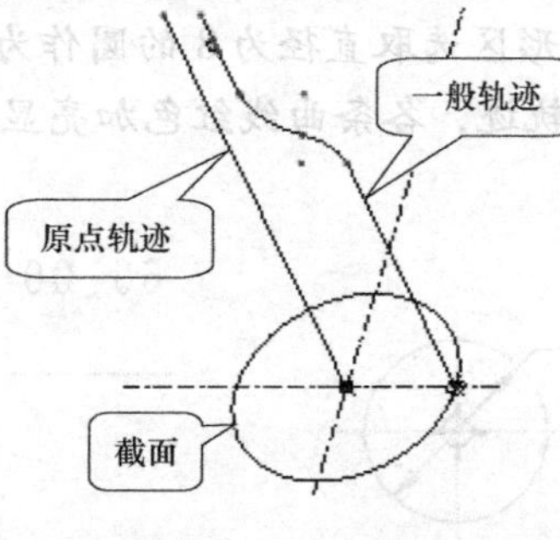


图 6-108　轨迹和截面

## 6.5.2　轨迹函数

利用轨迹函数定义截面和轨迹的函数关系，可以创建出复杂的可变截面扫描曲面，如可乐瓶底、水果盘、螺旋曲面等，如图 6-109 所示。

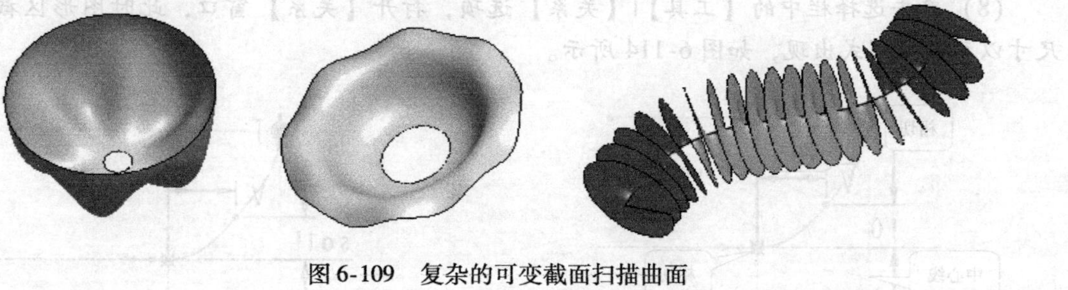

图 6-109　复杂的可变截面扫描曲面

轨迹函数 trajpar 是从一个 0 ~ 1 的变量（呈线性变化），它的取值对应扫描轨迹上的点的距离轨迹起点的长度占整个轨迹长度的百分比。在轨迹起点位置，trajpar 的值是 0；在轨迹末端，其值为 1。例如，在草绘的关系中加入关系式“sd# = trajpar + n”，此时尺寸 sd#受到“trajpar + n”控制。在轨迹开始时值为 n，结束时值为 n + 1，截面的相应尺寸呈线性变化。若截面的高度尺寸受“sd# = sin(trajpar *360) + n”控制，则截面的相应尺寸随轨迹呈现正弦曲线变化。

下面通过例题讲解轨迹函数的用法。

**【例 6-11】** 创建如图 6-109 所示的可乐瓶底曲面，其中，上底面圆直径为 60mm，下底面圆直径为 8mm，高度为 30mm。

## 设计步骤

(1) 新建文件名为“liti6-11. prt”的实体文件。

(2) 单击【基准】工具栏中的【草绘】按钮，选取“TOP”作为草绘平面，其他使用默认设置，草绘直径为 8 的圆作为原点轨迹，如图 6-110 所示。

(3) 单击【基准】工具栏中的【平面】按钮，创建距离“TOP”基准面高度为 30 的基准平面“DTM1”。

(4) 单击【基准】工具栏中的【草绘】按钮，选取“TOP”基准面作为草绘平面，其他使用默认设置，草绘直径为 60 的圆作为一般轨迹，如图 6-111 所示。

(5) 单击【基础特征】工具栏中的【可变截面扫描】按钮，在消息区弹出【可变截面扫描】操控板，默认为扫描为曲面。

(6) 在图形区选取直径为 8 的圆作为原点轨迹，然后按住〈Ctrl〉键依次选取直径为 60 的圆作为一般轨迹，各条曲线红色加亮显示，如图 6-112 所示。

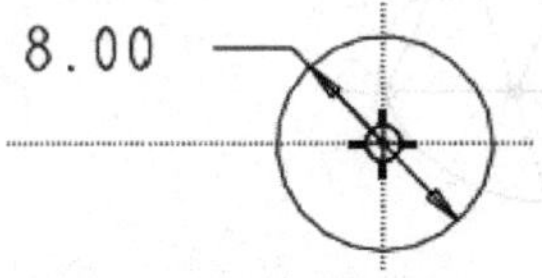


图 6-110 草绘原点轨迹

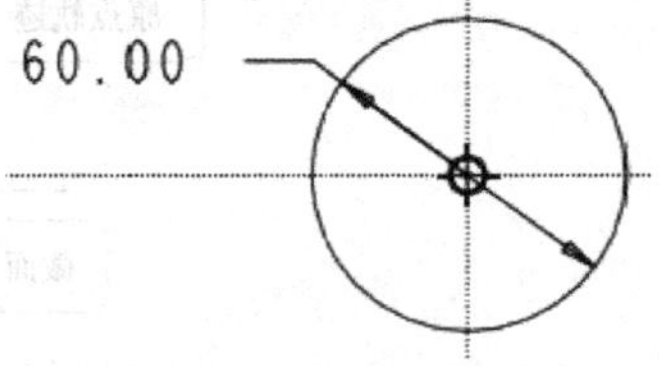


图 6-111 草绘一般轨迹

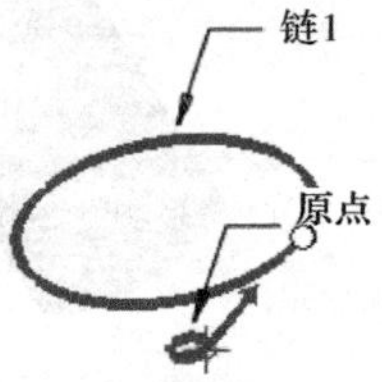


图 6-112 单击轨迹

(7) 单击对话栏中的【创建或编辑截面】按钮，进入草绘界面，草绘样条曲线作为截面，草绘中心线作为参照，约束样条曲线左上点和竖直中心线相切，约束样条曲线右下点和水平参照相切，标注尺寸如图 6-113 所示。

(8) 单击选择栏中的【工具】|【关系】选项，打开【关系】窗口，此时图形区截面的尺寸以参数的形式出现，如图 6-114 所示。

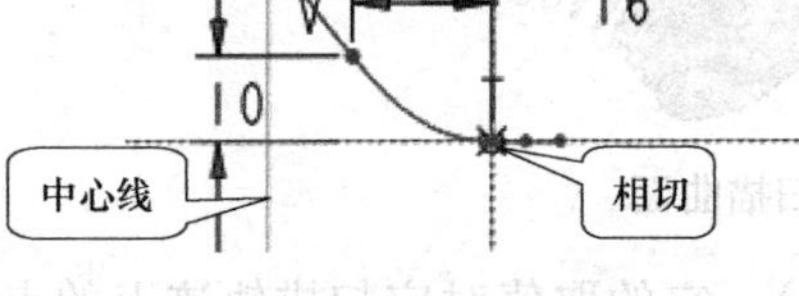


图 6-113 定义截面

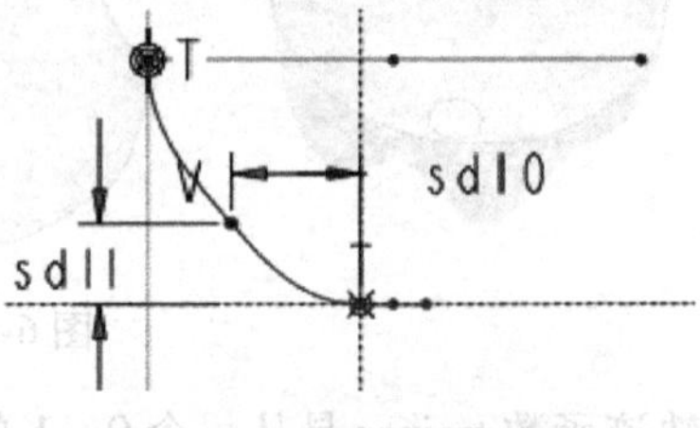


图 6-114 尺寸变为参数

(9) 在图形区选取尺寸“sd11”，该变量自动添加到【关系】窗口，在其后输入“=5 + 5 *sin(360 *5 *trajpar)”，此时的【关系】窗口如图 6-115 所示。

图 6-115　【关系】窗口

（10）在【关系】窗口中单击【确定】按钮，关闭【关系】对话框，单击【草绘器按钮】工具栏中的【完成】按钮，完成截面定义。

（11）拖动鼠标中键对模型进行几何预览，如图 6-116 所示。

（12）符合设计要求后，单击控制区的【应用】按钮，完成可变截面扫描，如图 6-117 所示。

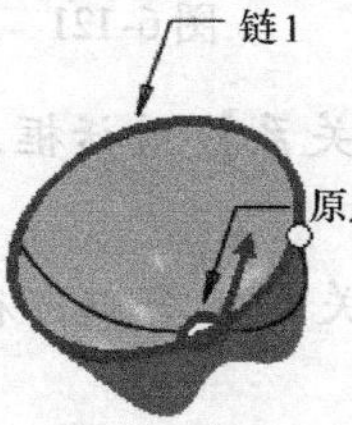


图 6-116　预览模型

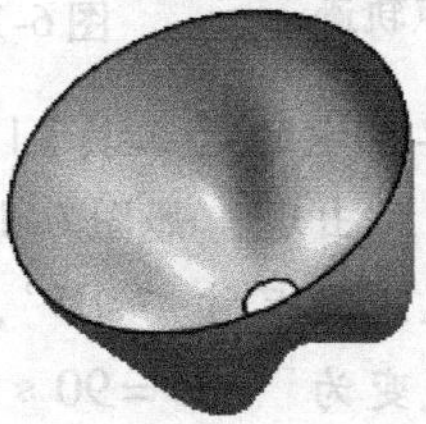

图 6-117　完成模型

（13）保存文件，关闭窗口，拭除不显示。

**【例 6-12】**　创建如图 6-118 所示的立体模型。

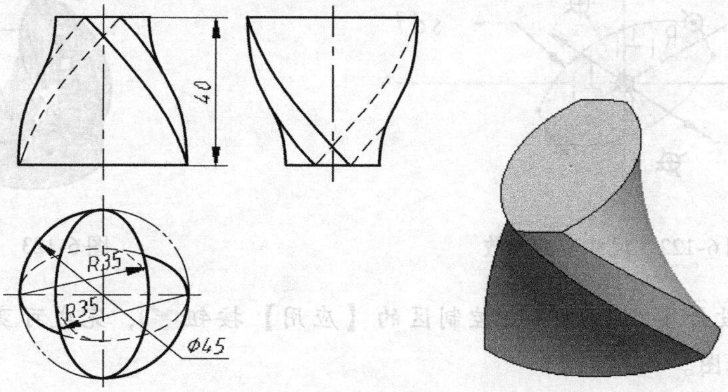


图 6-118　模型

## 设计步骤

（1）新建文件名为“liti6-12. prt”的实体文件。

（2）单击【基准】工具栏中的【草绘】按钮，选取“FRONT”基准面作为草绘平面，其他使用默认设置，草绘长度为40的直线作为原点轨迹，如图6-119所示。

(3) 单击【基础特征】工具栏中的【可变截面扫描】按钮，在消息区出现【可变截面扫描】操控板，在对话栏中单击【扫描为实体】按钮，使其处于按下状态。

(4) 在图形区选取刚才绘制的直线作为原点轨迹，轨迹线呈红色加亮显示，且起始点附着黄色箭头，如图6-120所示。

(5) 单击对话栏中的【创建或编辑截面】按钮，进入草绘界面，草绘截面，注意草绘中心线的顺序，定义约束并标注尺寸，如图6-121所示。

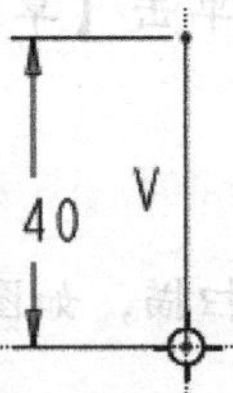


图6-119　草绘原点轨迹

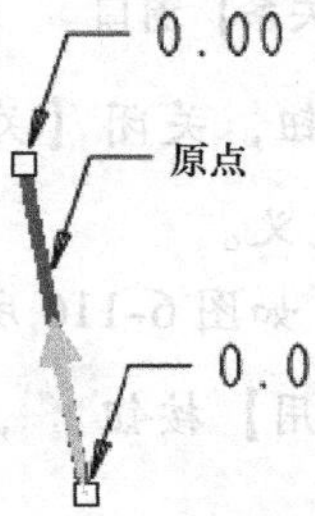


图6-120　单击轨迹

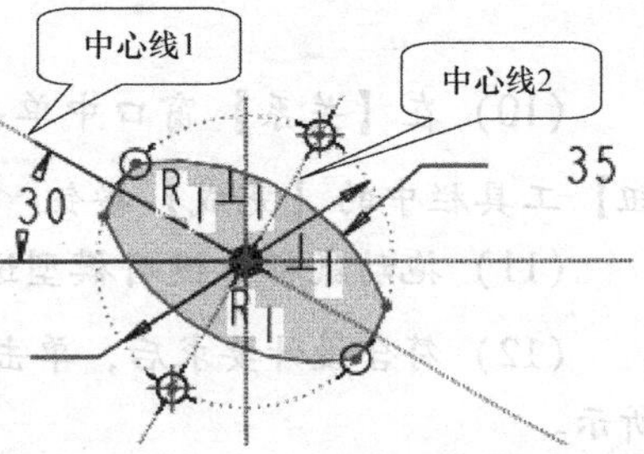


图6-121　草绘截面

(6) 选择菜单栏中的【工具】|【关系】选项，弹出【关系】对话框，此时图形区截面的尺寸以参数的形式出现，如图6-122所示。

(7) 在图形区选取尺寸“sd5”，该变量自动添加到【关系】窗口，在其后输入“=90 *5”，此时关系式变为“sd5=90*5”。

(8) 在【关系】窗口中单击【确定】按钮，关闭【关系】对话框，回到草绘界面。

(9) 单击【草绘器按钮】工具栏中的【完成】按钮，完成截面定义。

(10) 拖动鼠标中键对模型进行几何预览，如图6-123所示。

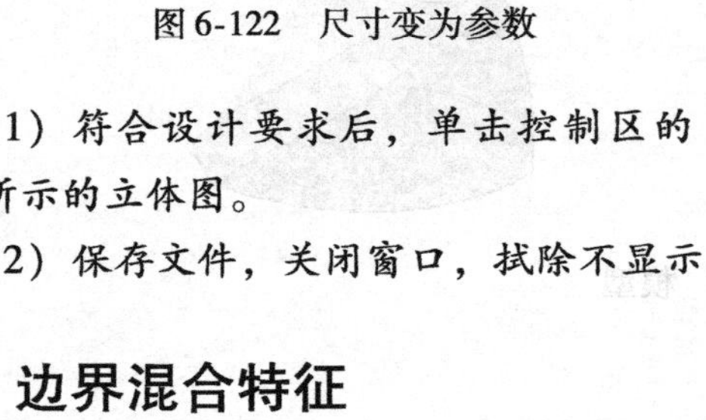


图6-122　尺寸变为参数

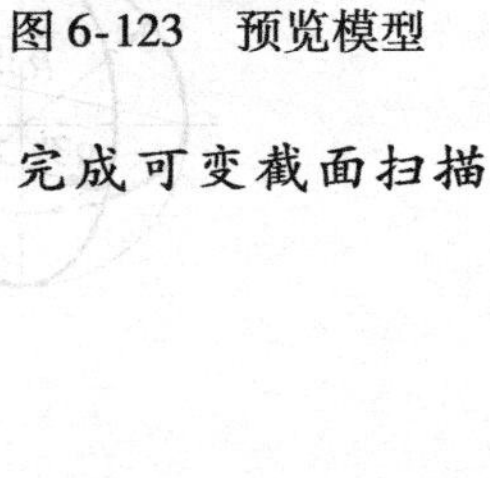


图6-123　预览模型

(11) 符合设计要求后，单击控制区的【应用】按钮，完成可变截面扫描，如图6-118所示的立体图。

(12) 保存文件，关闭窗口，拭除不显示。

## 6.6 边界混合特征

边界混合特征是由曲线作为边界按照一定的规则生成比较复杂的曲面特征，然后将曲面合并成一个闭合的曲面集，通过实体化将其转化为立体模型。

图 6-124 所示的边界混合曲面由 4 条基准曲线通过混合形成，边界混合时，可以选择两个方向曲线控制曲面的形状，也可以只单击一个方向的曲线。

图 6-124　边界混合曲面及其要素

同一方向的边界曲线不能相交；不同方向的边界曲线必须两两相交，否则不能生成边界曲面。

使用【边界混合】工具创建曲面时，用户必须先根据需要绘制两个方向的所有边界曲线，再进行其他操作。

绘制完边界曲线后，选择菜单栏中的【插入】|【边界混合】选项，或者单击【基础特征】工具栏中的【边界混合】按钮，弹出【边界混合】操控板，如图 6-125 所示。

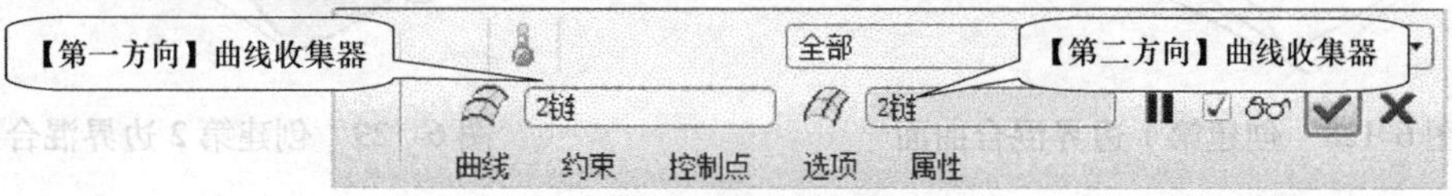


图 6-125　【边界混合】操控板

此时，【边界混合】操控板的对话栏中【第一方向】曲线收集器处于淡绿色激活状态，按住〈Ctrl〉键在图形区依次单击第一方向上的边界曲线即可。若想移除已经单击的曲线，可以按住〈Ctrl〉键在图形区再次单击该曲线；或者单击【曲线】按钮，弹出【曲线】下滑面板，在曲线列表中单击曲线，单击鼠标右键，从弹出的快捷菜单中选择【移除】选项。

若想添加第二方向的边界曲线，单击对话栏中的【第二方向】曲线收集器，使其处于淡绿色激活状态，按住〈Ctrl〉键，在图形区顺次选取曲线即可。

完成边界曲线的设置后，拖动鼠标中键在各个角度进行几何预览，单击操控板中的【特征预览】按钮预览最后结果，符合设计要求后，单击控制区的【应用】按钮，完成边界混合特征的创建。

**【例 6-13】**　利用已创建的曲线，创建如图 6-126 所示的鼠标模型。

## 设计步骤

（1）打开文件名为“liti6-13. prt”的文件，其中已经有 7 条基准曲线，如图 6-127 所示。

（2）单击【基础特征】工具栏中的【边界混合】按钮，在图形区选择曲线 5，按住〈Ctrl〉键选择曲线 4，单击控制区的【应用】按钮，完成第 1 个边界混合曲面的创建，如图 6-128 所示。

（3）单击【基础特征】工具栏中的【边界混合】按钮，在图形区选择曲线 4，按住

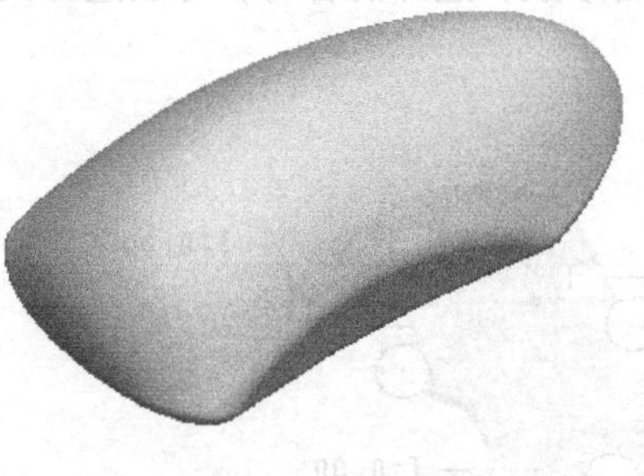

图 6-126　鼠标模型

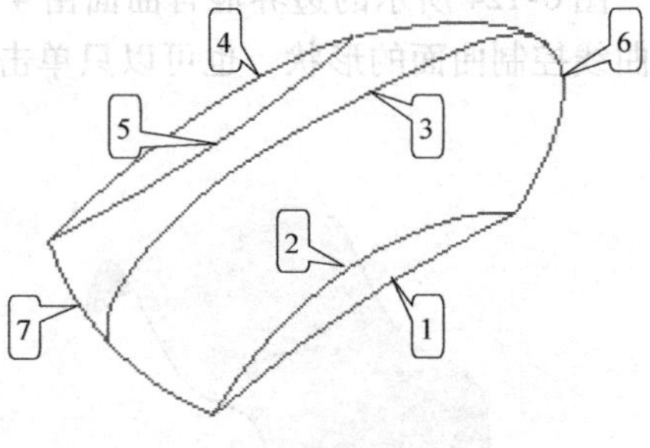


图 6-127　已创建的基准曲线

〈Ctrl〉键依次单击曲线 3 和曲线 2，单击控制区的【应用】按钮，完成第 2 个边界混合曲面的创建，如图 6-129 所示。

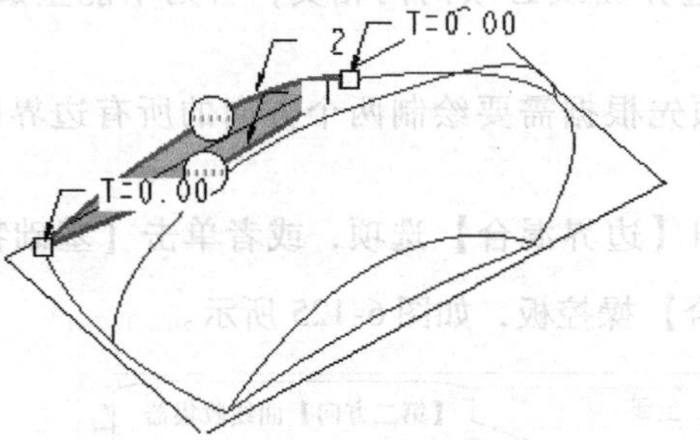


图 6-128　创建第 1 边界混合曲面

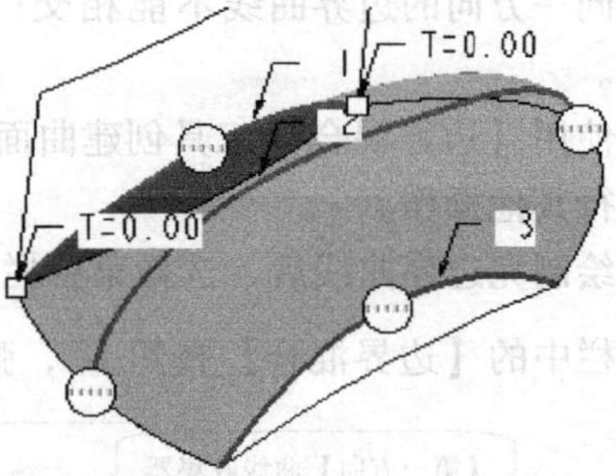


图 6-129　创建第 2 边界混合曲面

（4）单击【基础特征】工具栏中的【边界混合】按钮，在图形区选择曲线 1，按住〈Ctrl〉键单击曲线 2，单击控制区的【应用】按钮，完成第 3 个边界混合曲面的创建，如图 6-130 所示。

（5）单击【基础特征】工具栏中的【边界混合】按钮，在图形区选择曲线 1，按住〈Ctrl〉键单击曲线 5，在对话栏单击【第二方向】曲线收集器，使其处于淡绿色激活状态，在图形区单击曲线 6，按住〈Ctrl〉键单击曲线 7，单击控制区的【应用】按钮，完成第 4 个边界混合曲面的创建，如图 6-131 所示。

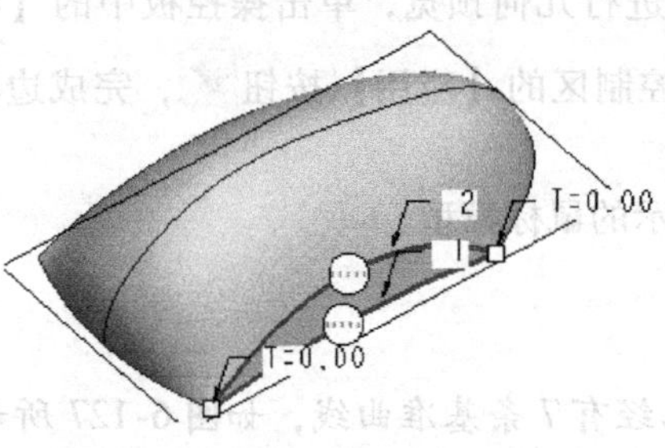


图 6-130　创建第 3 边界混合曲面

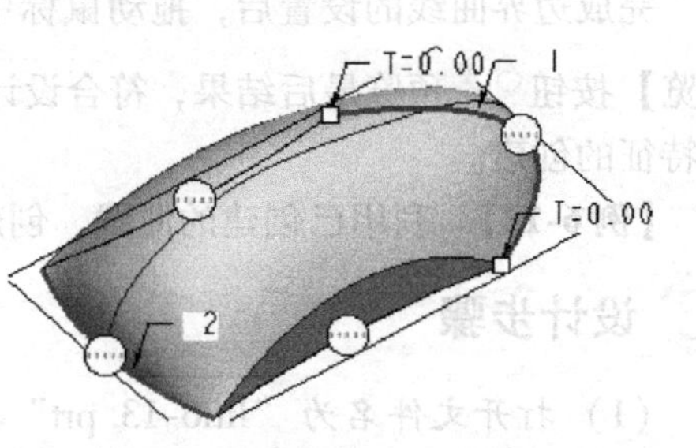


图 6-131　创建第 4 边界混合曲面

（6）按住〈Ctrl〉键连续选取所有基准曲线，按下鼠标右键，在弹出的快捷菜单选择【隐藏】选项，将各基准曲线隐藏。

（7）如图 6-132 所示，选择曲面 1 和曲面 2，选择菜单栏中的【编辑】|【合并】选项，

单击控制区的【应用】按钮，完成第1次曲面合并。

(8) 单击第1次合并生成的曲面和曲面3，选择菜单栏中的【编辑】|【合并】选项，单击控制区的【应用】按钮，完成第2次曲面合并。

(9) 单击第2次合并曲面和曲面4，选择菜单栏中的【编辑】|【合并】选项，单击控制区的【应用】按钮，完成整个曲面合并。

(10) 单击整个曲面，选择菜单栏中的【编辑】|【实体化】选项，单击控制区的【应用】按钮，完成曲面的实体化，隐藏各曲面，如图6-133所示。

(11) 在图形区同时选择如图6-133所示的边线1和与其对称的另一条边线。

(12) 选择菜单栏中的【插入】|【倒圆角】选项，在图形区双击圆角尺寸数字，在出现的组合框中输入“6”，单击控制区的【应用】按钮，完成第1次倒圆角，如图6-134所示。

(13) 在图形区单击最下边线，选择菜单栏中的【插入】|【倒圆角】选项，在图形区双击圆角尺寸数字，在出现的组合框中输入“3”，单击控制区的【应用】按钮，完成倒圆角，模型如图6-126所示。

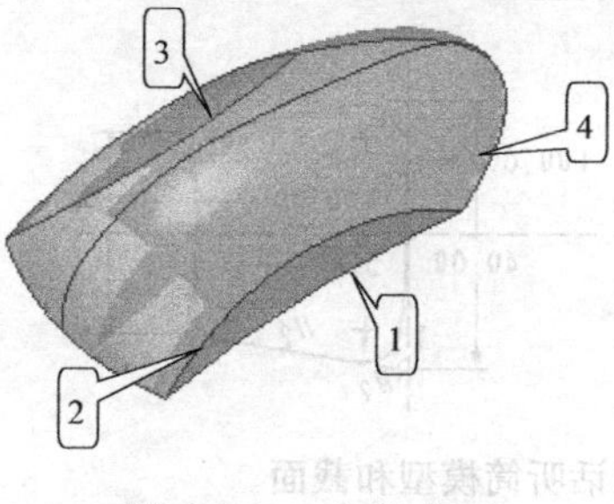

图6-132　合并曲面

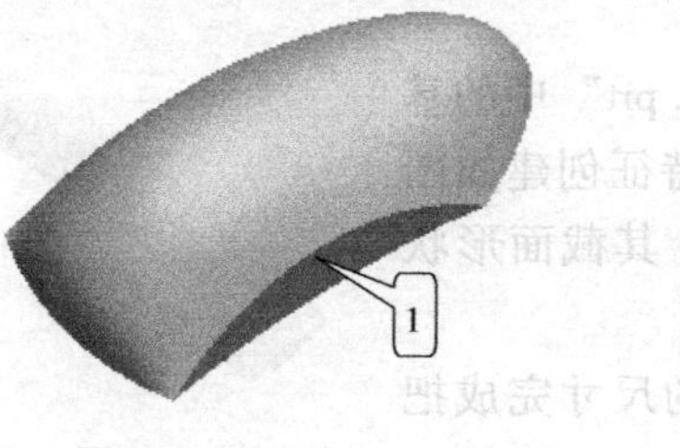

图6-133　实体化

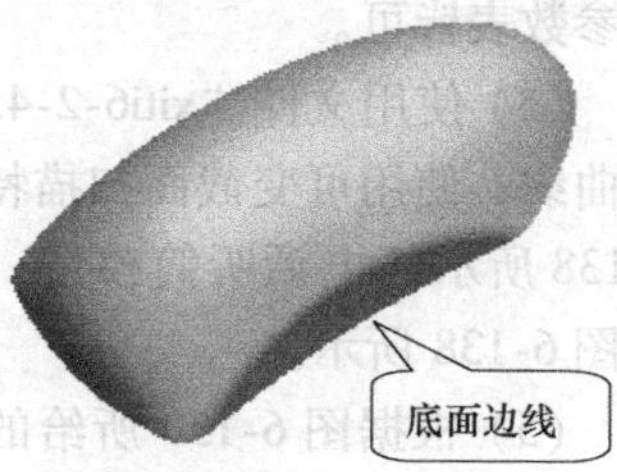

图6-134　倒圆角

(14) 保存文件，关闭窗口，拭除不显示。

## 6.7　本章小结

本章讲述了各种复杂特征的创建过程及其关键点。通过本章的学习，读者可以创建截面单一而轨迹复杂的扫描特征；可以创建截面多样的混合特征；可以创建截面和轨迹都比较复杂的扫描混合特征；可以创建沿螺旋线形成的螺旋扫描特征；还可以创建由一般轨迹关联其形状的可变截面扫描特征以及创建复杂曲面的边界混合特征。这些复杂特征的创建对于完成复杂造型的零件尤为重要。

## 6.8　习题

1. 概念题

(1) 扫描特征的轨迹有什么要求？

(2) 创建混合特征时，如果其截面顶点数不同，应该如何处理？

(3) 创建螺旋扫描特征应该注意哪些问题？

(4) 创建可变截面扫描特征时，各轨迹有什么作用？

2. 操作题

（1）创建如图 6-135 所示的扫描曲面。其轨迹关键点为（0，0，0）、（0，0，100）、（0，100，100）、（100，100，100）至（180，180，180），拐弯处半径为 30。截面如图 6-136 所示。

（2）创建如图 6-137 所示的混合特征，其中第 1 截面为一点；第 2 截面为直径是 50 的圆，深度为 50；第 3 截面为外接圆直径为 30 的正五边形，深度为 50。

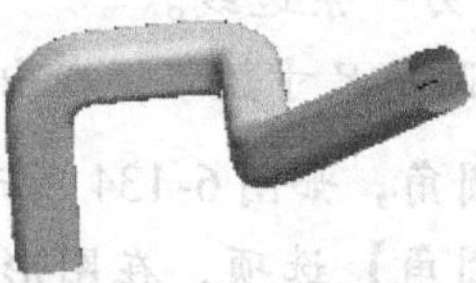
图 6-135　扫描曲面

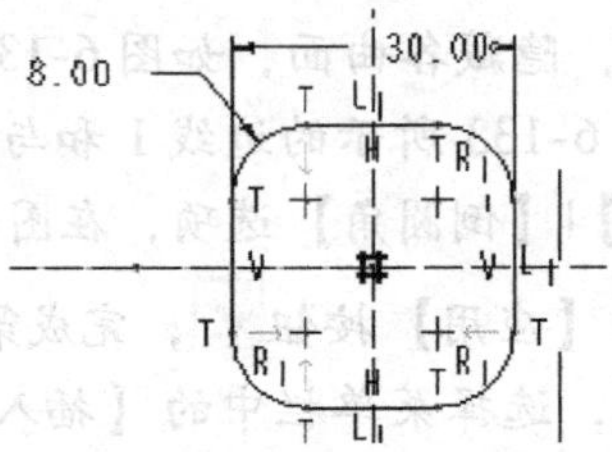

图 6-136　截面

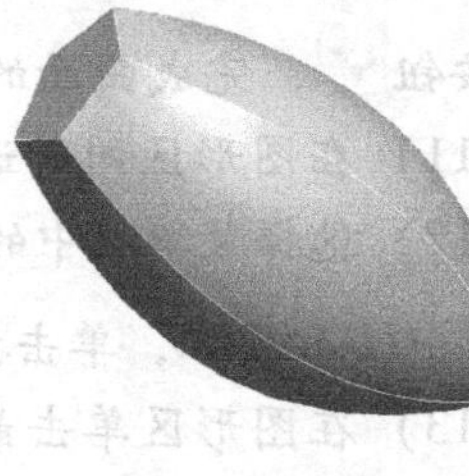
图 6-137　混合特征

（3）创建 GB/T 6170—2000 的 1 型六角螺母，按照比例画法或者查 GB/T 6170—2000 中的螺母参数表皆可。

（4）使用文件“xiti6-2-4. prt”中的基准曲线，使用可变截面扫描特征创建如图 6-138 所示的电话听筒模型，其截面形状如图 6-138 所示。

（5）根据图 6-139 所给的尺寸完成把手模型。

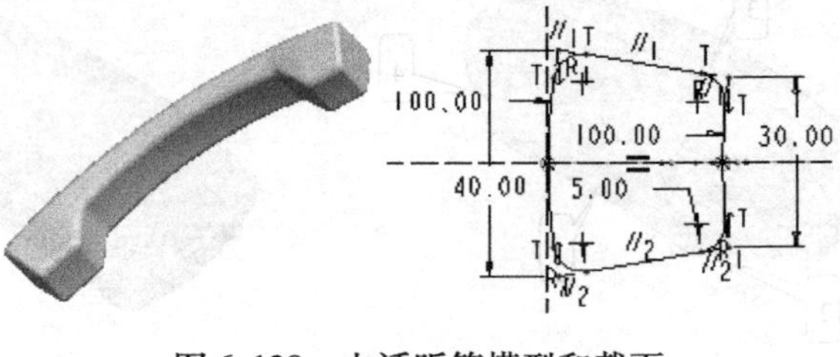

图 6-138　电话听筒模型和截面

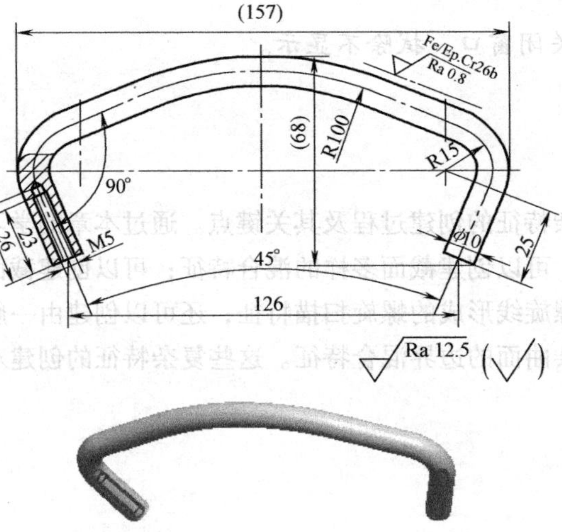

图 6-139　把手工程图

（6）根据图 6-140 所给的尺寸创建螺旋曲面，螺距是 50，中心线为导线，上底直径或下底直径为母线。

（7）根据图 6-141 所给的尺寸创建梯形螺纹。

（8）根据图 6-142 所给的尺寸创建混合曲面（天圆地方曲面）。

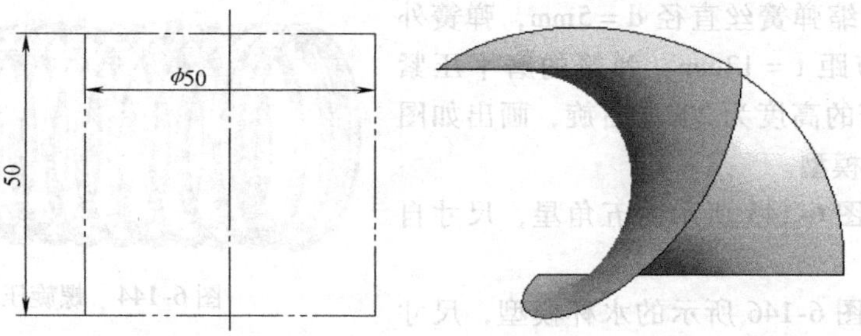


图 6-140　螺旋曲面

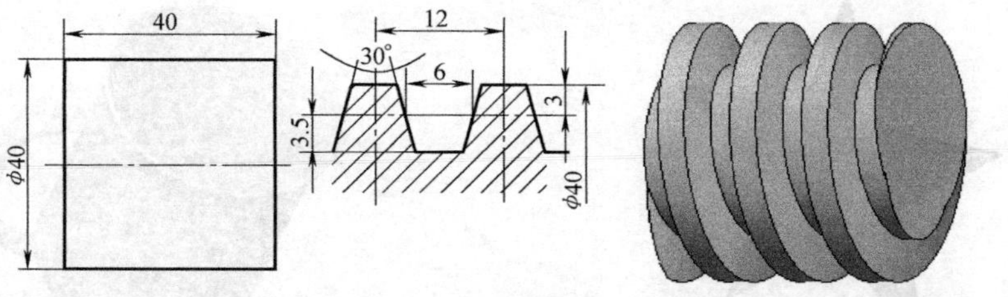


图 6-141　梯形螺纹

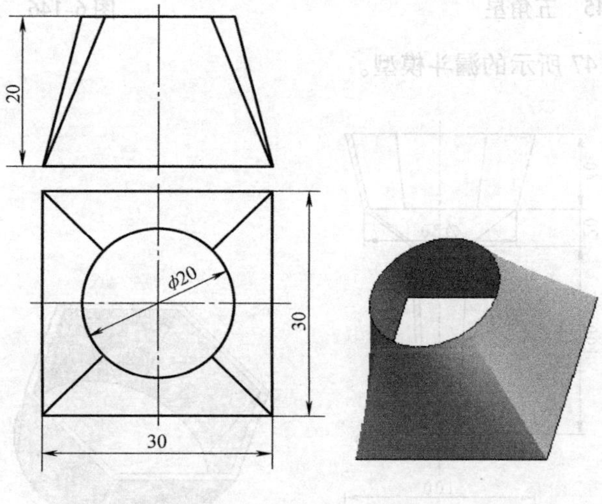


图 6-142　天圆地方曲面

（9）根据图 6-143 所给的尺寸创建扫描混合曲面。

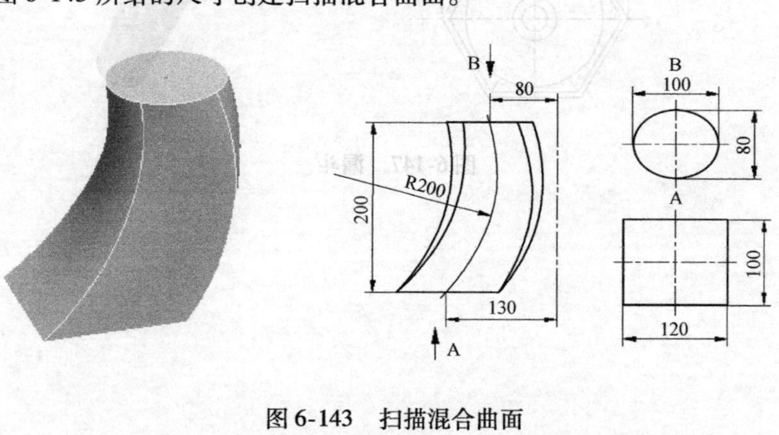


图 6-143　扫描混合曲面

（10）螺旋压缩弹簧丝直径 d = 5mm，弹簧外径 D2 = 80mm，节距 t = 12mm，弹簧的磨平压紧圈为2.5 圈，弹簧的高度为 200，右旋，画出如图 6-144 所示的弹簧模型。

（11）创建如图 6-145 所示的五角星，尺寸自行定义。

（12）创建如图 6-146 所示的水杯模型，尺寸自行定义。

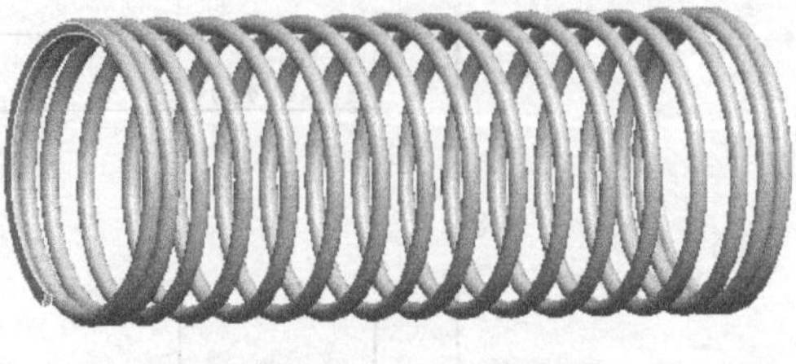

图 6-144　螺旋压缩弹簧

图 6-145　五角星

图 6-146　水杯

（13）创建如图 6-147 所示的漏斗模型。

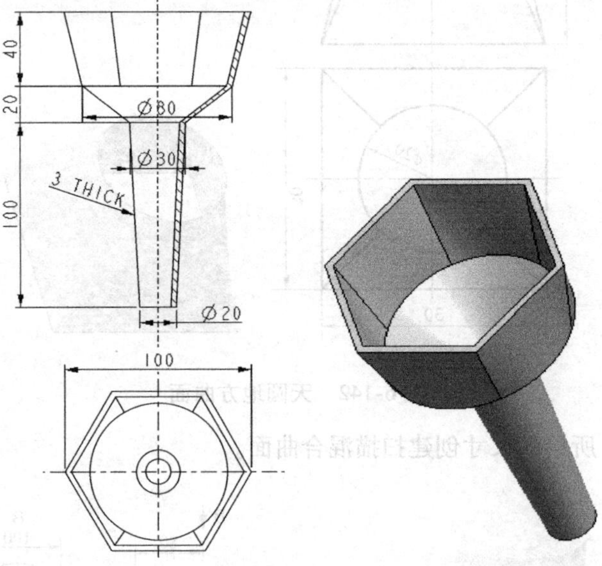


图 6-147　漏斗

# 第7章　工 程 特 征

工程特征基于基础特征，在基础特征的基础上添加材料或者移除材料，进而形成复杂的模型。这类特征包括倒圆角特征、倒角特征、拔模特征、筋特征、壳特征和孔特征。使用基础特征按钮也可创建工程特征，但是操作麻烦。有些特征利用基础特征按钮需要使用几步甚至十几步才能完成，而利用工程特征按钮只需一步即可完成。掌握好工程特征的创建能使设计简单明了，达到事半功倍的效果。

【本章重点】

- 孔的4种放置方式和标准孔各参数的含义。
- 圆角的参照选取及其过渡方式。
- 倒角的参照选取及其过渡方式。
- 拔模的几个基本概念。
- 筋特征的截面画法。

## 7.1　孔特征

孔的形式多种多样：按照加工方式，主要分为中心孔、阶梯孔、沉头孔、埋头孔等；按照孔的深度形式，可分为通孔和盲孔；按照有无螺纹，可分为简单孔和标准孔，其中简单孔根据创建方式的不同，又可分为矩形轮廓孔、标准孔轮廓孔和草绘轮廓孔。图7-1所示为不同类型孔的对比说明其中螺纹孔为标准孔，其余的为简单孔。

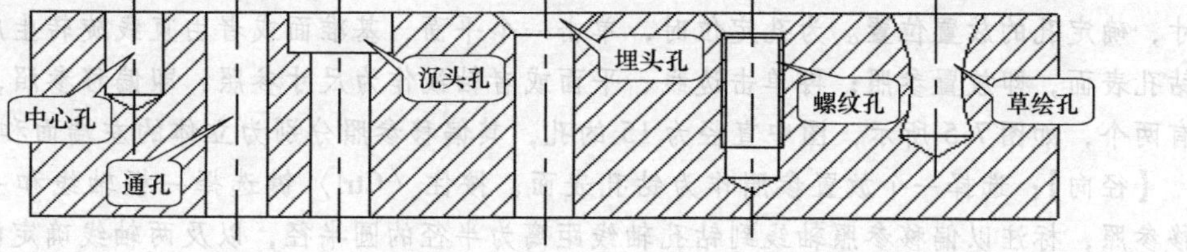


图7-1　孔的比较

创建孔特征的过程如下：

1. 选择命令

在创建了基础特征之后，选择菜单栏中的【插入】|【孔】选项，或者单击【工程特征】工具栏中的【孔】按钮，可以弹出【孔】操控板。通过单击【工程特征】工具栏中的相应按钮可以创建各种工程特征，【工程特征】工具栏和【孔】操控板分别如图7-2和图7-3所示。

【孔】操控板有【放置】、【形状】、【注释】和【属性】4个下滑面板，单击【注释】按钮，弹出【注释】下滑面板，可以查看创建孔的注释；单击【属性】按钮，弹出【属性】下滑面板，可以命名孔

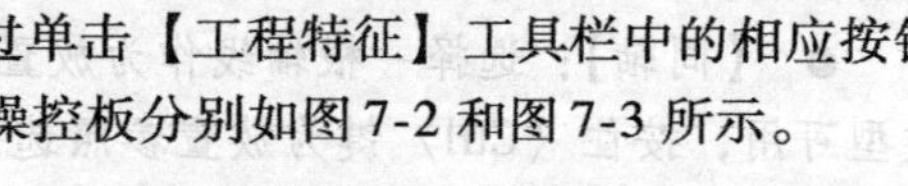


图7-2　【工程特征】工具栏

特征，并可查看孔特征的各种参数。

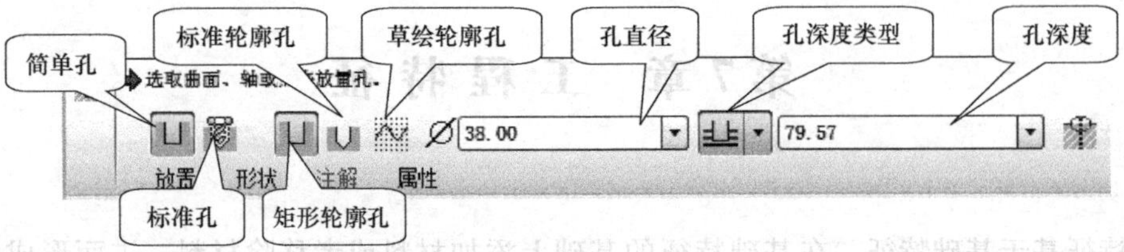


图 7-3 【孔】操控板

2. 放置孔

创建孔时，首先要确定孔的位置，有 4 种方式可以为孔定位。在【孔】操控板中单击【放置】按钮，弹出【放置】下滑面板，如图 7-4 所示。用户可以在【类型】下拉列表框中选择孔的放置类型。

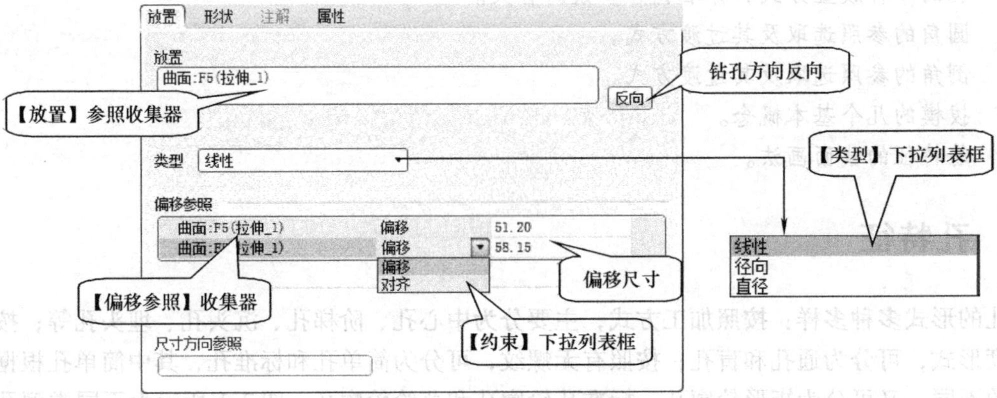


图 7-4 【放置】下滑面板

- 【线性】：选择一个放置参照作为钻孔表面，按住〈Ctrl〉键选择两个偏移参照，标注线性尺寸，确定孔的放置位置。为孔定位时，单击一个平面、基准面或者由直线旋转生成的回转面作为钻孔表面，即放置参照；再单击边线、平面或者轴线作为尺寸参照，即偏移参照，偏移参照一般有两个，如图 7-5 所示，图中直径为 15 的孔，其偏移参照分别为立体的左端面和下端面。
- 【径向】：选择一个放置参照作为钻孔表面，按住〈Ctrl〉键选择一根轴线和一个平面作为偏移参照，标注以偏移参照轴线到钻孔轴线距离为半径的圆半径，以及两轴线确定的平面和偏移参照平面夹角尺寸确定孔的位置。
- 【直径】：选择一个放置参照作为钻孔表面，按住〈Ctrl〉键选择一根轴线和一个平面作为偏移参照，标注以偏移参照轴线到钻孔轴线距离为半径的圆直径，以及两轴线确定的平面和偏移参照平面夹角尺寸确定孔的位置。如图 7-6 所示，右下角直径为 10mm 的通孔，其偏移参照分别为直径为 70mm 的圆柱轴线和左右对称面。
- 【同轴】：选择一根轴线作为放置参照，此时【类型】下拉列表框中只有【同轴】放置类型可用，按住〈Ctrl〉键为放置参照选择一个一面作为其第二个放置参照，生成与放置参照轴线同轴、以第二个放置参照平面为钻孔面的孔。使用同轴方式放置孔时，选择两个放置参照的顺序可以颠倒，可以先选基准轴，也可以先选面。

选择偏移参照后，在【偏移参照】收集器出现偏移参照列表。每个参照后面都有约束列表，定义孔轴线相对该参照的约束形式有【偏移】和【对齐】两种。使用【对齐】约束时，孔轴线

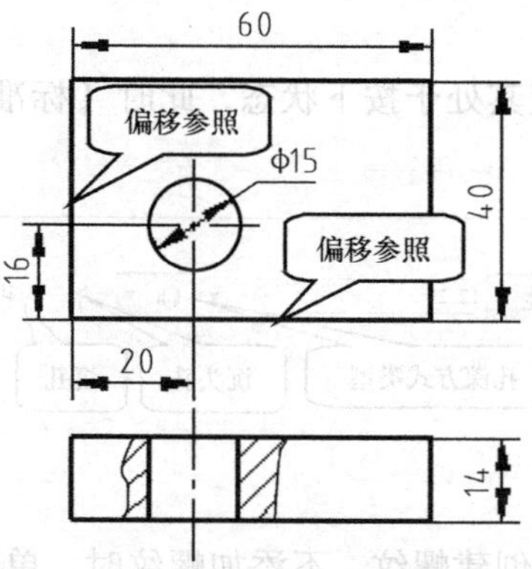


图 7-5　线性放置孔

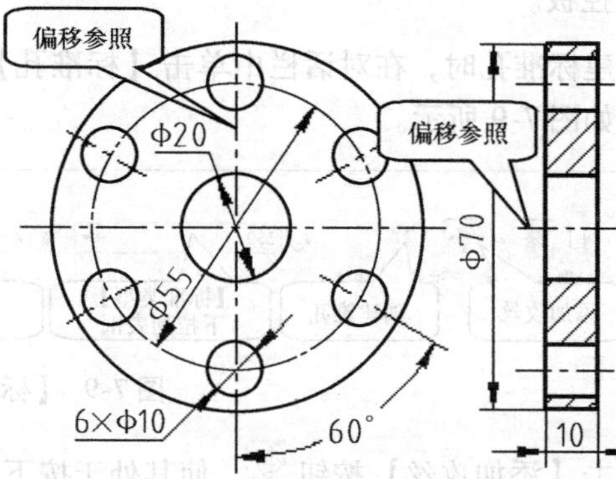


图 7-6　直径放置孔

在参照上；使用【偏移】约束时，其后会有【偏移尺寸】文本框，可以定义轴线相对于该参照的偏移尺寸。

添加偏移参照时，单击【偏移参照】收集器，使其处于淡绿色激活状态，按住〈Ctrl〉键在图形区依次选择参照（可以选择多个参照）。若要移除参照，可在收集器列表中选择该参照，按住鼠标右键，在弹出的快捷菜单中选择【移除】选项，也可按住〈Ctrl〉键在图形区再次选择要移除的参照。若要移除列表中的所有参照，则可以选择快捷菜单中的【移除全部】选项。

3. 定义孔类型

操控板中可以定义的孔类型有简单孔和标准孔两种，使用时，在对话栏中单击【简单孔】按钮或者【标准孔】按钮，使其处于按下状态，即可选择相应孔类型。

简单孔分为矩形轮廓孔、标准孔轮廓孔和草绘轮廓孔。用户在对话栏中单击相应按钮，使其处于按下状态，即可选择相应孔类型。

当单击【标准轮廓孔】按钮时，操控板如图 7-7 所示，其后出现【孔深方式类型】列表、【添加沉头孔】按钮和【添加沉孔】按钮。单击【孔深方式类型】列表后的，弹出【孔深方式类型】列表，其中包括【钻孔肩部深度】类型和【钻孔深度】类型，可以确定钻孔所标深度是否包括锥孔部分。单击【添加沉头孔】按钮，为钻孔添加沉头孔；单击【添加沉孔】按钮，为钻孔添加沉孔。

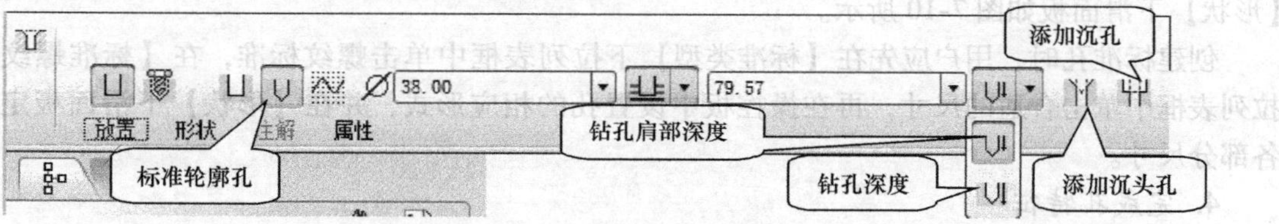


图 7-7　【标准轮廓孔】操控板

创建草绘孔时，在对话栏中单击【草绘轮廓孔】按钮，此时【草绘孔】操控板如图 7-8 所示。单击【激活草绘器】按钮，激活草绘器进入草绘环境，在图形区绘制旋转截面和竖直放置的几何中心线，做法和旋转特征完全相同。完成草绘后重新回到【草绘

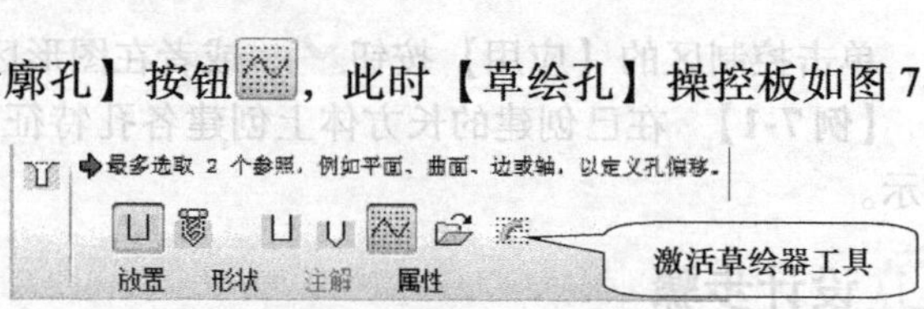


图 7-8　【草绘孔】操控板

孔】操控板。

创建标准孔时，在对话栏中单击【标准孔】按钮，使其处于按下状态，此时【标准孔】操控板如图 7-9 所示。

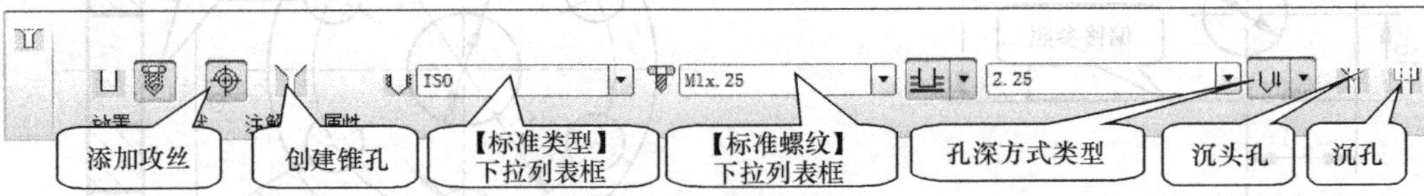


图 7-9 【标准孔】操控板

单击【添加攻丝】按钮，使其处于按下状态时，可以创建螺纹。不添加螺纹时，单击该按钮，使其处于浮起状态。

若不单击【添加攻丝】按钮时，对话栏中会出现两个新按钮：【创建钻孔】按钮和【创建间隙孔】按钮。单击【创建钻孔】按钮，可以创建由标准螺纹尺寸定义的直径为螺纹小径的光孔；单击【创建间隙孔】按钮，可以创建由标准螺纹尺寸定义的直径大于螺纹大径的光孔，根据拟合精度不同，其直径尺寸也有所不同。用户可在【形状】下滑面板对比进行设置。

单击【创建锥孔】按钮，使其处于按下状态时，可以创建锥管螺纹。不使用时，单击该按钮，使其处于浮起状态，此时标准孔包括螺纹。

标准孔有 3 种标准，“ISO”“UNC”和“UNF”。用户可以从【标准类型】下拉列表框 ISO 中选取。一般使用“ISO”标准类型的标准孔，这种类型也是系统默认的标准类型。

在【标准螺纹】下拉列表框 M64x6 中单击螺纹的公称尺寸，包括其公称直径和螺距。

操控板最后两个按钮决定标准孔的样式，单击【添加沉头孔】按钮，为钻孔添加沉头孔，用于沉头螺钉连接，该按扭处于按下状态时，创建的标准孔有沉头孔；单击【添加沉孔】按钮，为钻孔添加沉孔，用于内六角圆柱头螺钉，该按钮处于按下状态时，标准孔有沉孔。

创建标准孔时，用户可使用【形状】下滑面板定义孔截面的形状和尺寸。几种标准孔的【形状】下滑面板如图 7-10 所示。

创建标准孔时，用户应先在【标准类型】下拉列表框中单击螺纹标准，在【标准螺纹】下拉列表框中单击合适的尺寸，再在操控板中设置孔的相应形式，并在【形状】下滑面板定义其各部分尺寸。

4. 完成孔特征

单击控制区的【特征预览】按钮，拖动鼠标中键从各个方向预览模型，符合设计要求后，单击控制区的【应用】按钮，或者在图形区单击鼠标中键，完成孔特征。

**【例 7-1】** 在已创建的长方体上创建各孔特征，其工程图和立体图分别如图 7-11 和图 7-12 所示。

## 设计步骤

（1）打开文件“liti7-1. prt”，如图 7-13 所示。

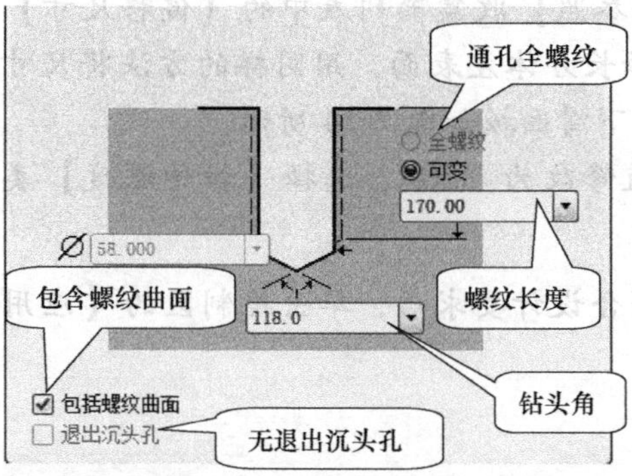


a) 盲孔无沉头无退出沉头有螺纹

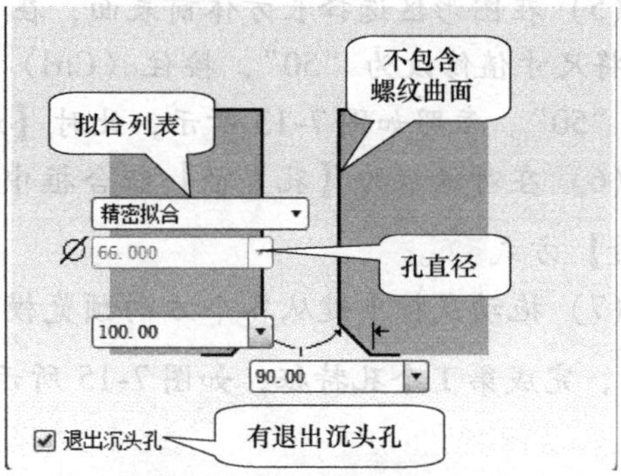


b) 通孔有退出沉头无螺纹

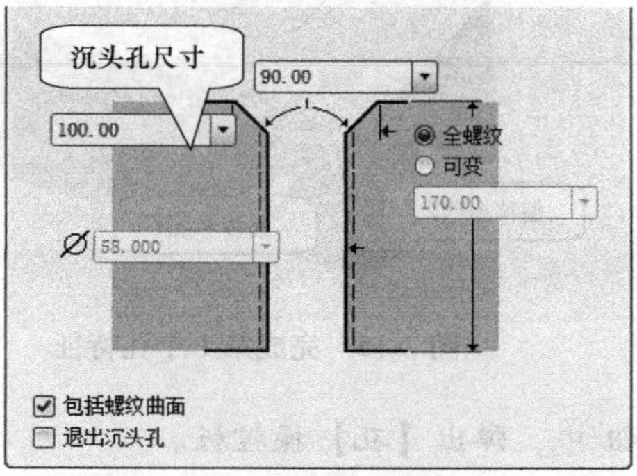


c) 通孔沉头孔全螺纹

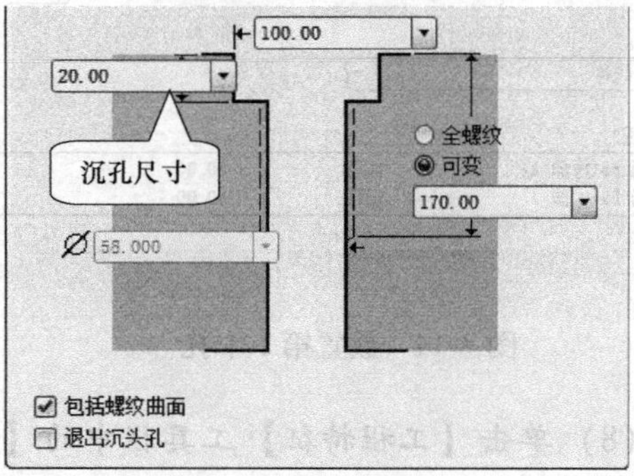


d) 通孔沉头孔有螺纹

图 7-10　几种标准孔形状对比

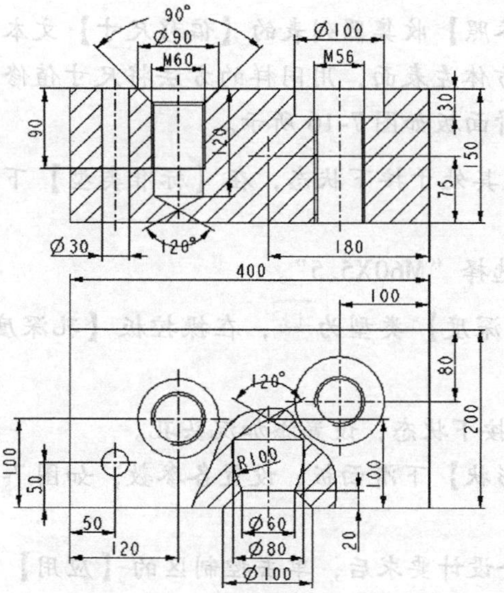


图 7-11　工程图

图 7-12　立体图

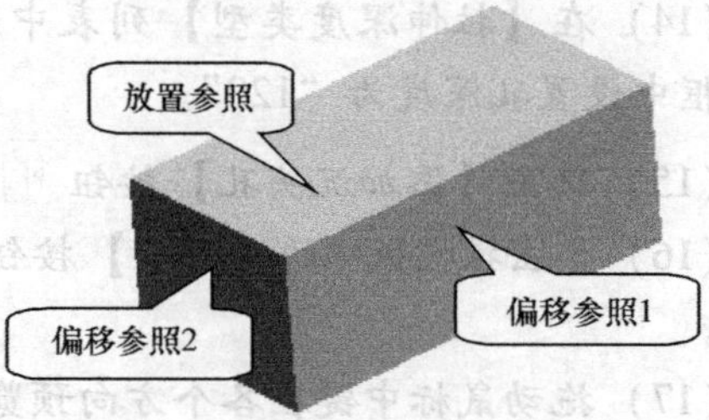


图 7-13　原立体

（2）单击【工程特征】工具栏中的【孔】按钮，弹出【孔】操控板。

（3）在图形区选择长方体上底面作为钻孔面。

（4）在操控板中单击【放置】按钮，弹出【放置】下滑面板，单击【偏移参照】收集器，使其处于淡绿色激活状态。

(5) 在图形区选择长方体前表面，在【偏移参照】收集器列表中的【偏移尺寸】文本框中将尺寸值修改为“50”，按住〈Ctrl〉键选择长方体左表面，用同样的方法将尺寸值修改为“50”。参照如图7-13所示，此时【放置】下滑面板如图7-14所示。

(6) 在对话栏的【孔直径】组合框中直径值修改为“30”，选择【拉伸深度】类型为【穿透】方式。

(7) 拖动鼠标中键从各个方向预览模型，符合设计要求后，单击控制区的【应用】按钮，完成第1个孔特征，如图7-15所示。

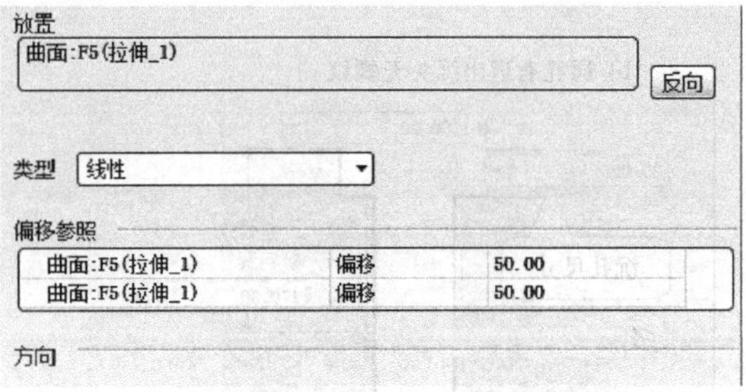


图7-14 放置第1个孔

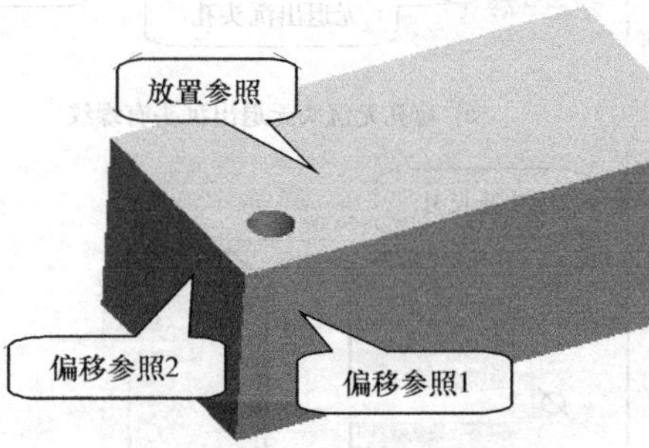


图7-15 完成第1个孔特征

(8) 单击【工程特征】工具栏中的【孔】按钮，弹出【孔】操控板。

(9) 在图形区选择长方体上底面作为钻孔面。

(10) 在操控板中单击【放置】按钮，弹出【放置】下滑面板，单击【偏移参照】收集器，使其处于淡绿色激活状态。

(11) 在图形区选择长方体前表面，在【偏移参照】收集器列表的【偏移尺寸】文本框中将尺寸值修改为“100”，按住〈Ctrl〉键选择长方体左表面，用同样的方法将尺寸值修改为“120”。参照如图7-15所示，此时【放置】下滑面板如图7-16所示。

(12) 在对话栏中单击【标准孔】按钮，使其处于按下状态，在【标准类型】下拉列表框中单击“ISO”。

(13) 在对话栏的【标准螺纹】下拉列表框中选择“M60X5.5”。

(14) 在【拉伸深度类型】列表中选择【拉伸深度】类型为，在操控板【孔深度】组合框中设置孔深度为“120”。

(15) 单击【添加沉头孔】按钮，使其处于按下状态，设置添加沉头孔。

(16) 单击操控板中的【形状】按钮，弹出【形状】下滑面板，设置各参数，如图7-17所示。

(17) 拖动鼠标中键在各个方向预览模型，符合设计要求后，单击控制区的【应用】按钮，完成第2个孔特征。

(18) 单击【工程特征】工具栏中的【孔】按钮，弹出【孔】操控板。

(19) 在操控板单击【放置】按钮，弹出【放置】下滑面板，此时【放置】参照收集器处于淡绿色激活状态，在图形区选择长方体上底面作为钻孔面。

(20) 在【放置】下滑面板中，单击偏移参照收集器，使其处于淡绿色激活状态。

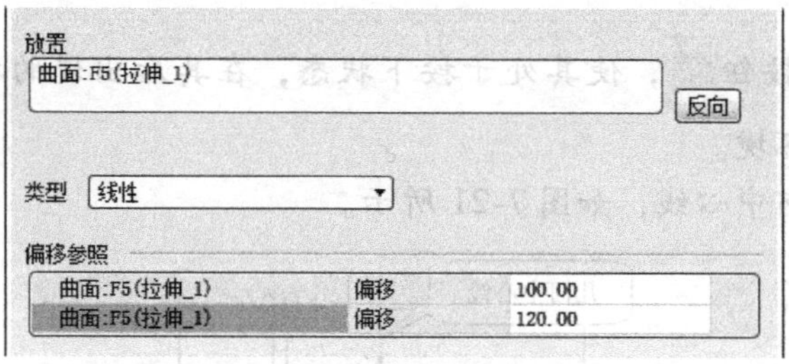


图 7-16　放置第 2 个孔

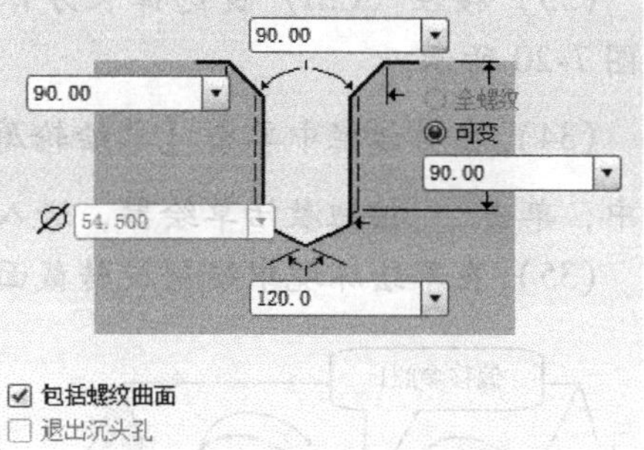


图 7-17　设置第 2 个孔形状

（21）在图形区选择长方体右表面，在图形区双击偏移尺寸数字，在出现的组合框中输入尺寸值“100”，单击鼠标中键接受该值。

（22）按住〈Ctrl〉键选择长方体后表面，同样修改偏移尺寸值为“80”，如图 7-18 所示。

（23）在对话栏中单击【标准孔】按钮，使其处于按下状态，在【标准类型】下拉列表框中单击“ISO”。

（24）在对话栏的【标准螺纹】下拉列表框中选择“M56X5.5”。

（25）在【拉伸深度类型】列表中选择【拉伸深度】类型为。

（26）单击【添加沉孔】按钮，使其处于按下状态，设置添加沉孔。

（27）单击操控板中的【形状】按钮，弹出【形状】下滑面板，设置各参数，如图 7-19 所示。

（28）拖动鼠标中键从各个方向预览模型，符合设计要求后，单击控制区的【应用】按钮，完成第 3 个孔特征。

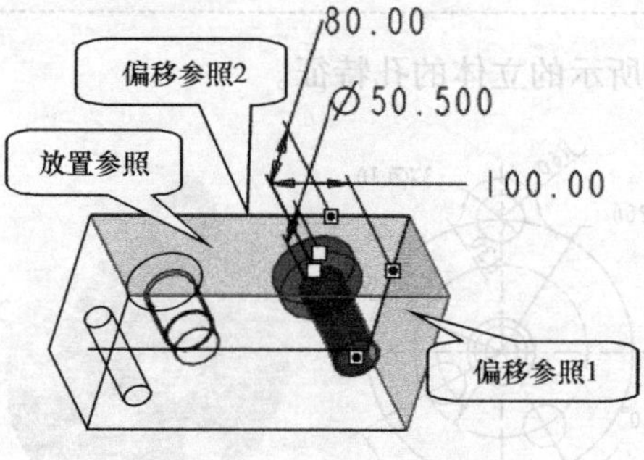


图 7-18　放置第 3 个孔

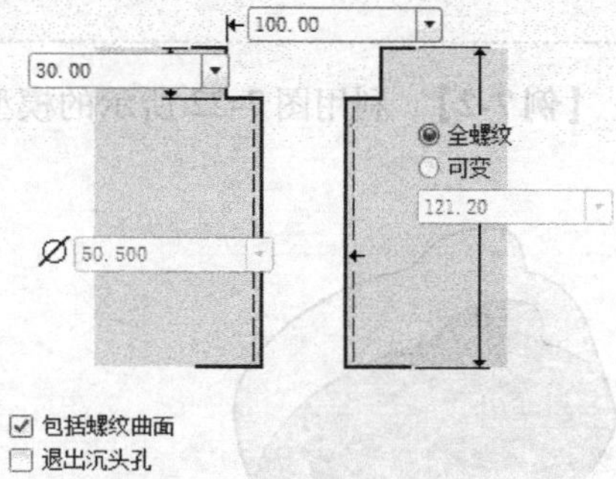


图 7-19　设置第 3 个孔的形状

（29）单击【工程特征】工具栏中的【孔】按钮，弹出【孔】操控板。

（30）在操控板单击【放置】按钮，弹出【放置】下滑面板，此时【放置】参照收集器处于淡绿色激活状态，在图形区选择长方体前表面作为钻孔面。

（31）在【放置】下滑面板中，单击【偏移参照】收集器，使其处于淡绿色激活状态。

（32）在图形区选择长方体下底面，在图形区双击尺寸数字，在出现的组合框中输入尺寸值“75”，在图形区单击鼠标中键或按〈Enter〉键接受该值。

(33) 按住〈Ctrl〉键选择长方体右表面，用同样的方法将偏移尺寸值修改为“180”，如图 7-20 所示。

(34) 在对话栏中单击【草绘轮廓孔】按钮，使其处于按下状态，在其后出现的按钮中，单击按钮激活草绘器，进入草绘环境。

(35) 在草绘环境中绘制旋转截面和几何中心线，如图 7-21 所示。

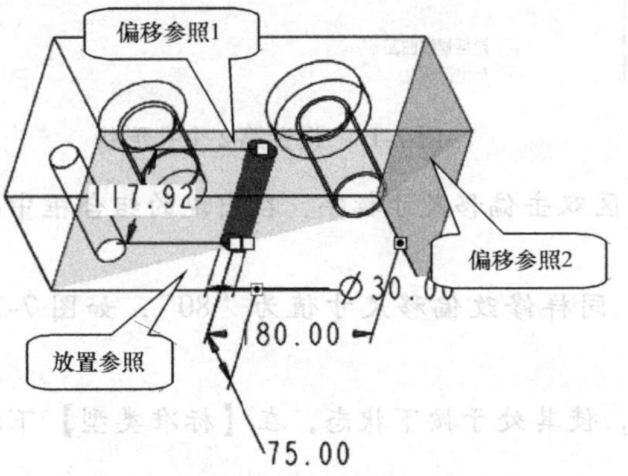


图 7-20 放置第 4 个孔

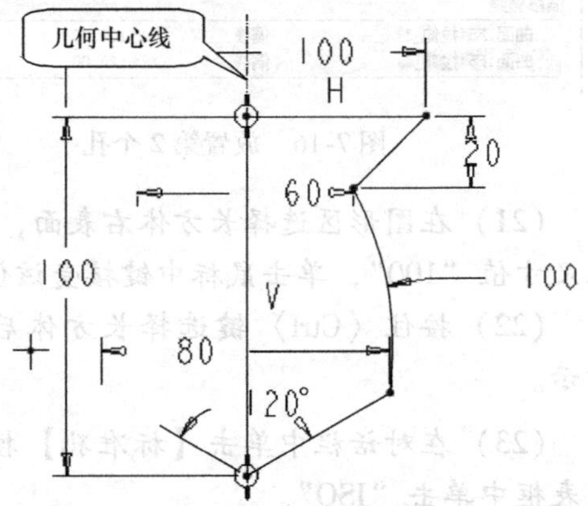


图 7-21 草绘孔截面

(36) 完成草绘后，单击【草绘器按钮】工具栏中的【完成】按钮，回到建模界面。

(37) 拖动鼠标中键从各个方向预览模型，符合设计要求后，单击控制区的【应用】按钮，完成第 4 个孔特征。

(38) 保存文件，关闭窗口，拭除不显示。

提醒：使用本章所有例题之前，用户应先将默认目录设置为“……\例题\第 7 章”。

【例 7-2】 利用图 7-22 所示的模型，创建如图 7-23 所示的立体的孔特征。

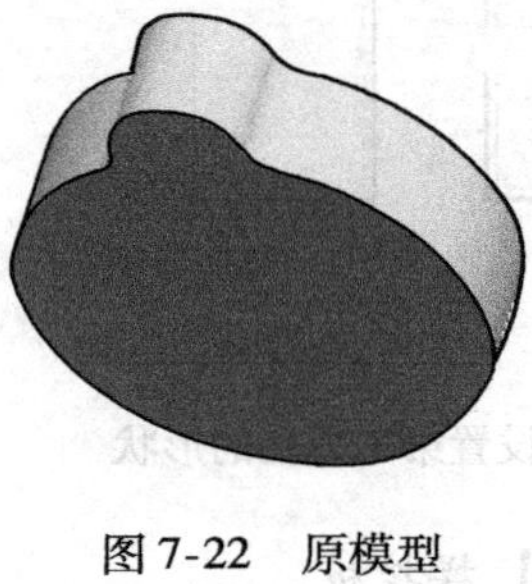

图 7-22 原模型

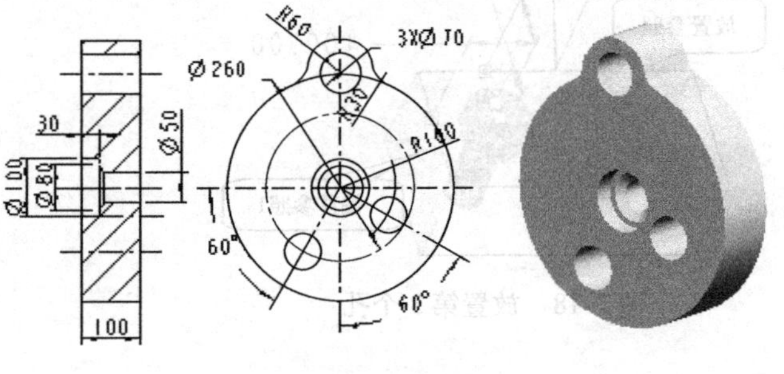


图 7-23 轮盘模型

## 设计步骤

(1) 打开文件“liti7-2. prt”，如图 7-22 所示。

(2) 单击【基准特征】工具栏中的【轴】按钮，弹出【基准轴】对话框，此时【参照】收集器处于激活状态，在图形区选择圆柱面 1，在【基准轴】对话框中单击【确定】

按钮，完成基准轴 1 的创建，如图 7-24 所示。

(3) 在图形区选择圆柱面 2，单击【基准特征】工具栏中的【轴】按钮，完成基准轴 2 的创建，如图 7-25 所示。

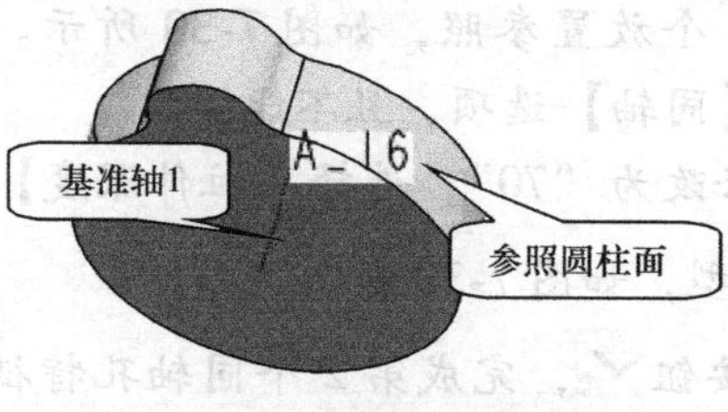


图 7-24　创建基准轴 1

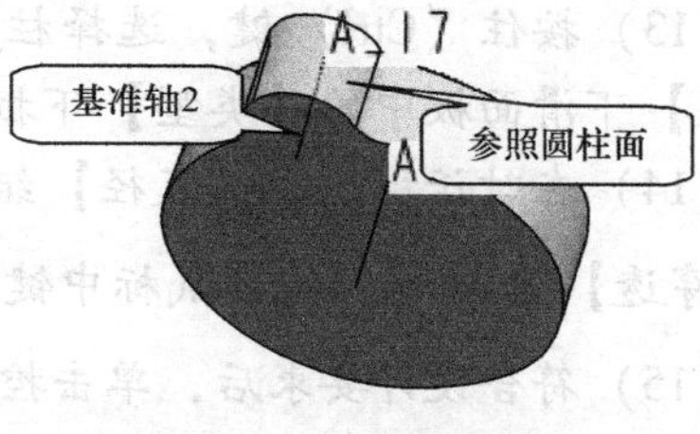


图 7-25　创建基准轴 2

(4) 单击【工程特征】工具栏中的【孔】按钮，弹出【孔】操控板。

(5) 在操控板单击【放置】按钮，弹出【放置】下滑面板，此时【放置】参照收集器处于淡绿色激活状态，在图形区选择柱体前表面作为钻孔面。

(6) 按住〈Ctrl〉键，添加基准轴 1 作为第 2 个放置参照，此时【放置】下滑面板中的【类型】下拉列表框中显示为【同轴】选项，且不能修改，如图 7-26 所示，此时【放置】下滑面板如图 7-27 所示。

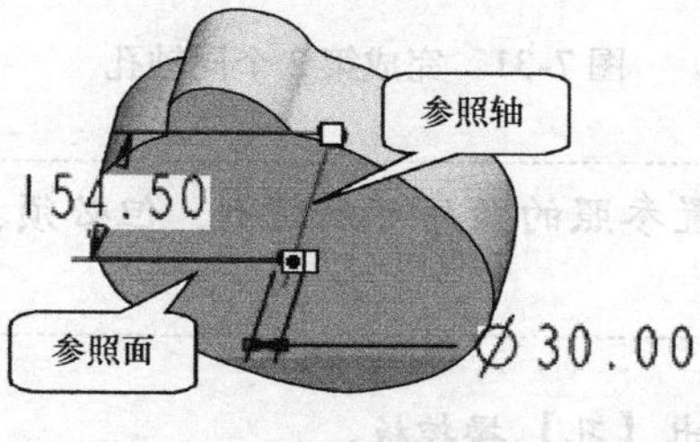


图 7-26　单击参照

图 7-27　【放置】下滑面板

(7) 在对话栏中单击【草绘轮廓孔】按钮，使其处于按下状态，在其后出现的按钮中，单击按钮，激活草绘器，进入草绘环境。

(8) 在草绘界面中绘制旋转截面和几何中心线，如图 7-28 所示。

(9) 完成草绘后，单击【草绘器按钮】工具栏中的【完成】按钮，回到建模界面。

(10) 拖动鼠标中键在各个方向预览模型，符合设计要求后，单击控制区的【应用】按钮，完成第 1 个同轴孔特征，如图 7-29 所示。

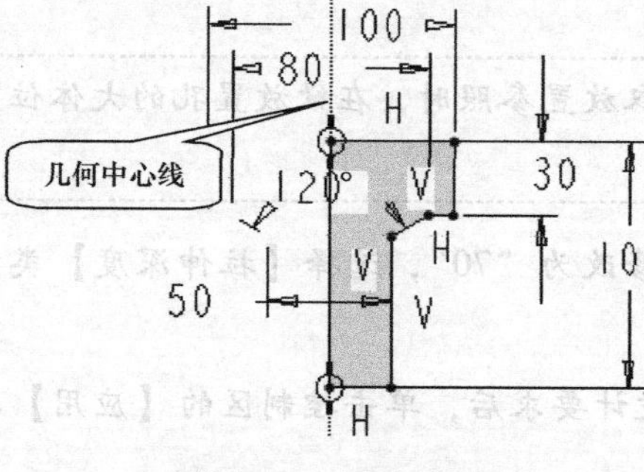


图 7-28　放置同轴孔

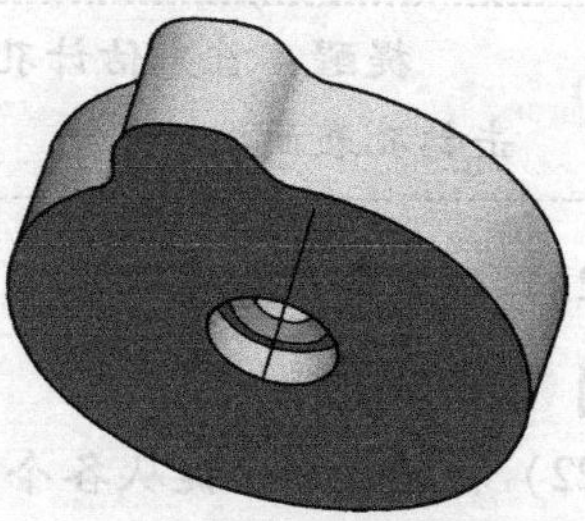

图 7-29　完成第 1 个同轴孔

(11) 单击【工程特征】工具栏中的【孔】按钮，弹出【孔】操控板。

(12) 在操控板中单击【放置】按钮，弹出【放置】下滑面板，此时【放置】参照收集器处于淡绿色激活状态，在图形区选择基准轴2作为第1个放置参照。

(13) 按住〈Ctrl〉键，选择柱体前表面作为第2个放置参照，如图7-30所示。此时【放置】下滑面板中的【类型】下拉列表框中显示为【同轴】选项，且不能修改。

(14) 在对话栏的【孔直径】组合框中将直径值修改为“70”，选择【拉伸深度】类型为【穿透】方式，拖动鼠标中键从各个方向预览模型，如图7-30所示。

(15) 符合设计要求后，单击控制区的【应用】按钮，完成第2个同轴孔特征，如图7-31所示。

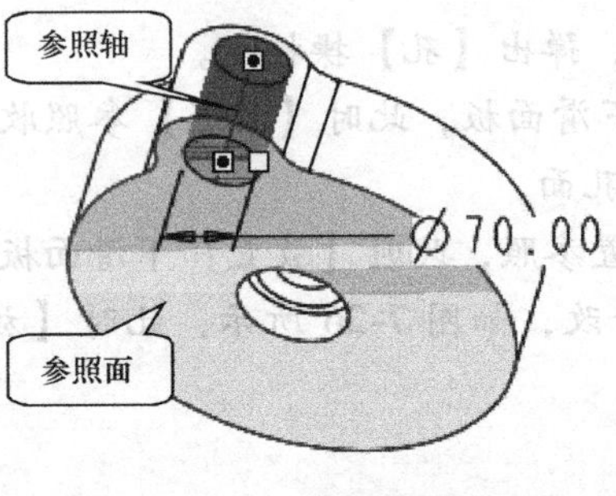


图7-30　放置第2个孔

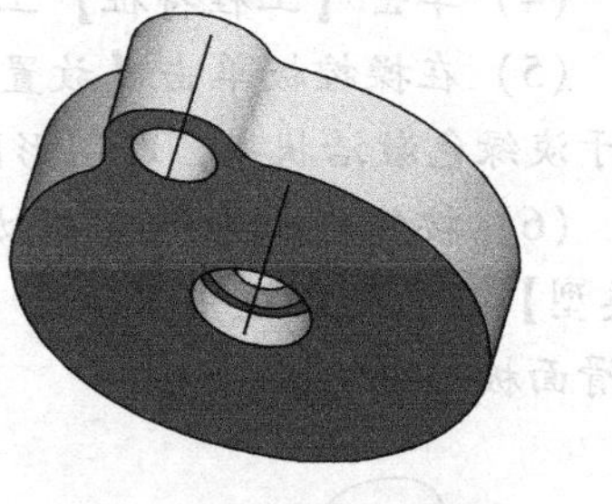

图7-31　完成第2个同轴孔

> 提醒：使用同轴类型放置孔时，单击两个放置参照的顺序可以颠倒，但必须按住〈Ctrl〉键选取两个参照将其都作为放置参照。

(16) 单击【工程特征】工具栏中的【孔】按钮，弹出【孔】操控板。

(17) 在操控板中单击【放置】按钮，弹出【放置】下滑面板，此时【放置】参照收集器处于淡绿色激活状态，在图形区单击轮盘前端面作为钻孔面。

(18) 在【放置】下滑面板中的【类型】下拉列表框中选择【径向】类型。单击【偏移参照】收集器，使其处于淡绿色激活状态。

(19) 在图形区选择基准轴1作为第1个偏移参照，在图形区双击半径尺寸，在出现的文本框中输入数值“100”，在图形区单击鼠标中键或按〈Enter〉键接受该值。

(20) 按住〈Ctrl〉键选择“RIGHT”基准面作为第2个偏移参照，在图形区双击角度尺寸，在出现的文本框中输入数值“60”，若方向不对可输入“-60”，参照选取情况和【参照】下滑面板分别如图7-32和图7-33所示。

> 提醒：首先估计孔的大体放置位置，选取放置参照时，在欲放置孔的大体位置单击钻孔表面。

(21) 在对话栏的【孔直径】组合框中将直径值修改为“70”，选择【拉伸深度】类型为【穿透】方式。

(22) 拖动鼠标中键从各个方向预览模型，符合设计要求后，单击控制区的【应用】按钮，完成第3个孔特征。

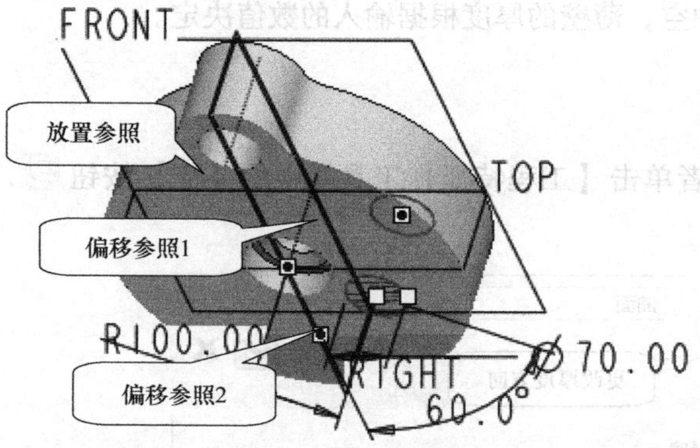


图 7-32　设置参照

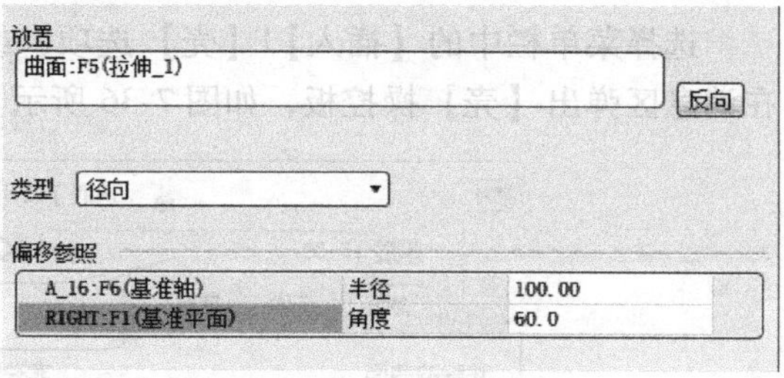


图 7-33　设置孔放置类型

(23) 单击【工程特征】工具栏中的【孔】按钮，弹出【孔】操控板。

(24) 在操控板中单击【放置】按钮，弹出【放置】下滑面板，此时【放置】参照收集器处于淡绿色激活状态，在图形区选择轮盘前端面作为钻孔面。

(25) 在【放置】下滑面板的【类型】下拉列表框中选择【直径】类型。单击【偏移参照】收集器，使其处于淡绿色激活状态。

(26) 在图形区选择基准轴 1 作为第 1 个偏移参照，在图形区双击直径尺寸，在出现的文本框中输入数值“260”，在图形区单击鼠标中键或按〈Enter〉键接受该值。

(27) 按住〈Ctrl〉键选择“TOP”基准面作为第 2 个偏移参照，在图形区双击角度尺寸，在出现的文本框中输入数值“60”，在图形区单击鼠标中键或按〈Enter〉键接受该值。参照选取情况和【参照】下滑面板分别如图 7-34 和图 7-35 所示。

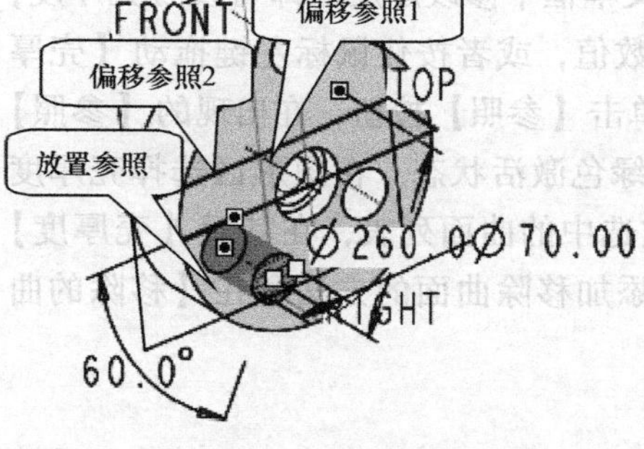


图 7-34　设置参照

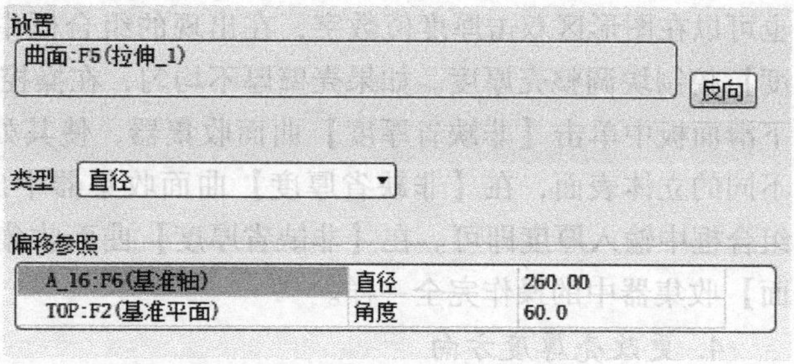


图 7-35　设置孔放置类型

(28) 在对话栏的【孔直径】组合框中将直径值修改为“70”，选择【拉伸深度】类型为【穿透】方式。

(29) 拖动鼠标中键从各个方向预览模型，符合设计要求后，单击控制区的【应用】按钮，完成第 4 个孔特征，如图 7-23 所示。

(30) 保存文件，关闭窗口，拭除不显示。

## 7.2　壳特征

对于有底的薄壁件，用户可以先创建零件的外部形体，然后使用壳特征创建。壳特征属于去除材料的特征，去除材料的部分将使零件形成中空，薄壁的厚度根据输入的数值决定。

创建壳特征的步骤如下：

1. 选择命令

选择菜单栏中的【插入】|【壳】选项，或者单击【工程特征】工具栏中的【壳】按钮，在消息区弹出【壳】操控板，如图 7-36 所示。

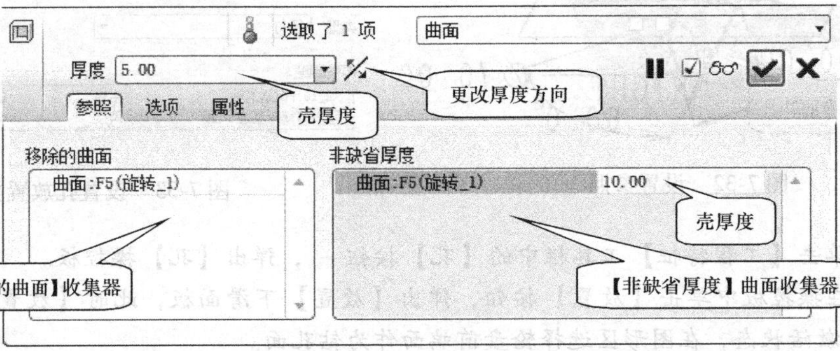


图 7-36 【壳】操控板

2. 选择移除面

在图形区选择要移除的立体表面，按住〈Ctrl〉键在图形区选择可以选取多个需要移除的表面。如果误选不需要移除的面，单击操控板中的【参照】按钮，弹出【参照】下滑面板，在【移除的曲面】收集器列表中选择误选的表面，单击鼠标右键，在弹出的菜单选择【移除】选项，按住〈Ctrl〉键在图形区再次选择误选的曲面，可以将其在选择集中移除。

3. 设置壳厚度

如果壳壁厚均匀，用户可以在操控板中的【壳厚度】文本框中修改厚度值即可设置壳厚度；也可以在图形区双击厚度值数字，在出现的组合框中修改数值，或者按住鼠标左键拖动【壳厚度】控制块调整壳厚度。如果壳壁厚不均匀，在操控板中单击【参照】按钮，在出现的【参照】下滑面板中单击【非缺省厚度】曲面收集器，使其处于淡绿色激活状态。在图形区选择壳厚度不同的立体表面，在【非缺省厚度】曲面收集器中出现被选中的曲面列表，在其后【壳厚度】组合框中输入厚度即可。在【非缺省厚度】曲面收集器中添加移除曲面的方法和在【移除的曲面】收集器中的操作完全一样。

4. 更改壳厚度方向

壳厚度方向有两个，即指向立体内部和指向立体外部。用户可以通过单击对话栏中的【更改厚度方向】按钮进行切换。系统默认的壳厚度方向为指向立体内部。

5. 完成壳特征

拖动鼠标中键改变观察角度，滚动滚轮缩放模型，按住 <Shift> 键拖动鼠标中键移动观察位置，从各个方向对进行几何预览，单击控制区的【特征预览】按钮对模型进行特征预览，符合设计要求后，单击控制区的【应用】按钮，完成壳特征。

**【例 7-3】** 如图 7-37 所示，利用所给原模型创建新模型，壳厚为 10，指向立体外部。

## 设计步骤

（1）打开文件“liti7-3. prt”，如图 7-38 所示。

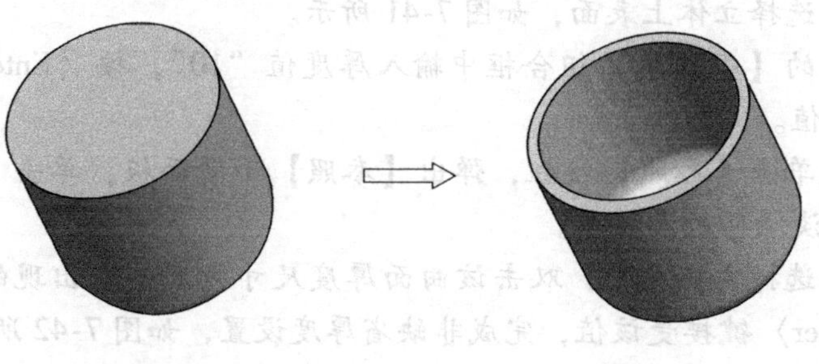

图 7-37　壳特征

（2）单击【工程特征】工具栏中的【壳】按钮，弹出【壳】操控板。

（3）在图形区选择立体上表面，如图 7-38 所示。

（4）在对话栏的【壳厚度】组合框中输入厚度值“10”，然后按〈Enter〉键或在图形区单击鼠标中键接受该值。

（5）单击对话栏中的【更改厚度方向】按钮进行切换，修改壳厚度方向为指向立体外部，如图 7-39 所示。

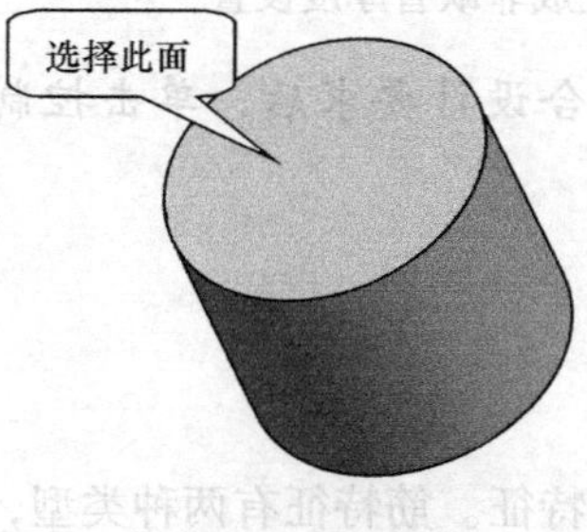


图 7-38　原模型

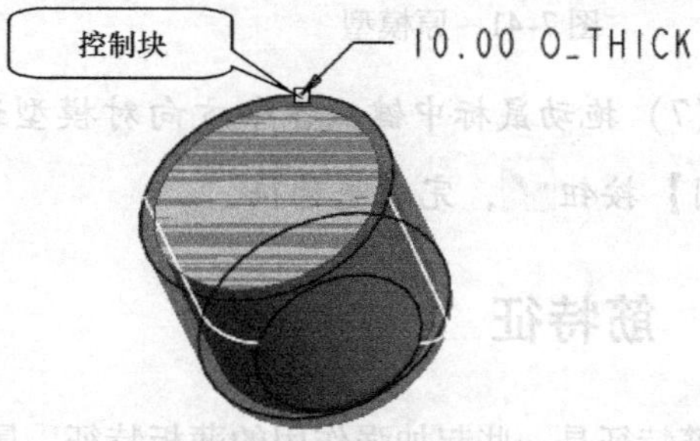


图 7-39　更改壳厚度方向

（6）拖动鼠标中键从各个方向对模型进行几何预览，符合设计要求后，单击控制区的【应用】按钮，完成壳特征。

**【例 7-4】**　如图 7-40 所示，利用所给模型创建非均匀壁厚壳特征，壳厚为 10，中间桶壁厚为 20。

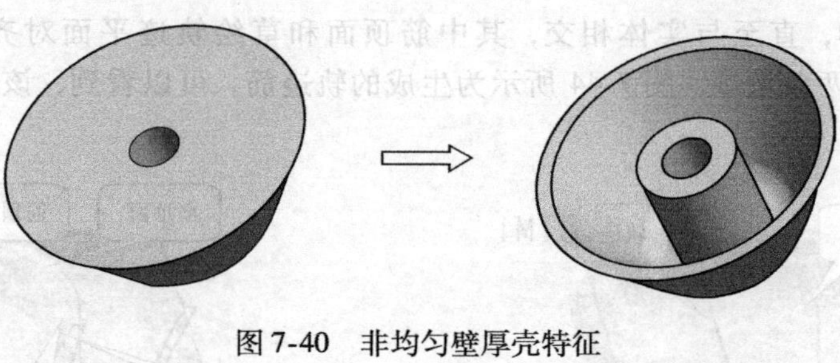

图 7-40　非均匀壁厚壳特征

## 设计步骤

（1）打开文件“liti7-4. prt”，如图 7-41 所示。

（2）单击【工程特征】工具栏中的【壳】按钮，弹出【壳】操控板。

(3) 在图形区选择立体上表面，如图 7-41 所示。

(4) 在对话栏的【壳厚度】组合框中输入厚度值“10”，按〈Enter〉键或在图形区单击鼠标中键接受该值。

(5) 在操控板单击【参照】按钮，弹出【参照】下滑面板，单击【非缺省厚度】曲面收集器，使其处于淡绿色激活状态。

(6) 在图形区选择内孔表面，双击该曲面厚度尺寸数字，在出现的组合框中输入厚度值“20”，按〈Enter〉键接受该值，完成非缺省厚度设置，如图 7-42 所示。

图 7-41　原模型

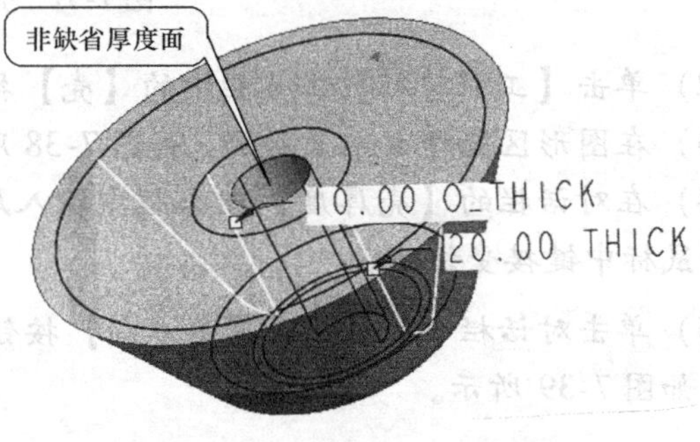

图 7-42　完成非缺省厚度设置

(7) 拖动鼠标中键从各个方向对模型进行几何预览，符合设计要求后，单击控制区的【应用】按钮，完成壳特征。

## 7.3 筋特征

筋特征是一些起加强作用的薄板特征，属于添加材料类型的特征。筋特征有两种类型，即轨迹筋和轮廓筋。用户可以在【工程特征】工具栏中单击按钮后的，在出现的工具箱单击【轨迹筋】按钮或者【轮廓筋】按钮，用以创建轨迹筋或轮廓筋。

### 7.3.1 轨迹筋

轨迹筋实际上是扫描筋。创建时，选择草绘的曲线作为轨迹，以系统定义的截面进行扫描，生成的筋自动延伸，直至与实体相交，其中筋顶面和草绘轨迹平面对齐。图 7-43 所示为“DTM1”基准面的两条轨迹，图 7-44 所示为生成的轨迹筋，可以看到，该筋顶面和“DTM1”基准面对齐。

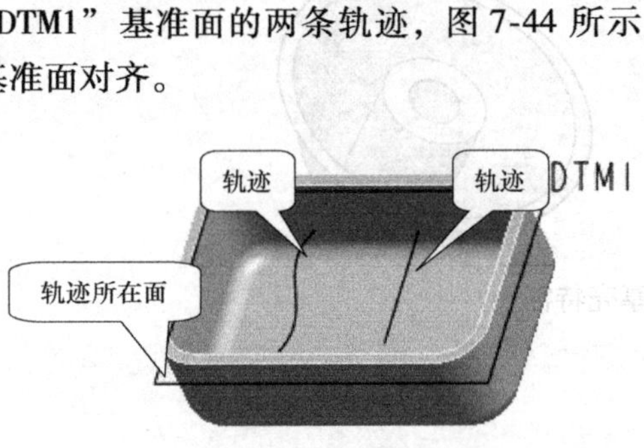

图 7-43　轨迹

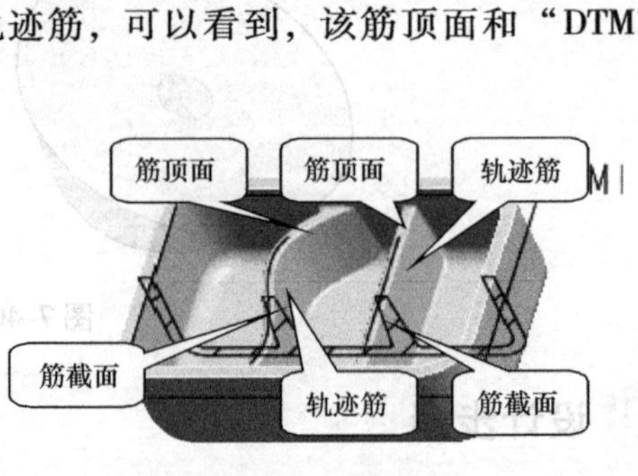

图 7-44　轨迹筋

创建轨迹筋特征的步骤如下：

1. 选择命令

选择菜单栏中的【插入】|【筋】|【轨迹筋】选项，或者单击【工程特征】工具栏中的【轨迹筋】按钮，在消息区弹出【轨迹筋】操控板，如图 7-45 所示。

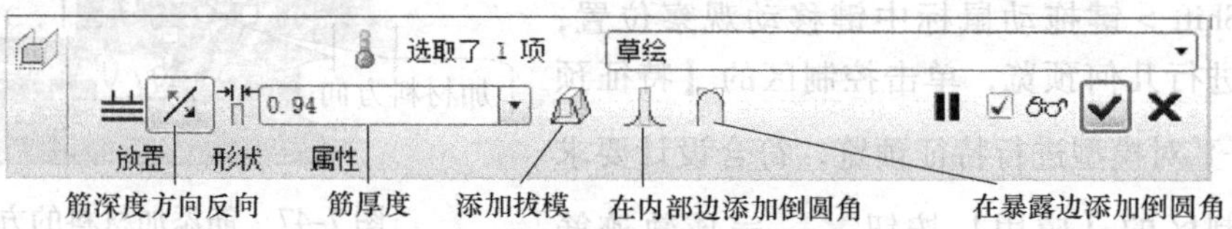


图 7-45　【轨迹筋】操控板

2. 定义轨迹曲线

轨迹筋的轨迹曲线一定是平面曲线，可以是一条曲线，也可以是多条曲线；曲线可与立体的边界相交，也可以开放。系统会自动延伸截面几何直到和边界的实体几何融合。用户可以提前绘制轨迹曲线，也可在创建轨迹筋的过程中绘制曲线。

单击【轨迹筋】操控板中的【放置】按钮，弹出【放置】下滑面板，此时【草绘】收集器处于淡绿色激活状态。用户可以在图形区选择已经创建的轨迹曲线，也可以单击【定义】按钮 定义... 进入草绘界面，草绘轨迹曲线。

3. 定义筋截面

定义筋截面时，用户应先定义筋的厚度，具体方法为：在对话栏的【筋厚度】组合框 0.94 中可以输入或者选取筋的厚度数值，或者在【形状】下滑面板中定义。

操控板的对话栏中有【添加拔模】按钮、【在内部边添加倒圆角】按钮和【在暴露边添加倒圆角】按钮，可用于定义截面形状。单击其中任意一个按钮，使其处于按下状态，可为截面添加该种特征。

单击【形状】按钮，弹出【形状】下滑面板，可以在其中定义轨迹筋的截面形状和大小，如图 7-46 所示。

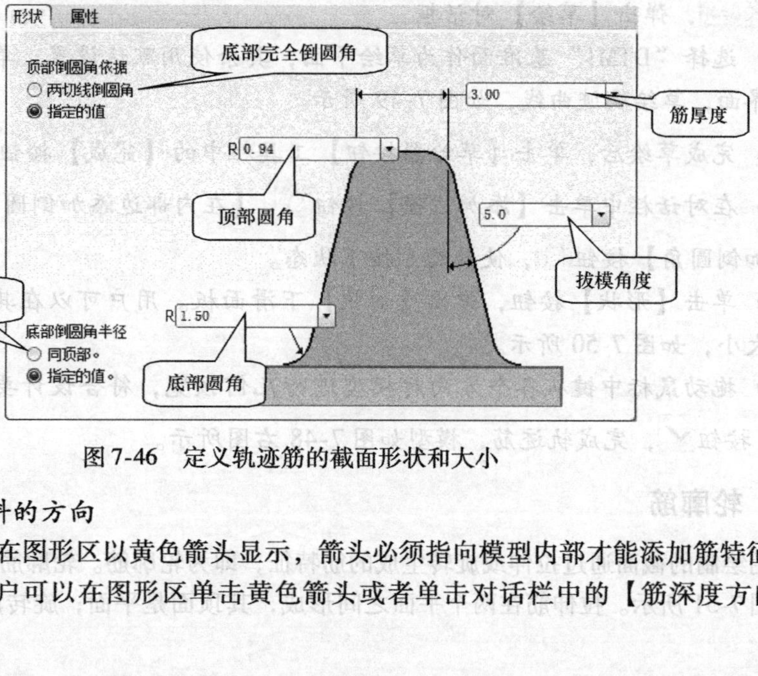


图 7-46　定义轨迹筋的截面形状和大小

4. 定义筋添加材料的方向

筋添加材料的方向在图形区以黄色箭头显示，箭头必须指向模型内部才能添加筋特征。当箭头指向模型外部时，用户可以在图形区单击黄色箭头或者单击对话栏中的【筋深度方向反向】

按钮，改变筋添加材料的方向，如图 7-47 所示。

5. 完成轨迹筋特征

拖动鼠标中键改变观察角度，滚动滚轮缩放模型，按住 < Shift > 键拖动鼠标中键移动观察位置，从各个方向进行几何预览，单击控制区的【特征预览】按钮对模型进行特征预览，符合设计要求后，单击控制区的【应用】按钮，完成轨迹筋特征。

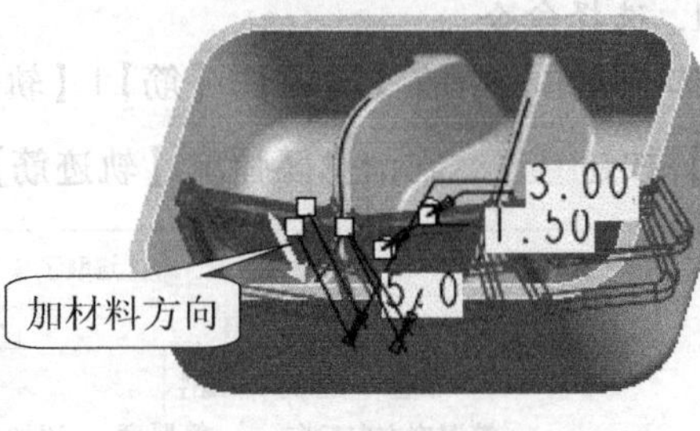


图 7-47 筋添加材料的方向

**【例 7-5】** 如图 7-48 所示，利用给定的模型，创建轨迹筋特征，其中左右两条筋中心线距离左右对称面的距离均为 13，前后两条筋中心线距离前后对称面的距离均为 8，顶部倒圆角和底部倒圆角都是 0.5，筋的厚度是 1.5，拔模是 3°。

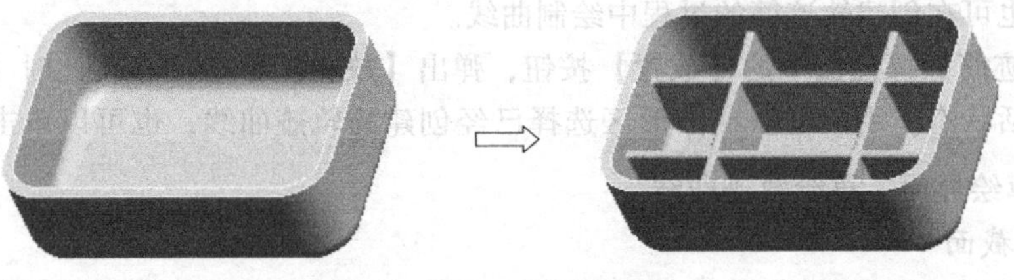

图 7-48 生成轨迹筋

## 设计步骤

（1）打开文件“liti7-5.prt”。

（2）单击【工程特征】工具栏中的【轨迹筋】按钮，在消息区弹出【轨迹筋】操控板。

（3）单击【放置】按钮，弹出【放置】下滑面板，单击【草绘】收集器后的【定义】按钮定义...，弹出【草绘】对话框。

（4）选择“DTM1”基准面作为草绘平面，其余使用默认设置，单击【草绘】按钮，进入草绘界面，草绘轨迹曲线，如图 7-49 所示。

（5）完成草绘后，单击【草绘器按钮】工具栏中的【完成】按钮回到建模界面。

（6）在对话栏中单击【添加拔模】按钮、【在内部边添加倒圆角】按钮和【在暴露边添加倒圆角】按钮，使其处于按下状态。

（7）单击【形状】按钮，弹出【形状】下滑面板。用户可以在其中定义轨迹筋的截面形状和大小，如图 7-50 所示。

（8）拖动鼠标中键从各个方向对模型进行几何预览，符合设计要求后，单击控制区的【应用】按钮，完成轨迹筋，模型如图 7-48 右图所示。

### 7.3.2 轮廓筋

使用绘制的截面通过拉伸或旋转生成的筋特征，即为轮廓筋。轮廓筋可以分为拉伸筋和旋转筋，如图 7-51 所示。拉伸筋在两个平面之间形成，其顶面是平面；旋转筋在两个同轴回转面之

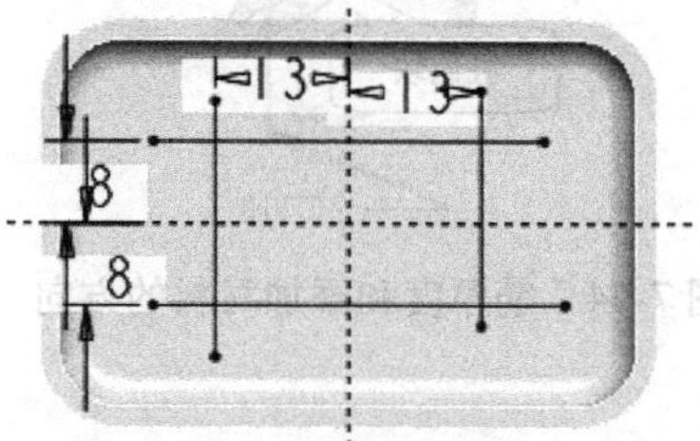


图 7-49　定义轨迹

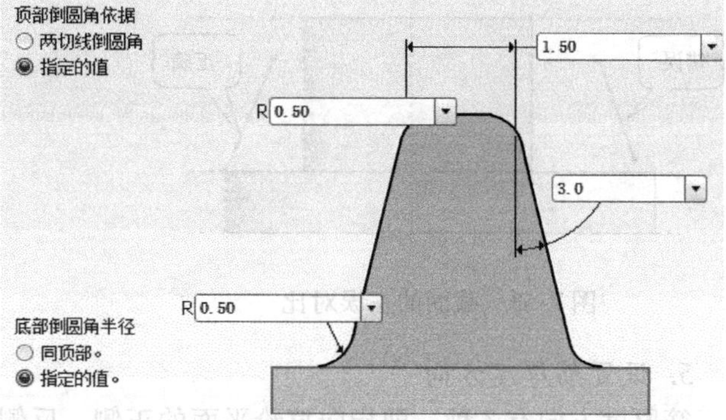


图 7-50　定义轨迹筋的截面形状和大小

间形成，其顶面是回转面系统根据截面的边界条件自动生成。

创建轮廓筋特征的步骤如下：

1. 选择命令

选择菜单栏中的【插入】|【筋】|【轮廓筋】选项，或者单击【工程特征】工具栏中的【轮廓筋】按钮，在消息区弹出【轮廓筋】操控板，如图 7-52 所示。

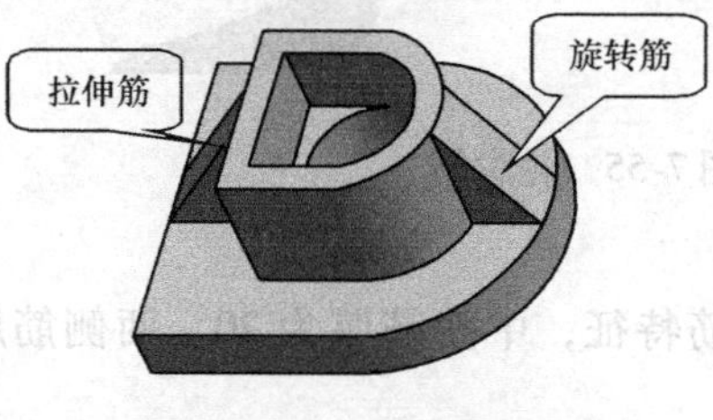


图 7-51　轮廓筋

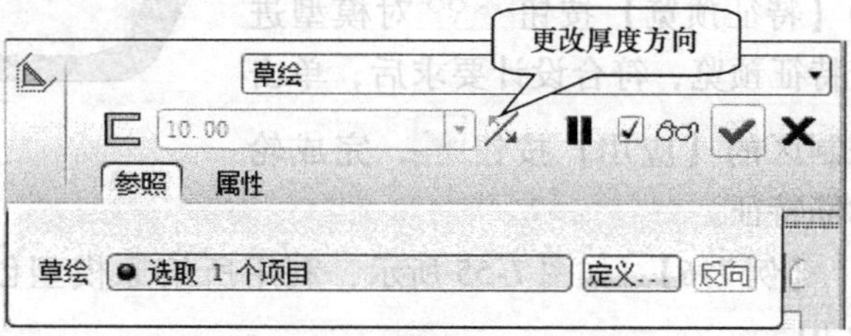


图 7-52　【轮廓筋】操控板

2. 定义筋截面

在操控板中单击【参照】按钮，弹出【参照】下滑面板。单击【定义】按钮 定义...，弹出【草绘】对话框，定义草绘平面的放置属性，完成后单击【草绘】按钮 草绘 进入草绘界面。

一般情况下，需要单击菜单栏中的【草绘】|【参照】选项，使用弹出的【参照】对话框在图形区选择合适的参照（一般选择与筋有关系的面或者边线作为参照），关闭【参照】对话框进入草绘环境，草绘截面。截面一定是开放的，并且和立体的边线能够形成封闭的区域，图 7-53 所示为正确截面和错误截面的对比。

3. 定义筋添加材料的方向

筋添加材料的方向在图形区以黄色箭头显示，箭头必须指向模型内部与实体形成闭合空间才能添加筋特征。当箭头指向模型外部时，用户可以在图形区单击黄色箭头使其反向，或者单击【参照】下滑面板中的【反向】按钮 反向，改变添加材料的方向，如图 7-54 所示。

4. 输入筋的厚度

在对话栏的【筋厚度】组合框 10.00 内输入或选取厚度值可以设置筋厚度，也可以在图形区双击厚度尺寸值，在出现的组合框内修改厚度数值；或者按住鼠标左键拖动控制块来控制其厚度，如图 7-54 所示。

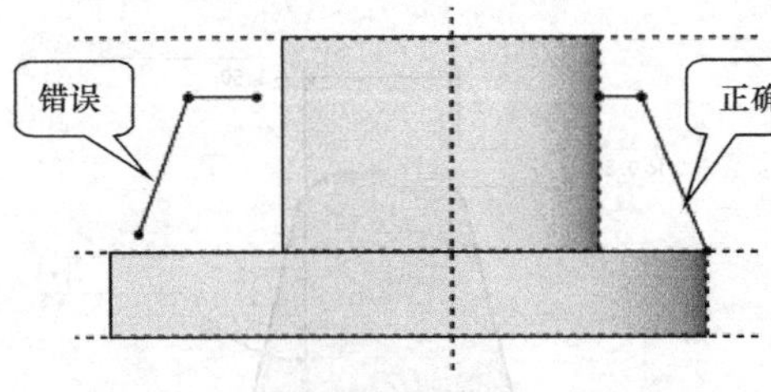


图 7-53　截面的正误对比

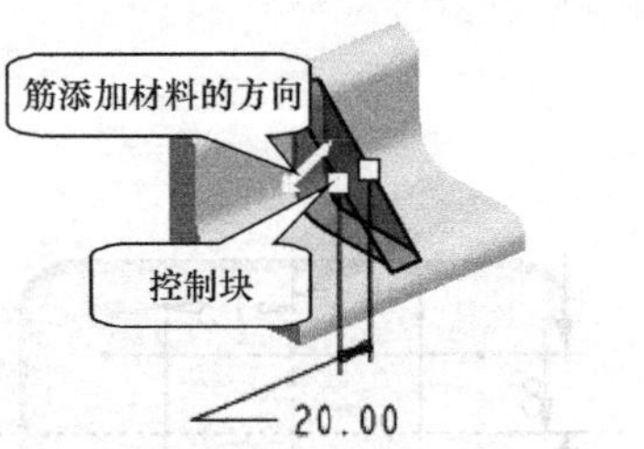


图 7-54　筋厚度和添加材料的方向

5. 设置筋厚度方向

筋厚度方向有 3 种，即指向草绘平面的正侧、反侧以及在草绘平面的两侧分别加厚厚度值的一半。单击对话栏中的【更改厚度方向】按钮，可以在这 3 个方向之间切换。

6. 完成轮廓筋特征

拖动鼠标中键改变观察角度，滚动滚轮缩放模型，按住 <Shift> 键拖动鼠标中键移动观察位置，从各个方向对模型进行几何预览，单击控制区的【特征预览】按钮对模型进行特征预览，符合设计要求后，单击控制区的【应用】按钮，完成轮廓筋特征。

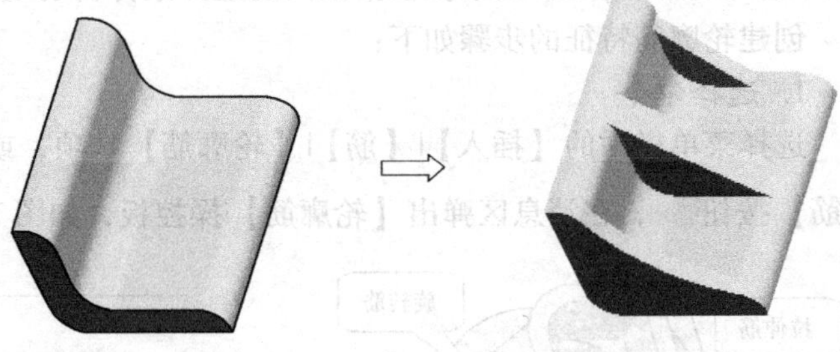

图 7-55　轮廓筋

【例 7-6】　如图 7-55 所示，利用所给原模型创建轮廓筋特征，中间筋厚为 20，两侧筋厚为 10。

## 设计步骤

(1) 打开文件“liti7-6. prt”。

(2) 单击【工程特征】工具栏中的【轮廓筋】按钮，在消息区弹出【轮廓筋】操控板。

(3) 在操控板单击【参照】按钮，弹出【参照】下滑面板。

(4) 单击【定义】按钮定义…，弹出【草绘】对话框，在图形区选择“FRONT”基准面作为草绘平面，默认其他放置属性，单击【草绘】按钮草绘进入草绘界面。

(5) 选择菜单栏中的【草绘】|【参照】选项，弹出【参照】对话框。

(6) 选择圆弧边线作为参照，使用相切约束草绘直线作为截面，如图 7-56 所示。

(7) 完成草绘后，单击【草绘器按钮】工具栏中的【完成】按钮回到建模界面。

(8) 单击【参照】下滑面板中的【反向】按钮反向，将添加材料的方向改为指向模型内部，黄色箭头为添加材料方向。

(9) 在对话栏的【筋厚度】组合框中输入厚度值“20”，按〈Enter〉键确认。

(10) 单击对话栏中的【更改厚度方向】按钮，设置厚度方向在“FRONT”基准面两侧，如图 7-57 所示。

(11) 拖动鼠标中键从各个方向对模型进行几何预览，符合设计要求后，单击控制区的【应用】按钮✔，完成中间轮廓筋特征，如图7-58所示。

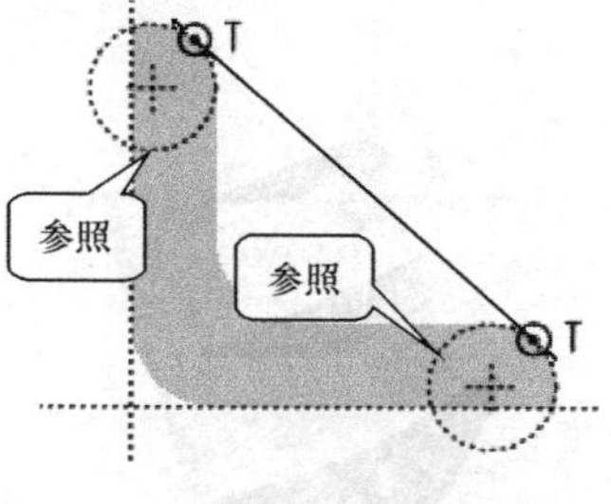

图7-56　中间筋截面

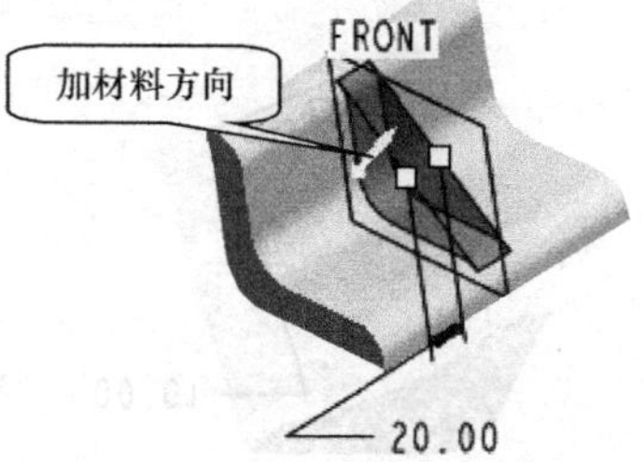

图7-57　中间筋

图7-58　完成中间轮廓筋特征

(12) 单击【工程特征】工具栏中的【轮廓筋】按钮，在消息区弹出【轮廓筋】操控板。

(13) 在操控板单击【参照】按钮，弹出【参照】下滑面板。

(14) 单击【定义】按钮定义...，弹出【草绘】对话框，在图形区选择立体的前侧面作为草绘平面，默认其他放置属性，单击【草绘】按钮草绘进入草绘界面。

(15) 选择菜单栏中的【草绘】|【参照】选项，弹出【参照】对话框。

(16) 选择圆弧边线作为参照，使用相切约束草绘圆弧作为截面，如图7-59所示。

(17) 完成草绘后，单击【草绘器按钮】工具栏中的【完成】按钮✔回到建模界面。

(18) 在图形区单击代表添加材料方向的黄色箭头，将添加材料的方向改为指向模型内部。

(19) 在对话栏的【筋厚度】组合框中输入厚度值“10”，按〈Enter〉键确认。

(20) 两次单击对话栏中的【更改厚度方向】按钮，设置厚度方向在“前侧面”后侧，如图7-60所示。

(21) 拖动鼠标中键从各个方向对模型进行几何预览，符合设计要求后，单击控制区的【应用】按钮✔，完成前侧轮廓筋特征，如图7-61所示。

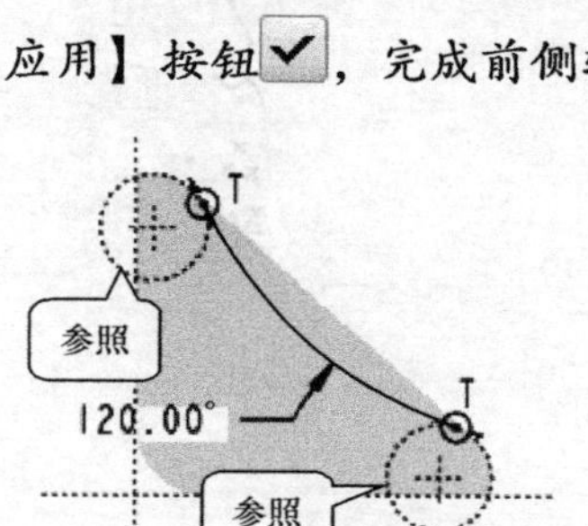

图7-59　前侧筋截面

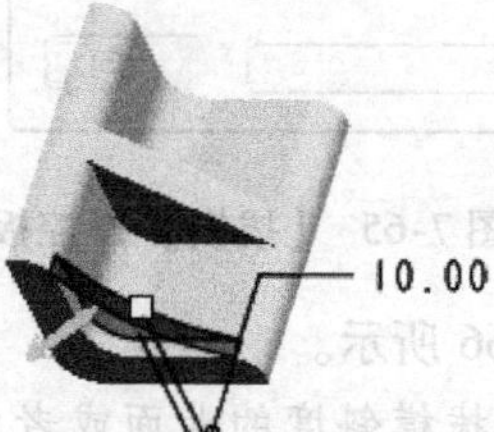

图7-60　前侧筋

图7-61　完成前侧筋

(22) 按照同样的步骤选择后侧面作为草绘平面，选择参照，草绘如图7-62所示的截面，将添加筋材料方向修改为指向模型内部，在操控板的【筋厚度】组合框中输入厚度值“10”，如图7-63所示。

(23) 两次单击对话栏中的【更改厚度方向】按钮，设置厚度方向在“后侧面”前侧，如图 7-63 所示。

(24) 拖动鼠标中键从各个方向对模型进行几何预览，符合设计要求后，单击控制区的【应用】按钮，完成后侧轮廓筋特征，如图 7-64 所示。

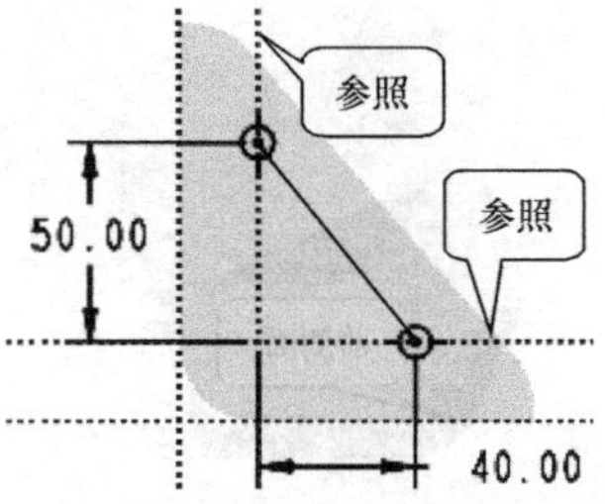


图 7-62 后侧筋截面

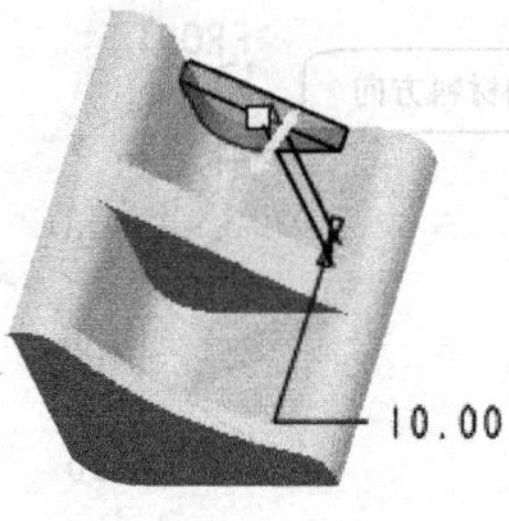


图 7-63 后侧筋

图 7-64 完成模型

(25) 保存文件，关闭窗口，拭除不显示。

## 7.4 拔模特征

每个铸造件都有拔模斜度，Creo/Pro 5.0 提供了创建拔模斜度的工具。

创建拔模特征的步骤如下：

1. 选择命令

选择菜单栏中的【插入】|【拔模】选项，或者单击【工程特征】工具栏中的【拔模】按钮，在消息区弹出【拔模】操控板，如图 7-65 所示。

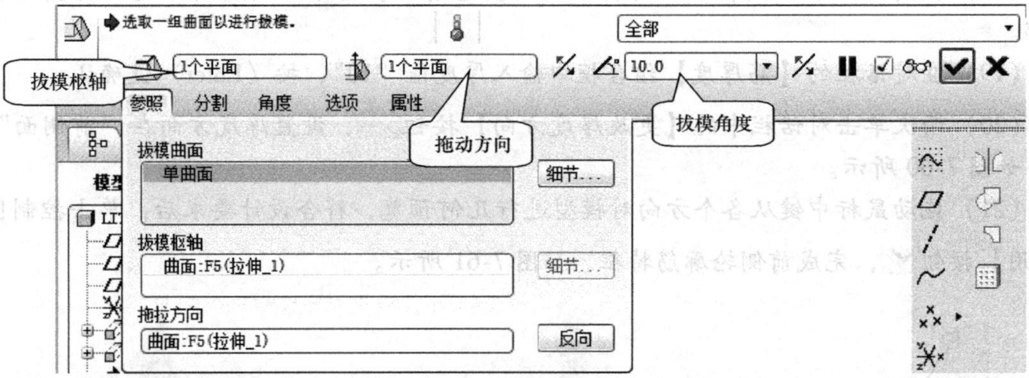


图 7-65 【拔模】操控板

首先理解下面几个概念，如图 7-66 所示。

- 拔模曲面：进行拔模时，产生拔模斜度的曲面或者曲面组。
- 拔模枢轴：拔模时的轴线。拔模时拔模曲面在该轴线上的点位置不发生变化。拔模枢轴可以是平面，也可以是在拔模曲面上的曲线。当拔模枢轴选择的是平面时，枢轴平面和拔模曲面的交线作为拔模枢轴。
- 拔模角参照：确定拔模角大小的平面，轴、边线或两点。
- 拔模方向：测定拔模角的方向，总是垂直于拔模角的参照平面或平行于拔模角参照轴线，边线或者两点连线。

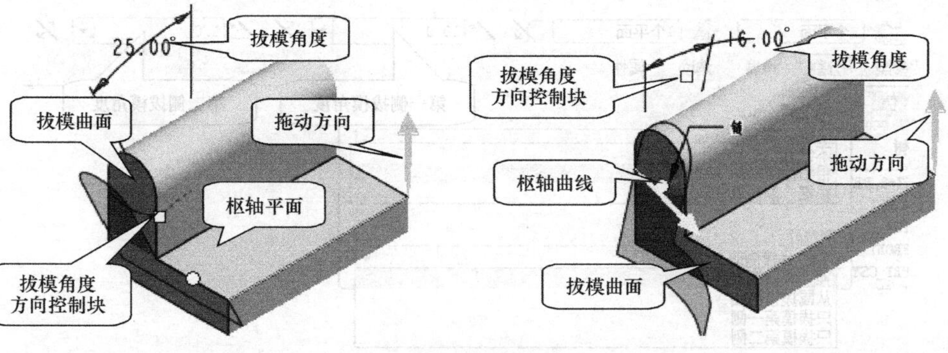


图 7-66　拔模概念

● 拔模角度：拔模方向和拔模平面之间的角度。如果拔模曲面被分割，可以为被分割的两侧分别定义角度。

**2. 定义拔模曲面**

在图形区选择拔模曲面。拔模曲面可以是一个面，也可以是多个面。按住〈Ctrl〉键可以选择多个曲面作为拔模曲面。

**3. 定义拔模枢轴**

在对话栏单击【拔模枢轴】收集器，使其处于激活状态，在图形区选择拔模枢轴。拔模枢轴可以是平面也可以是线。

**4. 定义拔模角参照和拔模方向**

在对话栏单击【拖动方向】收集器，使其处于激活状态，在图形区选择拖拉方向参照（可以是直线，也可以是平面）。若要改变拔模方向，可以单击【拖动方向】收集器右侧的【反转拖动方向】按钮。拖动方向在图形区显示为黄色箭头。用户也可在图形区单击箭头改变其方向。

**5. 设置拔模角度和角度方向**

在对话栏中的【拔模角度】组合框中输入拔模角度或者在图形区双击角度数字，在出现的组合框中输入角度值。若要改变拔模角度方向，或者单击【拔模角度】组合框右侧的【反转角度】按钮，或者在【拔模角度】组合框中输入负角度值。

提醒：以上设置中，第 2、3、4 步设置可以在【参照】下滑面板中进行，第 5 步设置可以在【角度】下滑面板中进行。

**6. 设置有分型面的拔模**

如果模型有分型面，且拔模方向角度不同，可在【分割】下滑面板进行相关设置。【分割】下滑面板如图 7-67 所示。

【分割选项】下拉列表框中有以下 3 个选项：

● 【不分割】：对拔模曲面不进行分割，整个拔模曲面的拔模角度和拔模方向统一。

● 【根据拔模枢轴分割】：由枢轴平面与拔模曲面的交线或者枢轴曲线作为分割曲线，两侧的拔模角度和方向可以不同。

● 【根据分割对象分割】：在图形区，在拔模曲面上选取或者草绘曲线作为分割曲线，两侧的拔模角度和方向可以不同，单击【分割对象】收集器，使其处于激活状态，选取分割对象，或者单击其后 定义... 按钮草绘分割对象。

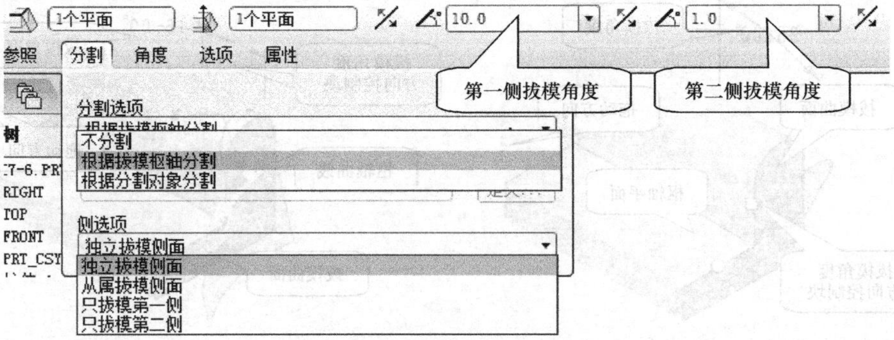


图 7-67 【分割】下滑面板

【侧选项】下拉列表框中有以下 4 个选项:

- 【独立拔模侧面】: 两侧的拔模角度和方向可以自由设定，互不影响。
- 【从属拔模侧面】: 两侧拔模角度相同，拔模方向按照相同规则，相互影响。
- 【只拔模第一侧】: 只对第一侧拔模，第二侧不拔模。
- 【只拔模第二侧】: 只对第二侧拔模，第一侧不拔模。

图 7-68 所示为各种拔模分割的对比。

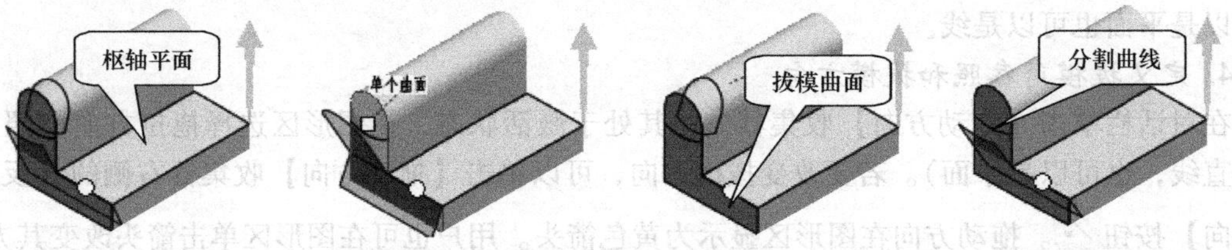


a) 对象分割、独立侧面　b) 枢轴分割、从属侧面　c) 对象分割、只拔第一侧　d) 对象分割、只拔第二侧

图 7-68 各种拔模分割的对比

**7. 完成拔模**

拖动鼠标中键改变观察角度，滚动滚轮缩放模型，按住 <Shift> 键拖动鼠标中键移动观察位置，从各个方向对模型进行几何预览，单击控制区的【特征预览】按钮对模型进行特征预览，符合设计要求后，单击控制区的【应用】按钮，完成拔模特征。

**【例 7-7】** 由如图 7-69 所示的模型创建如图 7-70 所示的模型。其中圆柱下底面不变，圆柱面内斜 10°，长方体前表面最底边不变，内斜 10°，凸台外斜 20°。

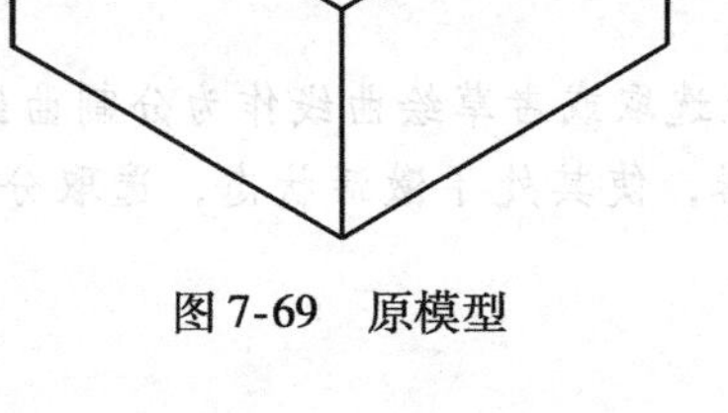

图 7-69 原模型

图 7-70 完成模型

## 设计步骤

(1) 打开文件“liti7-7. prt”，如图 7-53 所示。

(2) 单击【工程特征】工具栏中的【拔模】按钮，弹出【拔模】操控板。

(3) 在图形区选择圆柱面作为拔模曲面，在对话栏中单击【拔模枢轴】收集器，使其处于激活状态。

(4) 在图形区选择长方体上底面作为拔模枢轴平面，系统自动选择该平面的正法线方向作为拔模角参照。

(5) 在操控板的【拔模角度】组合框中将角度值修改为“10”，可以看到，在图形区拔模方向向外，如图 7-71 所示。

(6) 单击【拔模角度】组合框右侧的【反转拖动方向】按钮，将拔模方向变为相反方向，如图 7-72 所示。

(7) 预览模型，符合要求后，单击控制区【应用】按钮，完成柱面拔模特征，如图 7-73 所示。

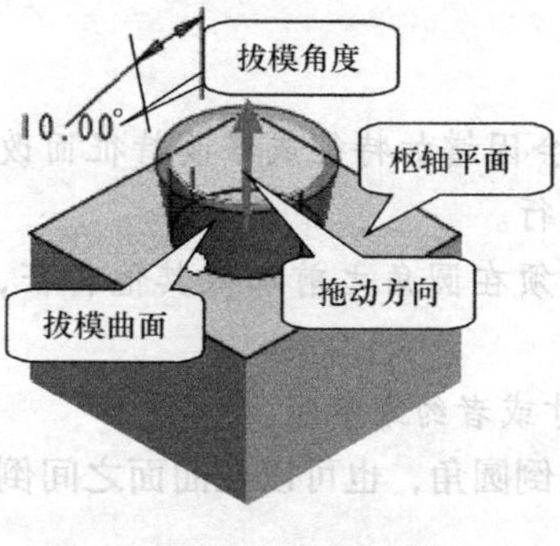

图 7-71　拔模参照

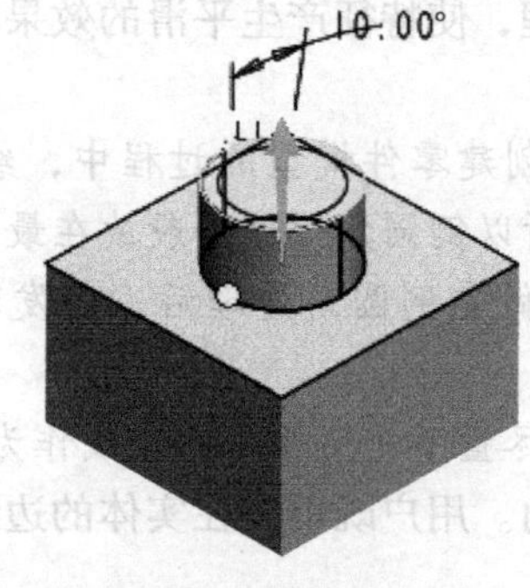

图 7-72　拔模反向

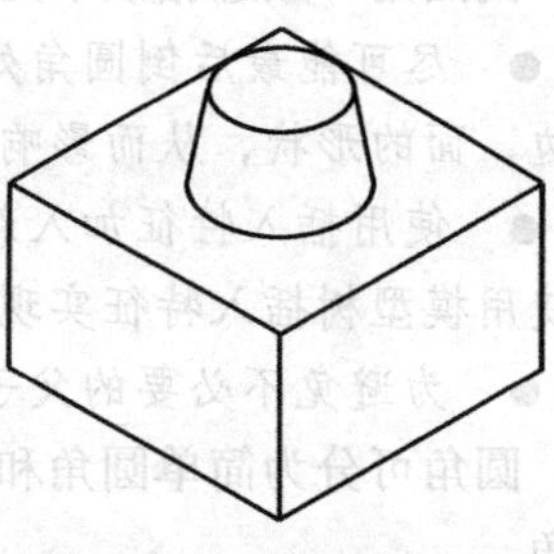
图 7-73　完成柱面拔模

(8) 单击【工程特征】工具栏中的【拔模】按钮，弹出【拔模】操控板。

(9) 在图形区选择长方体前表面作为拔模曲面，单击【拔模枢轴】收集器，使其处于激活状态，在图形区选择长方体下底面作为拔模枢轴平面。系统自动选择该平面的正法线方向作为拔模角参照，如图 7-74 所示。

(10) 在操控板中单击【分割】按钮，弹出【分割】下滑面板。

(11) 在【分割选项】下拉列表框中选择【根据分割对象分割】选项，单击【分割对象】收集器右侧的【定义】按钮 定义...，选择长方体前表面作为草绘平面，默认草绘平面的各放置属性，使用缺省参照，进入草绘环境，草绘分割曲线，如图 7-75 所示。

(12) 完成草绘后，单击【草绘器按钮】工具栏中的【完成】按钮回到建模界面。

(13) 在对话栏【第一侧拔模角度】组合框中修改角度值为“10”。

(14) 在【第二侧拔模角度】组合框中修改角度值为“-20”，如果方向不对，可以通过单击【拔模角度】组合框右侧的【反转拖动方向】按钮进行修改，图形区如图 7-76 所示。

(15) 预览模型，符合要求后，单击控制区的【应用】按钮，完成第 2 个拔模特征，最终模型如图 7-70 所示。

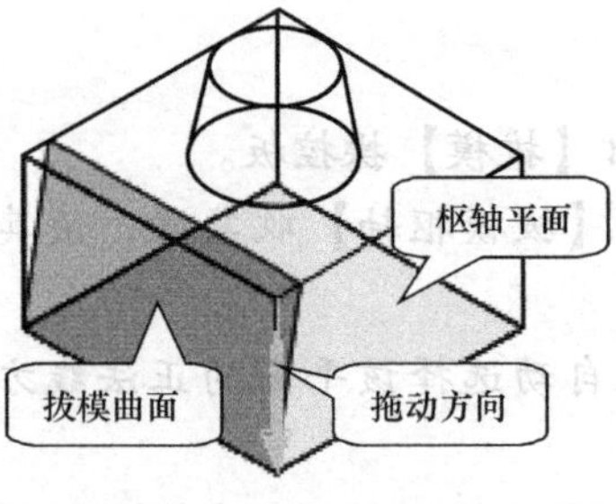


图 7-74　单击拔模参照

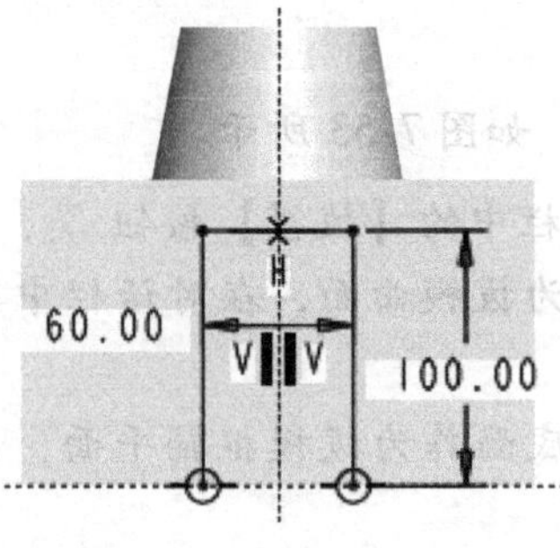


图 7-75　草绘分割曲线

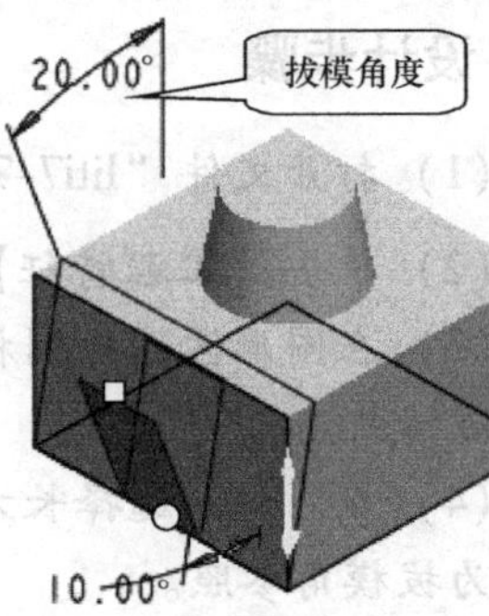


图 7-76　设置拔模角度

（16）保存文件，关闭窗口，拭除不显示。

## 7.5　圆角特征

设计零件时，经常通过倒圆角来使零件更加美观或者增加零件的强度。创建三维模型时，一般在造型的最后都要进行倒圆角处理，使特征产生平滑的效果。

倒圆角一般遵循以下几个原则：

- 尽可能最后倒圆角处理。在创建零件模型的过程中，经常会因增加特征或修改特征而改变边、面的形状，从而影响圆角，所以倒圆角处理一般放在最后进行。
- 使用插入特征加入新特征。做完倒圆角处理后，若发现必须在圆角之前加入其他特征，可使用模型树插入特征实现。
- 为避免不必要的父子关系，尽量不使用圆角的边线作为尺寸或者约束参照。

圆角可分为简单圆角和高级圆角。用户既可以在实体的边线处倒圆角，也可以在曲面之间倒圆角。

### 7.5.1　简单圆角

创建简单圆角时，只定义单个参照组，不能修改过渡类型。创建简单圆角的过程如下：

1. 选择命令

选择菜单栏中的【插入】|【倒圆角】选项，或者单击【工程特征】工具栏中的【倒圆角】按钮，在消息区弹出【倒圆角】操控板，如图 7-77 所示。

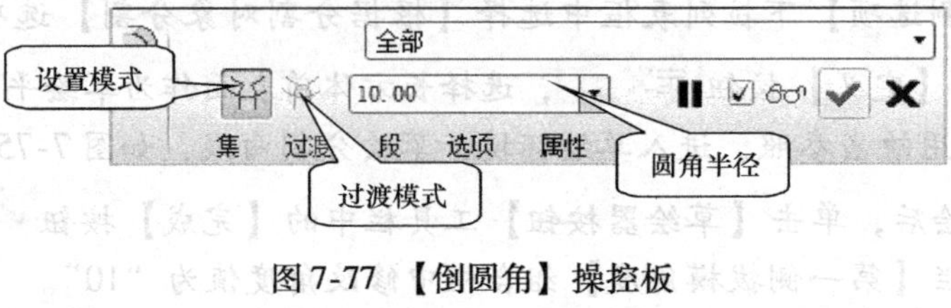


图 7-77　【倒圆角】操控板

2. 设置倒圆角放置参照

在图形区选择合适的参照放置圆角。选择倒圆角放置参照的方法有以下几种，如图 7-78 所示。

- 直接选择立体的一条边线或者多条边线，在其上放置圆角，如图 7-78a 所示。

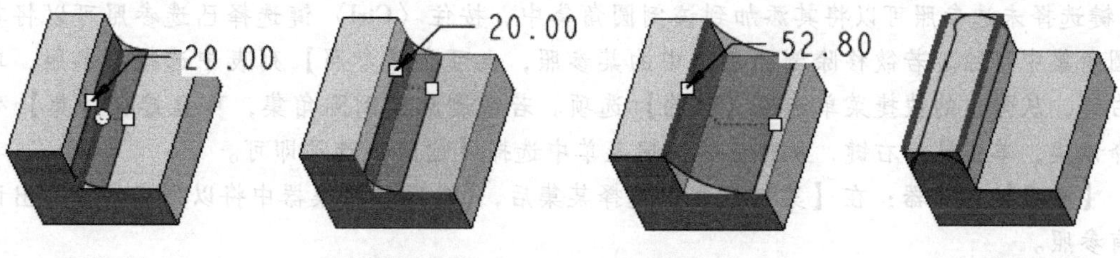


a) 选择边　　b) 选择两个曲面　　c) 选择一面和一边　　d) 选择两条边

图 7-78　圆角放置参照

● 按住〈Ctrl〉键依次选择两个曲面，在两个曲面上放置圆角，圆角和两曲面保持相切，如图 7-78b 所示。

● 先选择一个曲面，再按住〈Ctrl〉键选择一条边线，在边线和曲面上放置圆角，圆角与曲面保持相切，延伸到指定的边，如图 7-78c 所示。

● 按住〈Ctrl〉键选择两条边线，在两条边线上放置圆角，在两边上形成完全倒圆角，如图 7-78d 所示。

一般情况下，多使用直接选择立体边线的方法选取倒圆角的参照。

按住〈Ctrl〉键选取的一组边线称为一个倒圆角组，可以设置该组倒圆角的尺寸；不按住〈Ctrl〉键选择的多条边线是多个倒圆角组，可以单个设置其圆角的尺寸。

单击操控板中的【集】按钮，弹出【集】下滑面板，如图 7-79 所示。用户可在【集】下滑面板中设置倒圆角组。

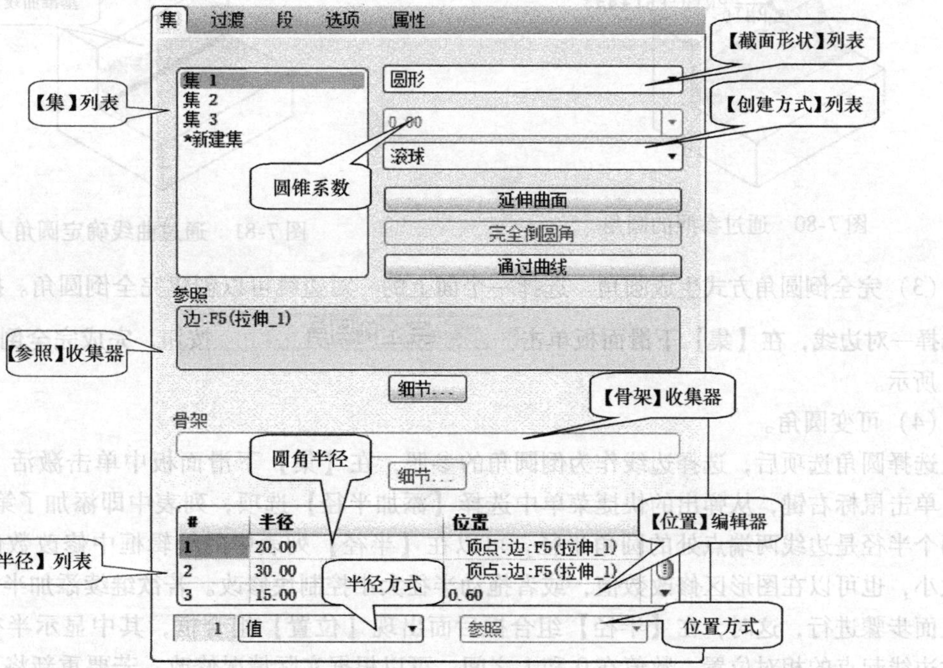


图 7-79　【集】下滑面板

●【集】列表：按住〈Ctrl〉键选择的一组边线称为一个倒圆角集，在【集】列表中出现。不按〈Ctrl〉键直接选择参照，自动创建一个新的倒圆角集，在【集】列表中出现。如欲激活一个倒圆角集，直接在【集】列表中选择该集即可，此时，图形区该集中的所有参照呈红色加亮显示，其中所包含的参照在【参照】收集器中以列表形式出现。激活一个倒圆角集后，按住

〈Ctrl〉键选择未选参照可以将其添加到该倒圆角集中，按住〈Ctrl〉键选择已选参照可以将其从该倒圆角集中移除。若欲移除倒圆角集中的某参照，也可在【参照】列表中选择该参照，单击鼠标右键，从弹出的快捷菜单选择【移除】选项。若欲删除某倒圆角集，可直接在【集】列表中选择该集，单击鼠标右键，从弹出的快捷菜单中选择【删除】选项即可。

● 【参照】收集器：在【集】列表中选择某集后，【参照】收集器中将以列表形式列出该集的所有参照。

3. 指定圆角的半径

在对话栏中的【圆角半径】组合框中选取或者输入圆角的值，按〈Enter〉键，可以在图形区预览圆角的状态。

用户还可以通过以下几种方法确定圆角的大小，无论哪种方式，都需要先在操控板中单击【集】按钮，弹出【集】下滑面板，然后在其中进行设置。

（1）通过选择参照确定圆角半径。如图7-80所示，已经在模型上创建了一个参照点“PNT0”，可以通过此点确定圆角大小。在【集】下滑面板的【半径方式】下拉列表框中选择【参照】选项，在模型中选取基准点“PNT0”作为按照，可以生成圆角。

（2）圆角通过曲线。如图7-81所示，已经创建了基准曲线，可以设置圆角通过基准曲线。在【集】下滑面板单击 通过曲线 按钮，在模型上选择基准曲线，便可生成通过基准曲线的圆角。

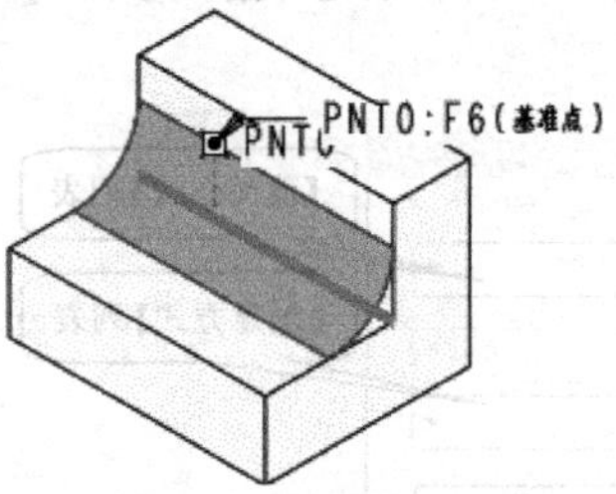

图7-80　通过参照的圆角

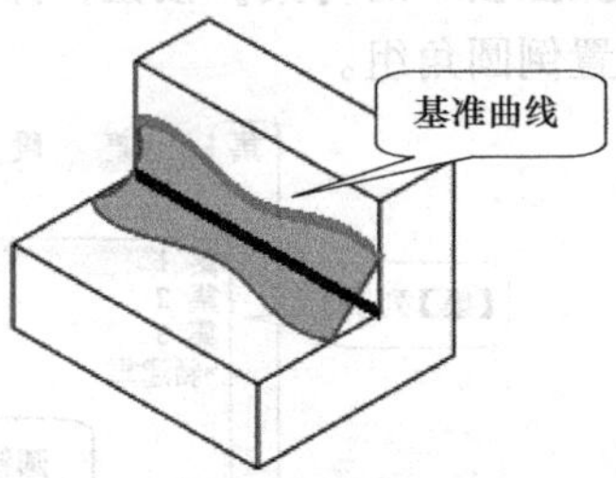

图7-81　通过曲线确定圆角大小

（3）完全倒圆角方式生成圆角。选择一个面上的一对边线可以创建完全倒圆角。按住〈Ctrl〉键选择一对边线，在【集】下滑面板单击 完全倒圆角 按钮，完成完全倒圆角，如图7-82所示。

（4）可变圆角。

选择圆角选项后，选择边线作为倒圆角的参照，在【集】下滑面板中单击激活【半径】列表，单击鼠标右键，从弹出的快捷菜单中选择【添加半径】选项，列表中即添加了第二个半径。这两个半径是边线两端点处的圆角半径，可以在【半径】列表中的编辑框中修改数值定义圆角的大小，也可以在图形区修改数值，或者拖动半径大小控制块修改。若欲继续添加半径，可以按照上面步骤进行，这时，在【半径】组合框后面出现【位置】组合框，其中显示半径变化节点相对边线起点的相对位置，数值在0和1之间，可以根据实际情况修改。若要重新将可变圆角设为恒定圆角，可在列表中按下鼠标右键，从弹出的快捷菜单中选择【成为常数】选项即可。图7-83所示为可变圆角，起点圆角半径为20，终点圆角半径为30，距离起点在整个边线长度60%的位置处，圆角半径为15。

4. 完成简单圆角

拖动鼠标中键改变观察角度，滚动滚轮缩放模型，按住〈Shift〉键拖动鼠标中键移动观察位

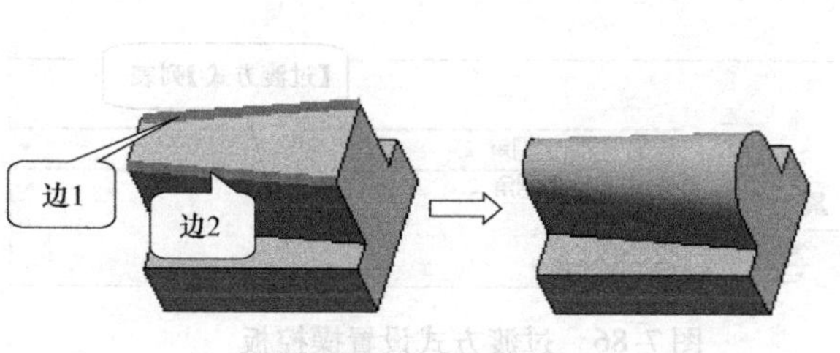

图 7-82　完全倒圆角

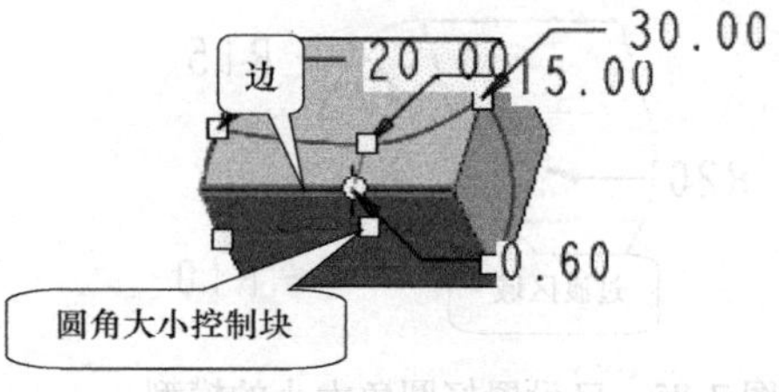

图 7-83　可变圆角

置，从各个方向对模型进行几何预览，单击控制区的【特征预览】按钮对模型进行特征预览，符合设计要求后，单击控制区的【应用】按钮，完成倒圆角特征。

## 7.5.2　高级圆角

利用高级圆角可以创建更加复杂的圆角，当使用高级圆角时，用户可以设置以下几个选项：圆角的截面形状、圆角的创建方式、多圆角组和多圆角拐角的过渡形式。

1. 圆角的截面形状

圆角的截面形状有圆形、圆锥和 D1 × D2 圆锥 3 种，在【集】下滑面板的【截面形状】列表中选择。图 7-84 为各种圆角截面对比。圆锥系数可通过在【集】下滑面板中的【圆锥系数】组合框中输入或选择来设定。圆锥系数越大，圆角越尖；圆锥系数越小，圆角越平滑。

2. 圆角的创建方式

有户可通过【集】下滑面板中的【创建方式】列表选择圆角的创建方式。该列表中包括【滚球】和【垂直于骨架】两个选项。

- 【滚球】：通过沿两个曲面滚动并与两个面相切的球的包络创建圆角。
- 【垂直于骨架】：通过沿一个垂直于圆弧或圆锥形截面的骨架创建圆角。

3. 圆角组的过渡

圆角组的相交部分，称为圆角组的过渡部分。用户可以自己定制过渡方式。

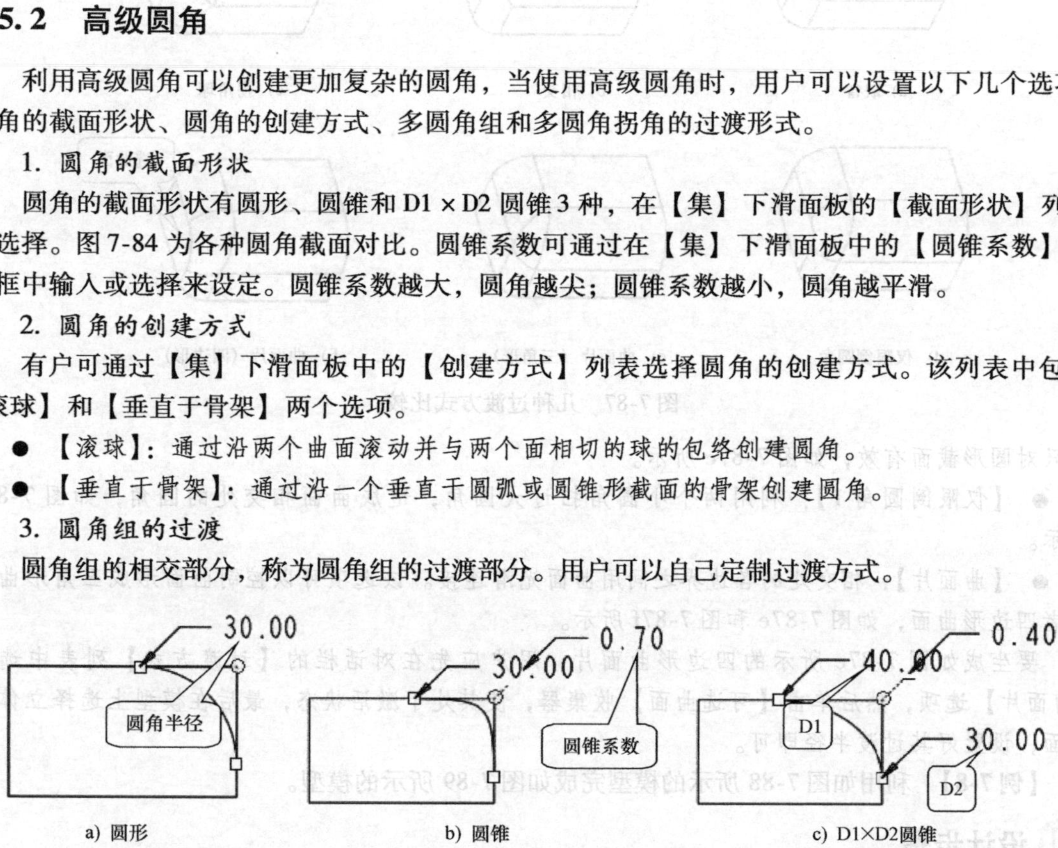

图 7-84　各种圆角截面对比

如图 7-85 所示，已经为长方体 3 条边设置了圆角大小分别为 10、15 和 20，在三个圆角交接处的过渡方式可以自由设置。设置时，用户应先单击对话栏中的【切换至过渡方式】按钮，将设置模式转换到过渡模式，然后在模型上选择过渡区域，此时对话栏中出现【过渡方式】列表，如图 7-86 所示。用户可以从中选择过渡方式。

【过渡方式】　列表中共有 5 种过渡方式，其结果如图 7-87 所示。

- 【缺省（仅限倒圆角 2)】：使用自动定义的过渡类型，如图 7-87a 所示。
- 【相交】：延伸每组圆角面直至与其他圆角面相交，如图 7-87b 所示。
- 【拐角球】：相交处是一个半径大于等于圆角组最大半径的球面，其半径可以控制。该选

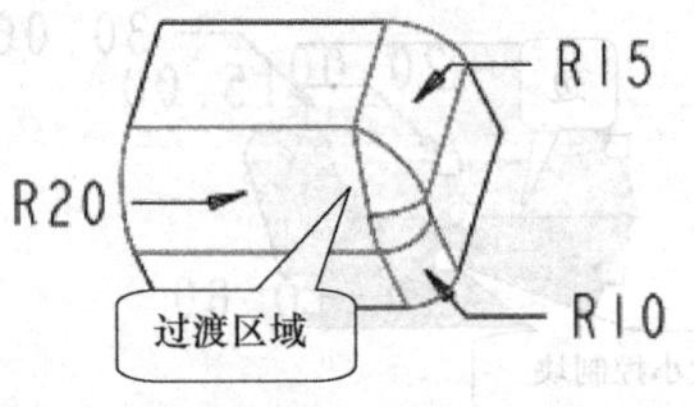


图 7-85　已设置好圆角大小的模型

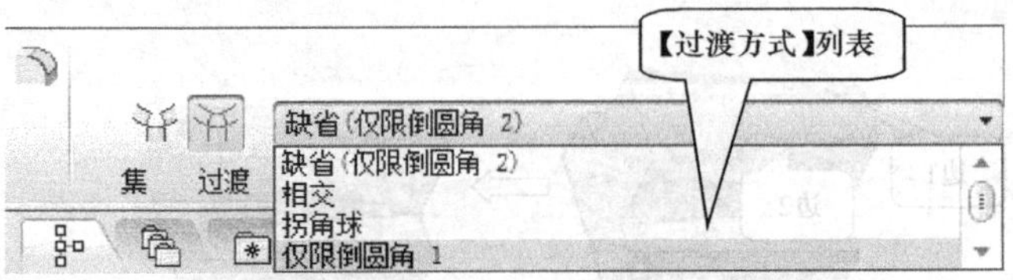


图 7-86　过渡方式设置操控板

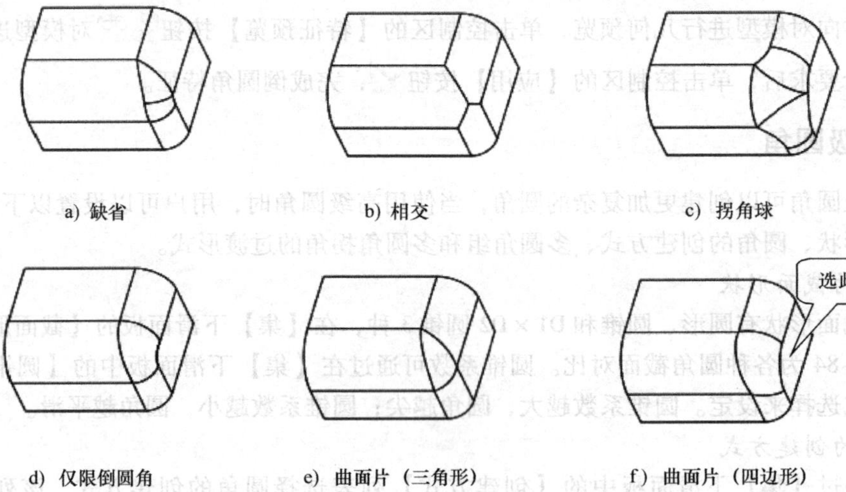


图 7-87　几种过渡方式比较

项只对圆形截面有效，如图 7-87c 所示。

- 【仅限倒圆角 1】：利用两个小圆角扫过大圆角，造成曲面相交处的圆角，如图 7-87d 所示。
- 【曲面片】：相交处的各边界之间用曲面光滑连接。该选项可以控制曲面形成三角形曲面或者四边形曲面，如图 7-87e 和图 7-87f 所示。

要生成如图 7-87e 所示的四边形曲面片，用户应先在对话栏的【过渡方式】列表中选择【曲面片】选项，然后单击【可选曲面】收集器，使其处于激活状态，最后在模型上选择立体右表面，设置好其过渡半径即可。

**【例 7-8】** 利用如图 7-88 所示的模型完成如图 7-89 所示的模型。

## 设计步骤

（1）打开文件“liti7-8. prt”，如图 7-88 所示。

（2）单击【工程特征】工具栏中的【倒圆角】按钮，在消息区弹出【倒圆角】操控板。

（3）选择模型上加粗的边线，在图形区双击尺寸数字，在出现的组合框中将尺寸值修改为“100”，按〈Enter〉键或在图形区单击鼠标中键确认，预览模型如图 7-90 所示。

（4）符合设计要求后，单击控制区的【应用】按钮，完成圆角特征。

（5）单击【工程特征】工具栏中的【倒圆角】按钮，在消息区弹出【倒圆角】操控板。

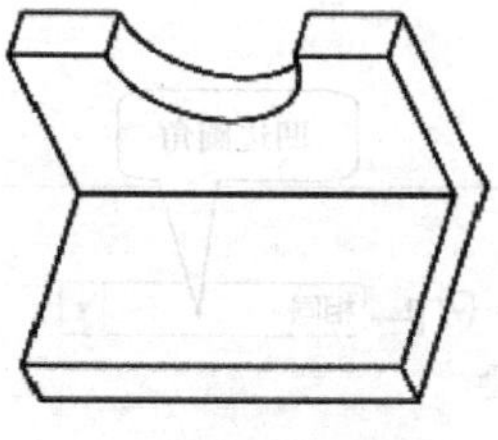

图 7-88　原模型

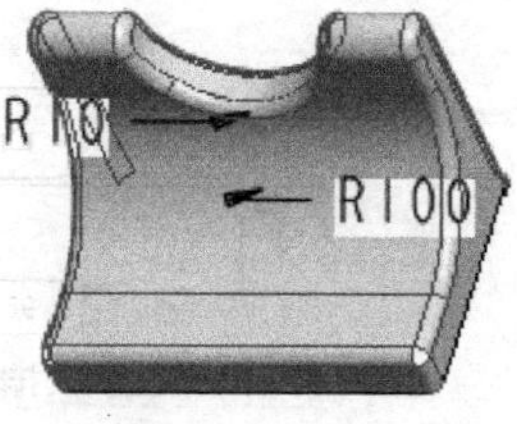


图 7-89　最终模型

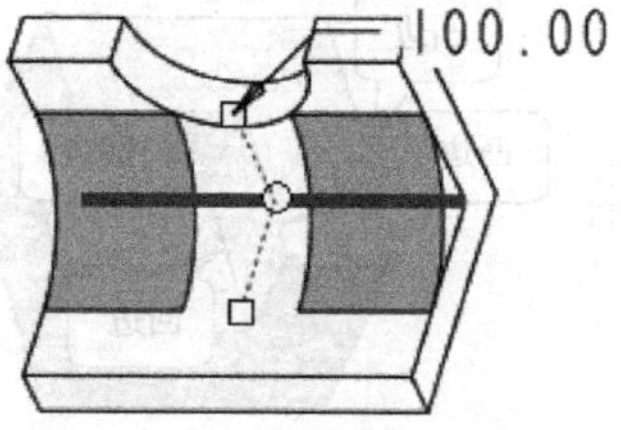


图 7-90　倒半径 100 的圆角

(6) 按住〈Ctrl〉键选择模型上加粗的两条边线，如图 7-91 所示。

(7) 符合设计要求后，单击控制区的【应用】按钮，完成圆角特征。

(8) 单击【工程特征】工具栏中的【倒圆角】按钮，弹出【圆角】操控板。

(9) 按住〈Ctrl〉键选择模型上加粗的一对边线。

(10) 单击【集】按钮，在【集】下滑面板中单击 完全倒圆角 按钮，预览完全倒圆角，如图 7-91 所示。

(11) 符合设计要求后，单击控制区的【应用】按钮，完成圆角特征，如图 7-92 所示。

(12) 单击【工程特征】工具栏中的【倒圆角】按钮，在消息区弹出【倒圆角】操控板。

(13) 按住〈Ctrl〉键选择模型上加粗的几条边线，将圆角半径修改为“10”，如图 7-93 所示。

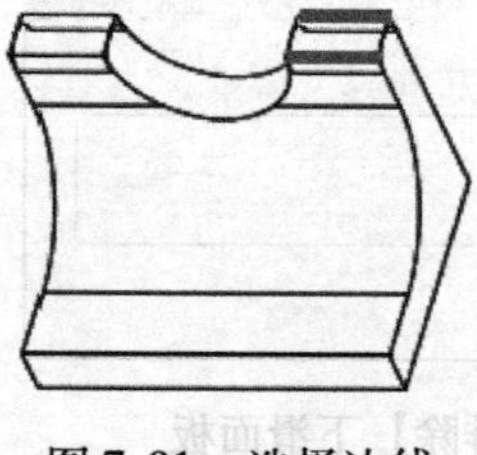

图 7-91　选择边线

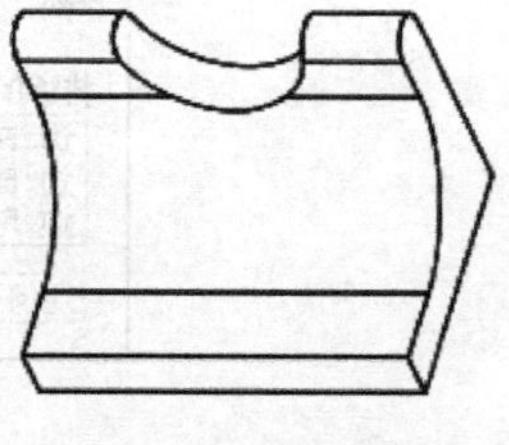

图 7-92　完全倒圆角

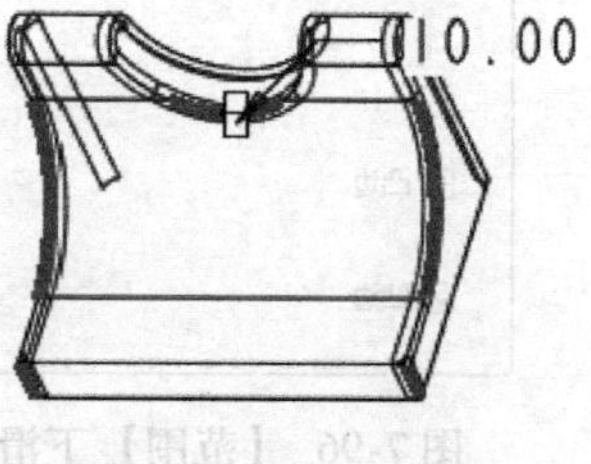


图 7-93　选择边线

(14) 符合设计要求后，单击控制区的【应用】按钮，完成圆角特征，如图 7-89 所示。

(15) 保存文件，关闭窗口，拭除不显示。

## 7.6 自动倒圆角

使用自动倒圆角按钮可为整个立体设置倒圆角，也可分别设置凸边圆角尺寸和凹边圆角尺寸（见图 7-94），还可设置某些边不倒圆角。

创建自动倒圆角的步骤如下：

1. 选择命令

选择菜单栏中的【插入】|【自动倒圆角】选项，弹出【自动倒圆角】操控板，如图 7-95 所示。操控板的对话栏中有【凸边】复选框、【凸边圆角】组合框、【凹边】复选框和【凹边圆角】组合框 4 个工具。

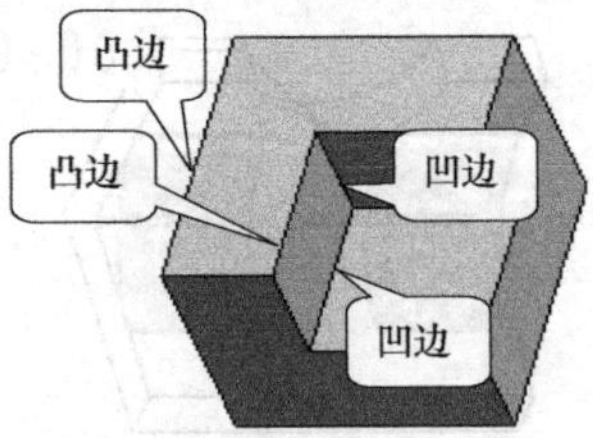


图 7-94 凸角和凹角

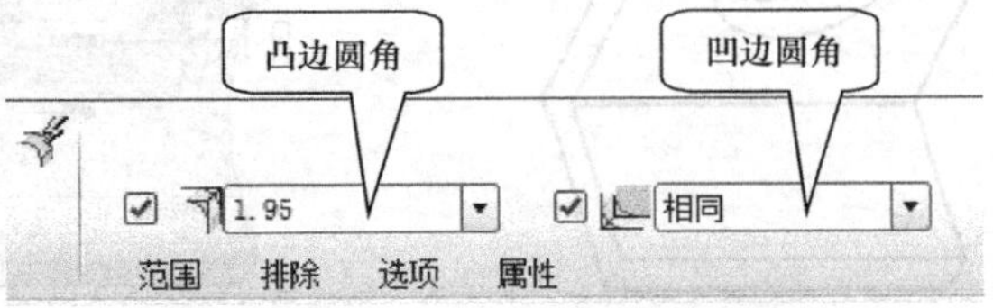


图 7-95 【自动倒圆角】操控板

2. 设置倒圆角的范围

在对话栏中选中【凸边】复选框，可为所有凸边倒圆角；选中【凹边】复选框，可为所有凹边倒圆角。也可单击【范围】按钮，弹出【范围】下滑面板，如图 7-96 所示，在其中设置倒圆角的范围。单击【实体几何】单选按钮时，倒圆角的筛选范围是整个立体的边；单击【选取的边】单选按钮时，其下方的收集器处于淡绿色激活状态，可以按住〈Ctrl〉键在图形区单击要倒圆角的边，根据选中的边是凸边或者凹边决定圆角的大小。

单击【排除】按钮，弹出【排除】下滑面板，此时【排除的边】收集器处于淡绿色激活状态，如图 7-97 所示。按住〈Ctrl〉键在图形区选择不需要倒圆角的边，将其从倒圆角的参照集排除，不再为其倒圆角。

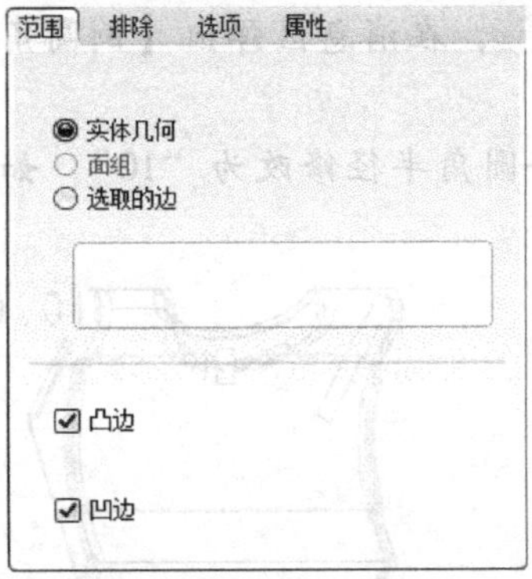


图 7-96 【范围】下滑面板

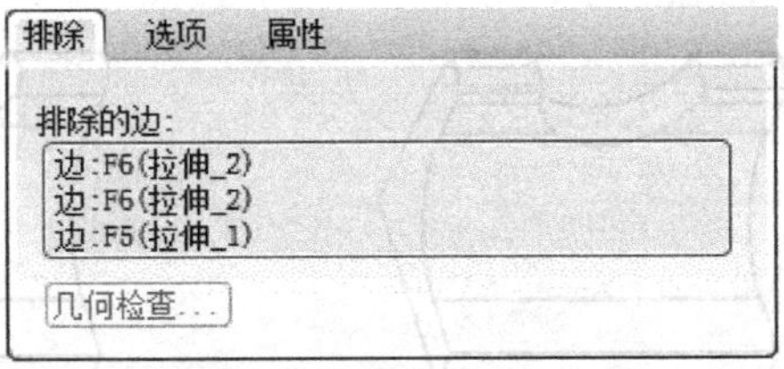


图 7-97 【排除】下滑面板

3. 设置倒圆角的大小

用户可在对话栏的【凸边圆角】组合框中输入或者选择圆角的数值，用以定义凸边圆角的大小；可在对话栏的【凹边圆角】组合框中输入或者选择圆角的数值，用以定义凹边圆角的大小。当【凹边圆角】的数值设置为“相同”时，凸边圆角和凹边圆角大小相同。

4. 完成自动倒圆角

【自动倒圆角】操控板的控制区【几何预览】按钮和【特征预览】按钮不可用，故完成自动倒圆角的设置后，直接单击控制区的【应用】按钮✓，也可在图形区单击鼠标中键，完成自动倒圆角。

**【例 7-9】** 使用自动倒圆角按钮，利用如图 7-98 所示的模型完成如图 7-99 所示的模型。

## 设计步骤

(1) 打开文件“liti7-9. prt”，如图 7-98 所示。

(2) 选择菜单栏中的【插入】|【自动倒圆角】选项，弹出【自动倒圆角】操控板，设

置对话栏 

。

（3）单击【排除】按钮，弹出【排除】下滑面板，此时【排除的边】收集器处于淡绿色激活状态，按住〈Ctrl〉键在图形区选择如图 7-100 所示的 4 条边。

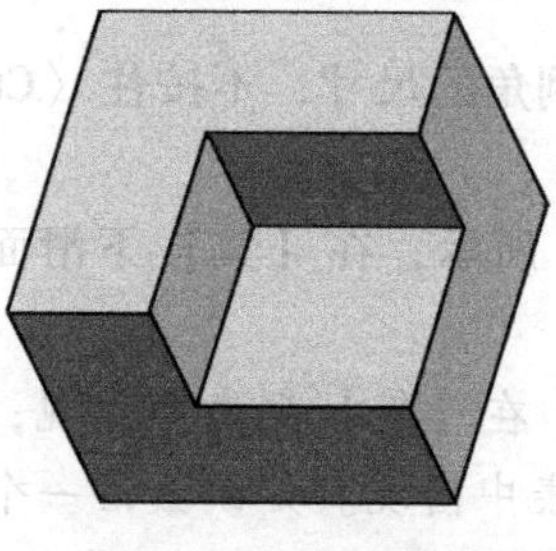

图 7-98　原模型

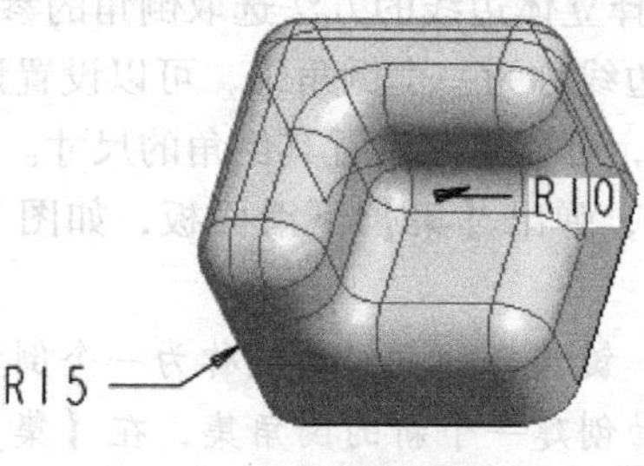


图 7-99　自动倒圆角后

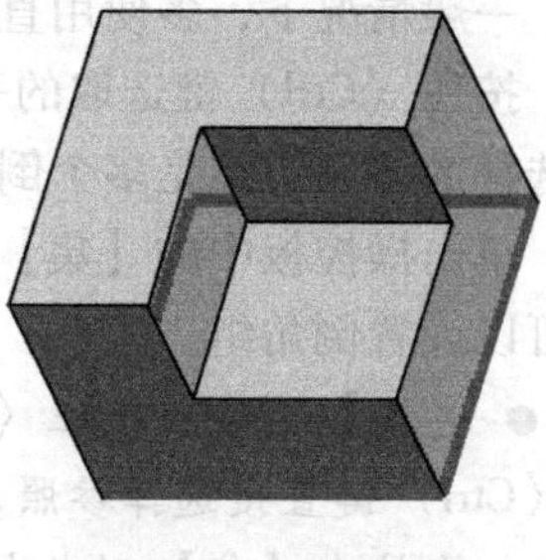

图 7-100　排除的边

（4）在图形区单击鼠标中键，完成自动倒圆角，结果如图 7-99 所示。

（5）保存文件，关闭窗口，拭除不显示。

## 7.7　倒角特征

倒角特征也是工程上一种十分重要的特征。倒角特征分为边倒角和拐角倒角两种类型。

### 7.7.1　边倒角

边倒角是最常用的倒角，它从选定边中截掉一块平直剖面的材料，在共有该选定边的两个曲面之间创建斜角曲面。

创建边倒角的步骤如下：

1. 选择命令

选择菜单栏中的【插入】|【倒角】|【边倒角】选项，或者单击【工程特征】工具栏中的【边倒角】按钮，在消息区弹出【边倒角】操控板，如图 7-101 所示。该操控板的对话栏中

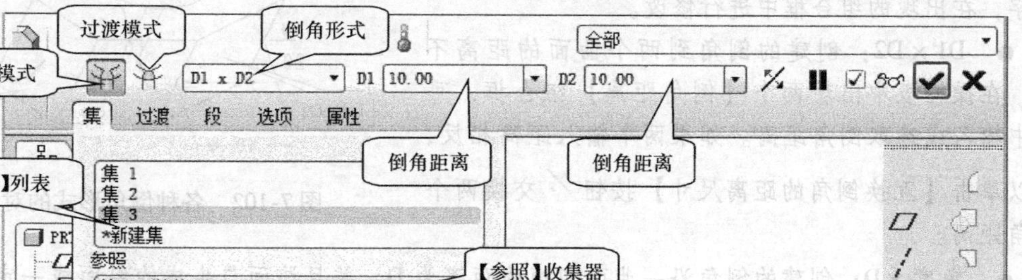


图 7-101　【边倒角】操控板和【集】下滑面板

有【设置】模式和【过渡】模式两种模式可用，设置模式用以设置倒角的参照和大小，过渡模式用以设置过渡区的过渡形式。系统默认为设置模式。

2. 设置倒角参照

一般情况下，多使用直接选择立体边线的方法选取倒角的参照。

按住〈Ctrl〉键选取的一组边线称为一个倒角组，可以设置该组倒角的尺寸；不按住〈Ctrl〉键选择的多条边线是多个倒角组，可以单个设置其倒角的尺寸。

单击操控板中的【集】按钮，弹出【集】下滑面板，如图 7-101 所示，在【集】下滑面板中可以设置倒角组。

- 【集】列表：按住〈Ctrl〉键选择的一组边线称为一个倒角集，在【集】列表中出现；不按〈Ctrl〉键直接选择参照，自动创建一个新的倒角集，在【集】列表中出现。如欲激活一个倒角集，直接在【集】列表中选择该集即可，此时，图形区该集中的所有参照呈红色加亮显示，其中所包含的参照在【参照】收集器中以列表形式出现。激活一个倒角集后，按住〈Ctrl〉键选择未选参照，可以将其添加到该倒角集中；按住〈Ctrl〉键选择已选参照，可以将其在该倒角集中移除。若欲移除倒角集中的某参照，也可在【参照】列表中选择该参照，单击鼠标右键，在弹出的快捷菜单中选择【移除】选项。如果想删除某倒角集，直接在【集】列表中选中该集，按下鼠标右键，在弹出的快捷菜单中选择【删除】选项即可。
- 【参照】收集器：在【集】列表中选择某倒角集后，【参照】收集器中将以列表形式列出该集的所有参照。

3. 单击倒角形式

在对话栏【倒角形式】下拉列表框中选择适当的倒角形式，共有 D × D、D1 × D2、角度 × D、45 × D、O × O 和 O1 × O2　6 种倒角形式，各种倒角形式的对比如图 7-102 所示。一般情况下，多选用“45 × D”的形式倒角。

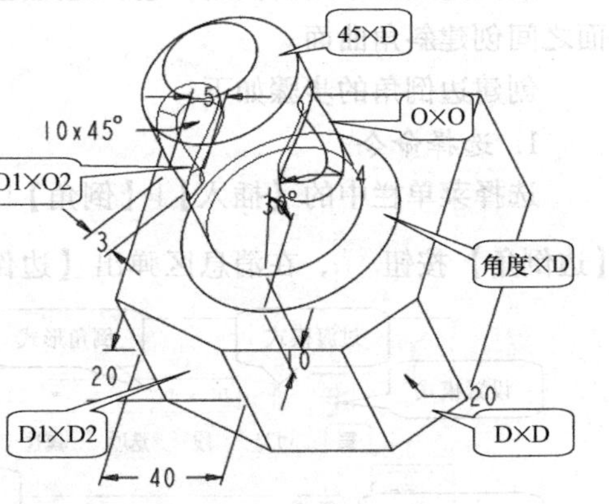


图 7-102　各种倒角形式的对比

- D × D：创建的倒角到每个曲面的距离都是 D，在对话栏中出现【倒角距离】组合框，可从中输入或选取倒角距离，也可在图形区双击相应尺寸数字，在出现的组合框中进行修改。
- D1 × D2：创建的倒角到两个曲面的距离不同，在操控板中出现两个【倒角距离】组合框，可从中输入或选取倒角距离。如果两个输入距离相反，可以单击【互换倒角的距离尺寸】按钮交换两个倒角距离。
- 角度 × D：创建的倒角沿一曲面切掉的距离为 D，并且该面与生成的斜面成一定夹角。在操控板中出现【倒角距离】组合框和【倒角角度】组合框，可分别从中输入或选取倒角距离和倒角角度。如果输入的距离应为另一曲面上的距离，可以单击【切换角度使用的曲面】按钮按钮更换测量距离的曲面。
- 45 × D：创建的倒角和指定曲面的角度是 45°，并且在该曲面上切掉的距离为 D，在操控板出现【倒角距离】组合框，可从中输入或选取倒角距离。
- O × O：当选取的边是空间曲线时，D × D 变为 O × O 模式。
- O1 × O1：当选取的边是空间曲线时，D1 × D2 变为 O1 × O2 模式。

4. 设置倒角尺寸

在对话栏出现的相应组合框中输入或选择数值，确定倒角大小的尺寸，并调整倒角相对于各面距离的顺序。

5. 设置倒角过渡区形式

对于倒角组，在倒角组相交处产生过渡区，用户可以根据设计要求自己设置。设置时，单击对话栏中的【切换至过渡模式】按钮，使其处于按下状态，切换至过渡模式，在其后出现【过渡形式】列表，在模型上选取过渡区域后，可以从中选择过渡形式。倒角过渡区形式共有3种。

- 默认（相交）：使用系统默认过渡区类型，如图7-103a所示。
- 曲面片：在过渡区域创建曲面片，如图7-103b所示。
- 拐角平面：使用拐角倒角作为过渡区域，如图7-103c所示。

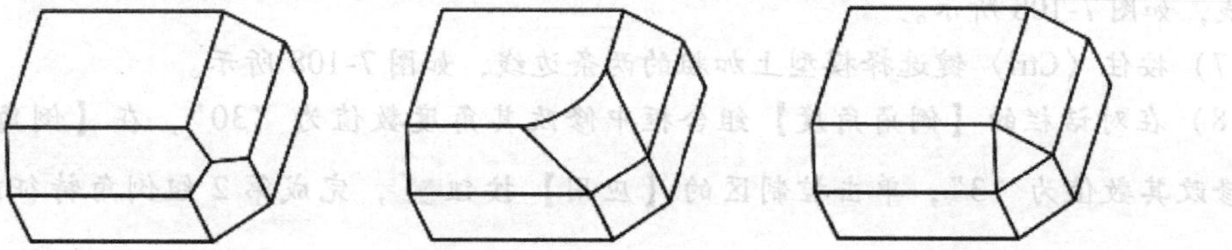

a) 默认（相交）　　b) 曲面片　　c) 拐角平面

图7-103　过渡类型

6. 完成倒角

拖动鼠标中键改变观察角度，滚动滚轮缩放模型，按住 <Shift> 键拖动鼠标中键移动观察位置，从各个方向对模型进行几何预览，单击控制区的【特征预览】按钮对模型进行特征预览，符合设计要求后，单击控制区的【应用】按钮，完成倒角特征。

**【例7-10】**　由如图7-104所示的模型创建如图7-105所示的模型。

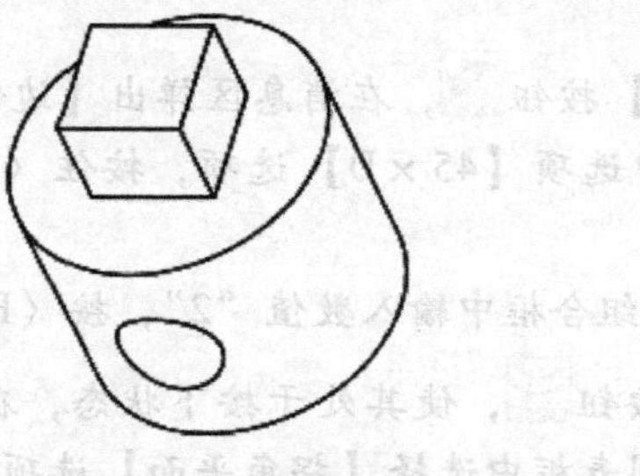

图7-104　原模型

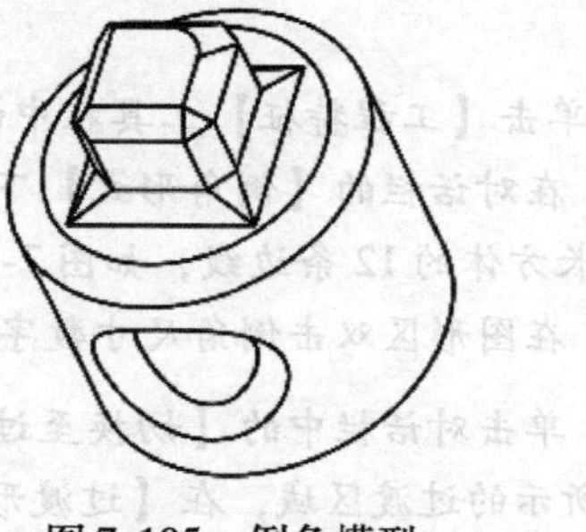

图7-105　倒角模型

## 设计步骤

（1）打开文件"liti7-10. prt"，如图7-104所示。

（2）单击【工程特征】工具栏中的【边倒角】按钮，在消息区弹出【边倒角】操控板。

（3）按住〈Ctrl〉键选择模型上加粗的两条边线，如图7-106所示。

（4）在对话栏的【倒角距离】组合框中输入数值"2"，按〈Enter〉键确认，单击控制区的【应用】按钮，完成第1组倒角特征，如图7-107所示。

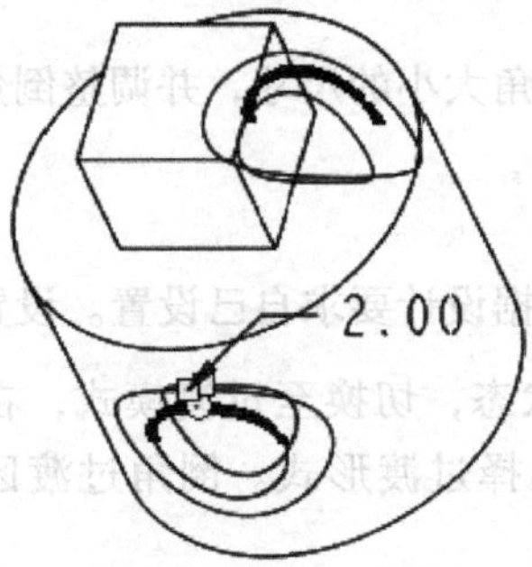


图 7-106　选取边线

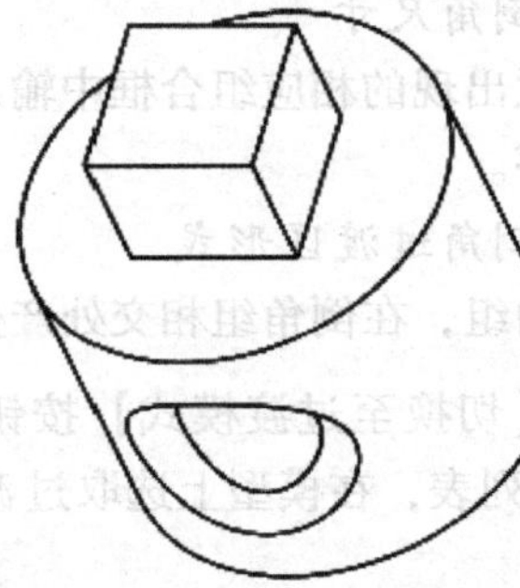

图 7-107　完成第 1 组倒角特征

（5）单击【工程特征】工具栏中的【边倒角】按钮，在消息区弹出【边倒角】操控板。

（6）在对话栏的【倒角形式】下拉列表框中选择【角度×D】选项，选择模型上加粗的圆弧边线，如图 7-108 所示。

（7）按住〈Ctrl〉键选择模型上加粗的两条边线，如图 7-108 所示。

（8）在对话栏的【倒角角度】组合框中修改其角度数值为“30”，在【倒角距离】组合框中修改其数值为“3”，单击控制区的【应用】按钮，完成第 2 组倒角特征，如图 7-109 所示。

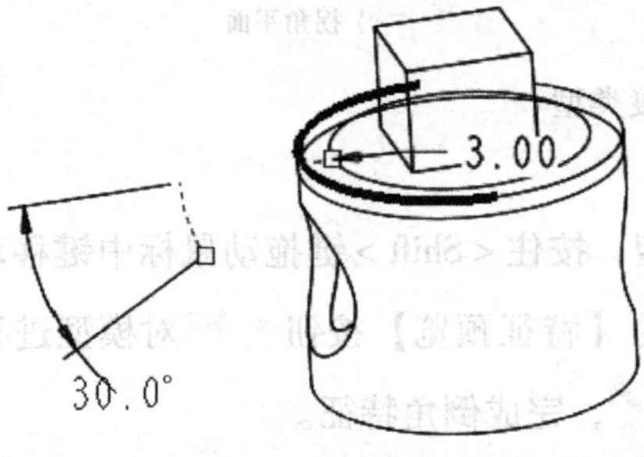


图 7-108　选项边线

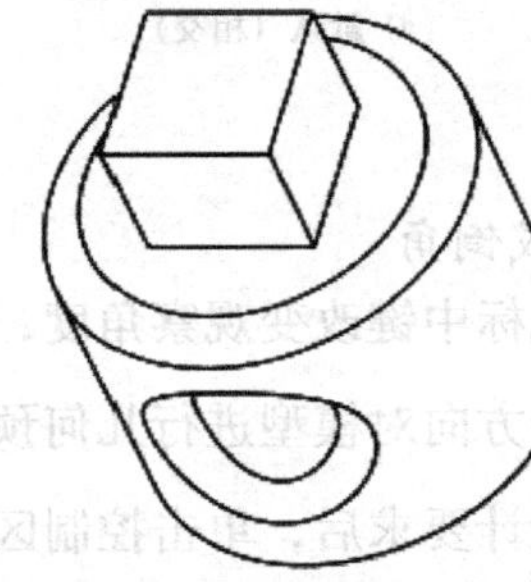

图 7-109　完成第 2 组倒角特征

（9）单击【工程特征】工具栏中的【边倒角】按钮，在消息区弹出【边倒角】操控板。

（10）在对话栏的【倒角形式】下拉列表框中选项【45×D】选项，按住〈Ctrl〉键依次选择模型上长方体的 12 条边线，如图 7-110 所示。

（11）在图形区双击倒角尺寸数字，在出现的组合框中输入数值“2”，按〈Enter〉键确认。

（12）单击对话栏中的【切换至过渡模式】按钮，使其处于按下状态，在模型上选择如图 7-111 所示的过渡区域，在【过渡形式】下拉列表框中选择【拐角平面】选项。

（13）在模型上选项如图 7-112 所示的过渡区域，在【过渡形式】下拉列表框中选择【曲面片】选项，在其后出现【可选曲面】收集器，选项长方体上顶面，在操控板中出现【半径】组合框，在其中将半径值修改为“3”，单击控制区的【应用】按钮，完成第 3 组倒角特征。

（14）保存文件，关闭窗口，拭除不显示。

## 7.7.2　拐角倒角

拐角倒角是另外一种形式的倒角，在拐角各边切掉一定距离，生成多边形拐角倒角。下面通过例子讲解拐角倒角的创建方法。

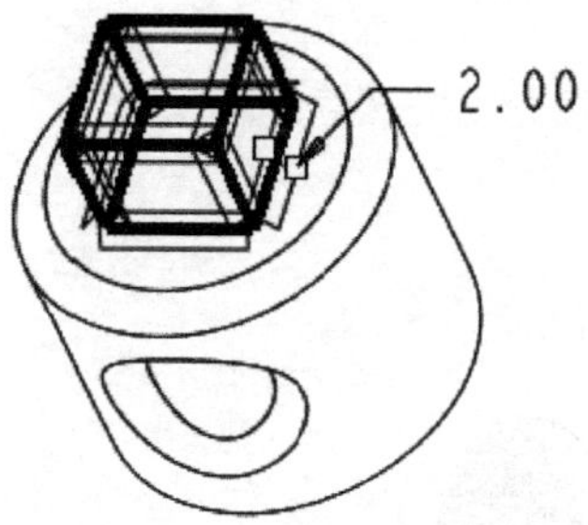


图 7-110　选择边线图

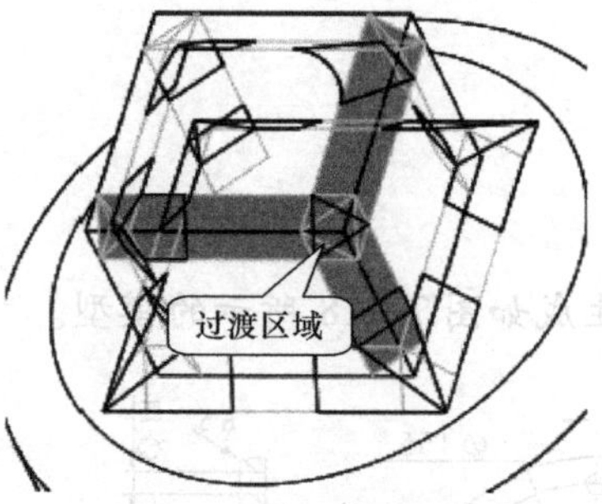


图 7-111　过渡区域

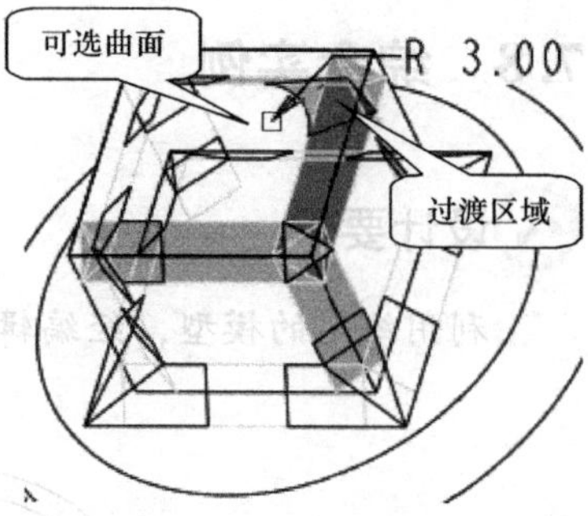


图 7-112　过渡区域

**【例 7-11】**　由如图 7-113 所示的模型创建如图 7-114 所示的模型。

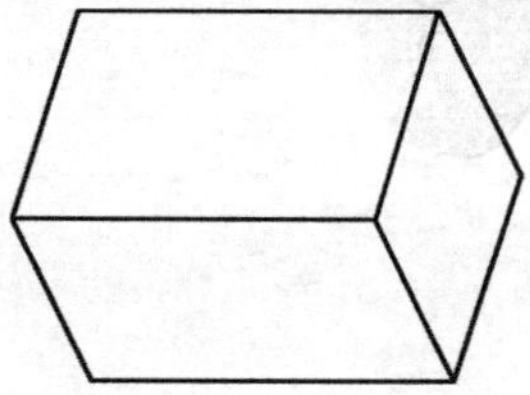

图 7-113　原模型

图 7-114　完成后的模型

## 设计步骤

（1）选择菜单栏中的【插入】|【倒角】|【拐角倒角】选项，弹出【倒角（拐角）】对话框，如图 7-115 所示，此时对话框中【元素】列表中，“>”指向顶角，系统提示“选取要倒角的角”。

（2）在图形区靠近拐角的地方选取竖边，如图 7-116 所示，出现【选出/输入】菜单，如图 7-117 所示。

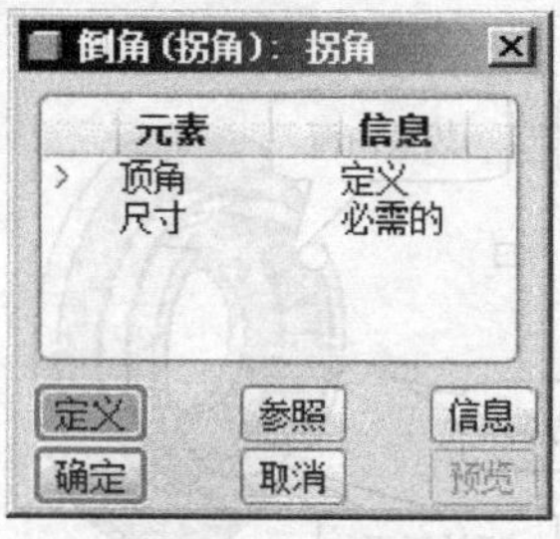


图 7-115　【倒角（拐角）】对话框

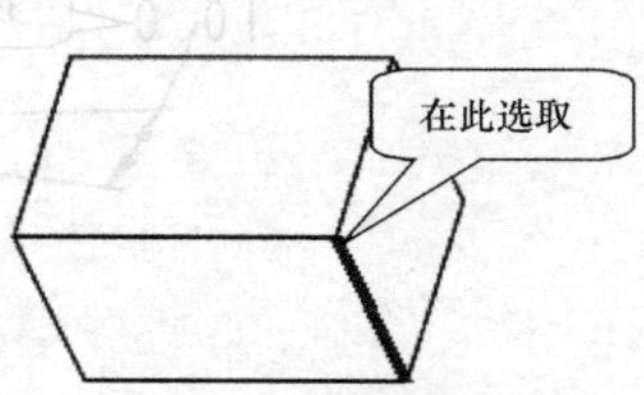


图 7-116　选择拐角

图 7-117　【选出/输入】菜单

（3）在【选出/输入】菜单中选择【输入】选项，系统提示“输入沿加亮边标注的长度”，在其后的组合框中输入“20”，按〈Enter〉键确认。

（4）水平左右边加亮显示，出现【选出/输入】菜单，选择【输入】选项，系统提示“输入沿加亮边标注的长度”，在其后的组合框中输入“10”，按〈Enter〉键确认。

（5）水平前后边加亮显示，出现【选出/输入】菜单，选择【输入】选项，系统提示“输入沿加亮边标注的长度”，在其后的组合框中输入“30”，按〈Enter〉键确认。

（6）在【倒角（拐角）】对话框中按钮【确定】按钮，完成模型创建。

## 7.8 综合实例

### 设计要求

利用给定的模型，经编辑生成如图 7-118 所示的模型。

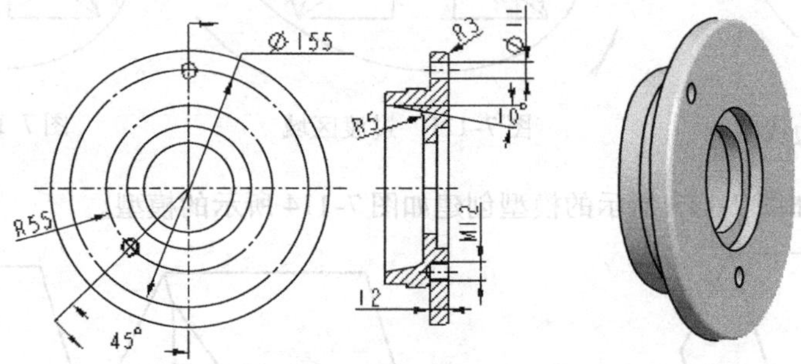


图 7-118 最后零件

### 设计思路

本例在原零件的基础上，为零件添加了倒圆角特征和拔模特征，在此基础上为模型创建了简单孔和标准孔。

### 设计步骤

(1) 打开文件“zonghe. prt”，如图 7-119 所示。

(2) 单击【工程特征】工具栏中的【拔模】按钮，弹出【拔模】操控板。

(3) 在图形区选择如图 7-120 所示的拔模曲面、枢轴平面和拔模角度及方向，完成拔模。

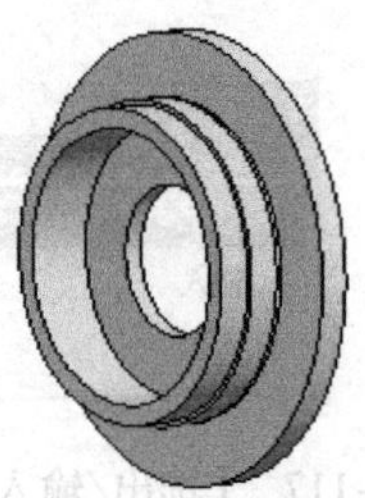

图 7-119 零件原型

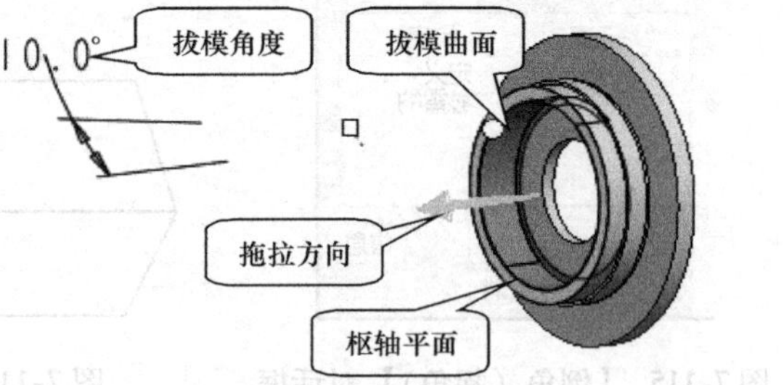


图 7-120 设置拔模属性

(4) 单击【工程特征】工具栏中的【倒圆角】按钮，在消息区弹出【倒圆角】操控板。选项如图 7-121 所示的边线，在对话栏的【圆角半径】组合框中将半径值修改为“3”。

(5) 选择如图 7-122 所示的边线，在操控板【圆角半径】组合框中将半径值修改为“5”，在图形区单击鼠标中键完成倒圆角。

(6) 单击【工程特征】工具栏中的【孔】按钮，弹出【孔】操控板。

(7) 选项模型右端面为钻孔面。注意：选择右端面时，一般需要在欲创建孔的大体中心位置按钮右端面。

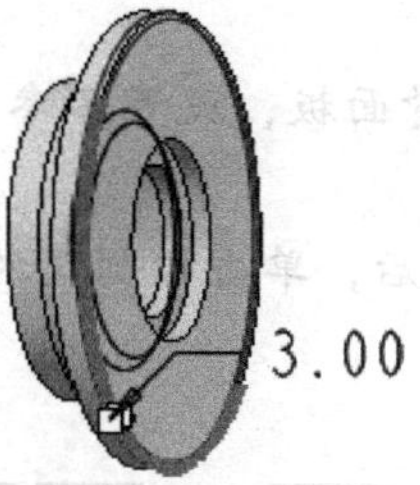


图 7-121　倒圆角 1

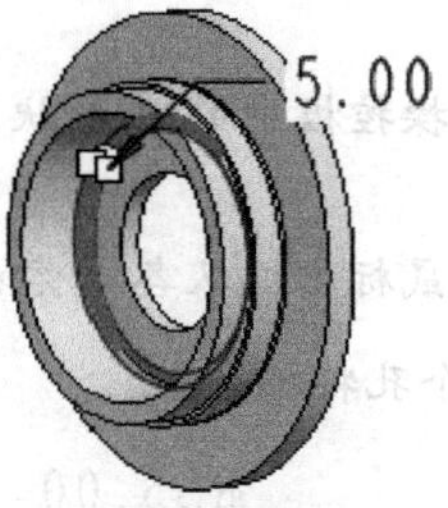


图 7-122　倒圆角 2

（8）在操控板中单击【参照】按钮，弹出【参照】下滑面板，在【类型】列表中选项【直径】选项，单击【偏移参照】收集器，使其处于淡绿色激活状态。

（9）在图形区选择“FRONT”基准面作为偏移参照1，在【偏移参照】收集器列表中的【偏移尺寸】组合框中修改尺寸值为“0”。

（10）按住〈Ctrl〉键选择“A_ 2”轴作为偏移参照2，以同样方法将尺寸值修改为“155”，此时【参照】下滑面板如图 7-123 所示，图形区参照选取过程如图 7-124 所示。

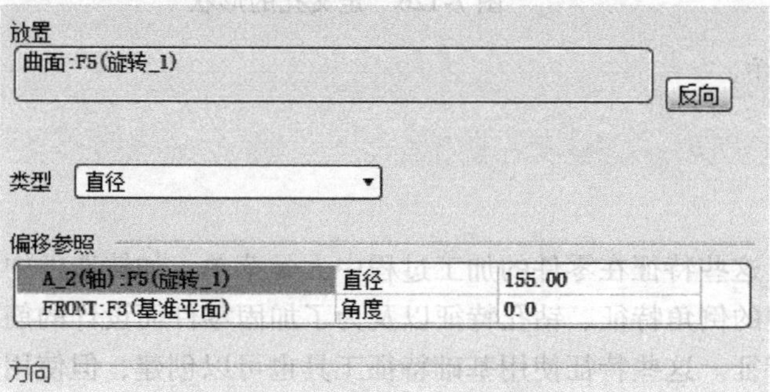


图 7-123　【参照】下滑面板

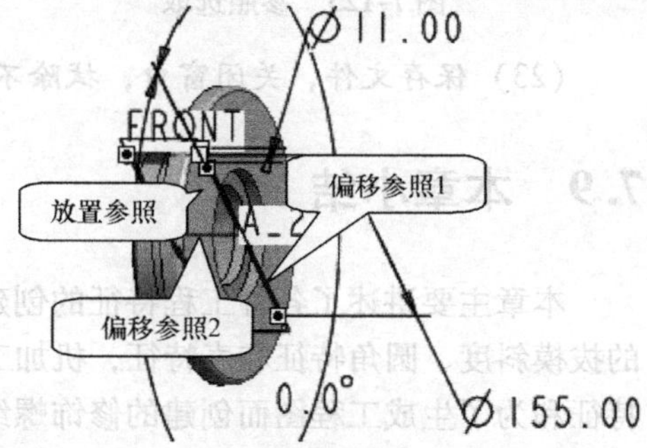


图 7-124　选取孔参照

（11）在对话栏的【孔直径】组合框中将直径值修改为“11”，选项【拉伸深度】类型为【穿透】方式，在图形区按钮鼠标中键完成第一个孔特征。

（12）单击【工程特征】工具栏中的【孔】按钮，弹出【孔】操控板。

（13）选择模型右端面为钻孔面。注意：选择右端面时，需要在欲创建孔的大体中心位置单击右端面。

（14）在操控板中单击【参照】按钮，弹出【参照】下滑面板，在【类型】列表中选择【径向】选项，按钮【偏移参照】收集器，使其处于淡绿色激活状态。

（15）在图形区选择“A_ 2”基准轴作为偏移参照1，在图形区出现以该轴为中心的半径尺寸，双击该尺寸，在菜单的组合框中输入数值“55”，按〈Enter〉键确认，如图 7-125 所示。

（16）按住〈Ctrl〉键选取“FRONT”基准面作为偏移参照2，在图形区出现角度尺寸，双击该尺寸，在出现的组合框中输入数值“45”，按〈Enter〉键确认，如图 7-125 所示。

（17）在对话栏中单击【标准孔】按钮，使其处于按下状态，在【标准类型】下拉列表框中选择“ISO”。

（18）在对话栏的【标准螺纹】下拉列表框中选择“M12 ×1.75”。

（19）在【拉伸深度类型】列表中选择【拉伸深度】类型为【盲孔】。

(20) 在对话栏的【钻孔深度值】组合框

中将钻孔深度修改为“12”。

(21) 单击操控板中的【形状】按钮，弹出【形状】下滑面板，设置各参数，如图 7-126 所示。

(22) 拖动鼠标中键从各个方向预览模型，符合设计要求后，单击控制区的【应用】按钮，完成第 2 个孔特征。

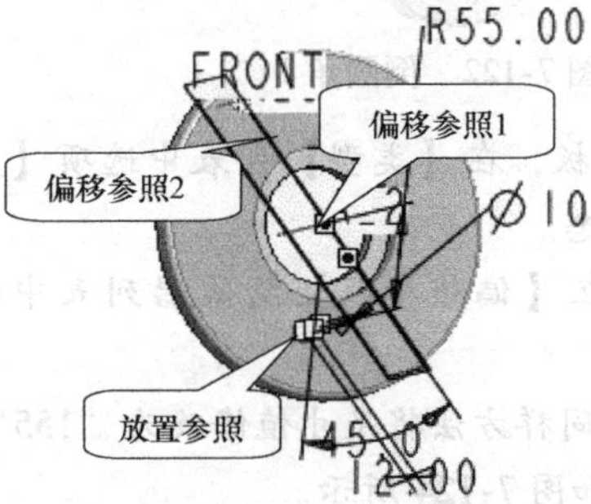


图 7-125　参照选取

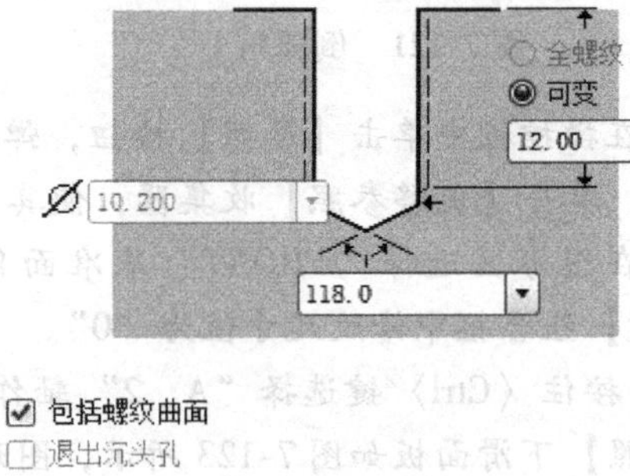


图 7-126　定义孔的形状

(23) 保存文件，关闭窗口，拭除不显示。

## 7.9　本章小结

本章主要讲述了各种工程特征的创建。这些特征在零件的加工过程中大量菜单，如铸造件中的拔模斜度、圆角特征和壳特征，机加工中的倒角特征、钻孔特征以及为了加固零件而设计的筋特征和为了生成工程图而创建的修饰螺纹特征。这些特征使用基础特征工具也可以创建，但使用专门的工具完成会更加简单快捷。一般情况下，应在整个零件基本完成之后再创建这些工程特征，以减少建模过程中调整建模顺序时菜单操作失败的情况。

## 7.10　习题

1. 概念题

(1) 使用各种放置方式创建孔时，选项参照有何不同？

(2) 边倒角和拐角倒角有何不同？

(3) 倒圆角和自动倒圆角设置参照时有何不同？如何设置圆角的大小？

(4) 圆角组过渡有几种类型，各有什么不同？

(5) 如何实现壳特征的不均匀壁厚？

2. 操作题

(1) 打开“\ 习题 \ 第 7 章 \ xiti7-2-1. prt”，根据所给模型创建如图 7-127 所示的孔特征。各孔尺寸由读者自行定义，位置如图 7-127 所示。

(2) 打开“\ 习题 \ 第 7 章 \ xiti7-2-2. prt”，根据所给模型创建如图 7-128 所示的倒圆角和壳特征，壳厚为 10，厚度方向为朝模型内部，各圆角尺寸如图 7-128 所示。

(3) 打开“\ 习题 \ 第 7 章 \ xiti7-2-3. prt”，根据所给模型创建如图 7-129 所示的倒角特征。其中倒角都是 10×10，拐角倒角为 40×40×40。

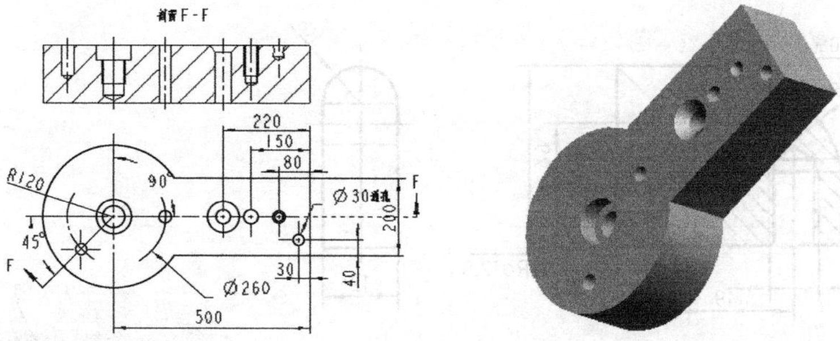


图 7-127　孔

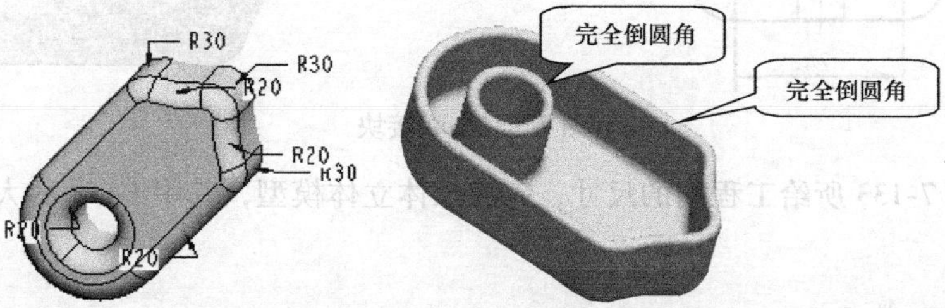


图 7-128　倒圆角抽壳模型

（4）打开“\ 习题 \ 第 7 章 \ xiti7-2-4. prt”，根据所给模型创建如图 7-130 所示的模型，筋厚为 15，所有圆角都是 R3，其余尺寸自定。

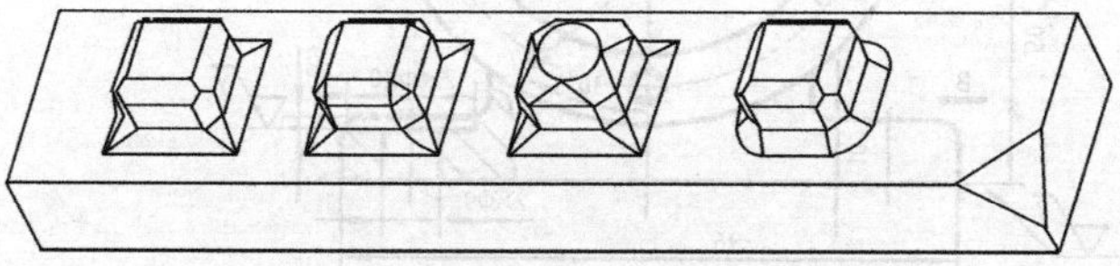

图 7-129　倒角模型

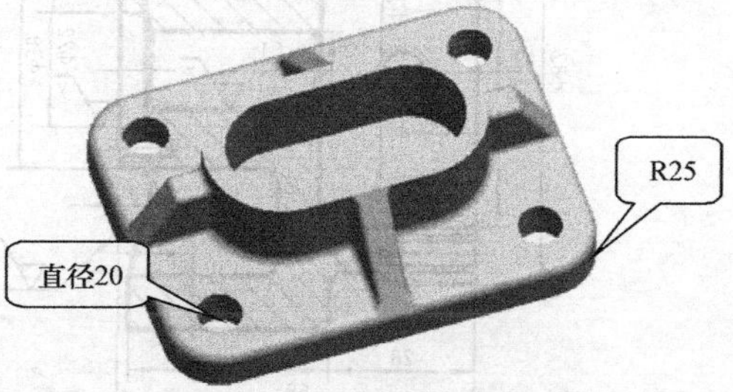


图 7-130　筋和圆角特征

（5）使用拔模工具和孔工具，利用图 7-131 所给工程图的尺寸，完成立体模型。

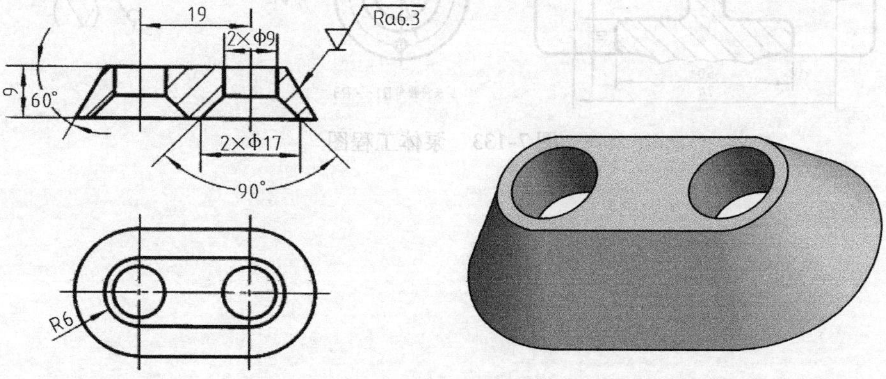


图 7-131　楔

（6）使用孔工具和圆角，利用图 7-132 所给工程图的尺寸，完成立体模型。

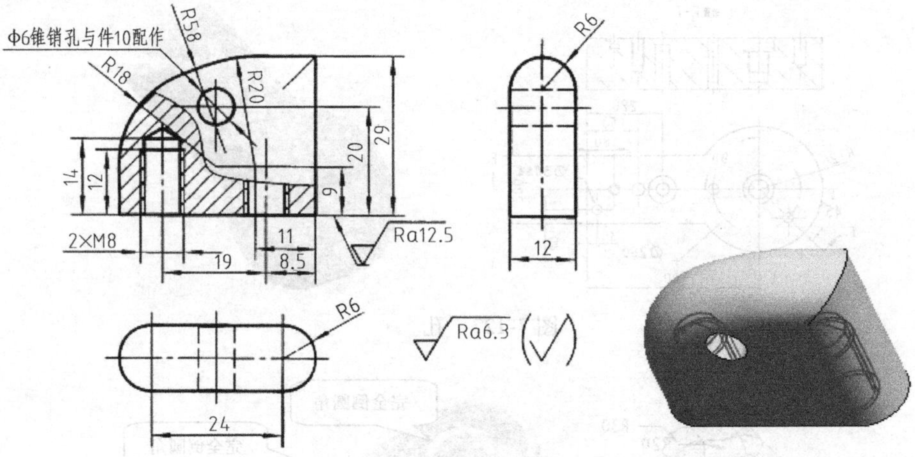


图 7-132　联接块

（7）利用图 7-133 所给工程图的尺寸，完成泵体立体模型，其中 G1/8 的大径为 9.728，小径为 8.566。

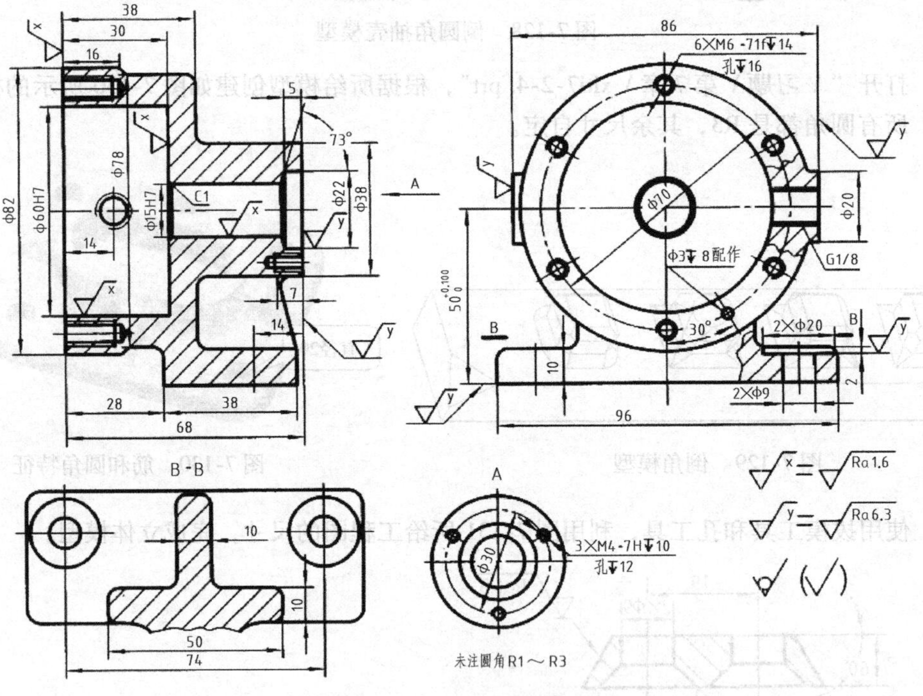


图 7-133　泵体工程图

# 第 8 章　特 征 编 辑

零件中有许多形状、结构相同或相似的特征，每次都重新创建每个特征势必会影响建模速度。Creo/Pro 5.0 提供了许多特征编辑工具，可以直接对特征进行镜像、复制和阵列等操作，大大提高了建模速度，减少了重复劳动。另外，有些零件由结构、形状复杂的曲面组成，需要先创建各种曲面，然后使用曲面编辑功能完成制作，最后使用加厚或者实体化工具创建实体模型。

**【本章重点】**

- 镜像工具。
- 旋转复制和移动复制。
- 各种阵列特征的不同。
- 各种阵列操作的参照选取。
- 各种曲面编辑工具的使用。

## 8.1　编辑特征工具

所有特征编辑工具在系统的【编辑】菜单均有相应的选项。为了操作方便，对于经常使用的特征编辑工具，用户可以进行定制，将其整合到【编辑特征】工具栏。定制前的【编辑特征】工具栏如图 8-1 所示，定制后的【编辑特征】工具栏如图 8-2 所示。定制工具栏的方法参见第 2.4 节。

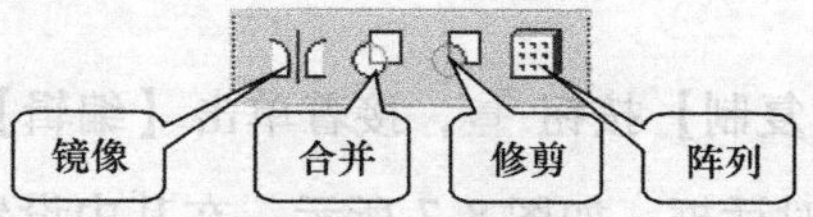


图 8-1　定制前的【编辑特征】工具栏

图 8-2　定制后的【编辑特征】工具栏

对于旋转复制和移动复制，用户可以通过在【编辑】工具栏中按钮【复制】按钮和【选项性粘贴】按钮完成这两个操作。

## 8.2　镜像

选中需要镜像的特征，然后在【编辑特征】工具栏中单击【镜像】按钮，弹出【镜像】操控板，如图 8-3 所示。在对话栏中有【镜像平面】收集器，处于淡绿色激活状态，在图形区选择镜像平面（可以是基准面或者立体的平面型表面），然后单击【控制区】的【应用】按钮即可完成特征的镜像。【镜像】操控板中的【选项】下滑面板可以控制镜像特征和源特征的尺寸关系是独立的还是从属的。

镜像特征的一般过程如下：选择特征→单击【镜像】按钮→选取镜像平面→完成镜像。

**【例 8-1】** 根据如图 8-4 所示的模型，创建如图 8-5 所示的模型。

图 8-3 【镜像】操控板

## 设计步骤

(1) 打开“\例题\第 8 章\liti8-1.prt”，如图 8-4 所示。

(2) 在图形区或模型树选择左侧的 U 形槽，在【编辑特征】工具栏中单击【镜像】按钮，弹出【镜像】操控板，对话栏中的【镜像平面】收集器处于激活状态。

(3) 在图形区选择“RIGHT”基准面作为镜像平面，如图 8-6 所示。

(4) 单击【控制区】的【应用】按钮即可完成特征的镜像。

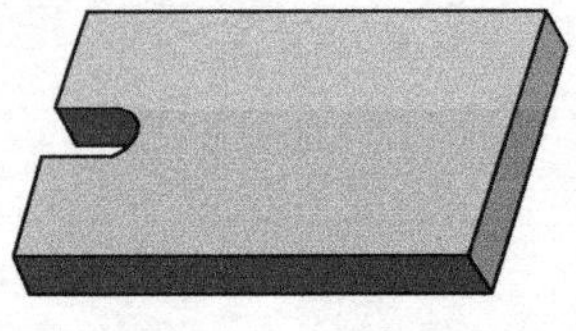

图 8-4 原模型

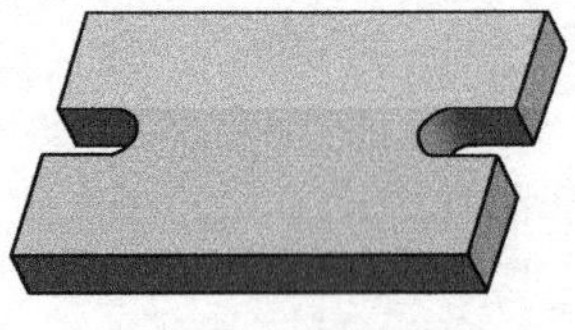

图 8-5 完成的特征

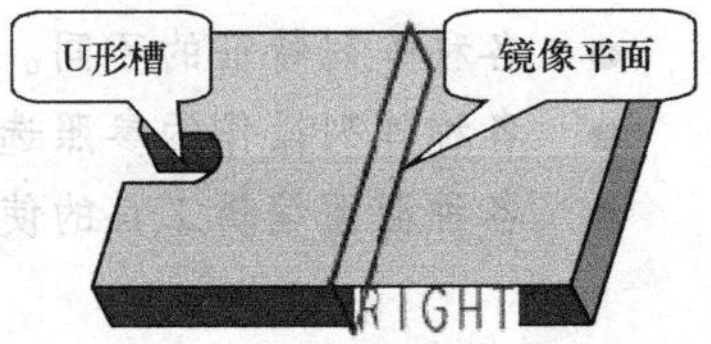


图 8-6 设置镜像平面

## 8.3 复制

复制有两种，即移动复制和旋转复制。用户可以通过在【编辑】工具栏中单击【复制】按钮和【选项性粘贴】按钮完成特征的复制。

选择要复制的特征，然后单击【编辑】工具栏中的【复制】按钮，接着单击【编辑】工具栏中的【选择性粘贴】按钮，弹出【选择性粘贴】对话框，如图 8-7 所示，在其中设置复制出的特征相对于源特征的属性，设置完成后，单击【确定】按钮确定(0)，弹出【复制】操控板，如图 8-8 所示。

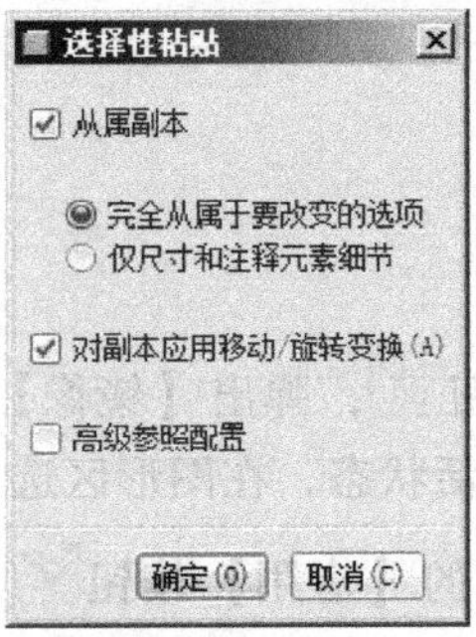


图 8-7 【选择性粘贴】对话框

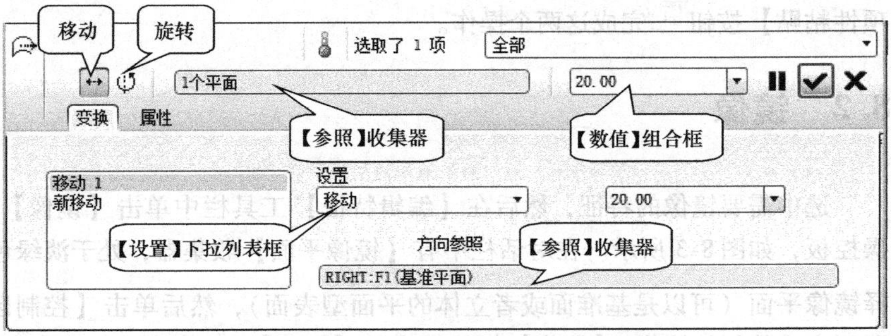


图 8-8 【复制】操控板

一般情况下，应在【选择性粘贴】对话框中单击【完全从属于要改变的选项】单选按钮，并选中【从属副本】复选框和【对副本应用移动/旋转变换】复选框。

在【复制】操控板的对话栏按钮【移动】按钮，可以进行移动复制，此时对话栏中菜单【参照】收集器且处于激活状态，在图形区选择面或者边线定义移动的方向，在其后的【数值】组合框中修改移动的距离，完成后单击【控制区】的【应用】按钮即可完成特征的移动复制。若参照的选取是面，则移动的正方向是面的正法线方向；如果参照选取的是边，则移动的方向沿边的方向。若移动的方向正好和所需方向相反，将移动的距离修改为相应负值即可。

在【复制】操控板的对话栏中单击【旋转】按钮，可以进行旋转复制，此时对话栏中出现【参照】收集器且处于激活状态，在图形区选择边线或轴线定义旋转的方向，在其后的【数值】组合框中修改旋转的角度，完成后单击控制区的【应用】按钮即可完成特征的旋转复制。如果旋转的方向正好和所需方向相反，将旋转的角度数值修改为相应负值即可。

用户也可以单击【变换】按钮，在弹出的【变换】下滑面板中设置变换的要素，该方法基本和使用对话栏操作一样。

**【例 8-2】** 使用复制工具，利用如图 8-9 所示的模型完成如图 8-10 所示的模型。

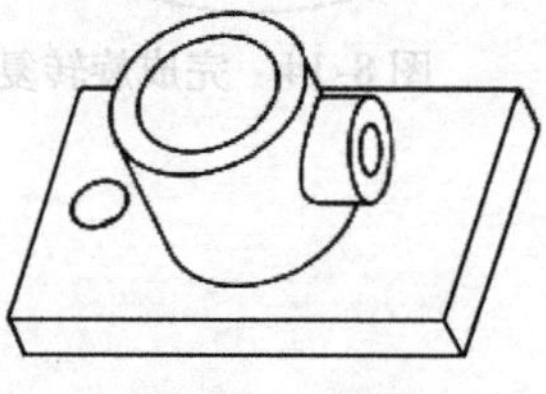

图 8-9　原模型

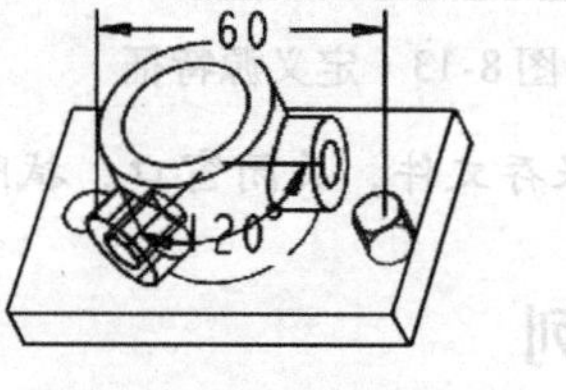


图 8-10　完成的模型

## 设计步骤

(1) 打开文件“\ 例题 \ 第 8 章 \ liti8-1. prt”，如图 8-9 所示。

(2) 选择底板左侧小圆孔，然后单击【编辑】工具栏中的【复制】按钮，接着单击【编辑】工具栏中的【选择性粘贴】按钮，在弹出的【选择性粘贴】对话框中设置各参数，如图 8-7 所示。

(3) 在【选择性粘贴】对话框中单击【确定】按钮确定(O)，弹击【复制】操控板。

(4) 此时对话栏中的【移动】按钮处于按下状态，且其后的【参照】收集器处于激活状态。

(5) 在图形区选择如图 8-11 所示的边线作为移动复制的参照方向，在对话栏的【数值】组合框中将移动的距离修改为“60”，此时模型如图 8-12 所示。

(6) 在图形区单击鼠标中键完成移动复制，如图 8-13 所示。

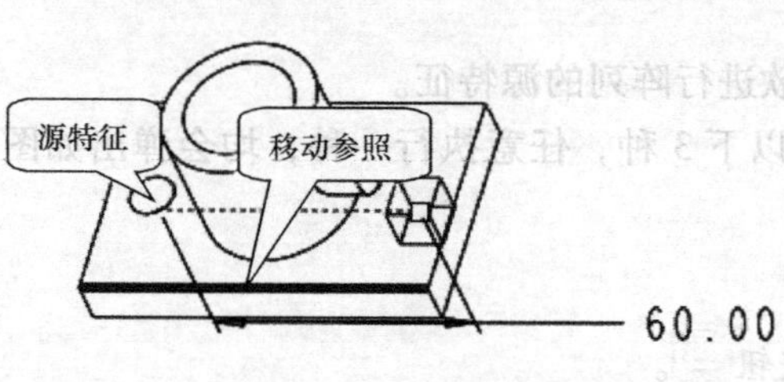


图 8-11　定义参照边

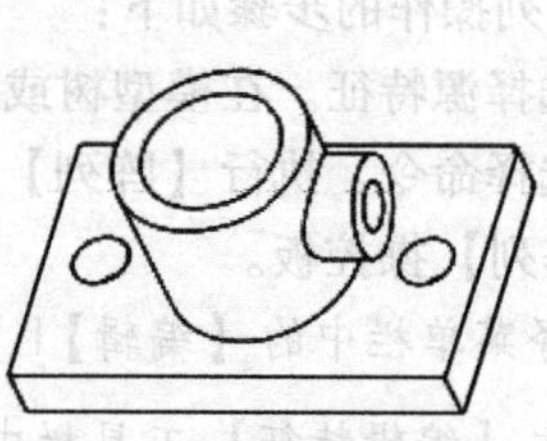

图 8-12　完成移动复制

(7) 按住〈Ctrl〉键在模型树选择“拉伸 5”和“孔 1”，如图 8-13 所示。

(8) 然后单击【编辑】工具栏中的【复制】单击，接着单击【编辑】工具栏中的【选择性粘贴】按钮，在弹击的【选择性粘贴】对话框中设置各参数，如图 8-7 所示。

(9) 在【选择性粘贴】对话框中单击【确定】按钮 确定(0)，弹出【复制】操控板，在对话栏中单击【旋转】按钮，且使其后的【参照】收集器处于激活状态。

(10) 在图形区选择如图 8-14 所示的轴线作为旋转复制的旋转轴，在对话栏的【数值】组合框中将旋转的角度修改为“-120”，此时模型如图 8-14 所示。

(11) 在图形区单击鼠标中键完成旋转复制，如图 8-10 所示。

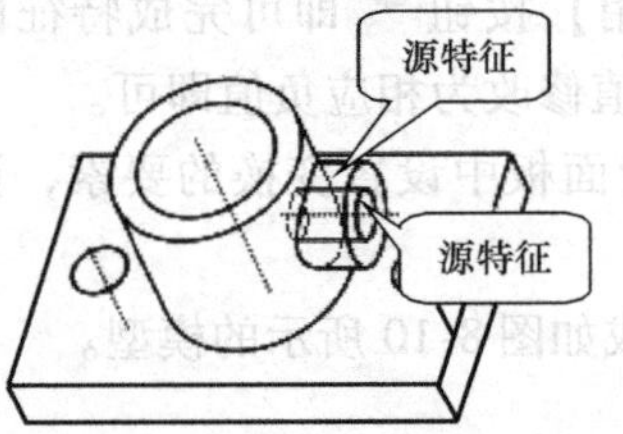


图 8-13　定义源特征

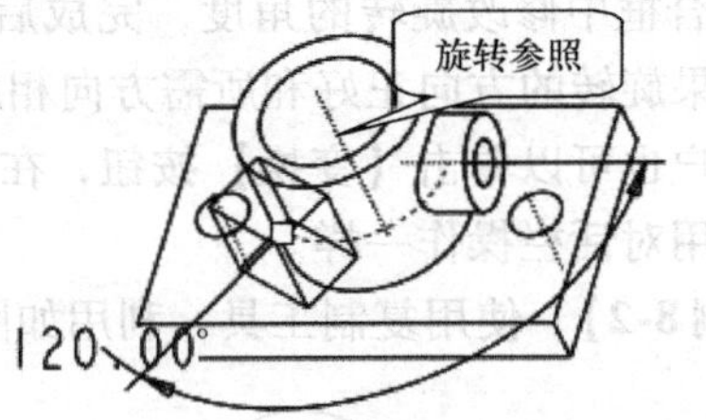


图 8-14　完成旋转复制

(12) 保存文件，关闭窗口，拭除不显示。

## 8.4 阵列

阵列用于一次创建一个特征的多个副本。阵列特征按照不同的规则生成新的特征。阵列可以分为矩形阵列、环形阵列、填充阵列、点整列、参照阵列和曲线阵列，图 8-15 所示为几种简单阵列的对比。阵列出的每个新特征称为源特征的一个实例。

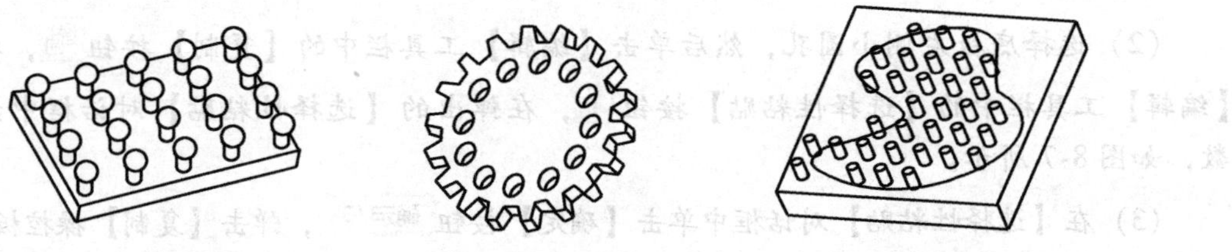

a) 矩形阵列　　b) 环形阵列　　c) 填充阵列

图 8-15　各种类型的阵列对比

### 8.4.1 特征阵列过程

特征阵列操作的步骤如下：

(1) 选择源特征。在模型树或者图形区选择欲进行阵列的源特征。

(2) 选择命令。执行【阵列】命令的方式有以下 3 种，任意执行一种，均会弹出如图 8-16 所示的【阵列】操控板。

- 选择菜单栏中的【编辑】|【阵列】选项。
- 单击【编辑特征】工具栏中的【阵列】按钮。
- 按下鼠标右键，在弹出的快捷菜单中选择【阵列】选项。

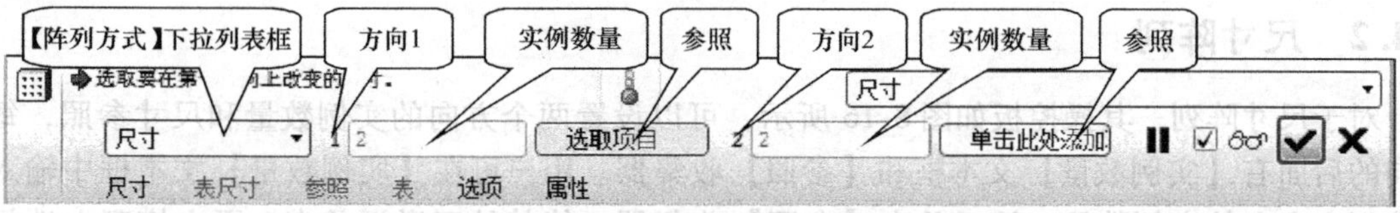


图 8-16 【阵列】操控板

（3）选择阵列特征属性。根据生成的特征和源特征的尺寸关系，可以把阵列分为 3 种类型，用户可以单击操控板中的【选项】按钮，在弹出的【选项】下滑面板中的【再生选项】下拉列表框中进行设定，如图 8-17 所示。

- 【相同】：所生成阵列的每个特征和源特征完全相同，放置在同一曲面上。例如，图 8-18 所示的孔虽然大小相同，但深度不同就只能通过使用【可变】或者【一般】属性来对其进行阵列。
- 【可变】：阵列出的特征，其大小、放置属性、参照面都可以发生变化，且创建出的阵列特征不与其他特征的边线相交。
- 【一般】：系统对于阵列出的特征不做要求，其大小、放置属性和参照面可以变更，且创建出的阵列特征可与其他特征的边线相交。

此处建议用户选择【一般】选项，这也是系统默认的选项。

图 8-17 【选项】下滑面板

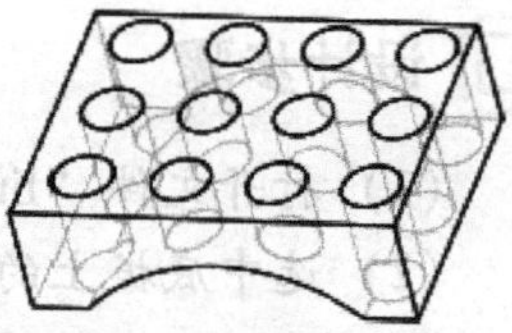

图 8-18 不能使用【相同】属性的实例

（4）设置阵列方式。用户可以在操控板的【阵列方式】下拉列表框中选择合适的阵列方式。【阵列方式】下拉列表框中共有 7 种阵列方式：【尺寸】、【方向】、【轴】、【填充】、【表】、【参照】、【曲线】和【点】。选用不同形式的阵列，菜单不同形式的【阵列】操控板。

- 【尺寸】：选择尺寸作为方向参照，生成矩形阵列或者环形阵列。参照尺寸为线性尺寸时，可以创建矩形阵列；参照尺寸为角度尺寸时，可以创建环形阵列。
- 【方向】：选择面或者边线作为方向参照，在选定方向上设置阵列特征的数目和距离，只能创建矩形阵列。
- 【轴】：选择轴线或者坐标轴作为参考，以此参照为旋转轴线进行环形阵列。使用该选项可以设置阵列特征的数目和阵列各实例之间的夹角，只能用于环形阵列。
- 【填充】：选取或草绘平面图形作为参照，在图形范围内按照一定规则阵列出多个实例。
- 【表】：通过使用阵列表并为每一阵列实例指定尺寸值来创建阵列。
- 【参照】：通过参照另一阵列来创建阵列。
- 【曲线】：通过指定阵列成员的数目或阵列成员间的距离来沿着草绘曲线创建阵列。
- 【点】：以点阵的位置决定实例的位置创建阵列。

（5）设置阵列参数。设置好以上选项后，用户可以在操控板定义阵列的各参数。

（6）完成阵列。完成后单击控制区的【应用】按钮✔，或者在图形区单击鼠标中键，即可完成特征的阵列。

## 8.4.2 尺寸阵列

对于尺寸阵列，其操控板如图 8-16 所示，可以设置两个方向的实例数量和尺寸参照，每个方向的后面有【实例数量】文本框和【参照】收集器。用户可在【实例数量】文本框中输入相应阵列方向上的实例数量，然后单击【参照】收集器，使其处于激活状态，再在模型上选择参照（注意：选取的参照一般是特征的定位尺寸，阵列的方向是尺寸线的方向）。

实例之间的间距可以在选择导引尺寸时出现的组合框中输入，也可以单击【尺寸】按钮，在出现的【尺寸】下滑面板中进行设置。

**【例 8-3】** 利用所给模型（见图 8-19）创建 2 行 3 列矩形阵列，列间距为 70，行间距为 80。在行方向上，小圆柱下一实例比上一实例增高 20；在列方向上，小圆柱下一实例比上一实例底面直径增加 10，如图 8-20 所示。

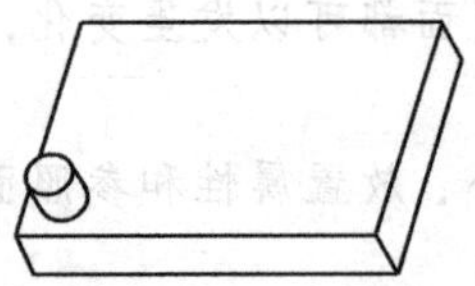

图 8-19 原模型

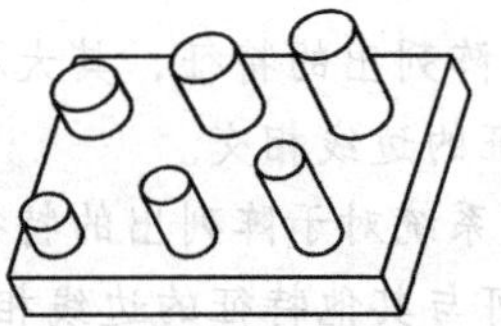

图 8-20 最后结果

### 设计步骤

（1）打开文件“liti8-3. prt”。

（2）选中底板上的小圆柱。

（3）单击【编辑特征】工具栏中的【阵列】按钮，消息区弹出【阵列】操控板，图形区出现确定小圆柱形状和大小的各个尺寸如图 8-21 所示。

（4）在对话栏的【阵列方式】下拉列表框中选择【尺寸】选项。

（5）单击【尺寸】按钮，出现【尺寸】下滑面板，可以在其中设置阵列的各参数。

（6）单击激活【方向 1】收集器，在模型上选择小圆柱中心线到底板左侧面的尺寸“20”，菜单组合框，在其中输入列间距“70”，如图 8-22 所示，然后按〈Enter〉键确认。

---

提醒：增量的数值也可以在【尺寸】下滑面板的【增量】编辑框中修改。

---

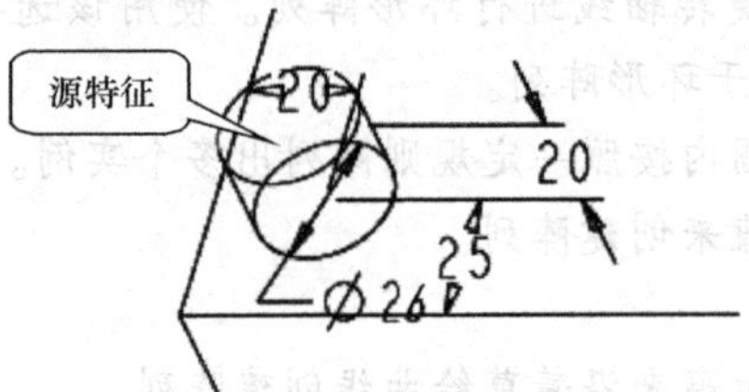


图 8-21 选择源特征

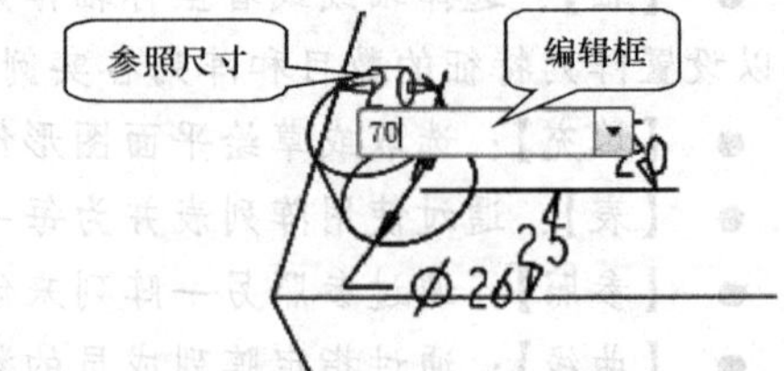


图 8-22 定义增量

（7）按住〈Ctrl〉键选择小圆柱高度尺寸“20”，此时【方向 1】列表中添加了另一参照尺寸，在其后的【增量】编辑框修改增量为“20”，按〈Enter〉键确认。

(8) 在对话栏方向 1 后的【实例数量】文本框中输入“3”，按〈Enter〉键确认。

(9) 在【尺寸】下滑面板中，单击【方向 2】收集器，使其处于淡绿色激活状态。

(10) 在模型上选择小圆柱中心线到底板前表面的尺寸“25”，在出现的【增量】编辑框中输入增量值“80”，按〈Enter〉键确认。

(11) 按住〈Ctrl〉键选择小圆柱直径尺寸“ϕ20”，此时【方向 2】列表中添加了另一参照尺寸，在出现的【增量】编辑框中输入增量“10”，按〈Enter〉键确认。

(12) 在对话栏方向 2 后的【实例数量】编辑框中输入“2”，按〈Enter〉键确认。

(13) 这时模型区在每个实例出现的位置显示黑色实心圆，如图 8-23 所示，【尺寸】下滑面板如图 8-24 所示。

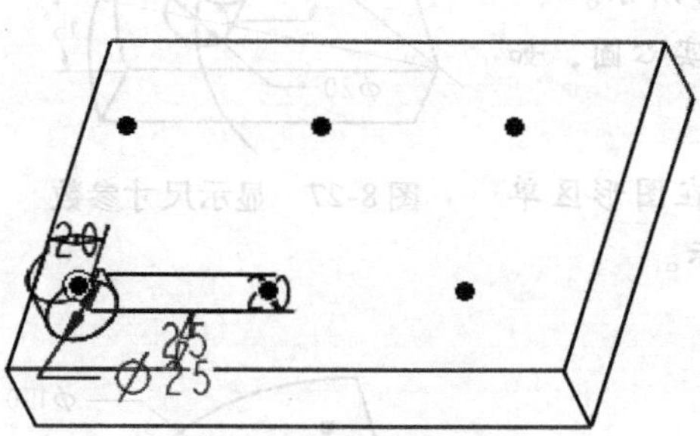

图 8-23　实例位置

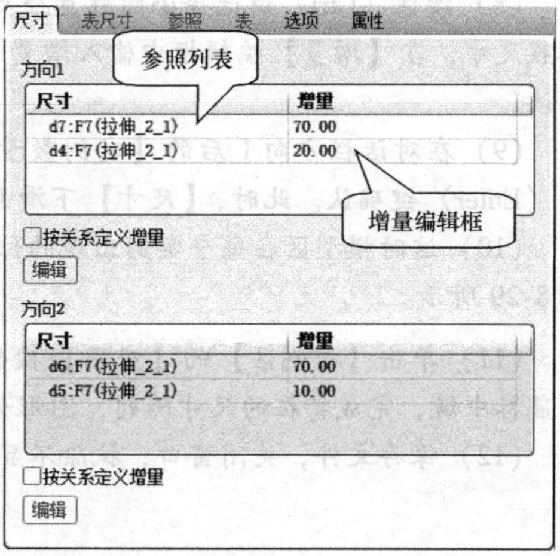


图 8-24　设置【尺寸】下滑面板

(14) 单击控制区的【应用】按钮✓，或者在图形区单击鼠标中键，完成特征的阵列，图形如图 8-20 所示。

提醒：导引尺寸选择定位尺寸时，在该方向上产生不同数量的实例；导引尺寸选择定形尺寸时，将改变实例的定形尺寸。修改增量尺寸需要在【尺寸】下滑面板的【增量】编辑框中完成。

如果想生成“斜一字型”阵列，可以在同一方向上选择两个定位尺寸参照，输入不同的增量值即可。

利用尺寸阵列还可以生成环型阵列，创建环型阵列时需要有一角度尺寸作为方向参照，这一尺寸应该恰好是源特征的定位尺寸。每个实例的尺寸也可以按照规律变化。

【例 8-4】　利用所给模型（见图 8-25）创建环型阵列（见图 8-26），各实例夹角为 20°，共有 4 个实例。每个实例比上个实例高度增加 10，直径减少 3。

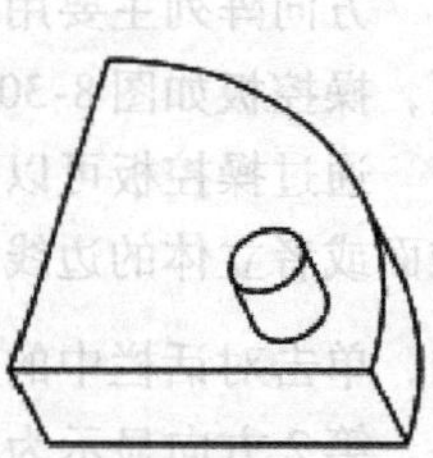

图 8-25　原模型

## 设计步骤

(1) 打开文件“liti8-4. prt”。

(2) 在模型上选中底板上的小圆柱。

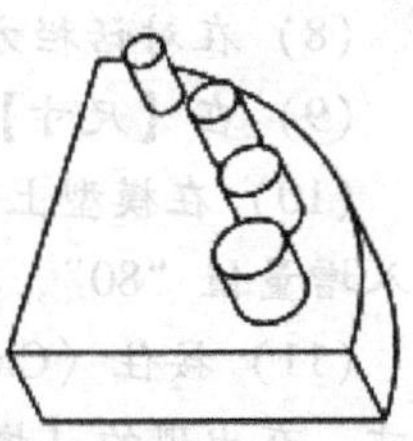

图 8-26 最后模型

（3）单击【编辑特征】工具栏中的【阵列】按钮，消息区弹出【阵列】操控板，图形区出现确定小圆柱形状和大小的各个尺寸，如图 8-27所示。

（4）在对话栏的【阵列方式】下拉列表框中选择【尺寸】选项。

（5）单击【尺寸】按钮，弹出【尺寸】下滑面板。

（6）单击激活【方向1】收集器，在模型上选择角度尺寸“15”作为导引尺寸，在【增量】编辑框中输入增量值“20”，按〈Enter〉键确认。

（7）按住〈Ctrl〉键选择小圆柱高度尺寸“20”，此时【方向1】收集器中添加了一个尺寸参照，在【增量】编辑框中输入增量“10”，按〈Enter〉键确认。

（8）按住〈Ctrl〉键选择小圆柱直径尺寸“ϕ20”，此时【方向1】收集器中再次添加了一个参照尺寸，在【增量】编辑框中输入增量“－3”，按〈Enter〉键确认。

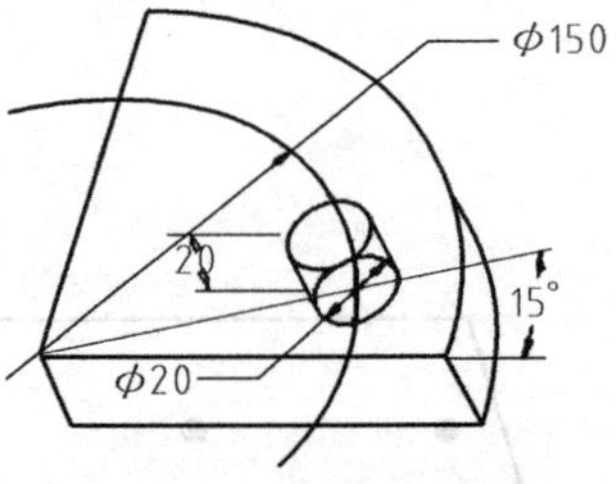


图 8-27 显示尺寸参数

（9）在对话栏方向 1 后的【实例数量】文本框中输入“4”，按〈Enter〉键确认。此时，【尺寸】下滑面板如图 8-28 所示。

（10）这时模型区在每个实例出现的位置显示黑色实心圆，如图 8-29 所示。

（11）单击【控制区】的【应用】按钮，或者在图形区单击鼠标中键，完成特征的尺寸阵列，图形如图 8-26 所示。

（12）保存文件，关闭窗口，拭除不显示。

方向1

| 尺寸 | 增量 |
|---|---|
| d180:F7(拉伸_2_1) | 20.00 |
| d179:F7(拉伸_2_1) | 10.00 |
| d181:F7(拉伸_2_1) | -3.00 |

图 8-28 设置阵列尺寸

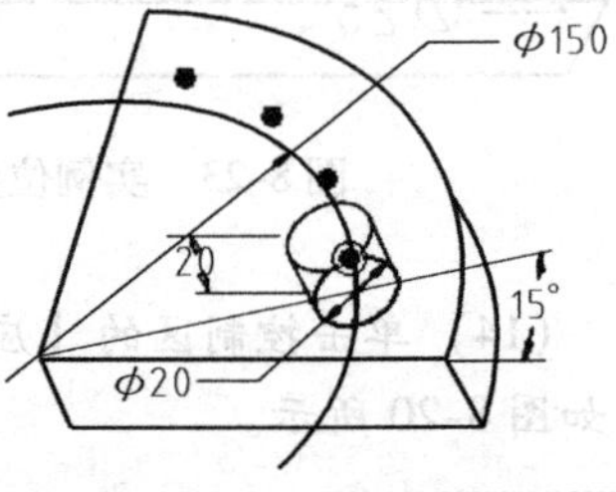


图 8-29 实例位置

提醒：使用尺寸阵列创建环形阵列一般适用于使用【径向】或者【直径】方式创建的孔的阵列。如欲在径向方向也产生阵列，可激活【方向2】的【参照】收集器，以径向尺寸作为参照。

## 8.4.3 方向阵列

方向阵列主要用于完成矩形阵列，在对话栏的【阵列方式】下拉列表框中选择【方向】选项，操控板如图 8-30 所示。

通过操控板可以设定两个方向的参照、实例间距和阵列的方向。方向参照可以选项平面、基准面或者立体的边线，当参照选择平面或者基准面时，阵列方向指向平面或基准面的正法线方向，单击对话栏中的【反向】按钮，可以使阵列的方向反向。阵列的第 1 方向显示为红色箭头，第 2 方向显示为黑色箭头，并且在出现实例的位置显示黑色实心圆，图形区显示阵列间距尺寸，如图 8-31 所示。

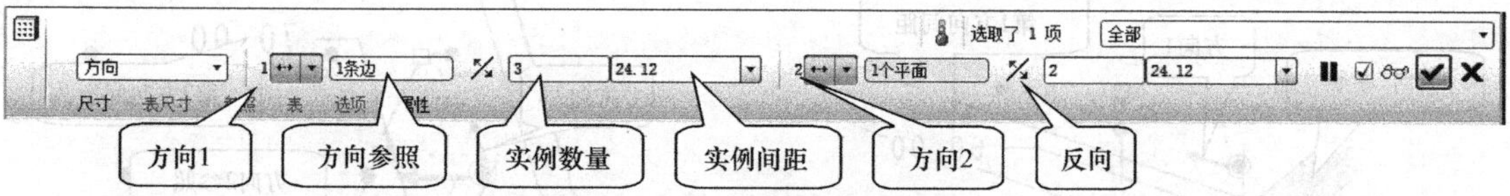


图 8-30　【方向阵列】操控板

单击【方向参照】收集器，使其处于激活状态，在模型中选择方向参照，在【实例数量】文本框中可以修改实例数量，在【实例间距】组合框中可以修改实例间距；也可在图形区双击实例间距数值，在出现的组合框中修改阵列间距。设置完成后，单击控制区的【应用】按钮，或者在图形区单击鼠标中键，完成特征的阵列。

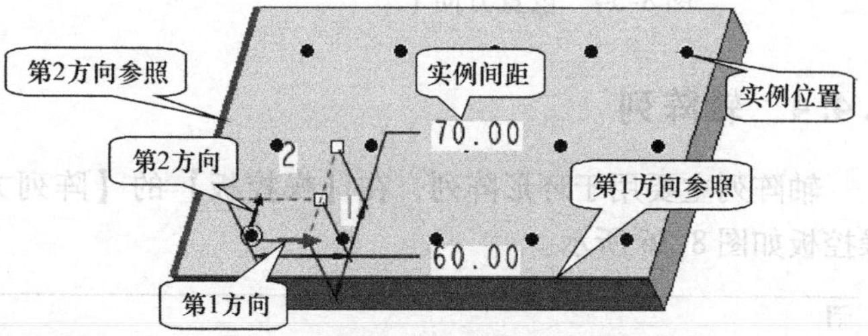


图 8-31　方向阵列各项含义

【例 8-5】　利用给定模型（见图 8-32）创建阵列（见图 8-33）。

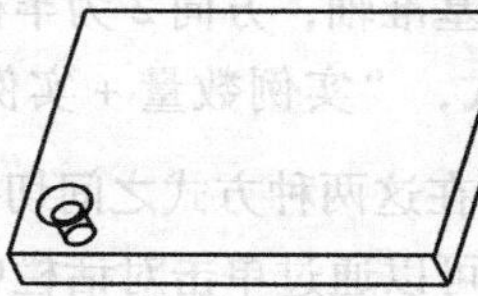

图 8-32　原模型

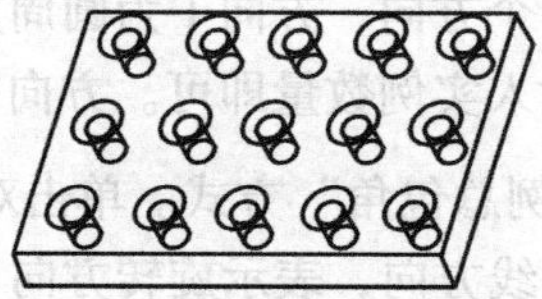

图 8-33　完成后的阵列

## 设计步骤

(1) 打开文件"liti8-5. prt"。

(2) 选中底板上的沉头孔。

(3) 单击【编辑特征】工具栏中的【阵列】按钮，消息区弹出【阵列】操控板。

(4) 在对话栏的【阵列方式】下拉列表框中选择【方向】选项。

(5) 激活对话栏中【方向 1】的【方向参照】收集器，选择底板左侧面作为方向参照，单击对话栏中的【反向第 1 方向】按钮，在图形区红色箭头反向，指向模型右侧，并在方向上出现数字"1"，如图 8-34 所示。

(6) 在对话栏的【实例数量】文本框中输入"5"，按〈Enter〉键确认。

(7) 在对话栏的【实例间距】组合框中输入"60"，按〈Enter〉键确认。

(8) 在对话栏中单击激活【方向 2】的【方向参照】收集器，选择底板前表面作为方向参照，在图形区单击黑色箭头，使之指向模型后侧，如图 8-35 所示。

(9) 在对话栏的【实例数量】文本框中输入"3"，按〈Enter〉键确认。

(10) 在对话栏的【实例间距】组合框中输入"70"，按〈Enter〉键确认。

(11) 单击控制区的【应用】按钮，完成特征的方向阵列，如图 8-33 所示。

(12) 保存文件，关闭窗口，拭除不显示。

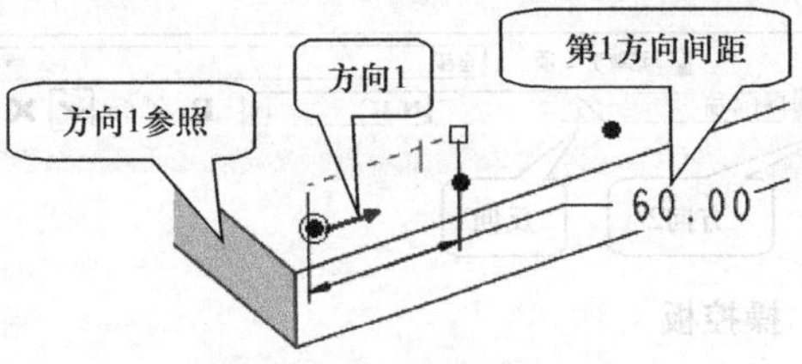


图 8-34　设置方向 1

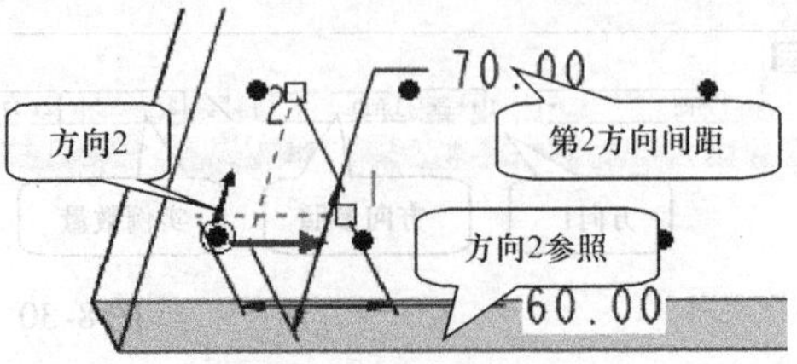


图 8-35　设置方向 2

## 8.4.4　轴阵列

轴阵列主要用于环形阵列，在【操控板】的【阵列方式】下拉列表框中选择【轴】选项，操控板如图 8-36 所示。

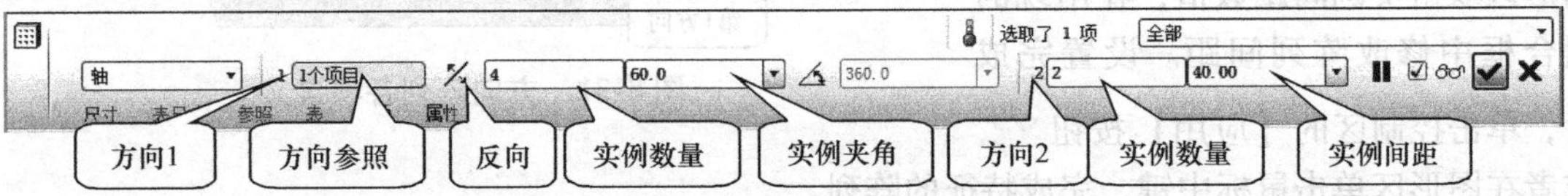


图 8-36　【轴阵列】操控板

轴阵列有两个方向，方向 1 为圆周方向，其方向参照是基准轴，方向 2 为半径方向，不必设置参照，直接输入实例数量即可。方向 1 的阵列有两种方式，“实例数量 + 实例夹角”方式和“实例数量 + 实例总包角”方式。单击对话栏中的 按钮可在这两种方式之间切换。

方向 1 是切线方向，表示旋转方向，显示为红色箭头，可以通过单击对话栏中的【反向阵列的角度方向】按钮 使之反向；方向 2 为径向，显示为黑色箭头，指向远离轴心方向，要想阵列方向为半径缩小方向，在【实例间距】组合框中输入负值即可，这时黑色箭头指向轴心。

【例 8-6】　利用给定模型（见图 8-37）创建如图 8-38 所示的阵列。

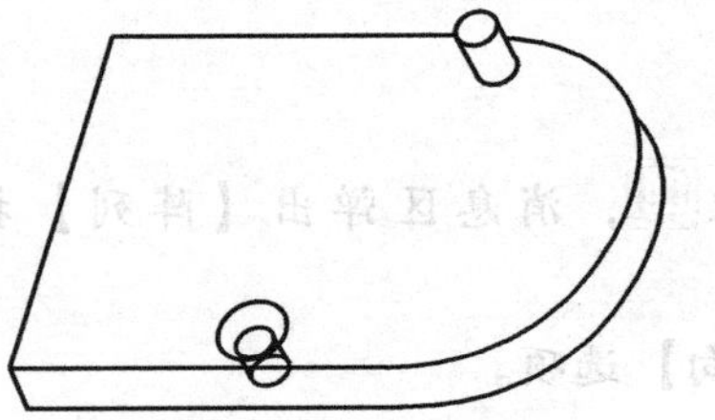

图 8-37　原特征

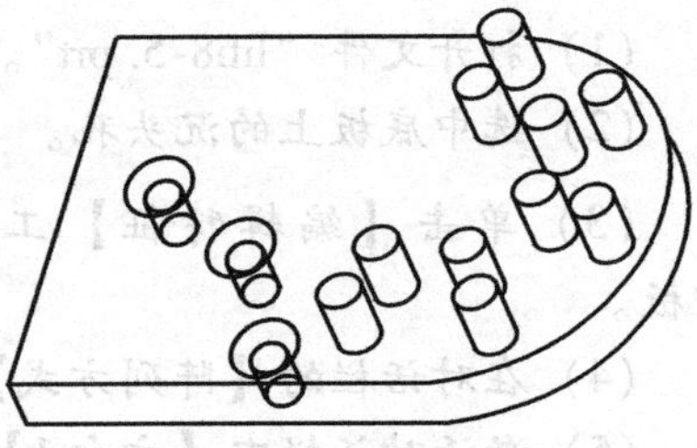

图 8-38　环形阵列

### 设计步骤

（1）打开文件“liti8-8. prt”，如图 8-37 所示。

（2）将模型树插入特征符号 在此插入 拖动到“拉伸 1”和“孔 1”之间。

（3）分别通过底板左前棱线和右端圆柱面创建轴线，并将其命名为“Z1”和“Z2”，如图 8-39 所示。

（4）将模型树插入特征符号 在此插入 拖动到模型树的最后。

（5）在模型上选取底板上的沉头孔。

（6）按钮【编辑特征】工具栏中的【阵列】按钮 ，消息区弹出【阵列】操控板。

(7) 在对话栏的【阵列方式】下拉列表框中选择【轴】选项。

(8) 激活【方向 1】的【方向参照】收集器，在模型上选择“Z1”轴作为参照轴线。

(9) 在对话栏方向 1 后的【实例数量】文本框中输入“3”，按〈Enter〉键确认。

(10) 在对话栏方向 1 后的【实例夹角】组合框中输入“30”，按〈Enter〉键确认，此时图形区如图 8-40 所示。

(11) 在图形区按钮鼠标中键，完成阵列特征。

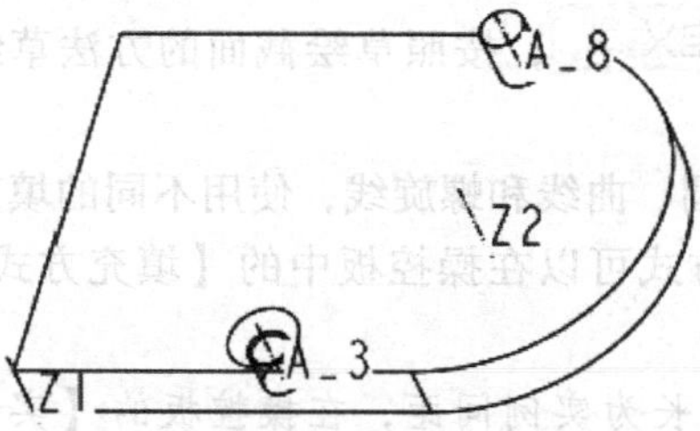

图 8-39　创建基准轴

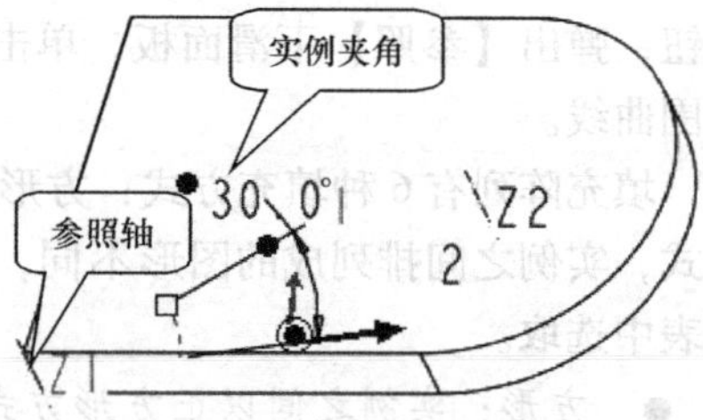

图 8-40　设置阵列参数

(12) 选择底板上的小圆柱。

(13) 按钮【编辑特征】工具栏中的【阵列】按钮，消息区弹出【阵列】操控板。

(14) 在对话栏的【阵列方式】下拉列表框中选择【轴】选项。

(15) 激活方向 1 的【方向参照】收集器，在模型上选择“Z2”轴作为参照轴线。

(16) 在对话栏中的【实例数量】文本框中输入“5”，按〈Enter〉键确认。

(17) 在对话栏中的【实例夹角】组合框中输入“－50”，按〈Enter〉键确认。

(18) 在方向 2 的【实例数量】文本框中输入“2”，按〈Enter〉键确认。

(19) 在方向 2 的【实例间距】组合框中输入“－30”，按〈Enter〉键确认，径向阵列反向，如图 8-41 所示。

(20) 在图形区按钮鼠标中键，完成阵列特征，如图 8-42 所示。

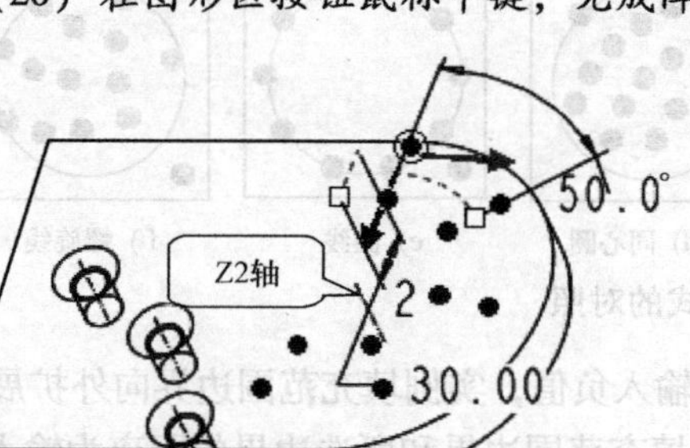

图 8-41　小圆柱环型阵列预览

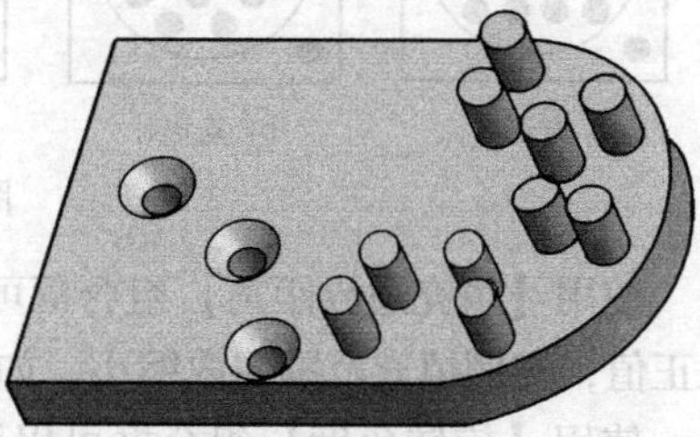
图 8-42　完成阵列

(21) 保存文件，关闭窗口，拭除不显示。

## 8.4.5　填充阵列

填充阵列将源特征在指定范围内按照一定规则进行阵列，范围可以选取已经草绘好的闭合平面曲线，也可以直接草绘闭合曲线作为阵列的填充范围。在【操控板】中对话栏的【阵列方式】下拉列表框中选择【填充】选项，操控板如图 8-43 所示。

填充阵列需要在阵列特征之前创建一个闭合平面图形作为填充范围，可以使用草绘工具单独草绘特征，也可以在阵列的过程中草绘。如果已经草绘范围曲线，可以在对话栏按钮激活【填

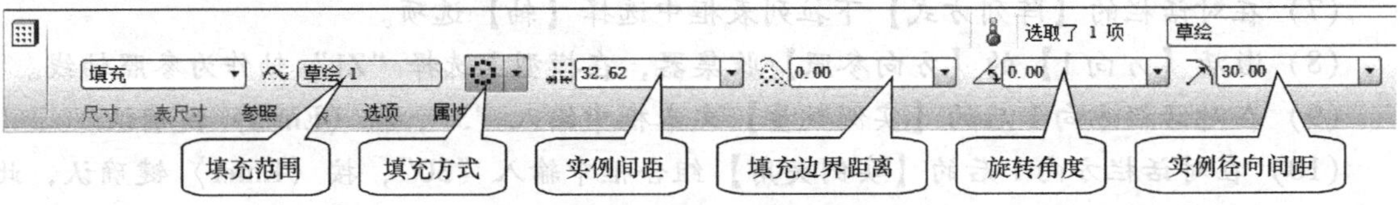


图 8-43 【填充阵列】操控板

充范围】收集器后，在图形区选择该曲线。如果尚未草绘范围曲线，单击操控板中的【参照】按钮，弹出【参照】下滑面板，单击其中的【定义】按钮 定义...，按照草绘截面的方法草绘范围曲线。

填充阵列有 6 种填充方式：方形、菱形、六边形、同心圆、曲线和螺旋线，使用不同的填充方式，实例之间排列成的图形不同，如图 8-44 所示。填充方式可以在操控板中的【填充方式】列表中选取。

- 方形：实例之间以正方形方式填充范围，各正方形边长为实例间距，在操控板的【实例间距】组合框中修改。
- 菱形：实例之间以菱形方式填充范围，各菱形边长为实例间距，在操控板的【实例间距】组合框中修改。正方形方式填充的旋转角度设为 45°，即可变为菱形样式填充。
- 六边形：实例之间以正三角形方式填充范围，三角形边长为实例间距，在操控板的【实例间距】组合框中修改。
- 同心圆：实例之间以同心圆方式填充范围，同心圆的圆心为源特征的中心，在【实例间距】的组合框中修改圆周方向的实例间距，在【实例径向间距】组合框中修改实例径向间距。
- 曲线：实例沿曲线边界排列，在【实例间距】组合框中修改实例间距。
- 螺旋线：实例以螺旋阵列方式填充范围，在【实例间距】组合框中修改圆周方向实例间距，在【实例径向间距】组合框中修改实例径向间距。

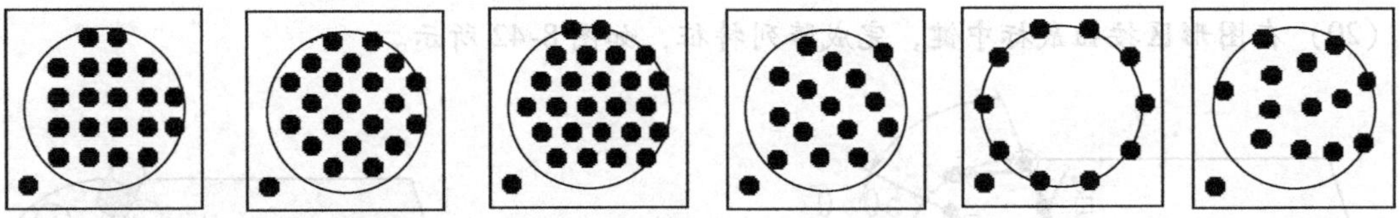

a) 方形　b) 菱形　c) 六边形　d) 同心圆　e) 曲线　f) 螺旋线

图 8-44 不同填充方式的对照

使用【填充边界距离】组合框可以调整填充范围，输入负值，实例填充范围边界向外扩展；输入正值，实例填充范围向内缩小，如图 8-45 所示。实际填充范围边界和所选边界的距离为输入值。

使用【旋转角度】组合框可以调整整个阵列的旋转角度，输入正值以源特征中心为轴心向逆时针方向整体旋转，输入负值以源特征中心为轴心向顺时针方向整体旋转，如图 8-46 所示。

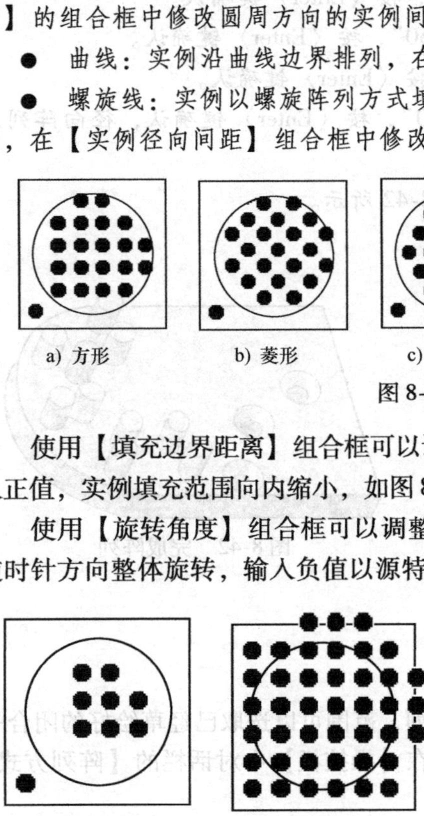

a) 输入正值　b) 输入负值

图 8-45 填充边界距离不同的填充对比

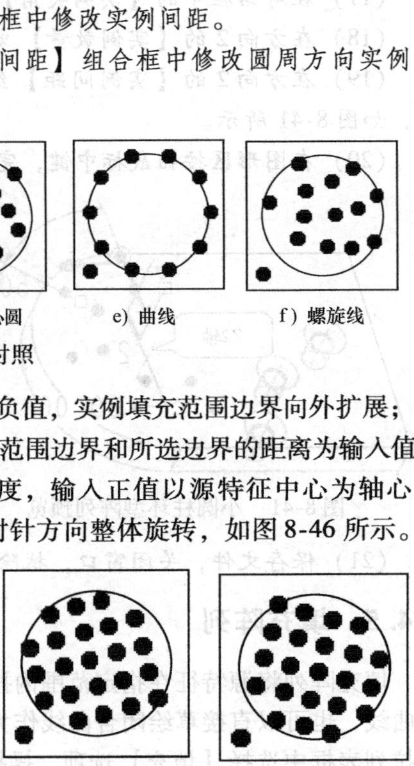

a) 输入正值　b) 输入负值

图 8-46 旋转角度不同的填充对比

如果生成的阵列不合要求，在模型树选择阵列，按下鼠标右键，在弹出的快捷菜单中单击【删除阵列】选项，即可删除阵列实例，但保留源特征；而如果选择【删除】选项，将删除包括实例和源特征的所有阵列特征。

【例 8-7】 根据给定的特征（见图 8-47），将小圆孔沿给定的基准曲线排列，间距为 50mm，如图 8-48 所示。

### 设计步骤

（1）打开文件“liti8-7. prt”，如图 8-47 所示。

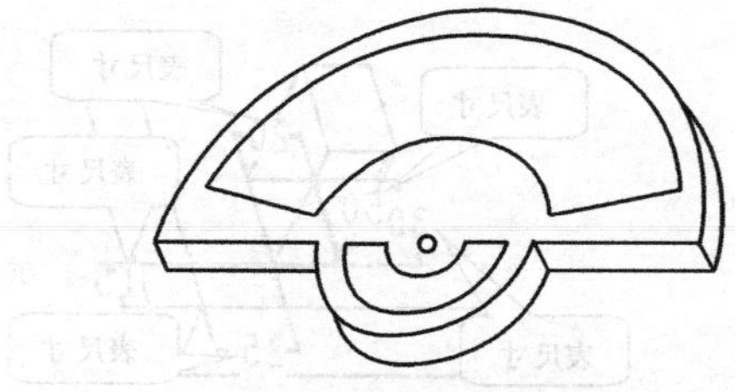

图 8-47 原模型

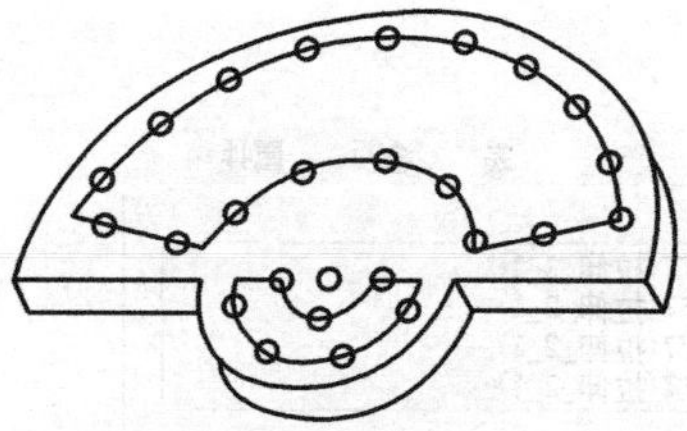

图 8-48 完成的模型

（2）选择底板上的孔。

（3）单击【编辑特征】工具栏中的【阵列】按钮，消息区弹出【阵列】操控板。

（4）在操控板的对话栏中【阵列方式】下拉列表框中选择【填充】选项。

（5）单击激活对话栏中的【填充范围】收集器 选取 1 个项目，在模型上选择基准曲线作为填充范围曲线。

（6）在对话栏的【填充方式】下拉列表框中选择【曲线】方式。

（7）在对话栏的【实例间距】组合框中输入“50”，按〈Enter〉键确认，图形区如图 8-49 所示。

（8）在图形区单击鼠标中键，完成阵列特征，如图 8-50 所示。

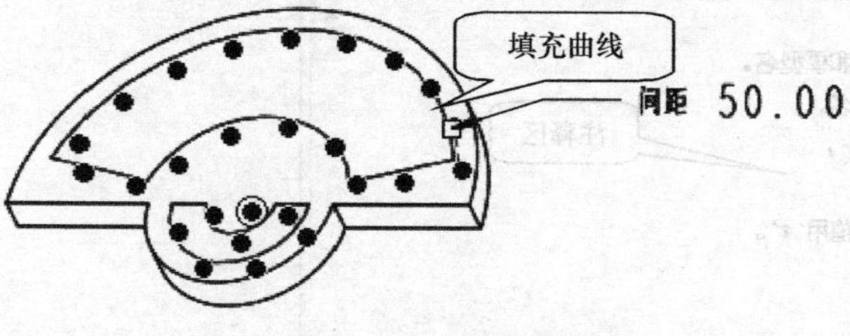


图 8-49 填充阵列参照选取

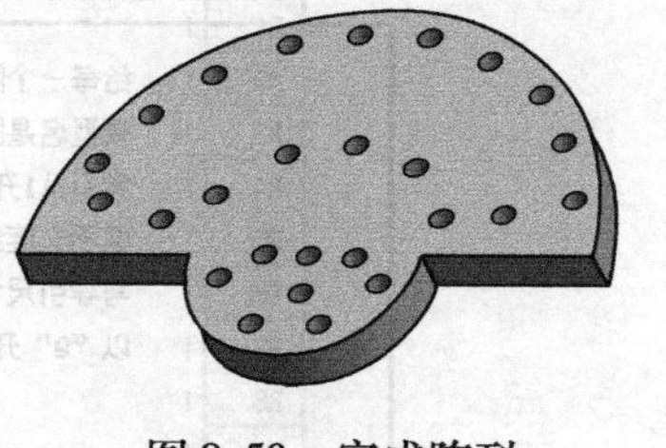

图 8-50 完成阵列

（9）保存文件，关闭窗口，拭除不显示。

## 8.4.6 表阵列

表阵列是一种比较特殊的阵列，它根据在源特征上选定的索引尺寸，在表中设定这些尺寸的相应数值来创建实例。每个实例的位置和大小没有必要按照规律变化，可以单独设置。

选择阵列命令后，在对话栏的【阵列方式】下拉列表框中单击【表】，弹出【表阵列】操控板，如图 8-51 所示。

选择【表阵列】选项后，对话栏中的【表尺寸】收集器处于激活状态，在图形区的源特征

图 8-51 【表阵列】操控板

上选取源实例中要变化的尺寸作为索引尺寸。如果想选择多个表尺寸，可以按住〈Ctrl〉键在图形区选择。单击操控板中的【表尺寸】按钮，弹出【表尺寸】下滑面板。该面板中列出了所有选取的索引尺寸，图 8-52 所示为选取了如图 8-53 所示的索引尺寸的【表尺寸】下滑面板。

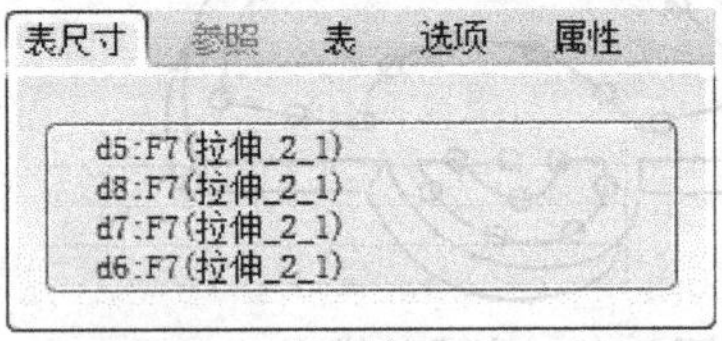


图 8-52 【表尺寸】下滑面板

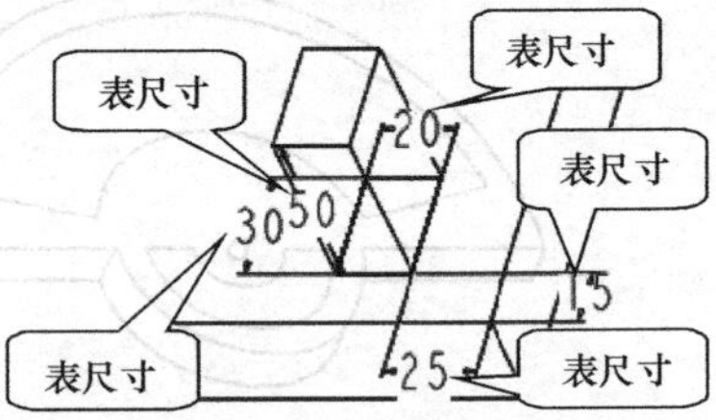


图 8-53 选中的表尺寸

选中的索引尺寸呈红色加亮显示，如果想移除某个索引尺寸，可以按住〈Ctrl〉键在图形区再次选择该尺寸，或者在【表尺寸】下滑面板的【表尺寸】列表中选中该尺寸，按下鼠标右键，在弹出的快捷菜单中选择【移除】选项即可；也可选择【移除全部】选项，将所有索引尺寸移除。

选择完表尺寸后，【活动表】列表中自动列出【TABLE1】，如果设定了多个表，可以从中选择表将其设定为活动表，此时其后的【编辑】按钮可用，单击【编辑】按钮，打开 Pro/TABLE 窗口，如图 8-54 所示。

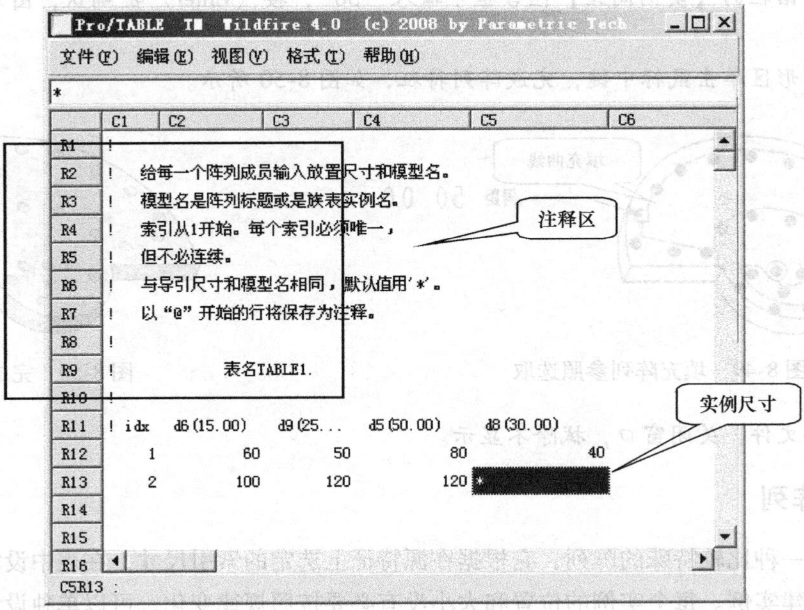


图 8-54 Pro/TABLE 窗口

窗口中，带有【!】号的行为注释行，【idx】列为索引列，在其下对应行中输入整数设定实例序号，序号不能重复，但可以不连续。在索引列对应的行中输入实例的对应尺寸，如果实例的某个尺寸和源特征的对应尺寸相同，输入【＊】即可。

**【例 8-8】**　利用如图 8-55 所示的给定模型，使用填充阵列生成如图 8-56 所示的模型。

## 设计步骤

（1）打开名为“liti8-8. prt”的文件，如图 8-55 所示。

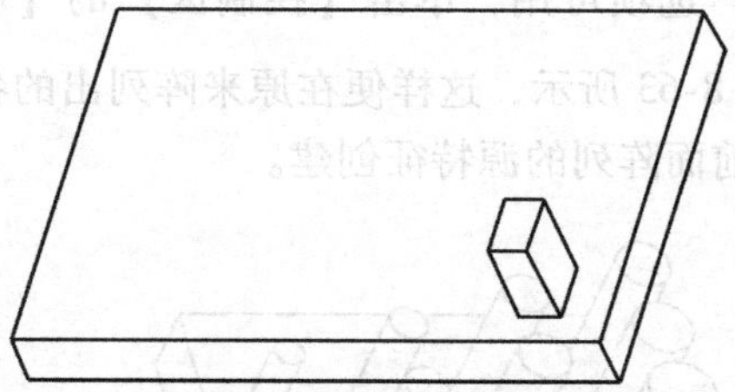

图 8-55　给定的模型

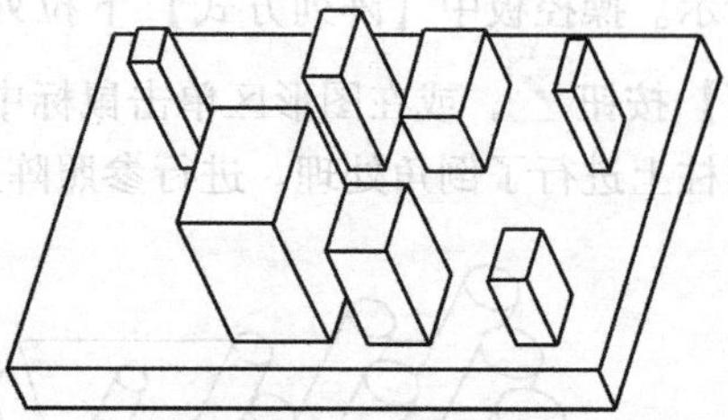

图 8-56　最后结果

（2）在图形区选择底板上的小长方体作为源特征。

（3）选择菜单栏中的【编辑】|【阵列】选项，弹出【阵列】操控板。在【阵列方式】下拉列表框中选择【表】选项，弹出【表阵列】操控板，此时【表尺寸】收集器处于激活状态。

（4）按住〈Ctrl〉键在图形区按照顺序选择如图 8-57 所示的 5 个尺寸作为索引尺寸，此时【表阵列】操控板如图 8-58 所示。

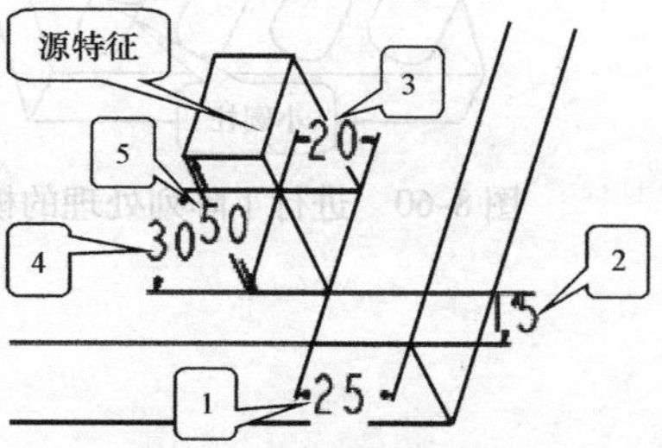


图 8-57　选取索引尺寸

图 8-58　设定好的【表阵列】操控板

（5）单击对话栏中的【编辑】按钮，出现【Pro/TABLE】窗口，在图形区编辑表的尺寸，如图 8-59 所示。

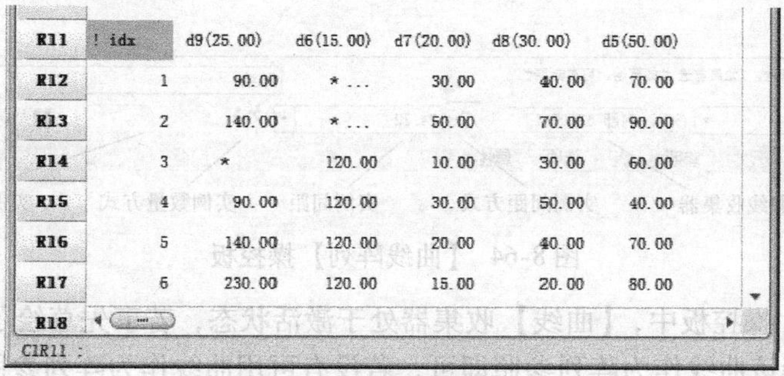

| R11 | ! idx | d9(25.00) | d6(15.00) | d7(20.00) | d8(30.00) | d5(50.00) |
|---|---|---|---|---|---|---|
| R12 | 1 | 90.00 | *... | 30.00 | 40.00 | 70.00 |
| R13 | 2 | 140.00 | *... | 50.00 | 70.00 | 90.00 |
| R14 | 3 | * | 120.00 | 10.00 | 30.00 | 60.00 |
| R15 | 4 | 90.00 | 120.00 | 30.00 | 50.00 | 40.00 |
| R16 | 5 | 140.00 | 120.00 | 20.00 | 40.00 | 70.00 |
| R17 | 6 | 230.00 | 120.00 | 15.00 | 20.00 | 80.00 |
| R18 | | | | | | |

C1R11 :

图 8-59　编辑表的尺寸

（6）在【Pro/TABLE】窗口单击【关闭窗口】按钮，关闭【Pro/TABLE】窗口并接受表数据。

（7）在图形区按钮鼠标中键，完成阵列特征，如图 8-56 所示。

（8）保存文件，关闭窗口，拭除不显示。

## 8.4.7 参照阵列

参照阵列只针对参照源特征创建的特征使用，此时该特征按照源特征的阵列方式进行阵列。

如图 8-60 所示，对已经进行了阵列操作的底板上的小圆柱进行倒角，结果如图 8-61 所示。选取小圆柱的倒角后，按下鼠标右键，在弹出快捷菜单中选择【阵列】选项，操控板如图8-62 所示。操控板中【阵列方式】下拉列表框中只有【参照】选项可用，单击【控制区】的【应用】按钮，或在图形区单击鼠标中键，完成阵列，如图 8-63 所示，这样便在原来阵列出的各圆柱上进行了倒角处理。进行参照阵列的源特征必须参照前面阵列的源特征创建。

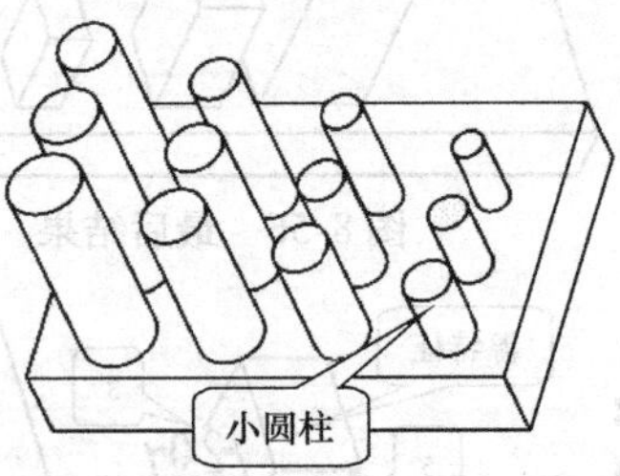


图 8-60 进行了阵列处理的模型

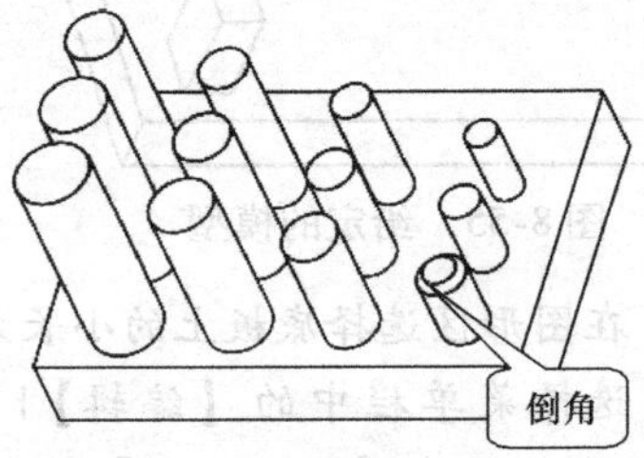


图 8-61 对小圆柱进行倒角

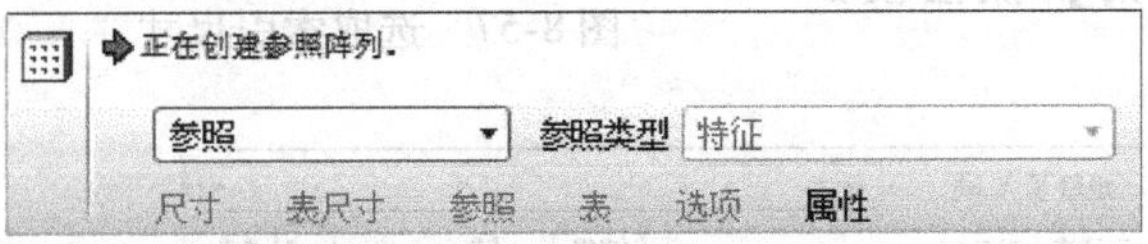


图 8-62 【参照阵列】操控板

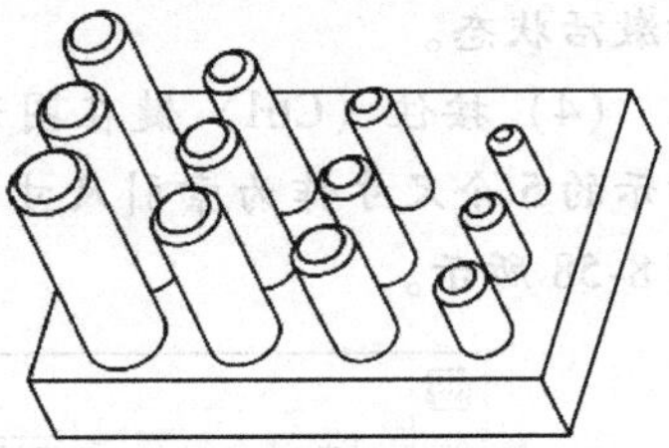

图 8-63 生成的参照阵列

## 8.4.8 曲线阵列

曲线阵列用于生成沿曲线的阵列，阵列出的实例都在曲线上。选择【阵列】选项弹出【阵列】操控板后，在【阵列方式】下拉列表框中选择【曲线】选项，弹出【曲线阵列】操控板，如图 8-64 所示。

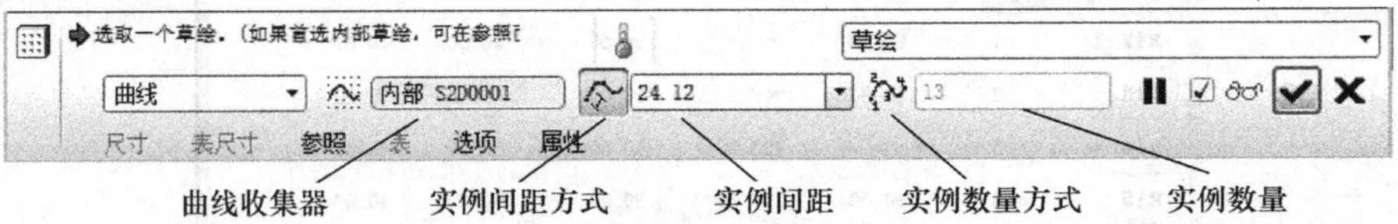


图 8-64 【曲线阵列】操控板

在【曲线阵列】操控板中，【曲线】收集器处于激活状态，若事先草绘了作为阵列参照的曲线，则在图形区选择该曲线作为阵列参照即可；若没有可用曲线作为阵列参照，则单击操控板中的【参照】按钮，在弹出的【参照】下滑面板中单击【定义】按钮，按照草绘曲线的方法草绘曲线即可。

曲线阵列有给定实例间距和给定实例数量两种方式。

● 给定实例间距：这是系统默认的沿曲线阵列方式，此时操控板中的【实例间距方式】按钮处于按下状态，【实例间距】组合框 24.12 可用，可在其中输入或者选取数值定义相邻实例的间距，系统自动根据曲线的长度计算生成实例数量，如图 8-65 所示。

● 给定实例数量：单击操控板中的【实例数量方式】按钮，可以使用给定沿曲线阵列的实例数量进行阵列。此时【实例数量】组合框 13 可用，可在其中输入或者选取数值定义实例的数量，系统自动根据曲线的长度计算生成实例间距，如图 8-66 所示。

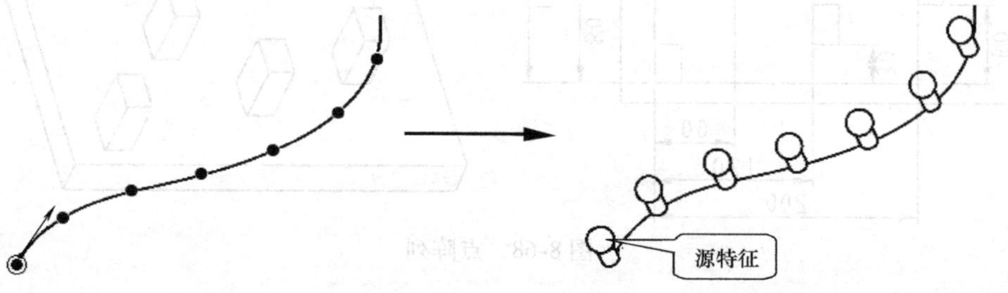


图 8-65　给定实例间距方式

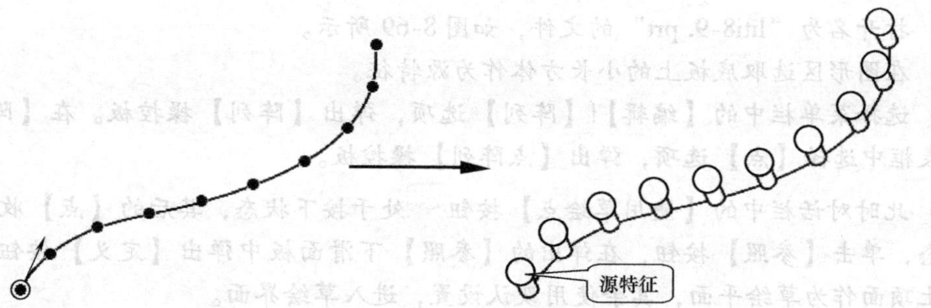


图 8-66　给定实例数量方式

## 8.4.9　点阵列

点阵列是一种非常实用的阵列工具，对于不按规律分布但已知位置尺寸的阵列，可以先绘制点位，然后根据点进行阵列。

选项【阵列】选项弹出【阵列】操控板后，在【阵列方式】下拉列表框中选择【点】选项，弹出【点阵列】操控板，如图 8-67 所示。

系统默认设置点的方式是【使用草绘点】方式，此时对话栏中的【使用草绘点】按钮处于按下状态，其后的【点】收集器处于激活状态，可以在图形区选取已经绘制的平面点作为参照点完成阵列，也可以单击【参照】按钮，在弹出的【参照】下滑面板中单击【定义】按钮，然后按照草绘截面的方法使用【几何点】工具按钮定义点以完成阵列。

如欲使用基准点定义点阵列的参照，则需要单击对话栏中的【使用基准点】按钮，使其处于按下状态，此时其后的【点】收集器处于激活状态，可以在图形区选取已经创建的基准点作为参照点完成阵列。

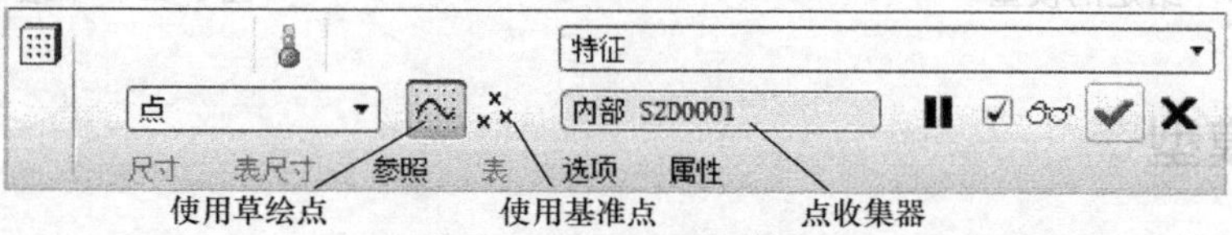


图 8-67 【点阵列】操控板

【例 8-9】 利用如图 8-69 所示的给定模型，使用点阵列生成如图 8-68 所示的模型。

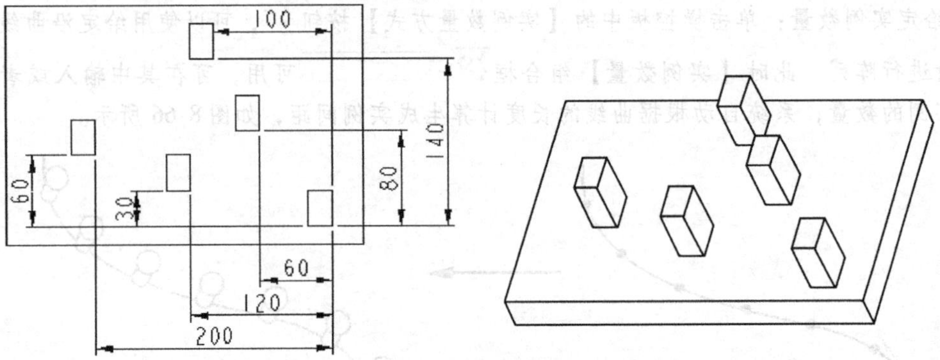


图 8-68 点阵列

## 设计步骤

（1）打开名为“liti8-9.prt”的文件，如图 8-69 所示。

（2）在图形区选取底板上的小长方体作为源特征。

（3）选择菜单栏中的【编辑】|【阵列】选项，弹出【阵列】操控板。在【阵列方式】下拉列表框中选择【点】选项，弹出【点阵列】操控板。

（4）此时对话栏中的【使用草绘点】按钮处于按下状态，其后的【点】收集器处于激活状态，单击【参照】按钮，在弹出的【参照】下滑面板中弹出【定义】按钮，选项大长方体上顶面作为草绘平面，其余使用默认设置，进入草绘界面。

（5）单击【草绘器工具】工具栏中的【几何点】按钮定义草绘 4 个点，如图 8-70 所示。

（6）单击【草绘器工具】工具栏中的【完成】按钮，回到建模界面。

（7）在图形区单击鼠标中键，完成阵列特征，如图 8-68 所示。

（8）保存文件，关闭窗口，拭除不显示。

提醒：草绘的点一定是几何点，而不能是普通点。

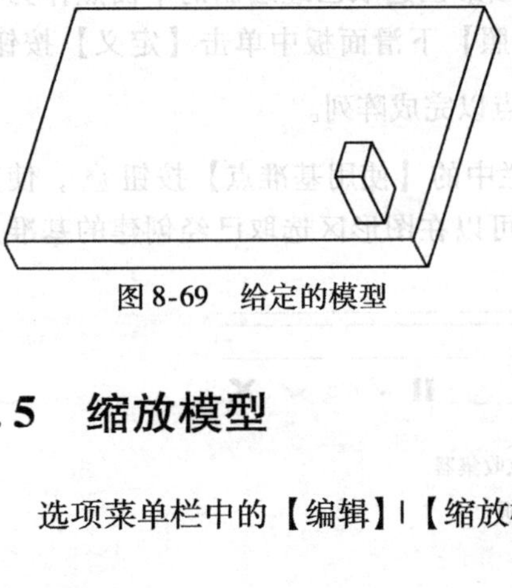

图 8-69 给定的模型

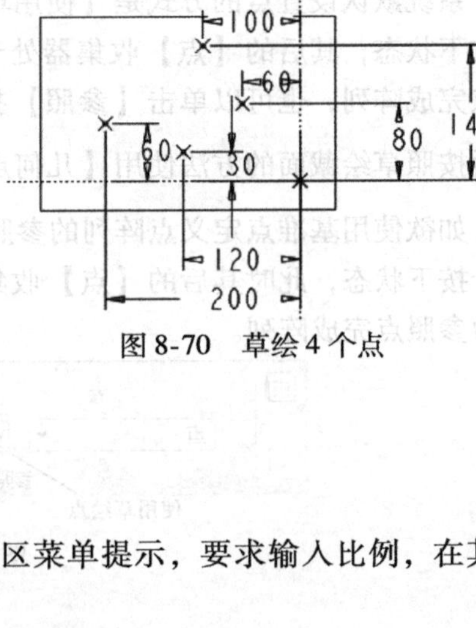


图 8-70 草绘 4 个点

## 8.5 缩放模型

选项菜单栏中的【编辑】|【缩放模型】选项，在消息区菜单提示，要求输入比例，在其后

的组合框中可以输入比例数值，若输入大于 1 的数值，则放大模型；若输入小于 1 的数值，则缩小模型。

# 8.6　曲面编辑工具

对于形状比较复杂的曲面立体，需要先创建曲面，然后通过对多个曲面的编辑，将所有曲面合并成一闭合的曲面，最后使用实体化工具，完成实体造型，如图 8-71 所示。有些曲面薄板型零件可以通过曲面加厚形成实体，如图 8-72 所示。

图 8-71　通过实体化形成的立体模型

图 8-72　通过曲面加厚形成的实体模型

有关曲面工具，前面章节讲述得较少，但对于规则曲面，用户可以通过拉伸、旋转、混合、扫描、边界混合和可变截面扫描的相应选项完成，这和生成实体的方法并无不同。

## 8.6.1 曲面裁剪

曲面裁剪是指用新生成的曲面或者利用已有的曲面、曲面上的曲线或者基准面裁剪已存在的曲面，保留需要的部分，去除多余部分。

模型中如果有两个曲面相交，可以用其中一个曲面裁剪另一个曲面，请看下面例题。

**【例 8-10】** 使用曲面 1 为曲面 2 镂空出椭圆形空洞，如图 8-73 所示。

### 设计步骤

（1）打开文件“liti8-10. prt”，如图 8-73a 所示。

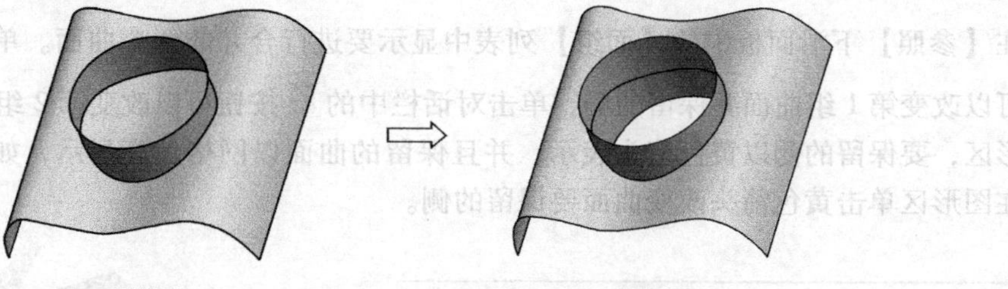

a) 原模型　　b) 最终结果

图 8-73　裁剪曲面

（2）在模型上选项曲面 2，使之呈红色加亮显示。

（3）选择菜单栏中的【编辑】|【修剪】选项或者单击【编辑特征】工具栏中的【修剪】按钮，弹出【修剪】操控板，如图 8-74 所示。

（4）此时对话栏中的【修剪对象】收集器处于淡绿色激活状态。

(5) 在模型上选择曲面1作为修剪对象。

(6) 在图形区看到保留的曲面侧以黄色箭头指示，并且保留的曲面以网格加亮模式显示，如图8-75所示。可以通过单击黄色箭头或者单击对话栏中的【修改保留的曲面侧】按钮修改保留侧。

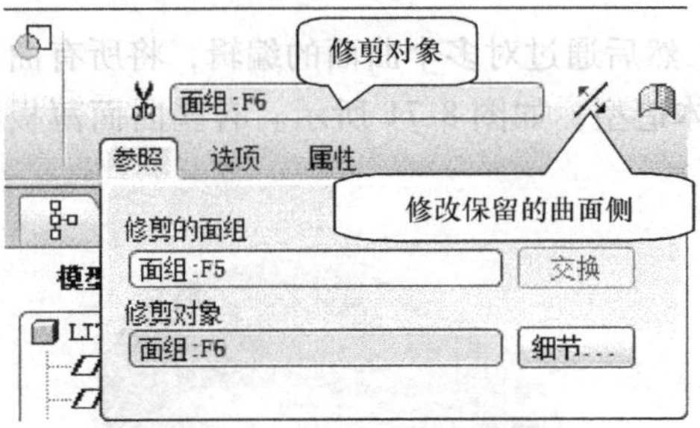


图8-74 【修剪】操控板

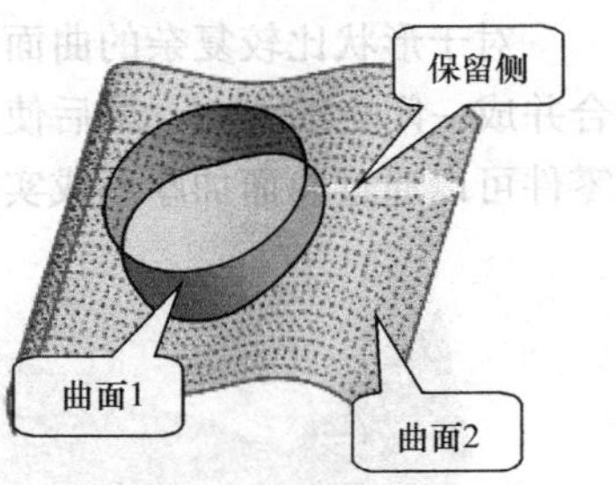


图8-75 修剪保留侧

(7) 预览模型，单击控制区的【应用】按钮，或者在图形区单击鼠标中键，完成曲面裁剪。

(8) 保存文件，关闭窗口，拭除不显示。

---

提醒：如果选择有误，也可以单击操控板中的【参照】按钮，弹出【参照】下滑面板，其中有【修剪的面组】收集器和【修剪对象】收集器，激活不同的收集器即可在模型上选择相应的参照曲面。也可以通过选择参照，按下鼠标右键，在弹出的快捷菜单中选择【移除】选项来移除误选的参照。

---

### 8.6.2 曲面合并

曲面合并是指将两个相交的曲面合并为一个曲面，并在交线处相互裁剪，保留合适部分。

在图形区选择一个曲面，按住〈Ctrl〉键选择需要合并的另一个曲面，选择菜单栏中的【编辑】|【合并】选项或者单击【编辑特征】工具栏中的【合并】按钮，弹出【合并】操控板，如图8-76所示。

在【参照】下滑面板中的【面组】列表中显示要进行合并的两个曲面。单击对话栏中的按钮可以改变第1组曲面要保留的侧，单击对话栏中的按钮可以改变第2组曲面要保留的侧。在图形区，要保留的侧以黄色箭头表示，并且保留的曲面以网格加亮显示，如图8-77所示。也可以在图形区单击黄色箭头改变曲面要保留的侧。

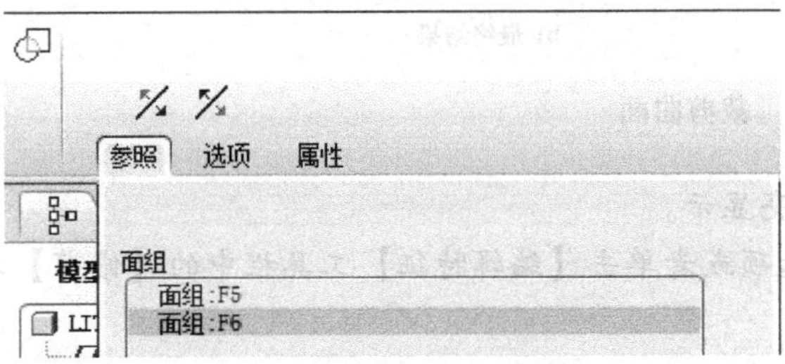


图8-76 【合并】操控板

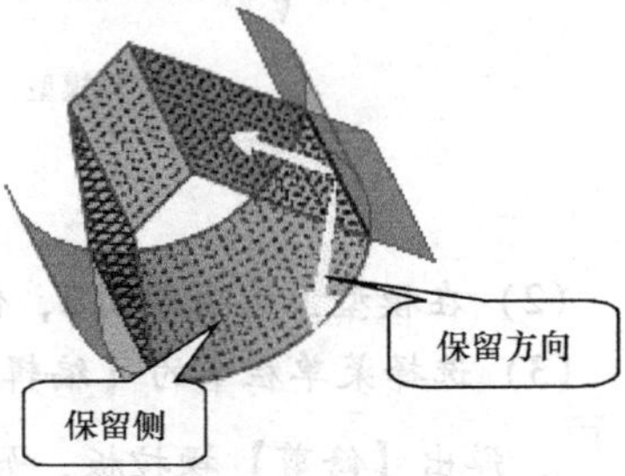


图8-77 保留侧显示

【例 8-11】 对如图 8-78 所示的两个曲面进行曲面合并的各种操作。

### 设计步骤

（1）打开文件“liti8-11. prt”，如图 8-78 所示。

（2）在图形区选取第 1 个曲面，按住〈Ctrl〉键选择第 2 个曲面。

（3）单击【编辑特征】工具栏中的【合并】按钮，图形区模型预览和合成曲面如图 8-79 所示。

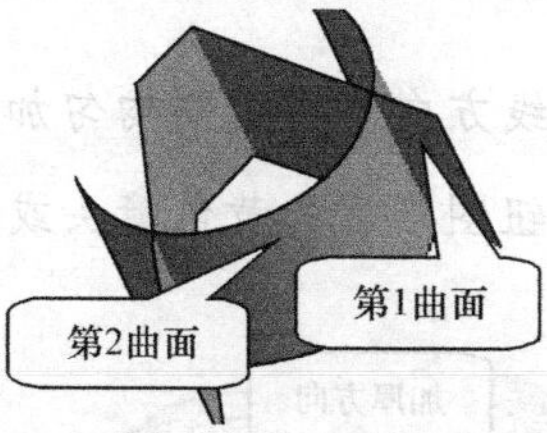

图 8-78　原曲面

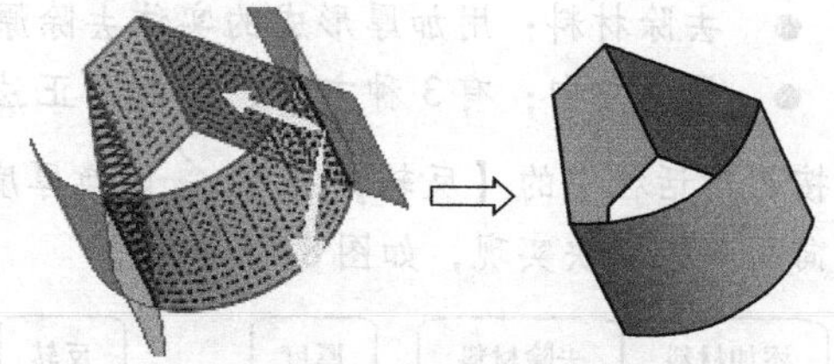
图 8-79　系统默认保留侧

（4）单击对话栏中的按钮，表示第 1 组曲面要保留的侧的黄色箭头反向，图形区模型预览和合成曲面如图 8-80 所示。

（5）单击对话栏中的按钮，表示第 2 组曲面要保留的侧的黄色箭头反向，图形区模型预览和合成曲面如图 8-81 所示。

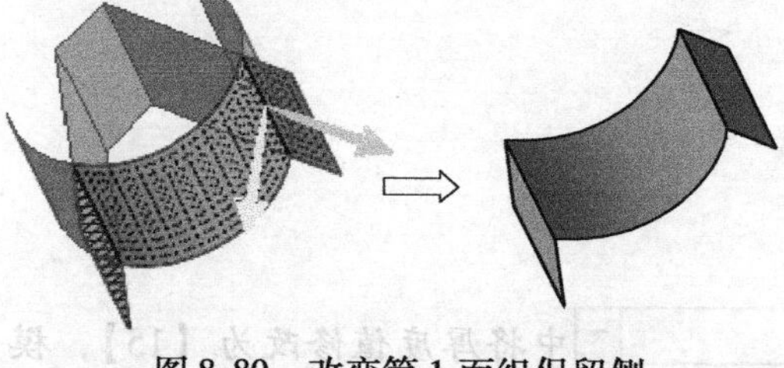
图 8-80　改变第 1 面组保留侧

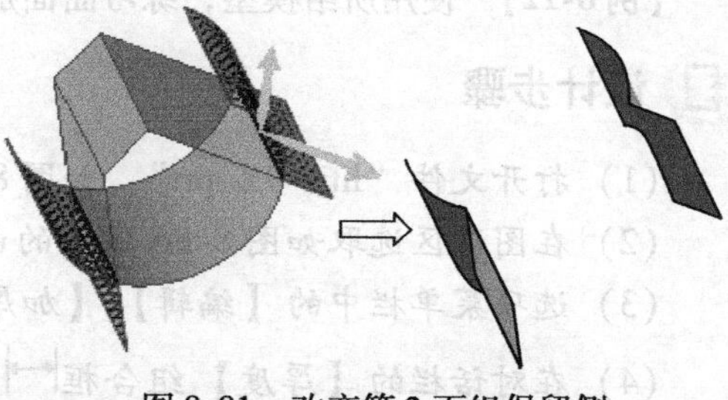
图 8-81　改变第 2 面组保留侧

（6）预览模型，单击【控制区】的【应用】按钮，或者在图形区按钮鼠标中键，完成曲面合并。

（7）保存文件，关闭窗口，拭除不显示。

## 8.7 填充

对于一个闭合的平面曲线，可以使用填充工具将其以曲线为边界生成平面。

选择如图 8-82 所示的平面闭合曲线，选择菜单栏中的【编辑】|【填充】选项，或者单击【编辑特征】工具栏中的【填充】按钮，则可生成如图 8-83 所示的多边形平面。

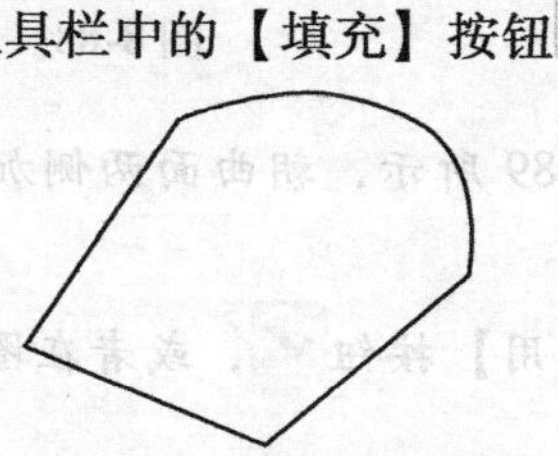
图 8-82　平面闭合曲线

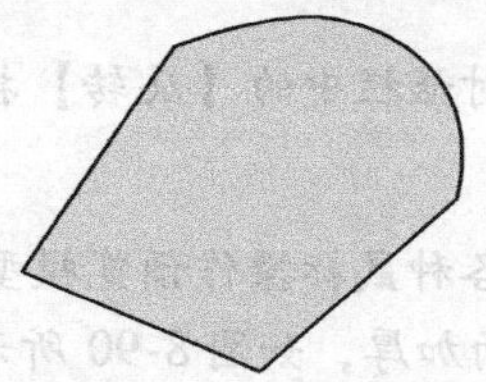
图 8-83　多边形平面

## 8.8 曲面加厚

使用曲面加厚工具可以将曲面转换为薄壁件，由曲面模型生成实体模型。

在图形区选取曲面，选择菜单栏中的【编辑】|【加厚】选项，或者按钮【编辑特征】工具栏中的【加厚】按钮，弹出【加厚】操控板，如图 8-84 所示。

- 添加材料：将加厚形成的实体添加到原模型中。
- 去除材料：用加厚形成的实体去除原模型材料。
- 厚度方向：有 3 种方向，朝曲面正法线方向、朝曲面负法线方向和向两侧均匀加厚，通过按钮对话栏中的【反转】按钮切换厚度方向，也可以通过按钮图形区的黄色箭头或者拖动方向距离控制块实现，如图 8-85 所示。

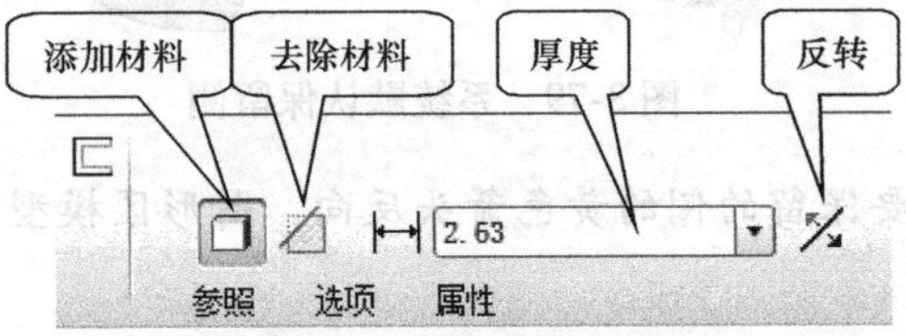

图 8-84 【加厚】操控板

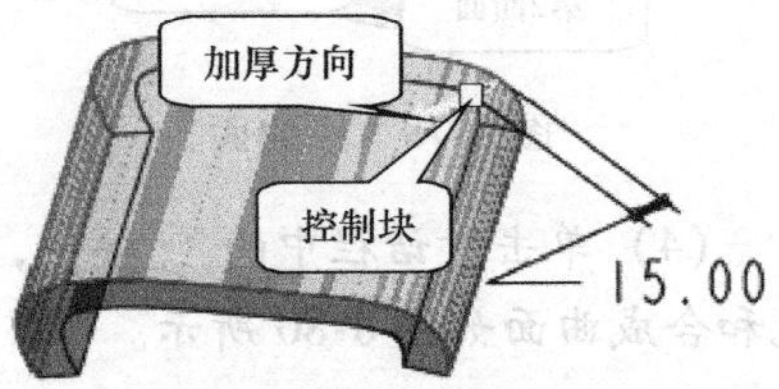

图 8-85 加厚方向

【例 8-12】 使用所给模型，练习曲面加厚操作。

### 设计步骤

(1) 打开文件"liti8-12. prt"，如图 8-86 所示。

(2) 在图形区选取如图 8-86 所示的曲面。

(3) 选项菜单栏中的【编辑】|【加厚】选项。

(4) 在对话栏的【厚度】组合框 15.00 中将厚度值修改为【15】，模型如图 8-87 所示。

(5) 在图形区单击黄色箭头，加厚方向改到另一侧，模型如图 8-88 所示。

图 8-86 原模型

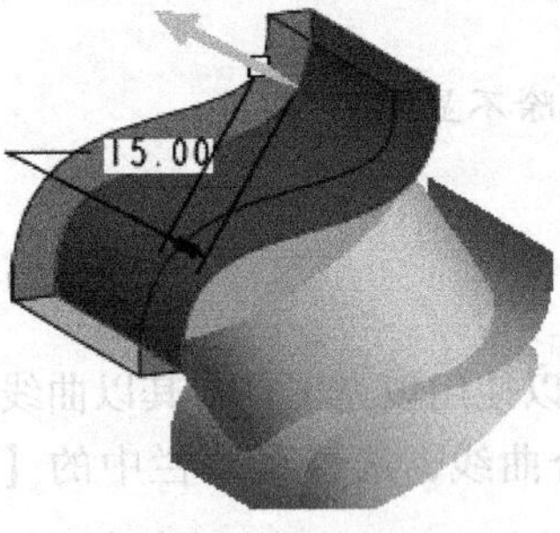

图 8-87 加厚曲面

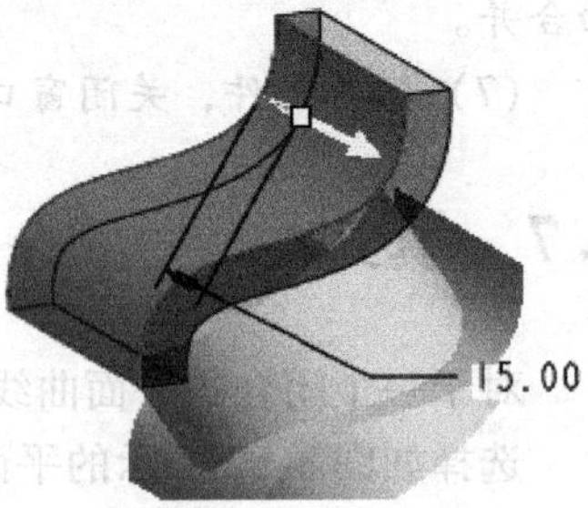

图 8-88 反向加厚

(6) 单击对话栏中的【反转】按钮，模型如图 8-89 所示，朝曲面两侧加厚，出现两个黄色箭头。

(7) 使用各种鼠标操作预览模型，单击控制区的【应用】按钮，或者在图形区单击鼠标中键，完成曲面加厚，如图 8-90 所示。

(8) 在图形区选取和圆柱相交的曲面，如图 8-90 所示。

（9）单击【编辑特征】工具栏中的【加厚】按钮。

（10）在对话栏中单击【去除材料】按钮，在【厚度】组合框 15.00 中将厚度值修改为【15】。

（11）使用各种鼠标操作预览模型，单击控制区的【应用】按钮，或者在图形区单击鼠标中键，完成去除材料加厚，如图 8-91 所示。

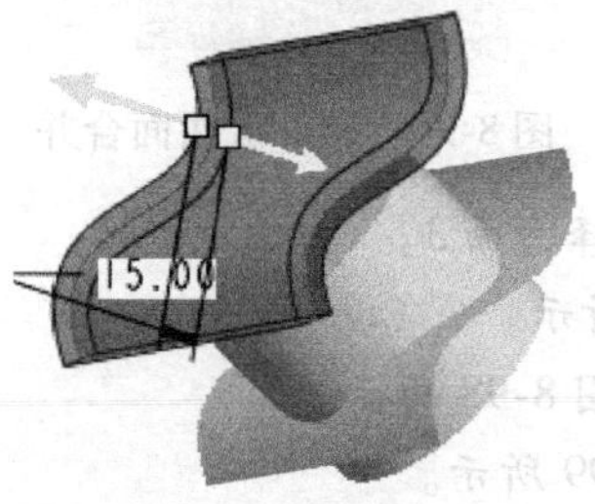


图 8-89　两侧加厚

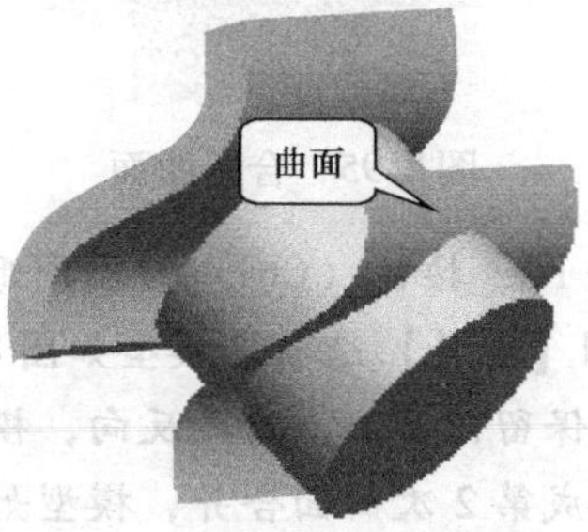


图 8-90　完成加厚及选取曲面

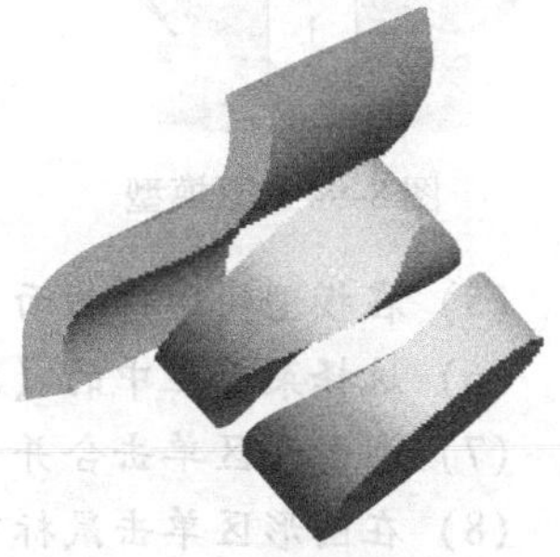

图 8-91　去除材料加厚

（12）保存文件，关闭窗口，拭除不显示。

## 8.9　实体化工具

实体化工具是将曲面模型转化为实体模型的最重要的工具，它可以将闭合的曲面组转化为实体，也可以使用曲面切除立体的一部分完成实体化功能。

选取合适的曲面，选择菜单栏中的【编辑】|【实体化】选项，或者按钮【编辑特征】工具栏中的【实体化】按钮，对弹出【实体化】操控板，如图 8-92 所示。使用曲面和曲面片切除实体时，黄色箭头表示切除材料的方向，如图 8-93 所示。

形成闭合空间的曲面可以通过实体化工具生成实体，与实体能够形成闭合空间的曲面也可使用实体化工具形成实体。

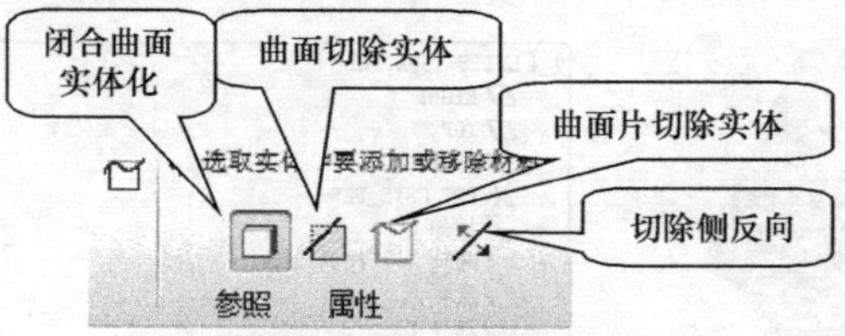


图 8-92　【实体化】操控板

图 8-93　切除侧方向

### 8.9.1　闭合曲面实体化

对于一组曲面，可以使用曲面延伸、曲面修剪和曲面合并工具将其转化成一个闭合的曲面，然后通过实体化工具将其转化为实体模型。

**【例 8-13】**　使用所给曲面模型，将 3 个曲面中间的部分变为实体，其余部分裁剪掉。

**设计步骤**

（1）打开文件"liti8-13. prt"，如图 8-94 所示。

（2）在图形区选取曲面 1，按住〈Ctrl〉键选择曲面 2。

(3) 选择菜单栏中的【编辑】|【合并】选项，模型如图 8-95 所示。

(4) 在图形区按钮鼠标中键完成曲面合并，模型如图 8-96 所示。

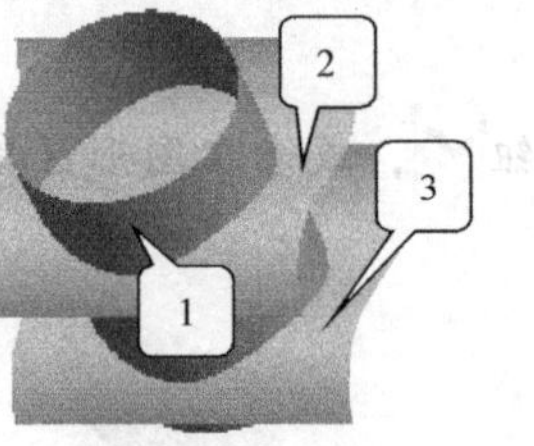

图 8-94　原模型

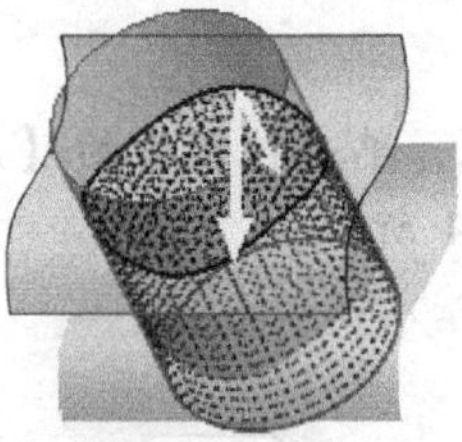
图 8-95　合并曲面

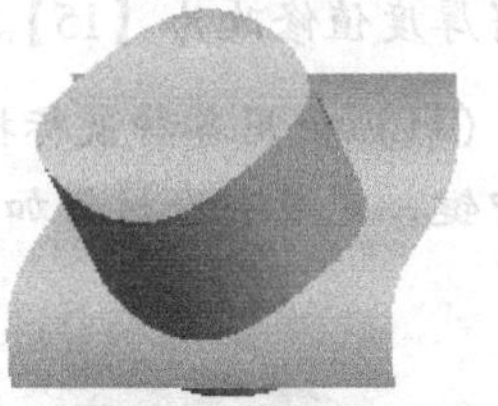
图 8-96　第 1 次曲面合并

(5) 在模型树选择曲面“合并 1”，按住〈Ctrl〉键在图形区选择曲面 3。

(6) 选择菜单栏中的【编辑】|【合并】选项，模型如图 8-97 所示。

(7) 在图形区单击合并 1 曲面保留侧箭头，使之反向，模型如图 8-98 所示。

(8) 在图形区单击鼠标中键完成第 2 次曲面合并，模型如图 8-99 所示。

(9) 在模型树选择曲面“合并 2”。

(10) 选择菜单栏中的【编辑】|【实体化】选项，模型显示如图 8-100 所示。

(11) 使用各种鼠标操作预览模型，单击控制区的【应用】按钮☑，或者在图形区单击鼠标中键，完成实体化，如图 8-101 所示。

(12) 此时模型树如图 8-102 所示，各特征都显示在其中，并且表明创建顺序。

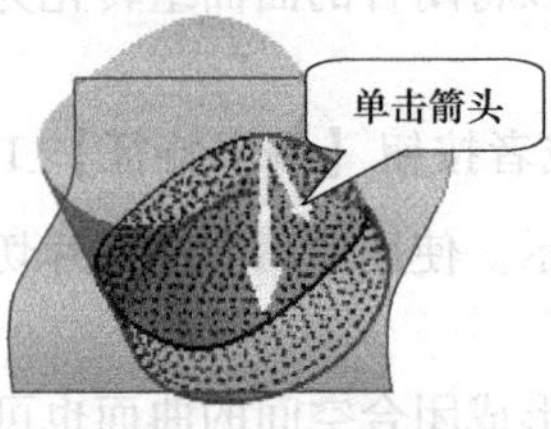

图 8-97　原模型

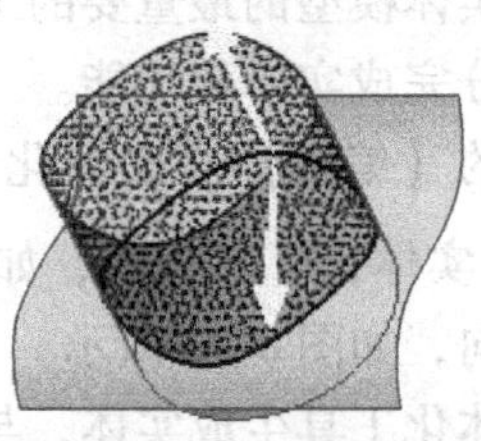
图 8-98　保留曲面反向

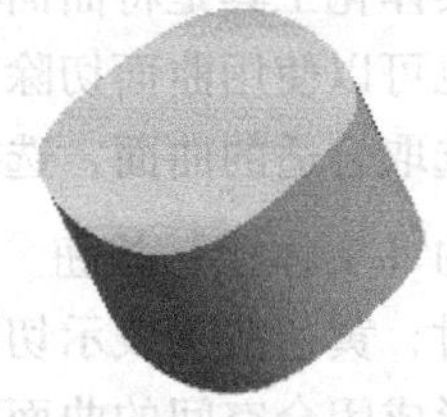
图 8-99　第 2 次曲面合并

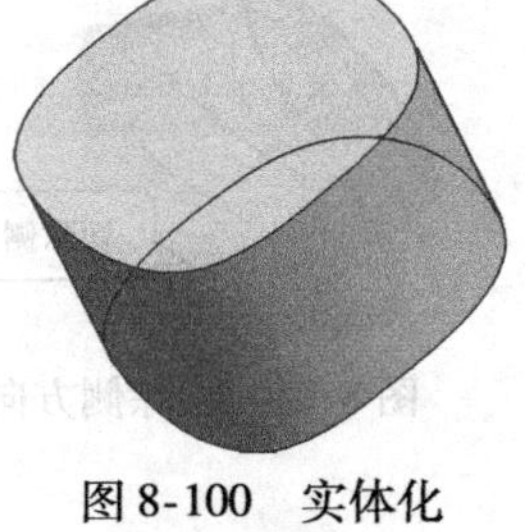
图 8-100　实体化

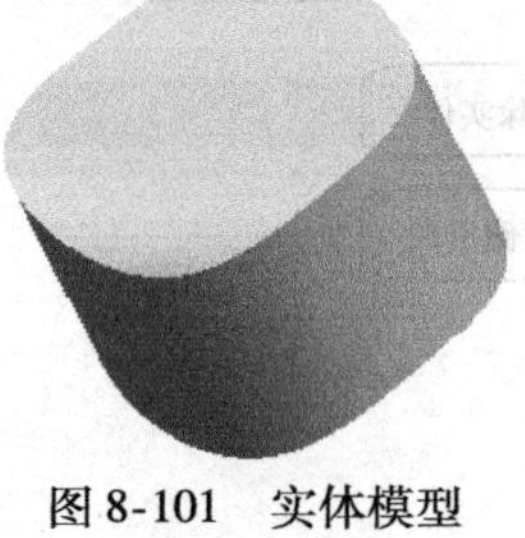
图 8-101　实体模型

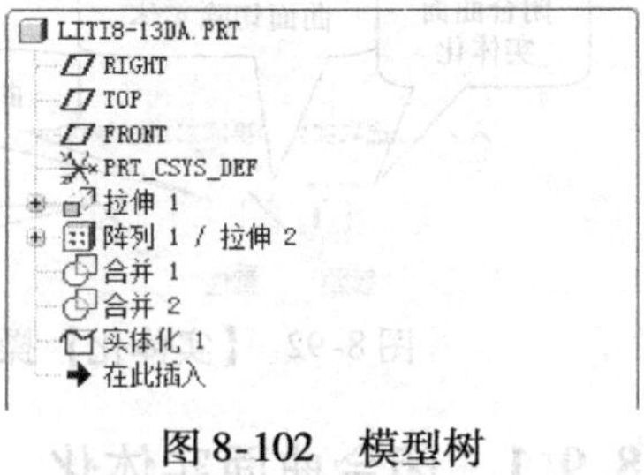

图 8-102　模型树

(13) 保存文件，关闭窗口，拭除不显示。

提醒：使用这个命令，必须曲面完全闭合并且合并成一个曲面，合并曲面时不能一次选取多个曲面，只能一次选取两个曲面，使用多次合并。

## 8.9.2　曲面切除立体

如果曲面和立体相交，可以使用曲面切除立体，并且可以选择要保留的侧。

【例 8-14】　使用所给曲面和实体模型，将圆柱体上部切除。

## 设计步骤

（1）打开文件“liti8-14. prt”，如图 8-103 所示。

（2）在图形区选取曲面，选择菜单栏中的【编辑】|【实体化】选项。

（3）在对话栏中按钮【去除材料】按钮，模型如图 8-104 所示。

（4）单击图形区的黄色箭头，去除材料侧变为曲面上侧。

（5）使用各种鼠标操作预览模型，单击【控制区】的【应用】按钮，或者在图形区单击鼠标中键，完成实体化，如图 8-105 所示。

（6）保存文件，关闭窗口，拭除不显示。

提醒：黄色箭头方向为去除材料的方向，单击对话栏中的【更改方向】按钮，或者单击图形区黄色箭头，可以使黄色箭头反向，去除材料侧相反。

图 8-103　原模型

图 8-104　去除材料

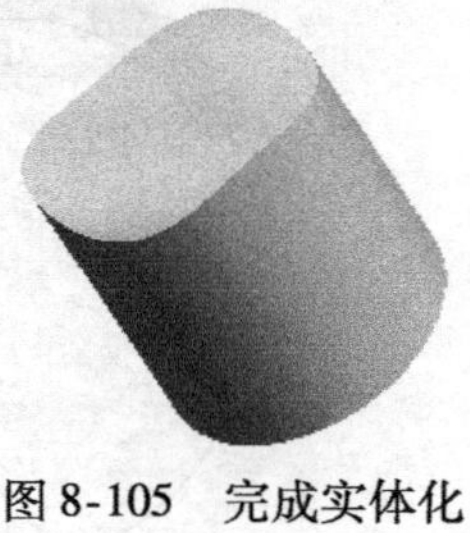
图 8-105　完成实体化

## 8.10　本章小结

本章讲述了各种特征编辑工具的用法。对于相同或者相似特征，可以使用复制命令完成各种不同形式的复制；对于多个形状相同或者相似的特征，使用阵列特征将使设计完成简单易行。关于某一对称面对称的特征，需要使用镜像复制工具。对于复杂的曲面立体，通常创建曲面模型，然后对曲面模型进行各种编辑，最后将曲面模型实体化达到设计要求。本章详细讲述了各种曲面编辑操作和实体化操作。

## 8.11　习题

1. 概念题

（1）复制特征有几种方式？各有什么不同？

（2）阵列特征有几种方式？各种阵列特征应该如何选项参照？

（3）曲面裁剪和曲面相交的用法有何不同？分别用于什么情况？

（4）曲面模型变为实体模型有哪几种方式？

（5）如何使用镜像工具？

2. 操作题

（1）创建如图 8-106 所示的立体模型，其尺寸如工程图所示。

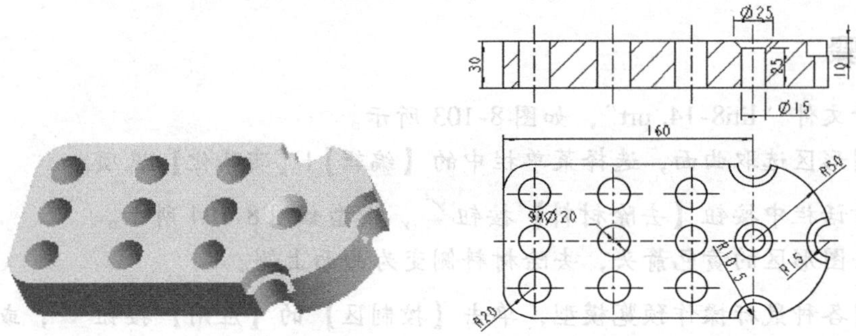


图 8-106　立体模型

（2）完成如图 8-107 所示的淋浴喷头盖模型，小孔实例间距和径向间距都是 10。

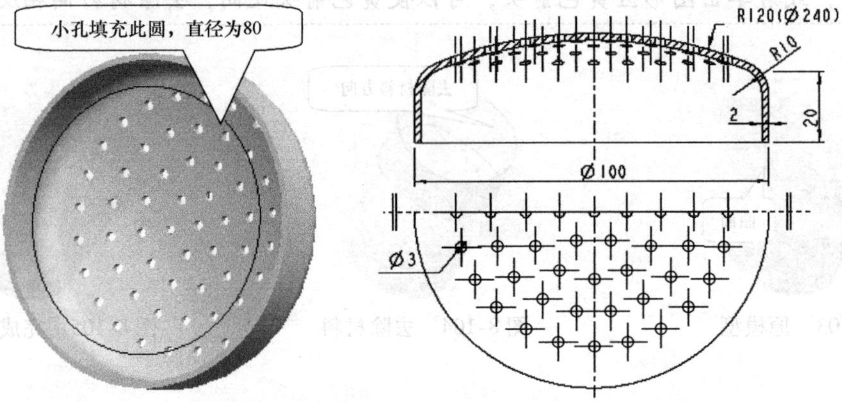


图 8-107　淋浴喷头盖模型

（3）利用给定的工程图完成如图 8-108 所示的垫片模型。

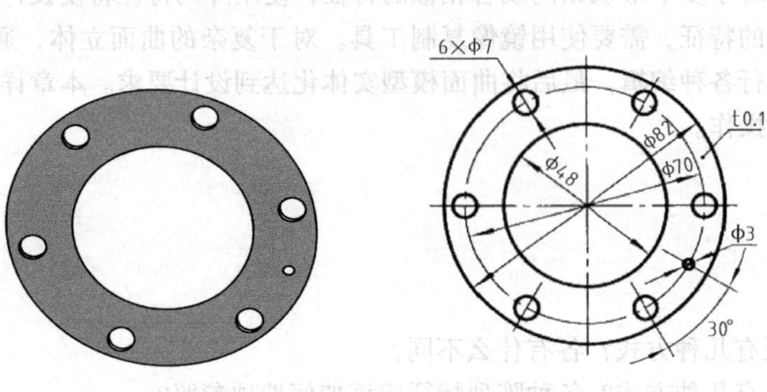


图 8-108　垫片模型

（4）利用给定曲线，使用边界混合工具和各种曲面编辑工具完成如图 8-109 所示的水瓶模型。

（5）利用给定的工程图完成如图 8-110 所示的阀盖模型，其中未注圆角为 R4。

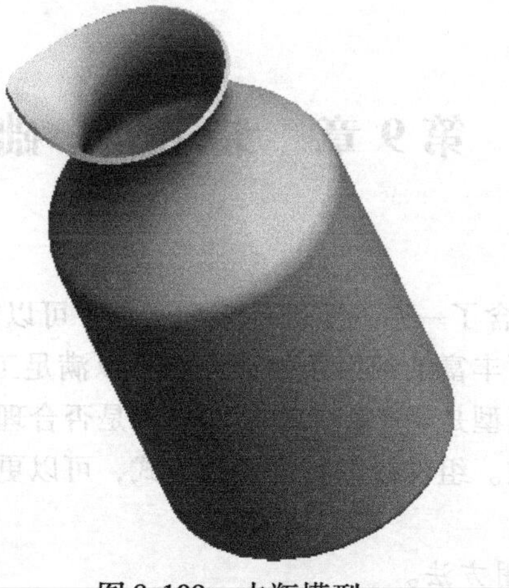

图 8-109　水瓶模型

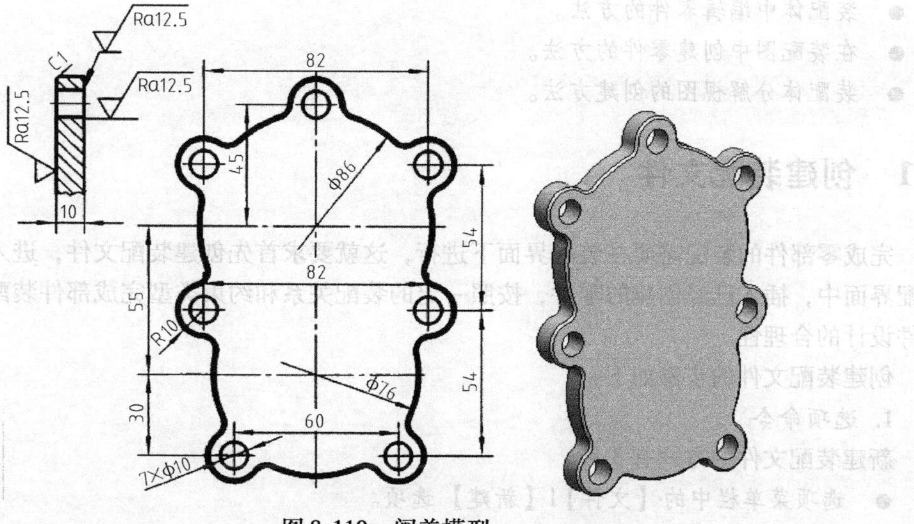


图 8-110　阀盖模型

# 第9章 装配基础

Creo/Pro 5.0 装配模块包含了一系列零部件装配工具，可以方便、快捷地建立基于零件或子装配体的装配体，并且提供了丰富的约束条件，完全可以满足工程实践的要求。在装配模式下，用户可以清楚、直观地分析模型是否干涉，以检验设计是否合理。同时在装配体界面下也可以很好地对零部件进行编辑和修改。组件级的特征建模方式，可以更好地表现设计意图。

**【本章重点】**

- 装配约束的类型和使用方法。
- 装配体中零件重新排序的方法。
- 装配体中编辑零件的方法。
- 在装配图中创建零件的方法。
- 装配体分解视图的创建方法。

## 9.1 创建装配文件

完成零部件的装配需要在装配界面下进行，这就要求首先创建装配文件，进入装配界面。在装配界面中，插入已经创建的零件，按照一定的装配关系和约束类型完成部件装配，分析校验零部件设计的合理性。

创建装配文件的步骤如下：

1. 选项命令

新建装配文件的方式有3种。

- 选项菜单栏中的【文件】|【新建】选项。
- 按钮【文件】工具栏中的【新建】按钮。
- 按住〈Ctrl〉键同时按下〈N〉键。

执行上述方法之一，系统均对话框面板【新建】对话框，如图9-1所示。

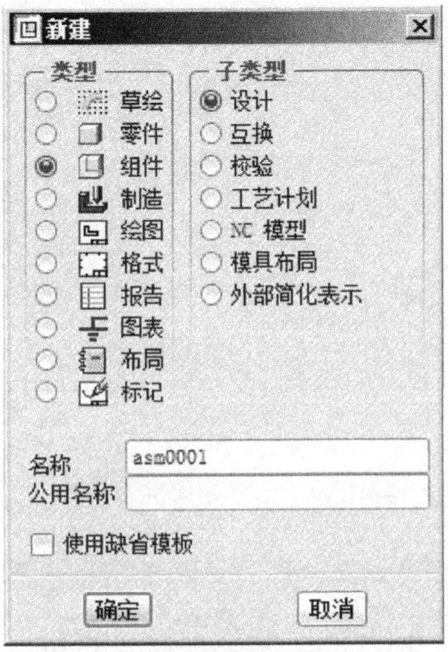

图9-1 【新建】对话框

2. 选项文件类型

在【新建】对话框中设置文件的类型。

(1) 在【类型】选项组中按钮【组件】单选按钮。

(2) 在【子类型】选项组中按钮【设计】单选按钮。

(3) 在【名称】文本框内输入文件名。

(4) 取消【使用缺省模板】复选框的选中，不使用缺省模板。

完成【新建】对话框的设置后，按钮【确定】按钮，进入【新文件选项】对话框，选项模板，如图9-2所示。

3. 选项装配模板

在【新文件选项】对话框的【模板】列表中选取合适的模板文件。也可以按钮【浏览】按钮，搜索可用的模板文件。

一般国内进行装配设计时选用“mmns_ asm_ design”模板。

**提醒：装配体的文件名和普通零件的命名规则相同，一般使用具有实际意义的英文单词表示，也可以使用相应的汉语拼音。因为装配体的缺省模板使用的英制，一般不使用缺省模板。**

参数项目组中的两个参数【DESCRIPTION】和【MODELED_ BY】与 PDM 有关，用户一般不对其进行设置。

选取包含相同名称绘图的模板后，如果选中【复制相关绘图】复选框，系统可自动创建新装配体的工程图。因为工程图过于复杂，一般情况下不选此项。

单击【确定】按钮，进入装配设计界面，开始装配体的设计，如图 9-3 所示。

图 9-2 【新文件选项】对话框

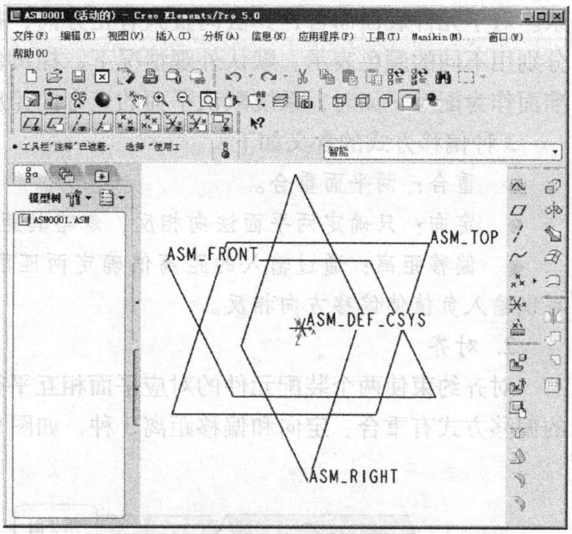


图 9-3　装配窗口

模板已经为装配文件创建了 3 个正交的基准面和 1 个基准坐标系，以作为装配基准。

相对于实体零件的建模环境而言，装配环境的最大不同是在图形区右方的【工程特征】工具栏出现了两个装配工具按钮，分别是【装配】按钮和【创建】按钮。使用【装配】工具按钮可以为装配体添加元件，使用【创建】工具按钮可以在装配环境下设计零件。

装配环境下的模型树不再显示组成各个元件的特征，只显示装配体中包含的零件和部件。用户也可以通过设置在模型树中显示各零件的特征。

## 9.2　装配约束

通过设置装配约束，可以指定一个元件相对于装配体中另外一个元件的约束类型和偏移方式。装配约束的类型包括配对、对齐、插入、坐标系、相切、直线上的点、曲面上的点、曲面上的边、固定和缺省 10 种。绝大多数情况下，需要使用两对或三对装配约束才能完全确定装配关系、完成装配，否则将会莱单元件不完全约束的情况。

### 1. 配对

配对约束使两个装配元件的对应平面相互平行或者重合，两平面的法向量相反，两个平面之间的偏移方式有重合、定向和偏移距离 3 种，如图 9-4 所示。配对的两个参照也可选取锥度相同的两个圆锥面，结果是两面重合且方向相反。

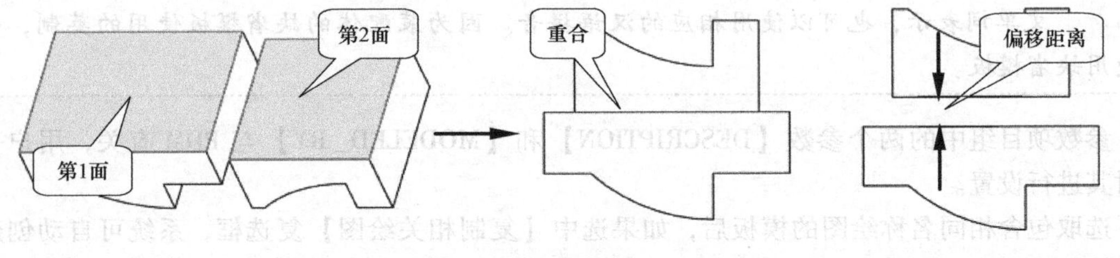


图 9-4 匹配

配对可以确定元件的表面之间，或者元件表面与基准平面之间以及元件基准面之间的装配关系。对于元件表面而言，其法向量只有正方向，指向模型外部；对于基准面而言，有两个法向，分别用不同的颜色表示。默认外观情况下，棕黄色方向为正方向，灰色方向为负方向。当选用基准面作为配对平面时，系统默认平面的正方向相反。

3 种偏移方式的含义如下：

- 重合：两平面重合。
- 定向：只确定两平面法向相反，忽略其距离关系。
- 偏移距离：通过输入的距离值确定两匹配平面的距离，紫色箭头方向为偏移的正方向，可以输入负值使偏移方向相反。

2. 对齐

对齐约束使两个装配元件的对应平面相互平行或重合，两平面的法向量相同，两个平面之间的偏移方式有重合、定向和偏移距离 3 种，如图 9-5 所示。

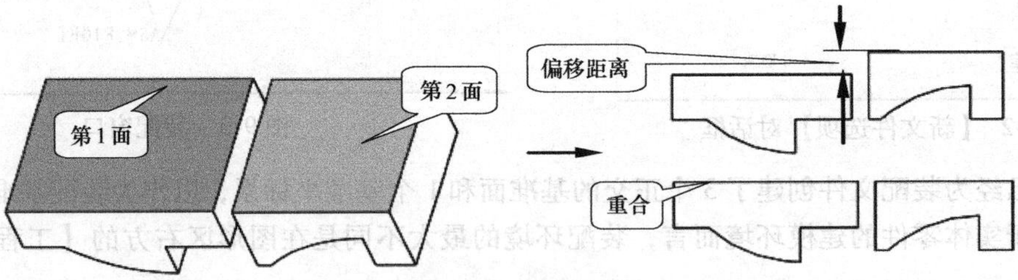


图 9-5 面对齐

还可以使用两根轴线或者两个点重合，图 9-6 是使用轴对齐的情况。

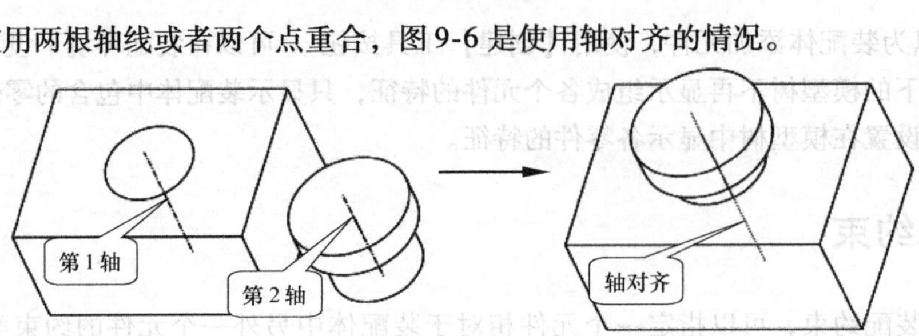


图 9-6 轴对齐

使用配对约束和对齐约束定义装配关系时，必须选项两个同一类型的元件参照：点对点、线对线、平面对平面或曲面对曲面。

3. 插入

使用插入约束可将一个回转面插入另一回转曲面中，且使它们各自的轴对齐。若轴选取无效或不方便选取，则可以用这种约束，如图 9-7 所示。

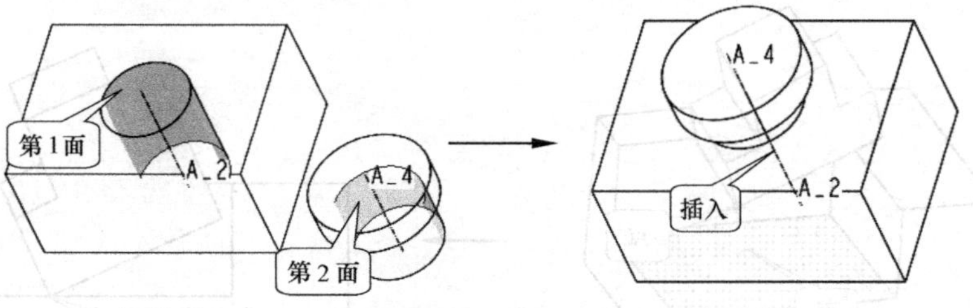


图 9-7　插入

4. 坐标系

坐标系约束可以将元件的坐标系与组件的坐标系对齐（既可以使用组件坐标系，也可以使用零件坐标系），将该元件放置在组件中。可以在模型树选取元件和组件坐标系，也可以在图形区直接选取。通过对齐所选坐标系的原点和相应轴来装配元件，如图 9-8 所示。

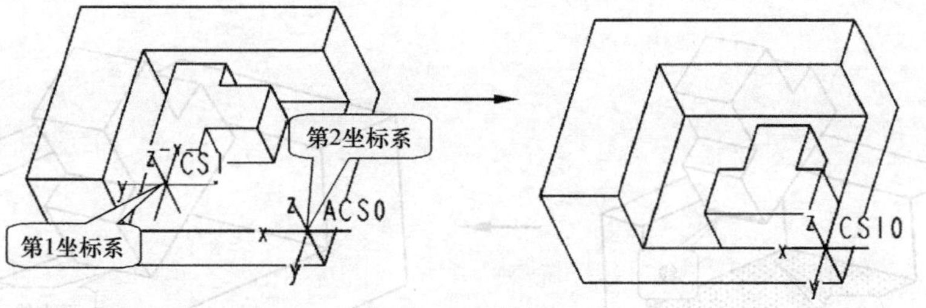


图 9-8　坐标系

5. 相切

相切约束可以控制两个曲面在切点接触。需要注意的是，该约束的功能类似于配对，但是它只能设置配对曲面，不能对齐曲面，图 9-9 所示即为球面和锥面的相切约束。该约束的一个应用实例为凸轮与其传动装置之间的接触面或接触点。

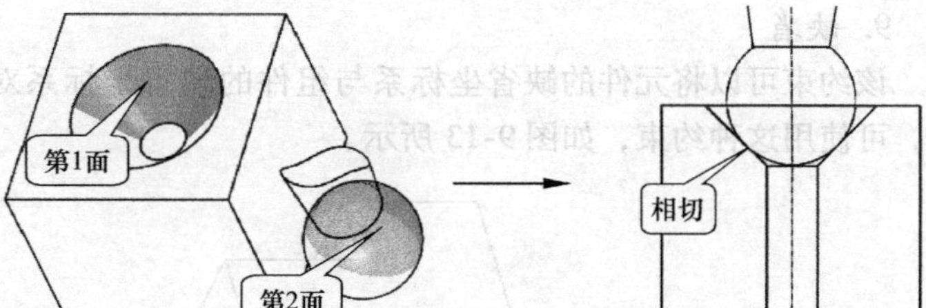


图 9-9　相切

6. 直线上的点

直线上的点约束可以使点落在线上。点可以是零件或组件上的基准点或顶点，线可以是零件或组件的边、轴或基准曲线，如图 9-10 所示。

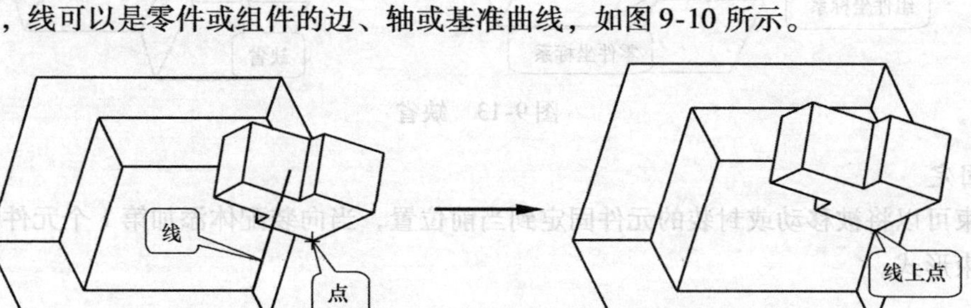


图 9-10　直线上的点

7. 曲面上的点

该约束可以使点落在曲面上。点可以是零件或组件上的基准点或者顶点，面可以是零件或组件上的曲面、基准平面或零件的表面，如图 9-11 所示。

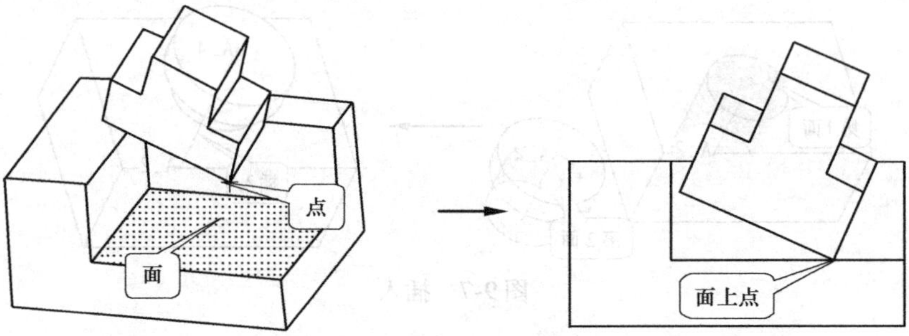


图 9-11 曲面上的点

8. 曲面上的边

该约束可以使边落在曲面上。边为零件或组件的边线，曲面可以用基准平面、平面零件或组件的曲面特征，或任何平面零件的表面，如图 9-12 所示。

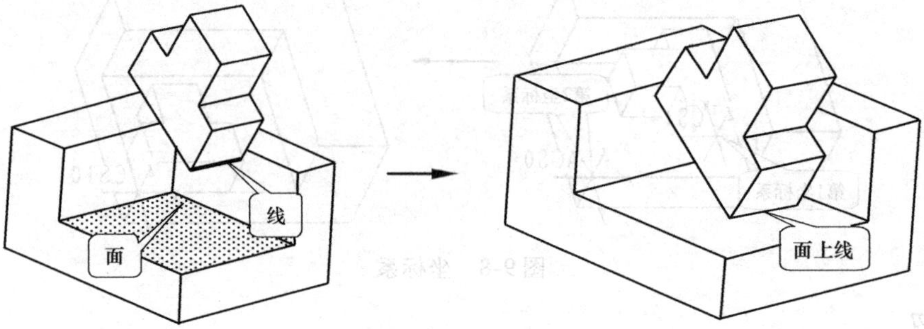


图 9-12 曲面上的边

9. 缺省

该约束可以将元件的缺省坐标系与组件的缺省坐标系对齐，当向装配体中添加第 1 个零件时，可使用这种约束，如图 9-13 所示。

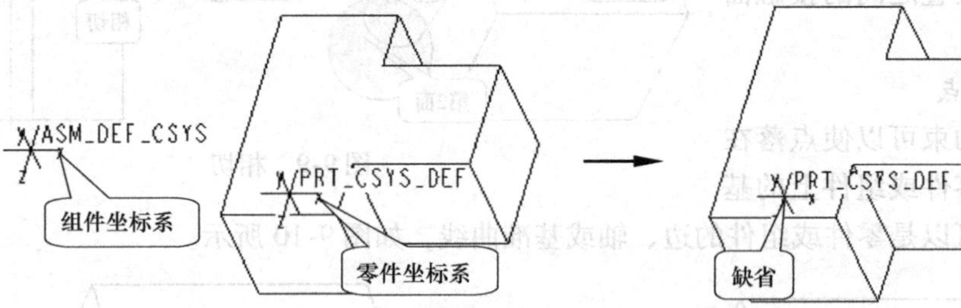


图 9-13 缺省

10. 固定

该约束可以将被移动或封装的元件固定到当前位置，当向装配体添加第 1 个元件时，也可使用这种约束形式。

## 9.3 装配的过程

讲解了装配的基本概念之后，下面将先讲述【装配】操控板，然后讲解装配的步骤。

## 9.3.1 元件放置操控板

进入装配环境后，单击【工程特征】工具栏中的【装配】按钮，或者选择菜单栏中的【插入】|【元件】|【装配】选项，弹出【打开】对话框，在其中选择需要添加到组件的零件，单击【打开】按钮，弹出【装配】操控板，如图 9-14 所示。使用该操控板可以定义元件的装配约束和偏移类型，如果不便选择装配参照，还可移动元件位置以选取。

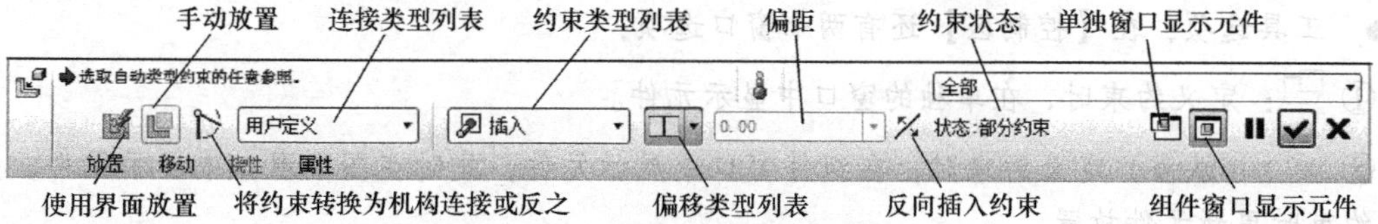


图 9-14 【装配】操控板

1. 对话栏

使用【装配】操控板的对话栏可以完成大部分装配工作，其中包括以下工具：

- 【转换约束和机构】按钮：将约束转换为机构连接或反之。
- 【连接类型】下拉列表框：用户可在该下拉列表中选项连接类型，具体内容请参阅有关运动仿真的书籍。
- 【约束类型】下拉列表框：用户可在该下拉列表中选项约束类型，然后根据约束类型选取相应元件参照和组件参照。也可先选取参照，此时表中列出能适用于所选参照的约束，在其中选取【约束】选项。当选取一个参照时，缺省值为【自动】，但可以手动更改该值。其中各选项的功能如下：

①【缺省】：用缺省的组件坐标系对齐元件坐标系。

②【固定】：将被移动或封装的元件固定到当前位置。

③【曲面上的边】：在曲面上定位边。

④【曲面上的点】：在曲面上定位点。

⑤【直线上的点】：在直线上定位点。

⑥【相切】：定位两个不同类型的参照，使其彼此相向。接触为切点接触或切线接触。

⑦【坐标系】：用组件坐标系对齐元件坐标系。

⑧【插入】：将元件的回转曲面插入组件回转曲面，将其轴线对齐。

⑨【匹配】：定位两个相同类型的参照，使其彼此相向。

⑩【对齐】：将两个平面定位在同一平面上（重合且面向同一方向），两条轴同轴或两点重合。

- 【偏移类型】列表：出现菜单下拉列表，指定【匹配】或【对齐】约束的偏移类型。

① ：重合，使元件参照和组件参照彼此重合。

② ：定向，使元件参照和组件参照相互平行，不关心两参照距离。

③ ：偏移，元件参照和组件参照平行，根据在【偏距】组合框中输入的距离值，从组件参照偏移元件参照。

④ ：角度偏移，元件参照和组件参照有一定的夹角，根据在【偏距】组合框中输入的角度值，从组件参照偏移元件参照。

- 【反向插入约束】按钮 ：反向插入约束，在【匹配】和【对齐】约束之间切换，或反向元件的定向。
- 【状态区 状态:部分约束】：显示约束状态，有【无约束】、【部分约束】、【完全约束】和【约束无效】4 种。
- 工具选项：在【控制区】还有两个窗口选项：

① ：定义约束时，在单独的窗口中显示元件。

② ：（缺省）定义约束时，在组件窗口中显示元件，此时在图形窗口中显示元件，并在定义约束时更新元件放置。

**2. 下滑面板**

【装配】操控板包括【放置】、【移动】、【挠性】和【属性】4 个下滑面板。

【放置】下滑面板：单击操控板中的【放置】按钮，弹出【放置】下滑面板，如图 9-15 所示，该面板用以设置元件的装配和连接，并显示已定义的装配关系和连接关系。它包含两个区域：【集】列表区和【约束属性】区。

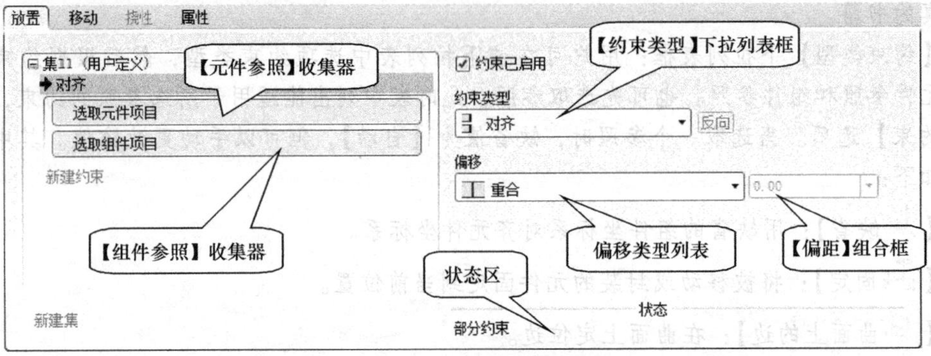


图 9-15 【放置】下滑面板

- 【集】列表区：在该区域中显示已经设置的约束集，以【集#】的形式出现（#是约束的序号），在每个集下面，出现该装配所用约束。在每种约束的下面，有【元件参照】收集器和【组件参照】收集器，单击激活收集器可在图形区选择或替换相应参照定义约束关系。单击【集】列表中的【新建约束】，可以在相应约束集中添加约束；单击【新建集】，可以为装配设置新装配约束集。
- 【约束属性】区：该区工具对应操控板中的相应工具。

①【约束已启用】复选框：选中该复选框，启用在【集】列表中选中的约束，否则，禁用选中的约束。

②【已启用集】复选框：选中该复选框，启用选中的约束集，否则，禁用选中的约束集。

③【约束类型】下拉列表框：对应操控板的【约束类型】下拉列表框，单击激活下拉列表，在其中选择相应约束。

④【反向】按钮：单击该按钮，可在【配对】和【对齐】约束之间切换，或反向元件的定向，对应对话栏中的 按钮。

⑤【偏移】下拉列表框：对应操控板中的【偏移类型】下拉列表框。在其后的【偏距】组

合框中可定义偏移的距离或角度。

⑥ 状态栏：对应对话栏状态区。

【移动】下滑面板：单击操控板【移动】按钮，弹出【移动】下滑面板，如图 9-16 所示，使用该面板可移动正在装配的元件，使元件的取放更加方便。当【移动】面板处于活动状态时，将暂停所有其他元件的放置操作。

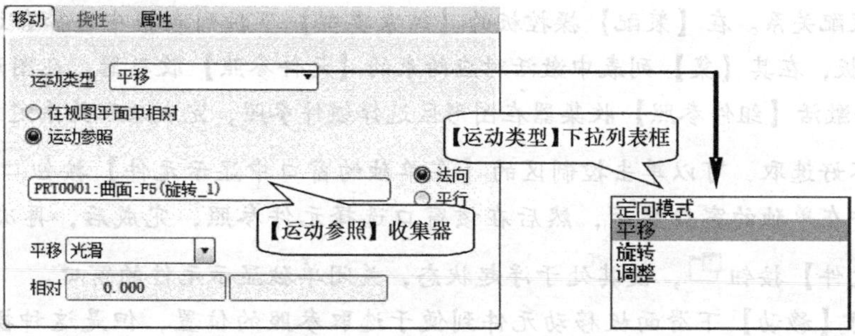


图 9-16 【移动】下滑面板

在【移动】下滑面板中，可使用下列选项：

- 【活动类型】下拉列表框：指定运动类型。默认值是【平移】。

(1) 定向模式：重定向视图。

(2) 平移：按指定方向移动元件。

(3) 旋转：以指定轴为旋转轴旋转元件。

(4) 调整：调整元件的位置。

- 【在视图平面中相对】单选按钮：这是系统的默认选项，元件相对于视图平面移动或旋转。
- 【运动参照】单选按钮：单击该单选按钮，相对于参照移动元件，此时激活【运动参照】收集器。
- 【运动参照】收集器：单击激活该收集器，收集元件运动的参照。拖动元件时将相对于所选的参照移动。选取参照后可激活【垂直】和【平行】选项。
- 【垂直】单选按钮：单击该单选按钮，垂直于选定参照移动元件。
- 【平行】单选按钮：单击该单选按钮，平行于选定参照移动元件。
- 【平移】下拉列表框：用于每一种运动类型的元件运动选项，可以输入数值定义移动的微调数值。
- 【相对】框：显示元件当前位置相对于移动前位置的相对坐标。不能输入，仅供参照。

【挠性】下滑面板：当设置了挠性元件后，该下滑面板可用。

【属性】下滑面板：单击操控板中的【放置】，弹出【属性】下滑面板，可在其中的【名称】文本框显示元件名称，单击 i，将在浏览器中提供详细的元件信息。

## 9.3.2 装配的步骤

完成装配的步骤如下：

(1) 新建装配文件。按照第 9.1 节的方法创建装配文件，进入装配环境。

(2) 添加第一个元件。进入装配环境后，单击【工程特征】工具栏中的【装配】按钮，或者选择菜单栏中的【插入】|【元件】|【装配】选项，弹出【打开】对话框，选择需要添加到

组件的零件，单击【打开】按钮，弹出【装配】操控板。一般第一个元件的装配约束设置为缺省，即其坐标系和组件坐标系对齐。要使用缺省约束，只要在【装配】操控板的【约束类型】下拉列表框中选择【缺省】选项即可。

(3) 添加第二个元件。再次单击【工程特征】工具栏中的【装配】按钮，在弹出的【打开】对话框中选择需要添加到组件的第二个元件。

(4) 定义装配关系。在【装配】操控板的【约束类型】下拉列表框中选择合适的约束，弹出【放置】下滑面板，在其【集】列表中激活对应约束的【元件参照】收集器，在图形区选择元件参照；接下来单击激活【组件参照】收集器在图形区选择组件参照，完成装配关系定义。

如果参照不好选取，可以单击控制区的【在单独的窗口中显示元件】按钮，使其处于按下状态，使元件在单独的窗口显示，然后在该窗口选择元件参照，完成后，再次按钮【在单独的窗口中显示元件】按钮，使其处于浮起状态，关闭单独显示元件的窗口。

也可以使用【移动】下滑面板移动元件到便于选取参照的位置，但是这种操作太麻烦，一般使用鼠标操作可以在没有定义约束关系的方向上进行实施移动，将其移动到合适的位置以便选取元件参照。

- 按〈Ctrl + Alt〉组合键，在图形区拖动鼠标左键，可在未限定自由度的方向上移动和旋转元件。
- 按〈Ctrl + Alt〉组合键，在图形区拖动鼠标中键，可在未限定自由度的方向上旋转元件。
- 按〈Ctrl + Alt〉组合键，在图形区拖动鼠标右键，可在未限定自由度的方向上移动元件。

(5) 定义偏移类型和偏距。完成约束定义后，在对话栏或【放置】下滑面板中的【偏移类型】下拉列表框中选项相应偏移类型，在【偏距】组合框中输入相应角度或距离数值。

(6) 定义其他约束。使用一个约束不能将元件和组件完全约束，在【放置】下滑面板中的【集】列表中按钮【新建约束】添加新约束，按照步骤（4）~步骤（5）定义其他约束，直至对话栏状态区提示【完全约束】。

(7) 添加其他元件。按照步骤（3）~步骤（6）完成其他元件装配。

(8) 完成装配。按钮控制区的【应用】按钮，或者在图形区单击鼠标中键，完成装配。

### 9.3.3 挠性元件的装配

在装配时，有的零件具有挠性，如弹簧、填料等，对于这些零件的装配，需要先对零件进行挠性化设置，然后才能完成装配。

**【例 9-1】** 利用放在“……\例题\第 9 章\liti9-1”中的零件创建名为“naoxing. asm”的装配体，注意上下两个弹簧座的顶面距离是 100，完成后的如图 9-17 所示。

#### 设计步骤

(1) 将工作目录设置为“……\例题\第 9 章\liti9-1”。

(2) 单击【文件】工具栏中的【新建】按钮，弹出【新建】对话框。

(3) 在【类型】选项组中单击【组件】单选按钮，在【子类型】选项组中单击【设计】单选按钮，在【名称】文本框内输入文件名“naoxing”，取消【使用缺省模板】复选框的选中，单击【确定】按钮，弹出【新文件选项】对话框。

(4) 在【模板】列表中选择“mmns_asm_design”，单击【确定】按钮，进入装配界面。

（5）单击【工程特征】工具栏中的【装配】按钮，弹出【打开】对话框，选择“tanhuangzuo. prt”，单击【打开】按钮，将其装入装配界面，此时零件显示为暗灰绿色。

（6）在【装配】操控板中，于对话栏的【约束类型】下拉列表框中选择【缺省】选项，此时零件显示为亮黄绿色，在图形区单击鼠标中键完成装配，如图 9-18 所示。

图 9-17　弹簧装配

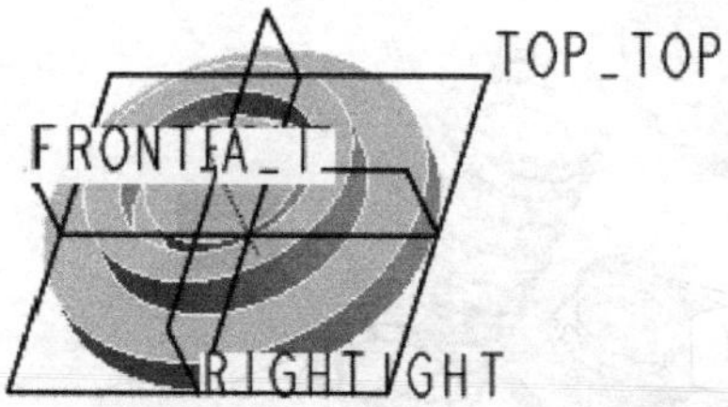


图 9-18　装入弹簧座

（7）单击【工程特征】工具栏中的【装配】按钮，弹出【打开】对话框，选择“tanhuangzuo. prt”，单击【打开】按钮，将其装入装配环境，此时零件显示为暗灰绿色。

（8）在对话栏的【约束类型】下拉列表框中选择【配对】选项，选择弹簧座的下底面和已装配好的弹簧座的下底面作为装配参照，在【偏移类型】下拉列表框中选择【偏移】选项，在其后的【偏移距离】组合框中将偏移距离修改为“－100”，如图 9-19 所示。

（9）按钮操控板中的【放置】按钮，弹出【放置】下滑面板，在【集】列表中单击【新建约束】，在图形区分别选取两根轴作为参照，约束类型自动定义为【对齐】，如图 9-20 所示，在图形区单击鼠标中键完成装配，如图 9-21 所示。

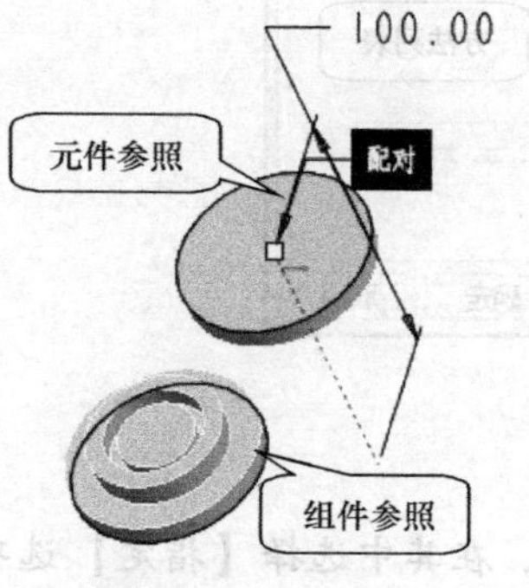


图 9-19　面配对

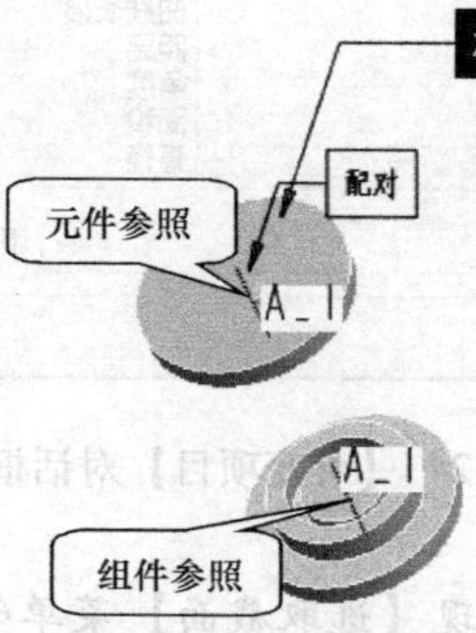


图 9-20　轴对齐

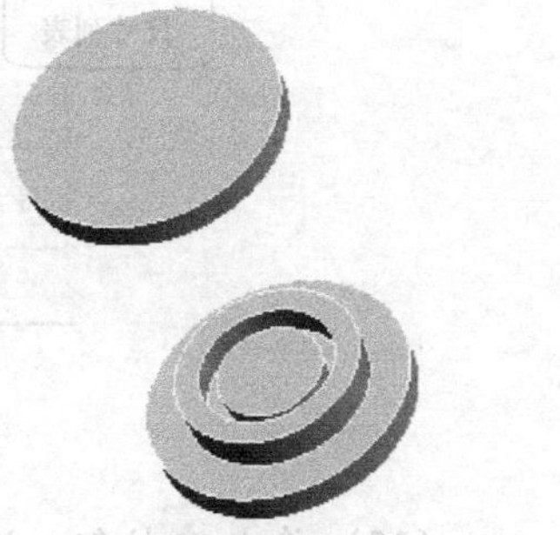

图 9-21　完成装配

（10）单击【工程特征】工具栏中的【装配】按钮，弹出【打开】对话框，选择“tanhuang. prt”，单击【打开】按钮，将其装入装配环境。

（11）在对话栏的【约束类型】下拉列表框中选择【配对】选项，选项如图 9-22 所示的两个面作为装配参照，在【偏移类型】下拉列表框中选择【重合】选项。

（12）单击操控板中的【放置】按钮，弹出【放置】下滑面板，在【集】列表中单击【新建约束】，在图形区分别选取两根轴作为参照，约束类型自动定义为【对齐】，如图 9-23 所示。

（13）此时【放置】下滑面板的【状态】选项组中出现【允许假设】复选框且处于选中状态，状态显示为完全约束，在图形区单击鼠标中键完成装配，发现弹簧长度过长，应该压缩后装配。

提醒：其实使用了配对和轴对齐约束后，还有绕轴的旋转自由度没有设置，并未完全约束，但此时不必限定该旋转自由度，如选中【允许假设】复选框，则认为它是完全约束的，如果要真正完全约束，需要添加其余约束。

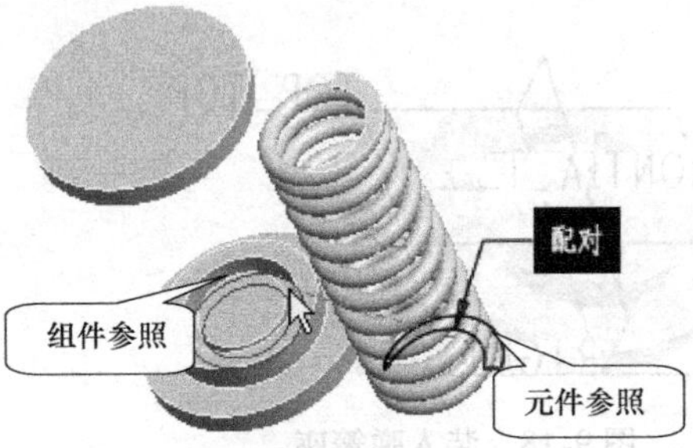


图 9-22 面配对

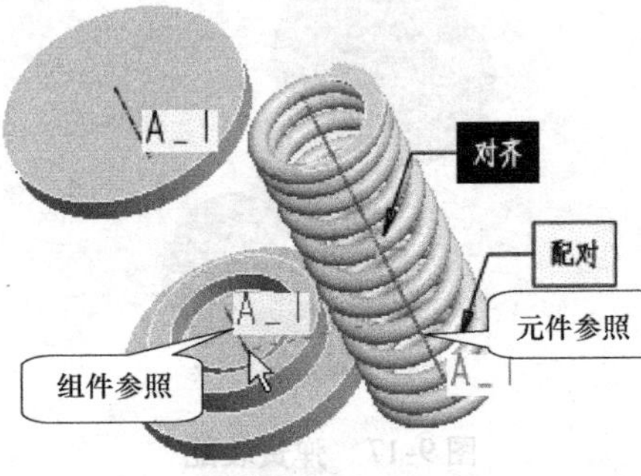


图 9-23 对齐

(14) 在模型树中选取装配好的弹簧，按下鼠标右键，在弹出的快捷菜单中选择【挠性化】选项，弹出【可变项目】对话框，如图 9-24 所示。

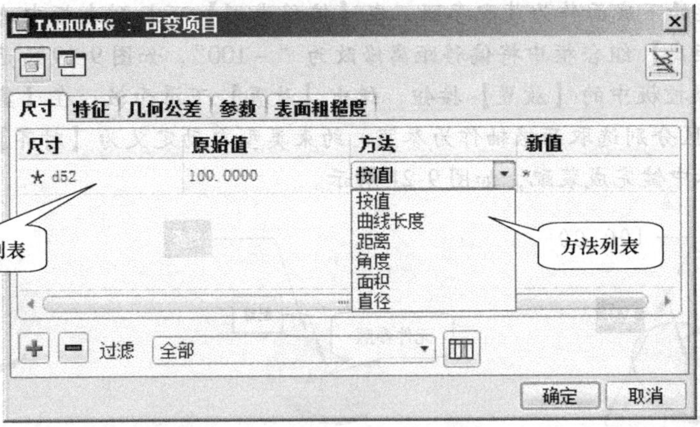


图 9-24 【可变项目】对话框

(15) 单击 ✚ 按钮，选择弹簧，出现【选取截面】菜单管理器，在其中选择【指定】选项，并选中【轮廓】复选框，然后选择【完成】选项，如图 9-25 所示。图形区显示弹簧的尺寸，如图 9-26 所示。

(16) 在图形区选择尺寸“100”，单击【可变项目】对话框中的 ✚ 按钮，该尺寸即被添加到对话框的列表中。

提醒：单击【可变项目】对话框中的 ✚ 按钮，可以选择零件使其显示尺寸，并选择尺寸将其添加到“可变尺寸”表中定义可变尺寸。

(17) 在列表中该可变尺寸对应的【方法】列处单击，出现【方法】列表，在其中选择【距离】选项，弹出【距离】对话框，如图 9-27 所示。

图 9-25 【选取截面】菜单

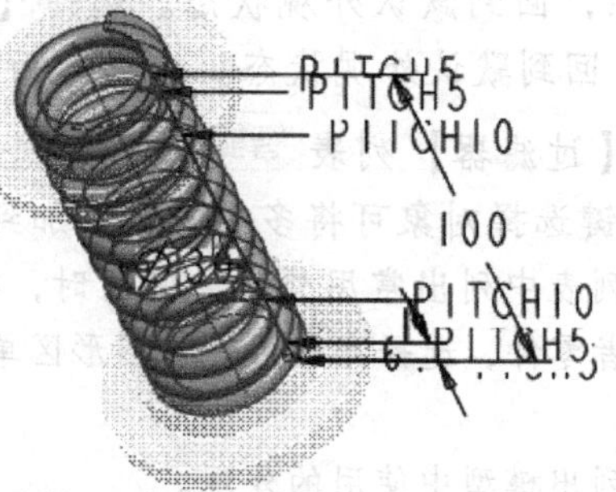


图 9-26 显示可变尺寸

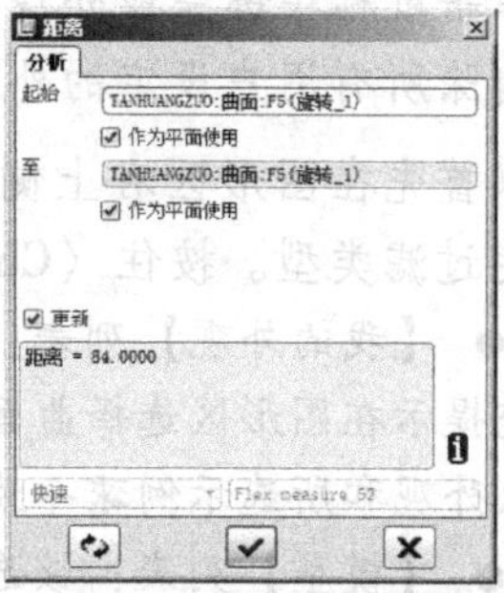


图 9-27 【距离】对话框

(18) 在图形区选择如图 9-28 所示的面 1 作为起始曲面，面 2 作为目标曲面，如图 9-28 所示。

(19) 系统自动测量其距离作为弹簧的新长度，此时测得的距离值为 84。单击【距离】对话框中的✔按钮，关闭对话框，回到【可变项目】对话框，在【尺寸】列表中自动添加了新值。

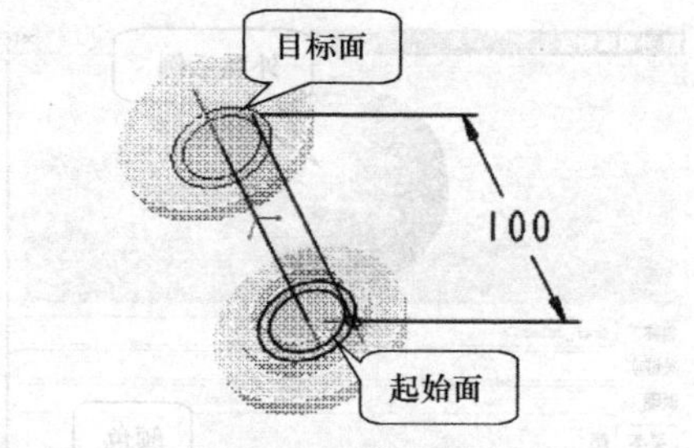


图 9-28 测量距离

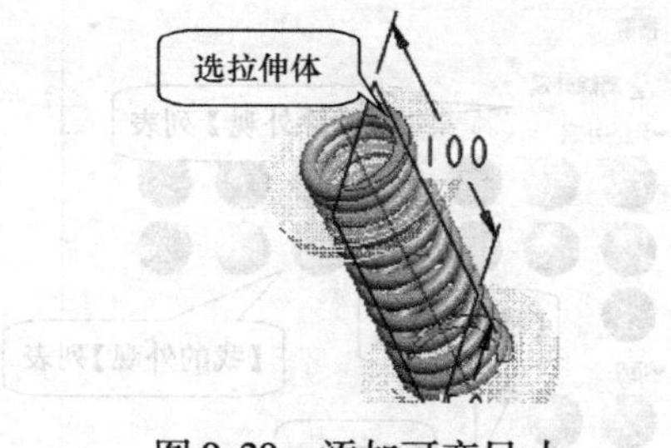


图 9-29 添加可变尺寸

(20) 单击➕按钮，选项弹簧两侧去除材料的拉伸特征，显示其尺寸，如图 9-29 所示。

(21) 在图形区选择尺寸“100”，单击➕按钮，该尺寸即被添加到对话框的列表中。

(22) 在列表中该可变尺寸对应的【方法】列单击，出现【方法】列表，在其中选择【按值】选项，在对应的【新值】列单击，在出现的文本框中将新值修改为“84”，这是因为已经测量了弹簧压缩后的长度为 84，【可变项目】对话框的尺寸如图 9-30 所示。

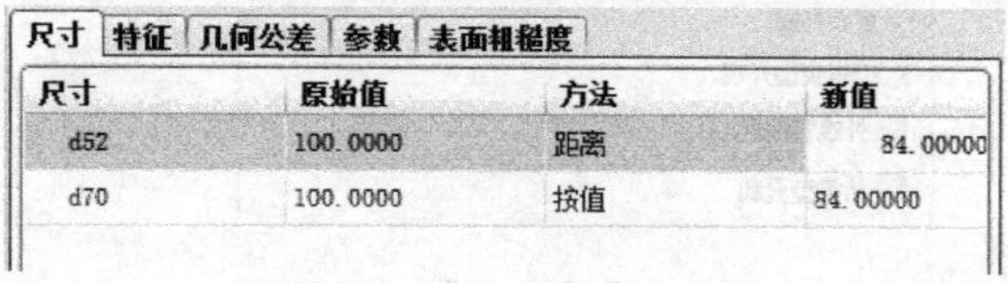
尺寸 | 特征 | 几何公差 | 参数 | 表面粗糙度

| 尺寸 | 原始值 | 方法 | 新值 |
| --- | --- | --- | --- |
| d52 | 100.0000 | 距离 | 84.00000 |
| d70 | 100.0000 | 按值 | 84.00000 |

图 9-30 可变尺寸列表

(23) 在【可变项目】对话框中单击【确定】按钮，回到装配界面，在图形区单击鼠标中键，完成挠性化设置，最后结果如图 9-17 所示。

### 9.3.4 零件的润饰

装配完每个零件后，零件都以默认的灰色外观显示，这样不易区分零件且不美观，所以对零件的润饰尤为重要。

使用【视图】工具栏中的【外观库】工具按钮可以定义零件或者曲面的外观。

单击【外观库】按钮后面的，打开如图 9-31 所示的【外观库】工具箱。

● 【清除外观】列表：该列表有两个选项，即【清除外观】和【清除所有外观】。选择【清除外观】选项，则需根据提示在图形区选择要清除外观的零件或曲面，选择完成后，在图形区单击鼠标中键完成外观清除，回到默认外观状态。选择【清除所有外观】选项，系统直接清除所有用户设定的外观，回到默认外观状态。选择曲面或零件时，为使选择更加精确，可以首先在图形区右上侧的【过滤器】列表 智能 中设定过滤类型。按住〈Ctrl〉键选择对象可将多个对象添加到选择集。

- 【我的外观】列表：该列表中列出常用外观。使用时，在列表中选择示例球，然后根据系统提示在图形区选择曲面或者零件，选择完成后，在图形区单击鼠标中键完成，此时，选中的对象外观和所选示例球一致。
- 【模型】列表：该选项列出模型中使用的外观。
- 【库】列表：该选项列出系统库内的外观，用法和【我的外观】列表相同。
- 【更多外观】按钮：单击 更多外观... 按钮，弹出【外观编辑器】对话框，如图 9-32 所示。单击【颜色】块，弹出【颜色编辑器】对话框，在其中可使用不同方法调节外观的颜色，符合要求后单击【关闭】按钮回到【外观编辑器】对话框，在【属性】选项组中调整各属性后，单击【确定】按钮即可完成外观调整。

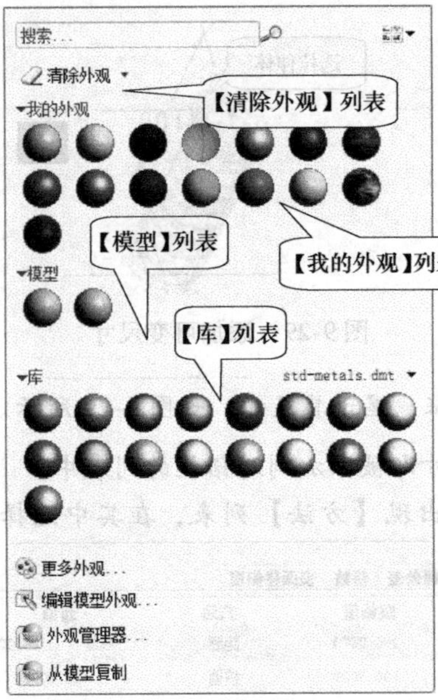


图 9-31 【外观库】工具箱

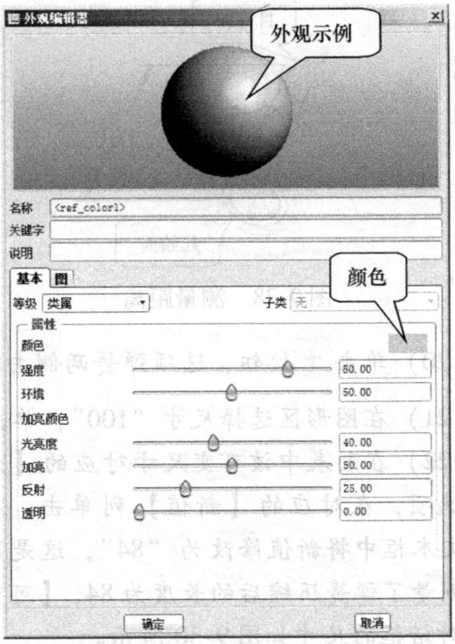


图 9-32 外观编辑器

- 【编辑模型外观】按钮：单击 编辑模型外观... 按钮，弹出【模型外观编辑器】对话框，其外观基本与【外观编辑器】对话框一样，只不过在对话框的上部出现【模型】列表，显示模型中用到的外观，选中某种外观后，修改模型外观的各属性即可。

**【例 9-2】** 对给定的零件进行润饰，将除竖直孔和水平孔以外的所有表面修改为蓝色，将竖直孔表面修改为黄色，将水平孔表面修改为红色，如图 9-33 所示。

## 设计步骤

(1) 打开文件“……\ 例题 \ 第 9 章 \ liti9-2”，如图 9-33a 所示。

(2) 在【视图】工具栏中，单击【外观库】按钮后面的▾，打开【外观库】工具箱。

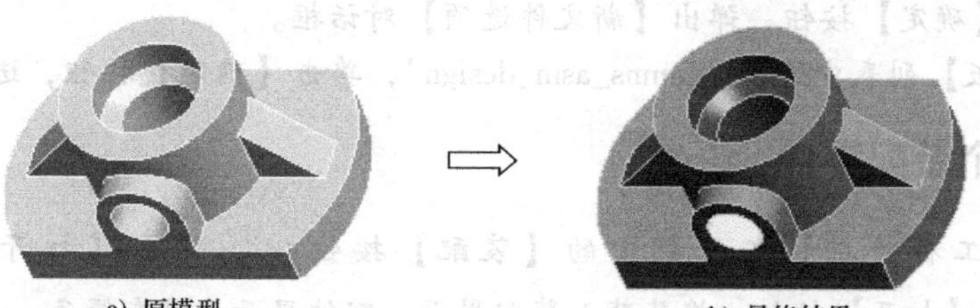

a) 原模型　　　　b) 最终结果

图 9-33　修改模型颜色

（3）单击【更多外观…】按钮，弹出【外观编辑器】对话框。单击【颜色】块，弹出【颜色编辑器】对话框，调整其 RGB 值为 R（0）、G（200）、B（255），单击【关闭】按钮回到【外观编辑器】对话框，单击【确定】按钮将外观调整为蓝色。

（4）此时光标形状为笔形，且弹出提示框，提示选取一个或多个项目，首先在图形区右上侧的【过滤器】下拉列表框【智能】中设定过滤类型为【零件】，在图形区选中零件，如图 9-34 所示在笔尖位置选取，在图形区单击鼠标中键完成选取，整个零件表面变为蓝色，如图 9-35 所示。

（5）在【视图】工具栏单击【外观库】按钮后面的▾，打开【外观库】工具箱。

（6）在【我的外观】列表中选择红色外观球，光标形状为笔形，且弹出提示框，提示选取一个或多个项目，在图形区选择如图 9-35 所示的 3 个竖孔面，在图形区单击鼠标中键完成选取，3 个竖孔表面变为红色，如图 9-35 所示。

（7）用同样的方法把选取水平孔表面将其变为黄色，选择的曲面如图 9-36 所示，最后结果如图 9-33b 所示。

图 9-34　选择零件

图 9-35　选择竖孔表面

图 9-36　选择水平孔面

（8）保存文件，关闭窗口，拭除不显示。

**【例 9-3】**　利用放在“……\ 例题 \ 第 9 章 \ liti9-3”中的零件创建名为“luoshuan. asm”的装配体，完成后如图 9-37 所示。

## 新建装配文件

（1）将工作目录设置到“……\ liti \ chap9 \ liti9-2”。

（2）单击【文件】工具栏中的【新建】按钮，弹出【新建】对话框。

（3）在【类型】选项组中单击【组件】单选按钮，在【子类型】选项组中单击【设计】单选按钮，在【名称】文本框内输入文件名“naoxing”，取消【使用缺省模板】复选

图 9-37　螺栓装配图

框的选中，单击【确定】按钮，弹出【新文件选项】对话框。

(4) 在【模板】列表中选择“mmns_asm_design”，单击【确定】按钮，进入装配界面。

## 添加第 1 个装配零件

(1) 单击【工程特征】工具栏中的【装配】按钮，弹出【打开】对话框，选择“jian1. prt”，单击【打开】按钮，将其装入装配界面，零件显示为暗灰绿色，如图 9-38 所示。

(2) 在对话栏的【约束类型】下拉列表框中选择【缺省】选项，此时零件显示为亮黄绿色，如图 9-39 所示。约束状态区显示为“完全约束”，在图形区单击鼠标中键完成装配。

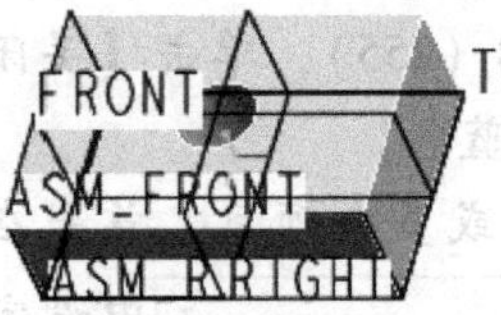

图 9-38　引入第 1 个零件

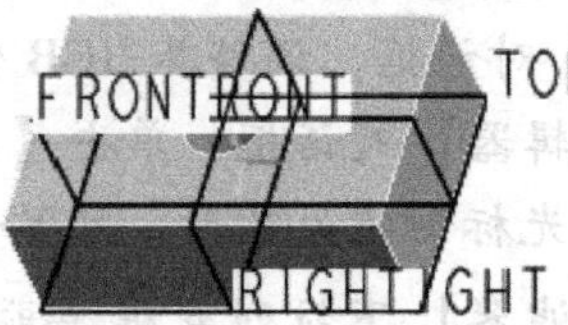

图 9-39　设定第 1 个零件的约束

## 装配第 2 个零件

(1) 单击【工程特征】工具栏中的【装配】按钮，弹出【打开】对话框，选择“jian2. prt”，单击【打开】按钮，将其装入装配界面，如图 9-40 所示。

(2) 弹出【装配】操控板，单击【放置】按钮，弹出【放置】下滑面板，在【约束类型】下拉列表框中选择【配对】选项，如图 9-41 所示。

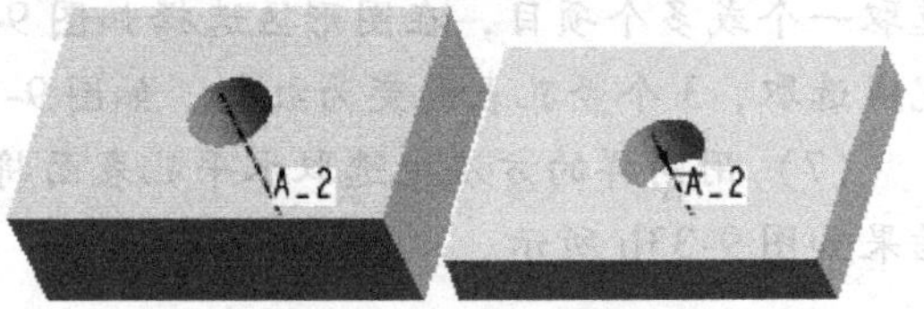

图 9-40　添加第 2 个零件

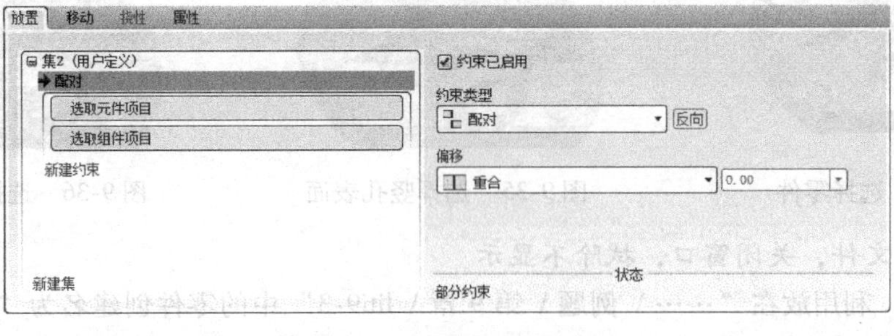

图 9-41　【放置】下滑面板

(3) 分别选择如图 9-42 所示的“jian2”的下底面和“jian1”的上底面作为参照，此时装配窗口如图 9-43 所示。

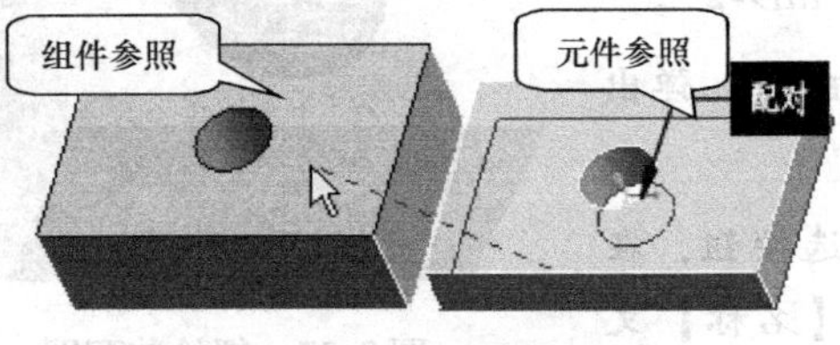

图 9-42　选择匹配参照

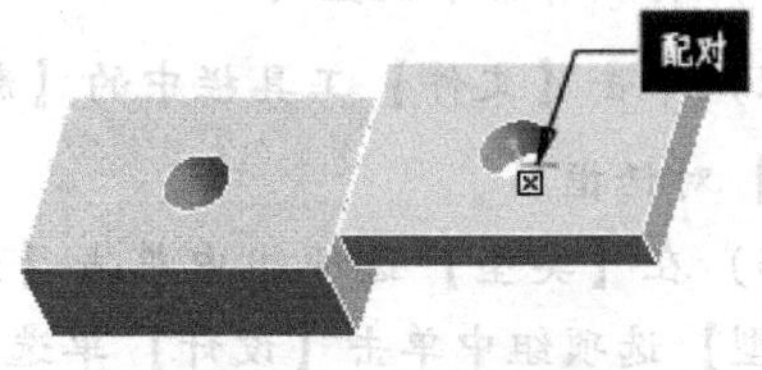

图 9-43　完成配对约束

（4）在【放置】下滑面板的【集】列表中单击【新建约束】，【集】列表中弹出第 2 个约束，在【约束类型】列表中选择【对齐】选项。

（5）分别选择“jian2”的“A_2”轴和“jian1”的“A_2”轴作为参照，如图 9-44 所示。此时图形区如图 9-45 所示。

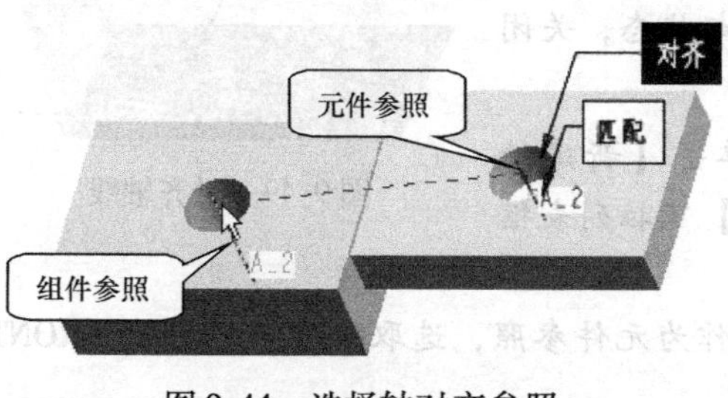


图 9-44　选择轴对齐参照

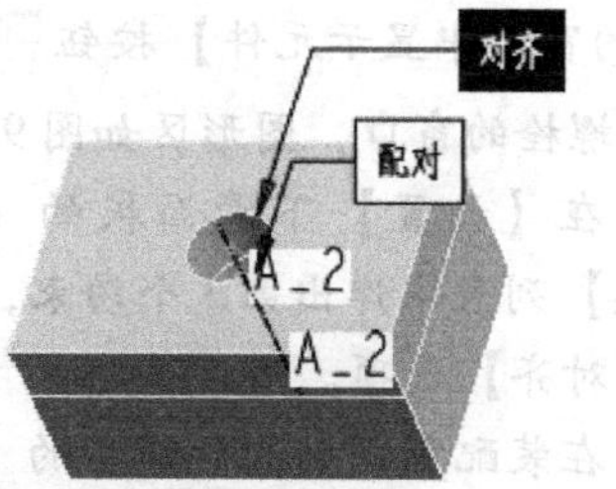


图 9-45　完成轴对齐

（6）注意到此时状态区显示为“完全约束”，且【允许假设】复选框被选中，表示第 2 个零件被假设为完全约束，但是最好使用第 3 个约束使其完全约束，而不使用允许假设。

（7）在【放置】下滑面板的【集】列表中单击【新建约束】，【集】列表中弹出第 3 个约束，在【约束类型】下拉列表框中选择【对齐】选项。

（8）分别选择“jian2”的“FRONT”基准轴和装配体的“ASM_FRONT”基准面作为参照，如图 9-46 所示。

（9）在图形区单击鼠标中键，完成第 2 个零件的装配，如图 9-47 所示。

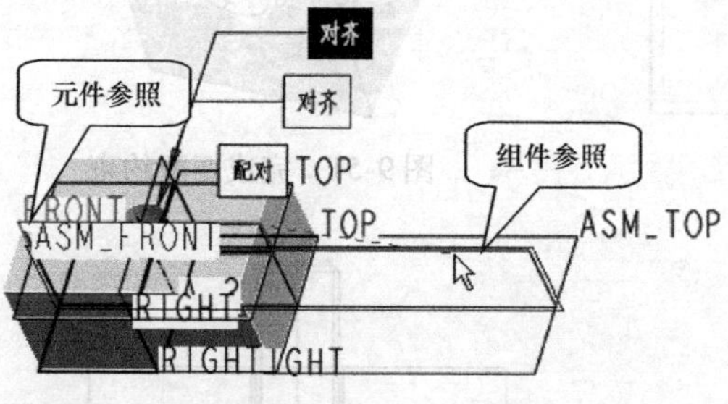


图 9-46　设置第 3 个约束

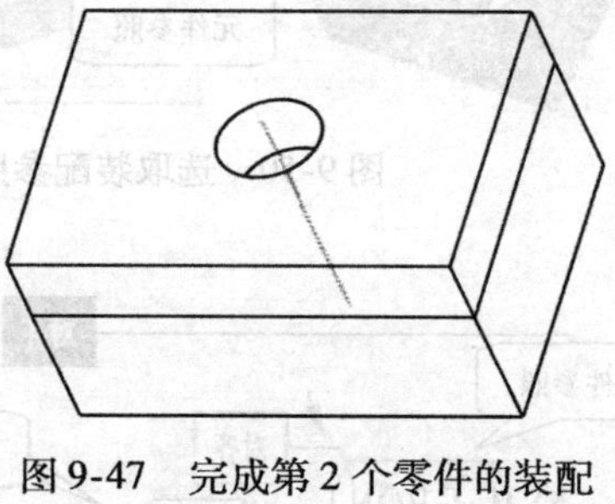

图 9-47　完成第 2 个零件的装配

## 装配第 3 个零件

（1）单击【工程特征】工具栏中的【装配】按钮，弹出【打开】对话框，选择“lu-oshuan. prt”，单击【打开】按钮，将其装入装配界面，如图 9-48 所示。

（2）在图形区选取螺栓的轴线作为元件参照，选取组件的轴线作为组件参照，如图 9-48 所示。

（3）注意到对话栏中的【约束类型】下拉列表框中自动选择了【对齐】选项，为轴对齐约束，此时图形区如图 9-49 所示。

（4）在【装配】操控板中单击【放置】按钮，弹出【放置】下滑面板。

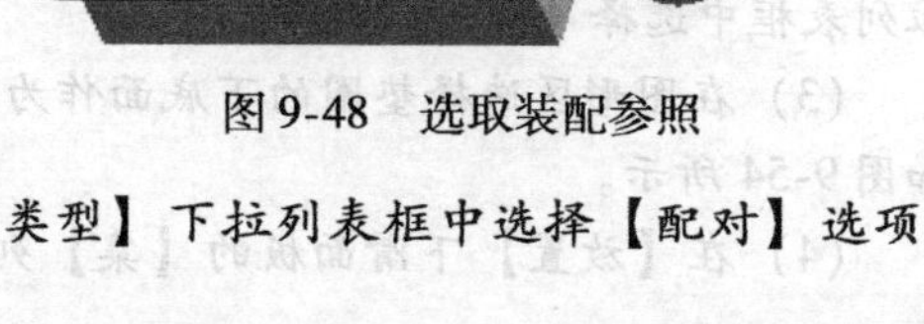


图 9-48　选取装配参照

（5）在【放置】下滑面板的【集】列表中单击【新建约束】，【集】列表中弹出第 2 个约束，在【约束类型】下拉列表框中选择【配对】选项，此时不容易选取参照。

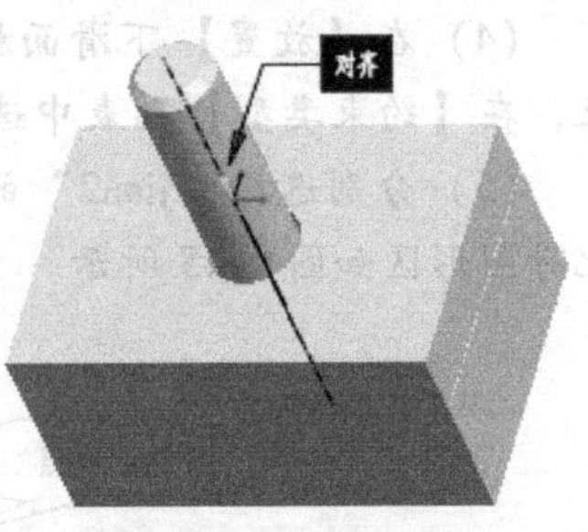

图 9-49　对齐轴线

(6) 单击控制区的【在单独的窗口中显示元件】按钮，螺栓弹出在单独的窗口中，选取如图 9-50 所示的元件参照。

(7) 在装配窗口中选择组件参照如图 9-50 所示，再次单击【在单独的窗口中显示元件】按钮，使其处于浮起状态，关闭单独显示螺栓的窗口，图形区如图 9-51 所示。

(8) 在【放置】下滑面板的【集】列表中单击【新建约束】,【集】列表中弹出第 3 个约束，在【约束类型】下拉列表框中选择【对齐】选项。

(9) 在装配窗口中选择螺栓的“TOP”基准面作为元件参照，选取组件的“ASM_FRONT”基准面作为组件参照，如图 9-52 所示。

(10) 注意到此时状态区显示为“完全约束”，在图形区单击鼠标中键，完成第 3 个零件的装配，如图 9-53 所示。

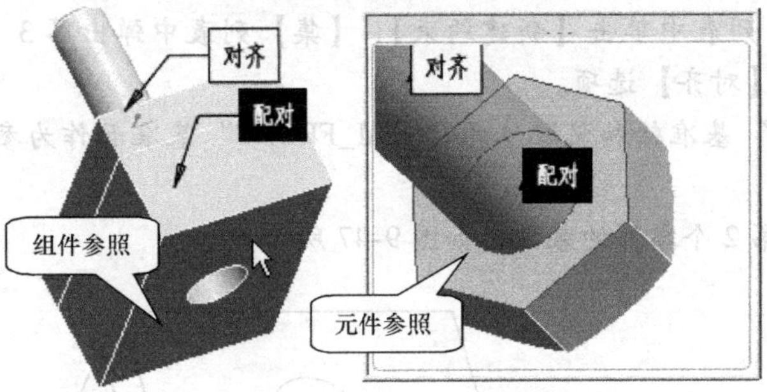

图 9-50　选取装配参照

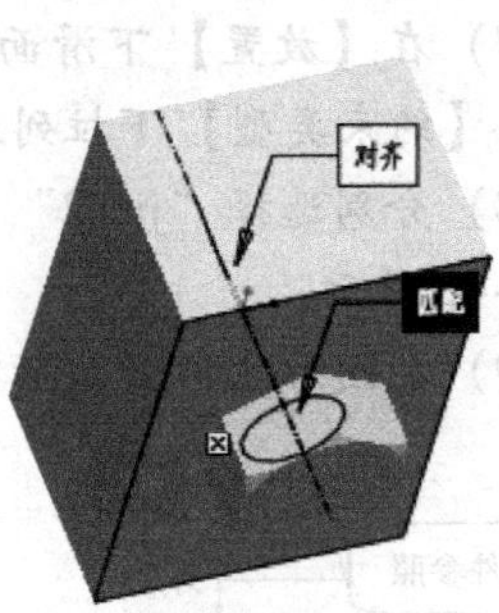

图 9-51　完成匹配约束

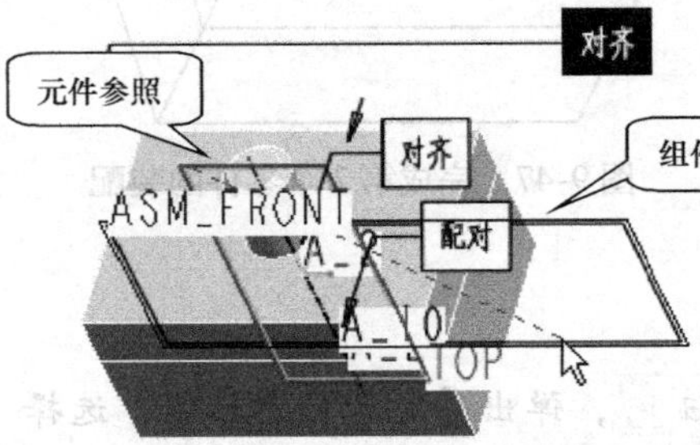

图 9-52　设置对齐约束参照

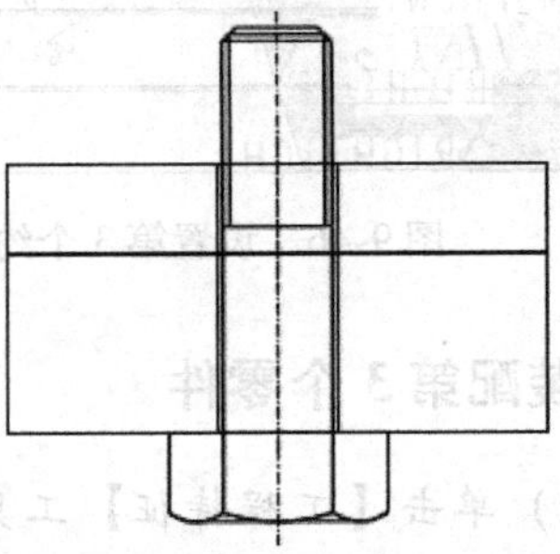
图 9-53　完成第 3 个零件的装配

## 装配第 4 个零件

(1) 单击【工程特征】工具栏中的【装配】按钮，弹出【打开】对话框，选择“dianquan. prt”，单击【打开】按钮，将其装入装配界面。

(2) 在【装配】操控板，单击【放置】按钮，弹出【放置】下滑面板，在【约束类型】下拉列表框中选择【配对】选项。

(3) 在图形区选择垫圈的下底面作为的元件参照，选取被连接件 2 的上表面作为组件参照，如图 9-54 所示。

(4) 在【放置】下滑面板的【集】列表中单击【新建约束】,【集】列表中弹出第 2 个约束对话框，在【约束类型】下拉列表框中选择【对齐】选项。

（5）在图形区选取垫片的轴线作为元件参照，选择组件的轴线作为组件参照，如图9-55所示。

（6）注意到此时状态区显示为“完全约束”，在图形区单击鼠标中键，完成垫圈的装配。

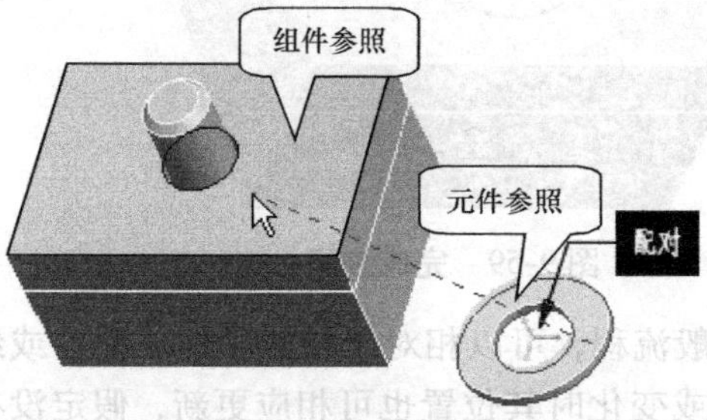


图9-54　设置匹配约束

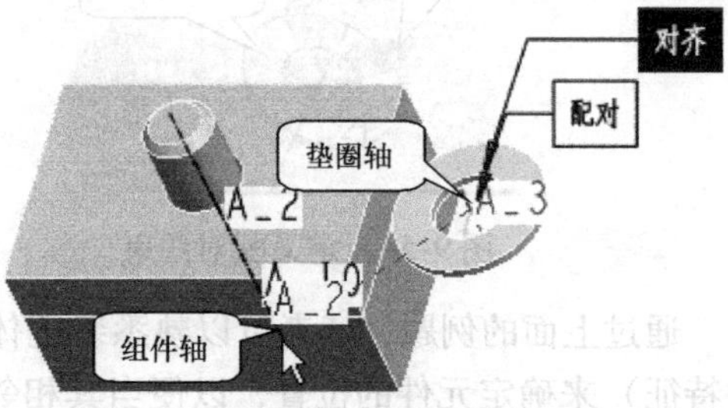


图9-55　对齐轴线

## 插入第5个零件

（1）单击【工程特征】工具栏中的【装配】按钮，弹出【打开】对话框，选择“luomu. prt”，单击【打开】按钮，将其装入装配界面。

（2）在【装配】操控板，单击【放置】按钮，弹出【放置】下滑面板，在【约束类型】下拉列表框中选择【对齐】选项。

（3）在图形区选取螺母的轴线作为元件参照，选择组件的轴线作为组件参照，如图9-56所示，完成螺母放置在被连接件内，不便选取参照。

（4）按〈Ctrl + Alt〉组合键，在图形区拖动鼠标右键，将螺母拖动到如图9-57所示的位置。

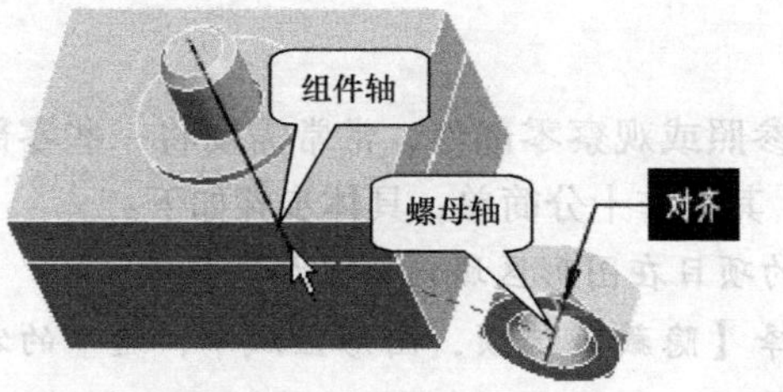


图9-56　设置对齐参照

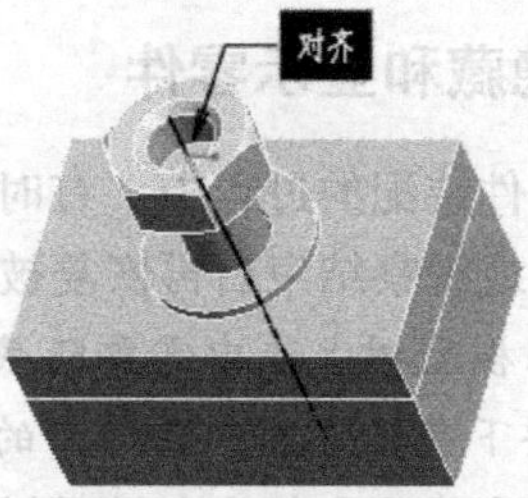


图9-57　移动螺母位置

（5）在【放置】下滑面板的【集】列表中单击【新建约束】，【集】列表中弹出第2个约束，在【约束类型】下拉列表框中选择【配对】选项。

（6）在图形区选取螺母的下底面作为元件参照，选择垫圈的上表面作为组件参照，如图9-58所示。

（7）注意到此时状态区显示为“完全约束”，在图形区单击鼠标中键，完成第5个零件的装配，最后结果如图9-59所示。

提醒：当元件处于不便选取参照的位置时，有两种方法可以便于选取：一是将其移动到方便选取的位置；二是将其显示在单独的窗口之中。

（8）保存文件，关闭窗口，拭除不显示。

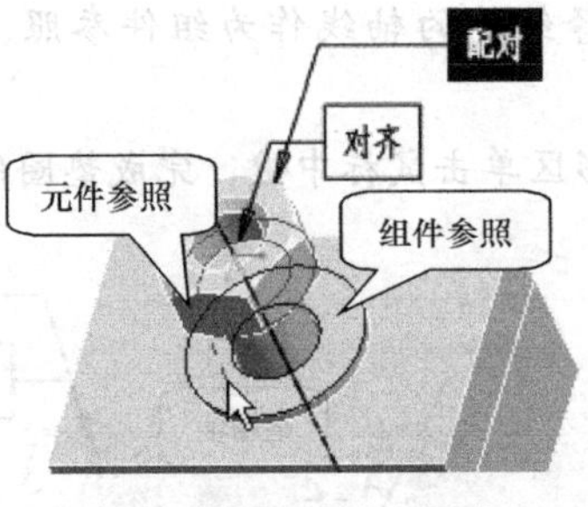


图 9-58 定义配对约束

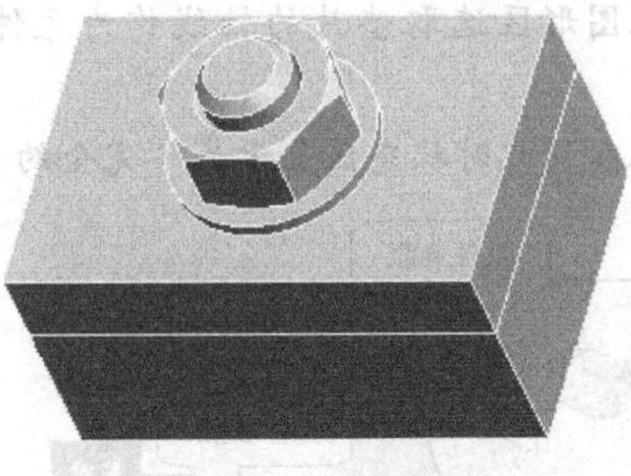

图 9-59 完成装配

通过上面的例题，读者可以熟悉装配体设计的一般流程，可以相对于相邻元件（元件或组件特征）来确定元件的位置，以便当其相邻元件移动或变化时其位置也可相应更新，假定没有违反组件约束，这就称为参数组件。可在组件放置对话框中使用约束，指定元件相对于组件的放置方式和位置。

在元件放置过程中，可以按住〈Ctrl + Alt〉组合键同时拖动鼠标左键在屏幕上移动并旋转活动元件，也可以按住〈Ctrl + Alt〉组合键同时拖动鼠标中键在屏幕上旋转活动元件，还可以按住〈Ctrl + Alt〉组合键同时拖动鼠标右键在屏幕上移动活动元件。这样操纵元件可加速在组件中正确放置并建立约束的进程。

## 9.4 装配体中的零件操作

完成零部件的装配后，有时需要对零部件进行隐藏、更改零部件之间的装配关系、零件重新排序等操作，这些操作一般通过右键快捷菜单实现。

### 9.4.1 隐藏和显示零件

在零部件装配的过程中，有时为了便于选择参照或观察零部件，常常需要将一些零部件隐藏。在选择或观察结束后再恢复被隐藏的零部件，其操作十分简单，具体步骤如下：

(1) 在模型树上选中需要隐藏的零件，选中的项目在图形区域内会呈加亮显示。

(2) 按下鼠标右键，在弹出的快捷菜单中选择【隐藏】选项，图形区域中，选中的零件将被隐藏。被隐藏的零部件在模型树中将以灰色显示。

提醒：按住〈Shift〉键可以进行连续选择，按住〈Ctrl〉键选择多个不连续的项目。

恢复隐藏零件的操作和隐藏零件的操作很相似，唯一不同的地方就是需要在按下鼠标右键之后，在弹出的快捷菜单中选择【取消隐藏】选项。

**【例 9-4】** 利用文件夹“liti9-4”中的装配文件练习隐藏零件和取消隐藏零件。

**设计步骤**

(1) 打开文件“……\例题\第 9 章\liti9-4\slider_crank.asm”，模型如图 9-60 所示，图中所有文件都处于显示状态，其模型树如图 9-61 所示。

(2) 在模型树中使用鼠标左键选取零件“BLOCK. PRT”，模型区该零件呈加亮显示，如图 9-62 所示。

(3) 按下鼠标右键，在弹出的快捷菜单中选择【隐藏】选项，模型树如图 9-63 所示，图形区选中的零件被隐藏，如图 9-64 所示。

(4) 在模型树选择被隐藏的零件“BLOCK. PRT”。

(5) 按下鼠标右键，在弹出的快捷菜单中选择【取消隐藏】选项，模型树回到图 9-61 所示的样子，模型显示如图 9-60 所示。

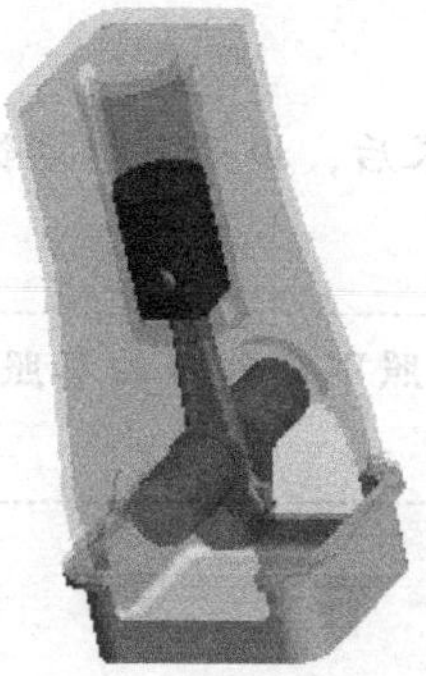

图 9-60　原装配体

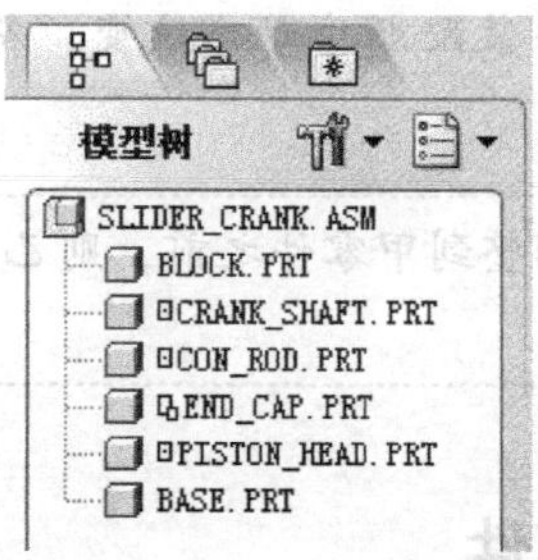


图 9-61　装配体模型树

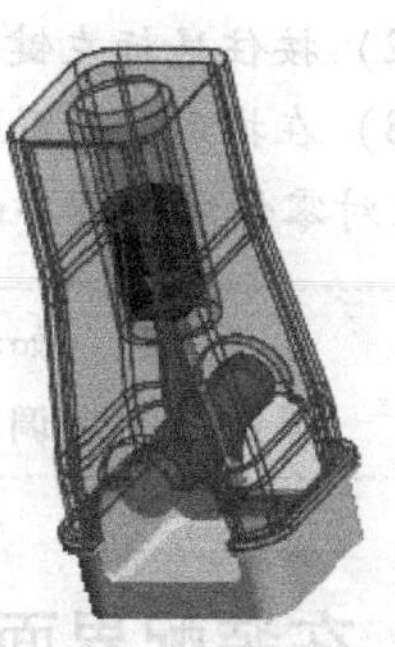

图 9-62　选中件加亮显示

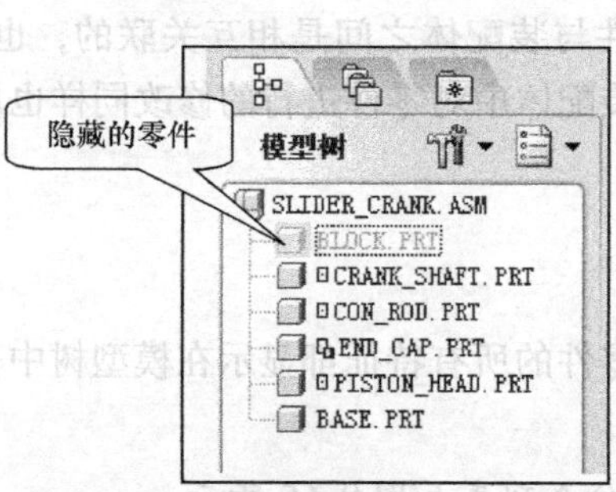


图 9-63　隐藏零件后的模型树

图 9-64　隐藏零件的模型

## 9.4.2　重定义元件装配关系

在零部件的装配过程中，用户不能保证一次操作即可完成零件装配。通常需要根据装配设计意图的变更，对零部件的装配关系进行更改、重新定义。

重新定义零部件之间装配关系的操作步骤如下：

(1) 在模型树上选择要重新定义装配关系的元件。

(2) 按下鼠标右键，在弹出的快捷菜单中选择【编辑定义】选项。

(3) 弹出【装配】操控板，在操控板中单击【放置】按钮，弹出【放置】下滑面板。

(4) 在【放置】下滑面板的【集】列表中选中需要删除的约束，按下鼠标右键，在弹出的快捷菜单选择【删除】选项，可以删除该约束。

(5) 在【放置】下滑面板的【集】列表中单击【新建约束】，【集】列表中弹出新约束，可以为装配添加新约束。

(6) 如果不想改变约束类型，只想重新选取参照，只需单击激活相应约束的【元件参照】收集器重新选取元件参照，或者单击激活相应约束的【组件参照】收集器重新选取组件参照即可。

(7) 重新定义完装配关系后，单击控制区的【应用】按钮，或者在图形区单击中键，即可完成装配关系的重新定义。

### 9.4.3 零件重新排序

在保证父子关系的前提下，用户可以在装配体中重新安排零件装配的顺序。

调整零件装配顺序的操作方法非常简单，具体步骤如下：

(1) 在模型树中选择需要改变装配顺序的零件。

(2) 按住鼠标左键，根据需要在模型树中向上或向下拖动鼠标。

(3) 在拖动鼠标的过程中，零件装配顺序动态改变，符合设计要求后，松开鼠标左键，即完成了对零件装配顺序的调整。

---

提醒：如欲将乙零件调整到甲零件之前，则乙零件不能参照甲零件上的参照装配，否则将无法调整装配顺序。

---

## 9.5 在装配界面中编辑零件

基于 Creo/Pro 5.0 的“全相关”的设计理念，零件与装配体之间是相互关联的，也就是说，对零件的任何修改都会引起装配体的改变，同样，在装配体中对零件进行的修改同样也反映到零件上。

### 9.5.1 显示零件特征

在装配界面下，用户可以通过对模型树的设置让零件的所有特征都显示在模型树中，以便于编辑、修改零件，具体步骤如下。

(1) 单击模型树中的【设置】按钮，弹出的命令列表如图 9-65 所示。

(2) 选择【树过滤器】选项 树过滤器(F)...，弹出【模型树项目】对话框，如图 9-66 所示。

(3) 在【显示】选项组选中【特征】复选框。

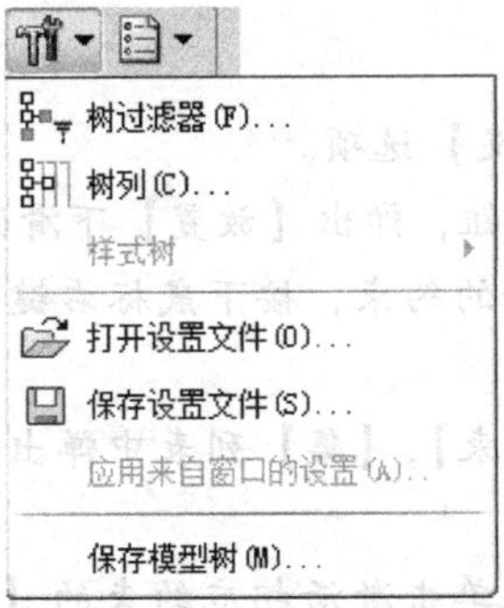


图 9-65 模型树显示命令列表

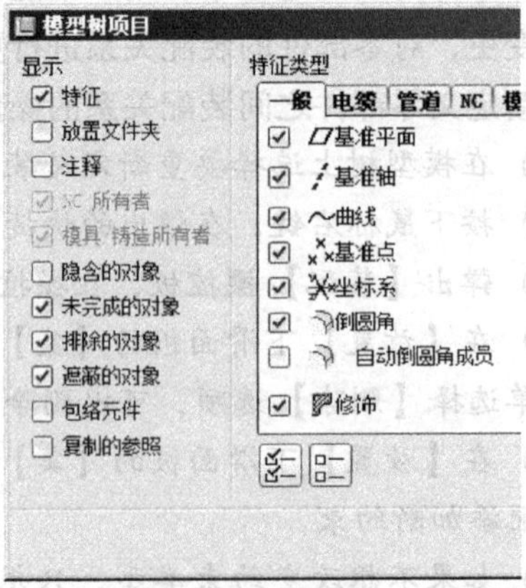


图 9-66 【模型树项目】对话框

提醒：在【显示】选项组中，选中的项目都会显示在模型树中，因此，可以通过选中所需的项目，达到显示和隐藏部分模型树项目的目的。

(4) 单击【模型树项目】对话框中的【应用】按钮，使【模型树项目】所做的更改生效，此时模型树显示的项目发生了变化，图 9-67 所示为显示零件特征前后的模型树对比。

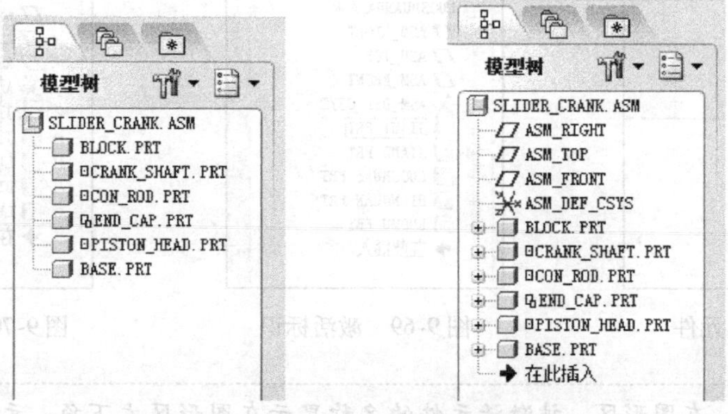


图 9-67　显示零件特征前后的模型树对比

(5) 单击【确定】按钮，关闭【模型树项目】对话框，完成模型树项目设置。

## 9.5.2　编辑修改零件

在装配环境下完成对零件编辑、修改后，系统会自动更新和该零件相关的“零件”和“工程图”文件。在模型树选中要修改的零件，按下鼠标右键，在弹出的快捷菜单中选择【打开】选项，可以在单独的窗口中打开零件，对零件进行编辑和修改，完成后保存文件，关闭零件窗口，则装配窗口中的该零件也已修改完成。除此之外，在装配界面下可直接编辑、修改零件。

本节主要讲述如何在装配环境下编辑、修改零件。

1. 编辑零件特征尺寸

显示装配体各零件的特征后，若要编辑零件特征的尺寸，可以在模型树中选择该特征，然后按下鼠标右键，在弹出的快捷菜单中选择【编辑】选项，调出特征尺寸，进行修改即可。修改完成后，单击【编辑】工具栏中的【再生】按钮再生模型，即可按照尺寸新尺寸修改模型。

2. 修改零件特征形状

如果要修改零件中某个特征的形状，在模型树选中该特征，然后按下鼠标右键，在弹出的快捷菜单中选择【编辑定义】命令，会弹出该特征的操控板或者定义该特征的对话框，按照前面零件中讲解的方法修改特征形状即可。

3. 为零件添加特征

仅仅编辑、修改特征的尺寸和形状是不够的，在很多情况下，用户希望能够在装配环境下直接对零件进行二次建模，为零件添加新特征或者其他模型数据。在 Creo/Pro 5.0 中，用户可以通过以下的操作方法可以为元件添加特征和模型数据，具体步骤如下：

(1) 在模型树中或者图形区选择需要添加特征的元件，按下鼠标右键，在弹出的快捷菜单中选择【激活】选项，如图 9-68 所示。

(2) 选中的元件被激活，将模型焦点切换到该元件上，该元件在模型树中的标识转换为活动模型的标识，其右下侧有一绿色的菱形，如图 9-69 所示。

(3) 对被激活的零件添加新特征或者进行其他模型数据的创建，直至对该元件的编辑完成。

(4) 在模型树中选择装配体，按下鼠标右键，在弹出的快捷菜单中选择【激活】选项，将模型焦点转换到装配体，否则无法编辑装配体，如图 9-70 所示。

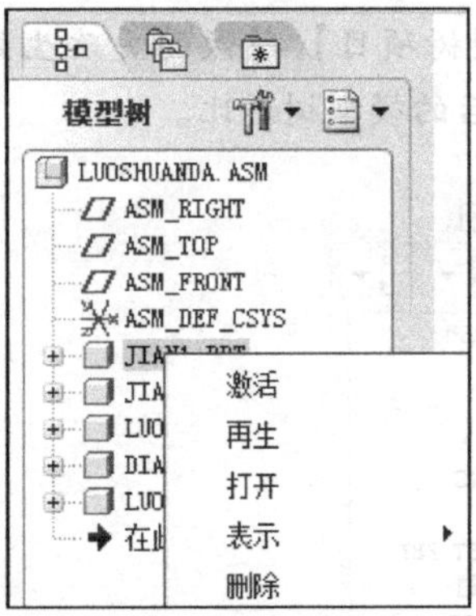


图 9-68 激活元件

图 9-69 激活标识

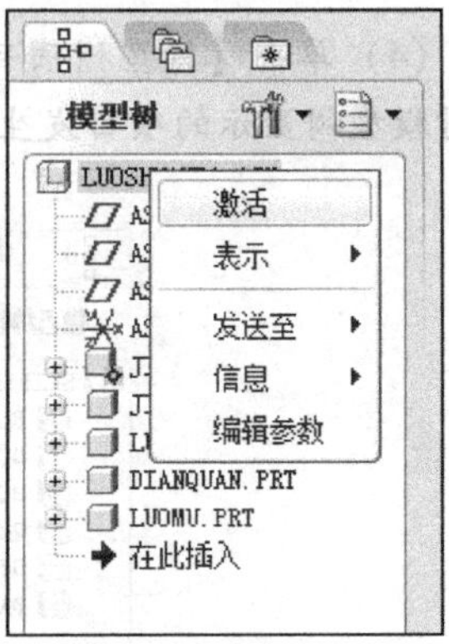


图 9-70 激活装配体

提醒：在图形区，被激活元件的名称显示在图形区左下角。元件或子组件一旦被激活，即可添加特征、重定义特征、编辑关系和族表以及执行对活动零件的某些设置操作。

**【例 9-5】** 修改螺栓装配图中“jian1”的长度尺寸为 100，并在其右端添加一半圆槽，半圆槽的半径为 12，如图 9-71 所示。

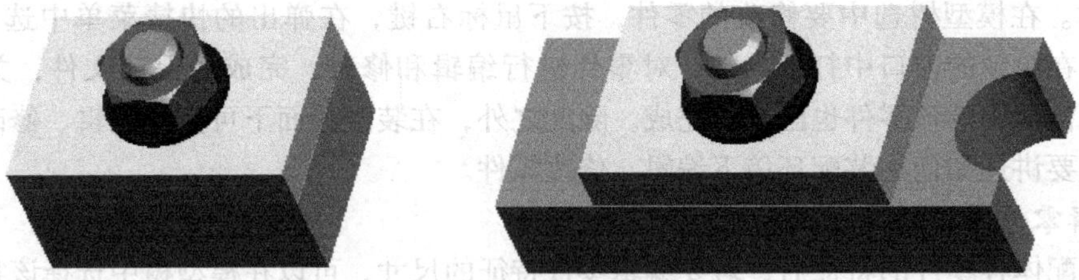

图 9-71 修改装配图中的零件

## 设计步骤

(1) 打开文件“……\ liti9-5 \ luoshuan.asm”，模型显示如图 9-71 左图所示。

(2) 利用 9.5.1 讲述的步骤在模型树中显示装配零件的特征，此时模型树如图 9-72 所示。

(3) 选择“jian1.prt”零件的特征“拉伸 1”，按下鼠标右键，在弹出的快捷菜单中选择【编辑】选项，图形区显示“拉伸 1”的所有参数。

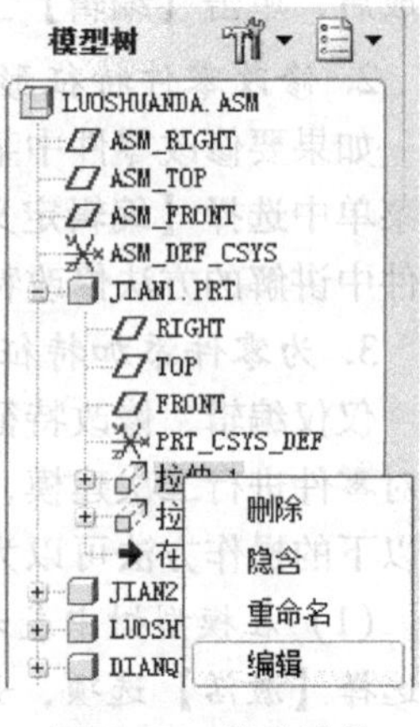


图 9-72 显示零件特征的模型树

(4) 在长度尺寸 60 上双击，在出现的组合框中输入新的长度值为“100”，如图 9-73 所示。在图形区单击鼠标中键接受该值。

(5) 单击【编辑】工具栏中的【再生】按钮再生模型，模型按照新尺寸被修改，如图9-74所示。

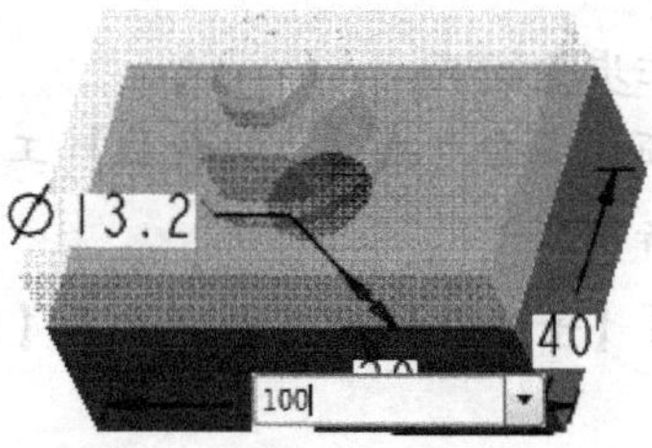


图9-73 修改特征尺寸

图9-74 完成尺寸修改

提醒：也可以在调出特征尺寸之后，在模型上选中需要修改的特征尺寸，按下鼠标右键，在弹出的快捷菜单中选择【值】选项，在出现的组合框中输入新的尺寸值，然后按〈Enter〉键确认。

(6) 在模型树选中“jian1. prt”，按下鼠标右键，在弹出的快捷菜单中选择【激活】选项，将模型焦点切换到该件1上，模型树中该零件标识的右下角有一绿色的菱形，装配体中其余零件半透明显示。

(7) 单击【基础特征】工具栏中的【拉伸】按钮，弹出【拉伸】操控板，在对话栏中单击【移除材料】按钮，使其处于按下状态。

(8) 单击【放置】按钮，在弹出的【放置】下滑面板中单击【定义】按钮，弹出【草绘】对话框。

(9) 在图形区选择件1上表面作为草绘平面，其余草绘属性使用默认设置，单击【草绘】按钮进入草绘环境，设置右端面为参照，绘制截面如图9-75所示。

(10) 单击【草绘器工具】工具栏中的【完成】按钮，回到建模环境。

(11) 在对话栏中，修改拉伸深度类型为【穿透】，预览模型，如图9-76所示。

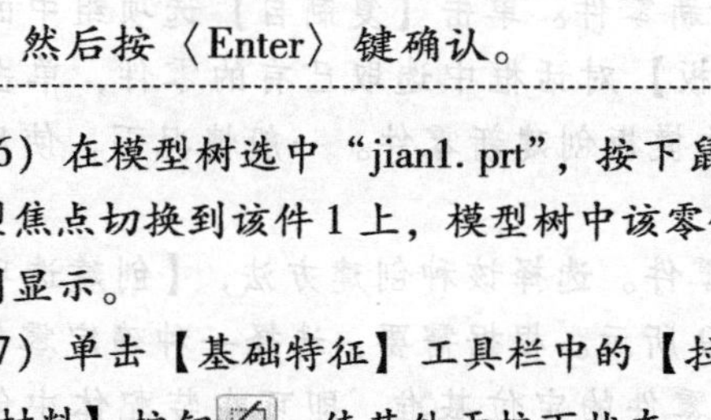


图9-75 草绘截面



图9-76 预览模型

(12) 在图形区单击鼠标中键，完成右侧半圆槽，此时“jian 1”的模型树上新添加了一个名为“拉伸2”的特征。

(13) 在模型树选择“luoshuan. asm”，按下鼠标右键，在弹出的快捷菜单选择【激活】选项，将焦点重新改为装配体。

### 9.5.3 在装配体中创建新零件

Creo/Pro 5.0 允许用户在装配体中创建新的零件，操作步骤如下：

(1) 选择菜单栏中的【插入】|【元件】|【创建】选项，或者单击【工程特征】工具栏中的【创建】按钮，弹出【元件创建】对话框，如图 9-77 所示。

(2) 在【类型】选项组中单击【零件】单选按钮，在【子类型】选项组中单击【实体】单选按钮，在【名称】文本框中输入新建零件的名称。

提醒：【类型】选项组列举了所有可以在装配体中创建的新元件的类型；【子类型】选项组列举了每一类元件下所包含的子类型。

(3) 单击【确定】按钮，弹出【创建选项】对话框，如图 9-78 所示。

(4) 在【创建选项】对话框的【创建方法】选项组内列举了 4 种创建新零件的方法。

● 复制现有：通过复制现有的零件特征来创建新零件。单击【复制自】选项组中的【浏览】按钮，出现【选择模板】对话框。在【选择模板】对话框中选取已有的零件，单击【打开】按钮进行复制，即可在装配体中以选中的零件为模板创建新零件。一般情况下，使用系统默认的“mmns_part_solid”模板创建新文件。

● 定位缺省基准：通过确定定位基准来创建新零件。选择该种创建方法，【创建选项】对话框中将出现【定位基准的方法】选项组，如图 9-79 所示。根据需要，选择一种确定零件定位基准的方法，然后按照选取的定位基准方法来确定零件的定位基准，即可在装配体中创建新零件。

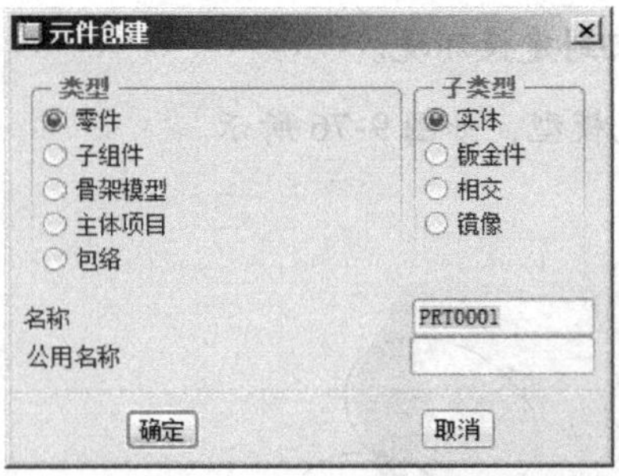


图 9-77 【元件创建】对话框

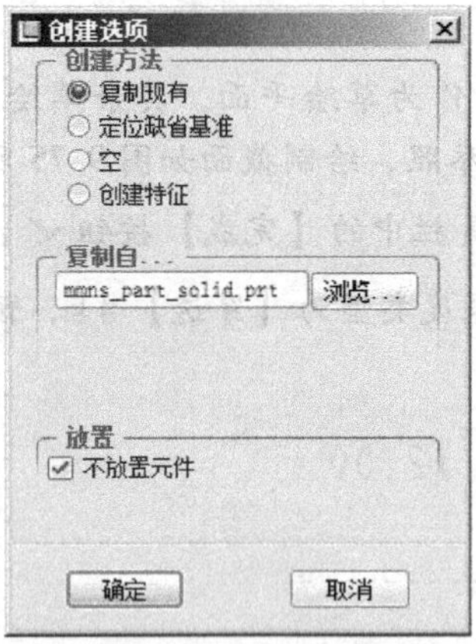


图 9-78 复制现有

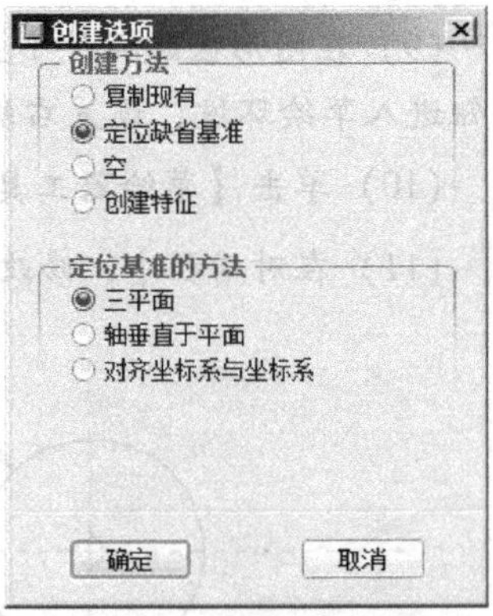


图 9-79 定位缺省基准

● 空：该方法将创建一个新的空零件。该空零件不含有任何的特征，只有零件名字。虽然在装配体图形区域中看不到该零件，但是其名字会出现在装配体的模型树中。

● 创建特征：通过创建第一特征来创建一个新零件。

(5) 选取一种创建方法后，单击【确定】按钮，就可以在装配体中创建新零件了。

## 9.6 装配体的分解

通常情况下，用户要完成的工作是将零部件装配在一起，构成一个有机的整体，以校验设计的合理性。但是，有时为了说明各零件之间的装配关系，或进行产品演示，需要将已经装配好的零件分解开来，生成爆炸图。在 Creo/Pro 5.0 中，通过【分解】工具，用户可以轻松地实现零部件的分解过程。

通常使用两种方法生成分解视图，即使用默认的分解视图和使用视图管理器创建分解视图。

选择菜单栏中的【视图】|【分解】|【分解视图】选项，即可生成系统默认的分解视图，但这种分解视图一般不够完善，不建议使用。

完成装配图后，使用视图管理器创建分解视图的过程如下：

（1）选择命令。选择菜单栏中的【视图】|【视图管理器】选项，或单击【视图】工具栏中的【视图管理器】按钮，弹出【视图管理器】对话框，选择【分解】选项，如图 9-80 所示，使用该对话框可以创建分解视图，其中红色箭头所指的分解状态为活动的分解状态。

（2）新建分解视图。在【视图管理器】对话框中单击【新建】按钮，在【名称】列表中出现用以定义新分解名的文本框，在其中输入新分解视图的名称，如“爆炸图”，按〈Enter〉键确认，红色箭头指向新的分解状态，如图 9-81 所示。

（3）编辑零件位置。在【视图管理器】对话框的【名称】列表中选择红色箭头所指的活动分解，单击【属性】按钮，【视图管理器】对话框变为如图 9-82 所示的样式。

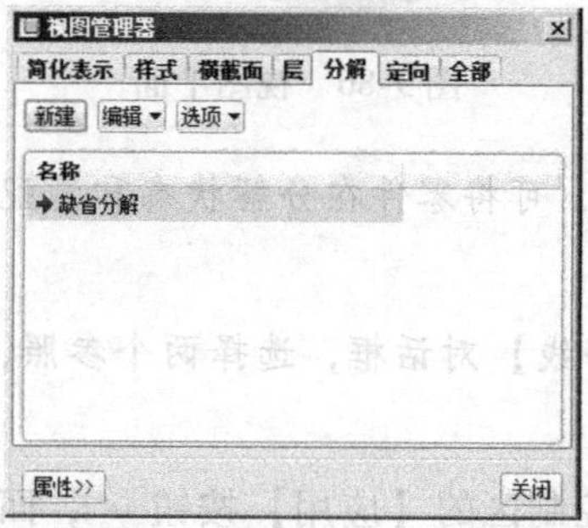


图 9-80　【视图管理器】对话框

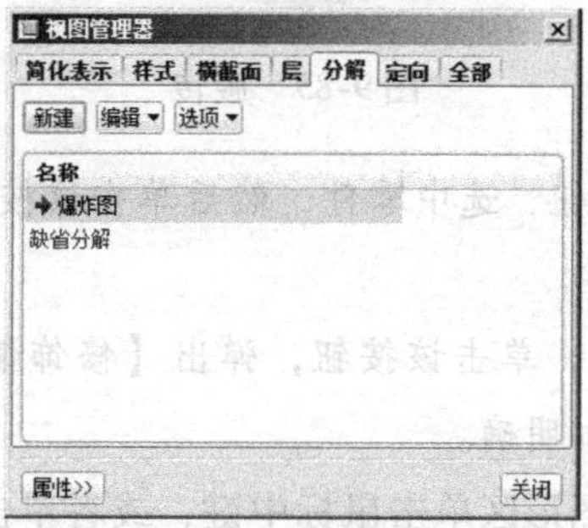


图 9-81　新建分解视图

图 9-82　定义分解位置

● ：【取消分解视图】按钮，单击该按钮，已经编辑好的分解视图重新回到装配状态，且该按钮变为【分解视图】按钮状态。

● ：【分解视图】按钮，单击该按钮，重新回到已经编辑好的分解视图状态，且该按钮变为【取消分解视图】按钮状态。

● ：【编辑位置】按钮，单击该按钮，弹出【编辑位置】操控板，如图 9-83 所示，使用其中的工具可编辑零件的位置。

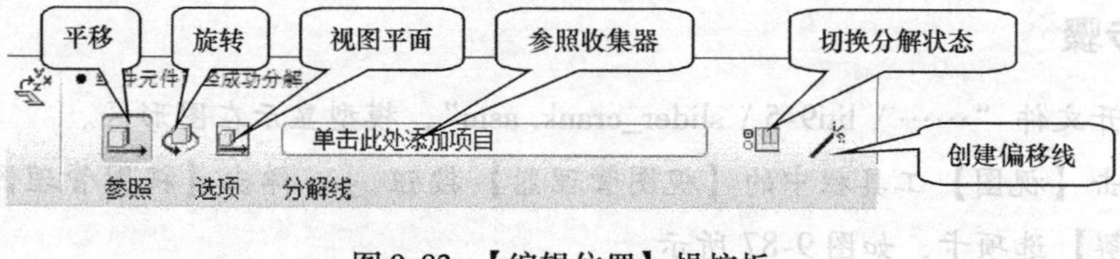


图 9-83　【编辑位置】操控板

【编辑位置】操控板的对话栏中几个工具按钮的功能如下：

- :【平移】按钮，单击该按钮，在图形区单击选中要编辑位置的零件，显示该零件的坐标系，鼠标指向某坐标轴，该坐标轴呈红色加亮显示，按住鼠标左键拖动到合适的位置，松开鼠标左键，此时该零件沿加亮的坐标轴发生位置变化，如图 9-84 所示。
- :【旋转】按钮，单击该按钮，其后的【参照】收集器处于淡绿色激活状态，在图形区选择基准轴或者直边作为参照，单击选中要旋转位置的零件，该零件上弹出作为旋转标志的白色方块，鼠标左键指向该方块，方块变为黑色，拖动鼠标左键可使零件绕参照轴旋转，到合适的位置松开鼠标左键，即可完成零件旋转位置的编辑，如图 9-85 所示。
- :【视图平面】按钮，单击该按钮，单击选中要编辑位置的零件，该零件上弹出作为平移标志的白色方块，鼠标左键指向该方块，方块变为黑色，拖动鼠标左键可使零件沿视图平面移动，到合适的位置松开鼠标左键，即可完成零件位置的编辑，如图 9-86 所示。

图 9-84　平移

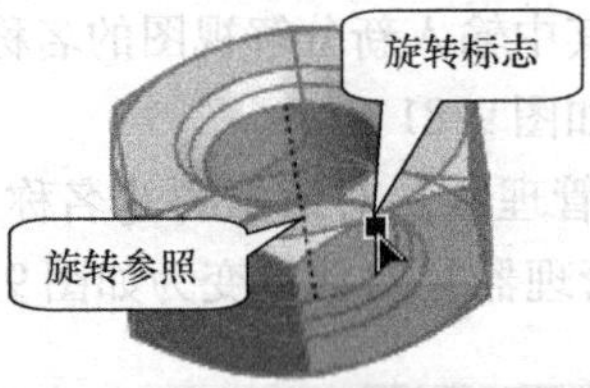


图 9-85　旋转

图 9-86　视图平面

- :【切换分解状态】按钮，选中零件，然后单击该按钮，可将零件在分解状态和装配状态之间切换。
- :【创建偏移线】按钮，单击该按钮，弹出【修饰偏移线】对话框，选择两个参照，定义修饰偏移线，使装配关系更加明确。

编辑好各零件的位置后，在图形区单击鼠标中键，或者单击控制区的【应用】按钮，回到【视图管理器】对话框。

(4) 保存分解状态。在【视图管理器】对话框中单击【切换至垂直视图】按钮，回到垂直视图状态，此时刚才编辑的分解视图后有（+）标志，表明该状态没有保存。选中该状态，按下鼠标右键，在弹出的快捷菜单中选择【保存】选项，弹出【保存显示元素】对话框，直接单击【确定】按钮即可保存该分解状态。在【视图管理器】对话框中单击【关闭】按钮，关闭对话框。

(5) 保存分解文件。选择菜单栏中的【文件】|【保存副本】选项，改名保存后弹出【组件保存为副本】对话框，在其中单击【保存副本】按钮，即可保存分解文件。

**【例 9-6】** 利用“slider_crank. asm”文件，练习分解零件。

## 设计步骤

(1) 打开文件“……\ liti9-5 \ slider_crank. asm”，模型显示在图形区。

(2) 单击【视图】工具栏中的【视图管理器】按钮，弹出【视图管理器】对话框，切换至【分解】选项卡，如图 9-87 所示。

(3) 单击【新建】按钮，在【名称】列表中出现文本框，在其中输入“爆炸图”，按〈Enter〉键确认，红色箭头指向【爆炸图】分解状态，如图 9-88 所示。

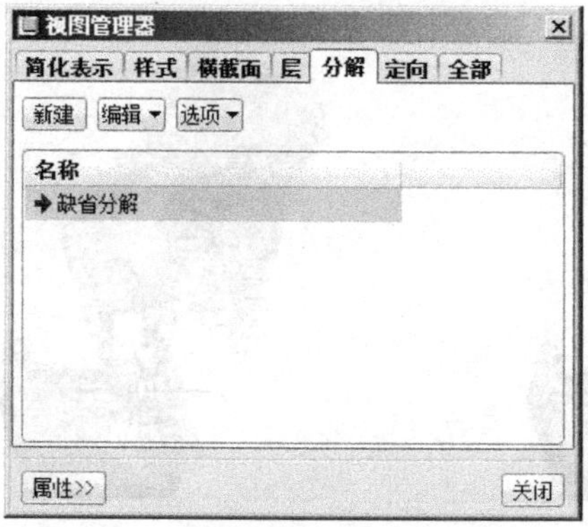


图 9-87 【视图管理器】对话框

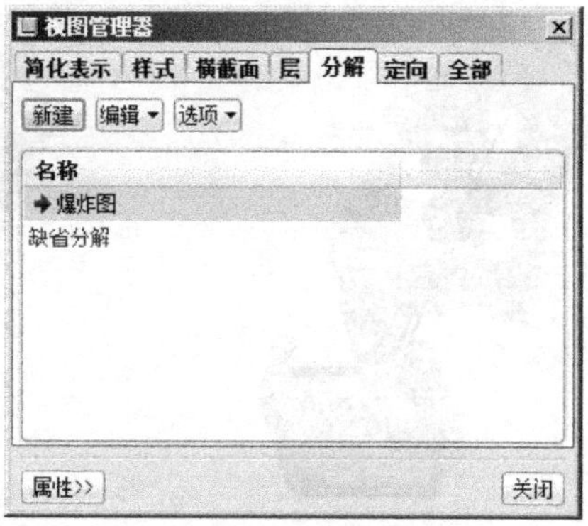


图 9-88 新建分解状态

(4) 单击【属性】按钮，【视图管理器】对话框变为如图 9-89 所示的样式。

(5) 单击【编辑位置】按钮，弹出【编辑位置】操控板，在对话栏中单击【平移】按钮。

(6) 在图形区选择“block. prt”零件，该零件呈加亮显示，且显示坐标系，鼠标指向 Y 轴，Y 轴红色加亮，如图 9-90 所示。

(7) 按住鼠标左键向上拖动，到合适的位置松开鼠标左键，此时该零件沿 Y 轴移动到新位置，如图 9-91 所示。

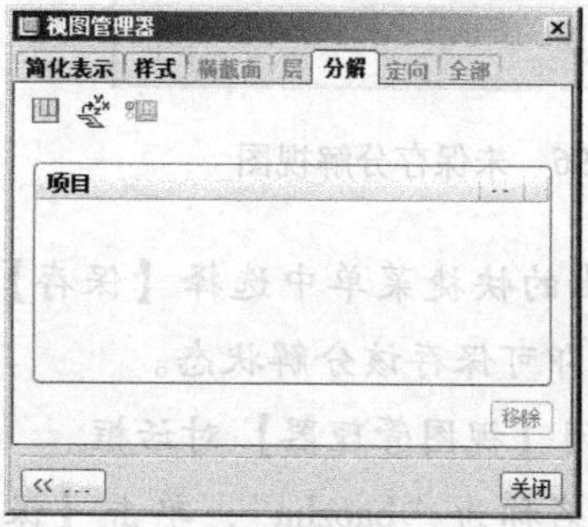


图 9-89 【视图管理器】对话框

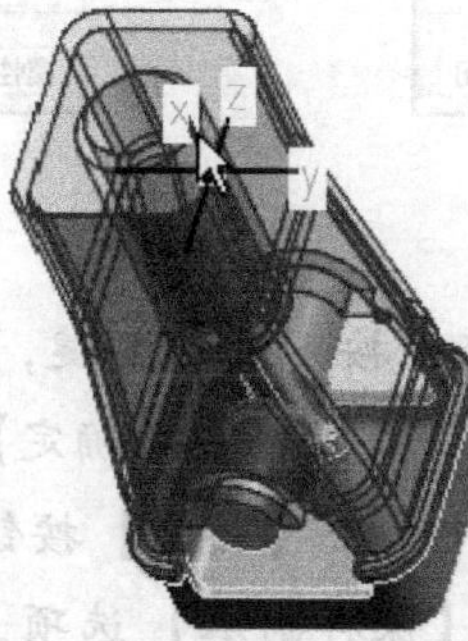


图 9-90 鼠标指向坐标轴

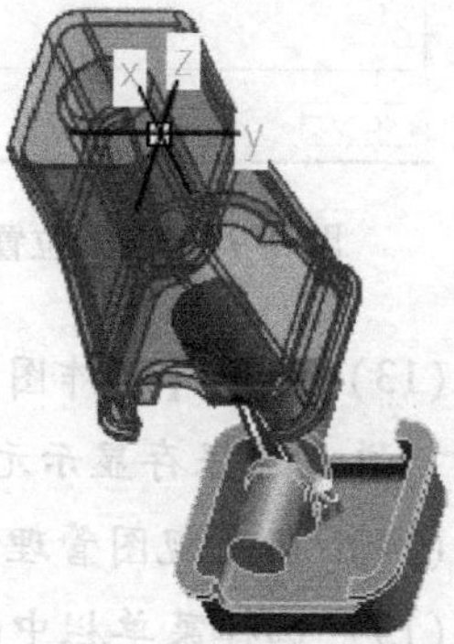


图 9-91 移动后的 blcok

(8) 按照步骤 (6) ~ 步骤 (7) 将“piston_head. prt”向上移动到合适的位置，如图 9-92所示。

(9) 按照步骤 (6) ~ 步骤 (7) 将“con_rod. prt”向上移动到合适的位置，如图 9-93 所示。

(10) 按照步骤 (6) ~ 步骤 (7) 将“crank_shaft. prt”向上移动到合适的位置，如图 9-94所示。

(11) 在图形区单击鼠标中键，完成零件的位置编辑，此时【视图管理器】对话框如图 9-95 所示。

(12) 在【视图管理器】对话框中单击【切换至垂直视图】按钮 << ... ，回到垂直视图状态，此时刚才编辑的分解视图后有 (+) 标志，表明该状态没有保存，如图 9-96 所示。

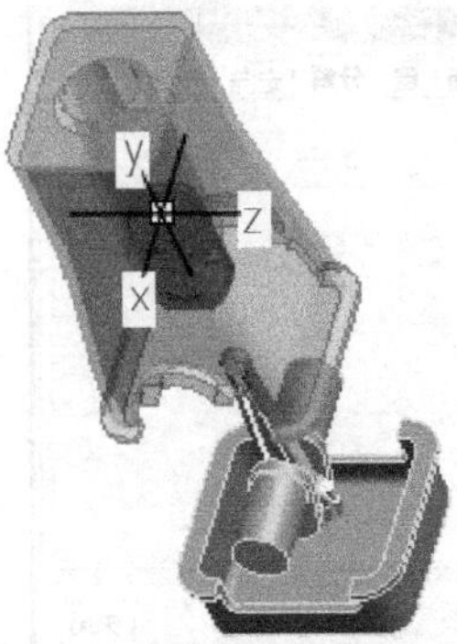


图 9-92　移动后的 piston_head

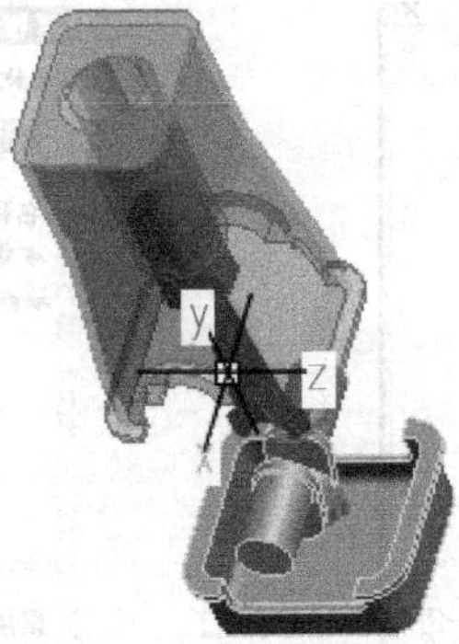


图 9-93　移动后的 con_rod

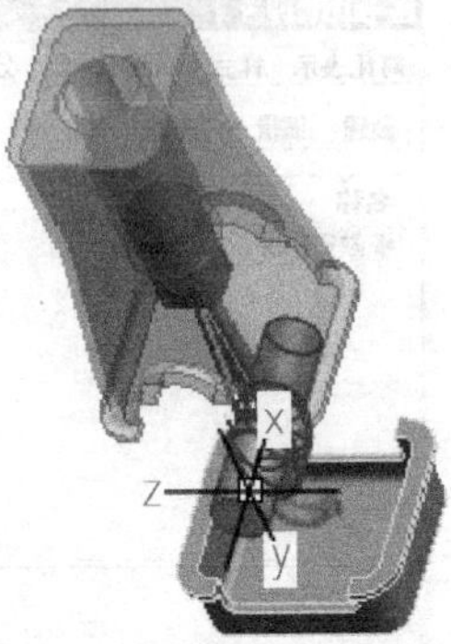


图 9-94　移动后的 crank_shaft

图 9-95　编辑位置后的对话框

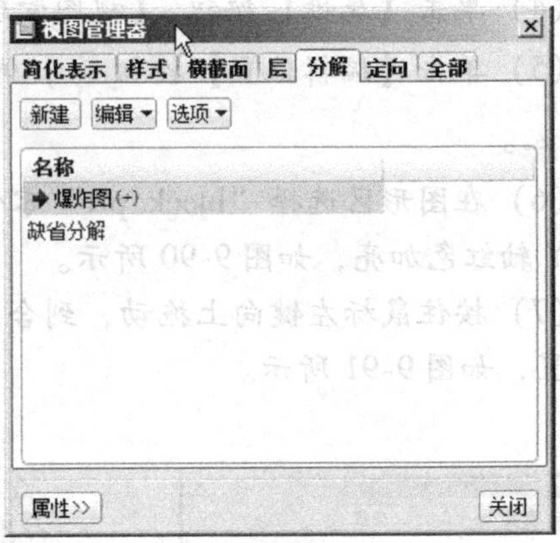


图 9-96　未保存分解视图

(13) 选中【爆炸图（+）】状态，按下鼠标右键，在弹出的快捷菜单中选择【保存】选项，弹出【保存显示元素】对话框，直接单击【确定】按钮即可保存该分解状态。

(14) 在【视图管理器】对话框中单击【关闭】按钮，关闭【视图管理器】对话框。

(15) 选择菜单栏中的【文件】|【保存副本】选项，修改名称为“baozha”，单击【保存】按钮，弹出【组件保存为副本】对话框，在其中单击【保存副本】按钮，保存分解文件。

(16) 关闭窗口，拭除不显示。

在产品展示、工作原理的说明和演示工作中，分解视图是一种极其有用和直观的表现方式，可以让用户迅速了解装配体的组成和装配关系等各项内容。

## 9.7　本章小结

通过本章学习，读者应该掌握创建装配体的步骤和基本的操作过程，应对元件约束的类型和使用范围有了一定的了解和认识，应熟悉了装配体设计的基本流程和操作。学完本章内容后，读者可以快速、准确地创建并完成装配体的装配。另外，本章还讲述了在装配界面下修改编辑零件以及创建新零件的方法。

## 9.8　习题

1. 概念题

（1）如何创建一个新的装配体？

（2）何谓元件？如何向装配体内添加元件？

（3）简述装配体建立的一般过程。

（4）放置约束有哪几种类型？

2. 操作题

（1）使用文件夹"\ 习题 \ 第 9 章 \ xiti9-2-1"中的零件完成如图 9-97 的手压阀装配图，并生成如图 9-98 所示的分解视图。

图 9-97　手压阀装配图

图 9-98　手压阀分解视图

（2）使用文件夹"\ 习题 \ 第 9 章 \ xiti9-2-2"中的零件完成如图 9-99 所示的虎钳装配图并生成如图 9-100 所示的分解视图。

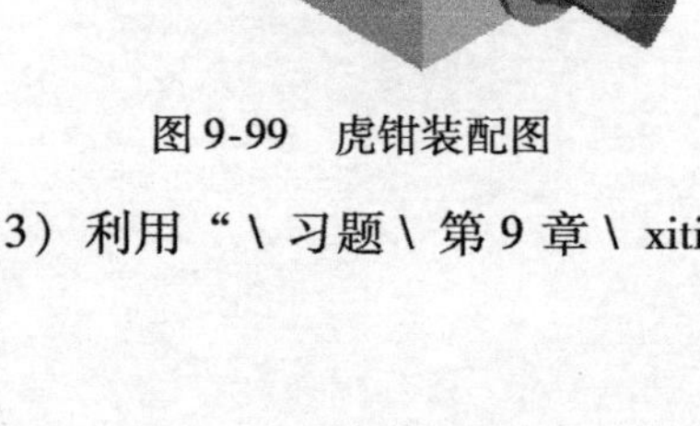

图 9-99　虎钳装配图

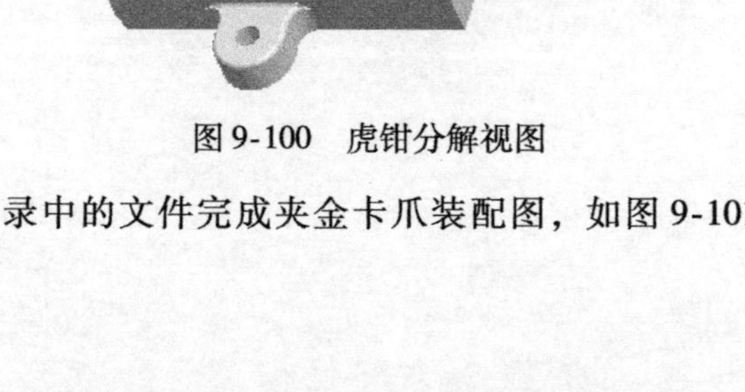

图 9-100　虎钳分解视图

（3）利用"\ 习题 \ 第 9 章 \ xiti9-2-3"目录中的文件完成夹金卡爪装配图，如图 9-101 所示。

（4）利用“\ 习题\ 第 9 章\ xiti9-2-4”目录中的文件完成如图 9-102 所示的分解视图。

图 9-101 夹金卡爪装配图

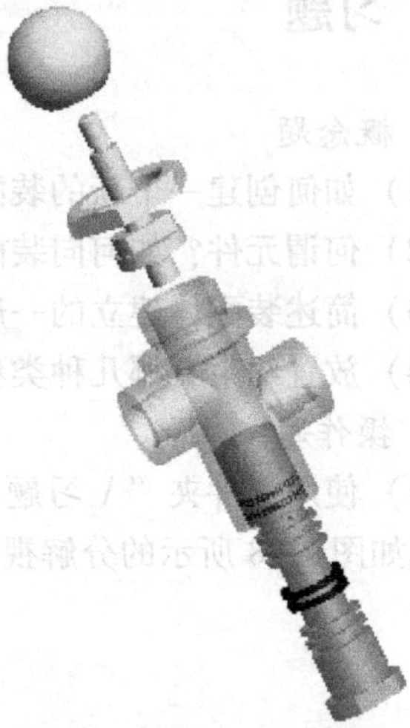

图 9-102 分解视图

# 第10章 工 程 图

使用Creo/Pro 5.0的强大功能可以直接建立三维模型，形象直观，这对机械设计来说无疑是划时代的进步。但在生产实践中，往往要把立体图转化为工程图。工程图是进行生产加工和技术交流的一个重要工具，它不仅直接用于指导现场加工，而且也是表达设计者设计思想的重要技术文件。在生产和设计部门，工程图被誉为“工程师的语言”。本章主要讲授工程图的制作和细化。

**【本章重点】**

- 各种工程图的制作方法。
- 工程图配置文件的制作方法。
- 工程图尺寸标注方法。
- 工程图各种技术要求的注法。

## 10.1 创建工程图模板

图纸（图样）在工程设计中占有很重要的地位，每个国家、每个单位的图纸格式有所不同，用户通常依据自己公司的要求制作图纸（图样）格式，作为标准格式在工程图中使用。本节讲述图纸格式文件和图纸文件及模板的创建。

### 10.1.1 新建工程图

新建工程图的步骤如下：

1. 新建工程图文件

(1) 选择菜单栏中的【文件】|【新建】选项，或者单击【文件】工具栏中的【新建】按钮，弹出如图10-1所示的【新建】对话框。

(2) 在【新建】对话框中的【类型】选项组中单击【绘图】单选按钮。

(3) 在【名称】文本框内输入文件名，取消【使用缺省模板】复选框的选中，单击【确定】按钮，弹出如图10-2所示的【新建绘图】对话框。

---

提醒：一般情况下，在创建工程图时不使用缺省模板，因为这些缺省模板大多不符合国家标准，需要用户自己制作适合国家标准的模板以备使用。

---

2. 设置工程图零件和图纸格式

(1) 指定零件。如果有零件窗口处于活动状态，系统会在【缺省模型】文本框中直接显示该模型的名称作为工程图的零件文件；用户也可以单击【浏览】按钮，弹出【打开】对话框，在其中选择已有的文件作为工程图的零件文件。

(2) 指定图纸模板。在【新建绘图】对话框中单击【空】单选按钮，对话框如图10-2所示，这是【新建绘图】对话框的默认设置。用户在【方向】选项组中可以根据零件的形式和结构设定标准图纸的放置方向，【纵向】指图纸竖放，【横向】指图纸横放，选择此两项后，可以在【标准大小】下拉列表框中选择标准图纸；也可以选择【可变】选项自定义图纸的单位制和大小，如图 10-3 所示。单位制可以通过单击【英寸】或【毫米】单选按钮来设定，图纸的宽度可以在【宽度】文本框中设置，图纸的高度可以在【高度】文本框中设置。

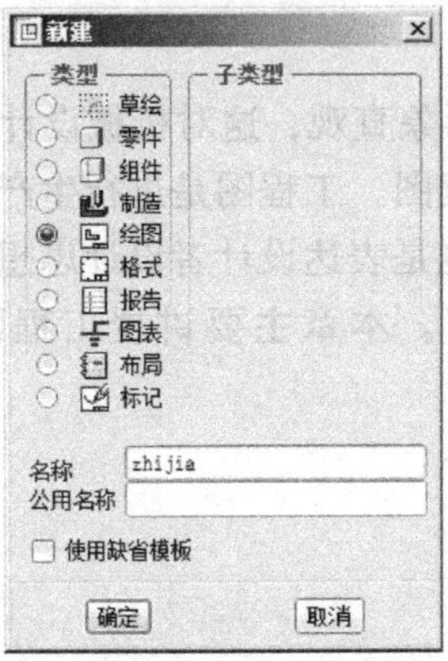


图 10-1 【新建】对话框

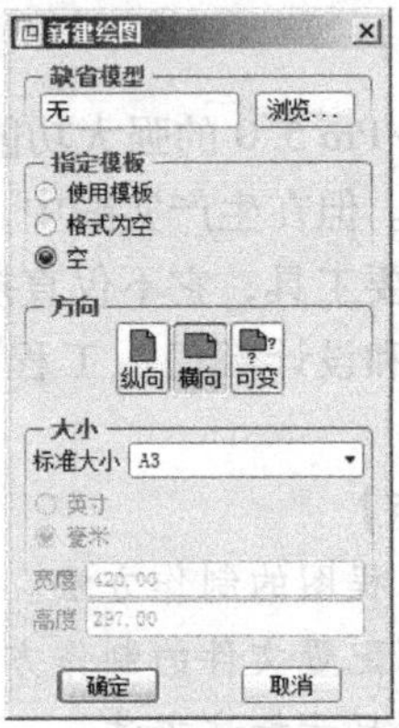


图 10-2 【新建绘图】对话框

单击【使用模板】单选按钮，【新建绘图】对话框如图 10-4 所示。用户可以在【模板】选项组中根据零件的尺寸大小选定工程图使用的模板文件；可以单击【浏览】按钮，在弹出的【打开】对话框中选择合适的模板文件（*.drw）；也可以在【模板】列表中直接选择系统自带的模板文件。

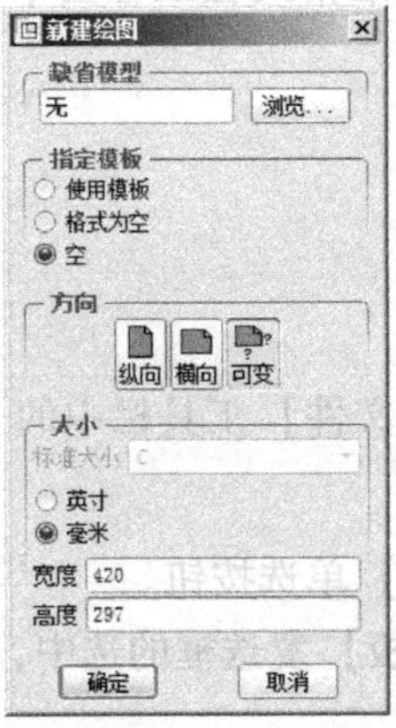


图 10-3 设定图纸单位制和大小

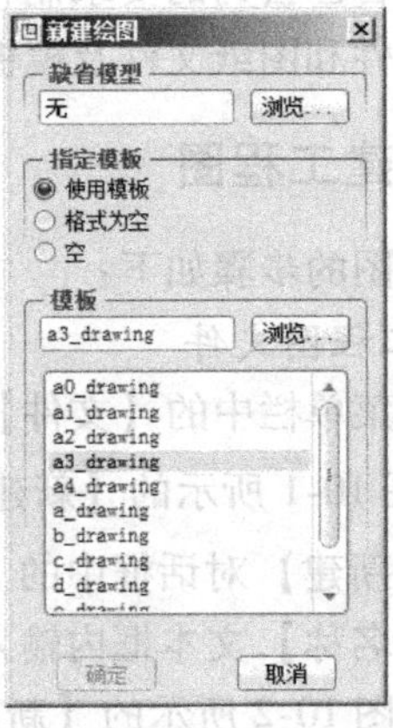


图 10-4 使用模板的【新建绘图】对话框

单击【格式为空】单选按钮，【新建绘图】对话框如图 10-5 所示。在【新建绘图】对话框下部弹出【格式】选项组，若首次使用此项，则【格式】下拉列表框中没有任何格式文件，单击【浏览】按钮，弹出【打开】对话框，从中可以选择合适的格式文件（*.frm）或草绘文件（*.sec），如图 10-6 所示，单击【打开】按钮，回到【新建绘图】对话框。

（3）进入工程图界面在【新建绘图】对话框中单击【确定】按钮，进入工程图界面，如图 10-7 所示。

这里使用的是【指定模板】选项组，在【方向】选项组中选择【横向】选项，在【大小】选项组的【标准大小】下拉列表框选择【A3】选项。

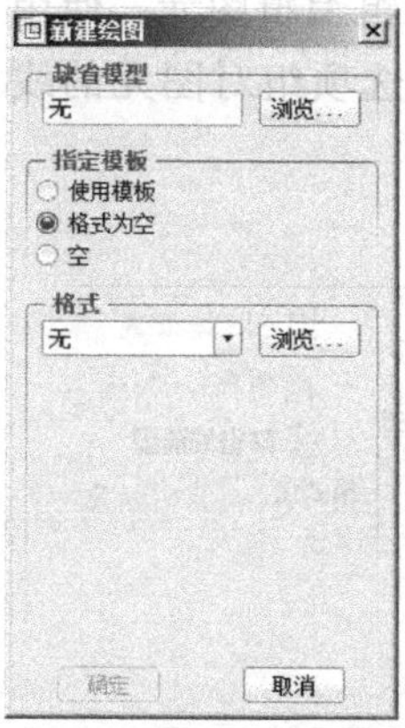


图 10-5　格式为空

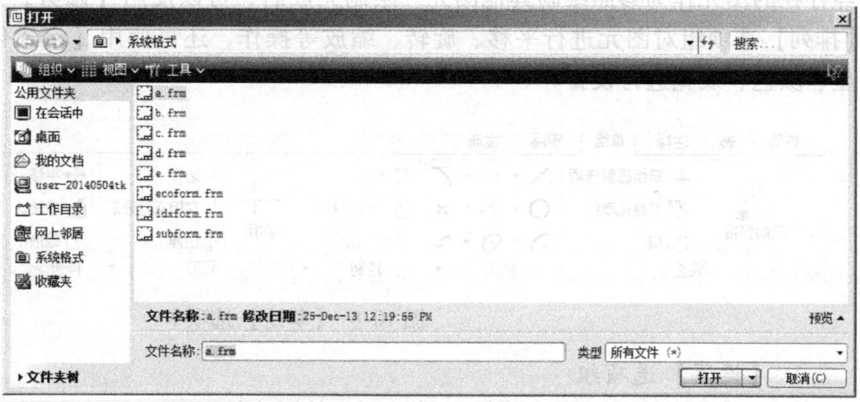


图 10-6　选择格式文件

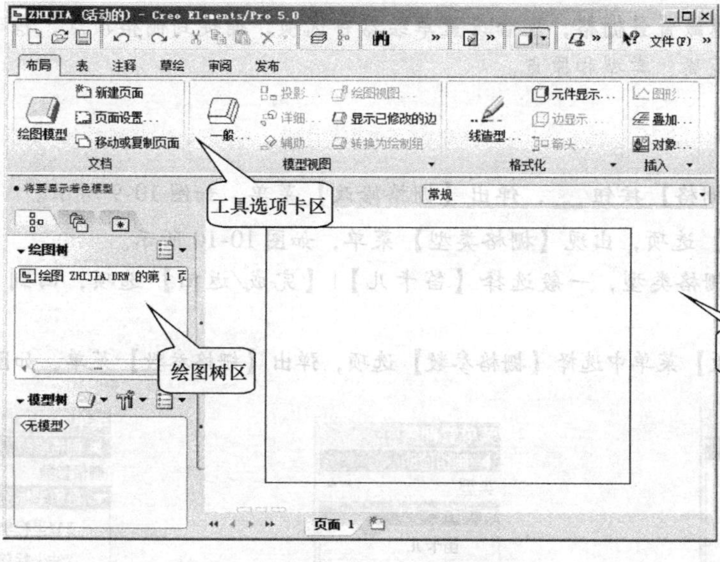


图 10-7　工程图界面

## 10.1.2　工程图界面

工程图界面如图 10-7 所示，其中有工具选项卡区、绘图树区和图形区 3 个较大区域。

工具面板区有布局、表、注释、草绘、审阅和发布 6 个选项卡，图 10-7 中显示的是【布局】选项卡，该选项卡可以用来生成模型的视图。使用【表】选项卡可以创建表格，使用【注释】选项卡可以对生成的工程图进行细化，标注尺寸、注写技术要求和形位公差，使用【草绘】选项卡可以在视图中草绘图线。

## 10.1.3　【草绘】选项卡

对于 Creo/Pro 5.0 的工程图而言，其草绘功能用处不多，只是用于绘制使用投影生成视图时缺失的线，或者标注定位尺寸时缺少的中心线。

在工程图界面中，切换至【草绘】选项卡，如图 10-8 所示。草绘图线时，首先使用【设置】选项组中设置辅助绘图工具，而后使用【插入】选项组中草绘各种图形。草绘某种图元时，【控制】选项组中会出现不同的控制工具，以便精确绘图，并弹出【参照】对话框，可以选取已经存在的图元作为参照绘制其他图元。绘制完成后，可以使用【修剪】选项组编辑图元，使用【排列】选项组对图元进行平移、旋转、缩放等操作，还可使用【格式化】选项组对图元的线型、颜色、线宽进行设置。

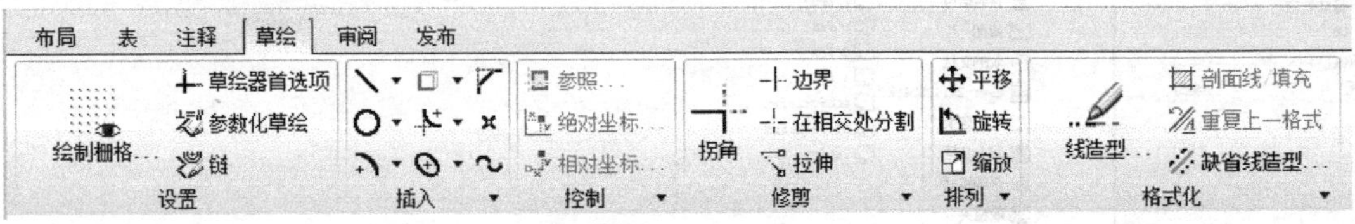


图 10-8 【草绘】选项卡

1. 【设置】选项组

【设置】选项组用以设置草绘的首选项。其用法如下：

● 【绘制栅格】按钮：单击【绘制栅格】按钮，弹出【栅格修改】菜单。通过设置可以使图形区显示或隐藏背景栅格，配合设置草绘器首选项，捕捉到栅格顶点，精确画图，并且可以设置背景栅格的距离、类型和原点。

## 设置绘制栅格

（1）单击【绘制栅格】按钮，弹出【栅格修改】菜单，如图 10-9 所示。

（2）选择【类型】选项，出现【栅格类型】菜单，如图 10-10 所示。

（3）在其中设置栅格类型，一般选择【笛卡儿】|【完成/返回】选项，回到【栅格修改】菜单。

（4）在【栅格修改】菜单中选择【栅格参数】选项，弹出【栅格参数】菜单，如图 10-11 所示。

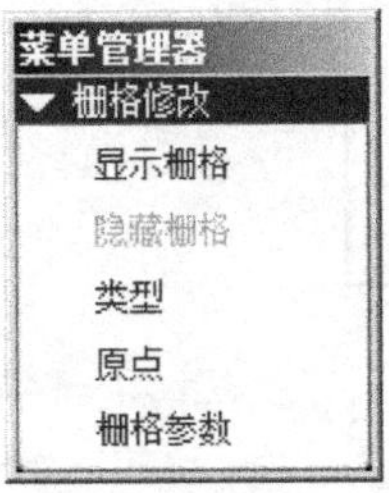


图 10-9 【栅格修改】菜单

图 10-10 【栅格类型】菜单

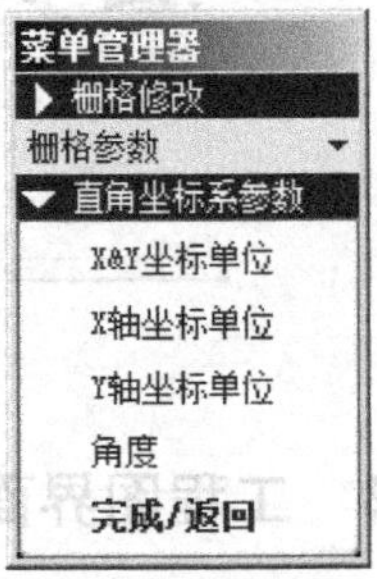


图 10-11 【栅格参数】菜单

（5）一般设置 X 和 Y 向的栅格间距相等，故选择【X&Y 坐标单位】选项，此时系统提示“输入新的栅格间距”，在其后的组合框中输入新的栅格间距值后，按〈Enter〉键确认，重新回到【栅格参数】菜单。

（6）在【栅格参数】菜单中选择【完成/返回】选项，重新回到【栅格修改】菜单，选择【显示栅格】选项，则图形区显示以设定距离为间距的背景栅格。

（7）如欲隐藏背景栅格，在【栅格修改】菜单中选择【隐藏栅格】选项即可，然后在图形区单击鼠标中键，完成栅格设置。

● 【草绘器首选项】按钮 草绘器首选项：单击该按钮，弹出【草绘首选项】对话框，如图 10-12 所示，在其中设置草绘图元时可以捕捉到的参照，用户可以根据具体情况选用。在【角度】捕捉工具后的组合框中修改角度值，可以设置画线时捕捉到的角度线；在【半径】捕捉工具后的组合框中修改距离值，可以设置画圆时捕捉到的圆半径。

● 【链草绘】按钮：单击该按钮，启用【链草绘】工具，可以使用一次绘图命令，连续该类绘制图元。一般绘图时，启用该工具。也可通过在【草绘首选项】对话框选中【链草绘】复选框完成。

● 【参数化草绘】按钮：单击该按钮，启用【参数化草绘】工具，在草绘时，可以参数化方式使绘制图元与模型几何或其他绘制图元相关。如果以参数化方式设立绘制图元相关性，则对其参照所做更改将导致绘制几何发生变化。一般绘图时，启用该工具。也可通过在【草绘首选项】对话框选中【参数化草绘】复选框完成。

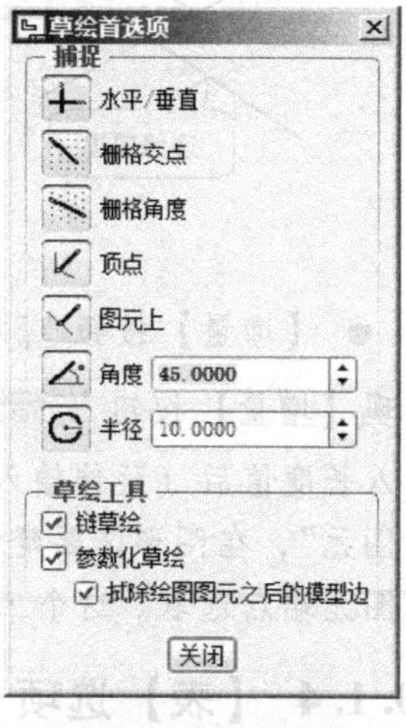


图 10-12 【草绘首选项】对话框

2. 【插入】选项组

使用【插入】选项组中的各种按钮可以草绘各种图元，最常用的有【直线】按钮和【圆】按钮。当选择草绘工具后，弹出【参照】对话框，单击【选取参照】按钮，可以在视图上选取参照，完成参照选取后，在图形区单击鼠标中键结束参照选取，继续草绘图元，则参照图元的上的特殊点将作为绘图参照。

在图形区单击鼠标中键，可以结束绘制图元，再次在图形区单击鼠标中键，可以关闭【参照】对话框，完成草绘。

【插入】选项组中各按钮可参照草绘模块各按钮的用法操作，此处不再赘述。当选择某种草绘工具后，【控制】选项组中的【绝对坐标】按钮 绝对坐标... 和【相对坐标】按钮 相对坐标... 可用，可以单击该按钮，在出现的坐标输入框中输入点的坐标精确绘图，且上次绘制的图元自动作为当前绘制图元时的参照。

3. 【修剪】选项组

【修剪】选项组中整合了修剪图元的工具，最重要的一个工具是【增量】按钮 增量。【修剪】选项组中各工具的用法如下：

● 【拐角】按钮：单击该按钮，在图形区按住〈Ctrl〉键选择要产生拐角的两个图元，可以使两个图元在相交位置产生拐角，自动修剪掉多余的线段，或者自动延伸到拐角，如图 10-13 所示。

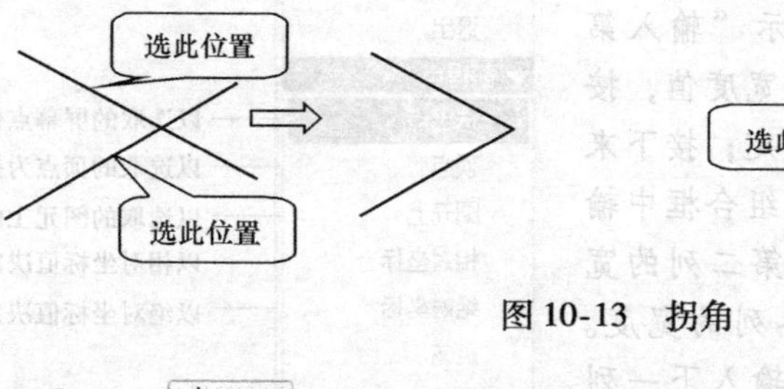


图 10-13　拐角

● 【边界】按钮 边界：单击该按钮，根据提示在图形区先选择边界边，然后选取被修剪或延伸的对象，则被修剪的对象，只保留边界一侧（保留的部分为选择被修剪对象位置所在的部分），被延伸的对象延伸到边界，如图 10-14 所示。

● 【在相交处分割】按钮 边界：单击该按钮，在图形区按住〈Ctrl〉键选择两相交图元，可以将两个图元在交点处彼此分割为两条线段。

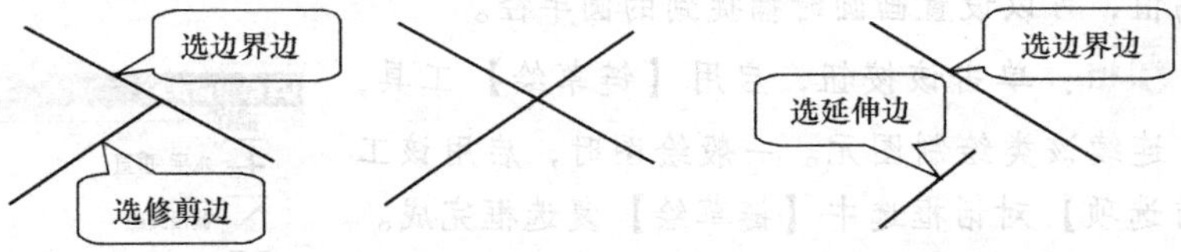


图 10-14　修剪和延伸

● 【增量】按钮 增量：单击【修剪】选项组中的 按钮，在展开的【修剪】选项组中出现【增量】按钮 增量。单击该按钮后，系统提示“输入增量的长度”，在其后的组合框中输入长度值后（延伸输入正值，缩短输入负值），按〈Enter〉键确认。系统提示“选择要修剪的图元”，在图形区要延伸或者缩短的选择图元即可。注意：选择图元时，要靠近要延伸或缩短的图元端点选取。这个工具在将来绘制辅助中心线时非常有用，希望读者认真练习。

### 10.1.4 【表】选项卡

【表】选项卡主要用于创建各种表格，包括标题栏、明细表、参数表等。

在工具选项卡区，切换至【表】选项卡，如图 10-15 所示。

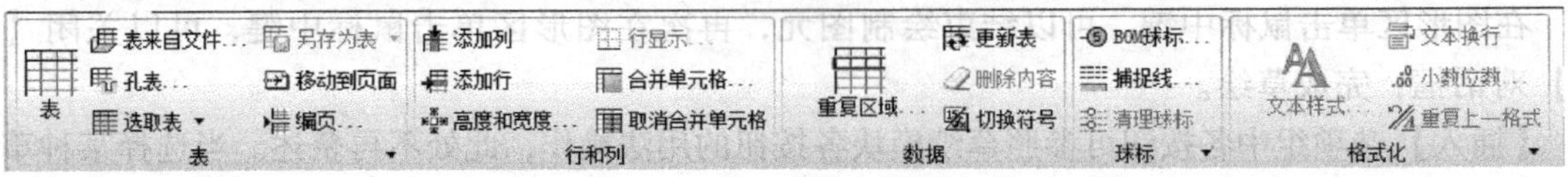


图 10-15　【表】选项卡

【表】选项卡有 5 个选项组，此处只讲常用的【表】按钮。

● 【表】按钮 ：该按钮位于【表】选项组中，是最大的工具按钮，单击该按钮，弹出图 10-16 所示的【创建表】菜单。对于标题栏和明细表，放置在图框右下角，表在插入点的上侧和左侧，故创建该表时，选择【升序】|【左对齐】|【按长度】方式定义表。在【获得点】菜单中选择【顶点】选项，此时根据提示在图形区选择图元的顶点作为表的插入点，然后图形区提示“输入第一列的宽度”，在其后的组合框中输入宽度值，按〈Enter〉键确认，完成第一列的宽度设定；接下来提示“输入下一列的宽度”，在其后的组合框中输入宽度值，按〈Enter〉键确认，完成第二列的宽度设定，以此类推，完成由右向左各列的宽度。定义完成各列宽度后，系统仍提示“输入下一列的宽度”，不输入任何值，直接按〈Enter〉键，则系统提示“输入第一行的高度”，按照定义列宽的方法依次定义由下向上各行的高度。定义完最后一行高度后，系统提示“输入下一行的高度”，不输入任何值，直接按〈Enter〉键，即可完成表格的创建。

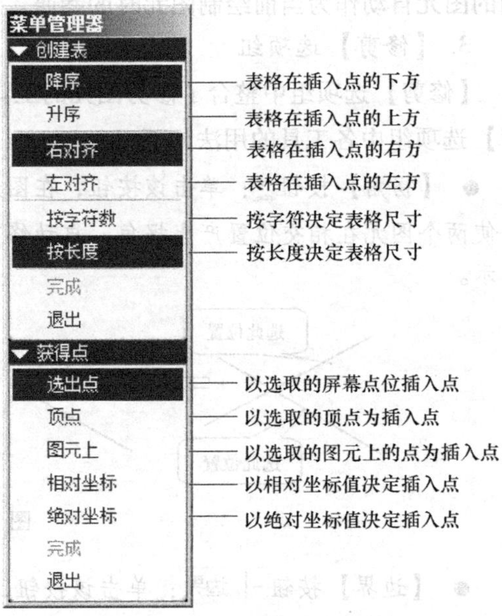


图 10-16　【创建表】菜单

在创建完表格后，用户要对表格进行各种操作，必须熟悉如何选择表格。

● 选择表格：单击表格的任意位置的边线，可以选中整个表格，此时表格周围有 8 个控制块，如图 10-17 所示。拖动表格四个角的控制块，可以自由移动表格；拖动左右两条竖边中点位置的控制块，可以沿水平方向移动表格；拖动上下两条水平边中点位置的控制块，可以沿竖直方向移动表格。

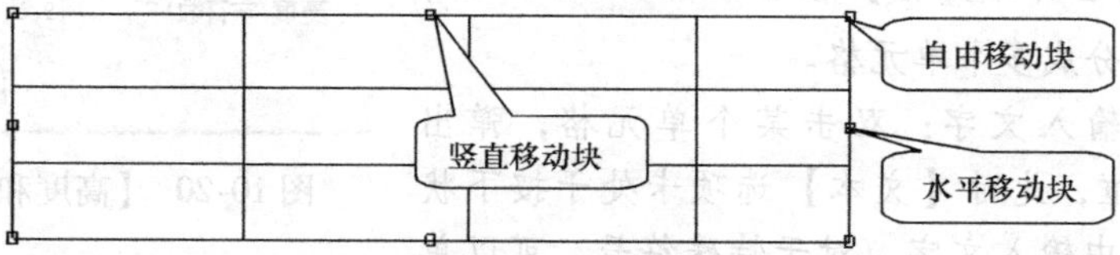


图 10-17　选择表格

● 选择单元格：在某个单元格中单击，即可选中该单元格，此时单元格呈红色加亮显示，按住〈Ctrl〉键可以连续选取多个单元格；也可以使用鼠标左键拖动出窗口，则被窗口框住的单元格被选中。被选中的单元格呈红色加亮显示。

● 选择行：光标指向表格某行的最左或最右边线，当整行呈青色加亮显示时，单击即可选中该行，该行所有单元格呈红色加亮显示。

● 选择列：光标指向表格某列的最上或最下边线，当整列呈青色加亮显示时，单击即可选中该列，该列所有单元格呈红色加亮显示。

● 【添加列】按钮 添加列：在【行和列】选项组中单击【添加列】按钮 添加列，如果插入点在表格的右下角，在欲插入列的表格左侧竖直边线上单击，则在该列左侧添加新列，其列宽和所选边线右侧的列一样，如图 10-18 所示。

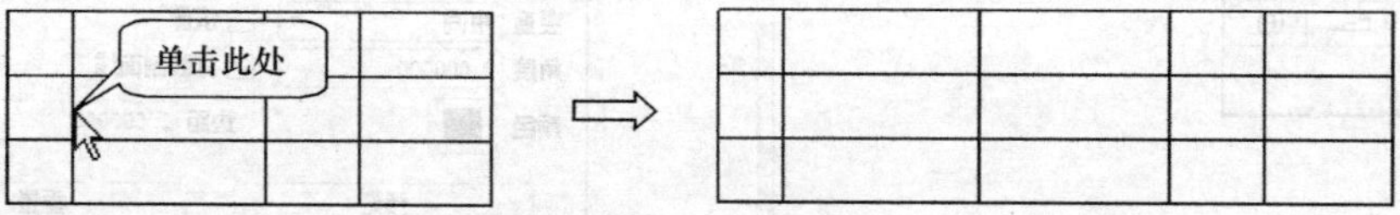


图 10-18　添加列

● 【添加行】按钮 添加行：在【行和列】选项组中单击【添加行】按钮 添加行，如果插入点在表格的右下角，在欲插入行的表格上侧水平边线上单击，则在该行上侧添加新行，其行高和所选边线下侧的行一样，如图 10-19 所示。

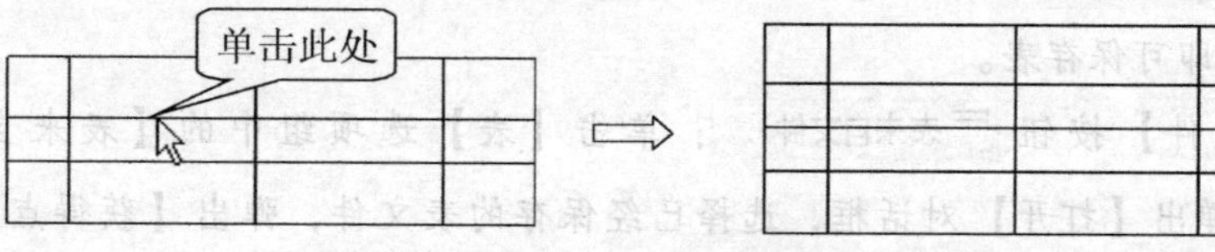


图 10-19　添加行

● 【高度和宽度】按钮 高度和宽度...：在图形区选择单元格，然后在【行和列】选项组中单击【高度和宽度】按钮 高度和宽度...，弹出图 10-20 所示的【高度和宽度】对话框，可以在其中设置其行高和列宽，一般以绘图单位计算，单击【确定】按钮后，单元格所在的行高和列宽按设定值发生变化。

● 【合并单元格】按钮 合并单元格...：在图形区按住〈Ctrl〉键选择几个单元格，然后在

【行和列】选项组中单击【合并单元格】按钮 合并单元格...，则这几个单元格合并为 1 个单元格。

- 【取消合并单元格】按钮 取消合并单元格：在图形区选择已经完成合并的单元格，然后在【行和列】选项组中单击【取消合并单元格】按钮 取消合并单元格，则该单元格重新拆分成多个单元格。
- 在单元格输入文字：双击某个单元格，弹出【注解属性】对话框，此时【文本】选项卡处于按下状态，可以在编辑区中输入文字。对于特殊符号，可以单击【文本符号】按钮，弹出【文本符号】对话框辅助输入，如图 10-21 所示。切换至【文本样式】选项卡，此时的【注解属性】对话框如图 10-22 所示。一般需要设置文本的高度和水平、竖直对齐样式。设置完成后，单击【确定】按钮即可。

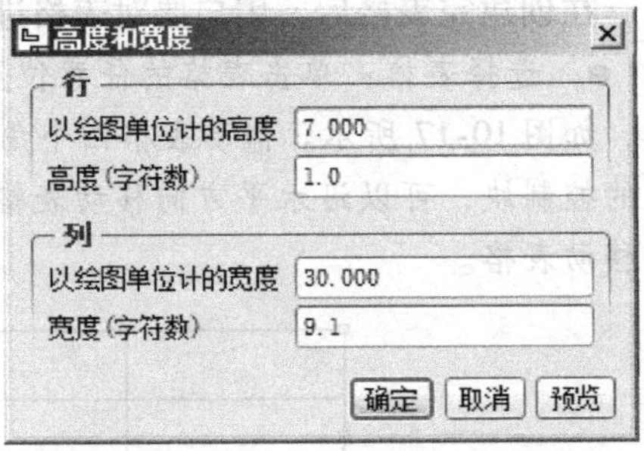


图 10-20 【高度和宽度】对话框

图 10-21 输入文本

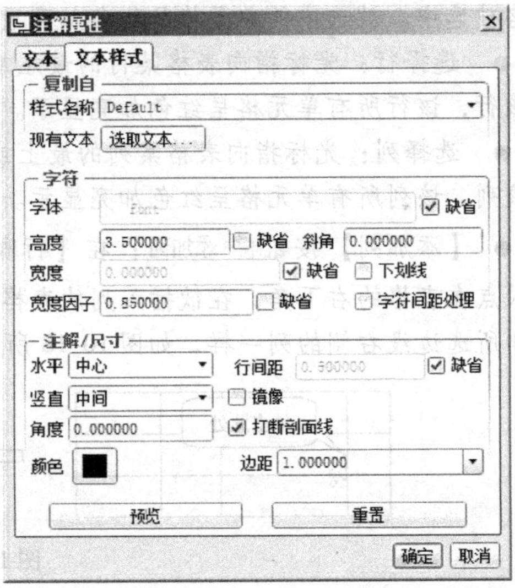


图 10-22 修改文本属性

- 【另存为表】按钮 另存为表：设定完表后，选择整个表格，再单击【表】选项组中的【另存为表】按钮 另存为表，弹出【保存绘图表】对话框，在其中设定保存路径和文件名后，单击【保存】按钮即可保存表。
- 【表来自文件】按钮 表来自文件...：单击【表】选项组中的【表来自文件】按钮 表来自文件...，弹出【打开】对话框，选择已经保存的表文件，弹出【获得点】菜单，在其中选取获得点的方式后，在图形区选择插入点即可导入表。

**【例 10-1】** 学生作业用的标题栏如图 10-23 所示，使用【表】选项卡创建标题栏表，并将其存为“liti10-1. tbl”以便将来调用。

## 设计步骤

(1) 选择菜单栏中的【文件】|【新建】选项，弹出【新建】对话框。

(2) 在【新建】对话框的【类型】选项组中单击【绘图】单选按钮，在【名称】文本

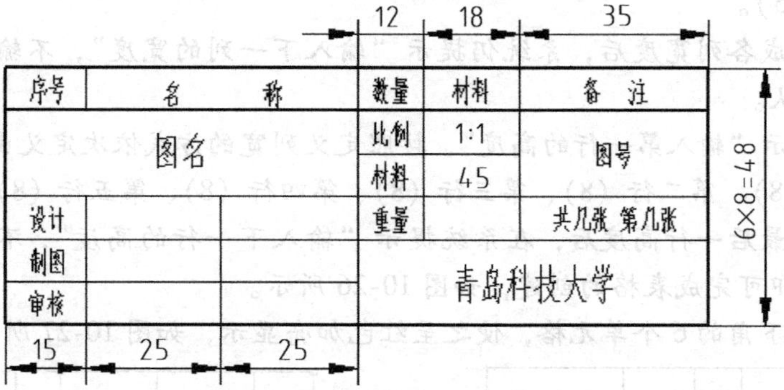


图 10-23 标题栏和明细表

框中输入“liti10-1”，取消【使用缺省模板】的勾选，如图 10-24 所示。

(3) 单击【确定】按钮，弹出【新建绘图】对话框，在【指定模板】选项组中单击【空】单选按钮，在【方向】选项组中选择【横向】，在【大小】选项组的【标准大小】下拉列表框中选择【A4】，如图 10-25 所示。

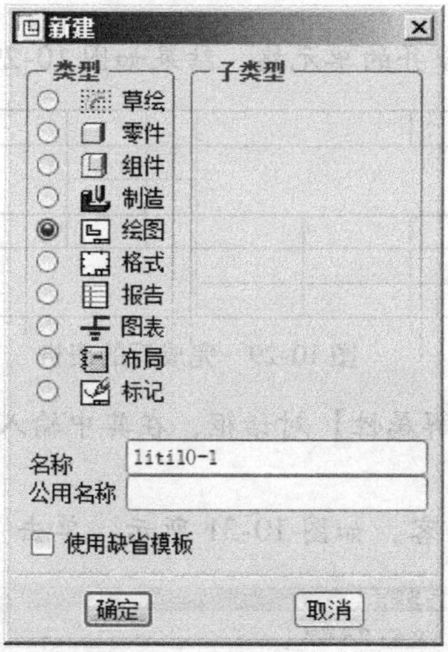


图 10-24 新建文件

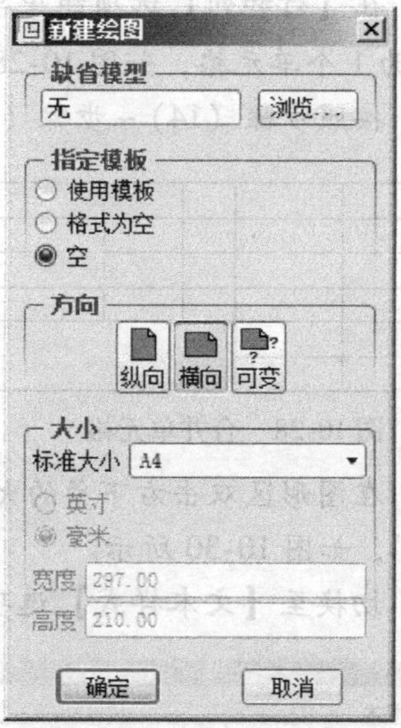


图 10-25 设置模板

(4) 单击【确定】按钮，进入工程图界面。

(5) 在【工具】选项卡区，切换至【表】选项卡。

(6) 在【表】选项组中，单击【表】按钮，弹出【创建表】菜单。

(7) 选择【升序】|【左对齐】|【按长度】|【选出点】选项，在图形区任意位置单击，确定插入点的位置。

(8) 系统提示“输入第一列的宽度”，在其后的组合框中输入“35”，按〈Enter〉键确认，完成第一列的宽度设定。

(9) 系统提示“输入下一列的宽度”，在其后的组合框中输入“18”，按〈Enter〉键确认，完成第二列的宽度设定。

(10) 以此类推，完成由右向左各列的宽度，即第三列 (12)、第四列 (25)、第五列

(25)、第六列（15）。

（11）定义完成各列宽度后，系统仍提示“输入下一列的宽度”，不输入任何值，直接按〈Enter〉键确认。

（12）系统提示“输入第一行的高度”，按照定义列宽的方式依次定义由下向上各行的高度分别为第一行（8）、第二行（8）、第三行（8）、第四行（8）、第五行（8）、第六行（8）。

（13）定义完最后一行高度后，在系统提示“输入下一行的高度”，不输入任何值，直接按〈Enter〉键即可完成表格的创建，如图 10-26 所示。

（14）框选右下角的 6 个单元格，使之呈红色加亮显示，如图 10-27 所示。

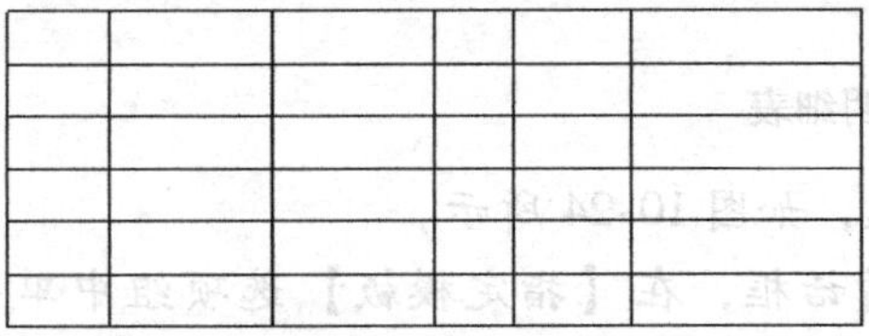

图 10-26　完成表格

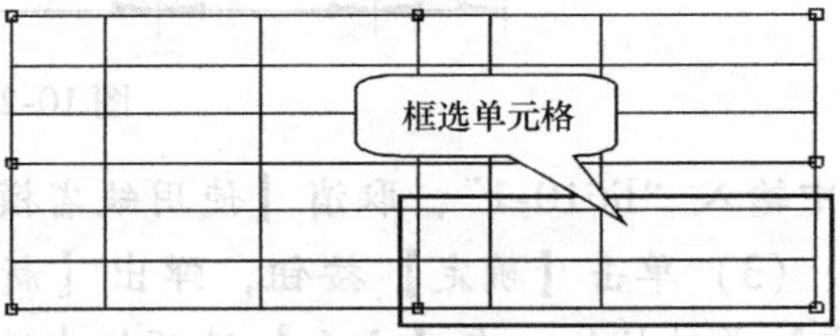


图 10-27　选择单元格

（15）在【行和列】选项组中单击【合并单元格】按钮 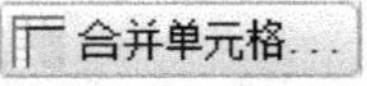

，则将这 6 个单元格合并为 1 个单元格，如图 10-28 所示。

（16）按照步骤（14）~步骤（15）合并其他需要合并的单元格，结果如图 10-29 所示。

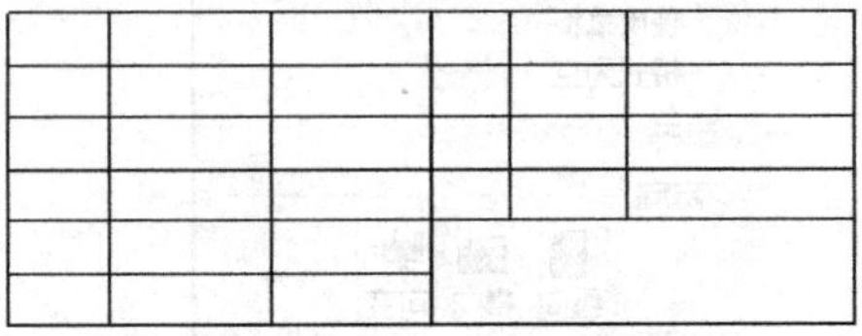

图 10-28　合并单元格

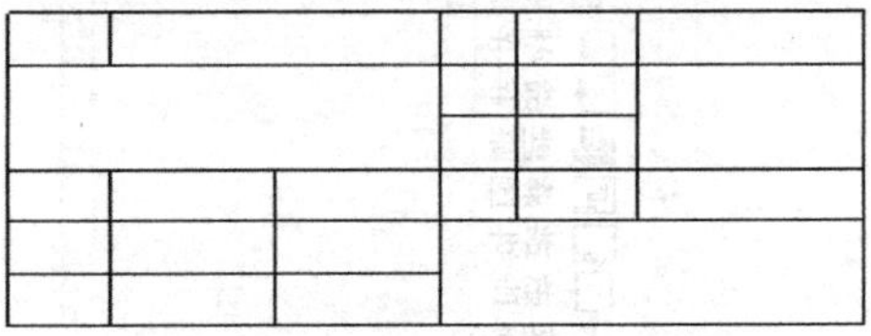

图 10-29　完成后的表格

（17）在图形区双击右下角的大单元格，弹出【注解属性】对话框，在其中输入“青岛科技大学”，如图 10-30 所示。

（18）切换至【文本样式】选项卡，修改对话框内容，如图 10-31 所示，单击【确定】

图 10-30　输入文字

图 10-31　修改文字属性

按钮，填写文字后的表格如图10-32所示。

(19) 按照步骤(17)~步骤(18)填写其他表格文字，其中“图名”为7号字，其余均为5号字，结果如图10-33所示。

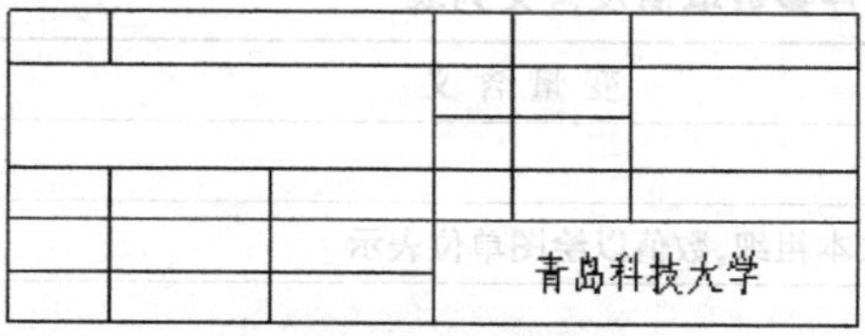


图10-32　填写标题栏

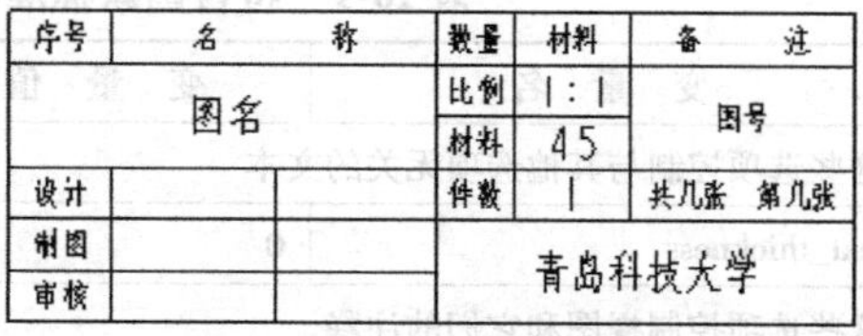


图10-33　完成标题栏

(20) 选中整个表格，单击【表】选项组中的【另存为表】按钮 另存为表，弹出【保存绘图表】对话框。

(21) 在其中设定保存路径为“……\例题\第10章\biaotilan.tbl”，单击【保存】按钮即可保存表。

(22) 保存文件，关闭窗口，拭除不显示。

## 10.1.5　创建工程图模板

工程图中有许多项目要素，如尺寸文本高度、文本字型、箭头长度、箭头宽度、字体属性、拔模标准及公差标准等，都是由工程图的设置文件来控制的，在该设置文件中，每个要素对应一个参数选项，系统为这些参数赋予了默认值，但是一般情况下这些设置不符合国家标准，需要用户根据国家标准和公司的需要进行定制。

如果用户每次绘制工程图都需要重新设置这些选项，重复劳动太多，Creo/Pro 5.0系统提供了一种文件格式，可以将这些配置保存在固定文件中，使用选项中的“drawing_setup_file”的参数值设置访问该配置文件的路径，一般情况下，该配置文件保存在“……\text\iso.dtl”中。

创建工程图模板的步骤如下：

1. 新建模板文件

新建模板文件的步骤如下：

(1) 选择菜单栏中的【文件】|【新建】选项，或者单击【文件】工具栏中的【新建】按钮，均会弹出【新建】对话框。

(2) 在【新建】对话框的【类型】选项组中单击【绘图】单选按钮。

(3) 在【名称】文本框内输入工程图模板名称，单击【确定】按钮，弹出【新建绘图】对话框。

(4) 在【新建绘图】对话框的【指定模板】选项组单击【空】单选按钮，在【方向】选项组中选择合适的方向，在【大小】选项组中设置图纸的大小，单击【确定】按钮进入工程图界面。

2. 设置工程图配置文件

选择菜单栏中的【文件】|【绘图选项】选项，弹出【选项】对话框，根据国家标准规定修改各选项的值，然后将其保存到系统安装目录的“……\text\iso.dtl”文件中备用。然后选择菜单栏中的【工具】|【选项】选项，弹出【选项】对话框，在其中添加“drawing_setup_file”和“format_setup_file”选项，设置其值均为“$PRO_DIRECTORY\text\iso.dtl”文件，并把配

置文件保存在系统安装目录“\text\config.pro”文件中，以备调用。事实上，系统的“……\text\config.pro”文件中已保存了这个选项，用户可不必设置。

国家标准中需要修改的绘图选项见表10-1，其余不需修改的选项直接使用默认设置即可。

**表10-1 符合国家标准的工程图配置文件参数取值及含义列表**

| 变 量 名 | 变 量 值 | 变量含义 |
|---|---|---|
| 这些选项控制与其他选项无关的文本 | | |
| text_thickness | 0 | 设置默认文本粗细,数值以绘图单位表示 |
| 这些选项控制视图和它们的注释 | | |
| def_view_text_height | 5 | 设置剖视图和局部放大图中注释的文本高度 |
| default_view_label_placement | top_center | 设置视图标签的默认位置和对齐方式 |
| half_view_line | symmetry_iso | 设置半视图中的对称线的显示 |
| model_display_for_new_views | hidden_line | 确定创建视图时,模型线的显示样式(剖视图时为“no_hidden”) |
| show_total_unfold_seam | no | 旋转剖视图中的接缝是否显示 |
| tan_edge_display_for_new_views | no_disp_tan | 确定创建视图时,模型相切边的显示 |
| view_scale_denominator | 100 | 设置视图比例的分数显示 |
| view_scale_format | ratio_colon | 确定比例以小数、分数或比值（如1:2)显示 |
| 这些选项控制横截面和它们的箭头 | | |
| crossec_arrow_length | 5 | 设置剖视方向箭头的长度 |
| crossec_arrow_style | tail_online | 剖视箭头的一端、头部或尾部接触到剖面线 |
| crossec_arrow_width | 1.5 | 设置剖视方向箭头的尾部宽度 |
| crossec_text_place | above_line | 设置剖视图文本相对于剖视方向箭头的位置 |
| cutting_line | std_gb | 控制切割线的显示 |
| cutting_line_segment | 7 | 指定剖切符号加粗部分的长度 |
| cutting_line_segment_thickness | 1 | 指定剖切符号加粗部分的粗细 |
| def_xhatch_break_around_text | yes | 决定剖面/剖面线是否围绕文本分开 |
| def_xhatch_break_margin_size | 1 | 设置剖面线和文本之间的默认偏移距离 |
| half_section_line | centerline | 控制半剖视图中视图和剖视图分界线的线型 |
| 这些选项控制在视图中显示的实体 | | |
| thread_standard | std_iso_imp_assy | 控制带有轴的螺纹孔显示 |
| 这些选项控制尺寸 | | |
| witness_line_delta | 2 | 设置尺寸界线在尺寸导引箭头上的延伸量 |
| witness_line_offset | 0 | 设置尺寸线与标注尺寸的对象之间的偏距 |
| 这些选项控制引线 | | |
| draw_arrow_width | 1 | 设置导引线箭头的宽度 |
| leader_elbow_length | 2 | 确定导引弯肘的长度 |
| set_datum_leader_length | 7 | 确定基准的引线默认长度 |
| 这些选项控制轴 | | |
| axis_line_offset | 2 | 设置直轴线延伸超出其相关特征的默认距离 |
| circle_axis_offset | 2 | 设置圆十字叉丝轴延伸超出圆边的默认距离 |

（续）

| 变 量 名 | 变 量 值 | 变 量 含 义 |
|---|---|---|
| 这些选项控制表,重复区域和材料清单球标 | | |
| def_bom_balloons_stagger_value | 10 | BOM 球标交错,连续偏移线之间的距离 |
| def_bom_balloons_view_offset | 20 | 控制 BOM 球标距视图边界的默认偏移距离 |
| def_bom_balloons_edge_att_sym | filled_dot | 当 BOM 球标连接到边时默认使用的引线头 |
| def_bom_balloons_surf_att_sym | filled_dot | BOM 球标连接到曲面时默认使用的引线头 |
| min_dist_between_bom_balloons | 20 | 控制 BOM 球标之间默认的最小距离 |
| 这些选项控制尺寸公差 | | |
| tol_display | no | 控制尺寸公差的显示 |
| tol_text_height_factor | 0.7 | 公差文本高度与尺寸文本高度间的默认比值 |
| tol_text_width_factor | 0.7 | 公差文本宽度与尺寸文本宽度间的默认比值 |
| 杂项选项 | | |
| decimal_marker | period | 指定在辅助尺寸中用于小数点的字符 |
| Max_balloon_radius | 8 | 设置球标最大的允许半径 |
| Min_balloon_radius | 8 | 设置球标最小的允许半径 |
| Sym_flip_rotated_text | yes | 是否任何颠倒旋转的文本将被反向右侧向上 |

3. 绘制图框和标题栏

在工程图界面绘制图框，使用表格工具创建标题栏，在表格中填写不变化的文字。

4. 保存文件

5. 调用工程图模板

在制作工程图时，在【新建绘图】对话框中单击【使用模板】单选按钮，对话框下部弹出【模板】选项组，单击【浏览】按钮，在弹出的【打开】对话框中选择已设好的工程图文件（*.drw）即可使用模板。

【例 10-2】 创建学生用 A3 横放标准格式图纸。

## 新建模板文件

(1) 选择菜单栏中的【文件】|【新建】选项，弹出【新建】对话框。

(2) 在【新建】对话框的【类型】选项组中单击【绘图】单选按钮，在【名称】文本框中输入“A3H”，取消【使用缺省模板】复选框的选中。

(3) 单击【确定】按钮，弹出【新建绘图】对话框，在【指定模板】选项组中单击【空】单选按钮，在【方向】选项组中选择横向的方向，在【大小】选项组中设置图纸的大小为 A3。

(4) 单击【确定】按钮，进入工程图界面。

## 设置工程图配置文件

(1) 选择菜单栏中的【文件】|【绘图选项】选项，弹出【选项】对话框，如图 10-34 所示。

(2) 在【选项】列表中选取“text_thickness”，此时该变量名弹出在【选项】编辑框中。

(3) 在【值】组合框中修改其值为“0”，单击【添加/更改】按钮，该选项的值在【选项】

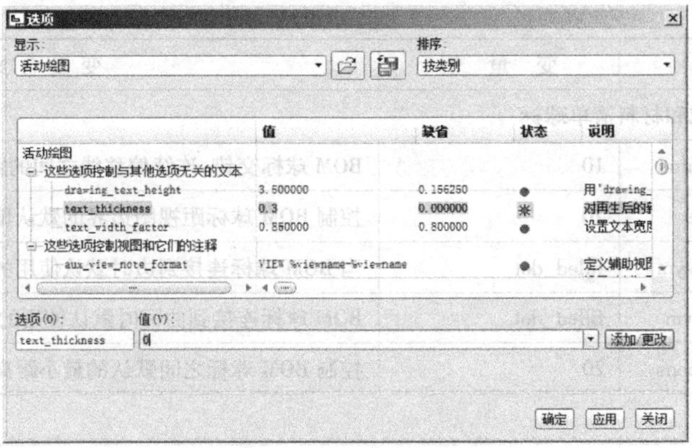


图 10-34 【选项】对话框

列表中已经发生了改变，且其对应的【状态】列为 。

（4）单击【应用】按钮，该选项对应的【状态】列为 。

（5）按照步骤（2）~步骤（4），根据表 10-1 中的规定，修改其余选项的值并应用。

（6）在【选项】对话框中单击【保存】按钮 ，弹出【另存为】对话框。

（7）设置保存的路径为系统的安装目录中 text 文件夹中的“iso. dtl”文件。

---

提醒：保存前，可以将原来的“iso. dtl”文件换成“iso_old. dtl”保存一份，以备出错后恢复系统默认的设置。

---

（8）保存文件后，回到【选项】对话框，单击【关闭】按钮，退出【选项】对话框。

（9）选择菜单栏中的【工具】|【选项】选项，弹出【选项】对话框，如图 10-35 所示。

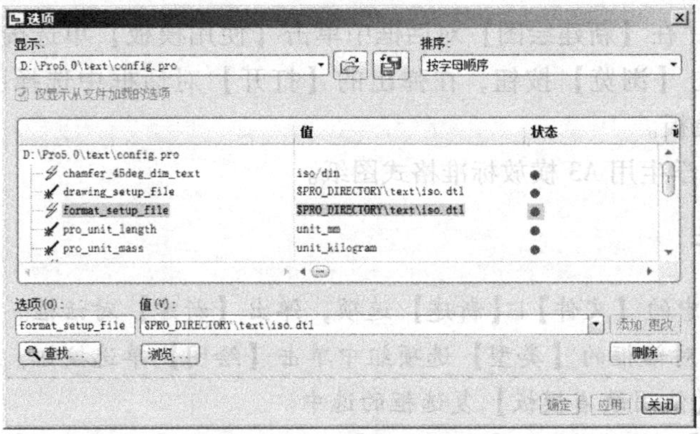


图 10-35 【选项】对话框

（10）Creo/Pro 5.0 系统已经对格式文件的默认目录进行了设置，可以注意到【选项】列表中存在了“drawing_setup_file”和“format_setup_file”选项，其值均为“$PRO_DIRECTORY\text\iso. dtl”文件。

---

提醒：如果配置文件的目录不在系统的安装目录中 text 文件夹中，或其文件名不是“iso. dtl”，则须对该项进行重新设置。

---

（11）在【选项】对话框单击【保存】按钮，弹出【另存为】对话框。

（12）设置保存的路径为系统的安装目录中text文件夹中的“config. pro”文件。

（13）保存文件后，回到【选项】对话框，单击【关闭】按钮，退出【选项】对话框。

## 绘制图框和标题栏

（1）学生用A3横放图纸的图框尺寸如图10-36所示，标题栏和例题10-1的一样。

（2）在工程图界面中，切换至【草绘】选项卡。

（3）单击【设置】选项组中的【草绘器首选项】按钮 草绘器首选项，弹出【草绘首选项】对话框，设置其选项如图10-37所示。

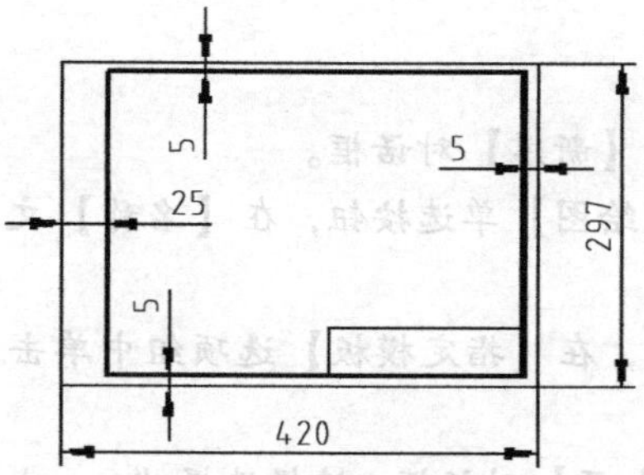


图10-36　图框格式

图10-37　设置草绘首选项

（4）在【插入】选项组中单击【线】按钮，在【控制】选项组中单击【绝对坐标】按钮 绝对坐标...，弹出【绝对坐标】对话框，在其中输入坐标值X（25），Y（5），如图10-38所示，按〈Enter〉确认第1点。

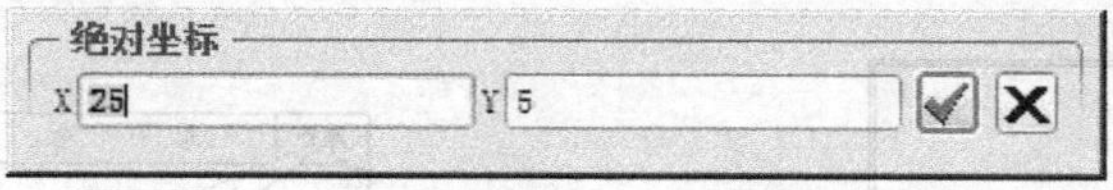


图10-38　输入绝对坐标

（5）在【控制】选项组中单击【相对坐标】按钮 相对坐标，弹出【相对坐标】对话框，在其中输入坐标值X（390），Y（0），如图10-39所示，按〈Enter〉键确认第2点。

图10-39　输入相对坐标

（6）按照步骤（5）的方法分别输入下面3个点的相对坐标：第3点（0，287），第4点（－390，0），第5点（0，－297）。

（7）完成后在图形区单击鼠标中键，退出坐标输入窗口，再次单击鼠标中键结束画线命令，完成图框绘制，如图10-40所示。

（8）在工具选项卡区，切换至【表】选项卡。

（9）单击【表】选项组中的【表来自文件】按钮 表来自文件...，弹出【打开】对话框，选择“……\ 例题\ 第 10 章\ biaotilan. tbl”，单击【打开】按钮。

（10）弹出【获得点】菜单，在其中选取【顶点】选项，在图形区选择图框的右下角顶点，如图 10-40 所示，导入表后如图 10-41 所示。

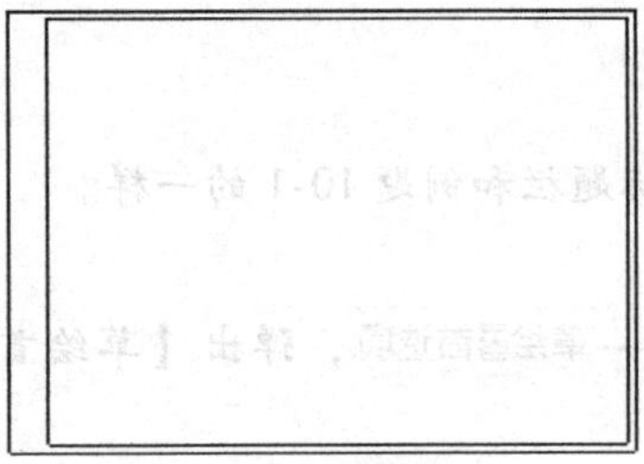

图 10-40　完成图框

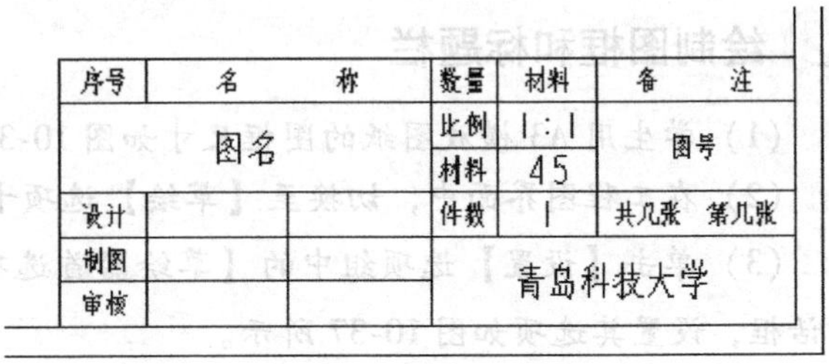


图 10-41　导入标题栏

（11）保存文件，关闭窗口，拭除不显示。

## 调用工程图模板

（1）选择菜单栏中的【文件】|【新建】选项，弹出【新建】对话框。

（2）在【新建】对话框的【类型】选项组中单击【绘图】单选按钮，在【名称】文本框中输入“duangai”，取消【使用缺省模板】复选框的选中。

（3）单击【确定】按钮，弹出【新建绘图】对话框，在【指定模板】选项组中单击【使用模板】单选按钮。

（4）单击【模板】选项组的【浏览】按钮，弹出【打开】对话框，选择选择“……\ 例题\ 第 10 章\ A3H. drw”，单击【打开】按钮。

（5）单击【缺省模型】选项组中的【浏览】按钮，弹出【打开】对话框，选择选择“……\ 例题\ 第 10 章\ duangai. prt”，单击【打开】按钮。

（6）在【新建绘图】对话框中单击【确定】按钮进入工程图界面，如图 10-42 所示，其中标题栏如图 10-43 所示。

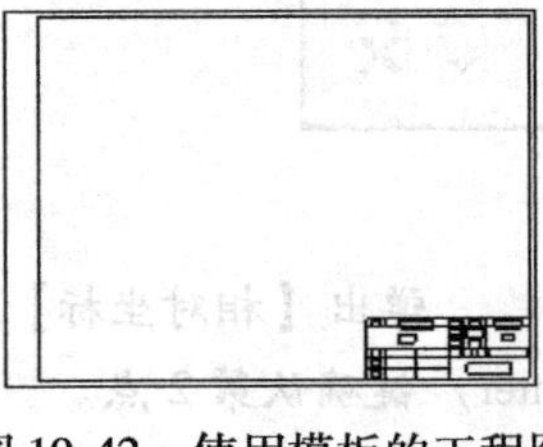

图 10-42　使用模板的工程图

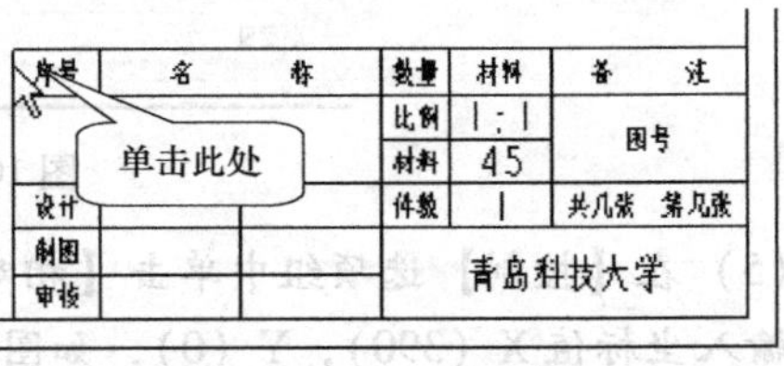


图 10-43　标题栏

（7）在工具选项卡区中，切换至【表】选项卡。

（8）在图形区标题栏的明细表表头最左竖线上单击，如图 10-43 所示，选中该行，按〈Delete〉键删除该行，如图 10-44 所示。

（9）双击表格中的文字，在弹出的【注解属性】对话框修改表格中的文字，最后的标题栏如图 10-45 所示。

（10）然后再插入视图，标注尺寸和技术要求，完成后保存文件。

提醒：如果生成的是装配图，此时需要在明细表表头上方插入多行，并填写明细表内容，以满足设计要求。

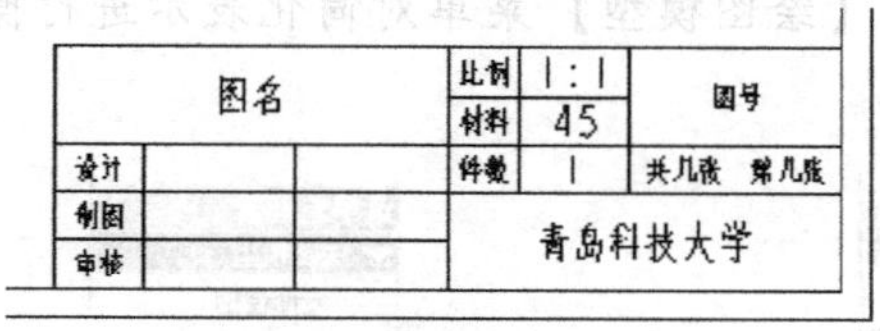


图 10-44　删除明细表表头

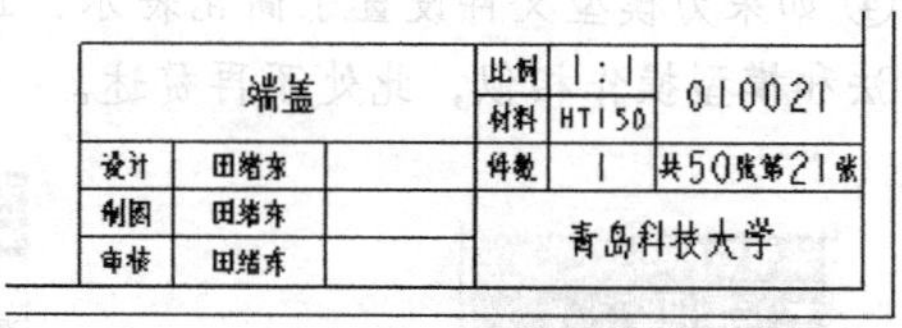


图 10-45　修改标题栏内容

## 10.2　工程图视图操作

根据国家标准的有关规定，机件的表达方法有视图、剖视图、断面图、局部放大图等。

根据表达的需要，视图分为基本视图、向视图、斜视图、局部视图等。

根据剖切范围的不同，剖视图分为全剖视图、半剖视图和局部剖视图。

根据剖切面的不同，又将剖视图分为单一剖面剖切、旋转剖和阶梯剖以及复合剖。

如此种类繁多的表达方法，使用 Creo/Pro 5.0 的工程图模块都可顺利完成。在 Creo/Pro 5.0 中，二维图主要有投影视图、辅助视图、一般视图、详细视图和旋转视图 5 种类型，根据表达范围的不同，又可以分为全视图、半视图、破断视图和局部视图，各种类型都可以制作为剖视图或者断面图。

### 10.2.1　【布局】选项卡

使用【布局】选项卡可以创建各种视图，并对视图中的零件显示进行适当修改，生成各种类型的视图。

在工具选项卡区，切换至【布局】选项卡，如图 10-46 所示。

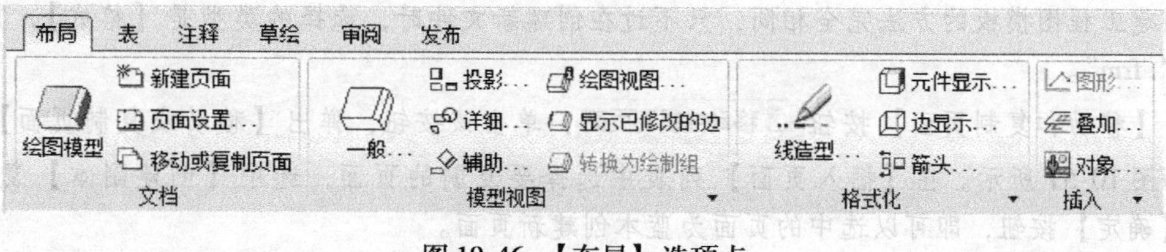


图 10-46　【布局】选项卡

【布局】选项卡共有【文档】、【模型视图】、【格式化】和【插入】4 个选项组，可分别实现不同的功能，下面分别介绍。

1.【文档】选项组

使用【文档】选项组可以为图纸指定模型，设置图纸的幅面和格式。

● 【绘图模型】按钮：【绘图模型】是【文档】选项组中最大的工具按钮。单击该按钮，弹出图 10-47 所示的【绘图】模型菜单，可以管理工程图中生成视图的模型文件。

① 选择【添加模型】选项，弹出【打开】对话框，可以在其中选择模型文件，单击【打开】按钮，将其添加到工程图界面中。

② 选择【删除模型】选项，弹出【绘图模型】菜单，如图 10-48 所示，在其中选择已经在绘图界面中的模型名，即可在绘图界面中将该模型删除。

③ 选择【设置模型】选项，弹出【绘图模型】菜单，如图 10-49 所示。可以从绘图界面中存在的多个模型中选择某个模型，将其设置为活动模型，以便对该模型进行视图操作。

④ 如果为模型文件设置了简化表示，还可以使用【绘图模型】菜单对简化表示进行操作，其方法和模型操作相似，此处不再赘述。

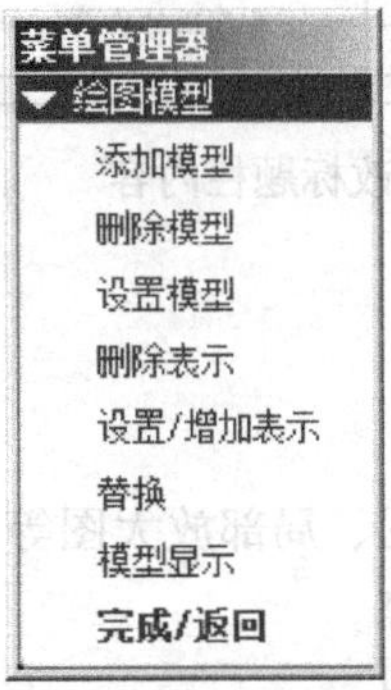


图 10-47 【绘图模型】菜单

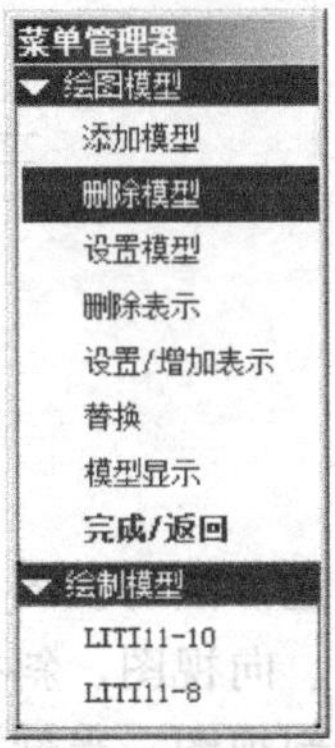


图 10-48 删除模型

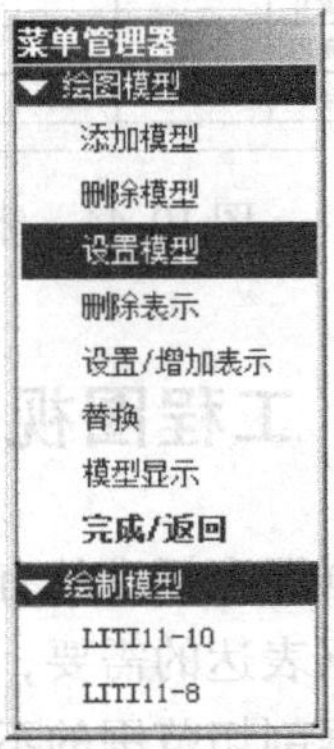


图 10-49 设置模型

● 【新建页面】按钮 新建页面：单击该按钮，将为工程图添加页面，可以在不同的页面中创建不同零件的工程图。新建的工程图文件是单页面文件，在图形区左下角显示页面名称标签 页面 1 ，新建页面后，该位置弹出新的页面标签 页面 1 页面 2 ，可以通过单击标签在各页面间切换。也可单击页面标签区的【新建页面】按钮 新建页面。

● 【页面设置】按钮 页面设置...：在图形区左下角选择页面，单击该按钮，弹出图10-50所示的【页面设置】对话框，可以在其中设置页面的格式。一般使用用户自定义的格式文件定义页面格式。在【页面】列表中，选中欲设置格式的页面，单击对应的【格式】列，在下拉列表中选择【浏览】选项，即可选取已经创建的格式文件作为该页面的格式。格式文件的创建方法和创建工程图模板的方法完全相同，只不过在创建新文件时，选择的类型是【格式】，其扩展名为“.frm”。

● 【移动和复制页面】按钮 移动或复制页面：单击该按钮，弹出【移动或复制页面】对话框，如图 10-51 所示。在【插入页面】列表中选择要复制的页面，选中【创建副本】复选框，单击【确定】按钮，即可以选中的页面为蓝本创建新页面。

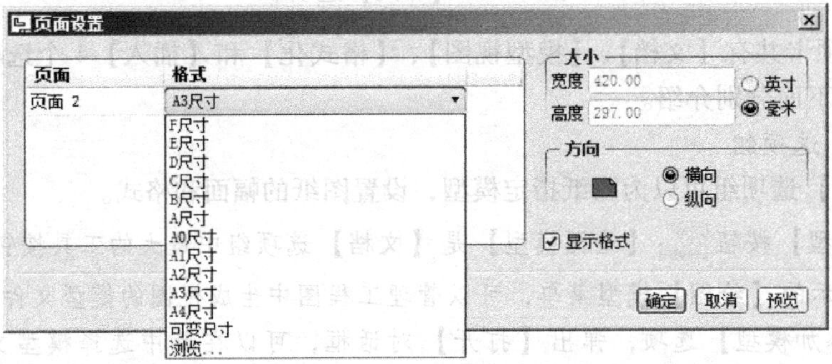


图 10-50 【页面设置】对话框

2. 【模型视图】选项组

设定了绘图模型和页面，需要在页面中创建视图，使用【模型视图】选项组可以创建各种视图。

图 10-51 【移动或复制页面】对话框

● 【一般视图】按钮 一般：单击该按钮，在图形区选择视图位置后，生成一般视图，并弹出【绘图视图】对话框，通过设置可生成各种视图。

● 【投影】按钮 投影...：单击该按钮，可以生成已有视图的投影视图，比如利用主视图生成左视图、俯视图、右视图和仰视图。

● 【详细】按钮 详细...：单击该按钮，可以生成已有视图上某个局部的详细视图，即局部放大图。

● 【辅助】按钮 辅助...：单击该按钮，可以生成垂直于已有视图上某斜面的斜视图。

● 【旋转】按钮 旋转...：单击该按钮，可以生成断面图。

● 【绘图视图】按钮 绘图视图...：单击该按钮，根据提示选择视图，弹出【信息窗口】，用以显示该视图的详细信息。也可先选择视图，后选择工具。

● 【显示已修改的边】按钮 显示已修改的边：单击该按钮，根据提示选择视图，该视图中被删除、被遮蔽的边呈加亮显示。也可先选择视图，后选择工具。

● 【转换为绘制组】按钮 转换为绘制组：单击该按钮，根据提示选择视图，该视图被转换为绘制组，不再和模型相关，该命令要慎重使用。也可先选择视图，后选择工具。

● 【转换为图元】按钮 转换为绘制图元：单击该按钮，根据提示选择视图，该视图中的所有线条被转换为草绘，不再和模型相关，该命令要慎重使用。也可先选择视图，后选择工具。

3. 【格式化】选项组

完成视图创建后，对于视图中不够完美的局部，需要进行格式化处理，使用【格式化】选项组可以修改边线的线型、修改零件的显示样式、设置边线是否显示，并可为视图添加投影方向箭头。

● 【线造型】按钮 绘图模型：单击该按钮，弹出【线造型】菜单，如图 10-52 所示，选择【修改直线】选项，在图形区选择图线，单击鼠标中键确认选取后，弹出图 10-53 所示的【修改线造型】对话框，在其中修改图线的属性，然后单击【应用】按钮就可完成线造型的修改。在【线造型】菜单中选择【清除样式】选项，然后在图形区选择要清除样式的图线，单击鼠标中键确认选取后，可将其新设的线造型清除，回到默认线造型状态。

● 【元件显示】按钮 元件显示...：在装配工程图时，有时需要使用拆卸画法，此时需要用到该工具。单击该按钮，弹出图 10-54 所示的【成员显示】菜单，可使用其中的选项设置被选零件的消隐特性、透明特性和遮蔽特性。先在操作范围区设置对元件进行操作的范围，然后在显示属性区选择要更改的显示属性，而后在图形区选择相应元件后，单击鼠标中键完成操作。

①【所选视图】：对所选元件在选取该元件的视图中进行各种显示操作。

图 10-52 【线造型】菜单

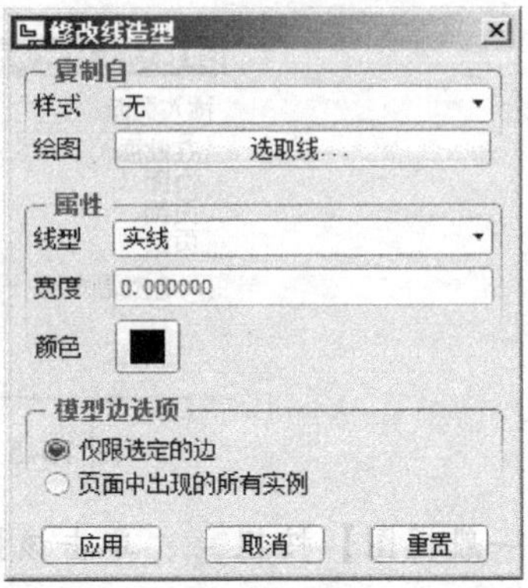


图 10-53 【修改线造型】对话框

②【这个页面】：对所选元件在整个页面中进行各种显示操作。

③【所有视图】：对所选元件在所有视图中同时进行各种显示操作。

④【消隐显示】：选择该选项，在图形区选择元件，单击鼠标中键确认后，在【成员显示】菜单弹出图 10-55 所示的【消隐显示】菜单，在其中选择合适的消隐显示方式，选择【完成】选项即可设置单个零件的消隐显示方式。

⑤【类型】：选择该选项，在图形区选择元件，单击鼠标中键确认后，在【成员显示】菜单弹出图 10-56 所示的【成员类型】菜单，在其中选择合适的透明方式或者进行颜色修改，选择【完成】选项即可设置单个零件的透明方式或者对其进行颜色修改。

⑥【遮蔽】：选择该选项，在图形区选择元件，单击鼠标中键确认后，指定范围内的该元件不再显示。

⑦【取消遮蔽】：选择该选项，在图形区选择某视图，则在该视图中显示所有被遮蔽的元件，选择元件，单击鼠标中键确认后，指定范围内的该元件重新显示。

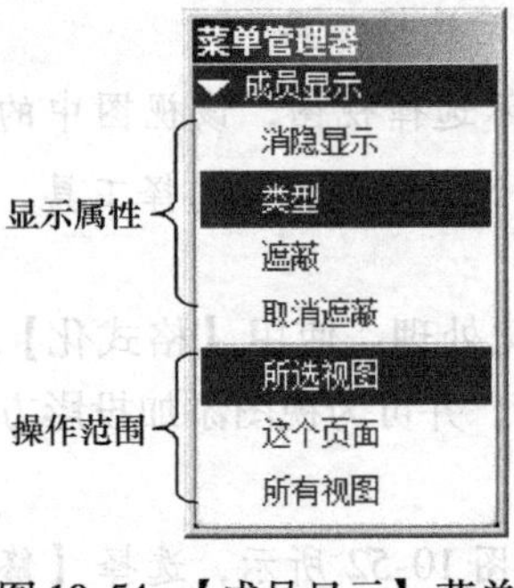


图 10-54 【成员显示】菜单

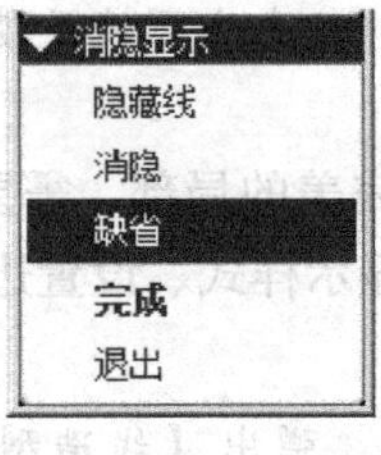


图 10-55 【消隐显示】菜单

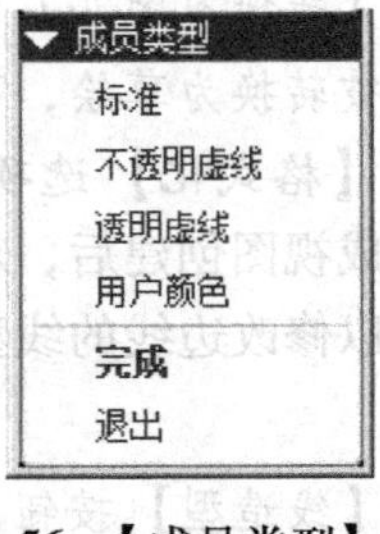


图 10-56 【成员类型】菜单

● 【边显示】按钮 边显示...：单击该按钮，弹出【边显示】菜单，一般选择【拭除直线】选项，此时在图形区选择某边线或按住〈Ctrl〉键选取多条边线，单击鼠标中键确认后，选中的边线不再显示。

● 【箭头】按钮 箭头...：单击该按钮为剖视图添加剖面位置及箭头，选中视图，然后单击【箭头】按钮 箭头...，接着选择相邻的视图，在其上显示剖面位置和箭头。

## 10.2.2 创建视图的步骤

先创建绘图文件，然后在视图中插入绘图视图，进行修改，标注尺寸，即可创建工程图。创建工程图的一般步骤如下：

1. 创建工程图文件

按照【例10-2】调用工程图模板的步骤，在创建工程图的过程中选择合适的模型和图纸模板，进入工程图环境。

2. 创建视图

使用【布局】选项卡的【模型视图】选项组可以创建各种视图。

- 一般视图：该视图由模型直接生成，它是一切视图的父视图，工程图的第1个视图一定是一般视图，如图10-57所示。在【模型视图】选项组单击【一般视图】按钮一般，消息区提示"选取绘制视图的中心点"，在图形区选取中心点后，弹出【绘图视图】对话框，在其中可以设置视图的各种属性。
- 投影：投影视图是由一般视图或其他投影视图按照一定的投影规则投影而产生的视图，系统根据用户给定的放置位置自动投影生成各种视图，如图10-58所示。选中父视图后，在【模型视图】选项组中单击【投影】按钮投影...，或者按下鼠标右键，在弹出的快捷菜单中选择【插入投影视图】选项，消息区提示"选取绘制视图的中心点"，在父视图的不同方位单击，放置视图可以产生父视图的不同投影视图。

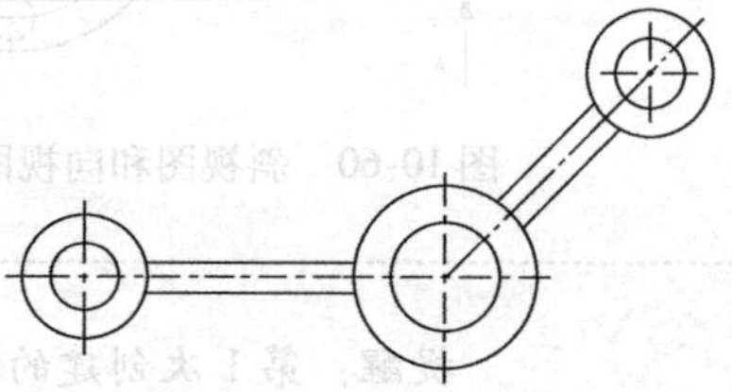

图10-57 一般视图

- 详图：即局部放大图，以较大的比例显示现有视图的一部分，以便更加清楚地查看几何形状和尺寸，如图10-59所示。在【模型视图】选项组中单击【详细】按钮详细...，根据系统提示在欲进行局部放大位置的图元上选择一点，然后绘制围住该点的闭合样条曲线。单击鼠标中键完成样条曲线后，消息区提示"选取绘制视图的中心点"，在图形区合适位置单击，指定详图的中心点，即可绘制出详图。

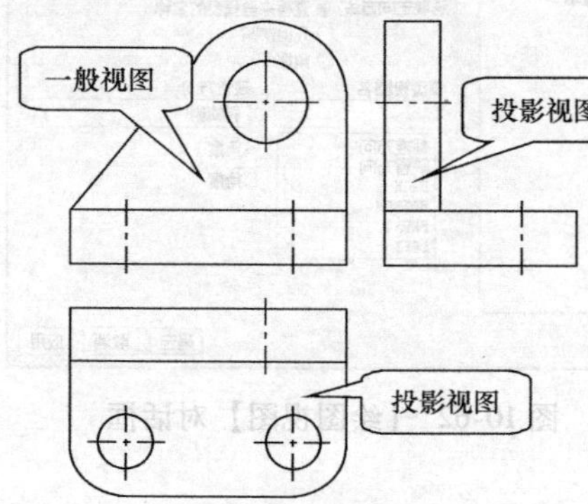


图10-58 投影视图

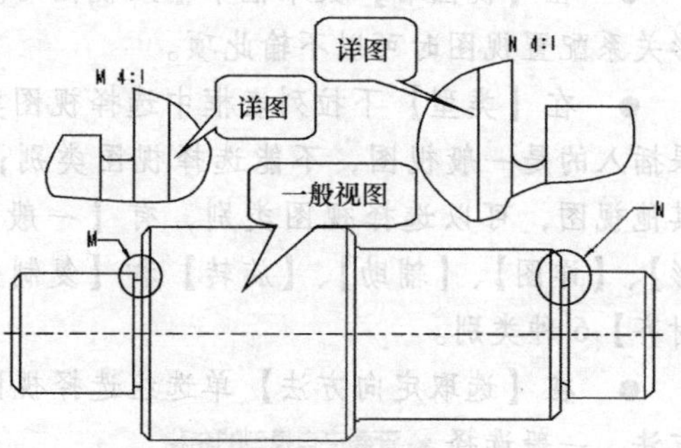


图10-59 详图

- 辅助视图：即斜视图。沿着垂直于某指定参照的方向投影产生的视图，如图10-60所示。在【模型视图】选项组中单击【辅助】按钮辅助...，根据系统提示在主视图上选取一斜面，然后系统提示"选取绘制视图的中心点"，在图形区合适位置单击，指定辅助视图的中心点，即可绘制出垂直于该斜面的辅助视图。
- 旋转剖视图：即断面图。切割平面绕切割平面线旋转90°且对父视图偏移一定距离形成的断面图，它只显示被切割立体的剖切面和材料接触部分，如图10-61所示。在【模型视图】选项组中单击【旋转】按钮 旋转...，即可生成旋转剖视图。具体方法将在以后的例题中讲解。

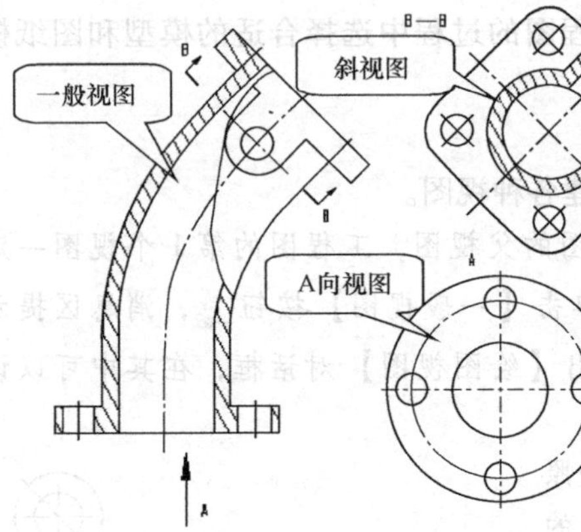


图 10-60 斜视图和向视图

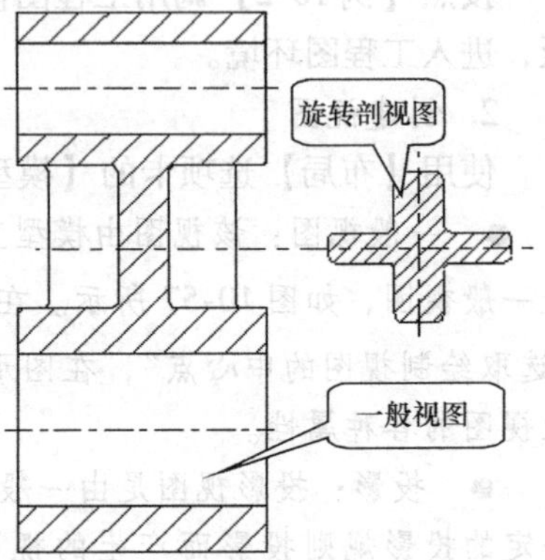


图 10-61 旋转剖视图（断面图）

提醒：第 1 次创建的视图只能是一般视图，再次创建的视图可以是各种视图。

### 3. 设置视图属性

按照零件表达的要求修改视图属性，这些属性包括视图类型、可见区域、比例、截面、视图状态、视图显示、原点和对齐等，通过【绘图视图】对话框进行设置，如图 10-62 所示。

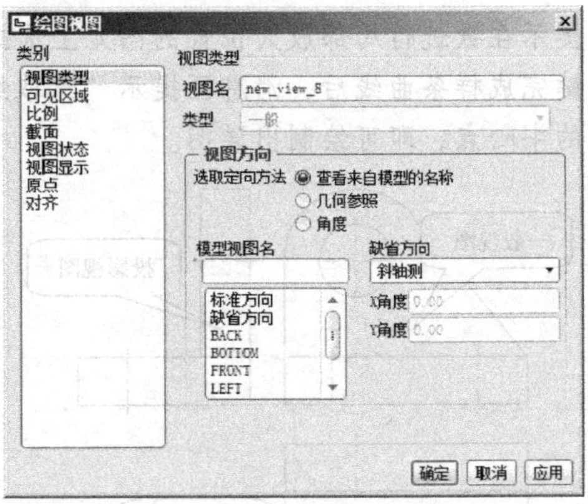


图 10-62 【绘图视图】对话框

在【类别】列表中可以选择要进行设置的项目，通过对话框操作进行相应的设置。

（1）视图类型。确定插入视图的类型、模型的视图方向和插入模型的缺省方向。

- 在【视图名】文本框中输入视图名。按照投影关系配置视图时可以不输此项。
- 在【类型】下拉列表框中选择视图类别。如果插入的是一般视图，不能选择视图类别；如果是其他视图，可以选择视图类别，有【一般】、【投影】、【详图】、【辅助】、【旋转】和【复制并与视图对齐】6 种类别。
- 在【选取定向方法】单选组选择视图定向的方法，一般选择 ◉ 查看来自模型的名称。
- 在【模型视图名】列表中选择预先设定的视图定向方式，一般选择【FRONT】选项。
- 在【缺省方向】下拉列表框中可以选择插入一般视图时视图的缺省方向，有【斜轴测】、【正等测】和【用户定义】3 种方向，一般选择【斜轴测】或【正等测】方向。
- 如果绘图视图是不是一般视图，对话框会有所不同，用户可以根据情况设置。

（2）可见区域。在【类别】列表中，选择【可见区域】选项，可以设定视图的可见区域，对话框如图 10-63 所示。

- 在【视图可见性】下拉列表框中选择可见性类别，有【全视图】、【半视图】、【局部视图】和【破断视图】4 个选项。

● 【视图可见性】为【半视图】时，对话框如图10-64所示。此时【半视图参照平面】收集器被激活，在图形区选择对称平面或基准面作为半视图的边界，单击【保持侧】按钮，可以使保留的侧指向相反方向，保留的一侧以红色箭头方式弹出。在【对称线标准】下拉列表框中可以选择对称线样式遵循的国家标准，一般选择【对称线ISO】选项。半视图如图10-65所示。

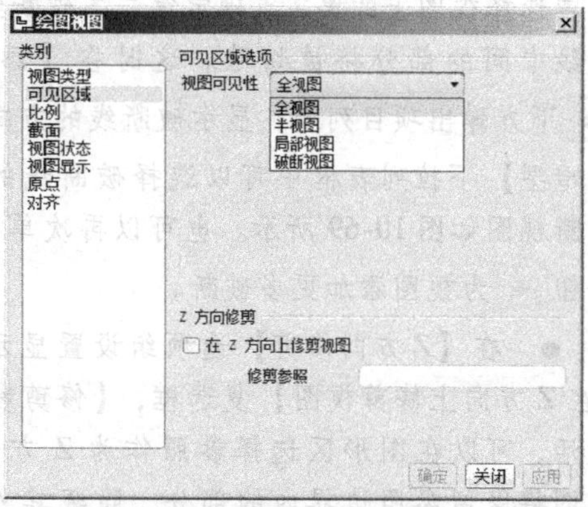

图10-63　设定视图的可见区域

● 【视图可见性】为【局部视图】时，对话框如图10-66所示。此时【几何上的参照点】收集器被激活，在图形区选择局部视图保留部分边线上的一点作为参照点，然后【样条边界】收集器被激活，在图形区围绕刚才的参照点根据保留的范围绘制样条曲线，作为局部视图的边界，完成后单击鼠标中键确认。选中【在视图上显示样条边界】复选框在局部视图上显示波浪线，否则将不显示波浪线，局部视图如图10-67所示。

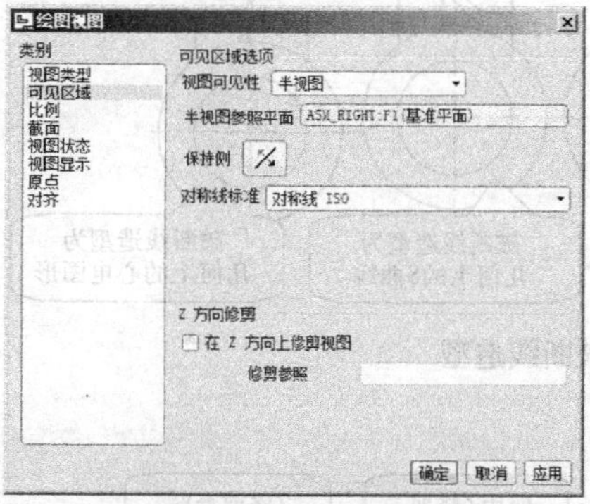

图10-64　设置半视图

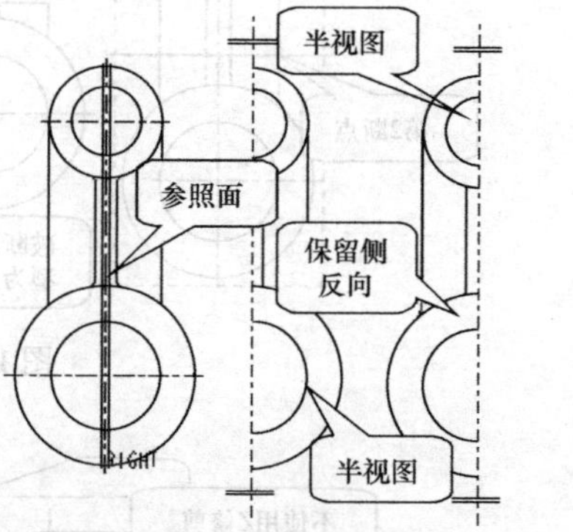

图10-65　半视图

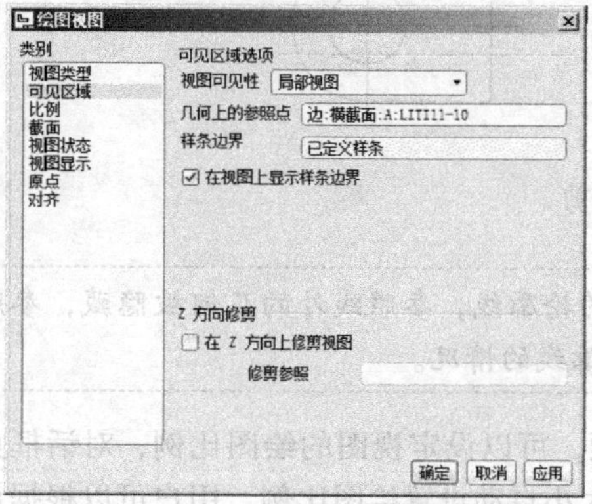

图10-66　设置局部视图

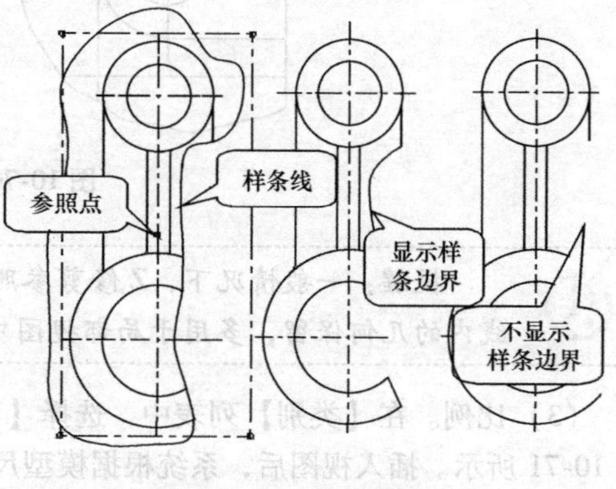

图10-67　局部视图

● 【视图可见性】为【破断视图】时，对话框如图10-68所示。此时单击【添加断点】按钮 + ，在消息区提示“草绘一条水平或竖直的破断线”，在图形区选择图元上一点，然后移动鼠标单击第二点绘制一条破断线，此时消息区提示“拾取一个点定义第二条破断线”，在适当的位置选择视图上的第2点确定第二条破断线的位置，两破断线中间的部分将被切除。这时在【添加断点】按钮 + 下方弹出项目列表，显示破断线的方向等。在【破断线造型】下拉列表框中可以选择破断线的样式，生成的破断视图如图10-69所示。也可以再次单击【添加断点】按钮 + 为视图添加更多破断。

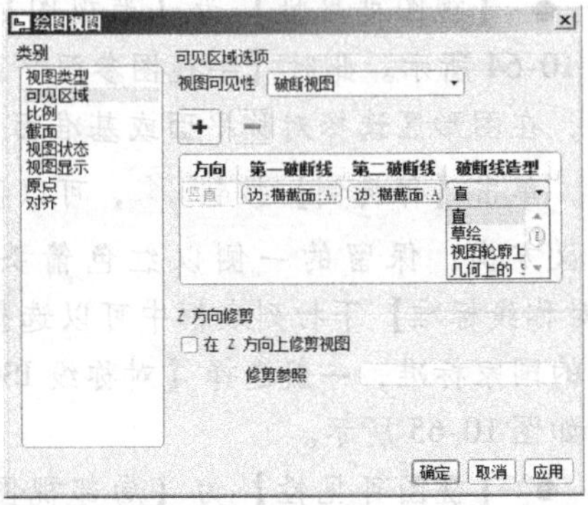


图10-68 设置破断视图

- 在【Z方向修剪】选项组设置显示的范围，选中【在Z方向上修剪视图】复选框，【修剪参照】收集器被激活，可以在图形区选择参照作为Z方向的修剪边界，视图将保留参照边界内的部分，隐藏其外视图部分，如图10-70所示。Z方向实际上指的是垂直于Z方向的面上，就是视图平面内的修剪。

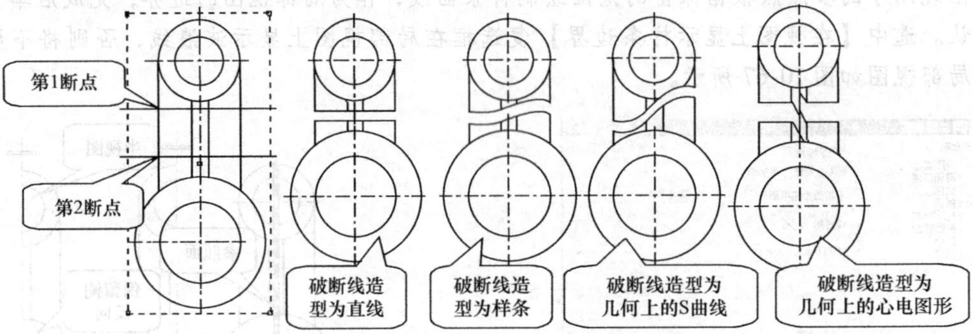


图10-69 破断视图及破断线造型

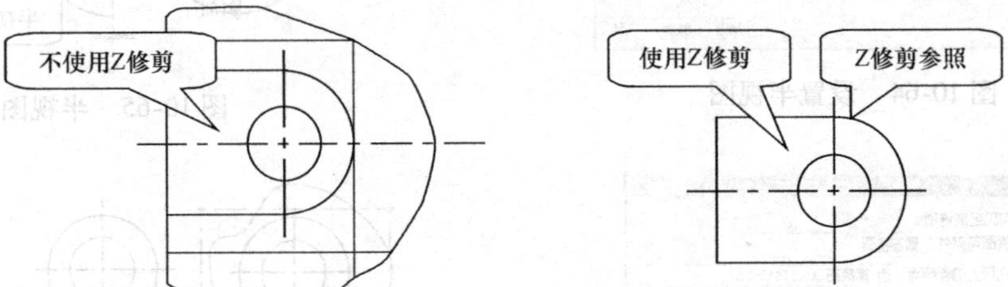


图10-70 使用Z修剪

**提醒：一般情况下，Z修剪参照为一闭合的轮廓线，参照线外的几何被隐藏，参照线内的几何保留，多用于局部视图中有封闭轮廓线的情况。**

（3）比例。在【类别】列表中，选择【比例】选项，可以设定视图的绘图比例，对话框如图10-71所示。插入视图后，系统根据模型尺寸和图纸大小自动设置绘图比例，用户可以根据设计需要单击【定制比例】单选按钮，在其后的文本框中修改绘图比例，完成后单击【应用】按钮完成比例更新。

（4）截面。在【类别】列表中，选择【截面】选项，可以设置剖视图或者断面图，如图10-72所示。模型的断面一般在三维状态下使用【视图管理器】工具设置。

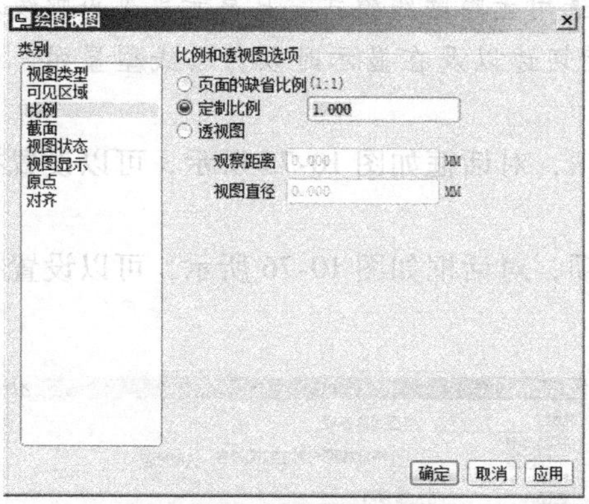


图 10-71　设置绘图比例

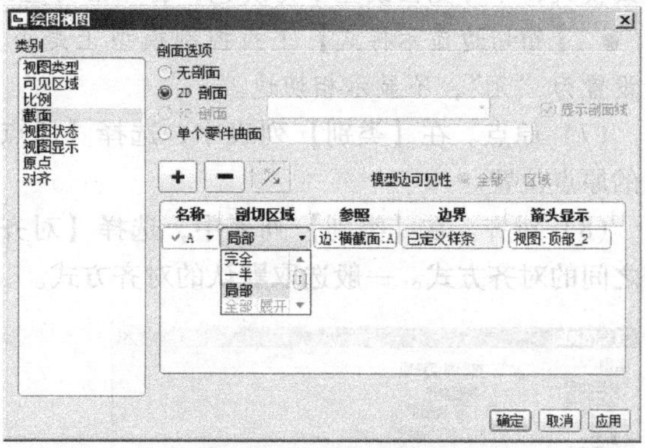


图 10-72　设置截面

- 当使用视图方式表达时，在【剖面选项】选项组中单击【无剖面】单选按钮。
- 使用剖视图或者断面图表达方法时，一般单击【2D 剖面】单选按钮。
- 在【模型边可见性】选项组中单击【全部】单选按钮时创建剖视图。
- 在【模型边可见性】选项组中单击【区域】单选按钮时创建断面图。
- 单击【将横截面添加到视图】按钮 + 可以为视图添加横截面，如果已经创建了横截面，在【名称】下拉列表框中显示所有截面，其中可用截面前面有一个绿色的“√”，在其中选择合适的横截面。如果没有创建横截面，也可在工程图环境下创建，但比较麻烦，不建议用户使用。建议用户打开模型，在建模界面使用【视图管理器】按钮设置横截面。
- 【剖切区域】下拉列表框包括【完全】、【一半】、【局部】、【全部展开】和【全部对齐】5 个选项，分别用于全剖视图、半剖视图、局部剖视图、旋转剖视图和阶梯剖视图。
- 激活【箭头显示】收集器后，可在图形区选择视图，在其上显示剖切面和箭头。

（5）视图状态。在【类别】列表中，选择【视图状态】选项，对话框如图 10-73 所示，可以在其中设置视图的显示状态。

（6）视图显示。在【类别】列表中，选择【视图显示】选项，对话框如图 10-74 所示，可以在其中设置绘图视图中各种图元的显示状态。

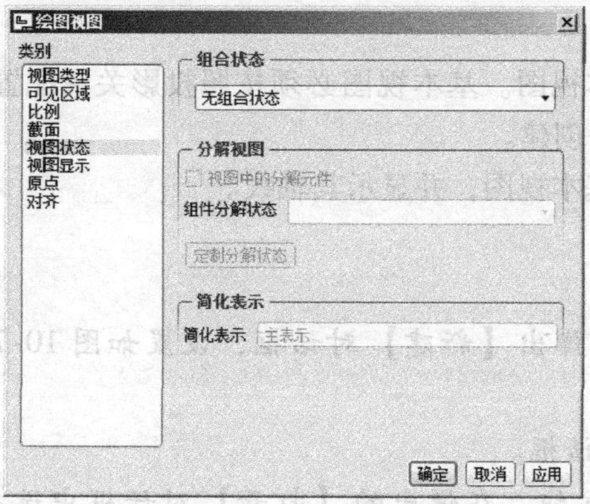


图 10-73　设置视图状态

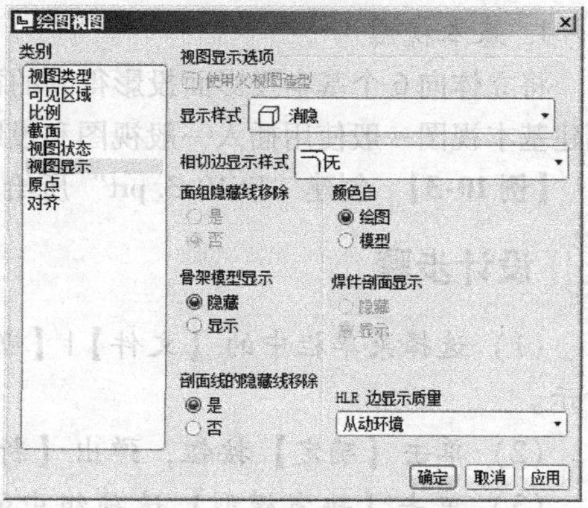


图 10-74　设置视图显示

- 【显示样式】下拉列表框用于控制视图的显示状态，如果是从动环境，按照【视图】工具栏设置的模型显示样式设置图线显示样式。若选用线框模式，所有图线以实线显示；若选用隐藏线模式，不可见图线显示为灰色，打印后为虚线；若选用无隐藏线模式，只显示可见轮廓线。

● 【相切边显示样式】下拉控制模型上是否显示相切边以及在显示时以什么线型显示，一般设置为“无”，不显示相切边。

（7）原点。在【类别】列表中，选择【原点】选项，对话框如图 10-75 所示，可以设置视图的原点位置。

（8）对齐。在【类别】列表中，选择【对齐】选项，对话框如图 10-76 所示，可以设置视图之间的对齐方式。一般选取默认的对齐方式。

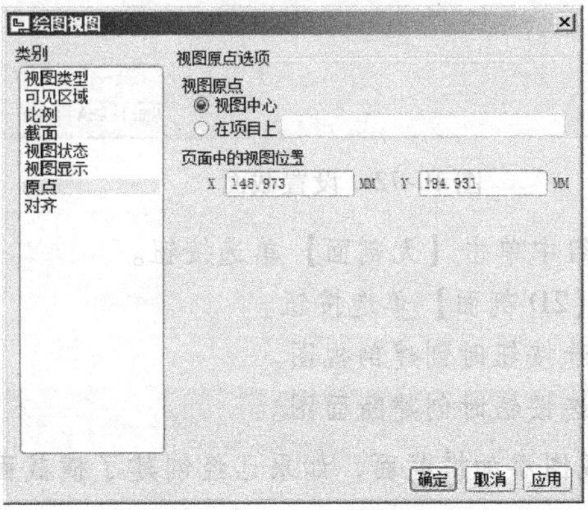


图 10-75　设置原点位置

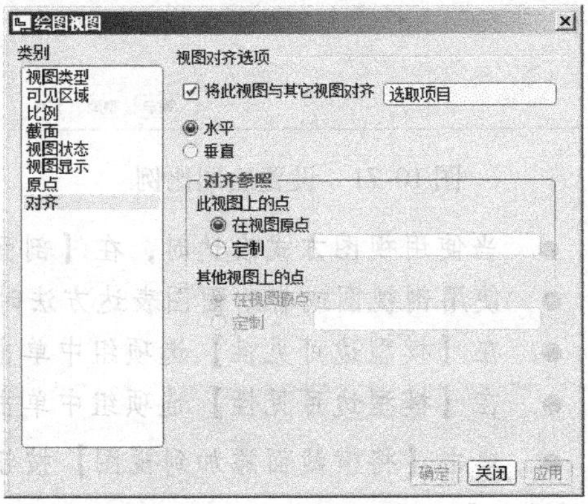


图 10-76　设置对齐方式

4. 细化视图

移动视图的位置，显示视图的轴线和尺寸，最后完成整个视图，这些内容将在后面的章节讲述。

## 10.2.3　创建各类视图

根据零件的结构形状不同，零件的表达方法也不相同，本节通过大量实例讲述如何使用各种表达方法表达零件。

视图用于表达外形比较复杂而内部形状简单的零件，根据零件形状的不同，分为基本视图、向视图、局部视图和斜视图。

1. 基本视图

将立体向 6 个基本投影面投影得到的视图称为基本视图。基本视图必须按照投影关系配置。创建基本视图一般使用插入一般视图和投影视图的方法创建。

【例 10-3】　创建“liti10-3. prt”所给立体的 6 个基本视图，并显示其轴线。

### 设计步骤

（1）选择菜单栏中的【文件】|【新建】选项，弹出【新建】对话框，设置如图 10-77 所示。

（2）单击【确定】按钮，弹出【新建绘图】对话框。

（3）单击【缺省模型】选项组中的【浏览】按钮，在弹出的【打开】对话框中选择“……\ 例题 \ 第 10 章 \ liti10-3. prt”文件。

（4）单击【模板】选项组中的【浏览】按钮，在弹出的【打开】对话框中选择“……\ 例题 \ 第 10 章 \ a3h. drw”，如图 10-78 所示。

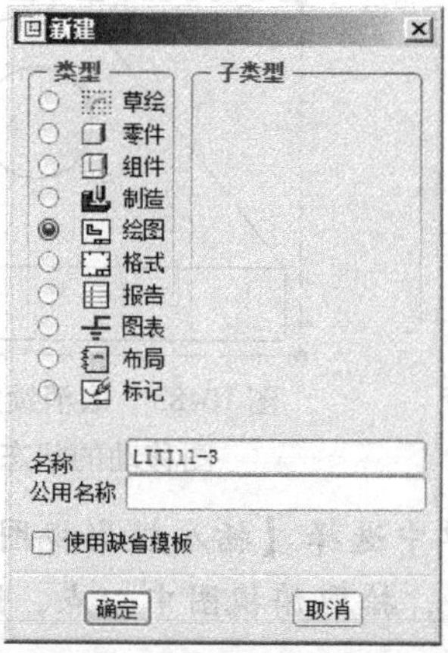


图10-77 不使用模板新建绘图

图10-78 设定新建绘图选项

(5) 单击【确定】按钮，进入绘图环境。

(6) 在【布局】选项卡的【模型视图】选项组中单击【一般视图】按钮，消息区提示“选取绘制视图的中心点”。

(7) 在图形区合适的位置单击，拾取视图中心点，图形区弹出缺省的斜轴测图，并弹出【绘图视图】对话框，分别如图10-79和11-80所示。

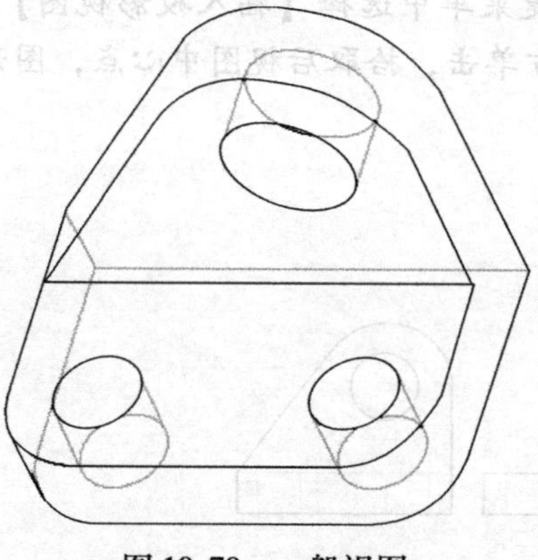

图10-79 一般视图

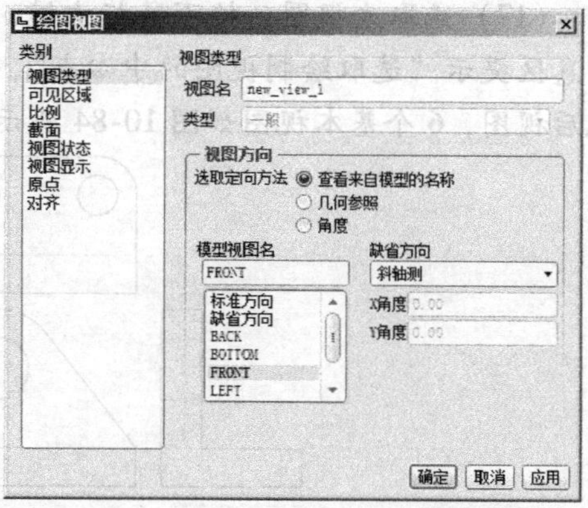


图10-80 【绘图视图】对话框

(8) 在【模型视图名】下拉列表框中双击【FRONT】选项，这时，【模型视图名】下面的文本框中显示“FRONT”字样，图形区显示主视图。

(9) 单击【确定】按钮，完成主视图的创建，如图10-81所示。

(10) 在图形区选取主视图，主视图周围弹出中心线边框，如图10-82所示。此时实体移动被锁定，用鼠标左键拖动视图时不能移动视图位置。

(11) 在图形区按下鼠标右键，弹出快捷菜单，发现其中的【锁定视图移动】选项前面有一“√”，表明视图移动被锁定。选择【锁定视图移动】选项，其前的“√”不再显示，表明视图可以移动，此时图形区选中的视图显示为如图10-83所示的状态。

(12) 使用鼠标左键将主视图拖动到合适的位置，松开鼠标左键。

(13) 选中主视图，在【模型视图】选项组中【投影】按钮，消息区提示“选取绘制视图的中心点”，在主视图右方单击，拾取左视图中心点，图形区出现左视图。

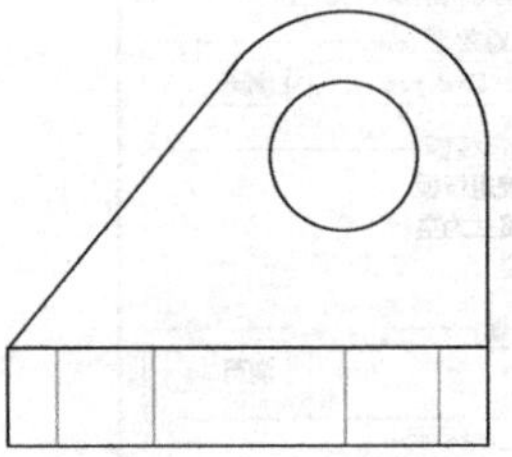

图 10-81 主视图

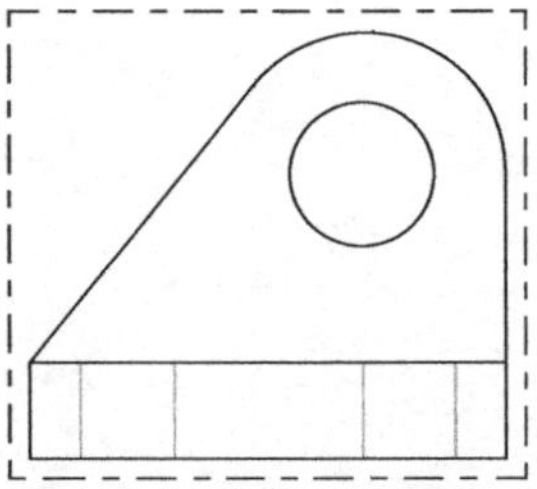

图 10-82 锁定视图移动的状态

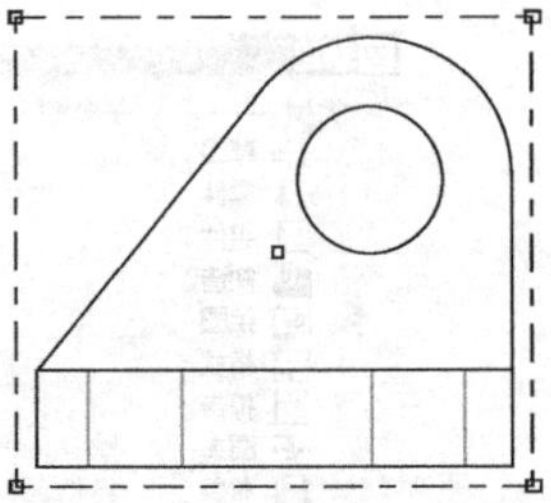

图 10-83 取消锁定视图移动的状态

(14) 选取主视图，按下鼠标右键，在弹出的快捷菜单中选择【插入投影视图】选项，消息区提示“选取绘制视图的中心点”，在主视图下方单击，拾取俯视图中心点，图形区出现俯视图。

(15) 选取主视图，按下鼠标右键，在弹出的快捷菜单中选择【插入投影视图】选项，消息区提示“选取绘制视图的中心点”，在主视图左方单击，拾取右视图中心点，图形区出现右视图。

(16) 选取主视图，按下鼠标右键，在弹出的快捷菜单中选择【插入投影视图】选项，消息区提示“选取绘制视图的中心点”，在主视图上方单击，拾取仰视图中心点，图形区出现仰视图。

(17) 选取左视图，按下鼠标右键，在弹出的快捷菜单中选择【插入投影视图】选项，消息区提示“选取绘制视图的中心点”，在左视图右方单击，拾取后视图中心点，图形区出现后视图，6 个基本视图如图 10-84 所示。

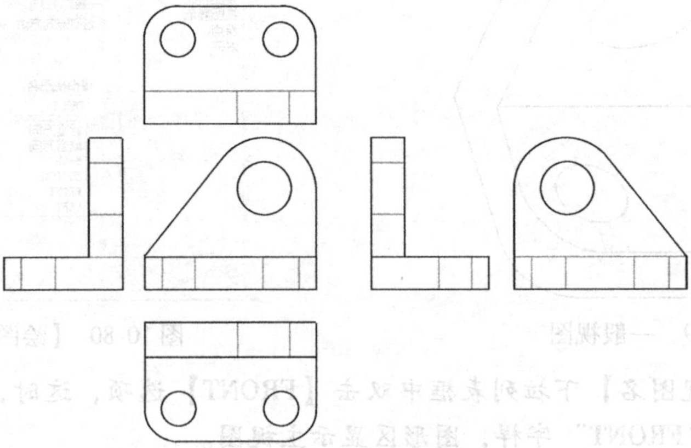

图 10-84 6 个基本视图

(18) 切换至【注释】选项卡，在【插入】选项组中单击【显示模型注释】按钮，弹出【显示模型注释】对话框，切换至【显示模型基准】选项卡，在图形区选择主视图，此时对话框如图 10-85 所示，主视图如图 10-86 所示。

(19) 在图形区单击选取欲显示的轴线，轴线变成黑色，【显示模型注释】对话框中该轴线前面的复选框被选中，同时【应用】按钮变为可用，单击【应用】按钮，选中的轴线被显示。

(20) 以同样的方法显示其他视图中的轴线，关闭【显示模型注释】对话框。注意：当轴线重合时，只显示一条即可，最后结果如图 10-87 所示。

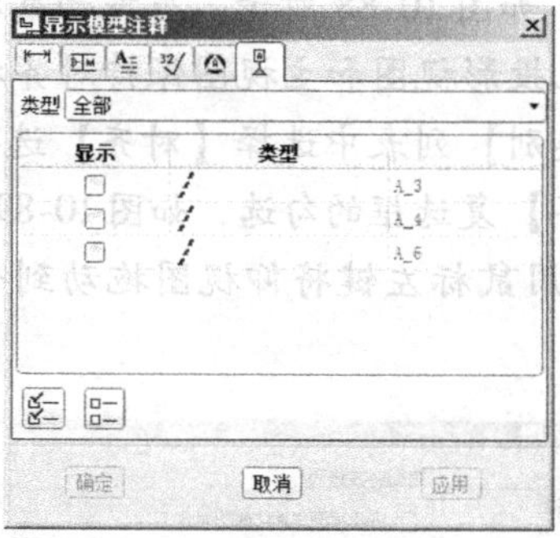


图10-85 【显示模型注释】对话框

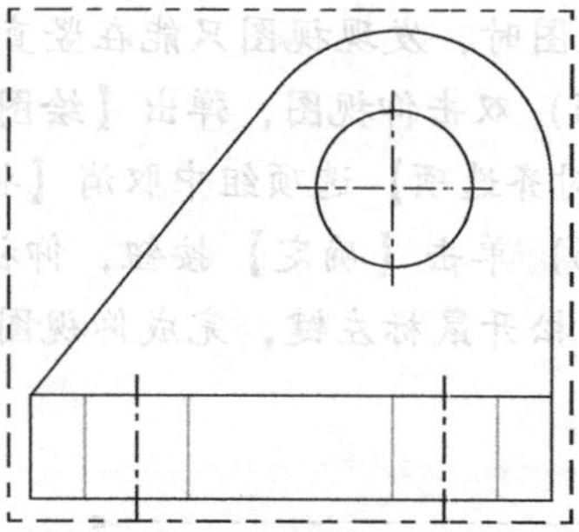

图10-86 主视图中心线预览

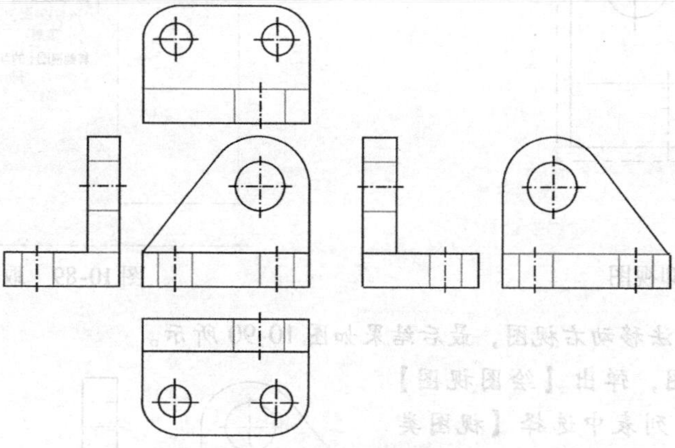

图10-87 显示所有轴线

提醒：选中视图后，在【显示模型注释】对话框中单击【全选】按钮，可以选中所有轴线；单击【全不选】按钮，可以取消所有轴线的选中。除了在图形区选择轴线，也可在对话框中选中相应轴线。

(21) 单击【文件】工具栏中的【保存】按钮保存文件。

2. 向视图

当基本视图按照投影关系配置时，将占用大量的图纸空间。为了合理配置视图，节省图纸空间，可将除主、俯、左视图外的其余视图移动到合适的地方放置，这样的视图称为向视图。向视图需要标注，一般情况下，取消【锁定视图移动】选项，并取消视图对齐后，将视图移动到合适的位置即可。

**【例10-4】** 将“liti10-4”的仰视图和右视图适当移动、合理配置。

## 设计步骤

(1) 选择菜单栏中的【文件】|【打开】选项，弹出【文件打开】对话框。

(2) 选择文件“liti10-4. drw”，单击【打开】按钮，打开文件，进入工程图界面。

(3) 确认视图移动处于未锁定状态。具体方法为：在图形区按下鼠标右键，在弹出的快捷菜单中查看【锁定视图移动】选项是否被选中。若选中，选择该选项即可，不再锁定视图移动。

(4) 在图形区选取仰视图，视图周围出现加亮边框，如图 10-88 所示。当拖动鼠标意图移动视图时，发现视图只能在竖直方向移动，这是因为此投影视图和主视图保持对齐状态。

(5) 双击仰视图，弹出【绘图视图】对话框，在【类别】列表中选择【对齐】选项，在【视图对齐选项】选项组中取消【将此视图与其他视图对齐】复选框的勾选，如图 10-89 所示。

(6) 单击【确定】按钮，仰视图可以任意移动。使用鼠标左键将仰视图拖动到合适的位置，松开鼠标左键，完成仰视图的移动。

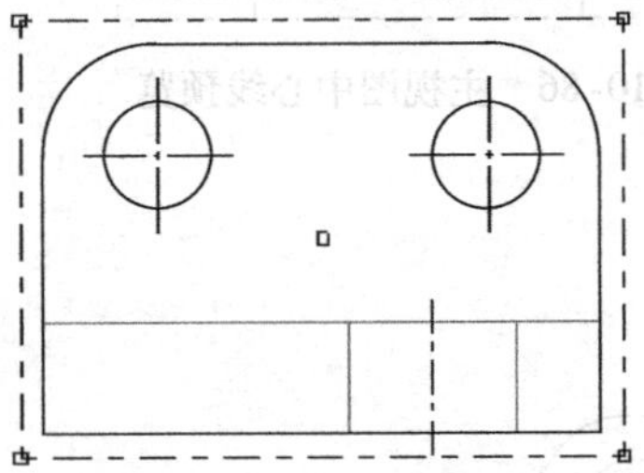

图 10-88　选择仰视图

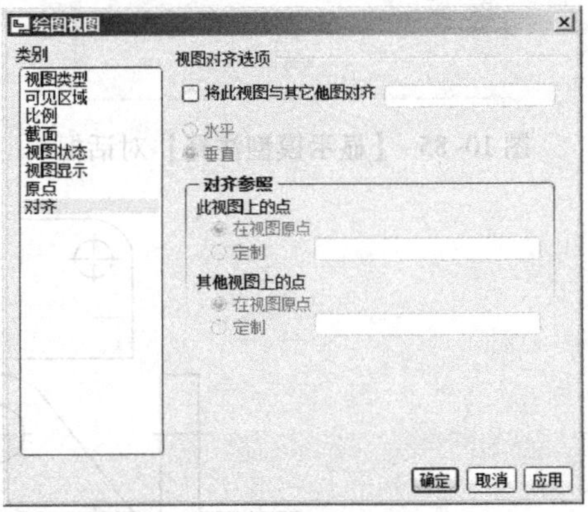


图 10-89　取消视图对齐

(7) 以同样的方法移动右视图，最后结果如图 10-90 所示。

(8) 双击仰视图，弹出【绘图视图】对话框，在【类别】列表中选择【视图类型】选项，在【视图名】文本框中将视图名修改为"A"，在【类型】下拉列表框中选择【辅助】选项。

(9) 在【辅助视图属性】选项组中，单击【父项视图上的投影参照】收集器，使其处于激活状态，在主视图上选择立体的下底面，如图 10-91 所示。

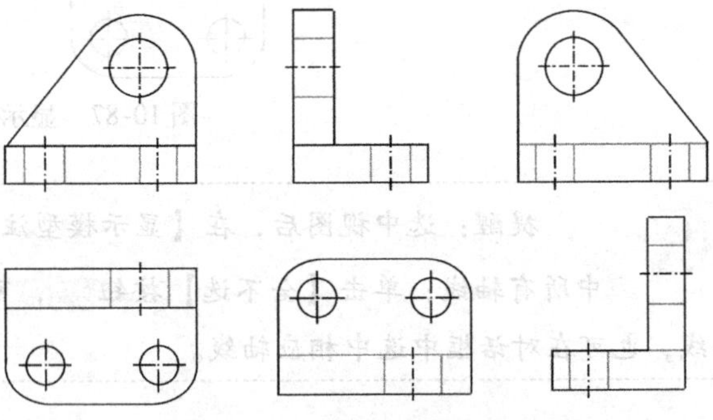

图 10-90　完成向视图配置

(10) 在【投影箭头】处单击【单一】单选按钮，对话框如图 10-92 所示，图形区出现投影方向箭头，如图 10-93 所示。

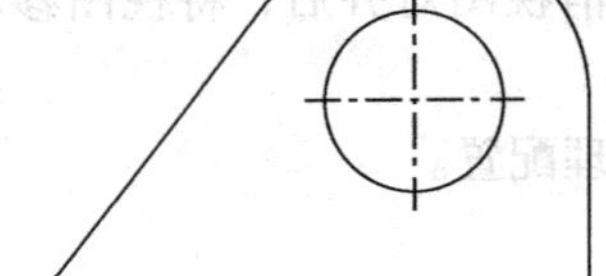


图 10-91　选择投影参照

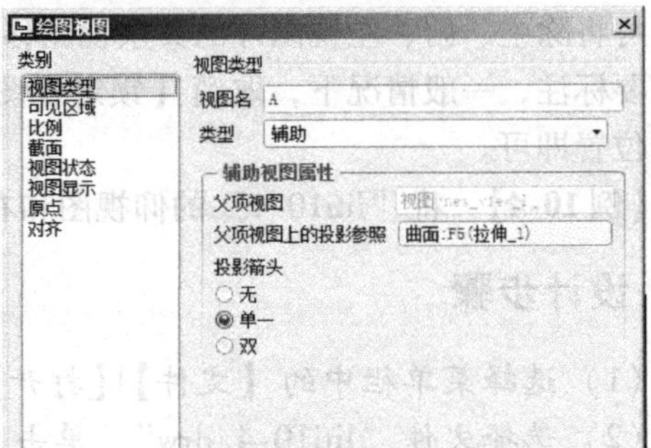


图 10-92　设置视图类型

(11) 单击【关闭】按钮，关闭【绘图视图】对话框。

(12) 在图形区选中代表投影方向的箭头，拖动箭头可以改变箭头的长度，拖动箭尾直线可以改变箭头的位置；拖动文字可以改变文字的位置，调整其位置和大小，使其如图10-94所示。

(13) 按照步骤 (8) ~步骤(13) 的方法，标注并调整右视图的投影箭头和名称，如图10-95所示。注意：在主视图上选取立体的右端面作为父项视图上的投影参照，视图名为B。

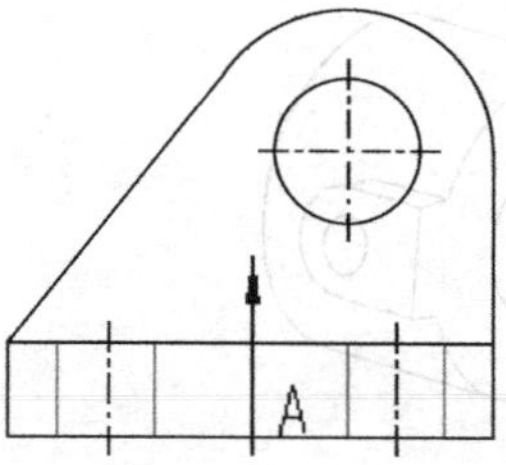


图10-93　插入投影箭头

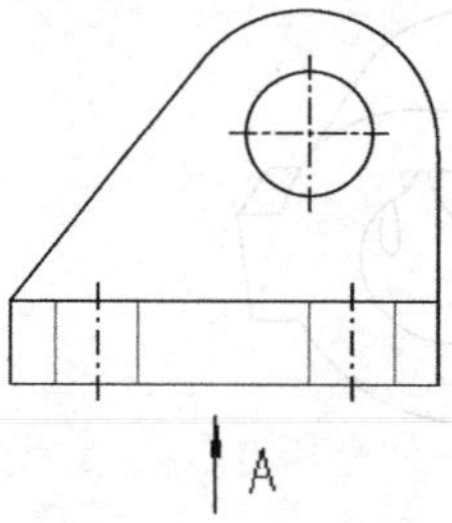


图10-94　调整投影箭头

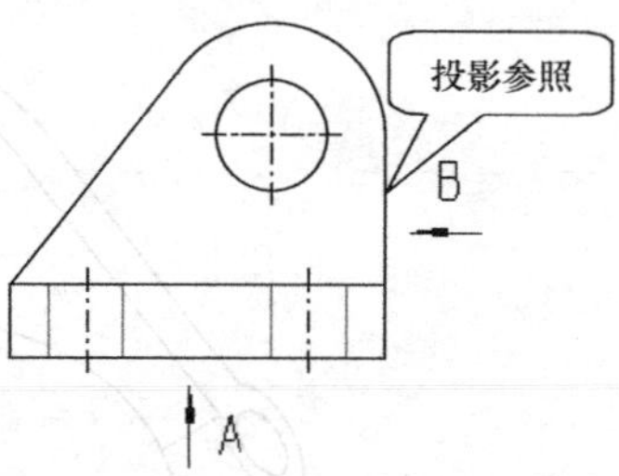


图10-95　插入右视图投影箭头

(14) 切换至【注释】选项卡，在【插入】选项组中单击【注解】按钮，出现【注释类型】菜单。

(15) 选择【无引线】|【输入】|【水平】|【标准】|【缺省】|【进行注解】选项，出现【获得点】菜单。

(16) 选择【选出点】选项，系统提示“选取注解的位置”，在仰视图上方单击，确定插入注解的位置。

(17) 消息区提示“输入注解”，在文本框中输入“A”，按<Enter>键确认，再次提示“输入注解”，不输入任何值，按<Enter>键确认。

(18) 重新回到【注释类型】菜单，直接选择【进行注解】选项，在右视图上方单击，确定插入点，消息区提示“输入注解”，在文本框中输入“B”，按<Enter>键确认，再次提示“输入注解”，不输入任何值，按<Enter>键确认。

(19) 选择【注释类型】菜单中的【完成/返回】选项，标记完成的两个视图的名称。

(20) 此时两个文字均呈红色加亮显示，表示被选中，在图形区按下鼠标右键，在弹出的快捷菜单选择【文本样式】选项，弹出【文本样式】对话框，取消高度后面的【缺省】复选框的选中，将文字的高度修改为“5”，单击【确定】按钮，完成文本高度的修改，最后结果如图10-96所示。

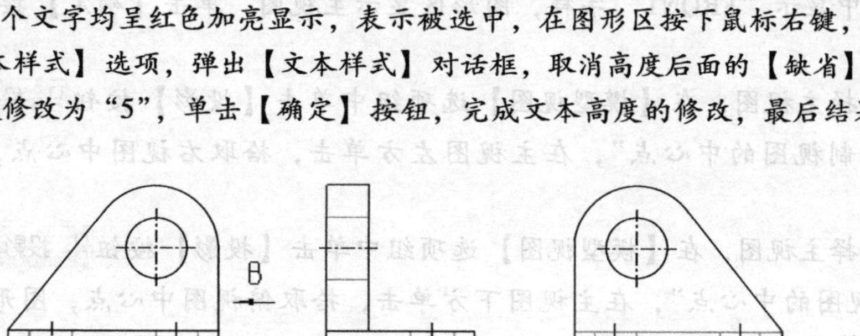


图10-96　完成向视图标注

(21) 保存文件，关闭窗口，拭除不显示。

3. 局部视图

将零件的某一部分向基本投影面投影所得的视图称为局部视图。局部视图可以按照投影关系配置，也可以按向视图的配置方式配置和标记。

【例 10-5】 用适当的方法表达如图 10-97 所示的压紧杆零件。

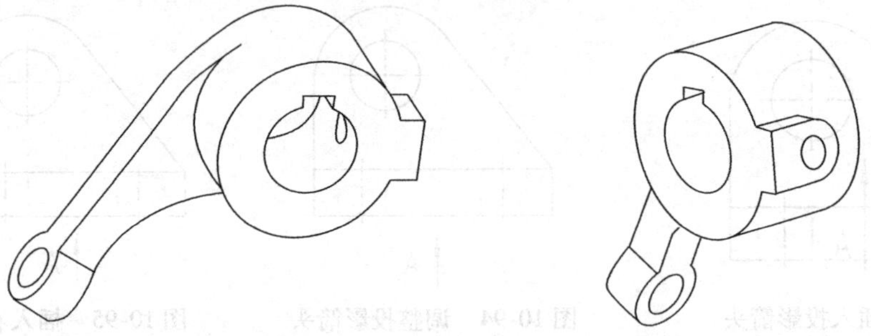

图 10-97 压紧杆零件

## 设计步骤

(1) 不使用缺省模板，新建绘图文件，名称为“liti10-5”，缺省模型选择为“……\ 例题\ 第 10 章\ liti10-5. prt”，选择模板为“……\ 例题\ 第 10 章\ a3h. drw”，进入绘图界面。在消息区根据提示用户输入标题栏各参数，最后进入工程图环境。步骤同【例 10-3】。

(2) 在【模型视图】选项组中单击【一般视图】按钮，消息区提示“选取绘制视图的中心点”。

(3) 在图形区合适的位置单击，拾取视图中心点，图形区出现缺省的斜轴测图，并弹出【绘图视图】对话框。

(4) 在【模型视图名】下拉列表框中双击【FRONT】选项，这时，【模型视图名】下面的文本框中显示“FRONT”字样，图形区显示主视图，单击【确定】按钮，完成主视图的创建。

(5) 选择主视图，在【模型视图】选项组中单击【投影】按钮 投影...，消息区提示“选取绘制视图的中心点”，在主视图左方单击，拾取右视图中心点，图形区出现右视图。

(6) 选择主视图，在【模型视图】选项组中单击【投影】按钮 投影...，消息区提示“选取绘制视图的中心点”，在主视图下方单击，拾取俯视图中心点，图形区出现俯视图，如图 10-98 所示。

(7) 双击俯视图，弹出【绘图视图】对话框，在【类别】列表中选择【可见区域】选项，在【视图可见性】下拉列表框中选择【局部视图】选项，如图 10-99 所示。

(8) 此时【几何上的参考点】收集器处于激活状态，消息区提示“选取新的参照点”，在欲保留局部的边界上单击，选取一点作为参照点，如图 10-100 所示。

(9) 消息区提示“在当前视图上草绘样条来定义外部边界”，在俯视图中包围住刚才的参照点草绘封闭的样条曲线，单击鼠标中键完成绘制，如图 10-101 所示。注意：样条曲线必须包围住刚才选取的参照点。

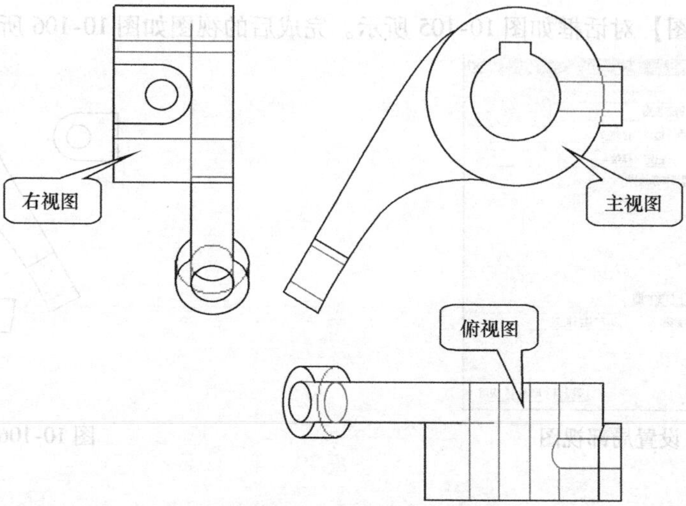


图 10-98　完成压紧杆三视图

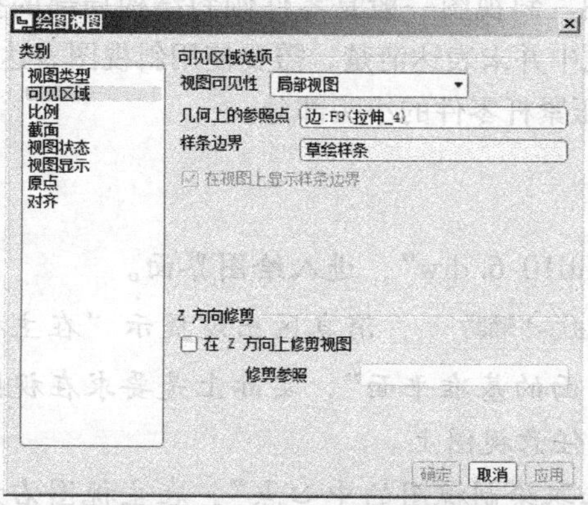


图 10-99　设置局部视图

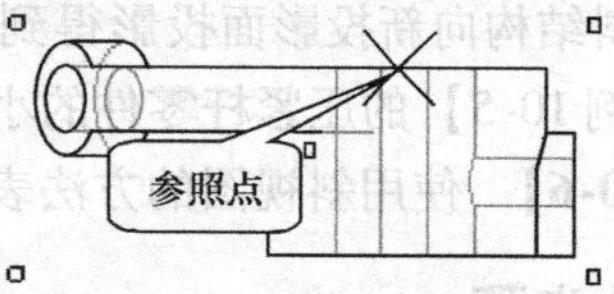


图 10-100　选择参照点

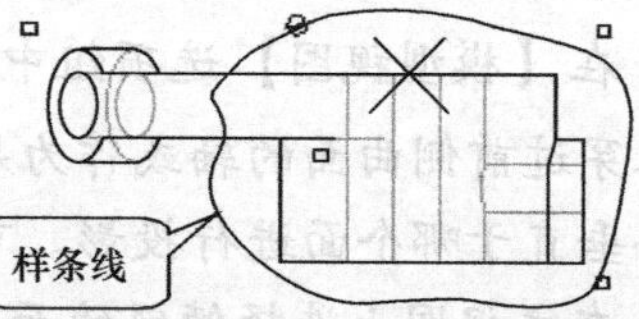


图 10-101　草绘样条曲线

(10) 在【绘图视图】对话框中单击【确定】按钮，完成局部视图，如图 10-102 所示。

(11) 双击右视图，弹出【绘图视图】对话框，在【类别】列表中选择【可见区域】选项，在【视图可见性】下拉列表框中选择【局部视图】选项。

(12) 此时【几何上的参考点】收集器处于激活状态，消息区提示“选取新的参照点”，在欲保留局部的边界上单击，选取“点 1”作为参照点，如图 10-103 所示。

(13) 消息区提示“在当前视图上草绘样条来定义外部边界”，在右视图中包围住刚才的参照点草绘封闭的样条曲线，单击鼠标中键完成绘制，如图 10-103 所示。

(14) 选中【在 Z 方向上修剪视图】复选框，【修剪参照】收集器处于激活状态。

(15) 在要保留的闭合边界上单击“点 2”，选择 Z 方向的修剪边界，如图 10-103 所示。

(16) 在【绘图视图】对话框中单击【确定】按钮，完成局部视图，如图 10-104 所示。未

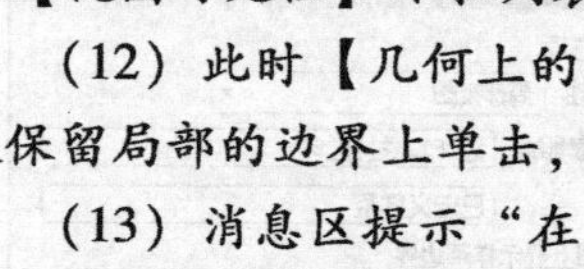

图 10-102　完成局部视图

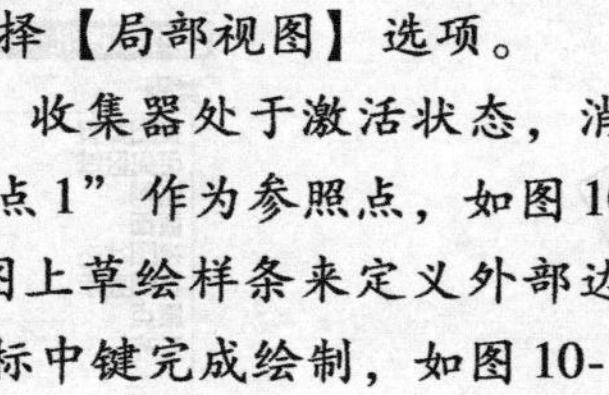


图 10-103　定义局部视图

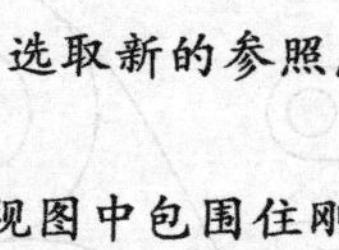

图 10-104　完成局部视图

关闭前的【绘图视图】对话框如图 10-105 所示。完成后的视图如图 10-106 所示。

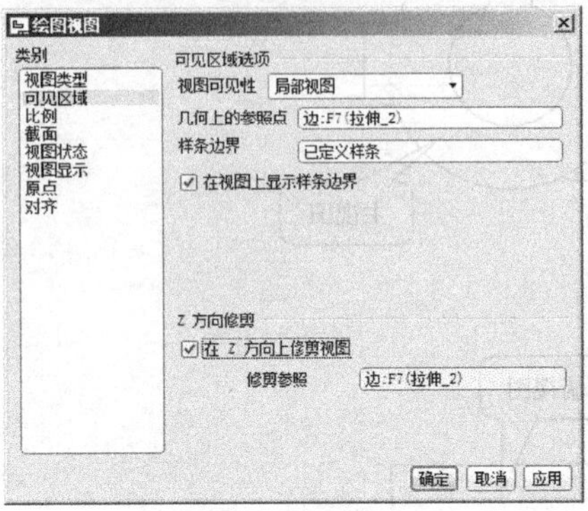


图 10-105　设置局部视图

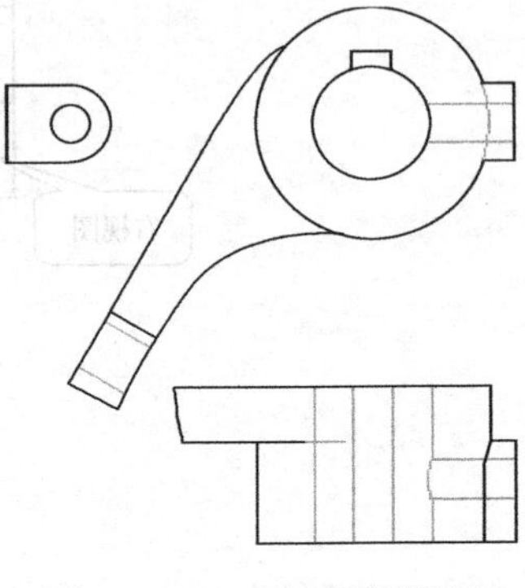

图 10-106　完成局部视图

4. 斜视图

对于有倾斜结构的零件，可以设立新的投影面。新投影面垂直于基本投影面和倾斜结构平行。将倾斜结构向新投影面投影得到的视图称为斜视图。斜视图一般是零件倾斜结构局部的投影，如【例 10-5】的压紧杆零件的小头部分在上面例题中并未表达清楚，需要使用斜视图表达。

**【例 10-6】** 使用斜视图的方法表达【例 10-5】的压紧杆零件的小头部分。

## 设计步骤

(1) 打开工程图文件“……\ 例题\ 第 10 章\ liti10-6. drw”，进入绘图界面。

(2) 在【模型视图】选项组中单击【辅助】按钮 辅助...，消息区出现提示“在主视图上选取穿过前侧曲面的轴或作为基准曲面的前侧曲面的基准平面”，实际上是要求在视图上选择要垂直于哪个面进行投影。可选择的面可以在任意视图上。

(3) 在主视图上选择倾斜的面，消息区提示“选取绘制视图的中心点”，在主视图右方适当位置单击，选取视图中心点，生成的视图如图 10-107 所示。

(4) 双击斜视图，弹出【绘图视图】对话框，在【类别】列表中选择【可见区域】选项，在【视图可见性】下拉列表框中选择【局部视图】选项，如图 10-108 所示。

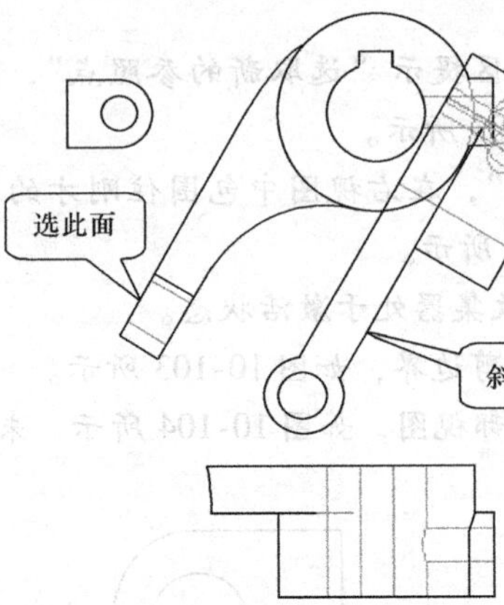


图 10-107　斜视图

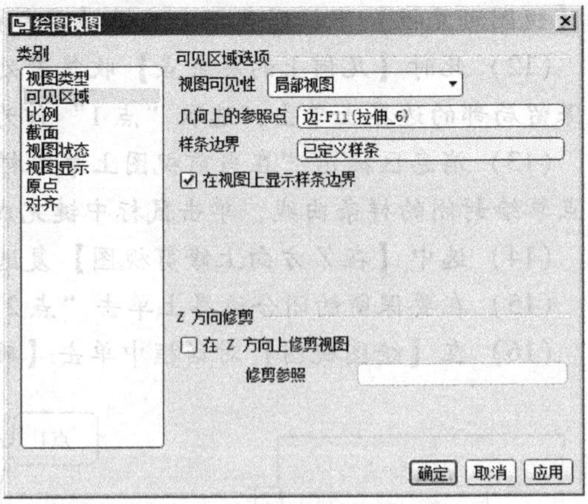


图 10-108　设置可见区域

(5) 此时【几何上的参考点】收集器处于激活状态，消息区提示“选取新的参照点”，在欲保留局部的边界上单击，选取一点作为参照点，如图 10-109 所示。

(6) 消息区提示“在当前视图上草绘样条来定义外部边界”，在斜视图中包围住刚才的参照点草绘封闭的样条曲线，单击鼠标中键完成绘制，如图10-109所示。

(7) 在【绘图视图】对话框中单击【确定】按钮，完成斜视图，如图10-110所示。

(8) 确认视图移动处于未锁定状态。具体方法为：在图形区按下鼠标右键，在弹出的快捷菜单中查看【锁定视图移动】选项是否被选中。若选中，选择该选项即可不再锁定视图移动。

(9) 双击斜视图，弹出【绘图视图】对话框，在【类别】列表中选择【对齐】选项，在【视图对齐选项】选项组中取消【将此视图与其他视图对齐】复选框的选中。

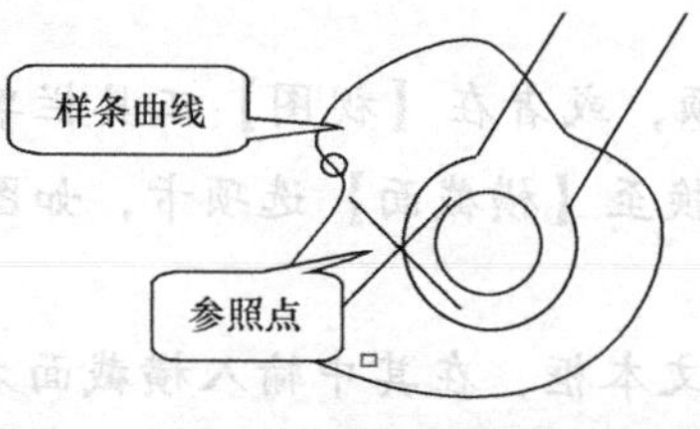


图10-109 定义参照点和样条曲线

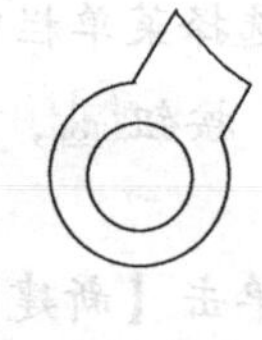

图10-110 完成斜视图

(10) 使用鼠标左键将各局部视图和斜视图拖动到如图10-111所示的位置。

(11) 单击【确定】按钮，仰视图可以任意移动。使用鼠标左键将仰视图拖动到合适的位置，松开鼠标左键，完成仰视图的移动。

(12) 按照【例10-4】的方法显示各个视图的中心线。对于长度不合适的中心线，可以先选中中心线，然后使用鼠标左键拖动其端点修改其长度。

(13) 按照【例10-4】的方法标注投影方向和字母，最后生成的工程图如图10-112所示。

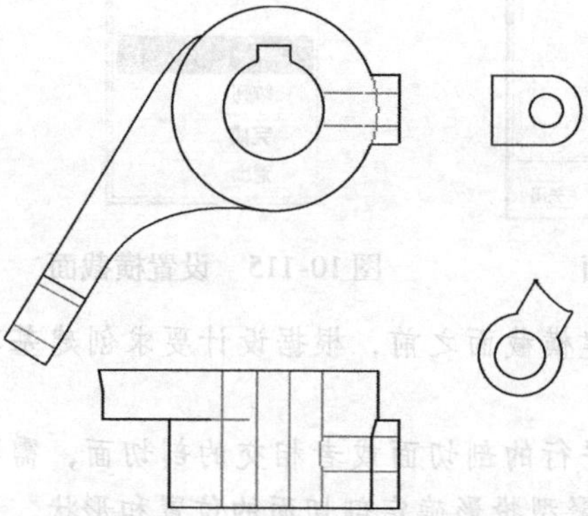

图10-111 移动各视图的位置

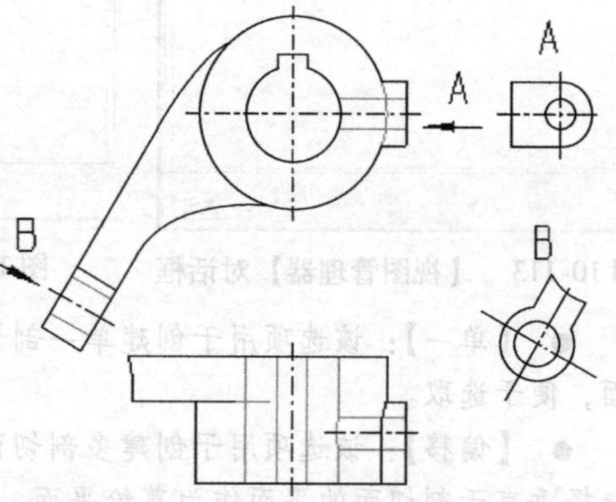


图10-112 显示中心线并标记各视图

(14) 保存文件，关闭窗口，拭除不显示。

## 10.2.4 创建剖视图

剖视图主要用以表达机件的不可见部分。当视图中存在虚线与虚线，虚线与实线重叠而难以用视图表达机件的不可见部分的形状时；或者当视图中虚线较多，影响到清晰读图和标注尺寸时，常使用剖视图表达。

根据剖切面不同程度地剖开物体的情况，剖视图分为全剖视图、半剖视图和局部剖视图；根据剖切面的多少，剖视图又可以分为单一剖切面剖和多剖切面剖。其中多剖切面剖又分为由几个平行面剖切的阶梯剖、由具有公共轴线的相交面剖切的旋转剖以及包含了阶梯剖和旋转剖的复合剖。

创建剖视图之前，一般首先在模型的建模界面创建横截面，这样在工程图界面能够更加方便地选取截面。

1. 创建横截面

完成建模后，创建模型的横截面，可以将横截面分为单一剖切面和多剖切面，两种剖截面的创建方法略有不同。

## 创建横截面的步骤

(1) 选择菜单栏中的【视图】|【视图管理器】选项，或者在【视图】工具栏单击【视图管理器】按钮，弹出【视图管理器】对话框，切换至【横截面】选项卡，如图 10-113 所示。

(2) 单击【新建】按钮，在【名称】列表中出现文本框，在其中输入横截面名称，一般用大些字母，比如“A”，如图 10-114 所示。

(3) 按<Enter>键，或者在文本框外部单击鼠标中键，出现【剖截面创建】菜单，如图 10-115 所示。

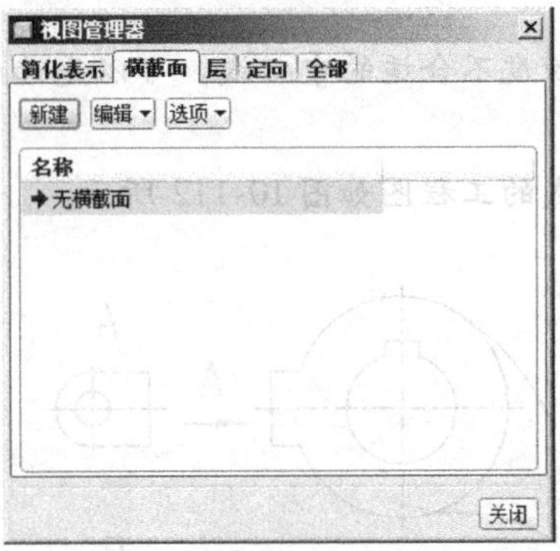

图 10-113 【视图管理器】对话框

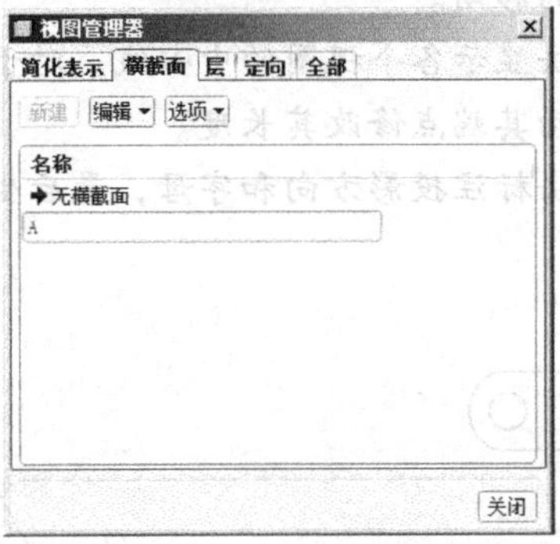

图 10-114 创建横截面

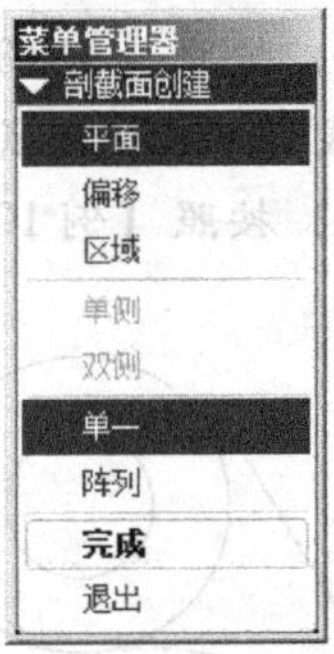

图 10-115 设置横截面

- 【单一】：该选项用于创建单一剖切面，一般在创建横截面之前，根据设计要求创建基准面，便于选取。
- 【偏移】：该选项用于创建多剖切面，可以是相互平行的剖切面或者相交的剖切面，需要选择垂直于剖切面的平面作为草绘平面，绘制剖截面的积聚型投影确定剖切面的位置和形状。

提醒：如果是单一剖切面，执行步骤 (4)；如果是多剖切面，执行步骤 (5) 以后的步骤。

(4) 如果是单一剖切面，在【剖截面创建】菜单中选择【平面】|【单一】|【完成】选项，出现【设置平面】菜单，选择【平面】选项，消息区提示“选取平面型表面或基准平面”，在图形区选择平面型表面或者基准平面即可创建横截面。图 10-116 所示为选择了“FRONT”基准面作为横截面的模型立体图。

(5) 如果是多剖切面，在【剖截面创建】菜单选择【偏移】|【双侧】|【单一】|【完成】选项，如图 10-117 所示。

(6) 此时出现【设置草绘平面】菜单，选择【平面】选项，如图 10-118 所示。

(7) 在图形区选择垂直于横截面的平面型表面或者基准平面作为草绘平面，出现【方向】菜单，如图 10-119 所示。

(8) 投影方向在图形区以红色箭头显示，如果方向正确，选择【确定】选项；如果方向错误，选择【反向】选项，再选择【确定】选项。

(9) 出现【草绘视图】菜单，如图 10-120 所示。一般情况下选取【缺省】选项即可进入草绘界面，也可根据实际情况选择方位后，在其后出现的【设置平面】菜单中定义草绘视图方向参照后进入草绘界面。

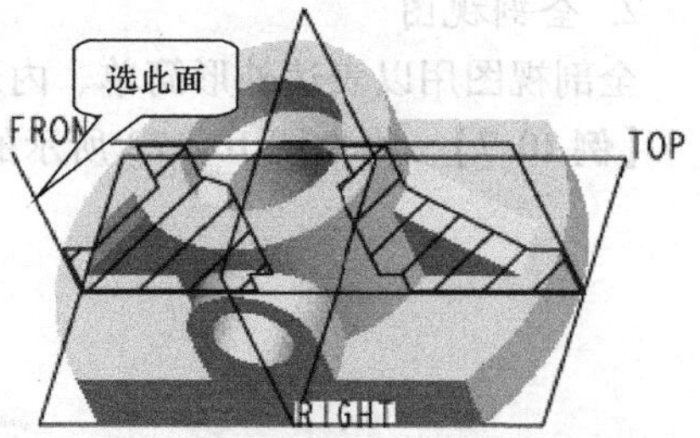

图 10-116 创建单一剖切面

图 10-117 设置多剖切面

图 10-118 设置草绘平面

图 10-119 设置投影方向

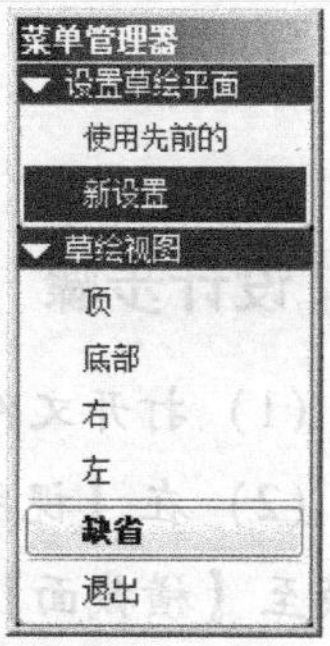

图 10-120 设置方向及参照

(10) 在草绘界面设置合适的参照，草绘剖截面的积聚型投影，单击【草绘器工具】工具栏中的【完成】按钮，✔完成剖切面的创建。

图 10-121 所示为选取上顶面作为草绘平面，草绘视图方向参照为缺省时（左图），草绘了横截面积聚型投影（中图），所生成的阶梯剖（右图）。

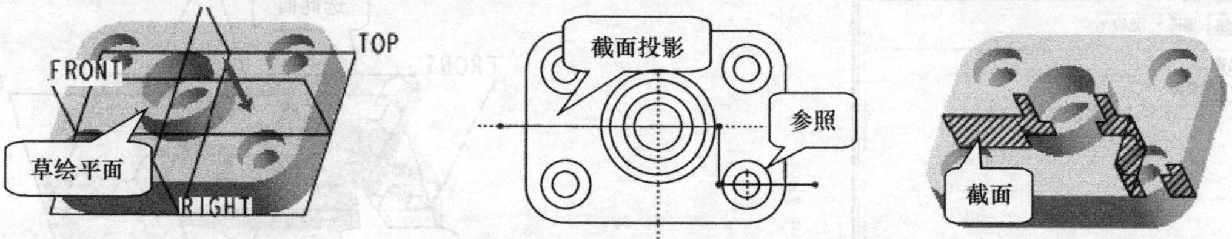

图 10-121 阶梯剖截面设定

图 10-122 所示为选取左端面草绘平面，设置 TOP 放置方位为顶时（左图），草绘了横截面积聚型投影（中图），所生成的旋转剖（右图）。

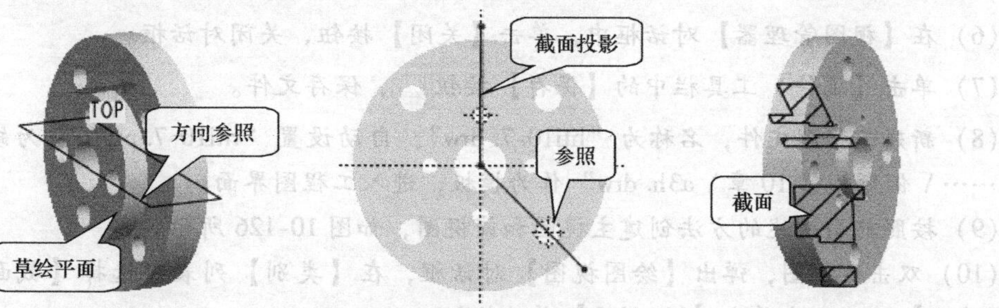

图 10-122 旋转剖截面设定

2. 全剖视图

全剖视图用以表达外形简单、内形复杂的机件，使用剖切面将机件完全剖开得到视图。

【例 10-7】 将如图 10-123 所示的模型用全剖视图的表达方法表达清楚。

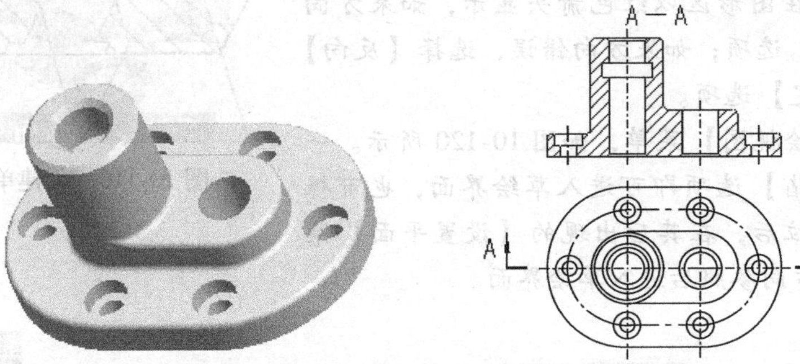


图 10-123 零件原型及工程图

## 设计步骤

(1) 打开文件"……\ 例题 \ 第 10 章 \ liti10-7. prt"，如图 10-123 所示。

(2) 在【视图】工具栏中单击【视图管理器】按钮，弹出【视图管理器】对话框，切换至【横截面】选项卡。

(3) 单击【新建】按钮，在【名称】列表出现文本框，在其中输入横截面名称"A"，如图 10-124 所示。

(4) 按<Enter>键，出现【剖截面创建】菜单，选择【平面】|【单一】|【完成】选项，出现【设置平面】菜单，选择【平面】选项。

(5) 在图形区选择"FRONT"基准面作为横截面，模型立体图如图 10-125 所示。

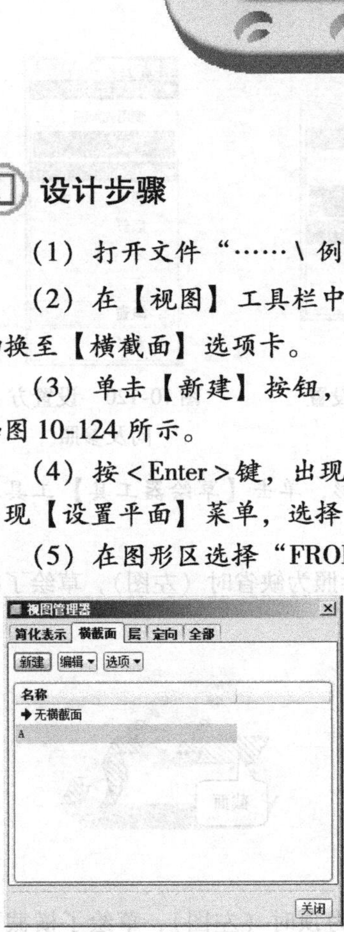


图 10-124 创建横截面

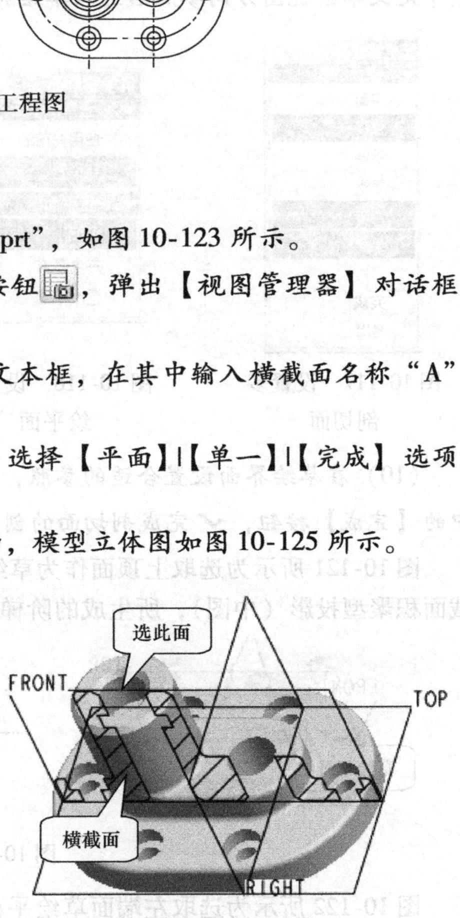


图 10-125 设置横截面

(6) 在【视图管理器】对话框中，单击【关闭】按钮，关闭对话框。

(7) 单击【文件】工具栏中的【保存】按钮，保存文件。

(8) 新建工程图文件，名称为"liti10-7. drw"，自动设置"liti10-7. prt"作为缺省模型，选择"……\ 例题 \ 第 10 章 \ a3h. drw"作为模板，进入工程图界面。

(9) 按照前面讲述的方法创建主视图和俯视图，如图 10-126 所示。

(10) 双击主视图，弹出【绘图视图】对话框，在【类别】列表中选择【截面】选项，在【剖面选项】选项组中单击【2D 剖面】单选按钮。

（11）单击【将横截面添加到视图】按钮，在出现的【名称】列表中选择"A"。

（12）单击【箭头显示】列对应的收集器，将其激活，在图形区选择俯视图显示箭头，对话框如图10-127所示。

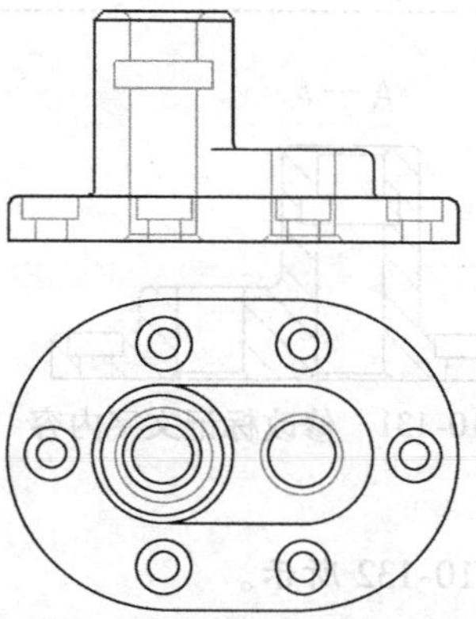

图10-126　视图表达方法

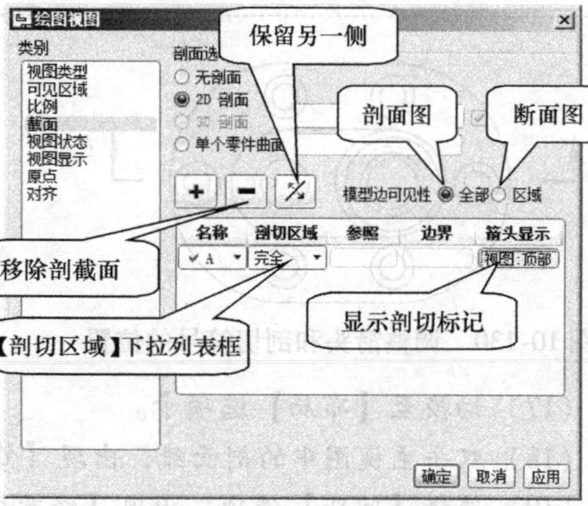


图10-127　设置剖截面

（13）单击【应用】按钮，图形区如图10-128所示。

（14）在【绘图视图】对话框中的【类别】列表中选择【视图显示】选项，在其右侧的【显示样式】列表中选择【消隐】选项，单击【确定】按钮，关闭【绘图视图】对话框。图形区如图10-129所示，主视图中不再显示虚线。

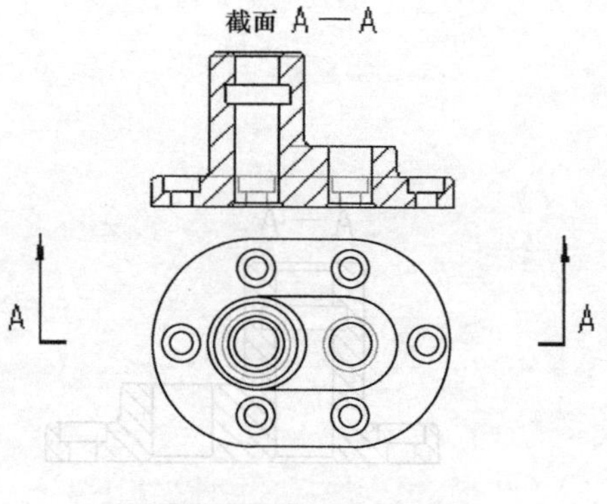


图10-128　生成剖视图

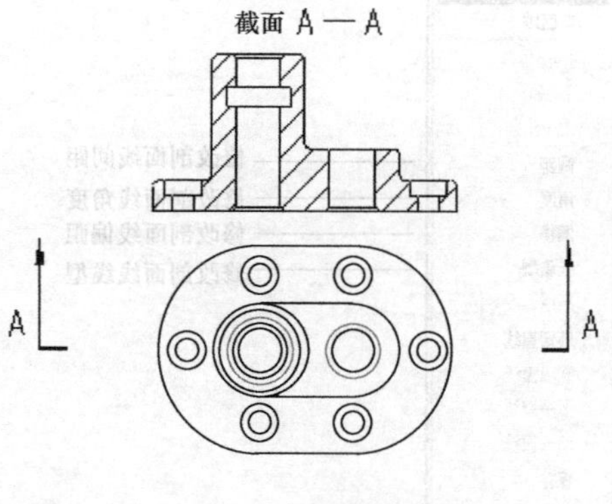


图10-129　主视图消隐显示

（15）在俯视图中选择剖切符号，拖动鼠标左键，调整箭头和剖切符号的位置，结果俯视图如图10-130所示。

● 拖动箭头的箭尖位置，可以改变单侧箭头尾部的长度，也可改变单侧箭头和单侧剖切符号的位置。

● 拖动箭尾直线或者拖动剖切符号位置，可以同时修改两侧箭头尾部的长度，也可改变单侧箭头和单侧剖切符号的位置。

● 拖动文字，可以修改文字位置。

（16）切换至【注释】选项卡，出现【注释】面板组，在主视图中，双击文字"截面 A-A"，弹出【注解属性】对话框，在【文本】编辑区中删除"截面"及其后的空格，单击【确定】按钮完成注解文字修改，主视图如图10-131所示。

提醒：如果进行视图操作，必须确保在【布局】选项组处于激活状态下；如欲进行尺寸注解，显示中心线，必须确保在【注释】选项组处于激活状态下；如欲在图形区草绘图元，必须确保在【草绘】选项组处于激活状态下。

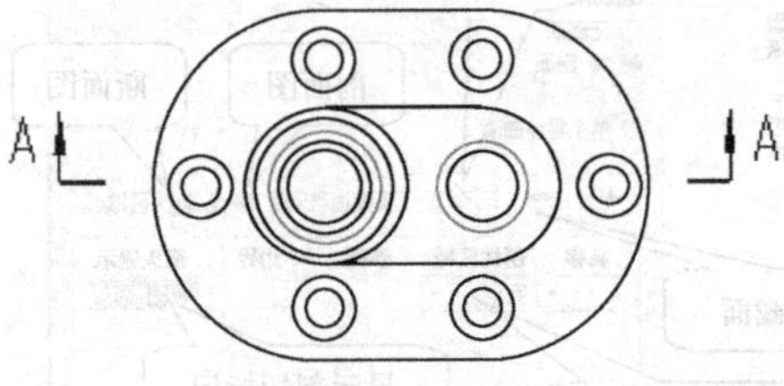

图 10-130 调整箭头和剖切符号的位置

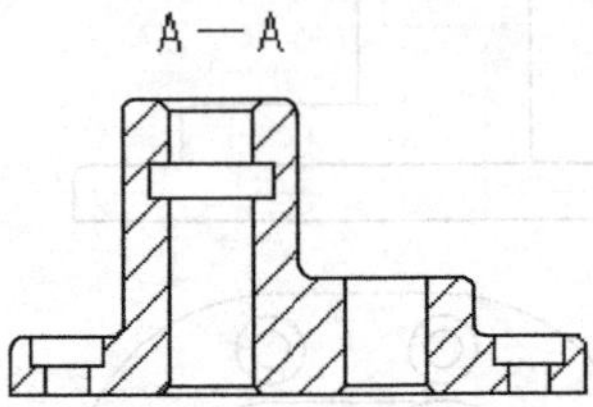

图 10-131 修改标记文字内容

（17）切换至【布局】选项卡。

（18）双击主视图中的剖面线，出现【修改剖面线】菜单，如图 10-132 所示。

（19）选择【间距】选项，出现【修改模式】菜单，如图 10-133 所示。

（20）在选择【整体】|【值】选项，消息区提示“输入间距值”，在其后的组合框中将间距值修改为“2”，按〈Enter〉键确认。

（21）在【修改剖面线】菜单中选择【完成】选项，完成剖面线间距设置，图形如图 10-134 所示。

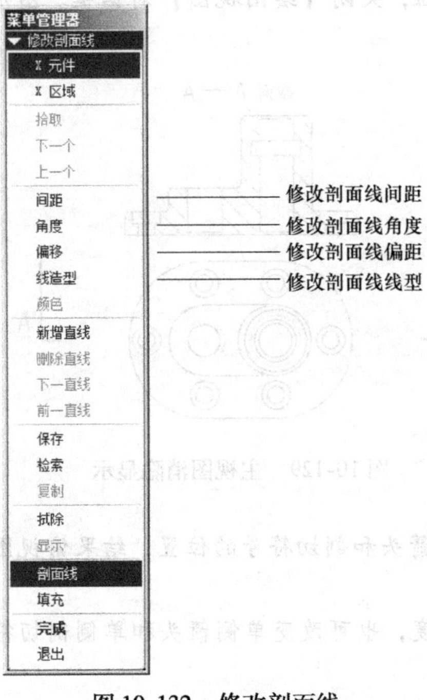

图 10-132 修改剖面线

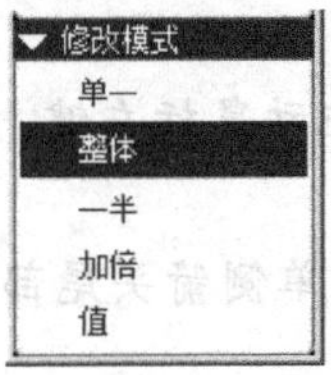

图 10-133 修改剖面线间距

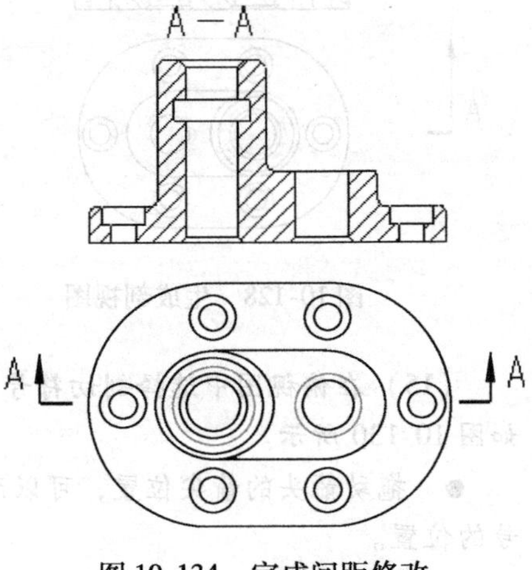

图 10-134 完成间距修改

（22）切换至【注释】选项卡，按照前面例题讲述的方法显示如图 10-135 所示中心线。

（23）选中各中心线，拖动鼠标左键修改其长度，结果如图 10-136 所示。

● 选中单根中心线，将鼠标指向中心线的端点（小矩形标志）位置，光标显示为单箭头样式，此时拖动鼠标左键，可以在该端点位置对中心线进行拉长或缩短操作。

● 选中十字中心线，将鼠标指向中心线的端点（小矩形标志）位置，光标显示为单箭头样式，此时拖动鼠标左键，可以在该端点位置对中心线进行拉长或缩短操作。

● 选中十字中心线，将鼠标指向十字中心线除端点（小矩形标志）外的其他位置，光标显示为十字箭头样式，此时拖动鼠标左键，可以在十字中心的4个端点位置同时对两条中心线进行拉长或缩短操作。

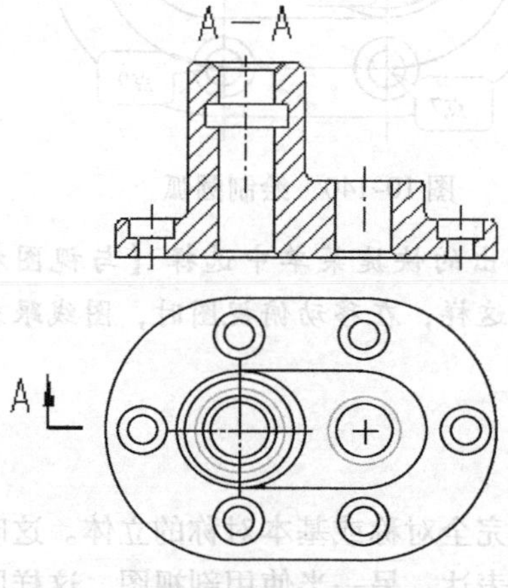


图10-135　显示中心线

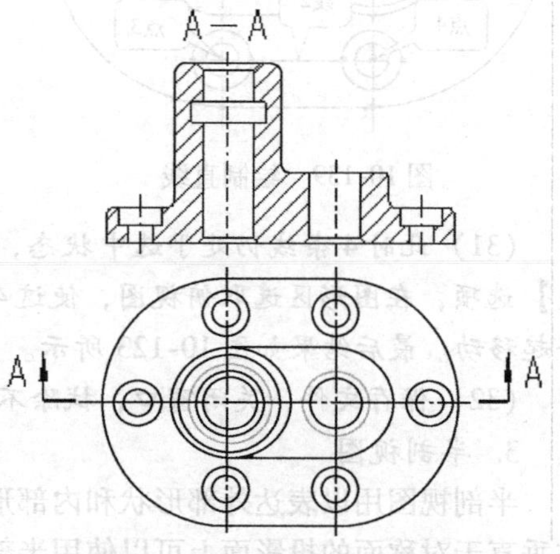


图10-136　调整中心线长度

(24) 切换至【草绘】选项卡，出现【草绘】选项组。

(25) 在【设置】选项组中单击【参数化草绘】按钮 参数化草绘 使其处于按下状态。

(26) 在【插入】选项组中单击【线】按钮，弹出【参照】对话框，单击【选取参照】按钮，在俯视图中选择如图10-137所示的参照，此时的【参照】对话框如图10-138所示。

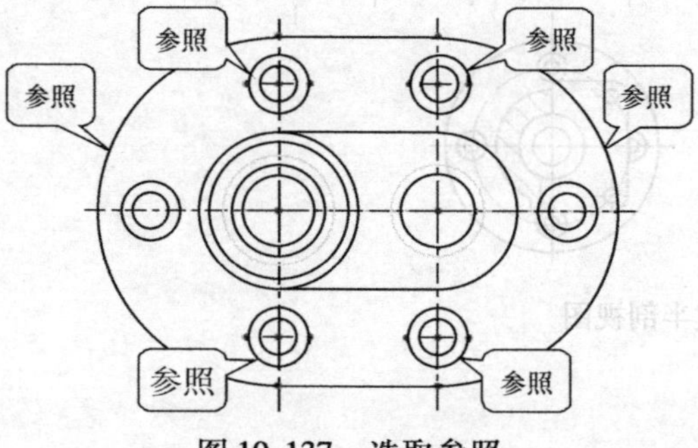


图10-137　选取参照

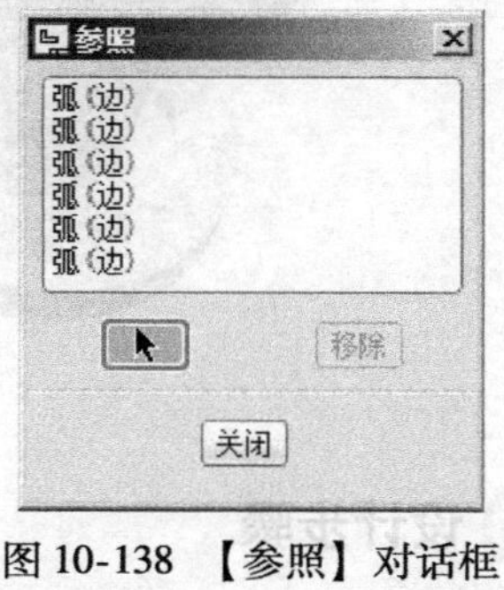


图10-138　【参照】对话框

(27) 单击鼠标中键完成参照选取，在图形区依次拾取刚才定义的参照点1、点2，绘制直线1；依次拾取参照点3、点4，绘制直线2，如图10-139所示。

(28) 在【插入】选择组中单击【圆心和端点弧】按钮，在图形区依次拾取刚才定义的参照点5、点6和点7，绘制圆弧1；在图形区依次拾取刚才定义的参照点8、点9和点10，绘制圆弧2，如图10-140所示。完成后在图形区单击鼠标中键。

(29) 在俯视图中按住〈Ctrl〉键选择刚才绘制的4条线，单击鼠标右键，在弹出的快捷菜单中选择【线造型】选项，弹出【修改线造型】对话框。

(30) 在【线型】列表中选择“CTRLFONT_S_L”，单击【应用】按钮，图形区这4条线变为中心线，单击【关闭】按钮，关闭对话框。

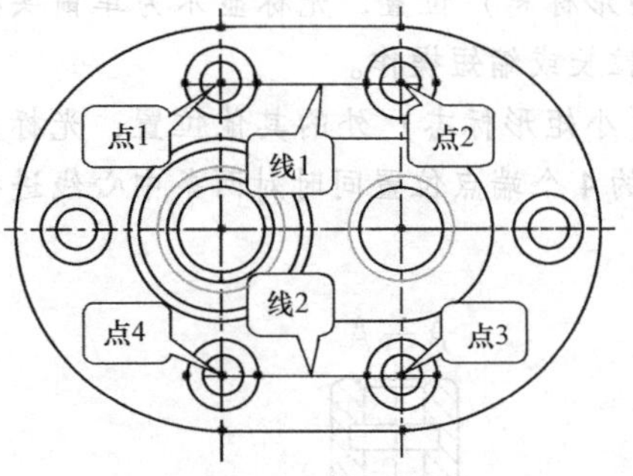


图 10-139 绘制直线

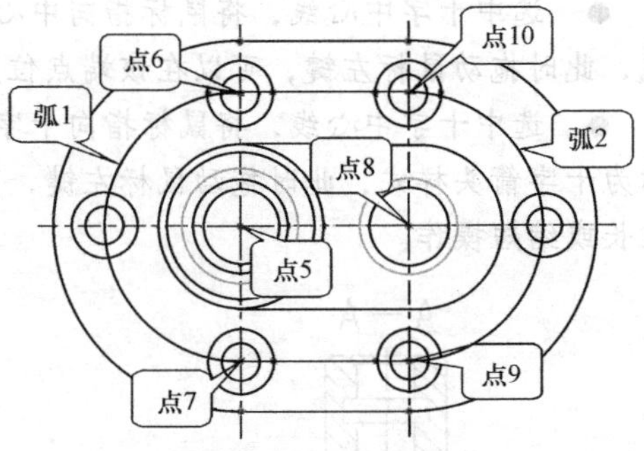


图 10-140 绘制圆弧

（31）此时4条线仍处于选中状态，按下鼠标右键，在弹出的快捷菜单中选择【与视图相关】选项，在图形区选取俯视图，使这4条线和俯视图相关。这样，在移动俯视图时，图线跟着一起移动。最后结果如图 10-123 所示。

（32）保存文件，关闭窗口，拭除不显示。

3. 半剖视图

半剖视图用以表达外部形状和内部形状都比较复杂、而又完全对称或基本对称的立体。这时在垂直于对称面的投影面上可以使用半剖视图，即一半用视图表达，另一半使用剖视图，这样既能表达外部形状，也可以表达内部形状。

**【例 10-8】** 将如图 10-141 所示的模型用半剖视图表达清楚。

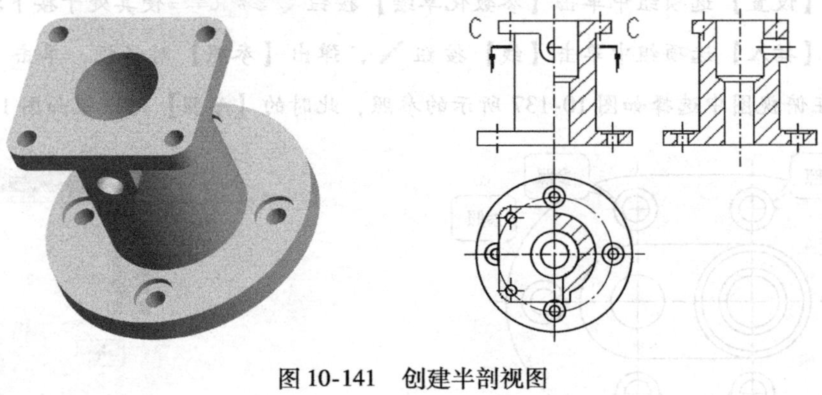


图 10-141 创建半剖视图

## 设计步骤

（1）打开文件“……\例题\第10章\liti10-8.prt”，如图 10-141 所示。

（2）在【视图】工具栏中单击【视图管理器】按钮，弹出【视图管理器】对话框，切换至【横截面】选项卡。

（3）单击【新建】按钮，在【名称】列表中出现文本框，在其中输入横截面名称“A”。

（4）按<Enter>键，出现【剖截面创建】菜单，选择【平面】|【单一】|【完成】选项，出现【设置平面】菜单，选择【平面】选项。

（5）在图形区选择“FRONT”基准面作为横截面，模型立体图如图 10-142 所示。

（6）按照步骤（3）~步骤（4）使用“RIGHT”基准面创建横截面 B，使用“DTM1”

基准面创建横截面 C，分别如图 10-143 和图 10-144 所示。

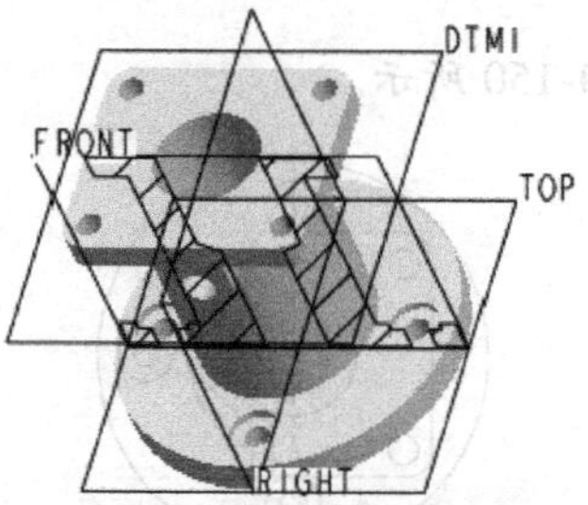

图 10-142　横截面 A

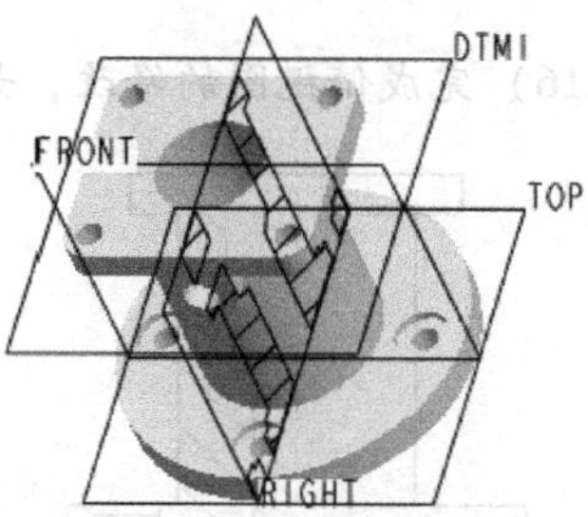

图 10-143　横截面 B

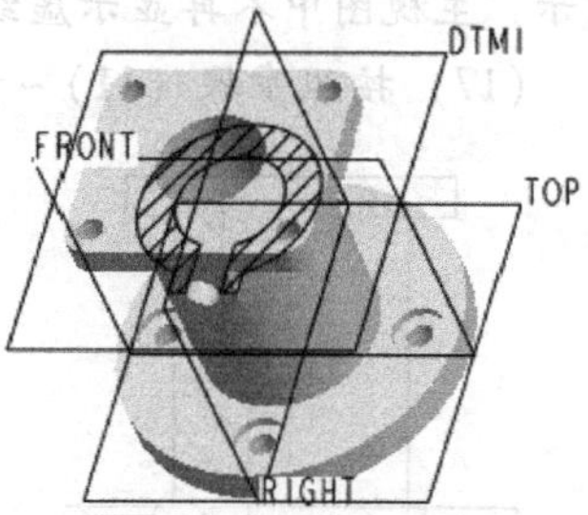

图 10-144　横截面 C

（7）在【视图管理器】对话框中，单击【关闭】按钮，关闭对话框。

（8）单击【文件】工具栏中的【保存】按钮，保存文件。

（9）新建工程图文件，名称为“liti10-8. drw”，自动设置“liti10-8. prt”作为缺省模型，选择“……\ 例题 \ 第 10 章 \ a3h. drw”作为模板，进入工程图界面。

（10）按照前面讲述的方法创建主视图、左视图和俯视图，如图 10-145 所示。

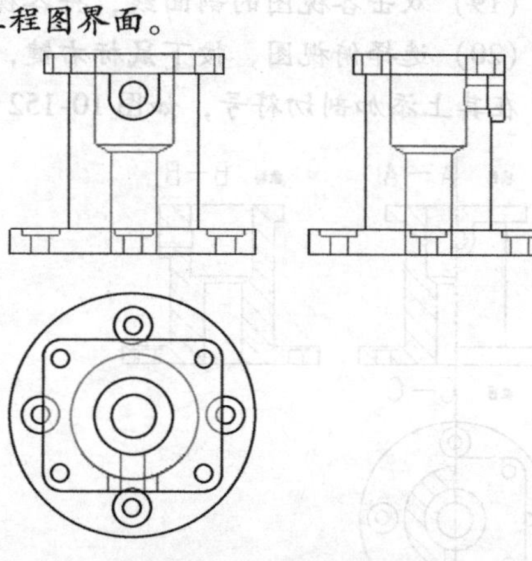
图 10-145　创建三视图

（11）双击主视图，弹出【绘图视图】对话框，在【类别】列表中选择【截面】选项，在【剖面选项】选项组中单击【2D 剖面】单选按钮。

（12）单击【将横截面添加到视图】按钮，在出现的【名称】列表中选择“A”。

（13）在【剖切区域】列表中选择“一半”，其后的【参照】收集器被激活，在主视图中选择“RIGHT”基准面作为半剖的参照，图形区将被剖掉的一侧出现红色箭头，如图 10-146 所示。

（14）此时【边界】收集器处于激活状态，可以在主视图中“RIGHT”基准面的两侧单击，决定哪一半用剖视表示，【绘图视图】对话框如图 10-147 所示。

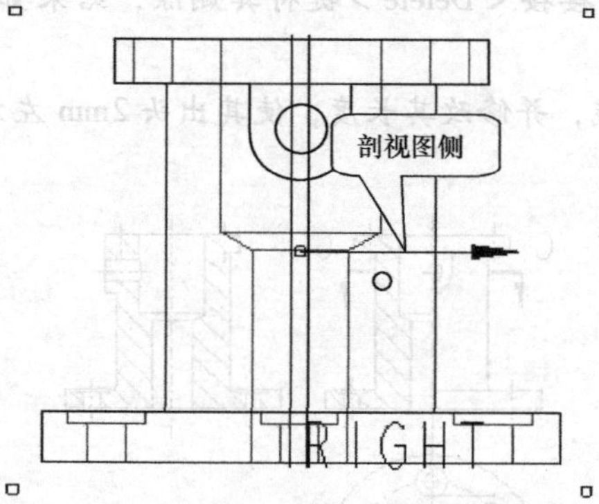

图 10-146　定义半剖视图

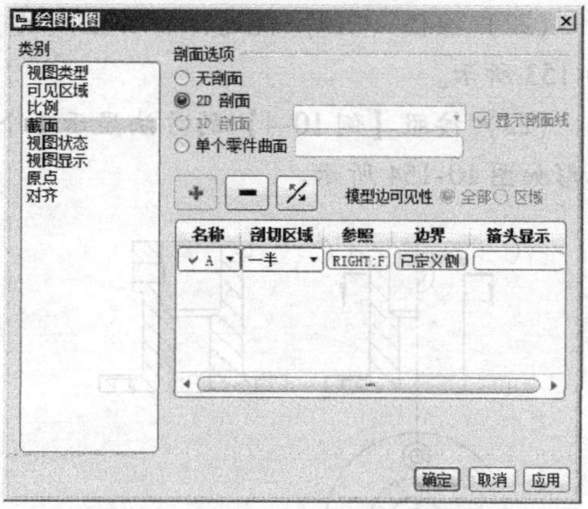

图 10-147　定义剖视图的截面

（15）在对话框单击【应用】按钮，图形区如图 10-148 所示。

（16）在【绘图视图】对话框中的【类别】列表中选择【视图显示】选项，在其右侧的

【显示样式】列表中选择【消隐】选项，单击【确定】按钮，关闭对话框。图形区如图 10-149 所示，主视图中不再显示虚线。

（17）按照步骤（11）~步骤（16）完成俯视图的修改，如图 10-150 所示。

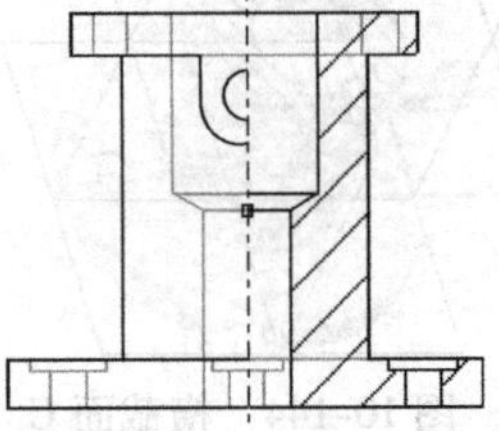

图 10-148　完成剖面设置

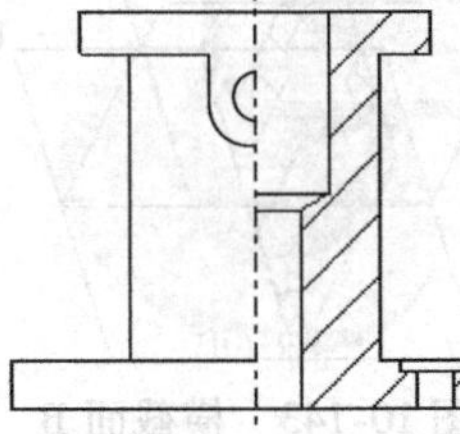

图 10-149　完成主视图

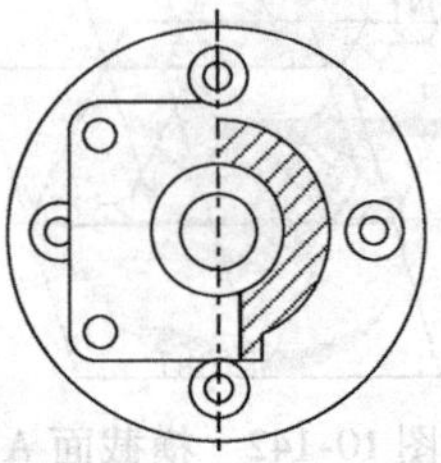

图 10-150　完成俯视图

（18）修改左视图为全剖视图，并设置其视图显示样式为“消隐”，最后得到的三视图如图 10-151 所示。

（19）双击各视图的剖面线，将各视图的剖面线均设为“3”。

（20）选择俯视图，按下鼠标右键，在弹出的快捷菜单中选择【添加箭头】选项，选取主视图，在其上添加剖切符号，如图 10-152 所示。

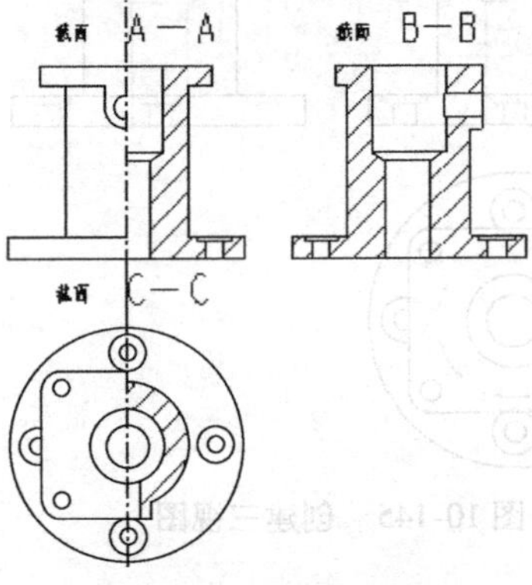


图 10-151　生成三视图

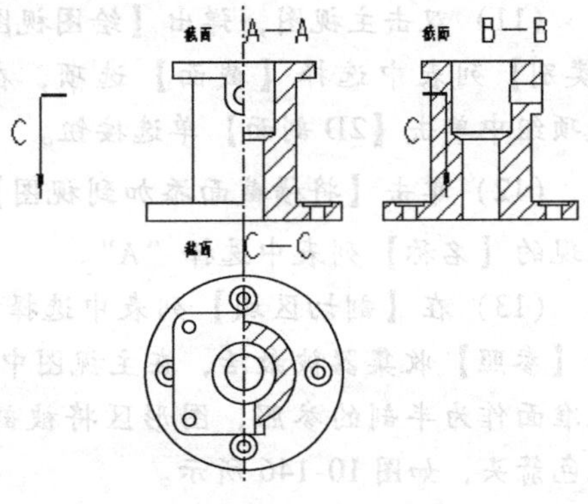


图 10-152　添加箭头

（21）切换至【注释】选项卡，调整主视图中剖切符号的位置。

（22）按住〈Ctrl〉键选择自动生成的多余文字，直接按 <Delete> 键将其删除，结果如图 10-153 所示。

（23）按照【例 10-4】的方法显示各个视图的中心线，并修改其长度，使其出头 2mm 左右，图形如图 10-154 所示。

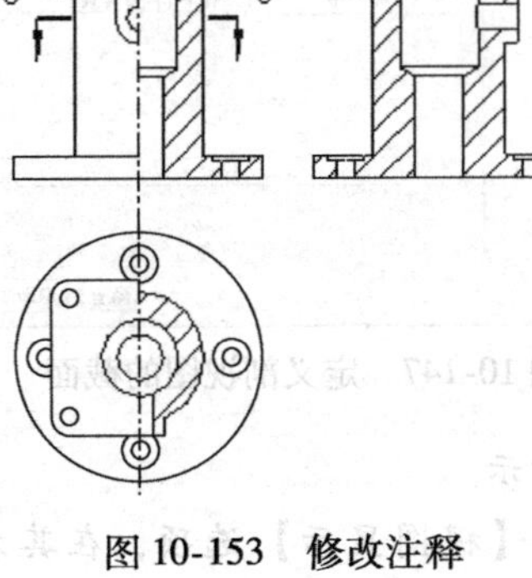


图 10-153　修改注释

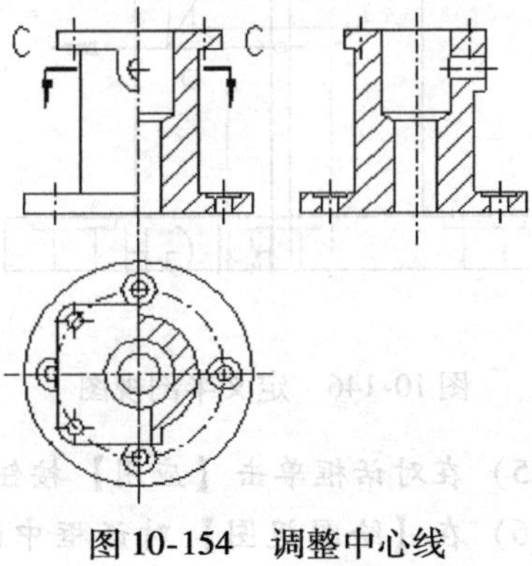


图 10-154　调整中心线

(24) 保存文件，关闭窗口，拭除不显示。

4. 局部剖视图

用剖切平面局部的剖开物体所得到的视图，称为局部剖视图。局部剖视图用于内部形状和外部形状都比较复杂且不对称的机件。

**【例 10-9】** 将如图 10-155 所示的模型用局部剖视图表达清楚。

图 10-155 局部剖视图

## 设计步骤

(1) 打开文件“……\ 例题 \ 第 10 章 \ liti10-7. prt”，如图 10-155 所示。

(2) 在【视图】工具栏中单击【视图管理器】按钮，弹出【视图管理器】对话框，切换至【横截面】选项卡。

(3) 单击【新建】按钮，在【名称】列表出现文本框，在其中输入横截面名称“A”。

(4) 按 <Enter> 键，出现【剖截面创建】菜单，选择【偏移】|【双侧】|【单一】|【完成】选项。

(5) 此时出现【设置草绘平面】菜单，选择【平面】选项。

(6) 在图形区选择立体的上顶面作为草绘平面，出现【方向】菜单。

(7) 投影方向在图形区以红色箭头显示，选择【确定】选项，图形区如图 10-156 所示。

(8) 出现【草绘视图】菜单，选取【缺省】选项，进入草绘界面。

(9) 在草绘环境选择参照，草绘剖截面的积聚型投影如图 10-157 所示。

(10) 单击【草绘器工具】工具栏中的【完成】按钮完成剖切面的创建，完成的剖面如图 10-158 所示。

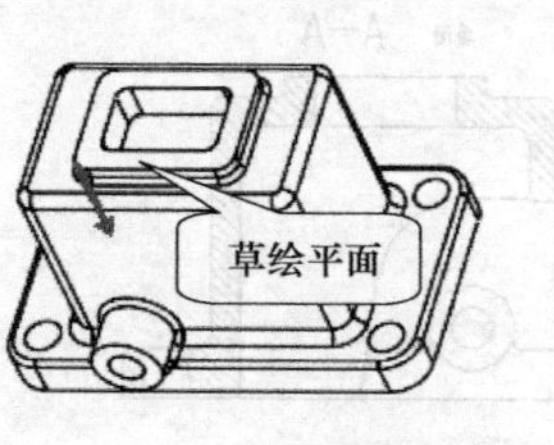


图 10-156 选择草绘平面

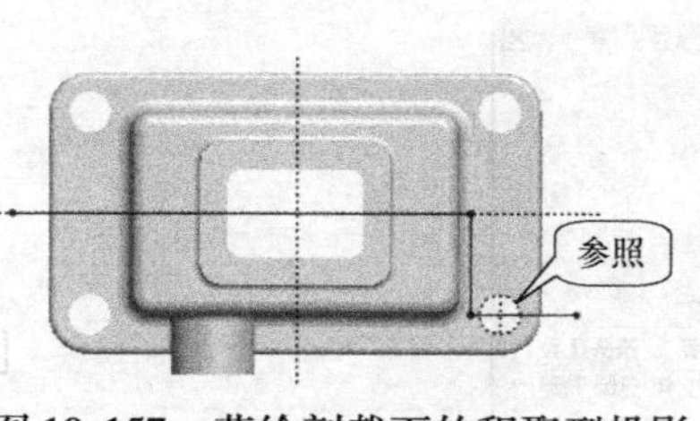


图 10-157 草绘剖截面的积聚型投影

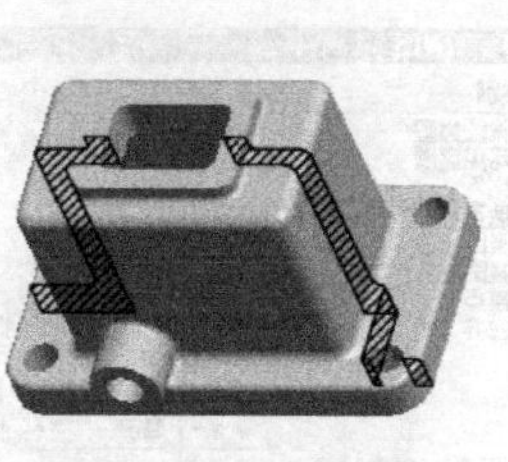

图 10-158 完成剖面

(11) 新建第 2 个横截面，名称为 B，使用“DTM1”基准面作为参照面，完成后关闭【视图管理器】对话框。

(12) 单击【文件】工具栏中的【保存】按钮，保存文件。

(13) 新建工程图文件，名称为“liti10-9. drw”，自动设置“liti10-9. prt”作为缺省模型，选择

"……\ 例题\ 第 10 章\ a3h. drw" 作为模板，进入工程图界面。

(14) 按照前面讲述的方法创建主视图和俯视图，如图 10-159 所示。

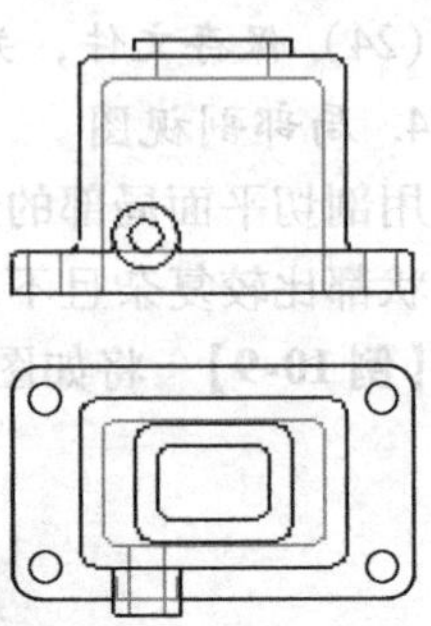

图 10-159 创建主俯视图

(15) 双击主视图，弹出【绘图视图】对话框，在【类别】列表中选择【截面】选项，在【剖面选项】选项组中单击【2D 剖面】单选按钮。

(16) 单击【将横截面添加到视图】按钮 +，在出现的【名称】列表中选择 "A"。

(17) 在【剖切区域】下拉列表框中选择【局部】，其后的【参照】收集器被激活，在主视图中选取参照点，如图 10-160 所示。注意：参照点一定是在被剖掉部分的图元上。

(18) 此时【边界】收集器处于激活状态，在主视图中包围住刚才的参照点绘制闭合的样条曲线，完成后单击鼠标中键结束，如图 10-160 所示。

(19) 单击【箭头】下面的收集器将其激活，在图形区选择俯视图，单击【应用】按钮，在俯视图中显示剖切位置，如图 10-161 所示。

(20) 此时【绘图视图】对话框如图 10-162 所示，在【绘图视图】对话框的【类别】列表中选择【视图显示】选项，在其右侧的【显示样式】列表中选择【消隐】选项，单击【确定】按钮，关闭对话框，主视图中不再显示虚线。

(21) 在俯视图中调整箭头的位置，完成后的图形如图 10-163 所示。

(22) 按照步骤 (15)～步骤(21)，完成俯视图的局部视图创建。注意：横截面选 B，参照点和样条曲线如图 10-164 所示，设置其视图显示样式为【消隐】，完成后的俯视图局部剖视图如图 10-165 所示。

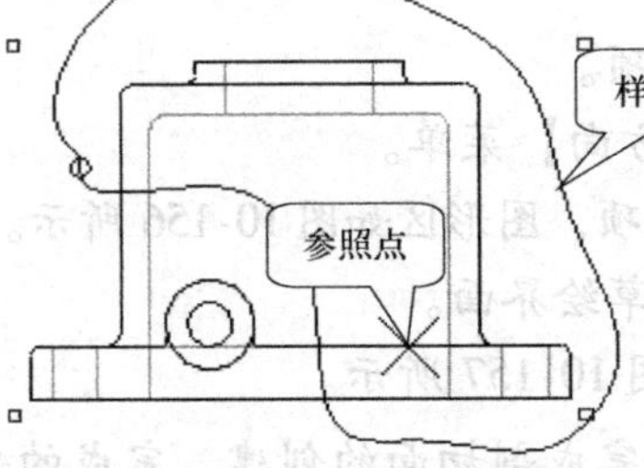


图 10-160 定义剖切范围

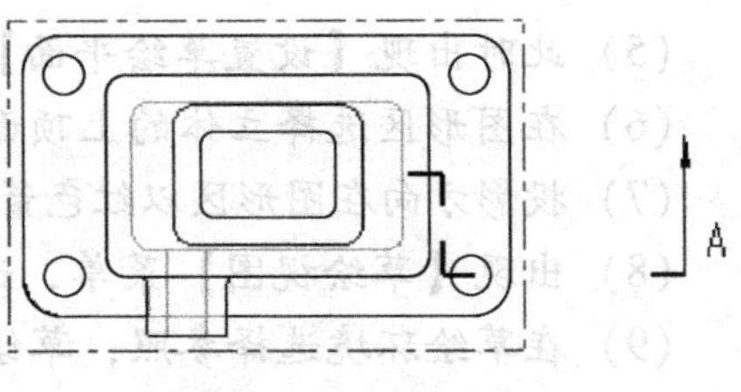


图 10-161 显示箭头

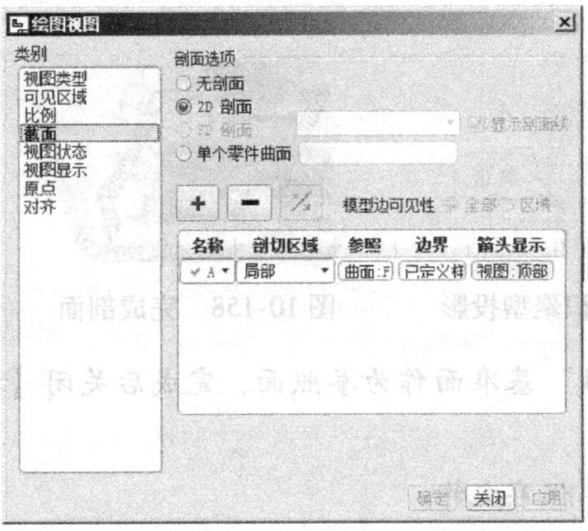


图 10-162 【绘图视图】对话框

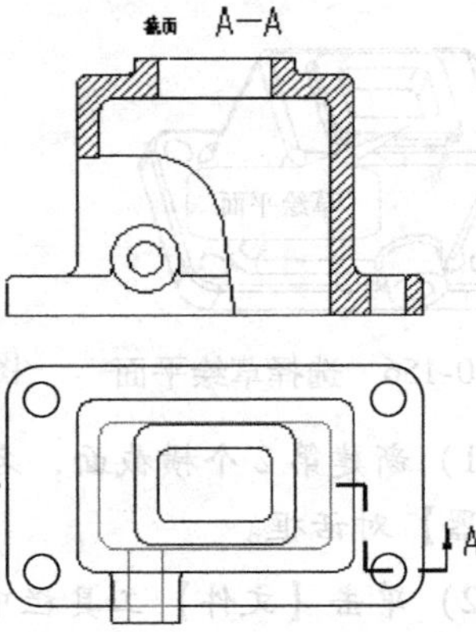


图 10-163 调整箭头位置

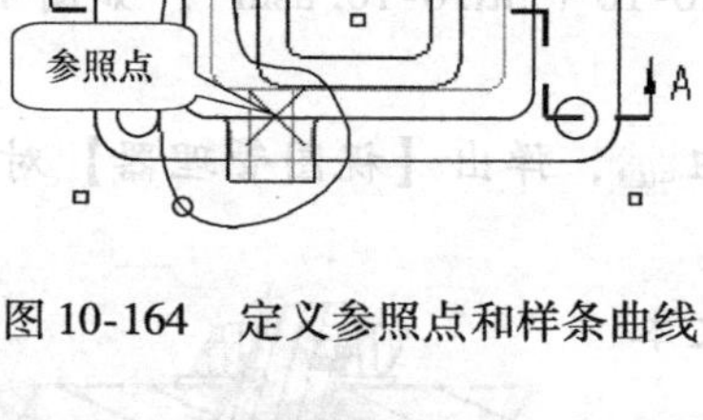


图 10-164　定义参照点和样条曲线

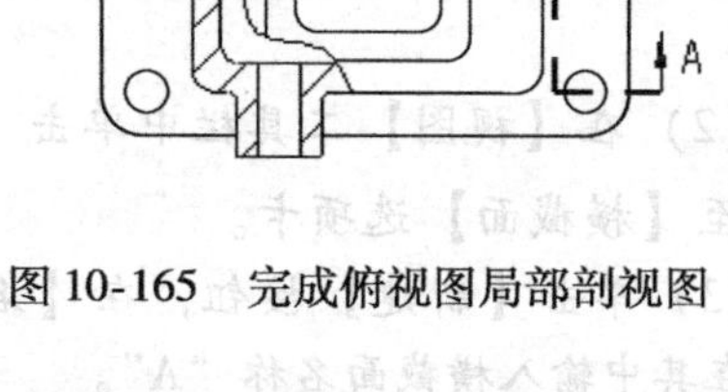


图 10-165　完成俯视图局部剖视图

(23) 双击各视图的剖面线，将各视图的剖面线均设为“3”。

(24) 切换至【注释】选项卡，按住〈Ctrl〉键选择自动生成的多余文字，直接按 < Delete > 键将其删除，结果如图 10-166 所示。

(25) 按照【例 10-4】的方法显示各个视图的中心线，并修改其长度，使其出头 2mm 左右，图形如图 10-167 所示。

(26) 保存文件，关闭窗口，拭除不显示。

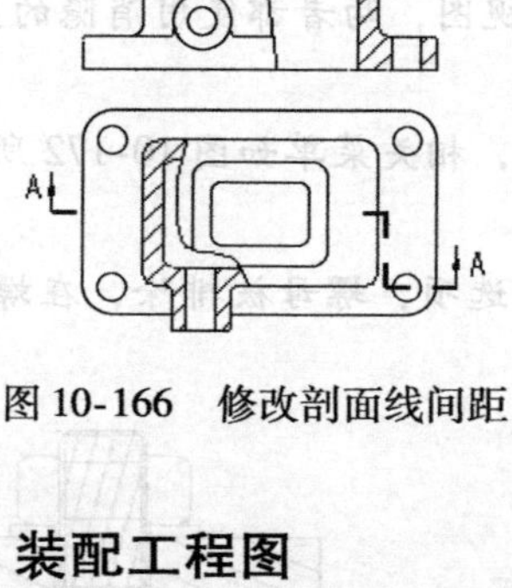


图 10-166　修改剖面线间距

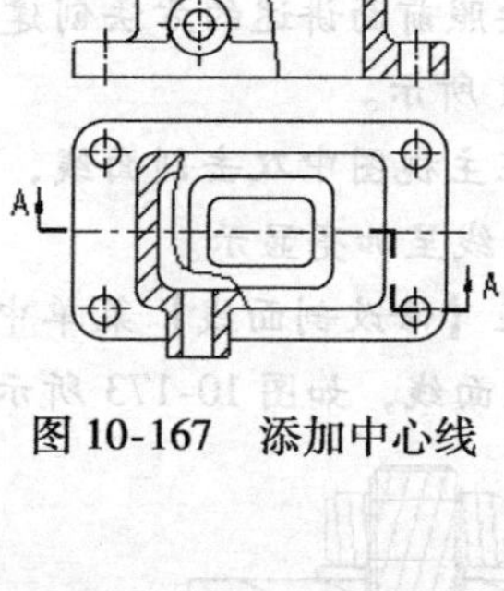


图 10-167　添加中心线

## 10.2.5　装配工程图

装配工程图的创建和前面创建工程图的方法基本一样，不过装配工程图中，当剖切面通过实心零件的对称面或者标准件的轴线时，这些零件要按不剖处理，装配图中需要通过剖面线属性中的排除元件完成。

**【例 10-10】**　利用如图 10-168 所示的螺栓装配零件图完成如图 10-169 所示的螺栓装配工程图，并练习元件显示工具的使用。

图 10-168　螺栓装配零件图

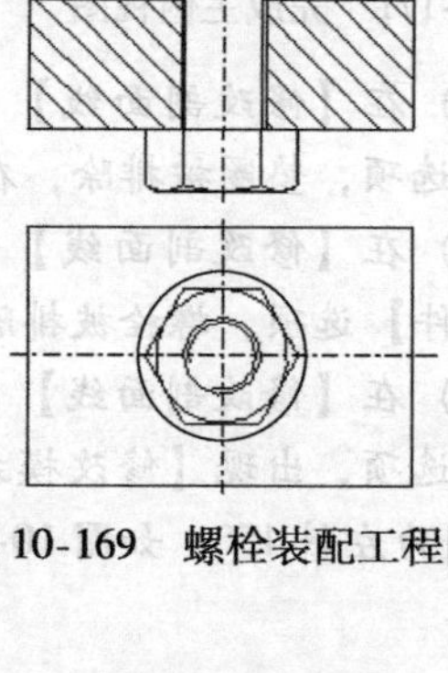

图 10-169　螺栓装配工程图

## 设计步骤

（1）打开文件“……\例题\第 10 章\立体 liti10-10\liti10-10. asm”，如图 10-168 所示。

（2）在【视图】工具栏中单击【视图管理器】按钮，弹出【视图管理器】对话框，切换至【横截面】选项卡。

（3）单击【新建】按钮，在【名称】列表中出现文本框，在其中输入横截面名称“A”。

（4）按 < Enter > 键，出现【剖截面创建】菜单，选择【平面】|【单一】|【完成】选项，出现【设置平面】菜单，选择【平面】选项。

（5）在图形区选择“ASM_FRONT”基准面作为横截面，模型立体图如图 10-170 所示。

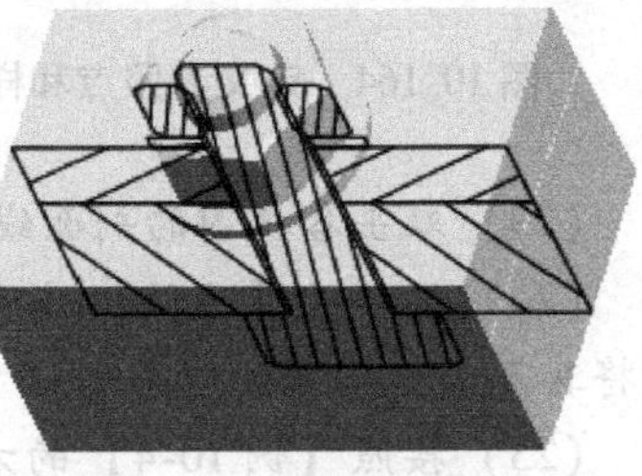

图 10-170　创建横截面

（6）新建工程图文件，名称为“liti10-10. drw”，选择“……\例题\第 10 章\立体 liti10-10\liti10-10. asm”，作为缺省模型，选择“……\例题\第 10 章\a3h. drw”作为模板，进入工程图界面。

（7）按照前面讲述的方法创建全剖的主视图和不剖的俯视图，两者都使用消隐的显示样式，如图 10-171 所示。

（8）在主视图中双击剖面线，出现【修改剖面线】菜单，相关菜单如图 10-172 所示，此时螺母的剖面线呈加亮显示。

（9）在【修改剖面线】菜单中选择【X 元件】|【排除】选项，螺母被排除，在螺母零件上不再显示剖面线，如图 10-173 所示。

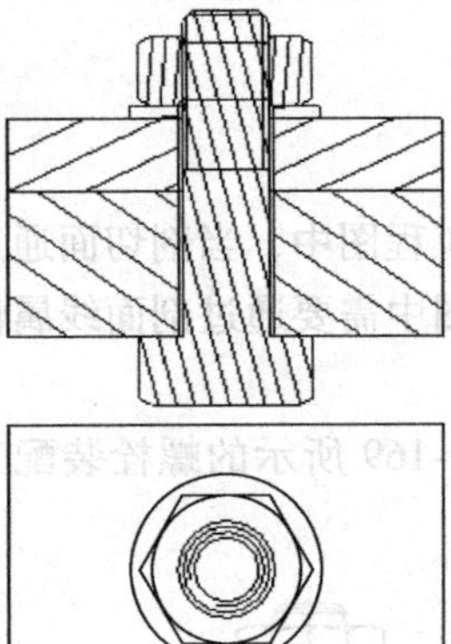

图 10-171　完成主俯视图

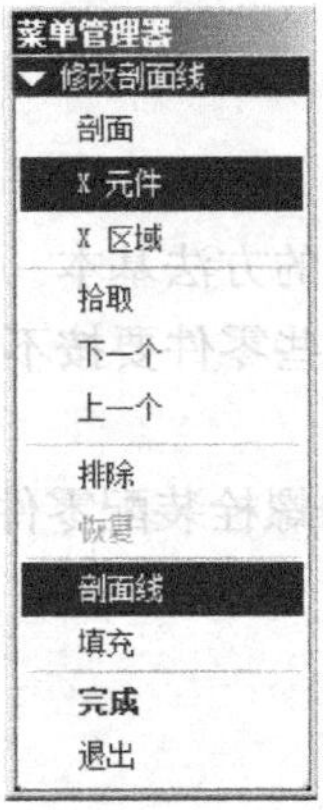


图 10-172　修改剖面线菜单

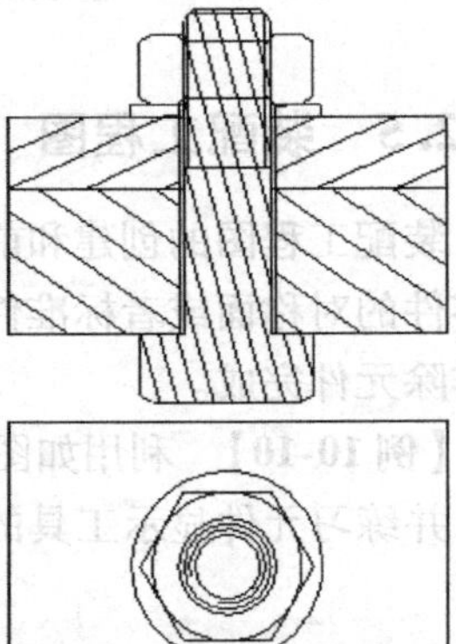

图 10-173　螺母不显示剖面线

（10）在【修改剖面线】菜单中选择【下一个】选项，垫圈的剖面线呈加亮显示，选择【排除】选项，垫圈被排除，在垫圈零件上不再显示剖面线。

（11）在【修改剖面线】菜单中选择【下一个】选项，螺栓的剖面线呈加亮显示，选择【排除元件】选项，螺栓被排除，螺栓零件上不再显示剖面线，如图 10-174 所示。

（12）在【修改剖面线】菜单中选择【下一个】选项，零件 2 的剖面线呈加亮显示，选择【角度】选项，出现【修改模式】菜单，如图 10-175 所示，选择【整体】|【45】选项，零件 2 的剖面线变为左斜 45°，如图 10-176 所示。

图 10-174　排除各零件的剖面线

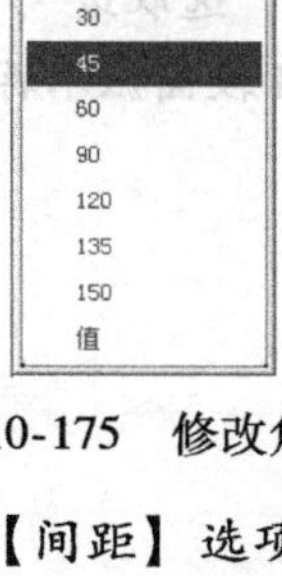


图 10-175　修改角度

图 10-176　零件 2 的剖面线

（13）在【修改剖面线】菜单中选择【间距】选项，出现【修改模式】菜单，选择【整体】|【值】选项，消息区提示“输入间距值”，输入“3”并按<Enter>键，零件 2 的剖面线间距变为 3，如图 10-177 所示。

（14）在【修改剖面线】菜单中选择【下一个】选项，零件 1 的剖面线呈加亮显示，设置其角度为 135°，间距为 3。

（15）选择在【修改剖面线】菜单中的【完成】选项，完成单击视图如图 10-178 所示。

图 10-177　修改剖面线间距

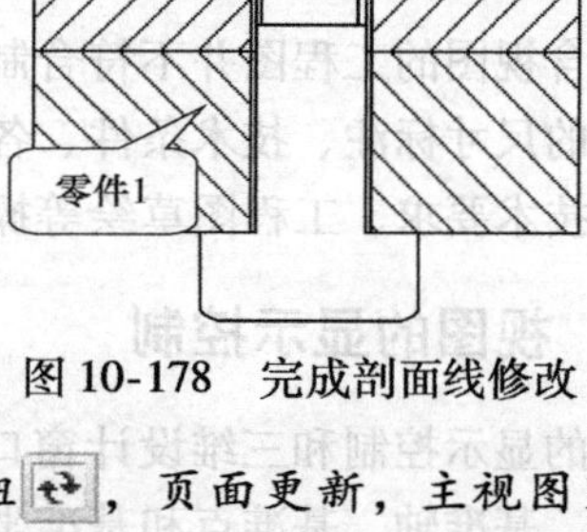


图 10-178　完成剖面线修改

（16）单击【视图】工具栏中的【更新当前页面】按钮，页面更新，主视图变为如图 10-179所示的状态。

（17）在【格式化】选项组中单击【显示元件】按钮 元件显示...，出现【成员显示】菜单，如图 10-180 所示。

（18）选择【遮蔽】选项，在俯视图中选择螺母零件，螺母呈红色加亮显示，如图 10-181 所示，在图形区单击鼠标中键确认选取，此时俯视图中不再显示螺母，如图 10-182 所示。

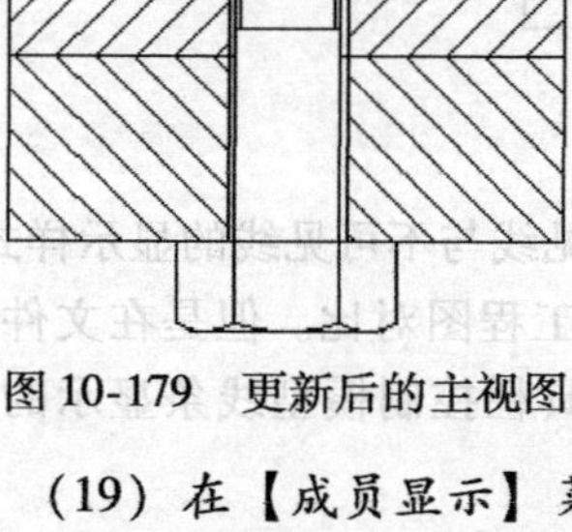

图 10-179　更新后的主视图

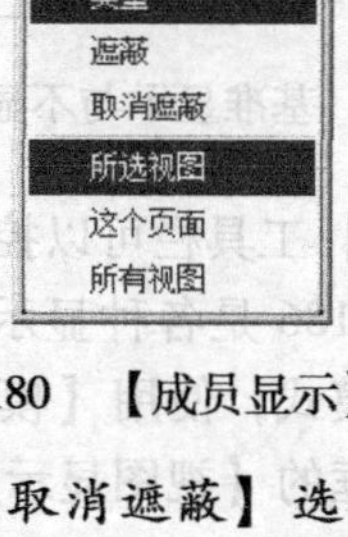


图 10-180　【成员显示】菜单

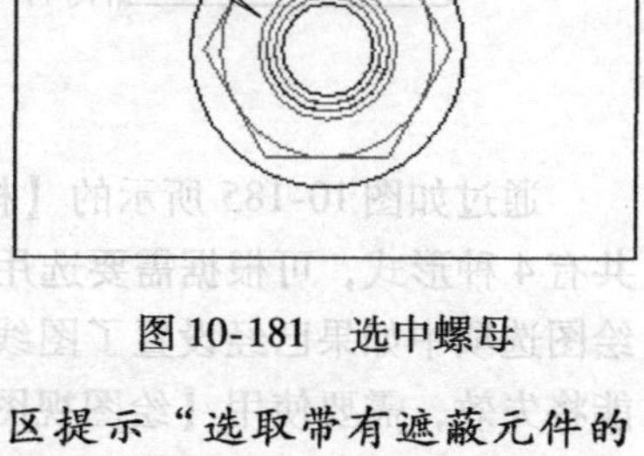


图 10-181　选中螺母

（19）在【成员显示】菜单中选择【取消遮蔽】选项，消息区提示“选取带有遮蔽元件的视图”，选取俯视图，被遮蔽的螺母重新显示，消息区提示“选取装配的元件”，在俯视图中选择螺母零件，在图形区单击鼠标中键确认选取，此时俯视图中重新显示螺母。

(20) 在【格式化】选项组中单击【边元件】按钮 边显示… ，出现【边显示】菜单，在其中选择【拭除直线】选项，消息区提示“选取边”，在图形区选取如图 10-183 所示的 4 段圆弧，在图形区单击鼠标中键确认，选中的 4 段圆弧不再显示。

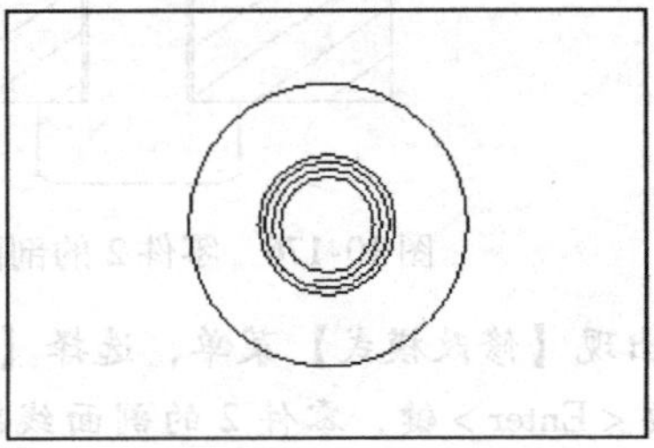

图 10-182　不显示螺母

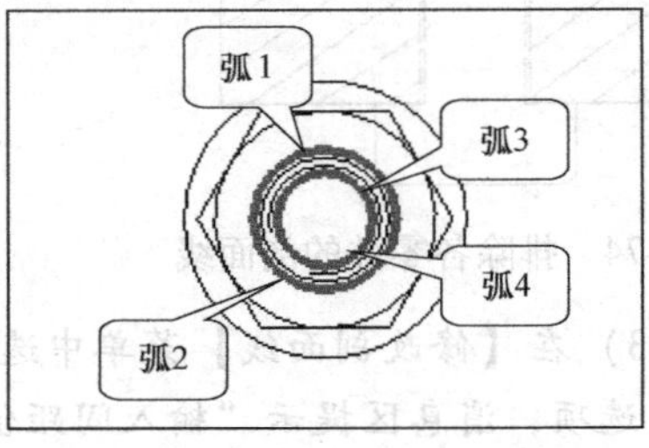


图 10-183　选择要拭除的边

(21) 在【边显示】菜单选择【完成】选项，退出【边显示】菜单。

(22) 显示各轴线，最后装配工程图如图 10-169 所示。

(23) 保存文件，关闭窗口，拭除不显示。

## 10.3　细化工程图

只包含视图的工程图并不符合制造的要求，必须对其细化才能产生完整的工程图，这就需要增加必要的尺寸标注、技术条件、各种符号、明细表以及几何公差等。本节主要介绍工程图的尺寸标注、技术要求、工程图草绘等操作。

### 10.3.1　视图的显示控制

视图的显示控制和三维设计窗口基本相似，可以通过【基准显示】工具栏中的相应按钮控制基准面、基准轴、基准点和基准坐标系的显示与否。当工具按钮处于按下状态时，将显示相应基准；反之，则不显示，图 10-184 所示为显示和不显示基准时的视图比较。

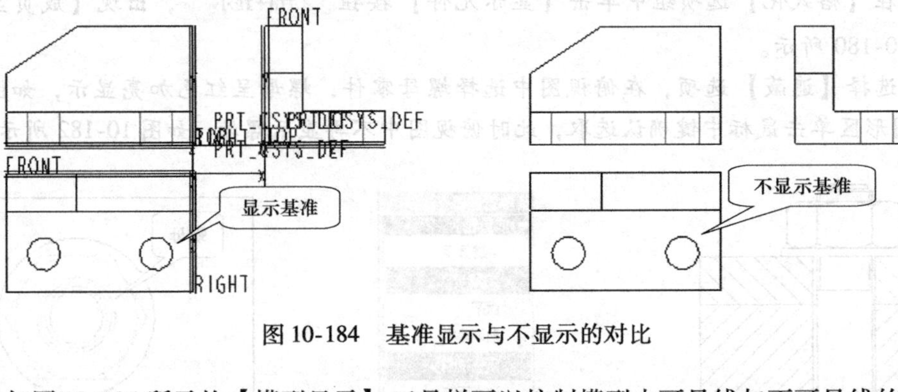


图 10-184　基准显示与不显示的对比

通过如图 10-185 所示的【模型显示】工具栏可以控制模型中可见线与不可见线的显示样式，共有 4 种形式，可根据需要选用。图 10-186 是各种显示方式显示的工程图对比。但是在文件的绘图选项中如果已经设置了图线的显示模式，使用【模型显示】工具栏控制模型线条显示的功能将失效，需要使用【绘图视图】对话框的【视图显示】选项设置。

- 【线框】模式 ：模型的所有边线都显示为实线，很少使用此模式。

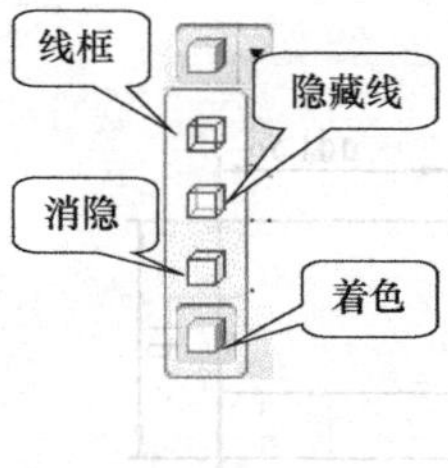


图 10-185　【模型显示】工具栏

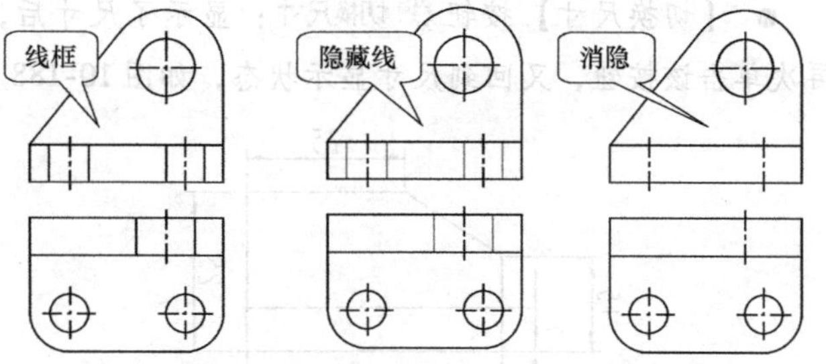


图 10-186　各种显示方式的对比

● 【隐藏线】模式：模型的可见边线显示为实线，不可见边线显示为灰度线，打印时是虚线，在绘制视图时使用此模式。

● 【消隐】模式：模型的可见边线显示为实线，不可见边线不显示，创建剖视图时，大多数情况下使用此模式。

● 【着色】模式：模型的所有可见边线都显示为实线，面显示为着色模式，很少使用此模式。

## 10.3.2　细化工程图工具

使用【注释】选项卡中的各种工具细化工程图，进行尺寸标注或者注写技术要求和表面粗糙度等操作。在切换至【注释】选项卡，如图 10-187 所示，各选项组中的工具有的可以弹出对话框，有的可以直接执行相应的命令。

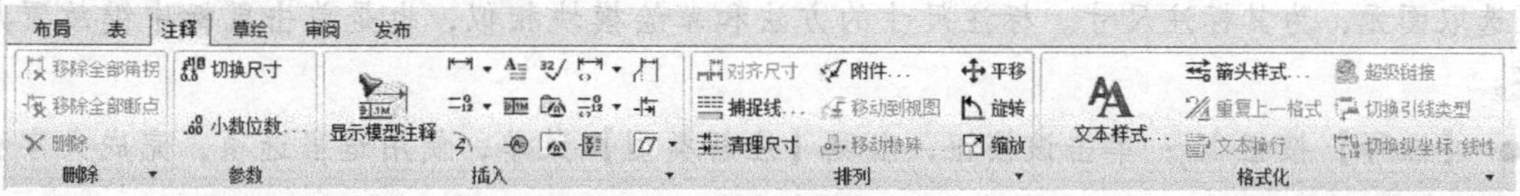


图 10-187　【注释】选项卡

【注释】选项卡中包括【删除】、【参数】、【插入】、【排列】和【格式化】5 个选项组，可分别实现不同的功能。

1. 【删除】选项组

【删除】选项组用以删除已经创建的项目，其中包括以下 3 个工具按钮：

● 【移除全部角拐】按钮 移除全部角拐：对于使用了角拐的标注，在图形区选取相应标注，然后单击此按钮，可删除角拐，回到不带角拐的标注状态。

● 【移除全部断点】按钮 移除全部断点：对于创建了断点的标注，在图形区选取相应标注，然后单击此按钮，可删除断点，回到不带断点的标注状态。

● 【删除】按钮 删除：在图形区选择注释要素，再单击此按钮，可将选中的注释要素删除。

---

提醒：在图形区选择注释要素，单击鼠标右键，在弹出的快捷菜单中选择【删除】选项，或者直接按 <Delete> 键，也可将选中的注释要素删除。

---

2. 【参数】选项卡

【参数】选项卡可以用于设置在图形区尺寸的显示样式及尺寸值的小数位数。

● 【切换尺寸】按钮 切换尺寸：显示了尺寸后，单击该按钮，全部尺寸以参数状态显示，再次单击该按钮，又回到尺寸显示状态，如图 10-188 所示。

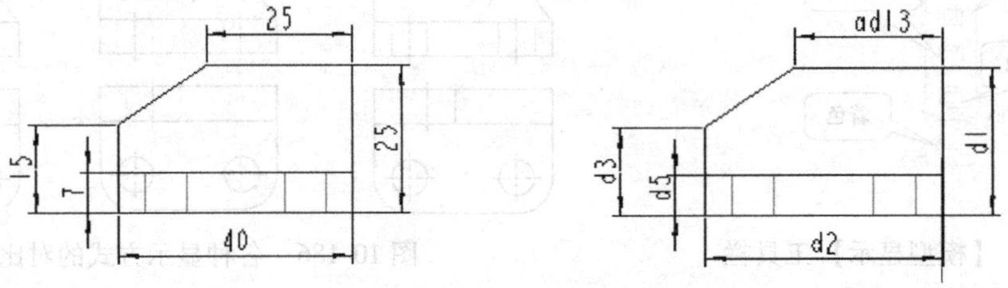


图 10-188 切换尺寸显示状态

● 【小数位数】按钮 小数位数…：单击该按钮，消息区提示：“值的小数位数字”，在其后的组合框中输入适当数值，按 <Enter> 键确认。接下来在图形区选择尺寸后，单击鼠标中键确认，选中的尺寸小数位数根据设定的值发生了变化。

3. 【插入】选项组

这是【注释】选项卡中的最重要的选项组，可用以完成中心线显示，尺寸显示、表面粗糙度显示以及基准标注和形位公差标注。

● 【显示模型注释】按钮：单击该按钮，弹出【显示模型注释】对话框，通过操作，显示工程图中的各种注释要素。

● 【尺寸】按钮：单击该按钮，出现【依附类型】菜单，选择适当的依附类型后，在图形区选取图元，为其标注尺寸。标注尺寸的方法和草绘模块相似，也是单击鼠标中键放置尺寸数字。

● 【注释】按钮：单击该按钮，出现【注解类型】菜单，使用适当选项，完成文字和符号的注写。

● 【表面光洁度】按钮：单击该按钮，检索符号库后，可以为零件表面注写表面粗糙度。

● 【角拐】按钮：单击该按钮，可通过操作在已经尺寸的尺寸界线上添加角拐。

● 【几何公差】按钮：单击该按钮，弹出【几何公差】对话框，可以为零件的要素标注几何公差。

● 【端点】按钮：单击该按钮，对于尺寸线和尺寸界线相交的情况，可通过操作将尺寸界线断开。

● 【模型基准面】按钮 模型基准平面：单击【插入】选项组中的▼，在展开的选项组中单击该按钮，可为模型创建以面为参照的基准，用于定位位置公差。

● 【模型基准轴】按钮 模型基准轴：单击【插入】选项组中的▼，在展开的选项组中单击【模型基准面】工具 模型基准平面后的▼，在弹出的工具箱单击该按钮，可为模型创建以轴为参照的基准，用于定位位置公差。

4. 【排列】选项组

【排列】选项组用以对自动生成的尺寸进行排列，使图样符合国家标准规定，更加清晰合理，便于读图。

● 【清理尺寸】按钮 清理尺寸：选择一组排列杂乱的尺寸，再单击该按钮，弹出【清除】

尺寸对话框，通过其中设置，尺寸排列变为排列整齐的尺寸。

- 【对齐尺寸】按钮 对齐尺寸：选择一组连续标注尺寸，再单击该按钮，这组尺寸的尺寸线都对齐到所选的第一个尺寸的尺寸线上。

5. 【格式化】选项组

【格式化】选项组用以对尺寸数字和箭头等进行格式化。

- 【文本样式】按钮 ：在图形区选择尺寸数字和注解文字，单击该按钮，弹出【文本样式】对话框，可在其中对所选文本的样式进行设置。
- 【箭头样式】按钮 箭头样式：单击该按钮，出现【箭头样式】菜单，在其中选择合适箭头样式后，在图形区选择箭头，单击鼠标中键结束，可该变所选箭头的样式为所选样式。

## 10.3.3　视图控制与修改

视图创建完成后，为了改善视图的质量或显示效果等，需要对视图进行编辑和修改。这部分工作从某种意义上说比创建视图更为重要。因为创建视图的过程比较简单，只要掌握视图生成原理，按照定式操作就行了，而要想得到具有高品质的工程图，就必须进一步掌握它的修改和编辑功能。Creo/Pro 5.0 软件给用户提供了强大的编辑工具。

1. 改变视图位置

完成创建工程图后，默认视图不能移动，要使视图可以移动，可以使用以下两种方法：

- 在系统环境配置文件（config. pro）中，设置选项【allow_move_view_with_move】的值为【yes】。
- 在图形区按下鼠标右键，在弹出的快捷菜单中选取【锁定视图移动】选项，取消其选中。

提醒：当视图可以移动时，选中的视图中间部位出现一呈红色加亮显示的小方块。

当视图之间存在父子关系时，子视图只能在父视图的投影方向上移动。欲使视图可以在任意方向上移动，可双击该视图，在弹出的【绘图视图】对话框的【类别】列表中选择【对齐】选项，在【视图对齐选项】选项组中取消【将此视图与其他视图对齐】复选框的勾选即可。

当需要视图移动操作时，用鼠标指向视图，此时会出现一个青色的矩形包围框，单击后选中视图，此时鼠标的箭头变为移动符号，然后拖动鼠标即可实现移动操作。

2. 改变视图属性

选中视图后，按下鼠标右键，在弹出的快捷菜单中选择【属性】选项或者直接双击视图，弹出【绘图视图】对话框，可以对视图属性进行编辑。各种视图编辑的操作在 10.2 节中已经详细介绍过，此处不再赘述。

3. 删除视图

删除视图的方法有以下 3 种：

- 选取视图，再单击【注释】选项卡【删除】选项组中的【删除】按钮 删除。
- 选取视图，单击鼠标右键，在弹出的快捷菜单中选择【删除】选项。
- 选取视图，直接按 <Delete> 键。

如果选中的视图是父视图，在删除时出现【删除】提示框，单击提示框中的【是】按钮，将删除与其关联的所有视图。

## 10.3.4 尺寸标注

尺寸标注是工程图中极为重要的项目，只有图形的视图只能表明零件的结构形状，并不能表明零件的尺寸，不能使用它们完成零件的加工和机器的装配。这就要求设计者在完成视图后对零部件进行尺寸标注。

1. 显示尺寸

单击【注释】选项卡【插入】选项组中的【显示模型注释】按钮，弹出【显示模型注释】对话框，切换至【显示尺寸】选项卡，如图10-189所示。若在图形区选择了某个视图或特征，则确定视图和特征的尺寸全显示在列表中。此时在图形区选择某个尺寸，列表中该尺寸【显示】列对应的复选框被选中，应用后可以在图形区显示该尺寸。如果想全部显示该视图或者特征的所有尺寸，单击【全部选择】按钮，这时候列表中所有尺寸被选中；如果不想显示任何尺寸，可在对话框单击【全部取消】按钮，这时候列表中所有尺寸取消选中；如果想在对话框的列表中选择合适尺寸，将光标指向列表中的尺寸，图形区该尺寸呈青色加亮显示，在列表中单击该尺寸即可选中。选择完欲显示的尺寸后，单击【确定】按钮即可显示所选尺寸。或者单击【应用】按钮，继续在对话框进行其他尺寸的显示操作。

如果想显示中心线，在【显示模型注释】对话框中切换至【基准】选项卡，此时对话框如图10-190所示，进行相应操作即可，具体方法和尺寸的显示操作相同。

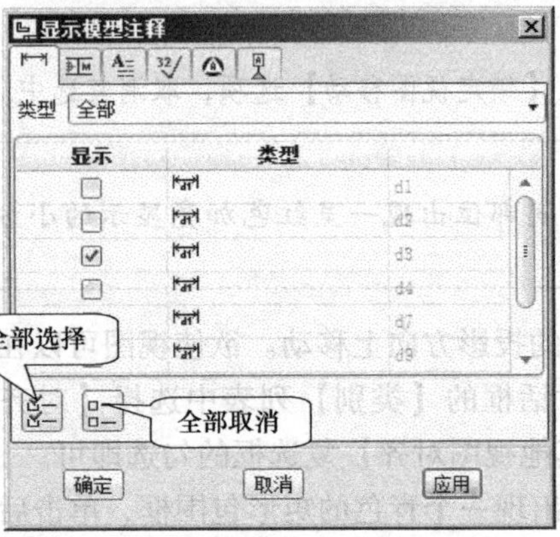


图10-189 显示尺寸

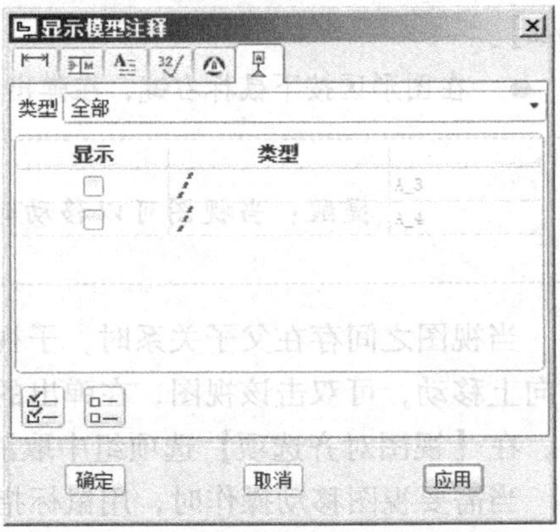


图10-190 显示中心线

【例10-11】 利用工程图文件“liti10-11.drw”，练习显示所有尺寸和轴线。

### 设计步骤

(1) 打开工程图文件“liti10-11.drw”，有3个视图。

(2) 切换至【注释】选项卡，在【插入】选项组中单击【显示模型注释】对话框，弹出【显示模型注释】对话框，切换至【显示尺寸】选项卡。

(3) 在图形区选择主视图，对话框列表中显示主视图的所有尺寸，如图10-191所示。此时图形区中也显示主视图的所有尺寸的预览，如图10-192所示。

(4) 在图形区选择尺寸15、40、25、25四个尺寸，此时【显示模型注释】对话框如图10-193所示。此时图形区这四个尺寸变为黑色显示，如图10-194所示。

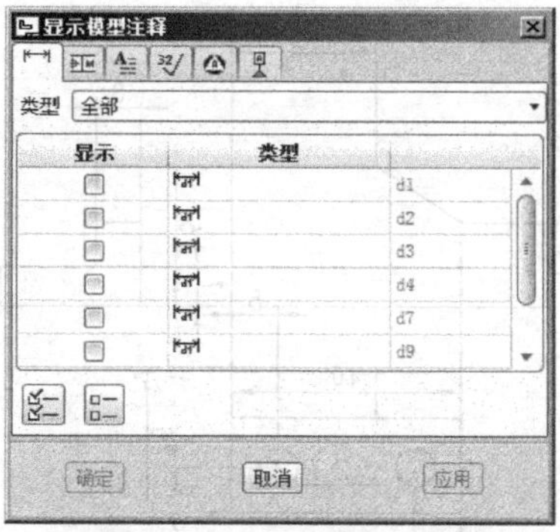


图 10-191 显示模型注释

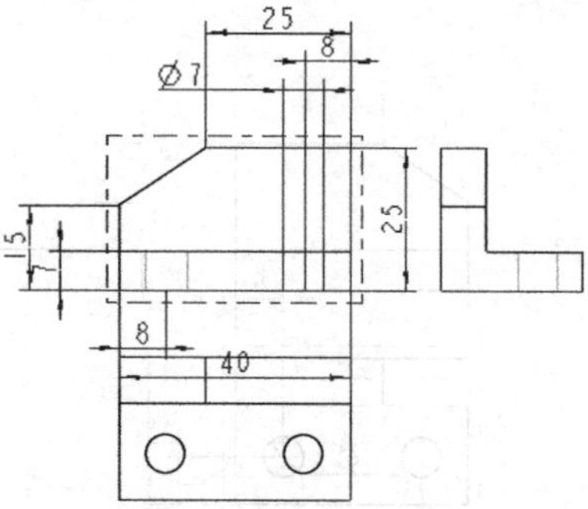


图 10-192 主视图中尺寸预览

图 10-193 选中要显示的尺寸

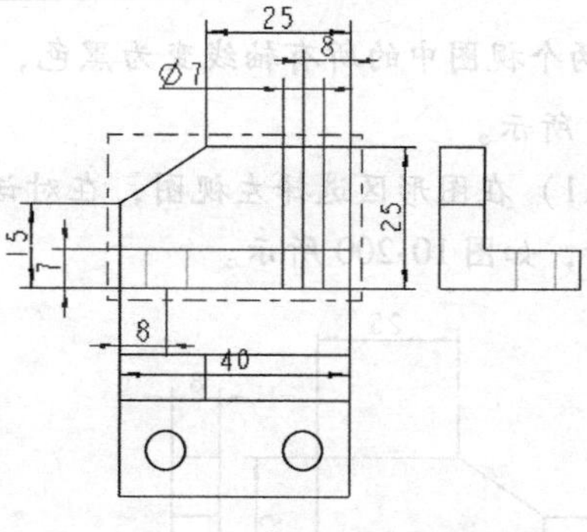


图 10-194 视图中欲显示的尺寸

(5) 在对话框中单击【应用】按钮，显示上述四个尺寸。

(6) 在图形区选取左视图，其尺寸预览状态如图 10-195 所示，在其中选择尺寸 7 和 8，两个尺寸变为黑色，如图 10-196 所示。

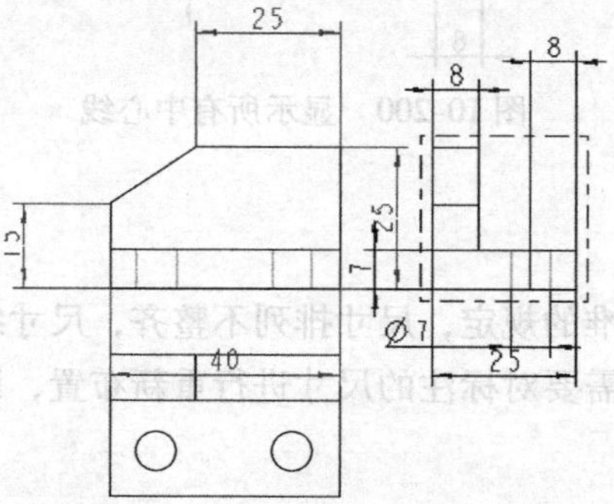


图 10-195 左视图尺寸显示预览

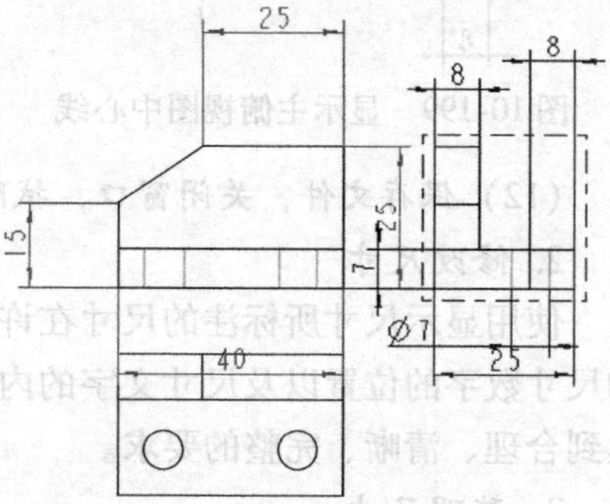


图 10-196 视图中欲显示的尺寸

(7) 在对话框中单击【应用】按钮，左视图中显示上述两个尺寸。

(8) 在图形区选取俯视图，俯视图的尺寸预览状态如图 10-197 所示，在对话框中单击【全部选择】按钮，所有尺寸变为黑色，单击【确定】按钮，关闭对话框，尺寸如图 10-198 所示。

(9) 在【插入】选项组中单击【显示模型注释】按钮，弹出【显示模型注释】对话框，切换至【基准】选项卡。

(10) 按住〈Ctrl〉键在图形区选择主视图和俯视图，在对话框中单击【全部选择】按钮

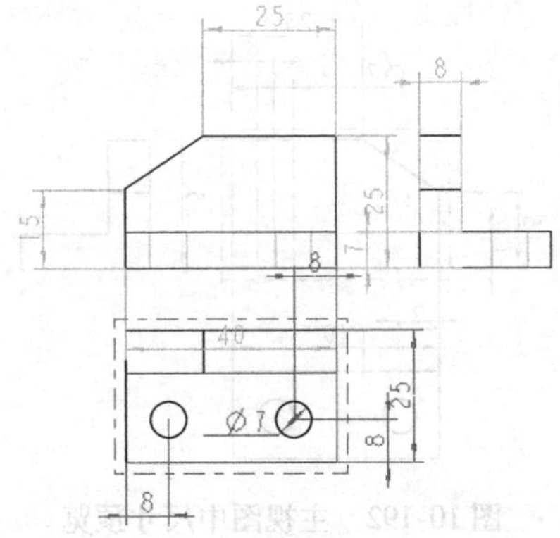


图 10-197　俯视图尺寸显示预览

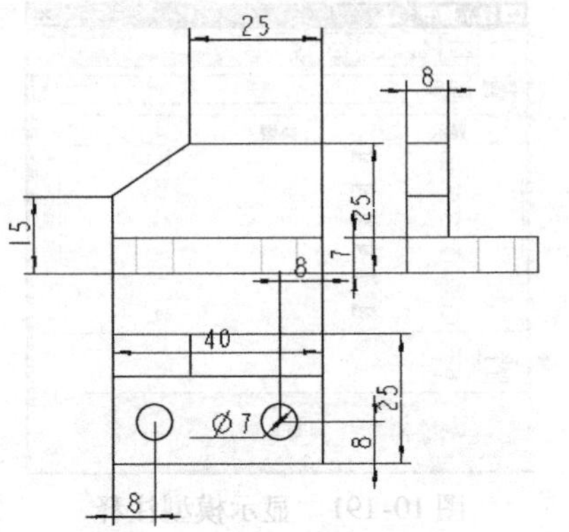


图 10-198　完成尺寸显示

，两个视图中的所有轴线变为黑色，单击【应用】按钮，两个视图中的轴线全部显示，如图 10-199 所示。

（11）在图形区选择左视图，在对话框列表中选中其中一个，单击【确定】按钮，完成中心线显示，如图 10-200 所示。

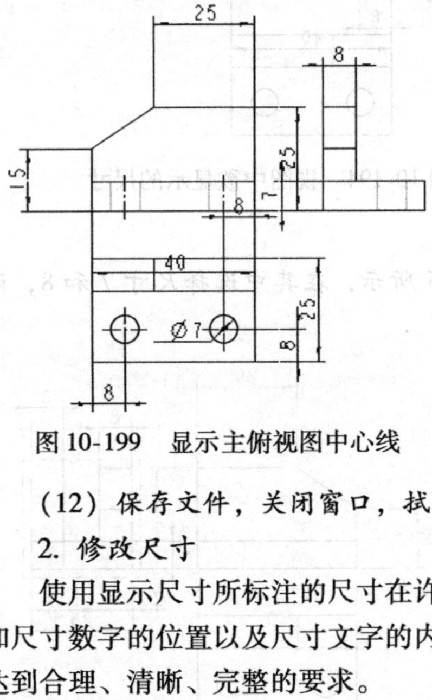


图 10-199　显示主俯视图中心线

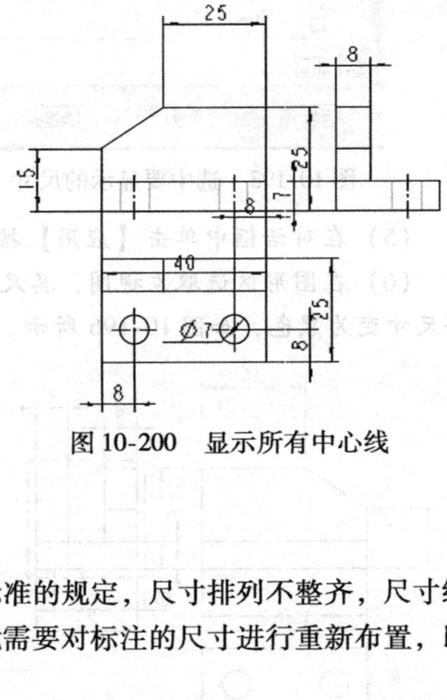


图 10-200　显示所有中心线

（12）保存文件，关闭窗口，拭除不显示。

2. 修改尺寸

使用显示尺寸所标注的尺寸在许多情况下不符合国家标准的规定，尺寸排列不整齐，尺寸线和尺寸数字的位置以及尺寸文字的内容也不尽如人意，这就需要对标注的尺寸进行重新布置，以达到合理、清晰、完整的要求。

3. 整理尺寸

在图形区框选图 10-200 所示的所在尺寸，在【排列】选项组中单击【清理尺寸】按钮 清理尺寸，或者单击鼠标右键，在弹出的快捷菜单中选择【清理尺寸】选项，均会弹出【清除尺寸】对话框，如图 10-201 所示。

【清除尺寸】对话框中的【清理设置】选项组包括【放置】和【修饰】两个选项卡。

【放置】选项卡用于调整尺寸线之间的间距和尺寸线相对于参照的间距。

- 【分隔尺寸】复选框：选中此复选框，尺寸线之间和尺寸线同偏移参照之间的距离可以使用【偏移】文本框和【增量】文本框调整。一般选中此复选框。
- 【偏移】文本框：设置尺寸线距离参照的距离，在尺寸数字高度设置为 3.5 的情况下，偏

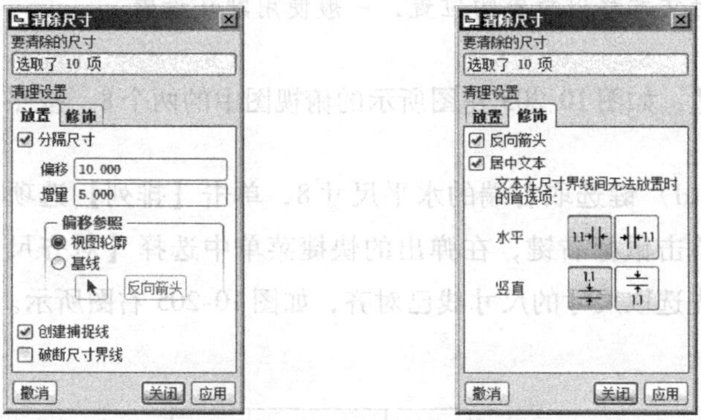


图 10-201 【清除尺寸】对话框

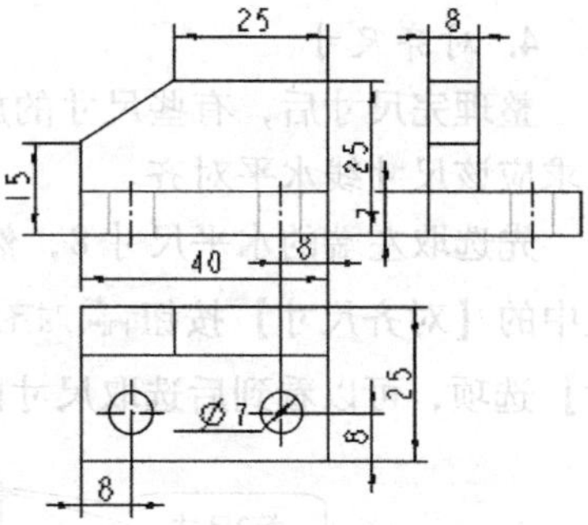

图 10-202 参照为视图轮廓

移值设置为 7。

● 【增量】文本框：设置两平行尺寸线之间的距离，在尺寸数字高度设置为 3.5 的情况下，增量值设置为 7。

● 【视图轮廓】单选按钮：单击此单选按钮，尺寸线偏移参照为视图的最外轮廓线，这是系统默认的选项，也是符合国家标准的选项，使用此项整理图 10-200 的尺寸，结果如图 10-202 所示。

● 【基线】单选按钮：单击此单选按钮，尺寸线的偏移参照需要在图形中选取，并且可以设置偏移方向。选择此项每次只能设置一个方向的尺寸，并且所有尺寸都标注在参照的同一侧。单击【基线】单选按钮时，对话框中的选取基线工具  被激活，在图形区选择一条基线，出现红色箭头作为尺寸线偏移的方向，可以通过单击 反向箭头 按钮使偏移方向相反，如图 10-203 所示。

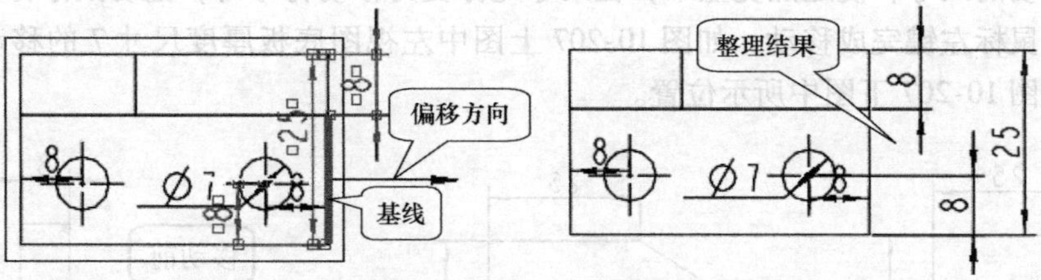


图 10-203 参照为基线

● 【创建捕捉线】复选框：选中此复选框，在对齐尺寸的同时创建捕捉线，捕捉线在打印时不输出，如图 10-204 所示，一般不选此项。

● 【破断尺寸界线】复选框：选中此复选框，在尺寸界线与其他绘制图元交接位置破断该尺寸界线。

【修饰】选项卡用于设置尺寸箭头和尺寸文本的放置位置。

● 【反向箭头】复选框：选中此复选框，若箭头与文本不重叠，则向尺寸界线内部反向箭头；若箭头与文本重叠，则向尺寸界线外部反向箭头，一般选中此复选框。

● 【居中文本】复选框：选中此复选框，在尺寸界线之间居中每个尺寸的文本。一般选中此复选框。

● 【文本在尺寸界线之间无法放置时的首选项】：通过单

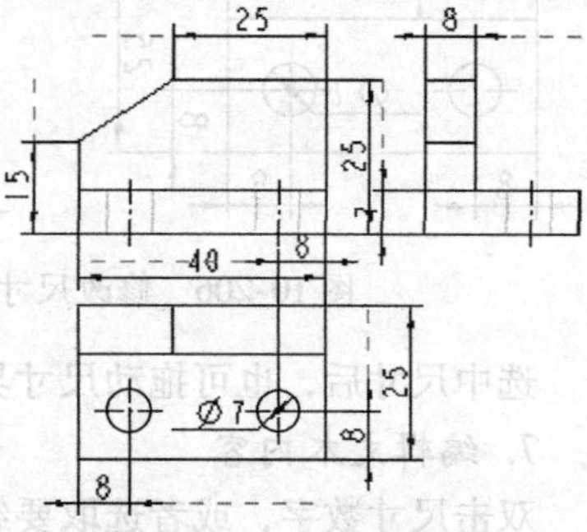

图 10-204 创建捕捉线

击按钮确定尺寸界线之间无法放置尺寸文本时文本移出放置的位置，一般使用默认设置。

4. 对齐尺寸

整理完尺寸后，有些尺寸的放置并不合适，如图 10-205 左图所示的俯视图中的两个 8，按照要求应该尺寸线水平对齐。

先选取左端的水平尺寸 8，然后按住〈Ctrl〉键选取右端的水平尺寸 8，单击【排列】选项组中的【对齐尺寸】按钮 对齐尺寸，或者单击鼠标右键，在弹出的快捷菜单中选择【对齐尺寸】选项，可以看到后选取尺寸的尺寸线和先选取尺寸的尺寸线已对齐，如图 10-205 右图所示。

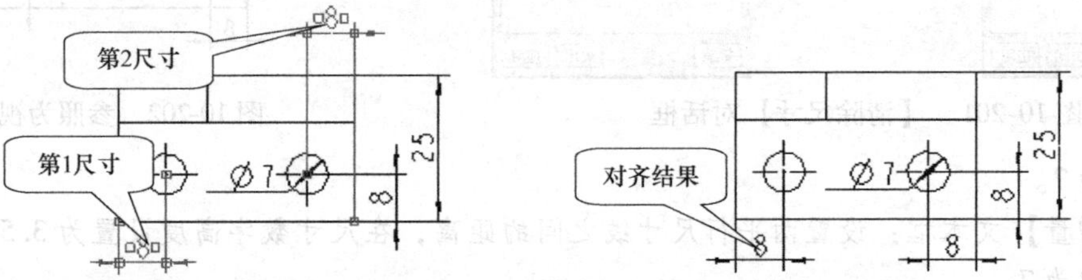


图 10-205 对齐尺寸

5. 将尺寸显示到另一视图

有时尺寸放置的视图不合适，可以选择该尺寸，按下鼠标右键，在弹出的快捷菜单中选择【将项目移动到视图】选项，消息区提示“选取模型视图或窗口”，在图形区选取欲放置尺寸的视图即可。在主视图中选择长度尺寸 40，按下鼠标右键，在弹出的快捷菜单选择【将项目移动到视图】选项，然后根据提示，在图形区选取俯视图，该尺寸移动到俯视图标注，如图 10-206 所示。

6. 移动尺寸

选取要移动的尺寸，使之加亮显示，在尺寸光标变为移动符号时，拖动鼠标将其移动到合适的位置，松开鼠标左键完成移动，如图 10-207 上图中左视图底板厚度尺寸 7 的移动，通过拖动鼠标移动到如图 10-207 下图中所示位置。

图 10-206 修改尺寸到另一视图

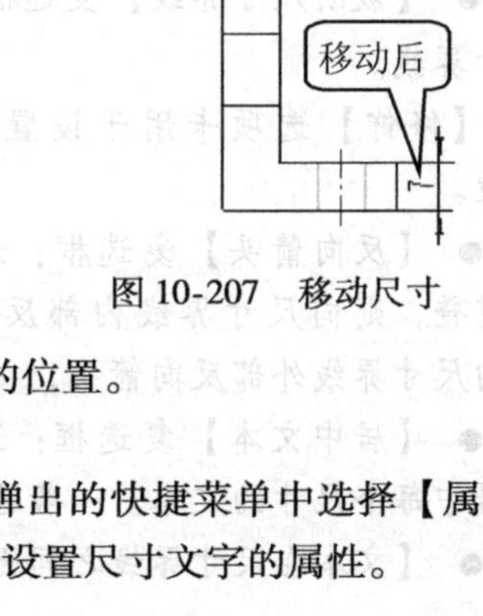


图 10-207 移动尺寸

选中尺寸后，也可拖动尺寸界线的引出点以移动尺寸引出点的位置。

7. 编辑文本内容

双击尺寸数字，或者选取要编辑的尺寸，按下鼠标右键，在弹出的快捷菜单中选择【属性】选项，弹出【尺寸属性】对话框，如图 10-208 所示，可以在其中设置尺寸文字的属性。

【尺寸属性】对话框中有3个选项卡，分别为【属性】、【显示】和【文本样式】。

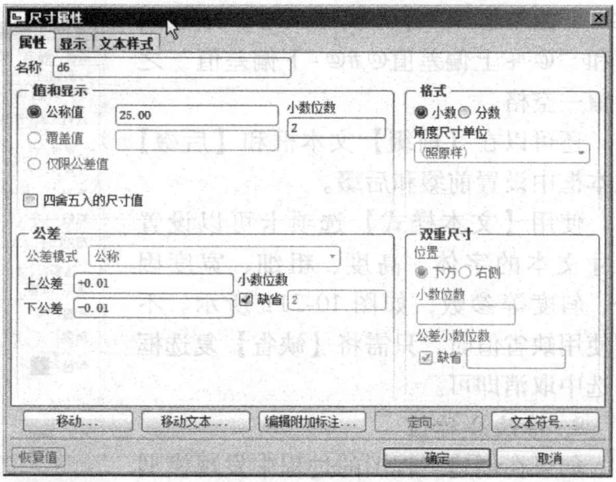

图 10-208　修改尺寸属性

使用【属性】选项卡可以设置公称值和公差的大小、尺寸和箭头的显示样式、尺寸文本以及尺寸界线的显示等。

可以注意到，此时【公差模式】以灰色显示，不能设置，可以在绘图选项中修改选项【tol_display】的值为【yes】，此时所有尺寸将显示尺寸公差，此时【尺寸属性】对话框中的【公差模式】下拉列表框变为可用。该下拉列表框中有以下5种格式：

- 公称：不显示公差，只显示公称尺寸。
- 限制：显示最大极限尺寸和最小极限尺寸。
- 加-减：显示公称尺寸和上、下偏差。
- +-对称：显示公称尺寸和对称上、下偏差，对称上下偏差的文本高度和公称尺寸的文本高度一致。
- +-对称（上标）：显示公称尺寸和对称上、下偏差，对称上、下偏差以上标形式出现，文本高度比公称尺寸的文本高度小一号。

图10-209为5种格式标注的尺寸对比。

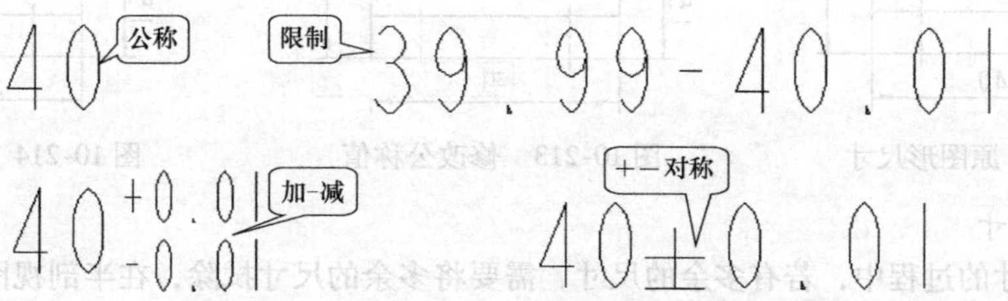

图 10-209　几种尺寸公差格式的比较

在标注尺寸时可先一次选择不需要标注公差的尺寸，将它们的公差格式设置为【公称】，然后单个设置有公差的尺寸的公差格式和大小。

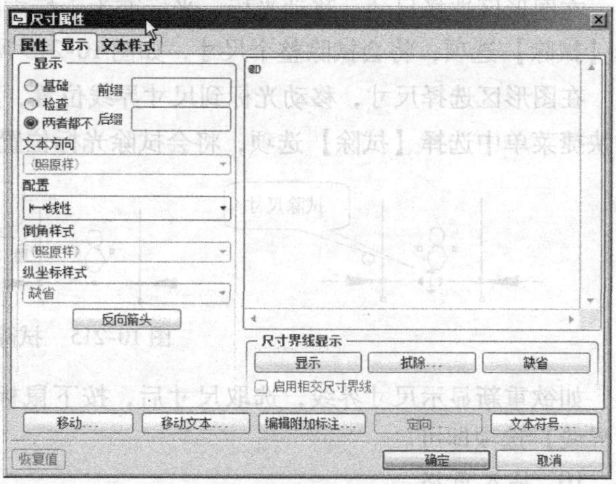

图 10-210　设置文本内容

使用【显示】选项卡可以设置文本的内容，如图10-210所示。

在编辑框中可以修改或者输入文本，如修改尺寸“ϕ7”为“2×ϕ7”，只需要在编辑框中的文本内容“ϕ@D”前面添加“2×”，将其变为“2×ϕ@D”即可。

若尺寸公差为非标准公差，对直径尺寸，可直接在尺寸后加“@+上偏差值@

#@-下偏差值”；若为线性尺寸，须在尺寸和“@+上偏差值@#@-下偏差值”之间留一空格。

还可以在【前缀】文本框和【后缀】文本框中设置前缀和后缀。

使用【文本样式】选项卡可以设置尺寸文本的字体、高度、粗细、宽度因子、斜度等参数，如图 10-211 所示。不需使用缺省值时，只需将【缺省】复选框的选中取消即可。

图 10-211　设置尺寸文本样式

8. 修改公称值

如果在创建工程图的过程中发现模型尺寸不对，可以在工程图中直接修改公称值，驱动模型大小发生改变。

在图 10-212 所示的工程图中选择主视图的长度尺寸 40，双击，或者按下鼠标右键，在弹出的快捷菜单中选择【修改公称值】选项，出现组合框，在其中输入“30”，单击鼠标中键接受输入，如图 10-213 所示。

单击【视图】工具栏中的【再生模型】按钮，生成的工程图如图 10-214 所示。

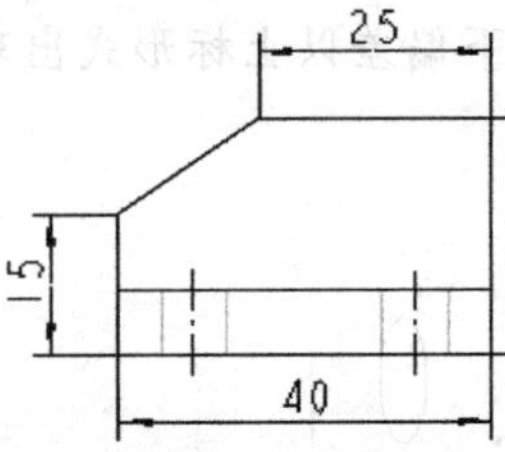


图 10-212　原图形尺寸

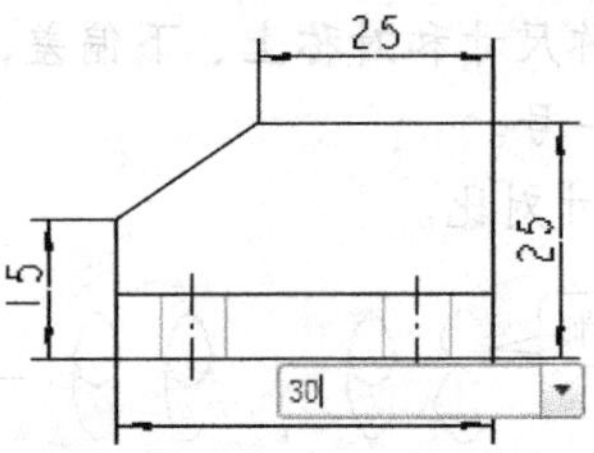


图 10-213　修改公称值

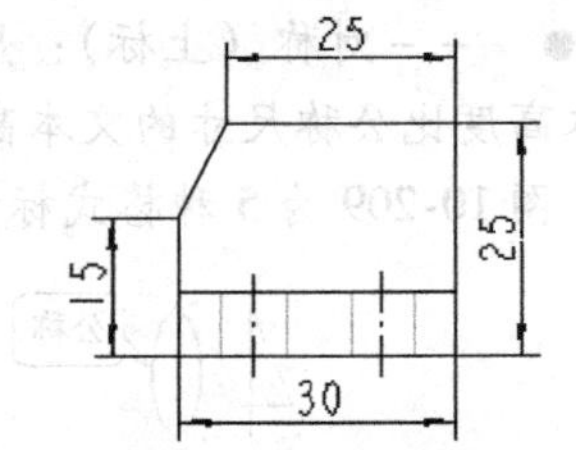


图 10-214　再生尺寸

9. 拭除尺寸

在显示尺寸的过程中，若有多余的尺寸，需要将多余的尺寸拭除，在半剖视图中有时需要拭除尺寸界线，正确标注尺寸。

在图形区选择尺寸，移动光标，光标变为标志时，按下鼠标右键，在弹出的快捷菜单中选择【拭除】选项，将会拭除整个尺寸，如图 10-215 所示。

在图形区选择尺寸，移动光标到尺寸界线位置，光标变为标志时，按下鼠标右键，在弹出的快捷菜单中选择【拭除】选项，将会拭除光标位置的尺寸界线，如图 10-215 所示。

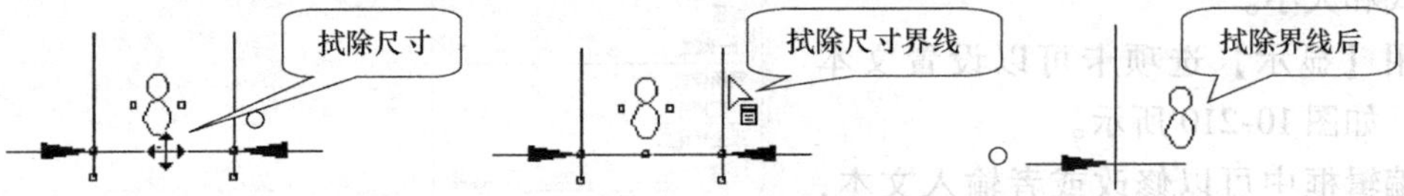


图 10-215　拭除尺寸

如欲重新显示尺寸界线，选取尺寸后，按下鼠标右键，在弹出的快捷菜单中选择【显示尺寸界线】选项即可。

10. 插入角拐

当图元太小不方便标注尺寸时，尺寸线可以使用角拐模式。

在【插入】选项组中单击【角拐】按钮，消息区提示“选取尺寸或引线注解来创建啮合”，在图形区选择最右下角长度尺寸 8。消息区提示“在尺寸界线上为拐点拾取一个点”，在右端尺寸界线上选取拐点 1，如图 10-216 所示。消息区提示“用左键选取角拐点的位置”，单击选取拐点 2，再单击鼠标中键完成操作，如图 10-217 所示。

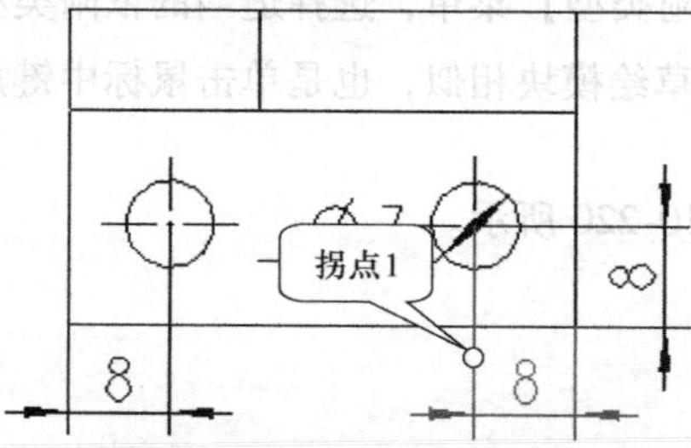


图 10-216　插入第 1 角拐点

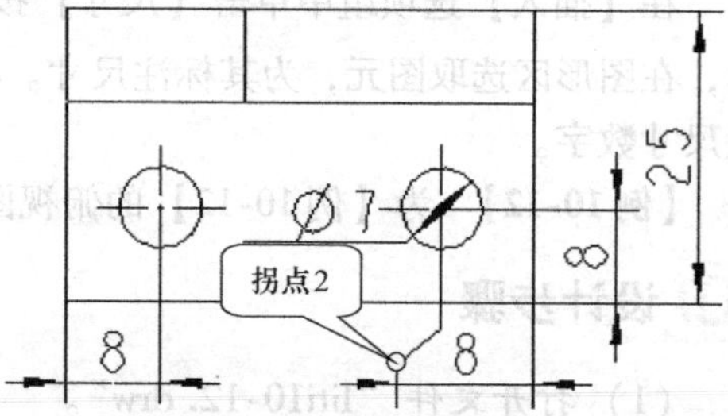


图 10-217　完成角拐

选中尺寸后，选择角拐点的位置按下鼠标右键，在弹出的快捷菜单中选择【删除】选项，将会删除角拐；或者选择带角拐的标注，单击【删除】选项组中的【移除全部角拐】按钮 移除全部角拐，也可删除角拐。

11. 箭头样式

在【格式化】选项组中单击【箭头样式】按钮 箭头样式...，出现【箭头样式】菜单，如图 10-218 所示，在其中选择合适箭头样式后，在图形区选择箭头，单击鼠标中键结束，可改变所选箭头的样式为所选样式。

或者选中尺寸，在箭头位置按下鼠标右键，在弹出的快捷菜单中选择【箭头样式】选项，出现【箭头样式】菜单。从中选择箭头的样式，如选择【实心点】选项，再选择【完成/返回】选项，选取位置的箭头变为实心点样式。

提醒：一般对于小尺寸连续标注而言，多使用实心点样式。

12. 反向箭头

选中尺寸，按下鼠标右键，在弹出的快捷菜单中选择【反向箭头】选项，尺寸箭头将反向显示，如图 10-219 所示。

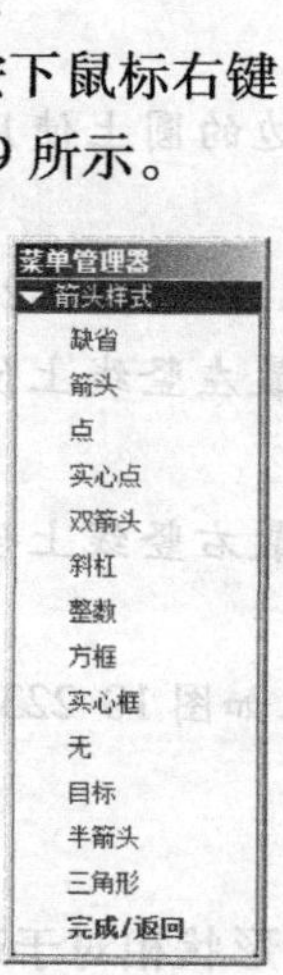


图 10-218　箭头样式菜单

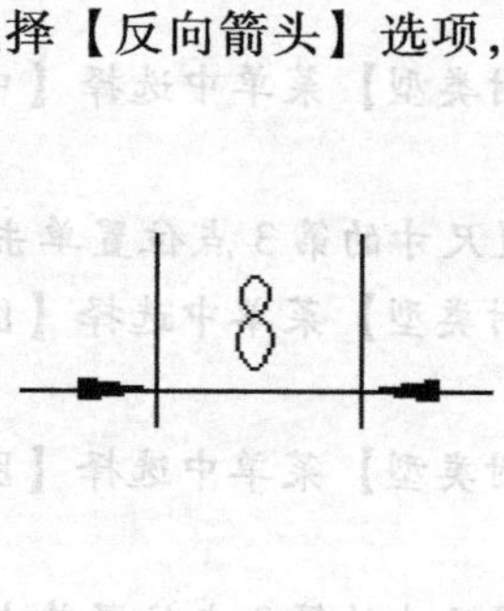

图 10-219　反向箭头

13. 手动标注尺寸

使用Creo/Pro 5.0软件自动标注的尺寸有时不完全符合要求，这时就需要用户手动标注尺寸，使其符合国家标准的规定。系统中的尺寸包括尺寸、参照尺寸和坐标尺寸3种类型，在机械设计中常用的是尺寸，下面对此进行详细讲解。

在【插入】选项组中单击【尺寸】按钮，出现【依附类型】菜单，选择适当的依附类型后，在图形区选取图元，为其标注尺寸。标注尺寸的方法和草绘模块相似，也是单击鼠标中键放置尺寸数字。

【例10-12】 为【例10-12】的俯视图创建尺寸，如图10-220所示。

## 设计步骤

（1）打开文件“liti10-12.drw”。

（2）在【插入】选项组中单击【尺寸】按钮，消息区提示“选取图元进行尺寸标注活尺寸移动，中键完成”，并且出现【依附类型】菜单，如图10-221所示。

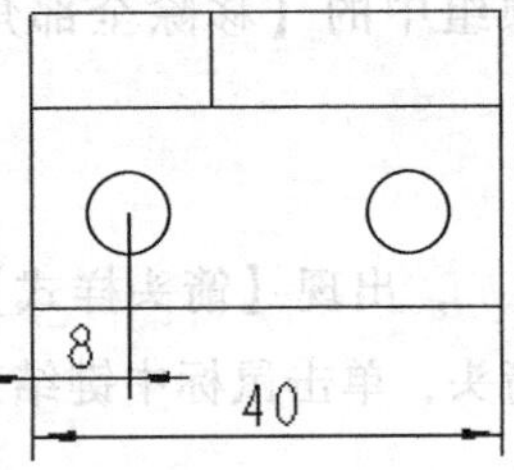


图10-220 尺寸

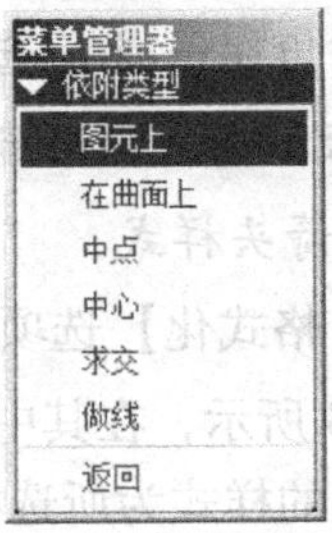


图10-221 依附类型菜单

- 【图元上】：尺寸引出线在选取的图元上。
- 【中点】：尺寸引出线在选取的图元的中点上。
- 【中心】：尺寸引出线在选取的圆弧的圆心上。
- 【求交】：尺寸引出线在选取的两个图元的交点上。
- 【做线】：为尺寸引出线创建一条引出线。

（3）在【依附类型】菜单中选择【图元上】选项，在图形区最左竖线上使用鼠标左键选取第1点。

（4）在【依附类型】菜单中选择【中心】选项，在图形区左边的圆上使用鼠标左键选取第2点。

（5）在欲放置尺寸的第3点位置单击鼠标中键，完成尺寸标注，如图10-222所示。

（6）在【依附类型】菜单中选择【图元上】选项，在图形区最左竖线上使用鼠标左键选取第1点。

（7）在【依附类型】菜单中选择【图元上】选项，在图形区最右竖线上使用鼠标左键选取第2点。

（8）在欲放置尺寸的第3点位置单击鼠标中键，完成尺寸标注如图10-223所示。

### 10.3.5 创建基准和形位公差

形位公差分为形状公差和位置公差。形状公差是指零件的实际形状相对于理想形状允许的变动量，位置公差是指零件的实际位置相对于理想位置的允许变动量。

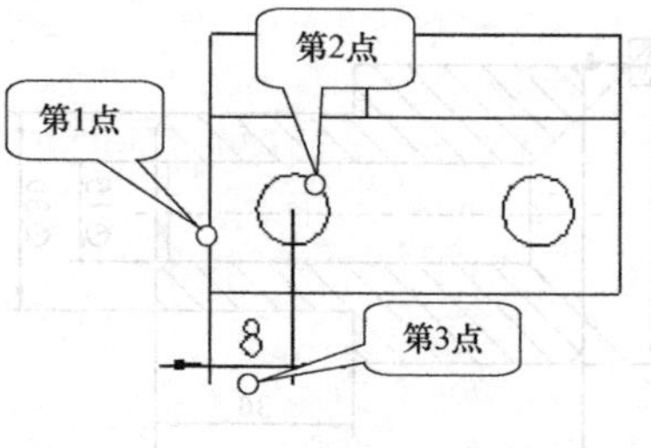


图 11-222　标注第 1 个尺寸

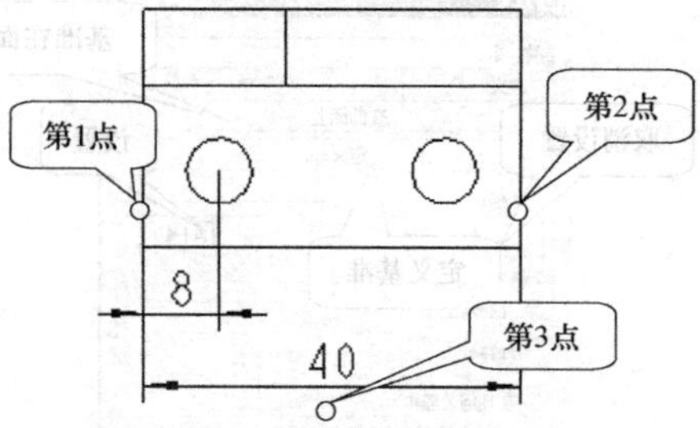


图 10-223　标注第 2 个尺寸

对位置公差而言，需要标记其基准。基准可以是平面、轴线等。

使用【插入】选项组中的【模型基准面】按钮 模型基准平面，可以创建面基准；使用【模型基准轴】按钮 模型基准轴，可以创建轴基准。

1. 创建基准

下面通过例题讲解基准的创建过程。

**【例 10-13】**　利用文件“liti10-13. drw”创建如图 10-224 所示的各基准。

## 设计步骤

(1) 打开文件“liti10-13. drw”，如图 10-225 所示。

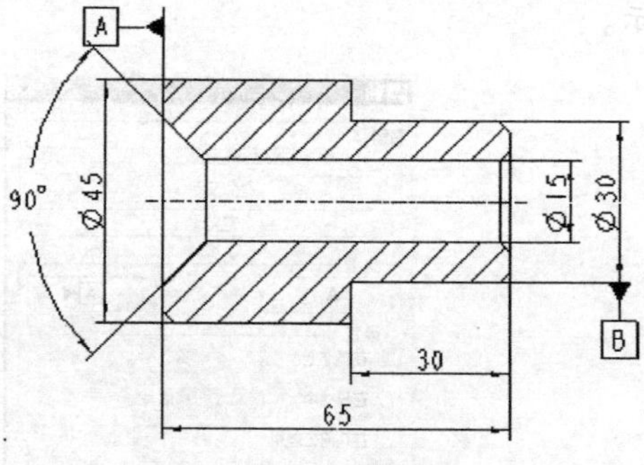


图 10-224　创建基准

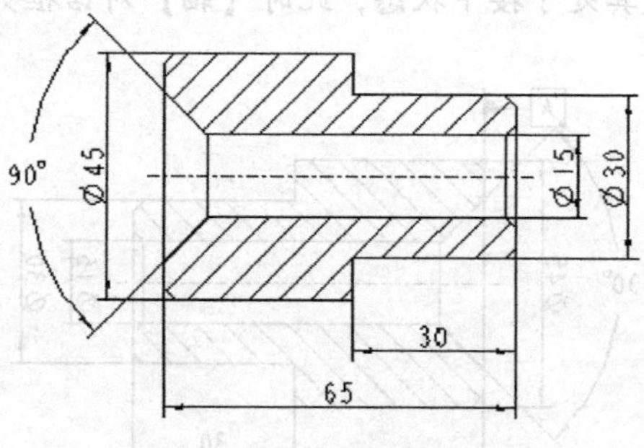


图 10-225　原工程图

(2) 在【插入】选项组中，单击 ▾ 按钮，在展开的面板中单击【模型基准面】按钮 模型基准平面，弹出【基准】对话框。

(3) 在【名称】文本框中输入“A”，在【类型】选项组中单击【设置】按钮 A，使其处于按下状态，此时【基准】对话框如图 10-226 所示。

(4) 【放置】选项组可以设置所生成基准符号的放置位置。这里单击【在基准上】单选按钮。

- 【在基准上】：基准符号放置在基准上。
- 【在尺寸中】：基准符号对齐选取尺寸的尺寸线。
- 【在几何公差中】：基准符号对齐几何公差放置。
- 【在几何上】：基准符号放置在选取的图元上。

(5) 在【定义】选项组中单击【在曲面上】按钮，消息区提示“选取曲面”，在图形区选取如图 10-227 所示的曲面，视图在所选曲面上出现基准 A。

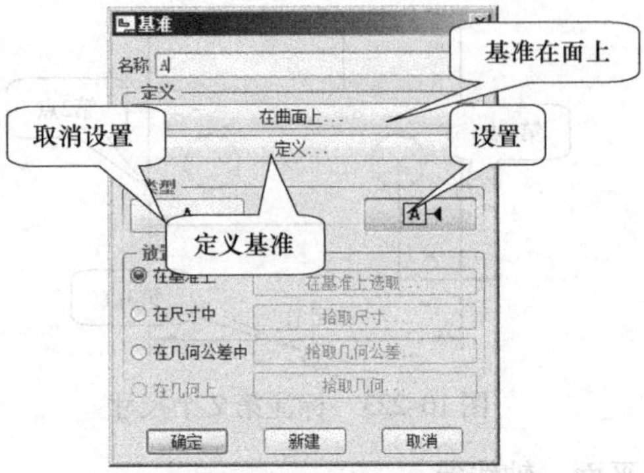


图 10-226　基准对话框

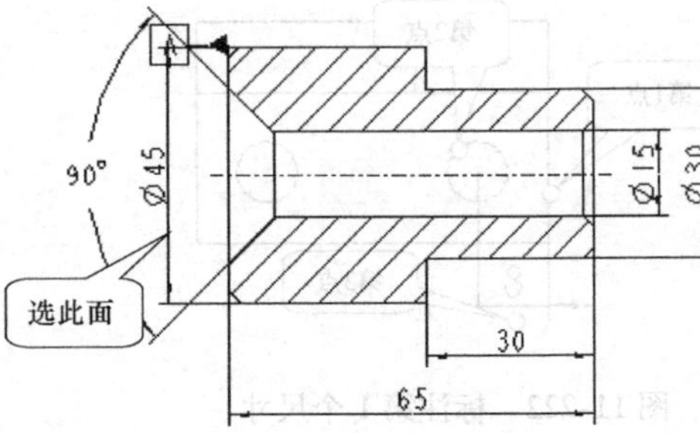


图 10-227　选取基准

(6) 单击【确定】按钮，关闭对话框，此时刚创建的基准呈红色加亮显示，即处于被选状态。光标指向基准符号，在光标变为移动符号时，按住鼠标左键将其移动到合适的位置，如图 10-228 所示。

(7) 单击【插入】选项组中的按钮▼，在展开的面板中单击【模型基准面】按钮 模型基准平面 后的▼，在出现的工具箱单击【模型基准轴】按钮 模型基准轴，弹出【轴】对话框。

(8) 在【名称】文本框中输入“B”，在【类型】选项组中单击【设置】按钮 A◀，使其处于按下状态，此时【轴】对话框如图 10-229 所示。

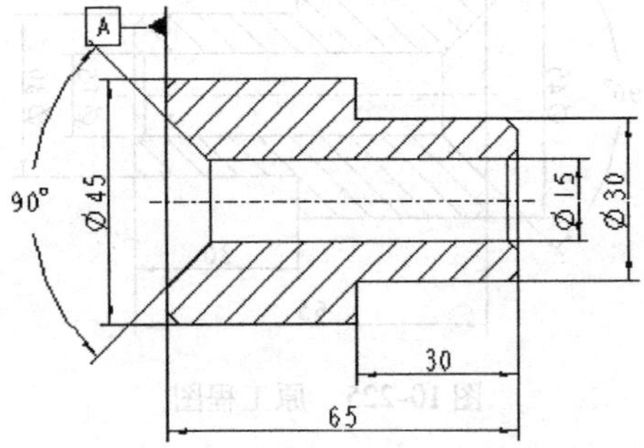


图 10-228　移动基准符号

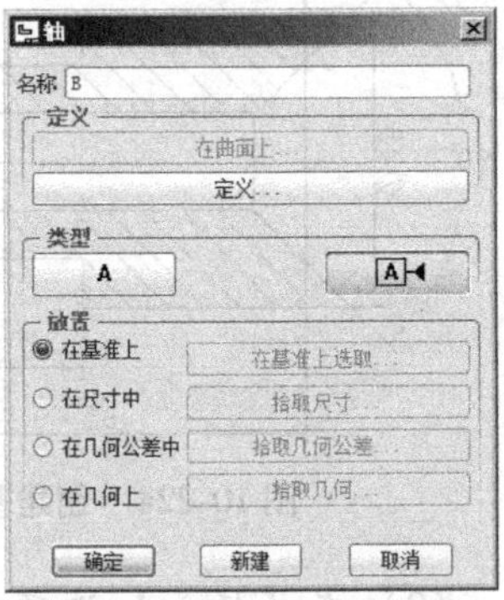


图 10-229　【轴】对话框

(9) 单击【定义】按钮，出现【基准轴】菜单，如图 10-230 所示，可在其中设置定义基准轴的方式。

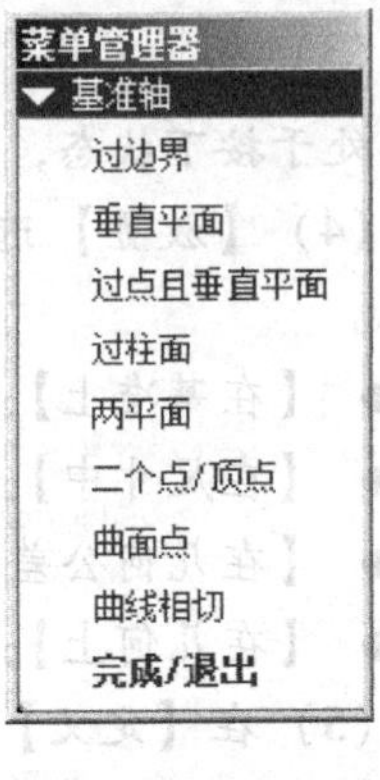


图 10-230　【基准轴】菜单

- 【过边界】：创建穿过边界线的基准轴。
- 【垂直平面】：创建垂直于平面的基准轴，指定线性尺寸定义基准轴位置。
- 【过点且垂直于平面】：创建通过基准点且垂直于平面的基准轴。
- 【过柱面】：创建通过回转面轴线的基准轴。
- 【两平面】：创建由两个平面的交线确定的基准轴。
- 【二个点/顶点】：创建由通过两点的线确定的基准轴。
- 【曲面点】：创建通过曲面上点的基准轴。
- 【曲线相切】：创建与曲线或者边相切的基准轴。

(10) 选择【过柱面】选项，选取如图 10-231 所示的圆柱面作为参照，此时基准放在轴线上，如图 10-232 所示，不满足要求。

(11) 在【轴】对话框的【放置】选项组中单击【在尺寸中】单选按钮，消息区提示“选取文本定位的尺寸”，在图形区选取左右边的尺寸“$\phi$30”，此时基准 B 放置在直径尺寸线的延长线上，如图 10-233 所示。

(12) 单击【确定】按钮，完成轴基准的创建。

(13) 如欲基准 B 显示在 $\phi$30 尺寸的下箭头位置，则可选中基准 B，按下鼠标右键，在弹出的快捷菜单中选择【反向尺寸界线】选项即可，如图 10-234 所示。

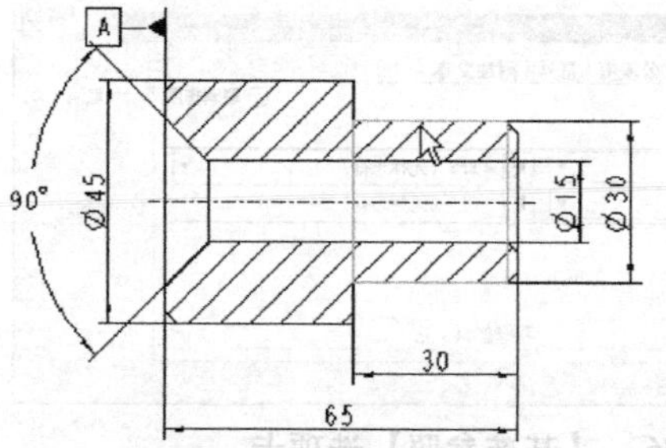

图 10-231　选取曲面

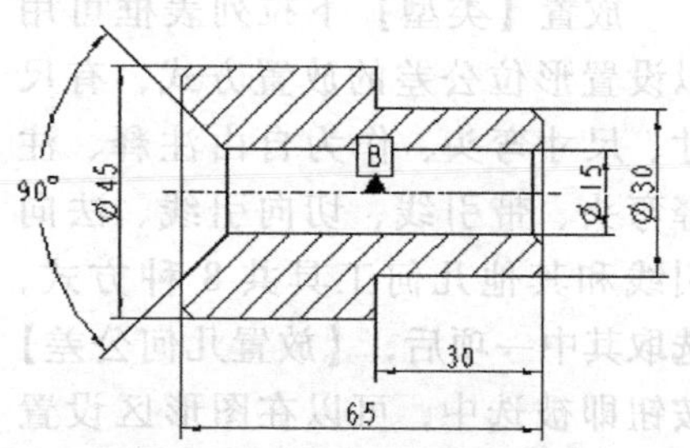

图 10-232　基准放在轴线上

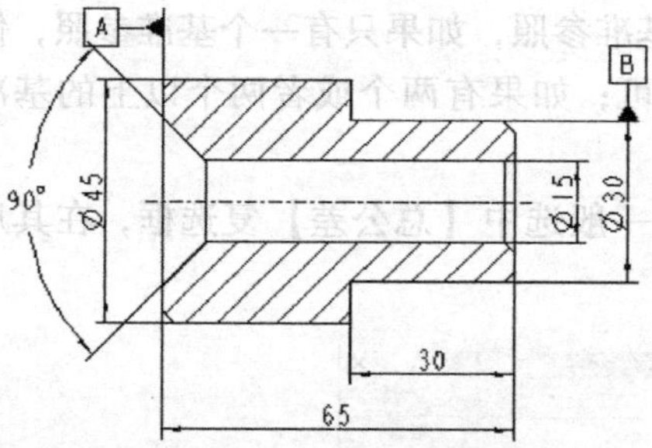

图 10-233　完成基准

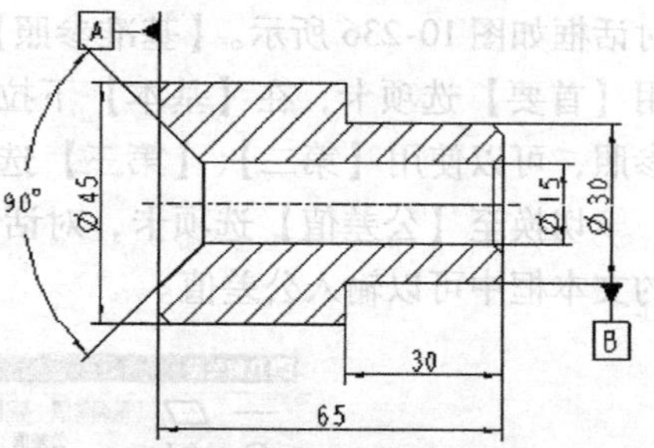

图 10-234　改变基准方向

(14) 保存文件，关闭窗口，拭除不显示。

2. 创建形位公差

使用【插入】选项组中的【几何公差】按钮，可以为零件的要素标注几何公差。如果要标注位置公差，需要先创建基准。

单击【插入】选项组中的【几何公差】按钮，弹出如图 10-235 的【几何公差】对话框。

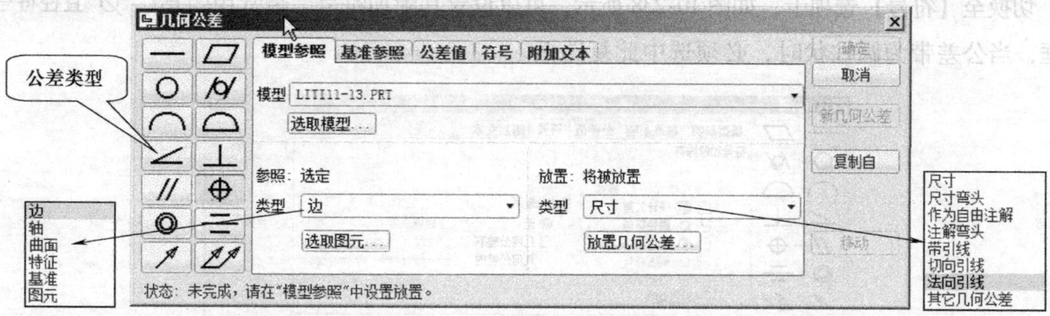


图 10-235　【几何公差】对话框

【几何公差】对话框中有 5 个选项卡，分别用于设置模型参照、基准参照、公差值、符号和附加文本等选项。

【几何公差】对话框最左侧的公差类型工具箱可用以设置形位公差的类别，共有 6 项形状公差和 8 项位置公差。

使用【模型参照】选项卡，可以设置参照模型等选项。

参照【类型】下拉列表框可用以设置被标注的图元和特征类型，有【边】、【轴】、【曲面】、【特征】、【基准】和【图元】6 个选项，在列表中选取相应选项后，单击【选取图元】按钮可以在图形区选取相应的图元进行标注。

放置【类型】下拉列表框可用以设置形位公差的放置方式，有尺寸、尺寸弯头、作为自由注释、注释弯头、带引线、切向引线、法向引线和其他几何工具共 8 种方式，选取其中一项后，【放置几何公差】按钮即被选中，可以在图形区设置引线，具体方法将在例题中讲解。

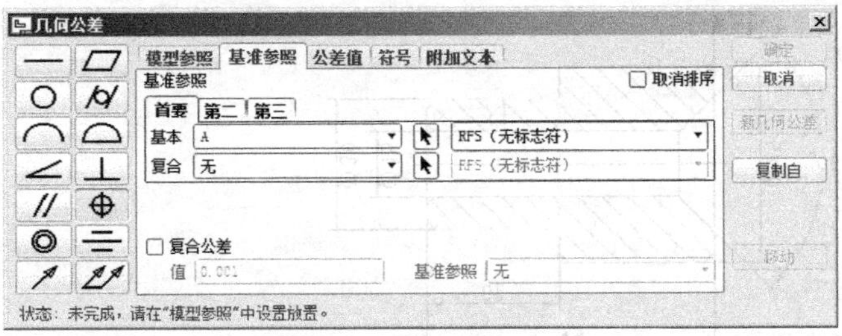


图 10-236 【基准参照】选项卡

切换至【基准参照】选项卡，对话框如图 10-236 所示。【基准参照】选项组可用以设置基准参照，如果只有一个基准参照，使用【首要】选项卡，在【基本】下拉列表框中选取基准即可；如果有两个或者两个以上的基准参照，可以使用【第二】、【第三】选项卡进行设置。

切换至【公差值】选项卡，对话框如图 10-237 所示。一般选中【总公差】复选框，在其后的文本框中可以输入公差值。

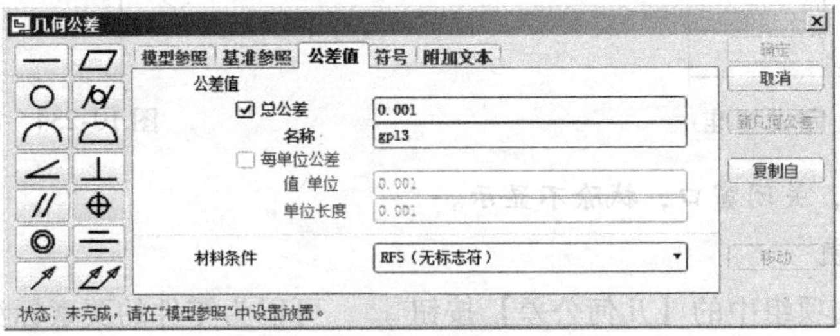


图 10-237 【公差值】选项卡

切换至【符号】选项卡，如图 10-238 所示，可以设置其附加符号。最常用的是☐ ⌀ 直径符号复选框，当公差带为圆柱状时，必须选中此复选框。

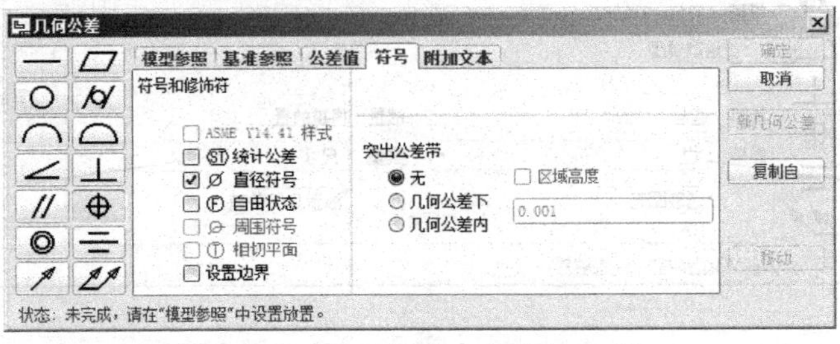


图 10-238 【符号】选项卡

切换至【附加文本】选项卡，如图10-239所示，可以设置其附加文本，可以选中不同的复选框，然后在编辑框中输入相应文本。

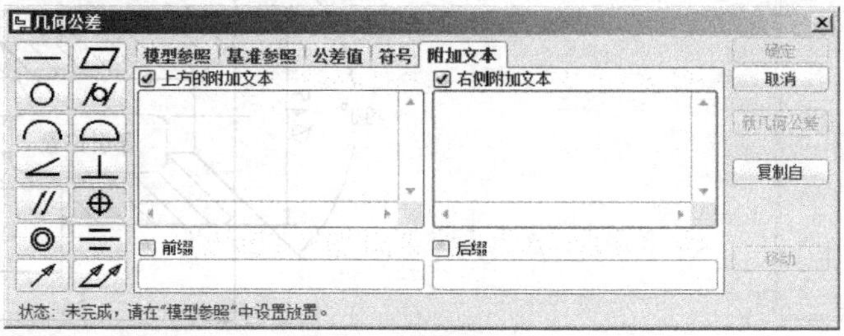


图10-239 【符号】选项卡

【例10-14】 标注形位公差，如图10-240所示。

## 设计步骤

（1）打开文件"liti10-14. drw"，如图10-241所示。

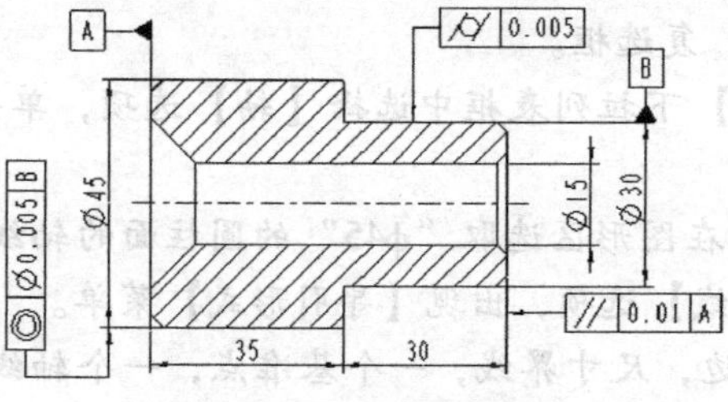


图10-240 标注形位公差

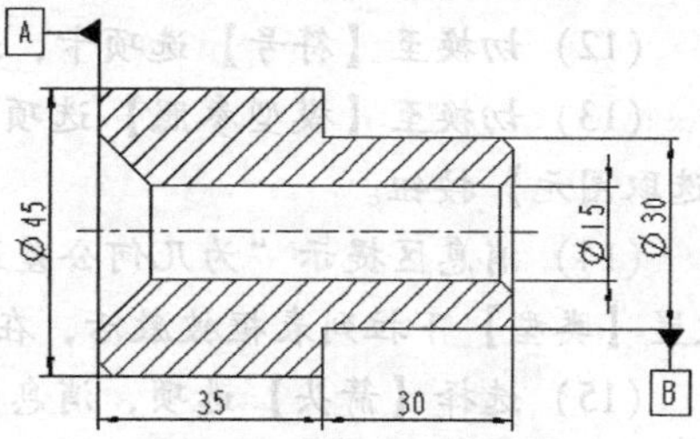


图10-241 原工程图

（2）在图形区选择基准B，按下鼠标右键，在弹出的快捷菜单中选择【反向尺寸界线】选项，基准符号B放置在另一尺寸界线一侧，如图10-242所示。

（3）单击【插入】选项组中的【几何公差】按钮，弹出【几何公差】对话框，在其左侧选择【圆柱度】公差，切换至【公差值】选项卡，在【公差值】选项组的【总公差】文本框中输入"0.005"。

（4）切换至【模型参照】选项卡，在参照【类型】下拉列表框中选择【曲面】，单击【选取图元】按钮。

（5）消息区提示"选取曲面"，在图形区选取"ф30"的圆柱面，放置【类型】下拉列表框被激活。

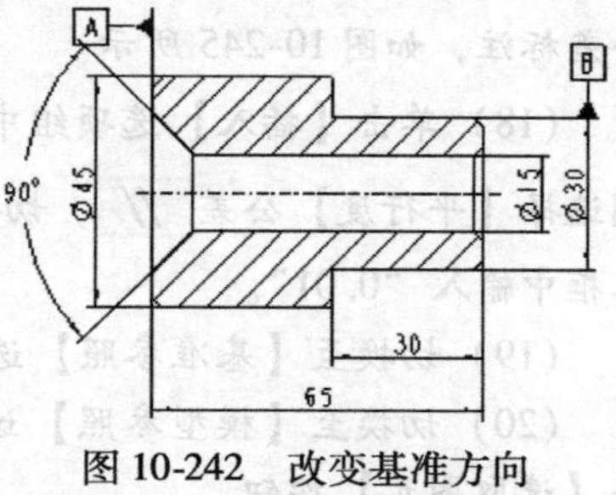


图10-242 改变基准方向

（6）在放置【类型】下拉列表框中选择【法向引线】选项，出现【引线类型】菜单，如图10-243所示。

（7）选择【箭头】选项，消息区提示"选取一个边，尺寸界线，一个基准点，一个轴线，曲线或一顶点"，在图形区选取如图10-244所示的边线，选择【引线类型】菜单中的【完成】选项。

（8）消息区提示"选取放置位置"，单击鼠标中键在图形区适当位置，拾取公差放置的位置。

（9）在图形区单击鼠标中键，或者单击【几何公差】对话框的【确定】按钮，完成圆柱度公差标注，如图10-244所示。

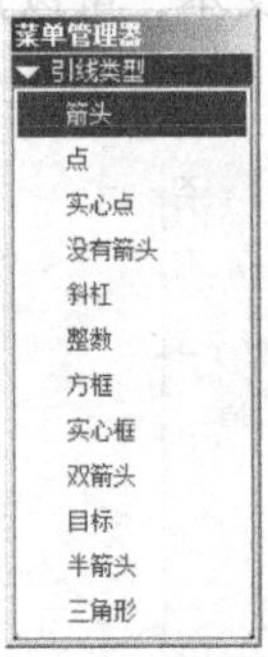


图 10-243 【引线类型】菜单

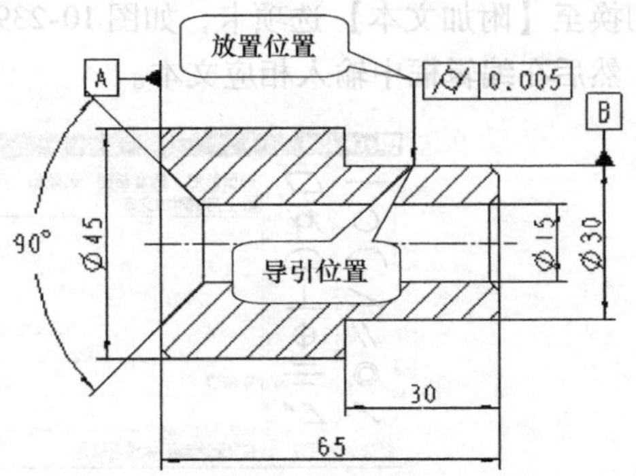


图 10-244 完成圆柱度公差标注

(10) 单击【插入】选项组中的【几何公差】按钮，弹出【几何公差】对话框，在其左侧选择【同轴度】公差，切换至【公差值】选项卡，在【公差值】选项组的【总公差】文本框中输入“0.005”。

(11) 切换至【基准参照】选项卡，在【基本】下拉列表框中选取【B】选项。

(12) 切换至【符号】选项卡，选中【ϕ 直径符号】复选框。

(13) 切换至【模型参照】选项卡，在参照【类型】下拉列表框中选择【轴】选项，单击【选取图元】按钮。

(14) 消息区提示“为几何公差选取其附着的轴”，在图形区选取“ϕ45”的圆柱面的轴线，放置【类型】下拉列表框被激活，在其中选择【法向引线】选项，出现【导引形式】菜单。

(15) 选择【箭头】选项，消息区提示“选取一个边，尺寸界线，一个基准点，一个轴线，曲线或一顶点”，在图形区选取如图 10-245 所示的边线，选择【完成】选项。

(16) 消息区提示“选取放置位置”，单击鼠标中键在图形区适当位置，拾取公差放置的位置。

(17) 在图形区单击鼠标中键，或者单击【几何公差】对话框的【确定】按钮，完成圆柱度公差标注，如图 10-245 所示。

(18) 单击【插入】选项组中的【几何公差】按钮，弹出【几何公差】对话框，在其左侧选择【平行度】公差，切换至【公差值】选项卡，在【公差值】选项组的【总公差】文本框中输入“0.01”。

(19) 切换至【基准参照】选项卡，在【基本】下拉列表框中选取【A】选项。

(20) 切换至【模型参照】选项卡，在参照【类型】下拉列表框中选择【曲面】选项，单击【选取图元】按钮。

(21) 消息区提示“选取曲面”，在图形区选取立体的右端面，放置【类型】下拉列表框被激活。

(22) 在【类型】下拉列表框中选择【法向引线】选项，出现【导引形式】菜单。

(23) 选择【箭头】选项，消息区提示“选取一个边，尺寸界线，一个基准点，一个轴线，曲线或一顶点”，在图形区选取尺寸 30 的右端尺寸界线，如图 10-246 所示，选择【完成】命令。

(24) 消息区提示“选取放置位置”，单击鼠标中键在图形区适当位置，拾取公差放置的位置。

(25) 在图形区单击鼠标中键或者单击【几何公差】对话框的【确定】按钮，完成平行度公差标注，如图 10-246 所示。

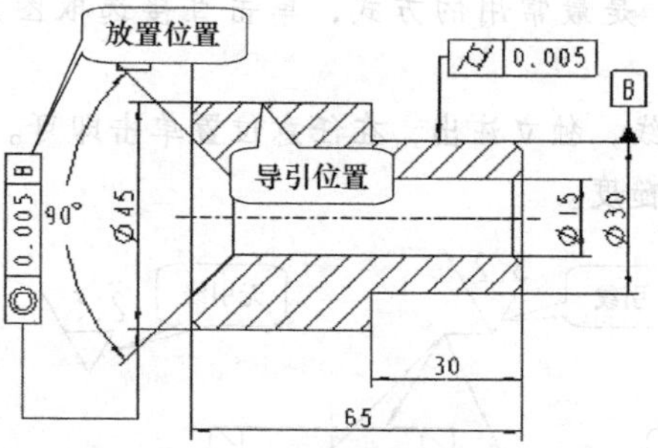


图 10-245　标注圆柱度公差标注

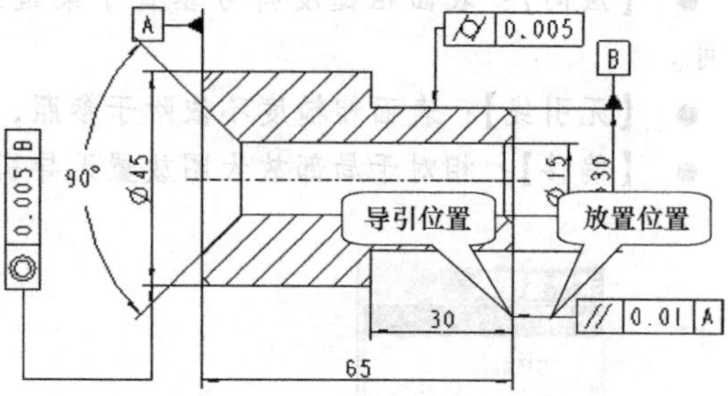


图 10-246　完成平行度公差标注

## 10.3.6　插入表面粗糙度

单击【插入】选项组中的【表面光洁度】按钮，出现【得到符号】菜单，如图 10-247 所示。选择【得到符号】菜单中的【检索】选项，弹出【打开】对话框，检索表面粗糙度符号库，如图 10-248 所示。系统默认目录下有普通（generic）、去除材料的方法得到的（machined）和不去除材料的方法得到的（unmachine）3 种符号。用户可以从对话框中根据得到表面的方法选取。

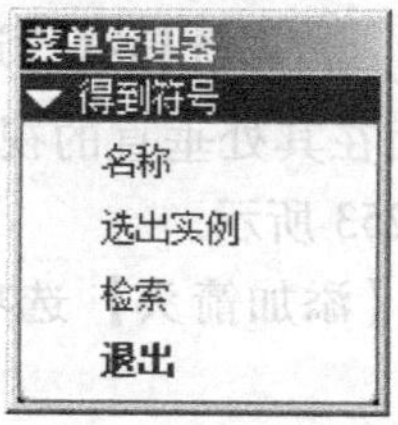

图 10-247　【得到符号】菜单　　　　图 10-248　检索表面粗糙度符号库

选择“machined”文件夹，【打开】对话框如图 10-249 所示，出现所选符号的预览。

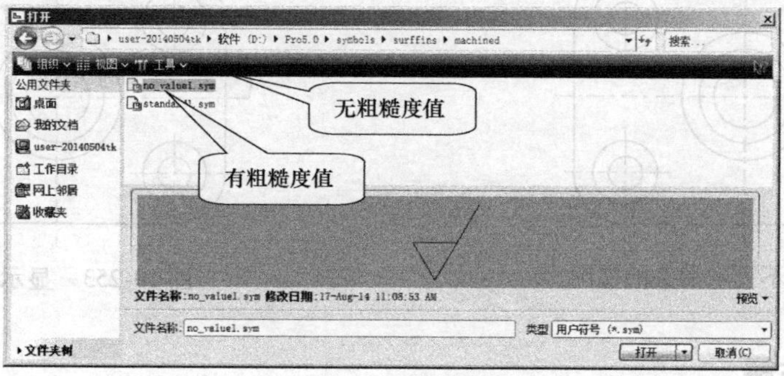


图 10-249　符号预览

一般选取“machined”文件夹中的“standard1”符号库，选取完毕之后，出现实例依附菜单，如图 10-250 所示。各种情况标注的表面粗糙度对比如图 10-251 所示。

- 【引线】：用引出线标注表面粗糙度，单击选取标注图元，单击鼠标中键放置符号位置。
- 【图元】：表面粗糙度符号依附到图元或者边界上，单击直接选取图元即可。

● 【法向】：表面粗糙度符号垂直于某边或者实体，是最常用的方式，单击直接选取图元即可。

● 【无引线】：表面粗糙度不依附于参照，没有指引线，独立注出，在任意位置单击即可。

● 【偏移】：相对于局部放大图放置无导引的表面粗糙度。

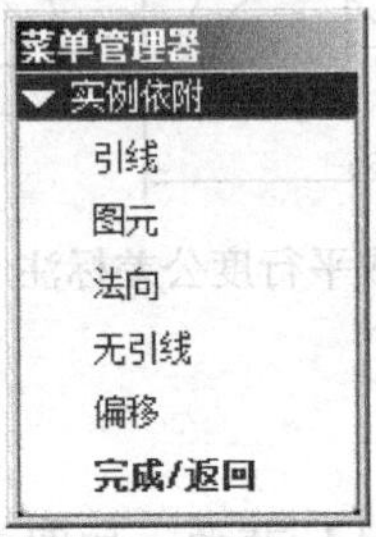


图 10-250 【实例依附】菜单

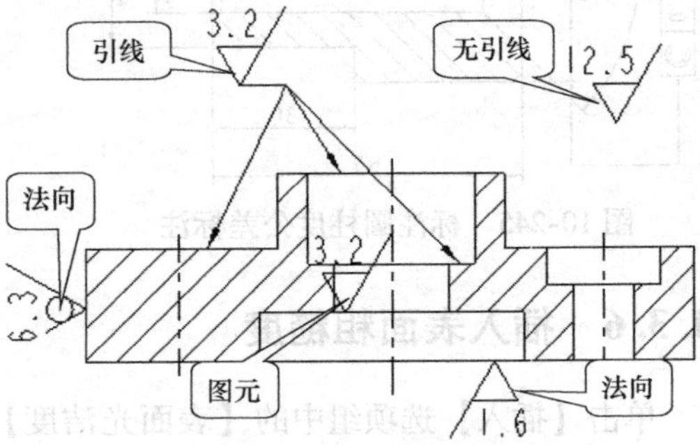


图 10-251 各种依附方式对比

## 10.3.7 插入箭头

在剖视图中有时需要显示剖切面的位置和投影方向，这就需要使用【插入箭头】命令。如图 10-252 所示的阶梯剖视图，要显示剖切符号和投影方向，应该按照下面步骤操作。

在【布局】选项卡【格式化】选项组中单击【箭头】按钮 箭头...，系统提示“选取视图来显示箭头”，在图形区选择主视图，系统提示“给箭头选出一个截面在其处垂直的视图”，在图形区选择俯视图，则在俯视图上显示剖切位置和投影方向，如图 10-253 所示。

也可以先选中主视图，单击鼠标右键，在弹出的快捷菜单中选择【添加箭头】选项，系统提示“给箭头选出一个截面在其处垂直的视图”时选择俯视图。

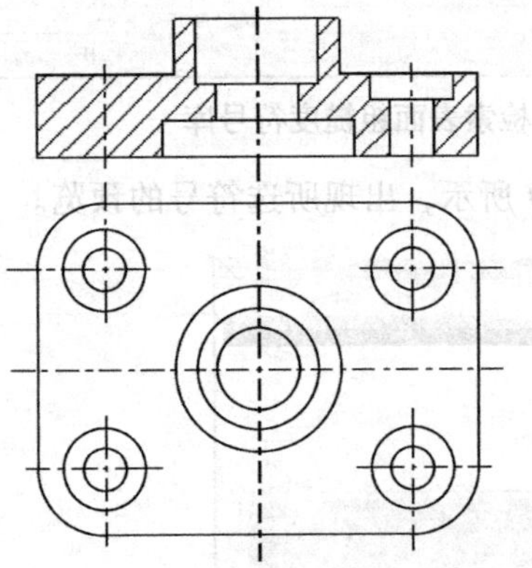

图 10-252 不显示箭头的视图

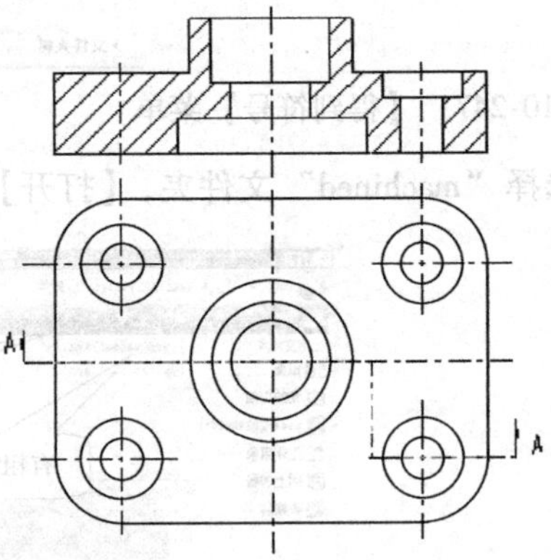


图 10-253 显示箭头后

## 10.3.8 插入注解

有些零件的结构需要引出标注，有些技术要求需要单独书写，在装配工程图中要为各个零件编写零件序号，这就需要使用【注解】工具按钮。

在【注释】选项卡的【插入】选项组中，单击【注解】按钮，出现【注解类型】菜单，如图 10-254 左图所示。

● 引线类型选项区：有【无引线】、【带引线】、【ISO 引线】、【在项目上】和【偏移】5 种引线类型，根据情况选用。无引线是指自由注解，使用鼠标左键拾取插入点后，可直接注写文字，技术要求等单独的文字可以使用该选项；带引线是引出注解，使用鼠标左键拾取插入点后，在注解位置单击鼠标中键，可注写文字，零件序号、引出说明可用该选项。

● 输入文字方式选项区：有【输入】和【文件】两种方式，输入是指通过输入方式注写文字；文件是指导入文件作为注写文字的内容。

● 文件排列方式选项区：有【水平】、【垂直】和【角度】3 个选项。水平是指注写的文字水平排列；垂直是指注写的文字垂直排列；角度是指注写的文字按给定的角度排列。一般选择【水平】选项。

● 对齐角度选项区：用以设定文字的对齐方式，有【左】、【居中】、【右】、【缺省】等，一般选择【左】选项。

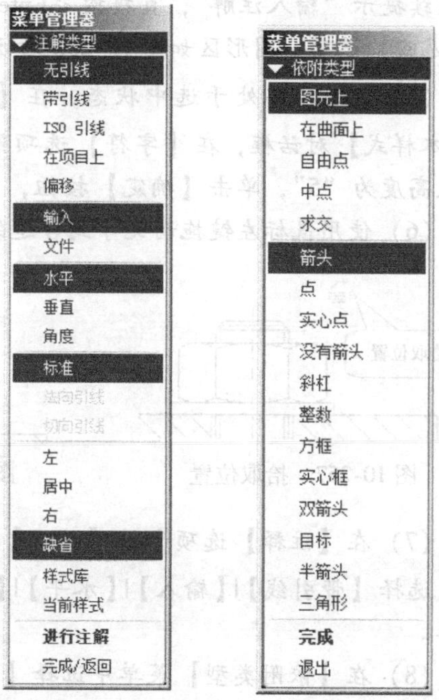


图 10-254 【注解类型】和【依附类型】菜单

在【注解类型】菜单中选择合适的选项后，选择【进行注解】选项，出现【依附类型】菜单，如图 10-254 右图所示，根据实际情况选取合适的引出箭头形式和插入点类型，在图形区拾取插入点，即可注写文字。

**【例 10-15】** 为螺栓装配图在主视图插入球标，如图 10-255 所示。

## 设计步骤

(1) 打开文件“liti10-17. drw”，主视图如图 10-256 所示。

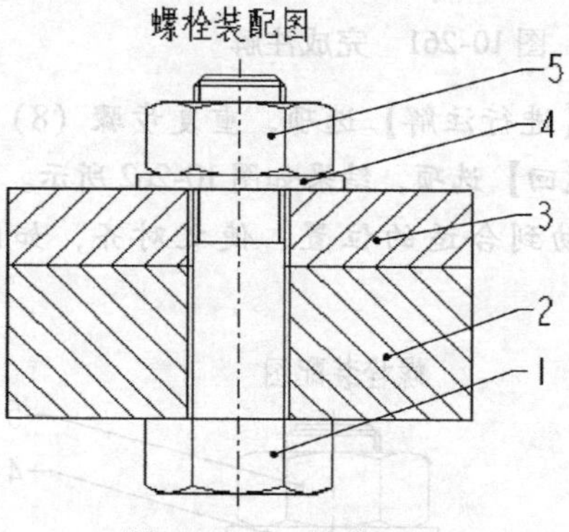


图 10-255 创建注解

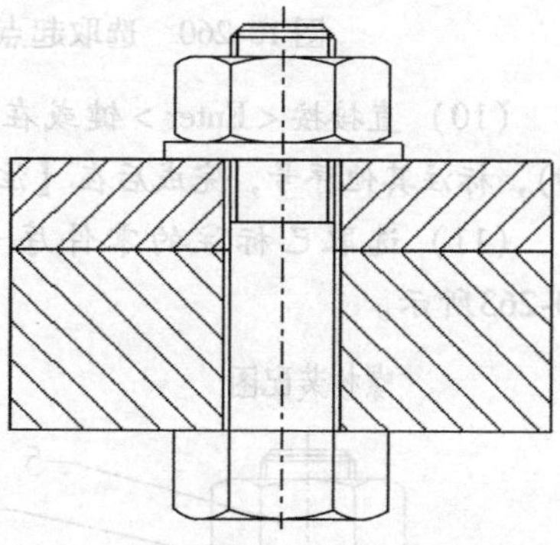

图 10-256 原工程图

(2) 在【注释】选项卡的【插入】选项组中，单击【注解】按钮，出现【注解类型】菜单，选择【无引线】|【输入】|【水平】|【标准】|【缺省】|【进行注解】选项，出现【获得点】菜单。

(3) 在【获得点】菜单中选择【选出点】选项，消息区提示“选取注解的位置”，在图形区视图上方光标位置单击，拾取该位置，如图 10-257 所示。

(4) 消息区提示“输入注解”，在组合框中输入“螺栓装配图”，按 <Enter> 键确认，消息区继续提示“输入注解”，直接按<Enter>键确认，回到【注解类型】菜单，在其中选择【完成/返回】选项，图形区如图10-258所示。

（5）此时文字处于选中状态，在【格式化】选项组中单击【文本样式】按钮，弹出【文本样式】对话框，在【字符】选项组中，取消【高度】选项后的【缺省】复选框的选中，修改高度为“5”，单击【确定】按钮，文本高度发生变化。

（6）使用鼠标左键拖动文字到合适的位置，如图10-259所示。

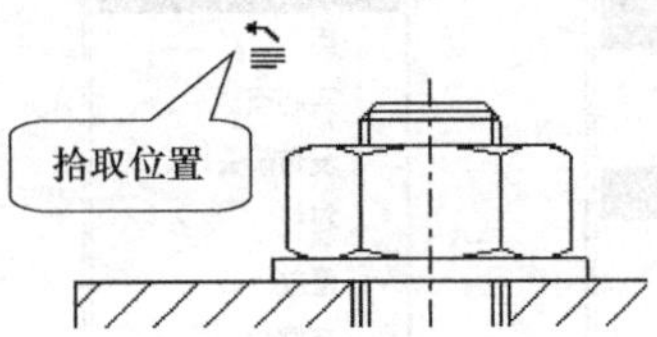

图10-257　拾取位置

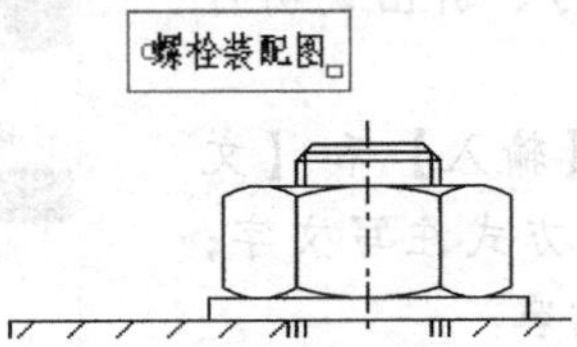

图10-258　完成文字

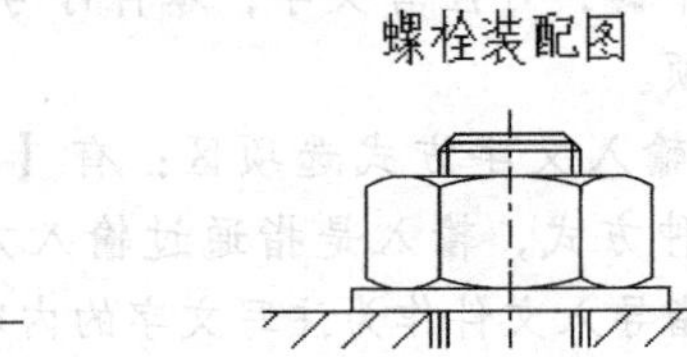

图10-259　修改文字大小

（7）在【注释】选项卡的【插入】选项组中单击【注解】按钮，出现【注解类型】菜单，选择【带引线】|【输入】|【水平】|【标准】|【缺省】|【进行注解】选项，出现【依附类型】菜单。

（8）在【依附类型】菜单中选择【自由点】|【实心点】选项，消息区提示“选取起点”，在图形区视图中光标位置单击，拾取该位置，如图10-260所示。

（9）在欲放置文字的地方单击鼠标中键，消息区提示“输入注解”，在组合框中输入“1”，按<Enter>键确认，消息区继续提示“输入注解”，直接按<Enter>键确认，回到【注解类型】菜单，图形区如图10-261所示。

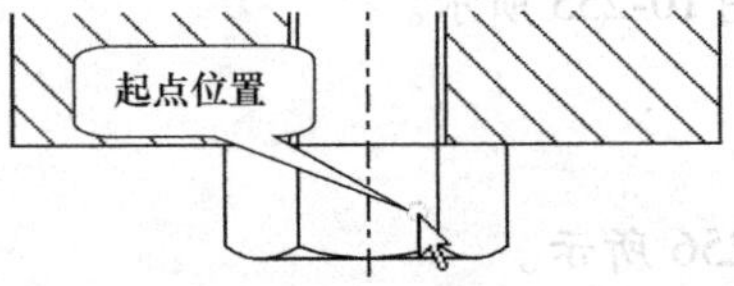

图10-260　选取起点

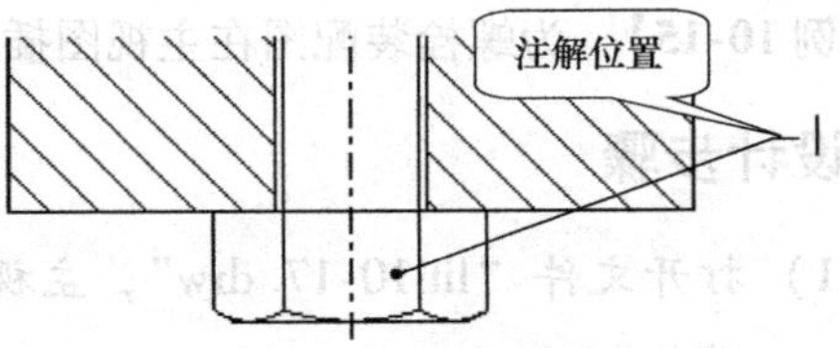

图10-261　完成注解

（10）直接按<Enter>键或在【注解类型】菜单中选择【进行注解】选项，重复步骤（8）~（9），标注其他序号，完成后在【注解类型】菜单选择【完成/返回】选项，结果如图10-262所示。

（11）选取已标注的零件序号，按住鼠标左键将其拖动到合适的位置，使之对齐，如图10-263所示。

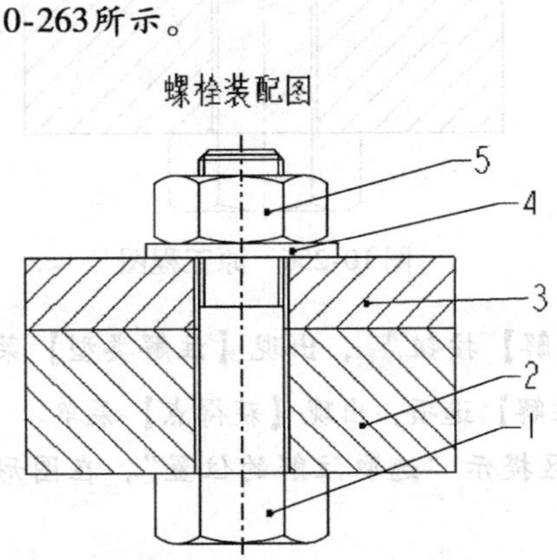

图10-262　插入第1个序号

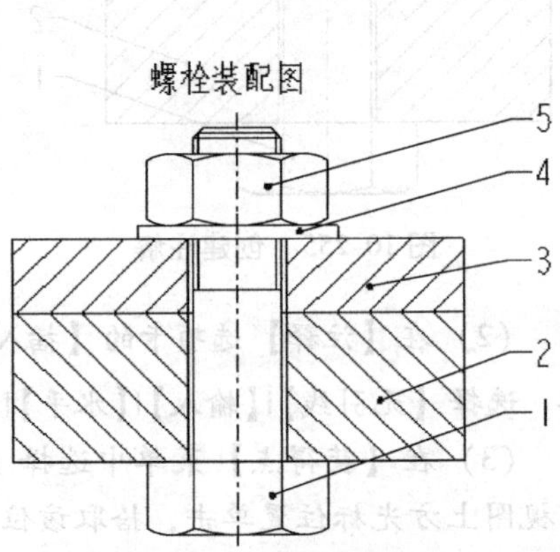

图10-263　调整零件序号

提醒：选中带引线的注解，使用鼠标左键拖动起点位置可改变引出点的位置，使用鼠标左键拖动文字可改变文字的位置。

（12）保存文件，关闭窗口，拭除不显示。

## 10.4 本章小结

本章详细介绍了工程图的制作过程，对工程图模板文件的创建，工程图各种表达方法的使用，尺寸标注、尺寸公差的标注和形位公差的标注以及粗糙度等技术要求的插入等相关知识进行了详细的讲解。通过本章的学习，读者可以由已经创建的文件生成符合国家标准的工程图样。当然，要想高效地创建工程图文件，读者还需经过大量的练习。

## 10.5 习题

1. 概念题

（1）工程图模块和草绘模块有何异同？

（2）如何设置工程图模板文件和格式文件的选项属性？

（3）如何删除已经创建的各种图元？

（4）删除图元和拭除图元有何区别？如何恢复显示已拭除的图元？

2. 操作题

（1）利用所给文件“xiti10-2-1. prt”创建工程图，如图 10-264 所示。

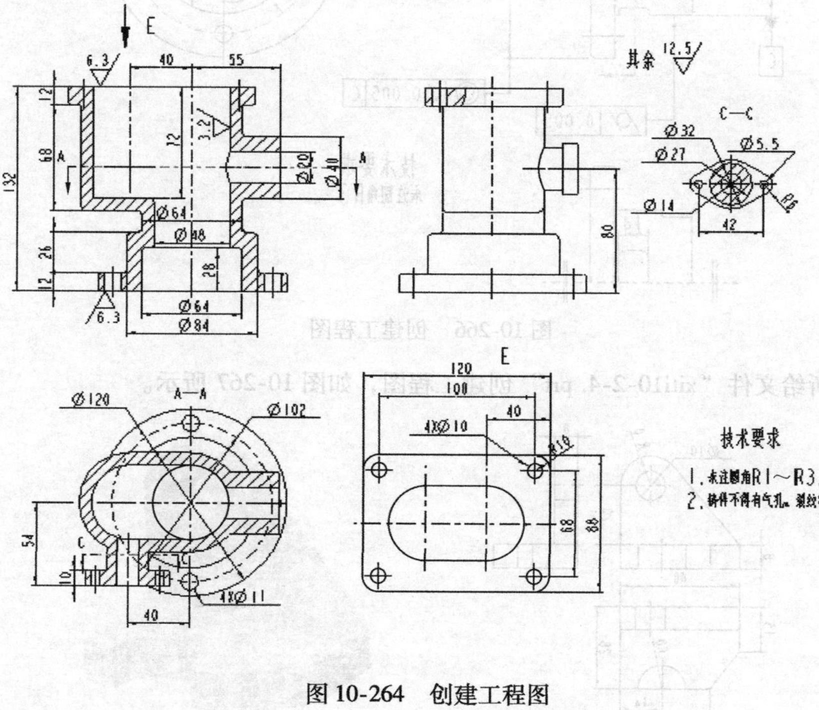

图 10-264　创建工程图

（2）利用所给文件“xiti10-2-2. prt”创建工程图，如图 10-265 所示。

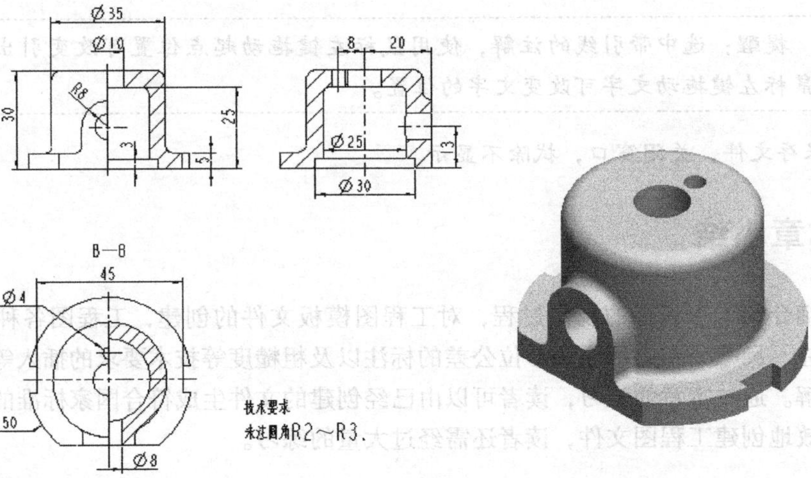


图 10-265　创建工程图

（3）利用所给文件“xiti10-2-3. prt”创建工程图，如图 10-266 所示。

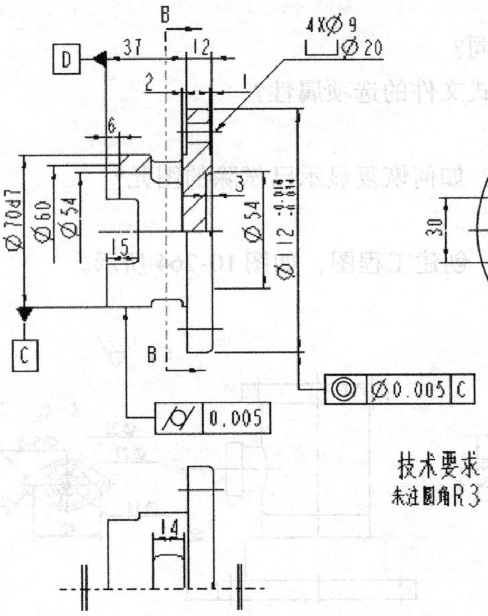


图 10-266　创建工程图

（4）利用所给文件“xiti10-2-4. prt”创建工程图，如图 10-267 所示。

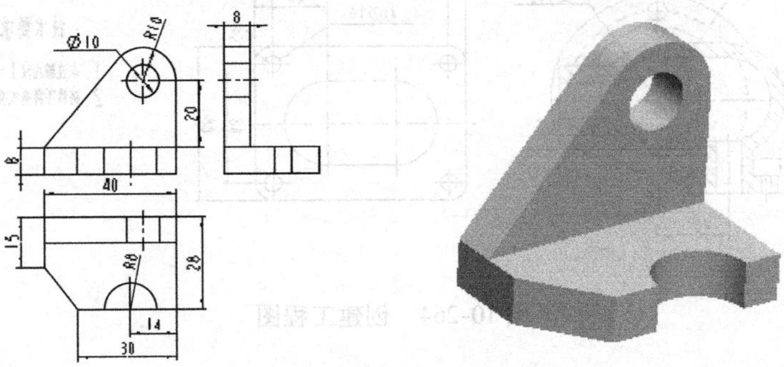


图 10-267　创建工程图

# 参 考 文 献


[1] 田绪东. Pro/ENGINEER Wildfire 4.0 三维机械设计 [M]. 北京：机械工业出版社，2009.

[2] 林清安. 完全精通 Pro/ENGINEER 零件设计基础入门（野火 5. 0 中文版）[M]. 北京：电子工业出版社，2010.

[3] 丁淑辉. Pro/ENGINEER Wildfire 5.0 基础设计与实践 [M]. 北京：清华大学出版社，2010.

[4] 丁淑辉. Pro/ENGINEER Wildfire 5.0 高级设计与实践 [M]. 北京：清华大学出版社，2010.

[5] 詹友刚. Pro/ENGINEER 野火版 5.0 机械设计教程 [M]. 北京：机械工业出版社，2011.

[6] 陈旭. Pro/ENGINEER 野火 5.0 技术大全 [M]. 北京：人民邮电出版社，2013.

[7] 王匀. ProENGINEER Wildfire 5.0 冲压模具设计实例教程 [M]. 北京：国防工业出版社，2012.

[8] 王咏梅，李春茂，张瑞萍. Pro/ENGINEER Wildfire 5.0 中文版基础教程 [M]. 北京：清华大学出版社，2011.

[9] 齐从谦，王士兰. Creo Elements 产品造型设计与高级仿真 [M]. 北京：清华大学出版社，2012.

[10] 范大伟. Creo Elements/Pro 5.0 产品设计与 KeyShot 渲染表现 [M]. 北京：电子工业出版社，2013.

[11] 黄英. 画法几何及机械制图习题集 [M]. 北京：高等教育出版社，2010.

[12] 钱可强，何铭新. 机械制图习题集 [M]. 6 版. 北京：高等教育出版社，2011.

[13] 何铭新，钱可强. 机械制图 [M]. 6 版. 北京：高等教育出版社，2011.